파인만의 물리학 강의 I

최신 개정판

The Feynman

파인만의 물리학 강의 I 최신 개정판

LECTURES ON
PHYSICS

DEFINITIVE EDITION

리처드 파인만 · 로버트 레이턴 · 매슈 샌즈

VOLUME I

승산

The Feynman Lectures On Physics

리처드 파인만에 대하여

리처드 파인만은 1918년에 뉴욕 브루클린에서 출생하였으며, 1942년에 프린스턴 대학교에서 박사학위를 받았다. 그는 어린 나이에도 불구하고 2차 세계대전 중 로스앨러모스(Los Alamos)에서 진행된 맨해튼 프로젝트(Manhattan Project)에 참여하여 중요한 역할을 담당하였으며, 그 후에는 코넬 대학교와 캘리포니아 공과대학(Caltech, California Institute of Technology)에서 학생들을 가르쳤다. 1965년에는 도모나가 신이치로(朝永振一郎)와 줄리언 슈윙거(Julian Schwinger)와 함께, 양자전기역학(quantum electrodynamics)을 완성한 공로로 노벨 물리학상을 수상하였다.

파인만은 양자전기역학이 갖고 있었던 기존의 문제점들을 말끔하게 해결하여 노벨상을 수상했을 뿐만 아니라, 액체 헬륨에서 나타나는 초유동(superfluidity) 현상을 수학적으로 규명하기도 했다. 그 후에는 겔만(Murray Gell-Mann)과 함께 베타 붕괴 현상을 일으키는 약한 상호작용을 연구하여 이 분야의 초석을 다졌으며, 이로부터 몇 년 후에는 높은 에너지에서 양성자들이 충돌하는 과정을 설명해 주는 파톤 모형(parton model)을 제안하여 쿼크(quark) 이론의 발전에 커다란 업적을 남겼다.

이 대단한 업적들 외에도, 파인만은 여러 가지 새로운 계산법과 표기법을 물리학에 도입하였다. 특히 그가 개발한 파인만 다이어그램(Feynman diagram)은 기본적인 물리 과정을 개념화하고 계산하는 강력한 도구로서, 최근의 과학 역사상 가장 훌륭한 아이디어로 손꼽히고 있다.

파인만은 경이로울 정도로 능률적인 교사이기도 했다. 그는 학자로 일하는 동안 수많은 상을 받았지만, 파인만 자신은 1972년에 받은 외르스테드 메달(Oersted Medal, 훌륭한 교육자에게 수여하는 상)을 가장 자랑스럽게 생각했다. 1963년에 처음 출판된 『파인만의 물리학 강의』를 두고 〈사이언티픽 아메리칸(Scientific American)〉의 한 비평가는 다음과 같은 평을 내렸다. "어렵지만 유익하며, 학생들을 위한 배려로 가득 찬 책. 지난 25년간 수많은 교수들과 신입생들을 최상의 강의로 인도했던 지침서." 파인만은 또 일반 대중에게 최첨단의 물리학을 소개하기 위해 『물리 법칙의 특성(The Character of Physical Law)』과

『일반인을 위한 파인만의 QED 강의(QED : The Strange Theory of Light and Matter)』를 집필하였으며, 현재 물리학자들과 학생들에게 최고의 참고서와 교과서로 통용되고 있는 수많은 전문 서적을 남겼다.

리처드 파인만은 물리학 이외의 분야에서도 여러 가지 활동을 했다. 그는 챌린저(Challenger)호 진상조사위원회에서도 많은 업적을 남겼는데, 특히 낮은 온도에서 원형 고리(O-ring)의 민감성에 대한 유명한 실험은 오로지 얼음물 한 잔으로 참사 원인을 규명한 전설적인 사례로 회자되고 있다. 그리고 세간에는 잘 알려져 있지 않지만, 그는 1960년대에 캘리포니아 주의 교육위원회에 참여하여 진부한 교과서의 내용을 신랄하게 비판한 적도 있었다.

리처드 파인만의 업적들을 아무리 나열한다 해도, 그의 인간적인 면모를 보여 주기에는 턱없이 부족하다. 그가 쓴 가장 전문적인 글을 읽어 본 사람들은 알겠지만 다채로우면서도 생동감 넘치는 그의 성품은 그의 모든 저작에서 생생한 빛을 발하고 있다. 파인만은 물리학자였지만 틈틈이 라디오를 수리하거나 자물쇠 따기, 그림 그리기, 봉고 연주 등의 과외 활동을 즐겼으며, 마야의 고대 문헌을 해독하기도 했다. 항상 주변 세계에 대한 호기심을 갖고 있던 그는 경험주의자의 위대한 표상이었다.

리처드 파인만은 1988년 2월 15일 로스앤젤레스에서 세상을 떠났다.

개정판에 붙이는 머리말

리처드 파인만이 『파인만의 물리학 강의』라는 세 권의 책으로 출간된 물리학 입문 코스를 가르친 지도 어느덧 40년이 넘는 세월이 흘렀다. 지난 40년간 물리적 세계에 대한 우리의 이해에는 많은 변화가 있었으나, 파인만 강의록은 그러한 세파를 견뎌 냈다. 강의록은 파인만 특유의 물리적 통찰과 교수법 덕분에 처음 출간되었던 당시와 마찬가지로 오늘날에도 여전히 위력적이다. 또한 전 세계적으로 물리학에 갓 입문한 학생들뿐만 아니라 원숙한 물리학자들에 이르기까지 널리 읽히고 있다. 적어도 12개의 언어로 번역되었으며, 영어로 발행된 부수만 해도 150만 부가 넘는다. 이렇게 오랫동안, 이토록 광범위한 영향을 끼친 물리학 책은 아마 없을 것이다.

이번에 새롭게 발간된 『파인만의 물리학 강의 : 개정판』은 두 가지 점에서 기존의 판과 다르다. 그동안 발견된 모든 오류들이 정정되었으며, 새로이 제4권이 함께 출간되었다는 점이다. 제4권은 강의록에 딸린 부록으로, 『파인만의 물리학 길라잡이(Feynman's tips on physics) : 강의에 딸린 문제 풀이』(가제)이다. 이 부록은 파인만의 강의 코스에서 추가된 내용들로 구성되어 있다. 문제 풀이에 대해 파인만이 행한 세 번의 강의와 관성 유도에 관한 한 번의 강의, 그리고 파인만의 동료인 로버트 레이턴(Robert B. Leighton)과 로쿠스 포크트(Rochus Vogt)가 마련한 문제와 해답이 바로 그것이다.

개정판이 나오게 된 경위

원래 세 권의 파인만 강의록은 파인만과 함께 공저자인 로버트 레이턴과 매슈 샌즈(Matthew Sands)에 의해 파인만의 1961∼1963년도 강의 코스의 칠판 사진과 녹음테이프를 토대로 매우 서둘러 제작되었다.[*1] 따라서 오류가 없을 수 없었다. 파인만은 그 후 수년간 전 세계의 독자들과 칼텍의 학생들 및 교수진이 발견한 오류들의 긴 목록을 작성해 나갔다. 파인만은 1960년대부터 1970년대 초반까지는 바쁜 와중에도 시간을 내어 1권과 2권에 대해 지적된 모든 오류들을 검토하여 추후에 인쇄된 책에는 정정된 내용이 실리도록 하였다. 하지만 오류를 수정해야 한다는 파인만의 책임감이 3권까지 지속되지는 못했다. 자연을 탐구하며 새로운 것을 발견하는 흥분에 비하면 정정 작업은 재미가 없었기 때문이다.[*2] 1988년에 그가 갑작스레 세상을 떠난 후엔, 검토되지 않은 오류들의 목록이 칼텍의 문서보관소에 예치되었으며, 거기서 잊혀진 채 묻혀 있었다.

[*1] 파인만의 강의가 기획되어 세 권의 책으로 나오게 된 경위는 강의록의 권두에 있는 특별 머리말과 파인만의 머리말, 그리고 서문에 잘 나와 있다. 또한 이번에 새로 발간된 부록에 실려 있는 매슈 샌즈의 회상도 참고하기 바란다.

[*2] 1975년에 그는 3권에 대한 오류 점검에 착수하였지만 다른 일들로 바빴기 때문에 작업을 마무리하지 못했으며, 결국 정정은 이루어지지 않았다.

2002년에 랠프 레이턴(Ralph Leighton, 로버트 레이턴의 아들로 파인만과 절친한 사이였음)이 기존의 잊혀져 있던 오류와 자신의 친구인 마이클 고틀리브(Michael Gottlieb)가 수집한 새로운 오류의 긴 목록을 내게 알려 왔다. 레이턴은 칼텍 당국에서 이 모든 오류를 바로잡아 새롭게 『파인만의 물리학 강의 : 개정판』을 만들고 동시에 자신과 고틀리브가 준비하고 있던 『부록』도 함께 출판하자고 제안하였다. 레이턴은 또한 부록에 들어갈 고틀리브가 편집한 네 개의 강의 원고에 물리학상의 오류가 없다는 것을 확인받기 위해서, 그리고 세 권의 강의록 개정판과 함께 부록이 공식적으로 한 세트로 출간되는 것에 대해 칼텍의 동의를 얻기 위해 내게 도움을 청했다.

파인만은 나의 우상이었으며 개인적으로 가까운 친구였다. 나는 오류의 목록과 부록의 내용을 보자마자 도움을 주기로 약속했다. 때마침 나는 부록의 물리학적 내용과 강의록의 오류를 세밀하게 검토해 나갈 적임자를 알고 있었다. 바로 마이클 하틀(Michael Hartl) 박사였다.

하틀은 최근에 칼텍에서 물리학으로 박사학위를 받았으며, 칼텍 역사상 대학원생으로서는 유일하게 학부생들이 뽑은 뛰어난 강사에 선정되어 평생 공로상을 받기도 하였다. 하틀은 물리를 깊게 이해하고 있으며, 내가 아는 물리학자 중에서 가장 꼼꼼한 사람 중 하나로서 파인만만큼이나 뛰어난 선생이다.

그리하여 우리는 다음과 같이 하기로 결정했다. 랠프 레이턴과 마이클 고틀리브는 부록에 실을 네 강의에 대해서 판권 소유자인 파인만의 자녀 칼(Carl)과 미셸(Michelle)로부터 허락을 받고, 부록의 연습문제와 답에 대해서는 레이턴 자신과 로쿠스 포크트의 검사를 받아 원고를 작성하기로 하였다(그들은 이 일을 아주 잘 해냈다). 레이턴과 고틀리브 그리고 파인만의 자녀들은 부록의 내용에 대한 최종적인 권한을 나에게 위임했다. 칼텍 당국, 즉 물리학, 수학 및 천문학부장인 톰 톰브렐로(Tom Tombrello)는 기존 강의록 세 권의 새로운 개정판에 대해 감독 권한을 나에게 위임했고 부록이 개정판과 한 세트로 출간되는 것에 동의해 주었다. 그리고 모두가 마이클 하틀이 나를 대신하여 개정판에 관련된 오류를 검토하고 부록의 물리학적인 내용과 글의 스타일을 편집하는 데 동의했다. 나의 임무는 하틀이 작업한 결과를 살펴보고 네 권 모두에 대해 최종적인 승인을 하는 것이었다. 그리고 마지막으로 에디슨-웨슬리(Addison-Wesley) 출판사에서 이 프로젝트를 마무리 짓기로 했다.

다행스럽게도 위의 과정은 끝까지 순조롭게 잘 진행되었다! 만약 파인만이 살아 있었다면 우리가 만들어 낸 결과에 대해 자랑스럽게 생각하고 기뻐했으리라 믿는다.

오류

이번 개정판에서 수정된 오류들은 다음 세 가지 출처에서 나온 것이다. 80퍼센트 정도는 마이클 고틀리브가 수집한 것이고, 나머지 대부분은 1970년대 초반에 이름 모를 독자들로부터 출판사를 거쳐 파인만에게 답지한 긴 목록에 있던 것이다. 그 밖의 것들은 다양한 독자들로부터 파인만이나 우리에게 도착한 단편적인 짧은 목록에 있던 것이다.

수정된 오류들의 유형은 주로 다음 세 가지 종류이다. (i)문장 중에 있는 오타 (ii)그림이나 표 또는 수식에서 발견된 대략 150개 정도 되는 수학적인 오타—부호가 틀렸거나, 숫자가 잘못되었거나(가령, 4여야 할 것이 5로 되어 있거나 하는 것), 아래 첨자가 빠져 있거나, 수식에서 괄호나 항이 잘못된 것들. (iii)장(章)이나, 그림 또는 표에 대한 잘못된 상호참조 약 50여 개. 이러한 종류의 오타들은 원숙한 물리학자들에게는 그다지 큰 문제가 되지 않지만, 파인만이 다가가려고 했던 대상인 학생들의 입장에서는 매우 혼란스럽고 짜증 나는 것일 수 있다.

놀랍게도 부주의로 인해 발생한 물리적으로 문제가 있는 오류는 단 두 개뿐이었다 : 제1권 45-4쪽을 보면 기존 판에서는 "고무줄을 잡아당기면 온도가 내려가고"라고 되어 있으나 개정판에서는 "올라가고"라고 정정되었다(한글판의 45-5쪽에 해당되며 한글판은 이미 "올라가고"라고 정정되어 있다 : 옮긴이). 그리고 개정판 제2권 5장의 마지막 페이지를 보면 "……밀폐된 (그리고 접지된) 도체의 내부 공간에서 정전하의 분포 상태와 상관없이, 공동의 외부에는 전기장이 형성되지 않는다……"라고 되어 있는데 이전의 판에서는 '접지된'이라는 부분이 빠져 있었다. 이 두 번째 오류는 많은 독자들이 파인만에게 지적한 것인데, 그중에는 강의록의 이 잘못된 단락을 믿고 시험을 친 윌리엄 앤드 메리 대학(The College of William and Mary)의 학생이었던 뷸라 엘리자베스 콕스(Beulah Elizabeth Cox)도 있었다. 1975년에 파인만은 콕스 양에게 이렇게 썼다.* "담당 교사가 콕스 양에게 점수를 주지 않은 건 당연한 일입니다. 왜냐하면 그가 가우스 법칙을 사용해서 보여 주었듯이 콕스 양의 답안은 틀렸기 때문입니다. 과학에서는 세심하게 끌어내어진 논의와 논리를 믿어야지 권위를 믿어선 안 됩니다. 또한 책을 읽을 때도 정확하게 읽고 이해해야 합니다. 이 부분은 나의 실수이며 따라서 책은 틀렸습니다. 아마 당시에 나는 접지된 도체구를 생각하고 있었을 겁니다. 그게 아니라면 내부에서 전하를 이리저리 움직여도 외부에는 아무런 영향도 주지 않는다는 사실을 염두에 두고 있었을 겁니다. 어떻게 그렇게 된 것인지는 확실치 않지만 어리석게도 내가 실수한 겁니다. 그리고 나를 믿은 콕스 양 역시 실수한 겁니다."

파인만은 이 오류뿐만 아니라 다른 오류들도 알고 있었으므로 심기가 불편

---

*『정상궤도에서 벗어난 완벽하게 합리적인 일탈—리처드 파인만의 편지(Perfectly Reasonable Deviations from the Beaten Track, The Letters of Richard P. Feynman)』, 미셸 파인만 편집(베이직 북스, 뉴욕, 2005), 288~289쪽.

했다. 파인만은 1975년에 출판사로 보낸 서신에서 "단순한 인쇄상의 오류로 볼 수 없는 2권과 3권의 물리학적 오류"에 대해서 언급했다. 내가 알고 있는 오류는 이것이 전부이다. 또 다른 오류의 발견은 미래 독자들의 도전 과제이다! 이러한 용도로 마이클 고틀리브는 www.feynmanlectures.info라는 웹사이트를 개설하고 있는데, 여기에는 이번 개정판에서 정정된 모든 오류들과 함께 향후에 미래의 독자들이 발견하게 될 새로운 오류들이 게시될 것이다.

부록

이번에 새로이 출간된 제4권, 『파인만의 물리학 길라잡이(Feynman's tips on physics) : 강의에 딸린 문제 풀이』는 매혹적인 책이다. 이 책의 하이라이트는 원 강의록에 있는 파인만의 머리말에서 언급된 네 개의 강의다. 강의록의 머리말에서 파인만은 이렇게 적고 있다. "첫해에는 문제 풀이법에 대하여 세 차례에 걸쳐 강의를 했었는데, 그 내용은 이 책에 포함시키지 않았다. 그리고 회전계에 관한 강의가 끝난 후에 관성 유도에 관한 강의가 당연히 이어졌지만, 그것도 이 책에서 누락되었다."

마이클 고틀리브는 랠프 레이턴과 함께 파인만의 강의 녹음테이프와 칠판 사진을 토대로 부록에 실릴 네 개의 강의에 대한 원고를 작성하였다. 이러한 작업 방식은 40여 년 전 랠프의 아버지와 매슈 샌즈가 원래의 세 권의 강의록을 만들어 냈던 방식과 크게 다르지 않았지만, 이번엔 그 당시와 달리 시간상의 촉박함은 없었다. 다만 한 가지 아쉬운 것은 원고를 검토해 줄 파인만이 없다는 점이었다. 파인만의 역할은 매슈 샌즈가 담당하였다. 그는 원고를 읽어 본 다음 고틀리브에게 고칠 점을 알려 주고 조언을 해 주었다. 그 후에 하틀과 내가 최종적으로 검토하였다. 다행히도 고틀리브가 파인만의 네 강의를 생생하게 글로 잘 옮겨 놓아서 우리가 맡은 일은 수월하게 끝났다. 이들 네 개의 '새로운' 강의는 즐겁게 읽혀지는데, 특히 파인만이 하위권 학생들에게 조언해 주는 대목이 그러하다.

이들 '새로운' 강의와 함께 부록에 실려 있는 매슈 샌즈의 회고담 역시 유쾌하다―『파인만의 물리학 강의』가 구상되어 세상에 나오기까지의 과정을 43년이 지난 시점에서 회상한 것이다. 또한 부록에는 파인만 강의록과 병행해서 사용할 목적으로 1960년대 중반에 로버트 레이턴과 로쿠스 포크트가 마련한 유익한 연습문제와 해답이 실려 있다. 그 당시 칼텍의 학생으로서 이 문제들을 풀어 본 나의 몇몇 동료 물리학자들의 말에 따르면 문제들이 매우 잘 만들어졌으며 많은 도움이 되었다고 한다.

개정판의 구성

이 개정판은 쪽수가 로마 숫자로 매겨진 머리글로 시작되는데, 이는 초판이 나온 지 한참 지나서 비교적 '최근'에 추가된 것들이다. 이 머리말과 파인만에 대한 짧은 소개, 그리고 1989년에 게리 노이게바우어(Gerry Neugebauer, 그는 기존 세 권의 강의록을 만드는 과정에 관여했었다)와 데이비드 굿스타인[David Goodstein, "기계적 우주(The Mechanical Universe)" 강좌와 동영상물의 창안자이다——이 교육방송 TV 시리즈물은 전 세계적으로 백만 명 정도의 학생들이 시청했다고 한다 : 옮긴이]이 쓴 특별 머리말이 그것이다. 뒤이어 나오는, 아라비아 숫자 1, 2, 3, … 으로 쪽수가 매겨진 본문은 수정된 오류들을 제외하면 원래의 초판과 동일하다.

파인만 강의에 대한 기억

이들 세 권의 강의록은 자체로서 완비된 교육용 서적이다. 이것은 또한 파인 만의 1961~1963년도 강의에 대한 역사적 기록이기도 하다. 이 강좌는 칼텍의 모든 신입생과 2학년생들이 자신의 전공과 무관하게 반드시 수강해야 하는 것이었다.

독자들은 나와 마찬가지로, 파인만의 강의가 당시의 그 학생들에게 어떤 영향을 미쳤을지 궁금할 것이다. 파인만 자신은 머리말에서 "학부생의 입장에서 볼 때는 결코 훌륭한 강의가 아니었을 것이다"라고 써, 다소 부정적인 관점을 피력하였다. 굿스타인과 노이게바우어는 1989년 특별 머리말에서 뒤섞인 관점을 나타내고 있으며, 반면에 샌즈는 새 부록에 실린 회고담에서 훨씬 더 긍정적인 관점을 피력하고 있다. 궁금한 나머지 나는 2005년 봄에 거의 무작위로 1961~1963년에 강의를 들었던 칼텍의 학생들(약 150명 정도) 중에서 17명을 뽑아서 이메일을 보내거나 대화를 나눠 보았다. 몇몇은 수업을 굉장히 힘들어했지만, 개중에는 쉽게 강의 내용을 알아들은 사람들도 있었다. 그들의 전공은 물리학뿐만 아니라 천문학, 수학, 지질학, 공학, 화학, 생물학 등으로 다양했다.

그간의 세월로 인해서 그들의 기억이 감상적인 색조로 물들어 있을지도 모르겠지만, 대략 80퍼센트 정도는 파인만의 강의를 대학 시절의 중요한 장면으로 기억하고 있었다. "마치 교회에 나가는 것 같았다", 강의는 "지적으로 거듭나는 경험"이었다, "평생에 손꼽을 만한 경험이었다, 아마도 내가 칼텍에서 얻은 가장 중요한 소득일 것이다", "나는 생물학 전공이었지만 파인만의 강의는 나의 학부 시절 경험 중 가장 인상에 남는 것이었다……. 하지만 고백하건대 당시에 나는 숙제를 할 수 없어서 제출한 적이 거의 없었다", "나는 이 강의 코스에서 가장 촉망 받는 극소수의 학생들 중 하나였다. 강의를 놓친 적이 없었으며…… 아직도 발견의 순간에 파인만이 짓던 환희의 표정이 생생하게 기억난다……. 그의 강의는 정서적 충격을 주었는데 인쇄된 강의록에서는 그러한 느낌을 받기가 어려워 보인다."

이와는 대조적으로, 몇몇 학생들은 대략 크게 두 가지 이유로 부정적인 기억을 갖고 있었다. (i) "강의에 출석해도 숙제 문제를 푸는 방법은 습득할 수가 없었다. 파인만은 능수능란해서 갖가지 트릭을 알고 있었으며 특정 상황에서 어떤 근사가 가능한지를 알고 있었다. 그리고 신입생들은 갖지 못한 경험에서 나온 직관력과 천재성도 갖고 있었다." 파인만과 그의 동료들도 이러한 문제를 알고 있었으며, 이제 부록에 실리게 된 내용을 통하여 부분적으로 이 문제를 해결하고자 했던 것이다. 레이턴과 포크트의 문제와 해답, 그리고 파인만의 문제 풀이에 관한 강의가 그것이다. (ii) "교재도 없었고 강의 내용과 관련된 참고서도 없었기 때문에 다음 강의에서 어떤 내용이 논의될지 알 수가 없었다는 점, 그러므로 예습할 책이 없었다는 점은 대단히 불만스러웠다……. 강의실에서 강의를 들을 때는 흥미진진하고 이해할 수 있었지만 밖으로 나와서 세세한 내용을 재구성해 보려고 하면 꽉 막혀 버리기 일쑤였다." 물론 이 문제는 『파인만의 물리학 강의』의 성문판(成文版) 세 권이 나오면서 해결되었다. 이 책들은 그 후로 칼텍의 학생들이 다년간 공부한 교재가 되었으며, 오늘날까지도 파인만이 남긴 가장 위대한 유산 중 하나로 남아 있다.

감사의 글

이번 『파인만의 물리학 강의 : 개정판』은 랠프 레이턴과 마이클 고틀리브의 최초의 추진력과 마이클 하틀의 뛰어난 오류 정정 솜씨 없이는 불가능했을 것이다. 수정 작업의 근거가 된 오류의 목록을 제공해 준 이름 모를 독자들과 고틀리브에게 감사의 말을 전하고 싶다. 그리고 톰 톰브렐로, 로쿠스 포크트, 게리 노이게바우어, 제임스 하틀(James Hartle), 칼과 미셸 파인만, 그리고 아담 블랙(Adam Black)이 이번 일에 보내 준 지원과 사려 깊은 조언 및 조력에도 감사를 드린다.

킵 손(Kip S. Thorne)
캘리포니아 공과대학 이론물리학 파인만좌 교수

2005년 5월

특별 머리말

파인만의 명성은 말년에 이르러 물리학계를 넘어선 곳까지 알려지게 되었다. 우주왕복선 챌린저호가 참사를 당했을 때 진상조사위원회의 일원으로 활동하면서, 파인만은 대중적 인물이 되었다. 또한 그의 엉뚱한 모험담이 일약 베스트셀러가 되면서 아인슈타인 못지않은 대중적 영웅이 되기도 했다. 노벨상을 수상하기 전인 1961년에도, 그의 명성은 이미 전설이 되어 있었다. 어려운 이론을 쉽게 이해시키는 그의 탁월한 능력은 앞으로도 오랜 세월 동안 전설로 남을 것이다.

파인만은 진정으로 뛰어난 스승이었다. 당대는 물론, 현 시대를 통틀어서 그와 필적할 만한 스승은 찾기 힘들 것이다. 파인만에게 있어서 강의실은 하나의 무대였으며, 강의를 하는 사람은 교과 내용뿐만 아니라 드라마적인 요소와 번뜩이는 기지를 보여 줘야 할 의무가 있는 연극배우였다. 그는 팔을 휘저으며 강단을 이리저리 돌아다니곤 했는데, 뉴욕타임스의 한 기자는 "이론물리학자와 서커스 광대, 현란한 몸짓, 음향 효과 등의 절묘한 결합"이라고 평했다. 그의 강연을 들어 본 사람은 학생이건, 동료건, 또는 일반인들이건 간에 그 환상적인 강연 내용과 함께 파인만이라는 캐릭터를 영원히 잊지 못할 것이다.

그는 강의실 안에서 진행되는 연극을 어느 누구보다도 훌륭하게 연출해 냈다. 청중의 시선을 한곳으로 집중시키는 그의 탁월한 능력은 타의 추종을 불허했다. 여러 해 전에 그는 고급 양자역학을 강의한 적이 있었는데, 학부 수강생들로 가득 찬 강의실에는 대학원생 몇 명과 칼텍 물리학과의 교수들도 끼어 있었다. 어느 날 강의 도중에 파인만은 복잡한 적분을 그림(다이어그램)으로 나타내는 기발한 방법을 설명하기 시작했다. 시간축과 공간축을 그리고, 상호작용을 나타내는 구불구불한 선을 그려 나가면서 한동안 청중의 넋을 빼앗는가 싶더니, 어느 순간에 씨익 웃으며 청중을 향해 이렇게 말하는 것이었다. "……그리고 이것을 '바로 그' 다이어그램(THE daigram)이라고 부릅니다!" 그 순간, 파인만의 강의는 절정에 달했고 좌중에서는 우레와 같은 박수갈채가 터져 나왔다.

파인만은 이 책에 수록된 강의를 마친 후에도 여러 해 동안 칼텍의 신입생들을 대상으로 하는 물리학 강의에서 특별 강사로 나서기도 했다. 그런데 그가 강의를 한다는 소문이 퍼지면 강의실이 미어터질 정도로 수강생들이 모여들었기 때문에, 수강 인원을 조절하기 위해서라도 개강 전까지 강사의 이름을 비밀에 부쳐야 했다. 1987년에 초신성이 발견되어 학계가 술렁이고 있을 때, 파인만은 휘어진 시공간에 대한 강의를 하면서 이런 말을 한 적이 있다. "티코 브라헤(Tycho Brahe)는 자신만의 초신성을 갖고 있었으며, 케플러도 초신성을 갖고 있었습니다. 그리고 그 후로 400년 동안은 어느 누구도 그것을 갖지 못했지요. 그런데 지금 저는 드디어 저만의 초신성을 갖게 되었습니다!" 학생들은 숨을 죽이며 그다음에 나올 말을 기다렸고, 파인만은 계속해서 말을 이어 나갔다. "하나의 은하 속에는 10^{11}개의 별이 있습니다. 이것은 정말로 큰 숫자입니다. 그런데 이 숫자를 소리 내서 읽어 보면 단지 천억에 불과합니다. 우리나라 국가 예산의

1년간 적자 액수보다도 작단 말입니다. 그동안 우리는 이런 수를 가리켜 '천문학적 숫자'라고 불러 왔습니다만, 이제 다시 보니 '경제학적' 숫자라고 부르는 게 차라리 낫겠습니다." 이 말이 끝나는 순간, 강의실은 웃음바다가 되었고 재치 어린 농담으로 청중을 사로잡은 파인만은 강의를 계속 진행해 나갔다.

파인만의 강의 비결은 아주 간단했다. 칼텍의 문서보관소에 소장된 그의 노트에는 1952년 브라질에 잠시 머물면서 자신의 교육 철학을 자필로 남겨 놓은 부분이 아직도 남아 있다.

"우선, 당신이 강의하는 내용을 학생들이 왜 배워야 하는지, 그 점을 명확하게 파악하라. 일단 이것이 분명해지면 강의 방법은 자연스럽게 떠오를 것이다."

파인만에게 자연스럽게 떠오른 것은 한결같이 강의 내용의 핵심을 찌르는 영감 어린 아이디어들이었다. 한번은 어떤 공개 강연석상에서 '한 아이디어의 타당성을 증명할 때, 그 아이디어를 맨 처음 도입하면서 사용된 데이터를 다시 사용할 수 없는 경우도 있다'는 것을 설명하다가 잠시 논지에서 벗어난 듯 느닷없이 자동차 번호판에 관한 이야기를 꺼냈다. "오늘 저녁에 저는 정말로 놀라운 일을 겪었습니다. 강의실로 오는 길에 차를 몰고 주차장으로 들어갔는데, 정말 기적 같은 일이 벌어진 겁니다. 옆에 있는 자동차의 번호판을 보니 글쎄, ARW 357번이 아니겠습니까? 이게 얼마나 신기한 일입니까? 이 주에서 돌아다니는 수백만 대의 자동차 중에서 하필이면 그 차와 마주칠 확률이 대체 얼마나 되겠습니까? 기적이 아니고서는 불가능한 일이지요!" 이렇듯 평범한 과학자들이 흔히 놓치기 쉬운 개념들도, 파인만의 놀라운 '상식' 앞에서는 그 모습이 명백하게 드러나곤 했다.

파인만은 1952년부터 1987년까지 35년 동안 칼텍에서 무려 34개 강좌를 맡아서 강의했다. 이 중에서 25개 강좌는 대학원생을 위한 과목이었으며, 학부생들이 이 강좌를 들으려면 따로 허가를 받아야 했다(종종 수강 신청을 하는 학부생들이 있었고, 거의 언제나 수강이 허락되었다). 파인만이 오로지 학부생만을 위해 강의를 한 것은 단 한 번뿐이었는데, 이 강의 내용을 편집하여 출판한 것이 바로 『파인만의 물리학 강의』이다.

당시 칼텍의 1~2학년생들은 필수 과목으로 지정된 물리학을 2년 동안 수강해야 했다. 그러나 학생들은 어려운 강의로 인해 물리학에 매혹되기보다는 점점 흥미를 잃어 가는 경우가 많았다. 이런 상황을 개선하기 위하여, 학교 측에서는 신입생들을 대상으로 한 강의를 파인만에게 부탁하게 되었고, 그 강의는 2년 동안 계속되었다. 파인만이 강의를 수락했을 때, 이와 동시에 수업의 강의 노트를 책으로 출판하기로 결정했다. 그러나 막상 작업에 들어가 보니 그것은 애초에 생각했던 것보다 훨씬 더 어려운 일이었다. 이 일 때문에 파인만 본인은 물론이고 그의 동료들까지 엄청난 양의 노동을 감수해야 했다.

강의 내용도 사전에 결정해야만 했다. 파인만은 자신의 강의 내용에 관하여 대략적인 아웃라인만 설정해 두고 있었기 때문에, 이것 역시 엄청나게 복잡한 일이었다. 파인만이 강의실에 들어가 운을 떼기 전에는 그가 무슨 내용으로 강의를 할지 아무도 몰랐던 것이다. 또한 칼텍의 교수들은 학생들에게 내줄 과제물들을 선정하는 등 파인만이 강의를 진행하는 데 필요한 잡다한 일들을 최선을 다해 도와주었다.

물리학의 최고봉에 오른 파인만이 왜 신입생들의 물리학 교육을 위해 2년 이상의 세월을 투자했을까? 내 개인적인 짐작이긴 하지만, 거기에는 대략 세 가지의 이유가 있었을 것이다. 첫째로, 그는 다수의 청중에게 강의하는 것을 좋아했다. 그래서 대학원 강의실보다 훨씬 큰 대형 강의실을 사용한다는 것이 그의 성취동기를 자극했을 것이다. 두 번째 이유로, 파인만은 진정으로 학생들을 염려해 주면서, 신입생들을 제대로 교육시키는 것이야말로 물리학의 미래를 좌우하는 막중대사라고 생각했다. 그리고 가장 중요한 세 번째 이유는 파인만 자신이 이해하고 있는 물리학을 어린 학생들도 알아들을 수 있는 쉬운 형태로 재구성하는 것에 커다란 흥미를 느꼈다는 점이다. 이 작업은 자신의 이해 수준을 가늠해 보는 척도였을 것이다. 언젠가 칼텍의 동료 교수 한 사람이 파인만에게 질문을 던졌다. "스핀이 1/2인 입자들이 페르미-디랙의 통계를 따르는 이유가 뭘까?" 파인만은 즉각적인 답을 회피하면서 이렇게 말했다. "그 내용으로 1학년생들을 위한 강의를 준비해 보겠네." 그러나 몇 주가 지난 후에 파인만은 솔직하게 털어놓았다. "자네도 짐작했겠지만, 아직 강의 노트를 만들지 못했어. 1학년생들도 알아듣게끔 설명할 방법이 없더라구. 그러니까 내 말은, 우리가 아직 그것을 제대로 이해하지 못하고 있다는 뜻이야. 내 말 알아듣겠나?"

난해한 아이디어를 일상적인 언어로 쉽게 풀어내는 파인만의 특기는 『파인만의 물리학 강의』 전반에 걸쳐 유감없이 발휘되고 있다. 특히 이 점은 양자역학을 설명할 때 가장 두드러지게 나타난다. 그는 물리학을 처음 배우는 학생들에게 경로 적분법(path integral)을 강의하기도 했다. 이것은 물리학 역사상 가장 심오한 문제를 해결해 준 경이로운 계산법으로서, 그 원조가 바로 파인만 자신이었다. 물론 다른 업적도 많이 있었지만, 경로 적분법을 개발해 낸 공로를 전 세계적으로 인정받은 그는 1965년에 줄리언 슈윙거, 도모나가 신이치로와 함께 노벨물리학상을 수상하였다.

파인만의 강의를 들었던 학생들과 동료 교수들은 지금도 그때의 감동을 떠올리며 고인을 추모하고 있다. 그러나 강의가 진행되던 당시에는 분위기가 사뭇 달랐었다. 많은 학생들이 파인만의 강의를 부담스러워했고, 시간이 갈수록 학부생들의 출석률이 저조해지는 반면에 교수들과 대학원생들의 수가 늘어나기 시작했다. 그 덕분에 강의실은 항상 만원이었으므로, 파인만은 정작 강의를 들어야 할 학부생이 줄어들고 있다는 사실을 눈치 채지 못했을 것이다. 돌이켜 보면, 파인만 스스로도 자신의 강의에 만족하지 않았던 것 같다. 1963년에 작성된 그의 강의록 머리말에는 다음과 같은 글귀가 적혀 있다. "내 강의는 학생들에게 큰 도움을 주지 못했다." 그의 강의록들을 읽고 있노라면, 그가 학부생들이 아닌 동료 교수들을 향하여 이렇게 외치고 있는 듯하다. "이것 봐! 내가 이 어려운 문제를 얼마나 쉽고 명쾌하게 설명했는지 좀 보라구! 정말 대단하지 않은가 말이야!"

그러나 파인만의 명쾌한 설명에도 불구하고 그의 강의로부터 득을 얻은 것은 학부생들이 아니었다. 그 역사적인 강의의 수혜자들은 주로 칼텍의 교수들이었다. 그들은 파인만의 역동적이고 영감 어린 강의를 편안한 마음으로 감상하면서 마음속으로는 깊은 찬사를 보내고 있었다.

　파인만은 물론 훌륭한 교수였지만, 그 이상의 무언가를 느끼게 하는 사람이었다. 그는 교사 중에서도 가장 뛰어난 교사였으며, 물리학의 전도를 위해 이 세상에 태어난 천재 중의 천재였다. 만약 그의 강의가 단순히 학생들에게 시험 문제를 푸는 기술을 가르치기 위한 것이었다면 『파인만의 물리학 강의』는 성공작으로 보기 어려울 것이다. 더구나 강의의 의도가 대학 신입생들을 위한 교재 출판에 있었다면 이것 역시 목적을 이루었다고 볼 수 없다. 그러나 그의 강의록은 현재 10개 국어로 번역되었으며, 2개 국어 대역판도 네 종류나 된다. 파인만은 자신이 물리학계에 남긴 가장 큰 업적이 무엇이라고 생각했을까? 그것은 QED 도 아니었고 초유체 헬륨 이론도, 폴라론(polaron) 이론도, 파톤(parton) 이론도 아니었다. 그가 생각했던 가장 큰 업적은 바로 붉은 표지 위에 『파인만의 물리학 강의』라고 선명하게 적혀 있는 세 권의 강의록이었다. 그의 유지를 받들어 위대한 강의록의 기념판이 새롭게 출판된 것을 기쁘게 생각한다.

데이비드 굿스타인(David Goodstein)
게리 노이게바우어(Gerry Neugebauer)
캘리포니아 공과대학

1989년 4월

The Feynman
LECTURES ON
PHYSICS

파인만의 물리학 강의 I : 역학, 복사, 열

리처드 파인만
캘리포니아 공과대학 이론 물리학 석좌 교수

로버트 레이턴
캘리포니아 공과대학 교수

매슈 샌즈
스탠퍼드 대학 교수

승산

리처드 파인만의 머리말

이 책은 내가 1961~1962년에 칼텍의 1~2학년생들을 대상으로 강의했던 내용을 편집한 것이다. 물론 강의 내용을 그대로 옮긴 것은 아니다. 편집 과정에서 상당 부분이 수정되었고, 전체 강의 내용 중 일부는 이 책에서 누락되었다. 강의의 수강생은 모두 180명이었는데, 일주일에 두 번씩 대형 강의실에 모여서 강의를 들었으며, 15~20명씩 소그룹을 이루어 조교의 지도하에 토론을 하는 시간도 가졌다. 그리고 실험 실습도 매주 한 차례씩 병행하였다.

우리가 이 강좌를 개설한 의도는 고등학교를 갓 졸업하고 칼텍에 진학한 열성적이고 똑똑한 학생들이 물리학에 꾸준한 관심을 갖게끔 유도하자는 것이었다. 사실 학생들은 그동안 상대성 이론이나 양자 역학 등 현대 물리학의 신비로운 매력에 끌려 기대에 찬 관심을 갖다가도, 일단 대학에 들어와 2년 동안 물리학을 배우다보면 다들 의기소침해지기 일쑤였다. 장대하면서도 파격적인 현대 물리학을 배우지 못하고, 기울어진 평면이나 정전기학 등 다소 썰렁한 고전 물리학을 주로 배웠기 때문이다. 이런 식으로 2년을 보내면 똑똑했던 학생들도 점차 바보가 되어가면서, 물리학을 향한 열정도 차갑게 식어버리는 경우가 다반사였다. 그래서 우리 교수들은 우수한 학생들의 물리학을 향한 열정을 유지시켜줄 수 있는 특단의 조치를 강구해야 했다.

이 책에 수록된 강의들은 대략적인 개요만 늘어놓은 것이 아니라 꽤 수준 높은 내용을 담고 있다. 나는 강의의 수준을 수강생 중 가장 우수한 학생에게 맞추었고, 심지어는 그 학생조차도 강의 내용을 완전히 소화할 수 없을 정도로 난이도를 높였다. 그리고 강의의 목적을 제대로 이루기 위해 모든 문장들을 가능한 한 정확하게 표기하려고 많은 애를 썼다. 이 강의는 학생들에게 물리학의 기초 개념을 세워주고 앞으로 배우게 될 새로운 개념의 주춧돌이 될 것이기 때문이다. 또한 나는 이전에 배운 사실로부터 필연적으로 수반되는 사실이 무엇인지를 학생들이 스스로 깨닫도록 유도하였다. 개연성이 없는 경우에는 그것이 학생들이 이미 알고 있는 사실들로부터 유도되지 않은 새로운 아이디어임을 강조하여 '목적 없이 끌려가는 수업'이 되지 않도록 신경을 썼다.

강의가 처음 시작되었을 때, 나는 학생들이 고등학교에서 기하 광학과 기초 화학 등을 이미 배워서 알고 있다고 가정하였다. 그리고 어떤 정해진 순서를 따라가지 않고 필요에 따라 다양한 내용들을 수시로 언급함으로써 적극적인 학생들의 지적 호기심을 자극시켰다. 완전히 준비되었을 때에만 입을 열어야 한다는 법이 어디 있는가? 이 책에는 충분한 설명 없이 간략하게 언급된 개념들이 도처에 널려 있다. 그리고 이 개념들은 사전 지식이 충분히 전달된 후에 자세히 다룸으로써 학생들이 성취감을 느낄 수 있도록 하였다.

적극적인 학생들에게 자극을 주는 것도 중요했지만, 강의에 별 흥미를 갖지 못하거나 강의 내용을 거의 이해하지 못하는 학생들도 배려해야 했다. 이런 학생들은 내 강의를 들으면서 지적 성취감을 느끼지는 못하겠지만, 적어도 강의 내용의 핵심을 이루는 아이디어만은 건질 수 있도록 최선을 다했다. 내가 하는 말을 전혀 알아듣지 못한 학생이 있다 해도 그것은 전혀 실망할 일이 아니었다. 나는 학생들이 모든 것을 이해하기를 바라지 않았다. 논리의 근간을 이루는 핵심적 개념과 가장 두드러지는 특징 정도만 기억해준다면 그것으로 대만족이었다. 사실, 어린 학생들이 강의를 들으면서 무엇이 핵심적 개념이며 무엇이 고급 내용인지를 판단하는 것은 결코 쉬운 일이 아니었을 것이다.

이 강의를 진행해나가면서 한 가지 어려웠던 점은, 강의에 대한 학생들의 만족도를 가늠할 만한 제도적 장치가 전혀 마련되지 않았다는 것이다. 이것은 정말로 심각한 문제였다. 그래서 나는 지금도 내 강의가 학생들에게 얼마나 도움이 되었는지 감도 못 잡고 있다. 사실, 내 강의는 어느 정도 실험적 성격을 띠고 있었다. 만일 내게 똑같은 강의를 다시 맡아달라는 부탁이 들어온다면, 절대 그런 식으로는 하지 않을 것이다. 솔직히 말해서, 이런 강의를 또다시 맡지 않았으면 좋겠다. 그러나 내가 볼 때, 물리학에 관한 한 첫해의 강의는 그런대로 만족스러웠다고 생각한다.

두 번째 해에는 그다지 만족스럽지 못했다. 이 강의에서는 주로 전기와 자기 현상을 다루었는데, 보통의 평범한 방법 이외의 기발한 착상으로 이 현상을 설명하고 싶었지만, 결국 나의 강의는 평범함의 범주를 크게 벗어나지 못했다. 그래서 전기와 자기에 관한 강의는 별로 잘했다고 생각하지 않는다. 2년째 강의가 마무리될 무렵에, 나는 물질의 기본 성질에 관한 내용을 추가하여 기본 진동형과 확산 방정식의 해, 진동계, 직교 함수 등을 소개함으로써 '수리물리학'의 진수를 조금이나마 보여주고 싶었다. 만일 이 강의를 다시 하게 된다면, 이것을 반드시 실천에 옮길 것이다. 그러나 내가 학부생 강의를 다시 하리란 보장이 전혀 없었으므로 양자 역학의 기초 과정을 시도해보는 것이 좋겠다는 의견이 나왔다. 그 내용은 강의록 3권에 수록되었다.

나중에 물리학을 전공할 학생이라면, 양자 역학을 배우기 위해 3학년이 될 때까지 기다릴 수도 있겠지만, 다른 과를 지망하는 다수의 학생들은 장차 자신의 전공 분야에 필요한 기초를 다지기 위해 물리학을 수강하는 경우가 많았다. 그런데 보통의 양자 역학 강좌는 주로 물리학과의 고학년을 대상으로 하고 있었기 때문에 이들이 그것을 배우려면 너무 오랫동안 기다려야 했다. 즉, 다른 과를 지망하는 학생들에게 양자 역학은 '그림의 떡'이었던 것이다. 그런데 전자 공학이나 화학 등의 응용 분야에서는 양자 역학의 그 복잡한 미분 방정식이 별로 쓰이지 않는다. 그래서 나는 편미분 방정식과 같은 수학적 내용들을 모두 생략한 채로 양자 역학의 기본 원리를 설명하기로 마음먹었다. 통상적인 강의 방식과 거의 정반대라 할 수 있는 이 강의는 이론 물리학자라면 한번쯤 시도해볼만한 가치가 충분히 있었다. 그러나 강의가 막바지에 이르면서 시간이 너무 부족했기 때문에, 나 자신도 만족할 만한 유종의 미를 거두지는 못했다(에너지 띠나 확률 진폭의 공간 의존성 등에 대하여 좀더 자세히 설명하려면, 적어도 3~4회의 강의가 더 필요했다). 또한 이런 식의 강의를 처음 해보았기 때문에 학생들로부터 별 반응이 없는 것도 내게는 악재로 작용했다. 역시 양자 역학은 고학년을 상대로 가르치는 것이 정상이다. 앞으로 이 강의를 또 맡게 된다면 그때는 지금보다 잘 할 수 있을 것 같다.

나는 수강생들로 하여금 소모임을 조직하여 별도의 토론을 하도록 지시했기 때문에 문제 풀이에 관한 강의를 따로 준비하지는 않았다. 첫해에는 문제 풀이법에 대하여 세 차례에 걸쳐 강의를 했었는데, 그 내용은 이 책에 포함시키지 않았다. 그리고 회전계에 관한 강의가 끝난 후에 관성 유도에 관한 강의가 당연히 이어졌지만, 그것도 이 책에서 누락되었다. 다섯 번째와 여섯 번째 강의는 내가 외부에 나가 있었기 때문에 매슈 샌즈(Matthew Sands) 교수가 대신 해주었다.

이 실험적인 강의가 얼마나 성공적이었는지는 사람들마다 의견이 분분하여 판단을 내리기가 어렵다. 내가 보기에는 다소 회의적이다. 학부생의 입장에서 볼 때는 결코 훌륭한 강의가 아니었을 것이다. 특히, 학생들이 제출한 시험 답안지를 볼 때, 아무래도 이 강의는 실패작인 것 같다. 물론 개중에는 강의를 잘 따라온 학생들도 있었다. 강의실에 들어왔던 동료 교수들의 말에 의하면, 거의 모든 내용을 이해하고 과제물도 충실하게 제출하면서 끝까지 흥미를 잃지 않은 학생이 10~20명 정도 있었다고 한다. 내 생각에, 이 학생들은 최고 수준의 기초 물리학을 터득한 학생들로서 내가 주로 염두에 두었던 대상이기도 하다. 그러나 역사가인 기번(Edward Gibbon)이 말했던 대로, "수용할 자세가 되어 있지 않은 학생에게 열성적인 교육은 별 효과가 없다."

사실 나는 어떤 학생도 포기하고 싶지 않다. 강의 중 내가 부지불식간에 그런 실수를 저질렀을지도 모르지만, 순전히 강의가 어렵다는 이유만으로 우수한 학생이 낙오되는 것은 누구에게나 불행한 일이다. 그런 학생들을 돕는 방법 중 하나는 강의 중에 도입된 새로운 개념의 이해를 돕는 연습 문제를 부지런히 개발하는 것이다. 연습 문제를 풀다보면 난해한 개념들이 현실적으로 다가오면서, 그들의 마음 속에 분명하게 자리를 잡게 될 것이다.

　　그러나 뭐니 뭐니 해도 가장 훌륭한 교육은 학생과 교사 사이의 개인적인 접촉, 즉 새로운 아이디어에 관하여 함께 생각하고 토론하는 분위기를 조성하는 것이다. 이것이 선행되지 않으면 어떤 방법도 성공을 거두기 어렵다. 강의를 그저 듣기만 하거나 단순히 문제 풀이에 급급해서는 결코 많은 것을 배울 수 없다. 그런데 학교에서는 가르쳐야 할 학생수가 너무나 많기 때문에 이 이상적인 교육을 실천할 수가 없다. 그러므로 우리는 대안을 찾아야 한다. 이 점에서는 나의 강의가 한몫을 할 수도 있을 것 같다. 학생수가 비교적 적은 집단이라면, 이 강의록으로부터 어떤 영감이나 아이디어를 떠올릴 수 있을 것이다. 그들은 생각하는 즐거움을 느낄 것이고, 한 걸음 더 나아가서 아이디어를 더욱 큰 규모로 확장할 수도 있을 것이다.

1963년 6월
리처드 파인만(Richard P. Feynman)

서문

이 책은 1961~1962년에 캘리포니아 공과대학(Califonia Institute of Technology)에서 리처드 파인만 교수가 강의한 내용을 묶은 것이다. 이 강의는 2년짜리 물리학 기초 과정 중 첫 번째 해에 실시되었고 그 다음 해인 1962~1963년에도 이 강의의 후속으로 비슷한 강의가 이어졌다. 강의의 상당 부분은 물리학의 기초 과정을 소개하는 데 할당되었다.

최근 수십 년 동안 물리학은 빠르게 발전하였고 고등학교 수학 교과 과정이 강화되면서 대학 신입생들의 수학 실력이 날로 향상되고 있으므로 이것은 시기 적절한 강의였다고 생각한다. 우리의 목적은 학생들의 향상된 수학 실력을 십분 활용하여 현대 물리학의 최신 주제를 되도록 자세히 강의하는 것이었다.

우리는 강의 내용과 전달 방법에 내실을 기하기 위해 물리학과 교수들의 다양한 의견을 수렴하였으며, 충분한 논의를 거친 후에 강의 주제를 선별하였다. 우리는 강의 주제의 특성상 기존의 교재로 강의하거나 새로운 교재를 당장 집필하는 것은 별로 도움이 되지 않는다고 생각했다. 그래서 일단은 2~3주당 한 장(chapter)씩 선별된 주제로 강의를 진행한 후에 적절한 교재를 집필하기로 합의를 보았다. 처음에 대략적으로 잡아놓은 강의 계획은 부실한 부분이 많았지만, 시간이 지나면서 많이 보완되었다.

애초에 우리는 N명의 집필진이 거의 동일한 분량의 강의를 책임지고 교재를 집필하기로 계획했었다. 즉, 한 개인이 강의 전체의 $1/N$을 책임지는 동등 분할 방식이었다. 그러나 집필진이 그리 많지도 않은데다가 각 개인의 개인적 성향과 철학적 관점이 서로 달라서 시종 동일한 관점을 유지하기가 어려웠다.

샌즈(M. Sands) 교수는 이 강좌의 독창성을 유지하기 위해 강의와 교재 집필을 모두 파인만 교수에게 맡기고 강의 내용을 녹음 테이프로 남기자는 제안을 했다. 이렇게 하면 한 차례의 강좌가 마무리된 후에 큰 어려움 없이 교재를 만들 수 있을 것 같았다. 그래서 물리학과의 교수들은 샌즈의 의견을 따르기로 했다.

녹음된 내용을 들으며 교재를 집필하는 것은 별로 어려운 일이 아닐 거라고 생각했다. 강의록에 필요한 그림을 삽입하고 구두점과 문법을 조금 수정하는 것은 대학원생의 시간제 아르바이트 일감 정도로 적당할 것 같았다. 그러나 막상 뚜껑을 열어보니 사정은 전혀 딴판이었다. 우리는 대화체의 말투를 설명문으로 바꾸는 데 대부분의 시간을 보내야 했다. 파인만 같은 물리학자의 하루치 강의를 10~20시간에 편집하는 것은 대학원생이나 전문 편집자가 할 수 있는 일이 전혀 아니었다!

편집 작업은 이렇게 어려웠지만, 무엇보다도 학생들에게 교재를 제공하는 것이 시급했으므로 우리는 어쩔 수 없이 "기술적으로 별 문제는 없지만 편집 상태가 완전하지 않은" 초기 버전을 먼저 내놓아야 했다. 게다가 다른 대학의 교수들과 학생들도 파인만의 강의록을 빨리 보고 싶어 했기 때문에 출간을 서두르지 않을 수 없었다. 앞으로 내용이 깔끔하게 다듬어진 개정판이 나오면 좋겠지만 그럴 가능성은 별로 없을 것 같다. 사실, 편집 상태가 완벽한 책은 애초부터 기대도 하지 않았다. 조속한 시일 내에 약간의 교정을 보기로 나름대로 계획이 잡혀 있는데, 예정대로 실행될 수 있기를 바랄 뿐이다.

강의 내용과 관련하여 학생들의 능력을 효과적으로 향상시키기 위해서는 연습 문제 풀이와 실험이 병행되어야 한다. 이 부분은 강의록만큼 완성되진 않았지만 그동안 많은 진전을 보았다. 일부 연습 문제들은 강의가 진행되는 동안 만들어졌으며, 완전한 형태의 문제집은 교재와 별도로 내년쯤 출간될 예정이다.

이 강좌와 관련된 실험은 네어(H.V. Neher) 교수가 기획하였는데, 여기에는 마찰이 거의 없는 기체 베어링과 공기 홈통을 이용한 1차원 운동 및 충돌 문제와 조화 진동자가 포함되어 있고 공기로 작동하는 맥스웰의 팽이를 이용하여 가속 원운동과 세차 운동 및 장동을 관측하는 과정도 들어 있다. 모든 실험 과정을 기획하려면 앞으로 상당한 기간이 필요할 것으로 보인다.

이 강의는 레이턴과 네어, 그리고 샌즈 교수의 책임하에 기획되었다. 그 외에 파인만, 노이게바우어(G. Neugebauer), 서턴(R.M. Sutton), 스태블러(H.P. Stabler), 스트롱(F. Strong), 포크트(R. Vogt) 교수 등이 물리학, 수학, 천문학 분야에 참여하였고 공학과 관련된 부분은 코게이(T. Caughey), 플레셋(M. Plesset), 윌츠(C.H. Wilts) 교수의 도움을 받았다. 그 밖에 이 책의 출간을 위해 물심양면으로 도움을 준 많은 분들에게 깊은 감사를 드린다. 특히 재정적으로 뒷받침을 해준 포드 재단에 감사를 전하고 싶다. 포드 재단의 도움이 없었다면 이 책은 탄생하지 못했을 것이다.

1963년 7월

로버트 레이턴(Robert B. Leighton)

차례

파인만의 물리학 강의 I-I

CHAPTER 28
전자기 복사

28-1 전자기학

물리학의 발달 과정에서 가장 극적인 순간은 언제일까? 아마도 전혀 다르게 보였던 현상들이 어느 순간 갑자기 동일 현상의 다른 측면이었음이 알려지면서 하나의 이론으로 통합되는 순간일 것이다. 물리학의 역사는 한마디로 '통일의 역사'이다. 다양한 자연 현상들을 몇 개의 이론으로 통합하지 못했다면 물리학은 지금처럼 목에 힘을 주지 못했을 것이다.

1860년대의 어느 날, 맥스웰(J.C. Maxwell)은 빛의 특성을 이용하여 전기적 현상과 자기적 현상을 하나의 이론으로 통합하는 데 성공하였다. 그것은 두말할 것도 없이, 19세기 물리학의 가장 극적인 순간이었다. 맥스웰의 새로운 이론은 그동안 중요하면서도 수수께끼로 취급되어왔던 빛의 실체를 부분적으로나마 규명해주었고, 그 결과 구약성서의 창세기에도 약간의 수정이 필요하게 되었다. 아마도 맥스웰은 자신의 이론을 완성하고 나서 "빛이 있으라!"라는 구절을 "먼저 전기와 자기가 있으라! 그 후에 빛이 있으라!"로 고치고 싶었을 것이다.

맥스웰의 세기적 발견이 있기까지, 전기와 자기 이론은 오랜 세월 동안 꾸준하게 발전해왔다. 내년이 되면 여러분도 자세한 내용을 배우게 될 것이다. 그 장구한 역사를 간단하게 정리하자면 다음과 같다. 인력과 척력으로 구분되는 전기력과 자기력은 다소 복잡한 힘이긴 하지만, 거리의 제곱에 반비례한다는 공통된 성질을 갖고 있다. 예를 들어, 정지된 전하에 적용되는 쿨롱의 법칙에 의하면 전하가 만들어낸 전기장은 전하로부터 거리가 멀어질수록 거리의 제곱에 반비례하여 작아진다. 따라서 두 개의 전하가 아주 멀리 떨어져 있으면 서로에게 거의 영향을 미치지 못한다. 맥스웰은 당시에 알려져 있던 여러 개의 방정식들을 하나로 통합하던 와중에, 무언가가 잘못되어 있음을 간파하였다. 전기와 자기의 이론 체계가 모순 없이 통합되기 위해서는 방정식에 새로운 항이 추가되어야 했던 것이다. 그런데 새로운 항을 추가해놓고 보니, 전기장과 자기장의 일부는 거리의 제곱에 반비례하지 않고 그냥 거리에 반비례하여 작아지는 것으로 드러났다! 또한, 한 지점에서 흐르는 전류가 멀리 있는 전하에 영향을 준다는 사실도 발견되었으며, 오늘날 '라디오 전송', 또는 '레이더(radar)' 등의 이름으로 우리에게 친숙한 현상들도 이때 최초로 예견되었다.

단순히 전기적 현상만을 이용하여 유럽에 사는 사람이 하는 말을 수천 마일 떨어져 있는 미국인에게 전달할 수 있다는 것은 거의 기적과도 같은 일이다. 이런 일이 어떻게 가능한 것일까? 맥스웰의 발견대로, 장(場, field)의 세기가 거리에 반비례하여 줄어들기 때문이다. 그리고 빛은 원자 속에 있는 전자가 엄청난 빠르기로 진동하면서 나타나는 전자기적 효과의 산물임이 알려졌다. 이 모든 현상을 가리켜 흔히 '복사(radiation)', 또는 '전자기 복사(electromagnetic radiation)'라 한다. 이와는 다른 종류의 복사도 있지만, 복사라는 말은 보통 전자기 복사를 의미한다.

그 덕분에 우리는 우주와 관련된 많은 수수께끼를 풀 수 있었다. 까마득하게 멀리 떨어져 있는 별 속에서 원자가 진동하면, 그 효과는 수천, 수억 광년의 거리를 날아와 우리 눈 속의 전자에 영향을 준다. 그 덕분에 우리는 별을 '볼 수' 있다. 만일 이런 법칙이 존재하지 않았다면, 인간은 외부 세계에 대하여 눈뜬 장님 신세를 면치 못했을 것이다! 지구에서 50억 광년 떨어져 있는 은하 속에서 격렬한 춤을 추고 있는 전자는 지금도 지구에 있는 라디오 망원경의 커다란 접시에 영향을 주고 있다. 이 영향을 우리가 감지할 수 있기에, 그곳에 은하가 존재한다는 사실을 알 수 있는 것이다.

지금부터 이 놀라운 현상의 근원을 단계적으로 추적해보자. 이 책의 서두에서 우리는 이 세계가 돌아가는 원리를 개략적으로 훑어보았다. 당시에는 여러분의 물리학 지식이 조금 빈곤하여 자세한 설명을 할 수 없었지만, 지금 여러분은 그중 일부를 이해할 수 있는 단계에 와 있으므로 더욱 구체적인 설명을 할 수 있을 것 같다. 우리의 이야기는 19세기 말엽의 물리학에서 출발한다. 당시의 물리학자들이 알고 있었던 자연의 기본 법칙들은 대충 다음과 같이 요약될 수 있다.

우선 첫째로, 여러 종류의 힘에 관한 법칙들이 있었다. 그중 하나가 바로 중력의 법칙으로서, 이 강의에서도 여러 차례 다룬 적이 있다. 질량 M인 물체는 질량 m인 다른 물체에 다음과 같은 법칙에 따라 인력을 행사한다.

$$\mathbf{F} = GmM\mathbf{e}_r/r^2 \tag{28.1}$$

여기서 $\mathbf{e}_r$은 m에서 M을 향하는 단위 벡터이며, r은 두 질량 사이의 거리이다.

그 다음으로는 전기력과 자기력을 들 수 있다. 19세기 말에 알려져 있던 내용은 다음과 같다. 전하 q에 작용하는 전기적 힘은 $\mathbf{E}$와 $\mathbf{B}$로 표기되는 두 개의 역장(force field)과 전하 q의 속도 $\mathbf{v}$를 이용하여 다음과 같이 표현할 수 있다.

$$\mathbf{F} = q(\mathbf{E} + \mathbf{v} \times \mathbf{B}) \tag{28.2}$$

이 법칙을 제대로 이해하려면 $\mathbf{E}$와 $\mathbf{B}$의 정체를 알아야 한다. 전하가 여러 개 있는 경우, $\mathbf{E}$와 $\mathbf{B}$는 개개의 전하에 의한 효과를 모두 더하여 얻어진다. 그러므로 단일 전하에 의해 생성되는 **E**와 **B**를 알고 있다면, 이 우주에 있는 모든 전하들이 만들어내는 효과를 더하여 전체 **E**와 **B**를 구할 수 있다! 다들 아는 바와 같이, 이것이 바로 중첩 원리이다.

그렇다면 개개의 전하가 만들어내는 전기장과 자기장은 얼마인가? 이 계산은 너무도 복잡하여, 여러분이 앞으로 공부를 한참 더 하고 난 후에 엄청난 양의 계산을 해치워야 간신히 이해할 수 있다. 그러나 지금 우리에게 그런 것은 중요하지 않다. 자연이 얼마나 복잡하건 간에, 그것을 지배하는 법칙은 눈에 익은 기호를 사용하여 종이 한 장에 요약될 수 있다. 이 얼마나 기적 같은 일인가! 개개의 전하가 만들어내는 전기장에 관한 법칙은 아주 정확하게 알려져 있지만 그 형태가 너무 복잡하기 때문에 이 자리에서 유도하기에는 약간 무리가 있다. 지금은 여러분의 직관적인 이해를 돕기 위해 결과만 소개하고 넘어가기로 한다. 사실, 전기와 자기의 법칙들을 이런 식으로 표현하는 것은 그다지 효과적인 방법이 아니다. 가장 효과적인 방법은 장 방정식(field equation)으로 표현하는 것이다. 이에 관한 내용은 내년쯤 강의할 예정이다. 새로운 수학 표기법을 사용하면 방정식이 단순해지지만 여러분에게는 암호나 다름없을 것이므로, 방정식이 복잡해지는 것을 감수하고 여러분에게 익숙한 표기법을 사용하기로 한다.

전하 q가 만드는 전기장 **E**는 다음과 같다.

$$\mathbf{E} = \frac{-q}{4\pi\varepsilon_0}\left[\frac{\mathbf{e}_{r'}}{r'^2} + \frac{r'}{c}\frac{d}{dt}\left(\frac{\mathbf{e}_{r'}}{r'^2}\right) + \frac{1}{c^2}\frac{d^2}{dt^2}\,\mathbf{e}_{r'}\right] \qquad (28.3)$$

여기 나타난 각 항들은 무엇을 의미하는가? 우선 첫 번째 항 $\mathbf{E} = -q\mathbf{e}_{r'}/4\pi\varepsilon_0 r'^2$부터 살펴보자. 이것은 여러분도 이미 잘 알고 있는 쿨롱의 법칙이다. q는 전기장을 만든 전하이고 $\mathbf{e}_{r'}$은 전기장이 계산된 지점 P에서 q로 향하는 단위 벡터이며, r은 q와 P 사이의 거리이다. 여러분이 그동안 전기장에 대해 배운 것은 아마도 이것이 전부였을 것이다. 그러나, 식 (28.3)에서 보다시피 전기장을 구성하는 요인은 이것이 전부가 아니다. 즉, 쿨롱의 법칙은 틀린 것이다. 19세기에 발견된 또 하나의 사실은 어떤 물리적 객체가 다른 객체에게 영향을 미칠 때 그 영향이 전달되는 속도는 위로 한계가 있다는 것이었다. 영향이 전달되는 가장 빠른 속도는 보통 c로 표기하는데, 지금 우리는 이것을 '빛의 속도'라 부르고 있다. 그러므로 식 (28.3)의 첫 번째 항은 엄밀히 말해서 쿨롱의 법칙이 아니다. 전기장 **E**를 만든 전하가 지금 이 순간에 어디에 있는지, P점과의 거리가 지금 이 순간에 어떻게 변했는지를 알 수 없을 뿐만 아니라, 지금 이 순간, 이곳에 형성된 전기장에 영향을 주는 것은 '지금'의 전하가 아닌 '과거'의 전하이기 때문이다. 얼마나 과거인가? 흔히 '뒤처진 시간(retarded time)'이라 불리는 이 시간차는 전하 q에서 c의 속도로 출발하여 P점에 도달할 때까지 소요되는 시간으로서, 지금의 경우는 r'/c이다.

바로 이러한 시간 지연 효과 때문에 거리를 r이 아닌 r'으로 표기한 것이다. 즉, r은 지금 이 순간 전하 q와 P점 사이의 거리이고, r'은 전하가 지금의 전기장을 만들'던' 그 순간 q와 P 사이의 거리를 의미한다. 앞으로 당분간 전하가 빛을 운반한다고 가정하자. 그리고 빛의 속도는 항상 c로 일정하다고 가정해보자. 그렇다면 지금 이 순간 우리의 눈에 보이는 q는 지금의 모습이 아니라 과거의 모습이다. 따라서 우리의 공식에 등장하는 거리는 r이 아닌 r'이고, 전기장의 방향도 지금의 방향 θ_r이 아닌 '뒤처진 방향(retarded direction)', 즉 $\theta_{r'}$이 되어야 한다. 이 정도면 이해하는 데 별 어려움은 없어 보인다. 그러나 애석하게도 이것 역시 틀린 설명이다. 실제의 구조는 이것보다 훨씬 더 복잡하다.

식 (28.3)에는 아직 두 개의 항이 남아 있다. 두 번째 항은 지금까지 말한 뒤처짐 효과를 나타내는 항으로서, 시간에 대한 전기장의 변화율에 뒤처진 시간 r'/c이 곱해진 모양을 하고 있다. 즉, 자연은 장의 변화율에 뒤처진 시간을 곱한 만큼 전기장이 변하도록 운영되고 있다는 뜻이다. 그러나 전기장의 정확한 표현은 아직도 미완성이다. 세 번째 항이 아직 남아 있기 때문이다. 세 번째 항은 전하 q로 향하는 단위 벡터를 시간으로 두 번 미분한 형태이다. 이것으로 전기장에 대한 공식은 완성된다. 임의의 속도로 움직이는 전하에 의해 생성되는 전기장은 식 (28.3)으로 표현된다.

자기장은 다음과 같이 주어진다.

$$\mathbf{B} = -\mathbf{e}_{r'} \times \mathbf{E}/c \tag{28.4}$$

앞에서 나는 자연의 아름다움과 수학의 위력을 강조하는 의미로 이 식을 잠시 언급한 적이 있다. 방정식들이 왜 이렇게 간단하게 표현되는지는 알 수 없지만, 어쨌거나 식 (28.3)과 (28.4)에는 전기 발전기와 빛의 작용을 비롯한 모든 전자기적 현상들이 고스란히 담겨 있다. 물론, 완벽한 설명이 되려면 여기에 물질(matter)의 특성에 관한 설명이 추가되어야 한다. 식 (28.3)에는 이 부분이 빠져 있다.

19세기 물리학에 관한 설명이 제대로 마무리되려면 맥스웰의 찬란한 업적 이외에 열역학의 기념비적인 성공도 언급되어야 한다. 이 내용은 차후에 강의할 예정이다.

20세기에 접어들면서, 근 250년간 물리학을 지배해왔던 뉴턴의 역학은 새롭게 탄생한 양자 역학(quantum mechanics)에게 권좌를 내줄 수밖에 없었다. 원자적 스케일에서 뉴턴의 역학이 더 이상 먹혀들지 않았기 때문이다. 알고 보니 뉴턴의 역학은 거시적 세계를 근사적으로 서술한 물리학이었다. 최근 들어 양자 역학은 고전적 전자기학과 통합되면서 양자 전기 역학(quantum electrodynamics, QED)이라는 새로운 분야로 업그레이드되었다(이것을 실현한 장본인이 바로 지금 강의를 하고 있는 파인만이다! : 옮긴이). 이와 더불어, 베크렐(A.H. Becquerel)은 1898년에 방사능이라는 새로운 현상을 발견하여 핵자(양성자, 중성자)와 핵력에 관한 연구의 지평을 열었다. 핵력은 중력이나 전자기력과 전혀 상관없는 새로운 힘으로서, 자세한 얼개는 아직 알려지지 않고 있다.

더욱 자세한 내용을 알고 싶은 독자들(또는 우연히 이 책을 읽게 된 대학

교수들)을 위해, 다음의 사실을 강조하고 싶다 — 식 (28.3)과 (28.4)는 전자기학의 모든 것을 말해주고 있긴 하지만, 이것도 완전한 설명은 아니다. 임의의 전하에 의해 생성된 전기장을 계산할 때, 전기장을 계산하려는 지점이 전하의 내부에 있는 경우에는 당장 어려움이 발생한다. 전하의 중심에서 중심까지의 거리는 당연히 0이므로, 무언가를 0으로 나눠야 하는 난처한 상황에 직면하는 것이다. 전하가 자기 자신에게 어떤 영향을 주는지는 아직 정확하게 밝혀지지 않고 있다. 그래서 앞으로 우리는 가능한 한 이 문제를 피해갈 것이다.

28-2 복사(Radiation)

현대 물리학은 대충 이 정도까지 와 있다(이 강의는 1961~1962년도에 걸쳐 진행된 것임을 상기하기 바란다 : 옮긴이). 지금부터 이 지식을 활용하여 '복사'라는 물리 현상을 이해해보자. 먼저, 식 (28.3)에서 거리의 제곱에 반비례하는 부분을 제외시키고 거리에 반비례하는 부분을 골라내야 한다. 사실 이 부분은 매우 단순한 형태이며, 이것을 '멀리서 움직이는 전하가 만드는 전기장'으로 간주하면 광학과 전자기학을 성공적으로 서술할 수 있다. 자세한 과정은 내년에 배우기로 하고, 지금은 결과가 주어진 상태에서 시작해보자.

식 (28.3)에 들어 있는 세 개의 항들 중에서 첫 번째 항은 거리의 제곱에 반비례하는 게 확실하고, 두 번째 항은 뒤처짐 효과를 고려하기 위해 첨부된 항으로서 역시 거리의 제곱에 반비례한다는 것을 쉽게 증명할 수 있다. 우리가 원하는 부분은 바로 세 번째 항인데, 생긴 것도 그다지 복잡하지는 않다. 전하가 움직이면 단위 벡터도 따라서 움직인다(반경이 1인 구의 중심에 시작점이 고정된 채로 이리저리 돌아가고 있는 단위 벡터로 간주할 수 있다). 우리가 알고 싶은 것은 바로 이 단위 벡터의 가속도이다. 그것이 전부다. 그러므로

$$\mathbf{E} = \frac{-q}{4\pi\varepsilon_0 c^2} \frac{d^2\mathbf{e}_{r'}}{dt^2} \qquad (28.5)$$

에는 복사의 법칙이 담겨 있다. 전하가 아주 멀리 있는 경우, 거리의 제곱에 반비례하는 장(field)은 거의 사라지기 때문에, 우리에게 중요한 항은 이것뿐이다.

이제, 식 (28.5)에 담겨 있는 의미를 좀더 파헤쳐 보자. 지금 우리는 저 멀리서 제멋대로 움직이고 있는 전하를 바라보고 있다. 그런데 자세히 보니 전하에 불이 밝혀져 있다(당분간은 그냥 이렇게 이해하고 넘어가자. 사실은 이것이 바로 우리가 설명하려는 빛의 실체이다). 우리의 눈에는 하얀 점이 이리저리 움직이는 것처럼 보인다. 그러나 우리가 보는 것은 '지금 이 순간의 모습'이 아니다. 전하의 모습이 우리의 눈에 도달할 때까지 시간이 걸리기 때문에 우리는 전하의 과거 모습을 보고 있는 셈이다. 그리고 단위 벡터 $\mathbf{e}_{r'}$은 '지금' 우리의 눈에 보이는 전하를 향하고 있다. $\mathbf{e}_{r'}$의 끝부분이 약간의 곡선을 그리고 있다면, 가속도는 두 방향의 성분을 갖는다. 그중 하나는 $\mathbf{e}_{r'}$의 끝

이 위아래로 움직이면서 나타나는 가로 성분(transverse)이고, 다른 하나는 $\mathbf{e}_{r'}$의 끝이 반경 1인 구(sphere)의 표면을 쓸고 지나가면서 나타나는 반지름 방향(radial) 성분이다. 이중 반지름 방향 성분은 거리의 제곱에 반비례하여 작아지기 때문에, 전하가 멀리 있을 때에는 거의 무시할 수 있을 정도로 작다. 아주 멀리서 무언가가 움직이고 있을 때, 상하 또는 좌우로 흔들리는 폭은 거리에 반비례하여 작아지지만, 우리의 눈과 그 물체를 연결하는 방향의 가속도는 거리의 제곱에 반비례하여 훨씬 더 빠르게 감소하는 것을 알 수 있다. 그러므로 멀리서 진행되는 전하의 운동을 단위 거리 앞에 놓여 있는 스크린 위에 투영시키면 좀더 편리하게 운동을 분석할 수 있다. 거기서 우리가 찾은 법칙은 다음과 같다. 우리가 바라보는 전하와 그로부터 나타나는 모든 현상들은 시간적으로 뒤처져 있다. 이것은 마치 단위 거리 앞의 풍경을 바라보며 그림을 그리는 화가의 입장과 비슷하다. 물론 진짜 화가들은 빛이 자신의 눈에 도달할 때까지 걸리는 시간을 전혀 고려하지 않고 그냥 눈에 보이는 대로 그려 나갈 것이다. 지금 우리는 그의 그림이 어떤 모습일지 궁금하다. 단, 우리가 보는 풍경은 나무와 산이 아니라 움직이는 전하이다. 단위 거리에 있는 스크린에 전하의 움직임을 투영시켰으므로 점의 위치는 매 순간 새롭게 변하고 있지만, 항상 과거의 모습일 뿐이다. 스크린에 나타난 점의 가속도는 전기장에 비례한다. 우리에게 필요한 정보는 이것뿐이다.

식 (28.5)는 복사를 설명해주는 가장 정확하고 올바른 식이다. 여기에는 상대론적 효과까지 모두 포함되어 있다. 그러나 이보다 좀더 단순한 상황, 즉 전하가 아주 느리게 움직이는 상황에 이 식을 적용하는 경우가 종종 있다. 전하의 움직임이 느리면 위치의 변화가 크지 않기 때문에 뒤처진 시간을 상수로 취급할 수 있게 되고, 수식도 아주 간단해진다. 전하까지의 거리를 r이라 하면 뒤처진 시간은 r/c이며, 우리의 법칙은 다음과 같이 변한다. 전하를 가진 물체의 변위가 시간 t 동안 $x(t)$만큼 변했다면 단위 벡터 $\mathbf{e}_{r'}$이 가리키는 방향은 각도 x/r만큼 변하고, 여기서 r은 상수이므로 $d^2\mathbf{e}_{r'}/dt^2$의 x 성분은 x의 과거 가속도에 해당된다. 따라서 우리는 다음과 같은 법칙을 얻게 된다.

$$E_x(t) = \frac{-q}{4\pi\varepsilon_0 c^2 r} a_x\left(t - \frac{r}{c}\right) \tag{28.6}$$

여기서 우리에게 중요한 것은 우리의 눈과 전하를 연결하는 선에 수직한 방향의 가속도 성분, 즉 a_x이다. 다른 성분은 중요하지 않다. 왜 그럴까? 만일 전하가 우리의 눈으로부터 멀어지거나 가까워지는 방향으로만 움직인다면 그 방향의 단위 벡터는 전혀 흔들림이 없기 때문에 가속도도 없다. 그러므로 우리에게 중요한 것은 스크린에 투영시켰을 때 나타나는 가속도, a_x이다.

28-3 쌍극자 복사체(Dipole radiator)

이제, 식 (28.6)을 전자기 복사의 기본 법칙으로 간주하자. 이 식은 아주 먼 거리 r에서 전하가 비상대론적으로 가속 운동을 하고 있을 때 발생하는 전기장을 나타내고 있다. 전기장은 r에 반비례하고 스크린에 투영된 전하 q의 가속도에 비례한다. 물론, 투영된 가속도는 지금 이 순간의 가속도가 아니라 r/c만큼 거슬러 올라간 과거의 가속도이다. 앞으로 우리는 반사와 굴절, 간섭, 산란 등 빛과 관련된 거의 모든 현상에 이 법칙을 적용할 것이다. 그러므로 식 (28.6)을 물리학적 관점에서 좀더 깊이 이해하고 넘어가는 편이 좋을 것 같다.

식 (28.3)은 내년 강의 때 다시 언급될 것이다. 당분간은 이것을 그냥 사실로 간주하자. 이론적인 배경을 몰라 다소 찜찜하겠지만, 지금으로서는 어쩔 도리가 없다. 그 대신, 이 법칙의 특성을 보여주는 몇 가지 실험을 해보자. 그러기 위해서는 먼저 가속 운동을 하는 전하가 필요하다. 단일 전하를 가속시킬 수 있으면 더욱 좋겠지만 여러 개의 하전 입자를 가속시켜도 상관없다. 이때 생성되는 전기장은 개개의 하전 입자가 만드는 전기장을 더하여 구할 수 있기 때문이다. 예를 들어, 그림 28-1과 같이 두 개의 선이 발전기에 연결되어 있는 경우를 생각해보자. 발전기가 전위차(또는 전기장)를 생성시키면 A에 있는 전자들은 발전기 쪽으로 끌려갔다가 B쪽으로 밀려나게 된다. 그러다가 아주 짧은 시간이 지나면 전자의 흐름은 반대 방향으로 바뀐다. B에 있는 전자들이 A쪽으로 끌려가는 것이다! 결과적으로, A와 B에 들어 있는 전자들은 동시에 위로 가속되었다가 잠시 후에 아래로 가속되는 과정을 반복하게 된다(바로 이러한 효과를 내기 위해 발전기와 두 개의 선을 연결시킨 것이다. 선 사이의 간격이 충분히 좁으면 수평 이동에 의한 효과는 서로 상쇄된다). 연결된 선의 길이가 빛의 한 파장보다 짧은 경우, 이것을 '전기 쌍극 진동자(electric dipole oscillator)'라 한다. 이로써 우리는 실험에 사용될 '가속되는 전하'를 얻는 데 성공했다. 이제 가속되는 전하는 전기장을 만들 것이고, 우리는 감지기로 그것을 측정하면 된다. 어떤 감지기를 사용할 것인가? 두 개의 선이 연결된 똑같은 장치를 사용하면 된다! 이 장치에 외부 전기장이 걸리면 전하는 위 또는 아래쪽으로 힘을 받아 그 방향으로 가속되고, A와 B 사이에 정류기를 설치하면 전하의 이동 신호를 음성 신호로 바꿀 수 있다. 물론, 여기에 증폭 장치까지 동원하면 우리의 귀로 직접 들을 수도 있다. 만일 무슨 소리가 들려오면 그 주변에서 전기장이 감지되었다는 뜻이다.

사실, 실험실의 내부에는 다른 기계 장치들도 있을 것이므로 생성된 전기장이 엉뚱한 전자에게 영향을 주어 원치 않는 소음을 만들어낼 수도 있다. 그러므로 성공적인 실험을 위해서는 다른 장비들을 가능한 한 단단하게 고정시켜야 한다. 아무리 세게 붙들어 놓는다 해도 미세한 전자의 움직임까지 막을 수는 없겠지만, 이 정도면 식 (28.6)을 입증하는 데 부족함이 없다.

자, 이제 발전기의 스위치를 올리고 스피커를 통해 흘러나오는 소리에 귀를 기울여보자. 감지기 D를 그림 28-2의 위치 1에서 발전기 G와 평행한 방향으로 세팅해놓으면 소리가 커진다. 즉, 제법 강한 전기장이 감지되었다는 뜻이다. 둘 사이의 거리와 평행 상태를 그대로 유지한 채 전체적인 각도를 돌려도 신호의 강도에는 변화가 없다. 그러나 감지기가 위치 3으로 가면 전기

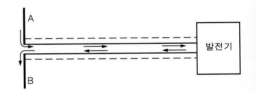

그림 28-1 고주파 신호 발생기는 두 개의 전선을 통해 전하를 위아래로 가속시킨다.

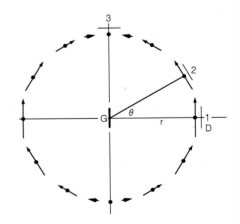

그림 28-2 진동하는 전자가 중심에 놓여 있을 때 반경 r의 원주를 따라 생성되는 전기장. 화살표의 길이는 해당 위치에서 전기장의 세기를 나타낸다.

장이 전혀 감지되지 않는다. 이것은 당연한 결과이다. 위치 3에서는 전하의 가속도 성분 중 '감지기와 전하를 잇는 직선(이 방향을 시선 방향이라 하자)에 수직한 방향'의 성분이 보이지 않기 때문이다. 이것은 전하가 시선 방향으로 움직일 때 전기장이 발생하지 않는다는 사실을 재확인해주는 결과이기도 하다. 또한, 우리의 공식에 의하면 전기장은 r에 수직하고 G와 r이 이루는 평면에 놓여야 한다. 그러므로 1의 위치에서 D를 90° 회전시켜도 전기장이 감지되지 않는다. 그림 28-2에서 D를 위치 2로 옮긴다면, 그림과 같은 방향을 향하고 있을 때 가장 강한 신호가 감지된다. G는 수직 방향으로 놓여 있지만, 자기 자신과 평행한 방향의 전기장을 만들지 않기 때문이다. 전기장의 세기는 시선 방향에 수직한 가속도 성분에 의해 좌우된다. 바로 이러한 이유 때문에, 감지기를 위치 2로 옮기면 아무리 방향을 잘 맞춰도 위치 1에 있을 때보다 신호가 약해진다.

28-4 간섭(Interference)

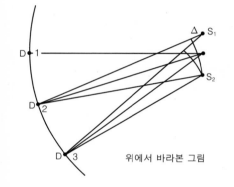

그림 28-3 두 개의 소스에 의한 간섭

다음으로 전기장을 생성하는 두 개의 소스가 한 파장 이상의 거리를 두고 나란히 놓여 있을 때 어떤 현상이 일어나는지 알아보자(그림 28-3). 이 경우에 적용되는 법칙은 다음과 같다. 두 개의 소스가 하나의 발전기에 연결되어 있고 둘 다 같은 방향으로 운동하고 있을 때, 위치 1에서는 각각의 영향이 한데 합쳐져서 전기장이 두 배로 강해진다.

이번에는 상황을 조금 바꿔서 소스 S_1과 S_2가 어떤 시간차를 두고 동일한 가속 운동을 한다고 가정해보자. 예를 들어 이들의 위상차가 180°였다면, 이들이 만들어내는 전기장은 방향이 항상 반대가 되어 위치 1에서 전기장은 감지되지 않는다. 그런데 진동의 위상차에 의한 감쇠 현상은 경로 S_2의 길이를 조절하여 거의 극복될 수 있다. 경로가 짧아지거나 길어지면 소요 시간에 변화가 생겨서 원래 있었던 시간차가 상쇄되는 것이다. 그러므로 경로를 잘 조절하면 S_1과 S_2가 움직이고 있음에도 불구하고 이들이 신호를 내보내지 않는 위치를 알아낼 수 있다! 둘 중 하나를 제거했을 때 없던 전기장이 갑자기 감지된다면 그것은 소스가 움직이고 있다는 증거이기도 하다.

두 개의 소스에 의한 전기장이 벡터적으로 더해진다는 것도 흥미로운 사실 중 하나이다. 소스가 위아래로 움직이는 경우는 앞에서 이미 다루었으므로, 이번에는 서로 직각 방향으로 운동하는 경우를 생각해보자. 우선, S_1과 S_2는 위상이 동일하고 운동 방향은 그림 28-4처럼 90°의 각도를 이룬다고 가정한다. 그러면 그림 28-3의 위치 1에서는 이 두 개의 소스(수평, 수직)에 의한 효과들이 서로 더해지게 된다. 이곳에 형성되는 전기장은 위상이 같은 두 개의 신호가 벡터적으로 더해진 결과이며, 그 결과는 45° 방향의 신호 R처럼 나타난다. 그러므로 이때 가장 강한 신호를 얻으려면 감지기 D를 수직 방향으로 놓지 말고 45°쯤 기울여야 한다. 그리고 이 방향과 직각으로 감지기를 세팅하면 아무런 신호도 잡히지 않는다!

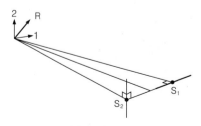

그림 28-4 전기장을 발생시키는 소스의 벡터적 성질을 보여주는 예

신호가 정말로 뒤처진다는 것은 어떻게 확인할 수 있을까? 물론, 거창한 실험 장치를 동원하여 신호의 출발 시간과 도착 시간을 직접 측정하면 된다. 그러나 여기 간단하게 확인하는 방법이 있다. 그림 28-3에서 S_1과 S_2가 같은 위상에 있다고 가정해보자. 이들은 똑같이 진동하면서 위치 1에 똑같은 전기장을 만들고 있다. 이 상황에서 감지기를 위치 2로 옮겨보자. 이곳에서 S_2까지의 거리는 이전보다 가깝고 S_1과의 거리는 이전보다 멀다. 즉, 신호가 거쳐야 할 경로의 길이가 달라졌으므로 두 개의 신호는 더 이상 같은 위상에 있지 않다. 이때의 경로차 $S_1 - S_2 = \Delta$가 빛의 반파장과 일치한다면, 위치 2에는 신호가 하나도 도달하지 않는다. 여기서 $S_1 - S_2$가 빛의 파장과 같아질 때까지 감지기를 계속 이동시켜 위치 3에 도달했다면, 이곳에서는 두 개의 전기장이 다시 합쳐지면서 위치 1에서처럼 강한 신호가 잡히기 시작한다. 그러므로 여기에도 무언가 주기적 성질이 있는 것이 분명하다.

식 (28.6)은 이상과 같은 실험으로 증명될 수 있다. 물론 나는 장의 세기가 $1/r$에 비례하여 작아진다는 사실을 증명하지 않았고, 전기장과 자기장이 같이 생성된다는 것도 언급하지 않았다. 이 내용을 이해하려면 매우 복잡한 과정을 거쳐야 하는데, 아무래도 지금 여러분의 수준에는 무리인 것 같다. 그러나 이 정도만 알고 있어도 나중에 큰 도움이 될 것이다. 내년에 전자기파를 공부할 때, 이 내용은 다시 다루어질 예정이다.

CHAPTER 29
간섭

29-1 전자기파

28장의 후반부에서 했던 이야기들을 수학적으로 이해해보자. 두 개의 소스(source)가 가까운 거리에 있을 때, 이들이 만들어내는 장은 위치에 따라 최대-최소값이 반복된다. 지금부터 엄밀한 수학을 이용하여 이 내용을 다시 서술해보자.

앞에서 우리는 식 (28.6)을 꽤 자세하게 분석하여, 물리적 의미를 그런대로 이해할 수 있었다. 그러나 사실 수학을 동원하지 않고서는 완벽하게 이해하기 어렵다. 전하가 아주 작은 영역 안에서 수직선을 따라 위아래로 가속되고 있을 때, 운동축과 θ 의 각도를 이루는 방향에 생성되는 장은 시선 방향(지금 전기장을 논하고 있는 지점과 전하를 연결하는 방향)과 직각을 이루며, 전하의 가속도와 시선 방향을 모두 포함하는 평면 위에 놓이게 된다(그림 29-1). 시간 t 에서 전하와의 거리가 r 인 지점에 생성되는 전기장의 세기는

$$E(t) = \frac{-qa(t - r/c)\sin\theta}{4\pi\varepsilon_0 c^2 r} \qquad (29.1)$$

로 주어진다. 여기서 $a(t - r/c)$는 시간이 $(t - r/c)$일 때의 가속도이며, 흔히 '뒤처진 가속도(retarded acceleration)'라 한다.

이제 다양한 조건하에서 장의 형태를 그림으로 표현해보자. 우리의 주된 관심은 $a(t - r/c)$라는 인자인데, 좀더 쉽게 이해하기 위해 우선 $\theta = 90°$ 인 간단한 경우부터 고려해보자. 앞에서 우리는 공간상의 한 위치에 서서 그곳의 전기장이 시간에 따라 어떻게 변하는지를 관찰했다. 지금은 입장을 조금 바꿔서, 주어진 한 순간에 각 위치에서의 전기장을 한눈에 바라본다고 가정해보자. 즉, 여러 위치에 형성된 전기장의 스냅 사진을 찍어서, 그들의 위상을 비교해보자는 것이다. 물론, 각 위치에서의 위상은 전하의 가속 상태에 따라 달라진다. 예를 들어, 정지 상태에 있던 하나의 전하가 어느 순간 갑자기 가속 운동을 하다가 얼마 후에 다시 정지 상태로 돌아갔다고 가정해보자(그림 29-2). 그리고 대기중이던 우리는 여러 위치에서 전기장을 측정했다고 가정하자. 그 결과는 대충 그림 29-3과 같을 것이다. 각 지점의 전기장은 전자의 가속도로부터 결정되는데, 이 가속도라는 것은 '측정하던 순간'의 가속도가 아니라 r/c만큼 과거로 거슬러간 시점의 가속도이다. 그러므로 전기장을 측

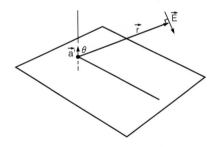

그림 29-1 가속 운동중인 양전하에 의해 생성되는 전기장. a'은 뒤처진 가속도이다.

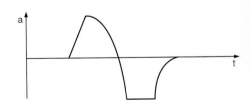

그림 29-2 시간에 대한 전하의 가속도의 변화

29-1

정한 위치가 전하로부터 먼 곳일수록, 더욱 먼 과거의 전하로부터 영향을 받았다는 뜻이 된다. 따라서 그림 29-3의 그래프는 시간에 대한 전자의 가속도, 즉 그림 29-2를 역으로 뒤집어놓은 형태가 된다(거리 r은 비례 상수 c를 통해 시간과 비례하는 관계에 있는데, $c = 1$인 단위계를 택하는 경우가 종종 있다). 이것은 시간과 거리에 따른 $a(t - r/c)$의 변화로부터 쉽게 확인할 수 있다. t를 $t + \Delta t$로 이동시켰을 때의 a는 r을 $r - c\Delta t$만큼 가까이 가져왔을 때의 a와 일치한다.

이것을 다르게 표현하면 다음과 같다—시간을 Δt만큼 미래로 이동시키면 $a(t - r/c)$의 값은 당연히 변할 것이다. 그런데 이 상태에서 거리도 $\Delta r = c\Delta t$만큼 변화시키면 원래의 a값이 복원된다. 즉, 시간이 흘러감에 따라 전기장은 소스로부터 바깥쪽으로 퍼져나가고 있다. 바로 이러한 이유 때문에, "빛은 파동의 형태로 진행한다"는 표현이 가능한 것이다. '전기장이 시간적으로 뒤처진다'는 말과 '시간이 흐름에 따라, 전기장이 소스의 바깥쪽으로 진행한다'는 말은 결과적으로 같은 표현인 셈이다.

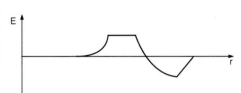

그림 29-3 뒤처진 시간을 고려한 전기장의 위치에 따른 변화($1/r$에 비례하여 감소하는 성질은 무시되었음)

특히, 전하 q가 위아래로 진동할 때에는 재미있는 현상을 볼 수 있다. 28장에서 (말로만) 실행했던 실험의 경우, 임의의 시간 t에서 변위 x는 어떤 상수 x_0에 $\cos\omega t$가 곱해진 형태이다. 따라서 가속도 a는

$$a = -\omega^2 x_0 \cos \omega t = a_0 \cos \omega t \tag{29.2}$$

이다. 여기서 a_0는 가속도의 최대값인 $-\omega^2 x_0$이다. 이것을 식 (29.1)에 대입하면

$$E = -q \sin \theta \frac{a_0 \cos\omega(t - r/c)}{4\pi\varepsilon_0 rc^2} \tag{29.3}$$

이 된다. 여기서 각도 θ와 상수를 제외한 나머지 부분이 시간과 거리에 대하여 어떻게 변하는지 알아보기로 하자.

29-2 복사 에너지

앞에서 지적했던 대로, 장의 세기는 시간과 거리에 관계없이 항상 거리 r에 반비례한다. 그런데 여기에 추가로 알아야 할 것이 또 하나 있다. 파동에 실린 에너지(또는 전기장이 실어나르는 에너지)는 전기장의 제곱에 비례한다는 것이다. 왜 그럴까? 그 이유는 다음과 같다. 전기장 속에 전하를 갖다놓고 전기장을 진동시키면 전하는 움직이기 시작한다. 그런데 이 진동자가 선형이라면 전기장에 의해 나타나는 가속도, 속도, 변위 등은 모두 전기장에 비례한다. 따라서 전하의 운동 에너지는 장의 제곱에 비례하게 된다. 물론 이것은 하나의 사례에 불과하지만, 우리는 장이 실어나르는 에너지가 항상 장의 제곱에 비례한다는 것을 기정 사실로 간주하기로 한다.

그러므로 소스로부터 전달되는 에너지는 거리가 멀수록 작아진다. 더욱 정확하게 표현하자면, 거리의 제곱에 반비례하여 작아진다. 이 현상은 아주

쉽게 이해할 수 있다. 에너지원으로부터 거리 r_1 만큼 떨어진 곳에 사각뿔 모양의 도형을 그리고, 이 도형을 r_2 까지 연장시켜보자(그림 29-4). 이때 임의의 위치에서 단위 면적에 도달하는 에너지의 양은 거리의 제곱에 반비례하고, 각 위치에서 사각뿔의 단면적은 거리의 제곱에 비례한다(이 성질은 뿔 모양을 한 임의의 도형에 대해 항상 성립한다). 그러므로 임의의 단면에 도달하는 에너지의 양은 거리에 상관없이 항상 똑같다! 그리고 에너지 흡수 장치를 사방에 설치하여 소스로부터 나오는 에너지를 모두 취한다고 했을 때, 우리가 얻을 수 있는 에너지의 총량은 항상 일정하다. 따라서 전기장의 세기 E 가 거리 r 에 반비례한다는 것은, 손실되지 않는 에너지의 흐름(flux)이 존재한다는 것과 같은 의미이다. 진동하는 동안 전하는 계속해서 에너지를 잃어버리고, 그 에너지는 감소되지 않은 채 사방으로 퍼져나간다. 그러므로 애초의 가정대로 충분히 먼 거리에서 전하가 진동하고 있다면 시간이 흐를수록 에너지를 잃어버리고, 전하는 한번 잃은 에너지를 복구할 수 없다. 물론, 이 에너지는 다른 장치를 통해 수거될 수 있다. 가속되는 전자의 에너지 손실은 32장에서 자세히 다룰 예정이다.

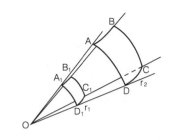

그림 29-4 사각뿔 $OABCD$ 의 내부에서 흐르는 에너지의 총량은 거리 r 에 상관없이 항상 일정하다.

29-3 사인파(Sinusoidal waves)

거리 r 을 고정시킨 상태에서 시간에 따른 에너지의 변화를 살펴보자. 에너지는 각속도 ω 로 진동하고 있다. 여기서 각속도는 시간에 대한 위상의 변화율로 정의할 수 있다(단위 = 라디안/초). 각속도는 앞에서도 다룬 적이 있으므로 여러분에게 친숙하리라 믿는다. 주기는 하나의 사이클이 완전히 끝나는 데 걸리는 시간으로서, 앞서 계산한 대로 $2\pi/\omega$ 이다.

이제 물리학에서 자주 사용되는 중요한 양을 새로 도입해보자. 이것은 지금과 반대의 경우, 즉 시간을 고정시키고 거리 r 에 대한 변화를 따질 때 주로 사용되는 양이다. 그림 29-3에서 보았던 것처럼, 전기장은 시간이 아닌 거리의 함수로 표현해도 여전히 진동적 성질을 갖는다. 그러므로 여기에도 ω 에 해당하는 어떤 양이 존재할 것이다. 물론 이것은 시간과 직접적인 관계가 없기 때문에 '~속도'라 부르기는 좀 곤란하다. 그래서 사람들은 여기에 '파동수(wave number)'라는 다소 어색한 이름을 붙여놓고 기호로는 k 로 표기하고 있다. 특별히 반대하는 사람이 없다면 우리도 이 이름을 사용하기로 한다. 파동수는 '거리에 대한 위상의 변화율(단위 = 라디안/m)'로 이해할 수 있다. 즉, k 는 시간이 고정된 상태에서 위치를 이동시켰을 때 위상이 얼마나 빠르게 변하는지를 나타내는 양이다.

그렇다면 주기에 대응되는 양도 새로 정의해야 하지 않을까? 어떤 이름이 좋을까… 거리상의 주기? 공간 주기? 하지만 그럴 필요는 없다. 우리는 이미 그 이름을 알고 있다. 공간상의 주기란 다름 아닌 파장 λ 이다. 파장은 한 주기가 점유하는 공간상의 거리를 뜻한다. 파동수에 파장을 곱하면 한 파장이 진행되는 동안 일어나는 위상 변화가 얻어지는데, 이 값은 두말할 것도 없이

2π 이다. 그러므로 $\lambda = 2\pi/k$ 의 관계가 성립한다. 이것은 시간을 고려했을 때 주기 $t_0 = 2\pi/\omega$ 인 것과 비슷한 맥락으로 이해할 수 있다.

지금 우리가 다루고 있는 특별한 파동의 경우, 진동수와 파장 사이에도 명확한 관계가 있다(특별한 파동이란, 빛을 의미한다 : 옮긴이). 단, k 와 ω 는 어떤 파동에도 적용될 수 있는 일반적인 양인 반면, 진동수와 파장 사이의 관계는 파동마다 달라질 수 있다는 점을 명심해야 한다. 지금의 경우, 거리에 대한 위상의 변화율은 간단하게 결정될 수 있다. 위상을 $\phi = \omega(t - r/c)$ 이라 하고 이것을 거리 r 에 대하여 미분(편미분)하면

$$\left| \frac{\partial \phi}{\partial r} \right| = k = \frac{\omega}{c} \tag{29.4}$$

가 된다. 이 관계는 다음과 같이 다양한 방법으로 표현할 수 있다.

$$\lambda = ct_0 \tag{29.5} \qquad\qquad \lambda\nu = c \tag{29.7}$$
$$\omega = ck \tag{29.6} \qquad\qquad \omega\lambda = 2\pi c \tag{29.8}$$

왜 파장이 $c \times$ 주기인가? 이유는 간단하다. 한 주기의 시간에 이동 속도를 곱하면 한 주기 동안 이동한 거리, 즉 파장이 되기 때문이다.

빛이 아닌 일반적인 파동의 경우, k 와 ω 사이에는 식 (29.6)과 같은 간단한 관계식이 성립하지 않는다. 빛의 진행 방향을 x 축으로 잡았을 때, 파동수가 k 이고 진동수가 ω 인 코사인파의 일반적인 형태는 $\cos(\omega t - kx)$ 이다.

이제 파장의 개념을 확실하게 알았으니, 식 (29.1)이 성립하기 위한 조건에 대해서 좀더 알아보자. 지금 우리가 다루고 있는 장은 몇 개의 부분으로 나눌 수 있는데, 그중에는 r 에 반비례하는 부분이 있고 r^2 에 반비례하는 부분도 있으며 이보다 훨씬 더 빠르게 감소하는 부분도 있다. 식 (29.1)이 잘 맞으려면 r 에 반비례하는 부분이 가장 크고 나머지는 무시할 수 있을 정도로 작아야 한다. 어떻게 하면 이 조건을 만족시킬 수 있을까? 물론 r 이 크면 된다. 소스로부터 거리가 멀수록 r^2, 또는 그 이상에 반비례하는 항들은 아주 작아지고 r 에 반비례하는 부분이 상대적으로 부각될 것이다. 그런데 얼마나 멀어야 안심할 수 있을까? 대충 계산해보면, 다른 항들은 r 에 반비례하는 항보다 λ/r 배 정도로 작다. 그러므로 r 이 λ 의 몇 배 정도만 되면 식 (29.1)은 훌륭한 근사식이 될 수 있다. 파장의 몇 배 정도 되는 거리를 '파동 지역(wave zone)'이라 부르기도 한다.

29-4 두 개의 쌍극자 복사체(Two dipole radiators)

다음으로 두 개의 진동자에 의한 효과가 수학적으로 어떻게 더해지는지 알아보자. 앞장에서 언급했던 몇 가지 사례들은 계산이 아주 간단하다. 먼저 정량적인 분석을 한 후에 구체적인 계산으로 들어가 보자. 우선 간단한 예로, 두 개의 진동자와 감지기가 동일한 평면에 놓인 상태에서 수직으로 진동하는 경우를 살펴보자.

그림 29-5(a)는 이 상황을 위에서 내려다본 그림이다. 두 개의 진동자는 남북 방향으로 $\lambda/2$만큼 떨어져서 동일한 위상을 유지한 채로 진동하고 있다. 이제 진동자 주변의 여러 위치에서 복사의 강도를 계산해보자. 여기서 말하는 강도(intensity)란, 단위 시간에 장이 실어나르는 에너지로서, 장의 제곱을 시간에 대해 평균을 취한 양이다. 그러므로 빛의 강도를 알고 싶다면 전기장 자체가 아니라 전기장의 제곱에 관심을 가져야 한다(전기장은 정지해 있는 전하가 받는 힘의 크기를 말해주는 양이고, 에너지는 watt/m² 의 단위로서 전기장의 제곱에 비례한다. 비례 상수는 31장에서 알게 될 것이다). 이 시스템을 정서 방향에서 바라본다면, 두 개의 진동자는 동일한 효과를 줄 뿐만 아니라 위상도 같기 때문에 이들이 만들어내는 전기장도 두 배로 커질 것이다. 따라서 복사의 강도는 진동자가 하나만 있을 때보다 4배나 강해진다(그림 29-5에 있는 숫자들은 진동자가 하나 있을 때의 복사 강도를 1로 잡았을 때 각 지점에서 감지되는 복사 강도를 나타낸다). 그리고 정남, 정북 방향에서는 에너지가 전혀 감지되지 않는다. 왜 그럴까? 두 개의 진동자는 남북 방향으로 진동하고 있는데, 둘 사이의 거리가 파장의 반이므로 이들이 방출하는 복사파의 위상이 정반대가 되어 서로 상쇄되기 때문이다. 적당한 각도에서는 강도가 2이고(30° 방향), 그 아래로 4, 2, 0과 같이 변해간다. 그렇다면 임의의 위치에서 복사의 강도를 계산할 수 있을까? 이를 위해서는 임의의 위상차를 갖는 두 개의 파동을 수학적으로 더할 수 있어야 한다.

여기서 잠시 다른 경우를 간략하게 살펴보자. 두 진동자의 간격이 $\lambda/2$이면서 위상차 α가 한 주기의 반이라면[$\alpha = \pi$, 즉 정반대의 위상을 뜻함. 그림 29-5(b) 참조], 정서 방향의 강도는 0이다. 왜냐하면 하나의 진동자가 '밀고' 있을 때 다른 하나는 '당기고' 있기 때문이다. 정북 방향에서는 두 신호가 반파장 만큼의 시간차를 두고 도달하는데, 이들은 원래 위상이 정반대였으므로 결국은 위상이 일치하여 4배의 강도를 보이게 된다. 30° 방향의 강도가 2로 나타나는 이유는 나중에 알게 될 것이다.

이제 현실 생활에 적용될 수 있는 재미있는 사례를 들어보자. 진동자들 사이의 위상차가 중요하게 취급되는 이유 중 하나는 그것이 라디오 송신기에 유용하게 적용되기 때문이다. 예를 들어, 여러분이 안테나를 이용하여 하와이로 라디오 신호를 보낸다고 가정해보자. 그렇다면 그림 29-5(a)처럼 두 개의 안테나를 같은 위상으로 맞춰서 송신하는 것이 가장 유리하다. 왜냐하면 하와이는 서쪽에 있기 때문이다. 또 정북 방향에 있는 캐나다의 앨버타로 송신할 때는 두 안테나의 위상을 정반대로 세팅하면 된다. 물론 이보다 훨씬 복잡한 방송 시스템도 가능하다. 안테나를 여러 개 세우고 위상도 다양하게 조정하면 거의 모든 방향으로 신호를 보낼 수 있을 뿐만 아니라, 여러분이 원하는 방향으로 가장 강한 신호를 보낼 수도 있다. 무엇보다 중요한 것은, 그 육중한 안테나를 이리저리 옮기지 않고서도 이 모든 작업이 가능하다는 것이다! 그런데 이렇게 하면 전파의 낭비가 초래된다. 가장 강한 신호를 앨버타로 보냈을 때, 똑같이 강한 신호가 남쪽에 있는 이스터 섬으로도 전달되기 때문이다. 그

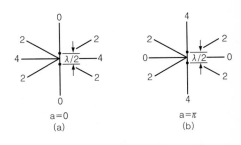

그림 29-5 두 개의 진동자가 진동 방향으로 $\lambda/2$ 만큼 떨어져 있을 때 주변에 나타나는 복사파의 강도. (a)위상이 같은 경우($\alpha = 0$), (b)위상이 정반대인 경우($\alpha = \pi$)

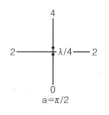

그림 29-6 한 쌍의 쌍극자 안테나는 한 방향으로 최대 강도의 신호를 보낼 수 있다.

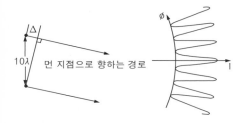

그림 29-7 10λ의 거리를 두고 있는 두 개의 쌍극자 안테나에 의한 신호의 강도 분포

래서 오로지 한 방향으로 강한 신호를 보내는 방법이 중요한 문제로 대두된다. 언뜻 보기에, 한 쌍의 안테나에서 송출되는 전파는 항상 대칭적으로 전달되는 것처럼 보인다. 그렇다면 전파의 낭비는 어쩔 수 없는 현실이다. 글쎄, 정말 그럴까? 지금부터 전파 절약책을 강구해보자.

두 안테나 사이의 거리를 파장의 1/4로 고정시키고, 북쪽에 있는 안테나의 위상이 남쪽 안테나의 위상보다 한 주기의 1/4만큼 느리도록 세팅하면 어떻게 될까?(그림 29-6) 나중에 알게 되겠지만, 정서 방향의 강도는 2이다. 그리고 정남향으로 전달되는 전파의 강도는 0이다! 왜 그런가? 어떤 특정 시간에 남쪽 안테나가 신호를 보내면, 그 순간에 북쪽 안테나는 시간적으로 90°만큼 뒤쳐진 신호를 내보낸다. 그런데 북쪽 안테나의 신호는 이미 거리상으로 90°의 위상차를 갖고 있으므로 이 효과가 더해지면서 180°의 위상차가 발생하여 서로 상쇄된다. 북쪽으로 가는 신호는 어떨까? 이 경우에도 역시 두 개의 신호는 시간상으로 90°의 위상차를 가진 채 출발하지만, 거리의 차이에 의한 90°의 위상차가 이 효과를 상쇄시켜서 결국 같은 위상으로 감지기에 도달하게 된다. 즉, 두 배의 전기장(또는 네 배의 에너지)이 한 방향으로만 전달되는 것이다. 그러므로 안테나들 사이의 거리와 위상을 적절히 조절하면 모든 방향으로 신호를 보낼 수 있다. 하지만 다른 방향으로 낭비되는 전파들이 여전히 우리의 심기를 불편하게 만들고 있다. 우리가 원하는 방향으로 전파를 좀더 '몰아줄' 수는 없을까? 하와이 송출용 안테나로 다시 돌아가서 생각해보자. 이 경우, 동서 방향으로는 최대로 강한 신호를 내보낼 수 있지만, 30°의 방향으로도 무려 강도 2의 신호가 낭비되고 있다. 좀더 효율을 높일 수는 없을까? 안테나 사이의 거리를 파장의 10배로 늘려보자(그림 29-7). 이것은 위에서 언급했던 사례들보다 28장의 사례에 더 가깝다(둘 사이의 거리가 파장의 수 배 정도였다). 이렇게 거리가 멀어지면 상황은 아주 많이 달라진다.

두 개의 진동자가 파장의 10배만큼 떨어져 있으면(쉽게 생각하기 위해 위상은 같다고 가정한다), 정동-정서 방향으로 나가는 신호들은 위상이 같으므로 혼자 있을 때보다 4배 강한 신호를 송출할 수 있다. 그러나 여기서 방향이 조금 벗어나면 180°의 위상차가 발생하여 신호가 도달하지 않는 곳이 생긴다. 좀더 정확하게 그림으로 이해해보자. 두 개의 진동자와 멀리 있는 한 지점을 연결하는 선을 긋고 길이를 측정하여 두 선의 경로차 Δ가 파장의 반, 즉 λ/2이면 위상이 반대가 되어 신호가 도달하지 않는다. 이곳이 바로 신호가 도달하지 않는 '첫 번째' 지점이다. (그림 29-7은 스케일을 고려하지 않고 대충 그린 그림이다.) 방향이 조금만 바뀌어도 신호가 사라지는 걸 보니 어느 정도 목적을 이룬 것 같다. 그러나 방심은 금물이다. 무슨 일이 생길지 모르니 방향을 조금 더 돌려보자. 그러면 경로차 Δ가 서서히 증가하다가 드디어 λ와 같아지는 곳이 나타난다. 이 지점에서 두 신호의 위상은 같기 때문에, 역시 4배짜리 신호가 도달하게 된다. 이뿐만이 아니다. 두 경로의 차이가 파장의 정수배가 되는 모든 지점에서 이런 현상이 나타난다!(그림 29-7의 오른쪽) 전파를 절약하려고 했다가 오히려 낭비만 키운 셈이다.

원치 않는 곳에 줄지어 도달하는 강한 신호들을[이 신호들을 '로브(lobe)'라고도 한다] 어떻게 없앨 것인가? 다행히도 방법이 있다. 원래 설치되어 있던 두 개의 안테나 사이에 여러 개의 안테나를 추가로 설치해보자. 예를 들어, 10λ의 거리를 두고 있는 두 개의 안테나 사이에 2λ 간격으로 네 개의 안테나를 추가했다고 가정해보자(그림 29-8). 그리고 6개의 안테나들은 모두 같은 위상의 신호를 내보낸다고 가정하자. 그러면 정동-정서 방향으로는 6배의 전기장이 전달되고, 신호의 강도로 환산하면 무려 36배나 된다. 여기서 조금 아래쪽으로 내려가면 그림 29-7의 경우와 마찬가지로 신호가 (거의) 도달하지 않는 지점이 나타난다. 그런데 여기서 조금 더 이동하여 원치 않는 신호가 나타났던 곳으로 가보면 아까보다는 현저하게 약해진 신호가 잡힌다. 왜 그럴까? 그 이유는 다음과 같다.

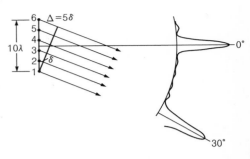

그림 29-8 6개의 쌍극자 안테나에 의한 신호의 강도 분포

안테나 1과 6에서 나온 신호는 이곳에서 위상이 일치하여 신호의 강도가 두 배로 커지지만, 안테나 3과 4에서 나온 신호는 1과 6에서 나온 신호와 거의 반대 위상을 갖고 있기 때문에, 결과적으로 상쇄의 효과를 가져온다. 그러나 위상이 정확하게 반대는 아니므로 모든 신호가 상쇄되지는 않는다. 그래서 아까보다 현저하게 약해진 신호가 잡히는 것이다. 방향을 계속 바꿔가면 이런 현상이 반복해서 나타난다. 그런데 여기에는 한 가지 문제가 있다. 안테나 사이의 간격이 2λ였으므로, 아래로 계속 내려가다 보면 이웃한 각 경로의 차가 모두 λ와 일치하여 여섯 개의 신호가 같은 위상으로 도달하는 부분이 또 나타나는 것이다! 다행히도 이 문제는 간단하게 해결할 수 있다. 여러 개의 안테나를 λ보다 좁은 간격으로 설치하면 이런 현상은 일어나지 않는다 ('직각 삼각형의 빗변은 다른 변보다 길다'는 사실을 그림 29-8에 적용하면 쉽게 증명할 수 있다 : 옮긴이). 사실, 이것은 라디오 방송보다 회절 격자(diffraction grating)를 다룰 때 더욱 중요하게 취급되는 현상이다.

29-5 간섭의 수학적 원리

이것으로 쌍극자 복사체의 특성은 어느 정도 설명이 되었을 것이다. 지금부터는 이 문제를 수학적으로 풀어보자. 위상차가 α이고 신호의 강도가 서로 다른(A_1, A_2) 두 개의 소스로부터 발생한 복사가 임의의 방향에 어느 정도의 세기로 도달하는지를 알기 위해서는, 진동수가 같고 진폭과 위상이 서로 다른 두 개의 코사인 함수를 더해야 한다. 위상차는 거리에 의한 차이와 진동 자체에 내재되어 있는 차이의 합으로 주어진다. 그러므로 우리가 분석해야 할 파동은 다음과 같다 : $R = A_1\cos(\omega t + \phi_1) + A_2\cos(\omega t + \phi_2)$.

사실, 이 계산은 너무나 쉽다. 두 개의 코사인 함수를 더하는 방법은 고등학교 시절에 이미 배웠을 것이다. 그러나 이 한마디에 표정이 일그러지고 있는 학생들을 위해, 대략적인 과정을 복습하기로 한다. 삼각함수에 관하여 약간의 지식만 있으면 문제될 것이 전혀 없다. 먼저, $A_1 = A_2 = A$인 간단한 경우부터 계산해보자. 우리에게 주어진 파동은

$$R = A[\cos(\omega t + \phi_1) + \cos(\omega t + \phi_2)] \qquad (29.9)$$

이다. 여기에 다음과 같은 코사인의 덧셈 법칙

$$\cos A + \cos B = 2\cos\frac{1}{2}(A + B)\cos\frac{1}{2}(A - B) \qquad (29.10)$$

를 적용하면 R 은 다음과 같은 형태가 된다.

$$R = 2A\cos\frac{1}{2}(\phi_1 - \phi_2)\cos\left(\omega t + \frac{1}{2}\phi_1 + \frac{1}{2}\phi_2\right) \qquad (29.11)$$

이로써 우리는 새로운 진폭을 갖는 새로운 코사인 함수를 얻었다. 두 개의 진동 함수가 더해져서 새로운 진동 함수가 되는 것은 일반적인 사실이다. 새로운 진폭 A_R 은 흔히 '합성 진폭(resultant amplitude)'이라고 하며, 그 값은

$$A_R = 2A\cos\frac{1}{2}(\phi_1 - \phi_2) \qquad (29.12)$$

이다. 덧셈의 결과로 얻어진 새로운 파동은 원래의 파동과 진동수가 같고, 새로운 위상 ϕ_R 은 ϕ_1 과 ϕ_2 의 평균으로서 '합성 위상(resultant phase)'이라고 한다. 이것으로 문제 풀이는 끝이다.

만일 코사인의 덧셈 법칙이 생각나지 않는다면 다른 방법을 사용할 수도 있다. 진동수가 ω 인 임의의 코사인 함수는 원점을 중심으로 회전하는 벡터의 x 축 성분으로 생각할 수 있다. 여기, 수평축과 $\omega t + \phi_1$ 의 각도를 이루며 회전하고 있는 벡터 $\mathbf{A}_1$ 이 있다. $t = 0$ 일 때 사진을 찍었다면 $\mathbf{A}_1$ 이 x 축과 이루는 각도는 ϕ_1 일 것이다. 그리고 임의의 시간에 이 벡터의 x 축 성분은 $A_1\cos(\omega t + \phi_1)$ 이다. 여기에 또 하나의 벡터 $\mathbf{A}_2$ 를 추가해보자. 이 벡터는 $\mathbf{A}_1$ 과 동일한 각속도로 회전하고 있으며 $t = 0$ 일 때 x 축과 이루는 각도는 ϕ_2 이다. 그러면 이 벡터의 x 축 성분은 $A_2\cos(\omega t + \phi_2)$ 이고, 이들은 둘 사이의 각도가 고정된 채로 그림 29-9와 같이 회전하는 평행 사변형의 두 변을 이룬다. 그런데 벡터의 덧셈 법칙에 의하면 $\mathbf{A}_1 + \mathbf{A}_2$ 는 평행 사변형의 대각선에 해당된다. 이 벡터를 $\mathbf{A}_R$ 이라 하면, $\mathbf{A}_R$ 의 x 성분은 두 벡터의 x 성분을 더한 것과 같다. 이것으로 우리는 이미 답을 구한 거나 마찬가지이다. 위에서처럼 $A_1 = A_2 = A$ 라 하면 $\mathbf{A}_R$ 은 $\mathbf{A}_1$ 과 $\mathbf{A}_2$ 가 이루는 각을 이등분하며, 그 사잇각은 $\frac{1}{2}(\phi_2 - \phi_1)$ 이다. 즉, $A_R = 2A\cos\frac{1}{2}(\phi_2 - \phi_1)$ 이 되어 이전과 똑같은 결과가 얻어진다. 또, 그림으로부터 $\mathbf{A}_R$ 의 위상은 ϕ_1 과 ϕ_2 의 평균임을 쉽게 알 수 있다. 두 벡터의 길이가 다를 때에도 이와 비슷한 방법으로 간단하게 답이 구해진다. 이것을 '기하학적 해법'이라 부르기로 하자.

이 문제는 '분석적인 방법'으로 풀 수도 있다. 원리는 그림 29-9와 똑같지만, 그림 대신 복소수를 사용하는 것이다. 물론 실제의 물리량은 복소수의 실수 부분에 해당된다. 우리의 코사인파는 복소수를 이용하여 $A_1 e^{i(\omega t + \phi_1)}$ 과 $A_2 e^{i(\omega t + \phi_2)}$ 로 나타낼 수 있다[실수 부분은 각각 $A_1\cos(\omega t + \phi_1)$ 과 $A_2\cos(\omega t + \phi_2)$ 이다]. 이들을 더하면

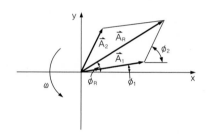

그림 29-9 두 개의 코사인파를 기하학적으로 더하는 방법. 평행 사변형은 그 모양을 유지한 채 ω 의 각속도로 회전한다.

$$R = A_1 e^{i(\omega t + \phi_1)} + A_2 e^{i(\omega t + \phi_2)} = (A_1 e^{i\phi_1} + A_2 e^{i\phi_2})e^{i\omega t} \qquad (29.13)$$

또는

$$\hat{R} = A_1 e^{i\phi_1} + A_2 e^{i\phi_2} = A_R e^{i\phi_R} \qquad (29.14)$$

이 된다. 이것이 전부이다. 우리는 진폭이 A_R이고 위상이 ϕ_R인 파동을 얻는 데 성공했다.

답이 맞는지 확인하기 위해, 복소수 $\hat{R}$의 길이(절대값)에 해당하는 A_R을 구해보자. 주어진 복소수에 켤레 복소수를 곱하면 길이의 제곱이 된다. 그러므로

$$A_R^2 = (A_1 e^{i\phi_1} + A_2 e^{i\phi_2})(A_1 e^{-i\phi_1} + A_2 e^{-i\phi_2}) \qquad (29.15)$$

이다. 괄호를 전개하면 $A_1^2 + A_2^2$과 함께

$$A_1 A_2 (e^{i(\phi_1 - \phi_2)} + e^{i(\phi_2 - \phi_1)})$$

이 얻어지는데, 복소 지수의 성질에 의해

$$e^{i\theta} + e^{-i\theta} = \cos\theta + i\sin\theta + \cos\theta - i\sin\theta = 2\cos\theta$$

이므로 결과는 다음과 같다.

$$A_R^2 = A_1^2 + A_2^2 + 2A_1 A_2 \cos(\phi_2 - \phi_1) \qquad (29.16)$$

보다시피, 이 결과는 기하학적 방법으로 얻은 A_R과 정확하게 일치한다.

두 신호를 더하여 얻은 강도를 보면, 각각의 강도 A_1^2과 A_2^2을 더한 결과에 보정항이 추가되어 있다. 이 항은 부호에 상관없이 '간섭 효과(interference effect)'라 불린다. (흔히 간섭이라 하면 효과가 반감되거나 방해받는 상황을 떠올리겠지만 여기서는 그 반대의 경우도 포함된다. 물리학의 용어들은 일상적인 의미와 다를 때가 많다!) 간섭항의 부호가 ＋일 때를 '보강 간섭(constructive interference)'이라 하는데, 물리학자가 아닌 다른 사람이 들으면 기절초풍할 일이다! 부호가 －인 경우는 '소멸 간섭(destructive interference)'이라 한다.

이제, 앞에서 다뤘던 두 개의 진동자 송신 장치에 식 (29.16)을 적용해보자. 이를 위해서는 두 개의 신호가 감지기에 도달했을 때 위상의 차이를 알아야 한다(위상 자체의 값은 중요하지 않다). 두 진동자 사이의 거리를 d라 하고, 신호가 출발할 때의 위상차를 α라 하자(한 신호의 초기 위상이 0이었다면, 다른 신호의 초기 위상은 α이다). 물론 앞에서 했던 대로 두 신호의 진폭도 같다고 가정한다. 그렇다면 동-서 방향에서 θ만큼 돌아간 곳에 도달하는 신호의 강도는 얼마인가? [이 θ는 식 (29.1)에 나오는 θ와 의미가 전혀 다르다. 기호가 많이 등장하다보면 이렇게 중복되는 경우도 있다. 다소 헷갈리겠지만, $\not{V}$과 같이 생소한 기호를 쓰는 것보다는 나을 것이다(그림 29-10 참조).] 감지기가 충분히 먼 곳(P)에 있을 때, 두 진동자까지의 경로차는 $d\sin\theta$이므로, 이로부터 생기는 위상차는 $2\pi d\sin\theta/\lambda$이다(거리에 따른 위상 변화, 즉 파동수 k를 경로차에 곱한 결과이다). 그런데 두 개의 진동자는

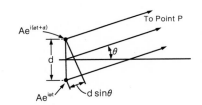

그림 29-10 초기 위상차가 α이고 진폭이 같은 두 개의 진동자

원래 α의 위상차를 갖고 있었으므로, 감지기에 도달하는 두 파동의 위상차는 다음과 같다.

$$\phi_2 - \phi_1 = \alpha + 2\pi d \sin \theta / \lambda \qquad (29.17)$$

식 (29.17)은 나타날 수 있는 모든 경우를 포함하고 있다. 이제 식 (29.16)에 $A_1 = A_2$를 대입하면 두 개의 안테나에서 송출된 같은 강도의 신호가 임의의 방향에 어떤 강도로 도달하는지를 알 수 있다.

그림 29-5에서 30° 방향으로는 강도 2의 신호가 도달한다고 되어 있는데, 이제 우리는 그 이유를 알 수 있다. 두 진동자의 간격이 $\lambda/2$이고 $\theta = 30°$이므로 $d \sin \theta = \lambda/4$이고, 따라서 $\phi_2 - \phi_1 = 2\pi\lambda/4\lambda = \pi/2$가 되어, 식 (29.16)의 간섭항은 0이 된다(사잇각이 90°인 두 개의 벡터를 더하는 것과 같다). 즉, 두 개의 벡터를 더한 결과는 그중 하나의 벡터를 한 변으로 하는 정사각형의 빗변과 같아져서, 길이는 $\sqrt{2}$배로 길어지고 신호의 강도는 2배로 커졌던 것이다. 다른 경우들도 이와 비슷한 방법으로 계산할 수 있다.

CHAPTER 30
회절

30-1 n개의 동일 진동자에 의한 합성 진폭

이 장의 제목을 '회절(diffraction)'이라고 쓰긴 했지만, 앞장에서 하던 계산을 계속 진행할 것이다. 사실, 간섭과 회절의 차이는 정확하게 정의하기가 쉽지 않다. 지금도 사람들은 편의에 따라 둘 중 한 가지 용어를 사용하고 있으며, 둘 사이에 물리적 차이는 없다고 봐도 무방하다. 그래도 굳이 구별을 하자면, 소스가 단 두 개뿐일 때를 간섭이라 하고 소스가 여러 개일 때 회절이라는 용어를 주로 사용한다. 이름이 뭐가 되었건, 그런 것은 중요하지 않다. 29장에서 하다 만 이야기나 계속해보자.

그 다음으로 생각해볼 만한 문제는 동일한 간격으로 놓여 있는 n개의 진동자들이 똑같은 진폭으로 진동하면서 신호를 내보내는 경우이다. 이들은 모두 제각각의 위상을 갖고 있는데, 신호의 위상 자체가 다를 수도 있고 감지기까지의 거리가 달라서 경로에 의한 위상차가 생길 수도 있다. 위상차를 조금 획일화시키면, 우리가 얻는 파동은 다음과 같다.

$$R = A[\cos \omega t + \cos(\omega t + \phi) + \cos(\omega t + 2\phi) + \cdots + \cos(\omega t + (n-1)\phi)] \tag{30.1}$$

여기서 ϕ는 진동자들을 어떤 특정 방향에서 바라봤을 때 하나의 진동자와 이웃한 진동자 사이의 위상차이다. 29장에서 구한 ϕ는 $\alpha + (2\pi d \sin \theta)/\lambda$였다. 첫 번째 진동자가 내보내는 신호는 길이가 A이고 위상이 0인 벡터로 나타낼 수 있고, 두 번째 진동자의 신호는 길이 A에 위상이 ϕ인 벡터로 나타낼 수 있다. 세 번째 벡터는 길이가 A이고 위상은 2ϕ이다. 이런 식으로 모든 신호들을 벡터적으로 더해보면, 그림 30-1과 같은 n각형 도형이 얻어진다.

n개의 꼭지점들은 모두 동일원주상에 놓여 있으므로, 원의 반지름을 알면 최종 신호의 크기를 쉽게 알 수 있다. 원의 중심을 Q라 하면 $\angle OQS$는 ϕ와 같다. (QO와 QS의 관계는 A_1과 A_2 사이의 관계와 동일하므로 $\angle OQS$는 A_1과 A_2의 사잇각과 같다.) 따라서 $A = 2r\sin(\phi/2)$가 되어 r이 결정된다. 그리고 $\angle OQT = n\phi$이므로 합성 진폭 $A_R = 2r\sin(n\phi/2)$이다. 여기서 r을 소거하면

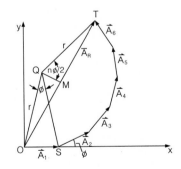

그림 30-1 6개의 진동자들이 순차적으로 ϕ의 위상차를 가질 때, 최종적으로 얻어지는 합성 진폭

$$A_R = A\frac{\sin n\phi/2}{\sin \phi/2} \qquad\qquad (30.2)$$

가 얻어진다. 따라서 최종적인 신호의 강도는 다음과 같다.

$$I = I_0\frac{\sin^2 n\phi/2}{\sin^2 \phi/2} \qquad\qquad (30.3)$$

지금부터 이 결과를 분석하여 몇 가지 결과를 유도해보자. 우선 $n = 1$이면 $I = I_0$가 되어 별다른 소득이 없다. $n = 2$일 때, $\sin\phi = 2\sin(\phi/2)\cos(\phi/2)$를 이용하면 $A_R = 2A\cos(\phi/2)$가 되어 식 (29.12)와 일치한다.

처음에 우리가 여러 개의 파동을 더했던 것은 특정 방향으로 좀더 강한 신호를 얻기 위해서였다. 29장의 분석에 의하면 진동자가 2개일 때 원치 않는 신호가 여러 개 나타나고, 진동자의 개수를 늘리면 이 효과를 줄일 수 있었다. 이제, n이 엄청나게 큰 숫자일 때 $\phi = 0$근방에서 식 (30.3)을 그래프로 그려보자. ϕ가 정확하게 0이면 I는 0/0의 형태가 되어 값을 결정할 수 없지만, ϕ가 '거의' 0에 가까운 값이라면 $I = n^2$이 된다(x가 아주 작을 때 $\sin x = x$임을 이용하면 된다). 따라서 I의 최대값은 하나의 진동자가 낼 수 있는 최대 강도의 n^2배이다.

위상 ϕ가 증가하면 두 사인 함수의 비율은 서서히 감소하여 $n\phi/2 = \pi$일 때 $I = 0$이 된다($\sin\pi = 0$). 다시 말해서, $\phi = 2\pi/n$일 때 신호가 사라진다는 뜻이다(그림 30-2). 이 상황을 그림 30-1의 벡터로 설명하자면, 화살표가 한 바퀴 돌아서 처음 위치로 되돌아왔을 때 처음으로 $I = 0$인 지점이 나타난다고 말할 수 있다. 즉, 첫 벡터와 마지막 벡터 사이의 위상차가 2π가 되는 지점에서 신호가 사라진다.

이제, 두 번째로 나타나는 최대값을 향하여 계속 진행해보자. n이 아주 큰 값일 때, $\sin(\phi/2)$는 $\sin(n\phi/2)$보다 훨씬 느리게 변하기 때문에, 대략 $\sin(n\phi/2) = 1$인 지점에서 최대값이 나타난다고 볼 수 있다(정확한 ϕ값을 알려면 미분을 해야 한다 : 옮긴이). 따라서 두 번째 최대값은 $n\phi/2 = 3\pi/2$, 즉 $\phi = 3\pi/n$일 때 나타난다. 이것은 그림 30-1의 화살표가 540° 돌아간 경우에 해당된다. $\phi = 3\pi/n$를 식 (30.3)에 대입하여 최대값을 계산해보자. 일단 분자는 $\sin^2(3\pi/2) = 1$이고, (이 계산을 쉽게 하려고 일부러 최대값의 위치를 대충 잡았었다!) 분모는 $\sin^2(3\pi/2n)$이다. 그런데 n이 아주 크다고 가정했으므로, 사인의 각도는 아주 작아져서 $\sin^2(3\pi/2n) = (3\pi/2n)^2$가 된다. 따라서 두 번째로 나타나는 최대값은 $I = I_0(4n^2/9\pi^2)$이다. 이 값을 첫 번째 최대값 $n^2 I_0$와 비교해보면 0.045배, 즉 5% 정도밖에 되지 않는다! 게다가 앞으로 계속 나타나는 최대값은 이보다 훨씬 더 작다. 다른 값들보다 압도적으로 큰 하나의 최대값이 얻어진 셈이다.

그림 30-2의 그래프와 가로축으로 둘러싸인 부분의 총 면적은 $2\pi n I_0$이며, 이는 그림에 점선으로 표시된 사각형 넓이의 두 배에 해당된다.

식 (30.3)을 실제의 상황에 어떻게 적용할 수 있는지 알아보자. 여기, n개

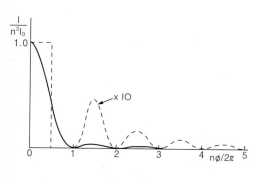

그림 30-2 같은 세기를 갖는 진동자가 여러 개 있을 때, 위상에 대한 신호 강도의 변화

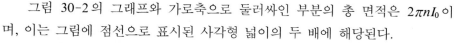

의 진동자들이 일직선상에 배열되어 있다(그림 30-3). 각 진동자들 간의 간격은 d로 일정하고, 이웃한 진동자들 간의 위상차는 α로 통일되어 있다. 그림과 같이 수직으로부터 θ만큼 돌아간 방향에서 신호를 감지한다면 거리의 차이에서 발생하는 위상차가 추가되어 각 진동자들 간의 위상차는 다음의 값을 갖게 된다.

$$\phi = \alpha + 2\pi\, d \sin\theta/\lambda$$
$$= \alpha + kd \sin\theta \qquad (30.4)$$

우선, $\alpha = 0$인 경우부터 살펴보자. 모든 진동자들이 동일한 위상에 있을 때, 신호의 강도는 θ에 따라 어떻게 달라질 것인가? $\phi = kd\sin\theta$를 식 (30.3)에 대입하여 우리의 의문을 풀어보자. 우선, $\phi = 0$일 때 I는 최대값을 갖는다. 다시 말해서, 모든 진동자들이 같은 위상에 있으면 $\theta = 0$인 방향에서 강한 신호가 잡힌다는 뜻이다. 그렇다면 첫 번째 최소값은 어디서 나타나는가? 바로 $\phi = 2\pi/n$에서 나타난다. 즉, $(2\pi d\sin\theta)/\lambda = 2\pi/n$일 때 신호의 강도는 최소값을 갖는다. 양변에서 2π를 떼어내면 최소 조건은 다음과 같다.

$$nd \sin\theta = \lambda \qquad (30.5)$$

이 위치에서 최소가 되는 이유를 물리적으로 이해해보자. nd는 진동자가 배열되어 있는 전체 폭에 해당된다. 그런데 그림 30-3에 의하면 $nd\sin\theta = L\sin\theta = \Delta$이므로, 식 (30.5)에 의해 Δ가 한 파장의 길이와 같을 때 최소값이 발생한다. 왜 $\Delta = \lambda$일 때 최소가 되는가? 신호의 강도에 대한 각 진동자들의 기여도가 위상 0°에서 360°에 걸쳐 균일하게 분포되어 있기 때문이다. 즉, 첫 번째 진동자와 마지막 진동자 사이의 위상차가 λ이고, 그 사이에 나머지 진동자들의 위상차가 균일한 간격으로 분포되어 있기 때문에, 그림 30-1처럼 화살표를 더해가다 보면 처음 화살표의 꼬리와 마지막 화살표의 머리가 정확하게 만나면서 전체 합이 0이 되는 것이다. 이것이 첫 번째로 나타나는 최소 지점이다.

식 (30.3)으로부터 또 하나의 중요한 사실을 알 수 있다. 위상 ϕ가 2π의 정수배만큼 증가할 때마다 I는 같은 값을 되풀이한다. 그런데 $\phi = 0$일 때 첫 번째 최대값이 나타났으므로 $\phi = 2\pi$, 4π, $6\pi\cdots$에서도 똑같은 최대값이 나타난다. 그리고 이 최대값 근방에서 그림 30-2와 같은 패턴이 반복된다. 이것도 기하학적으로 이해해보자. 가장 큰 최대값(피크)이 나타날 조건은 $\phi = 2\pi m$, 즉 $(2\pi d\sin\theta)/\lambda = 2\pi m$이다($m$은 정수이다). 양변을 2π로 나누면

$$d \sin\theta = m\lambda \qquad (30.6)$$

가 된다. 언뜻 보기에 이 조건은 식 (30.5)와 비슷한 것처럼 보이지만, 사실은 그렇지 않다. $d\sin\theta = m\lambda$라는 것은, 이웃한 진동자들 사이의 위상차가 360°의 정수배라는 뜻이며, 이것은 곧 모든 신호들이 같은 위상에 있음을 의미한다. 바로 이러한 이유 때문에 이곳에서 가장 큰 최대값이 나타나는 것이다. $m = 0$인 경우는 앞에서 이미 언급되었고, 다른 경우들도 이와 똑같은 최대

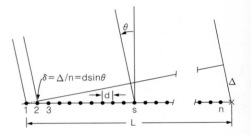

그림 30-3 일렬로 늘어서 있는 n개의 동일한 진동자들

값을 가지며, 그 근처에 나타나는 최소값의 배열도 모두 똑같다. 그러므로 여러 개의 진동자를 일렬로 배열하면 다양한 방향으로 강한 신호를 송출할 수 있다. 아울러 그 근방에는 현저하게 약해진 최대값들이 그림 30-2처럼 배열된다. 가장 강한 신호들은 m값의 순서에 따라 0차 신호, 1차 신호, 2차 신호… 등으로 부르고, m은 '신호의 차수(order)'라 한다.

d가 λ보다 작으면 식 (30.6)은 $m = 0$일 때만 해가 존재한다. 즉, 진동자들 사이의 간격이 아주 좁으면 가장 강한 신호는 $\theta = 0$인 방향으로만 전달된다. (물론, 반대쪽으로도 전달된다.) 따라서 강한 신호를 여러 방향으로 보내고자 한다면 진동자들 사이의 간격이 한 파장보다 멀어야 한다.

30-2 회절 격자(Diffraction grating)

안테나와 전선을 다루는 기술적인 작업을 할 때, 필요하다면 모든 진동자의 위상을 일치시킬 수 있다. 그렇다면 가시광선(빛)을 소스로 사용할 때에도 위상을 원하는 대로 맞출 수 있을까? 빛의 파장은 너무 짧기 때문에 그 스케일에 맞는 라디오 방송국을 만들 수는 없다. 그러나 빛에 대하여 방송국과 같은 역할을 하는 광학적 장치를 만들 수는 있다.

여러 개의 전선들이 동일한 간격 d로 평행하게 배열되어 있다고 하자. 여기서 아주 멀리 떨어진 곳(무한대라고 생각해도 좋다)에서 고주파 발생기가 전기장을 송신하고 있다. 송신된 전기장은 여러 개의 전선에 같은 위상으로 도달하여(거리가 충분히 멀어서 모든 전선들에 대해 뒤처진 시간이 같다) 전선 내부의 전자들을 위아래로 진동시키고, 이로부터 새로운 전자기파가 발생한다. 이 현상을 한 단어로 요약한 것이 바로 '산란(scattering)'이다. 광원에서 나온 빛이 전선에 도달하면 그 안에 있는 전자들의 운동을 유발시키고, 이 운동으로부터 새로운 파동이 생성된다. 그러므로 여러 개의 줄을 일정 간격으로 배열시키고 멀리서 고주파를 발사하면 우리가 원하는 상황을 만들 수 있다. 만일 입사된 고주파가 전선에 수직한 방향으로 들어온다면 모든 위상이 같아지므로, 그동안 다뤘던 회절 문제와 완전히 동일한 상황이 된다. 따라서 전선들 사이의 간격이 한 파장보다 넓으면 식 (30.6)에 의해 여러 방향으로 강력한 산란을 일으킬 수 있다.

고주파 발생기 대신 빛을 사용해도 동일한 현상을 일으킬 수 있다! 단, 이 경우에는 전선이 너무 굵기 때문에 대용품으로 유리판을 사용한다. 유리판이 어떻게 전선의 역할을 할 수 있을까? 유리판 위에 일렬로 작은 홈을 새겨서 이곳에 도달한 빛이 다른 곳으로 산란되도록 만들면 된다. 홈들 사이의 간격을 빛의 파장보다 넓게 만들고(사실 좁게 만들 수도 없다) 여기에 빛을 비추면 기적과도 같은 현상이 일어난다. 입사된 빛의 일부는 유리를 통과하지만, 나머지는 특정한 각도로 강하게 산란되는 것이다(산란되는 각도는 홈의 간격에 따라 달라진다)! 이 유리판의 정체는 다름 아닌 '회절 격자(diffraction grating)'이다.

회절 격자는 별로 대단한 물건이 아니다. 그냥 규칙적인 홈집이 나 있는 무색 투명한 유리에 불과하다. 그 홈집이라는 것이 1mm 안에 수백 개씩 동일한 간격으로 나 있다는 것이 조금 유별날 뿐이다. 회절 격자에 빛을 쪼이면, 스크린(감지기)에는 밝은 줄무늬가 나타나고 그 양쪽에 여러 가지 색의 줄무늬도 함께 나타난다. 빛 속에는 다양한 파장의 단색광들이 섞여 있는데, 식 (30.6)에 의해 θ가 λ에 따라 달라지기 때문이다. $d \sin\theta = \lambda$일 때 가장 강한 빛이 감지되므로, 가시광선 중 파장이 가장 긴 붉은 빛은 스크린에서 θ가 가장 큰 곳에 도달한다. 그리고 식 (30.6)에 의하면 $m = 2$에 해당하는 밝은 무늬도 있어야 한다. 그러나 실제로 스크린을 보면 그 위치에 줄무늬가 나타나긴 하지만 우리의 예상처럼 밝지는 않다.

앞에서 전개한 논리에 의하면, 정수 m에 해당되는 해들은 모두 같은 강도를 가져야 한다. 그러나 실제로 스크린에 도달한 영상을 보면 전혀 그렇지 않다. 왜 그럴까? 회절 격자의 성질이 원래 그렇기 때문이다. 유리의 표면에 나 있는 홈의 폭이 아주 좁고 균일하다면 식 (30.3)에 의해 최대 신호들은 강도가 모두 같아야 한다. 그러나 회절 격자는 특정 방향으로 아주 강한 빛을 얻어내는 데 주로 사용되는 물건이기 때문에, 톱니처럼 들쭉날쭉한 모양으로 홈이 패여 있다. 그래서 강한 신호(빛)들이 균일하게 나타나지 않고 어느 한 곳에 집중되는 것이다. 톱니 모양의 회절 격자는 만들기가 조금 어렵긴 하지만, 여러 분야에서 유용하게 사용되고 있다.

지금까지 우리는 여러 소스(진동자)들의 고유 위상이 같은 경우를 고려했다. 그러나 우리는 이웃한 진동자들의 위상차가 α일 때 ϕ의 일반적인 표현도 알고 있다[식 (30.4)]. 그렇다면 빛에 대해서도 이렇게 균일한 위상차를 갖도록 만들 수 있을까? 그렇다. 그것도 아주 쉽게 만들 수 있다. 아주 멀리 있는 광원으로부터 날아온 빛이 회절 격자에 θ_{in}의 각도로 입사되었다고 가정해보자. 여기서 우리는 θ_{out}의 각도로 산란된 빛을 관측하려고 한다. θ_{out}은 식 (30.6)의 θ와 같은 측정각에 해당되지만, θ_{in}은 각 '소스'의 위상차를 유발시키는 각도이다. θ_{in}이 0°가 아닌 한, 하나의 홈에 도달하는 빛과 이웃한 홈에 도달하는 빛은 $d \sin\theta_{in}$의 경로차를 갖게 되고, 여기서 산란되어 나가는 빛들은 감지기(스크린)에 도달할 때까지 $d \sin\theta_{out}$의 경로차를 추가로 갖게 된다. 그러나 그림 30-4를 보면 두 경로차에 의한 효과는 서로 더해지지 않고 반대로 작용한다는 것을 알 수 있다. 그러므로 두 개의 이웃한 홈에서 산란된 빛의 위상차는 다음과 같다.

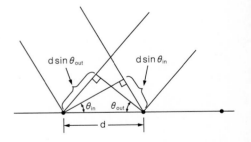

그림 30-4 회절 격자의 이웃한 두 홈에서 산란되는 빛은 $d \sin\theta_{out} - d \sin\theta_{in}$의 경로차를 갖는다.

$$\phi = 2\pi d \sin\theta_{out}/\lambda - 2\pi d \sin\theta_{in}/\lambda \qquad (30.7)$$

이제, 회절 격자에서 산란된 빛이 가장 강하게 도달하는 지점을 찾아보자. 물론 빛이 강하게 도달하려면 ϕ는 2π의 정수배가 되어야 한다.

우리의 관심을 끄는 것은 d가 λ보다 작은 경우, 즉 $m = 0$인 경우이다 (사실, 가능한 해는 이것밖에 없다). 이 조건이 만족되려면 $\sin\theta_{out} = \sin\theta_{in}$이 되어야 하는데, 이는 곧 $\theta_{out} = \theta_{in}$을 의미한다. 즉, 우리가 알고 있는 광학적 반사 조건과 동일하다. 그러나 격자를 향하여 입사되는 빛과 격자에서 나오는 빛은 그 근원이 다르다는 것을 명심해야 한다. 입사된 빛은 원래의 광원에서 방출된 빛이고, 격자에서 나오는 빛(산란광)은 입사광이 유리 속의 원자를 자극하여 새롭게 생겨난 빛이다.

그러므로 이제 우리는 빛의 반사 이론을 제대로 이해할 수 있게 되었다. 입사된 빛이 반사체 내부의 원자를 교란시키면 원자는 빛(전자기파)을 방출하는데, 원자들 사이의 거리가 빛의 파장보다 좁으면 가능한 해가 $\theta_{out} = \theta_{in}$ 밖에 없기 때문에 입사각과 반사각이 같아지는 것이다!

그 다음으로, $d \to 0$인 특별한 경우를 고려해보자. 단단한 금속조각 속의 원자들이 대체로 이 조건을 만족한다. d가 충분히 작으면 이웃한 산란체(원자)들 사이의 위상차는 거의 0에 접근한다. 그러나 금속조각의 크기가 유한하다면 개개의 위상차를 모두 더한 결과는 어떤 상수값을 유지할 것이다. 이제, 한쪽 끝과 반대쪽 끝의 위상차 $n\phi = \Phi$를 일정하게 유지한 채로 산란체의 개수 n을 증가시키면 식 (30.3)이 어떤 결과를 주는지 알아보자. 이 경우에 ϕ는 아주 작은 값이므로 $\sin\phi = \phi$이고, $n^2 I_0 = I_m$이라 하면 최대 강도는 다음과 같다.

$$I = 4I_m \sin^2 \frac{1}{2}\Phi / \Phi^2 \qquad (30.8)$$

이 결과는 그림 30-2의 그래프로 이해할 수 있다.

$d > \lambda$이면 스크린의 가장 밝은 무늬 근처에 희미한 선(lobe)들이 나타나지만, 다른 지점에서는 가장 밝은 무늬가 더 이상 보이지 않는다. 산란체들의 위상이 모두 같으면 $\theta_{out} = 0$인 곳에서 가장 밝은 무늬가 나타나며, 앞의 경우와 마찬가지로 $\Delta = \lambda$일 때 가장 어둡다. 그러므로 산란체(또는 진동자)들이 연속적으로 배열되어 있는 경우는 이처럼 유한한 거리(무한히 작지 않은 거리)를 두고 배열되어 있는 경우와 같은 방법으로 분석할 수 있다. 단, 더하기 연산은 적분으로 대치되어야 한다.

예를 들어, 길고 가느다란 줄 안에 여러 개의 전하들이 줄 방향으로 진동하는 경우를 생각해보자(그림 30-5). 이때, 가장 밝은 빛은 선에 수직한 방향으로 진행한다. 이 빛을 스크린으로 받아보면 그 근방에 다른 빛들도 함께 도달하는 것을 볼 수 있는데, 중앙의 밝은 빛과 비교할 때 강도가 아주 약하다. 이 결과를 이용하면 더욱 복잡한 경우도 분석할 수 있다. 자신과 수직한 방향으로만 신호를 내보내는 줄이 여러 개 있다고 가정해보자. 이때 각 방향에서 감지되는 신호의 강도를 계산하는 것은 무한히 짧은 줄(점으로 된 진동자)이 여러 개 있을 때 신호를 계산하는 것과 본질적으로 같은 문제이다. 점 진동자의 경우와 마찬가지로, 개개의 줄이 내보내는 신호를 모두 더하면 각 방향으로 전달되는 신호의 강도가 얻어진다. 이런 식으로 확장해가면 산란체가 평면이거나 입체적 형태인 경우도 분석할 수 있다. 어떤 경우이건 간에, 개개의 산란체들에 의한 효과를 순차적으로 더해가면 최종 결과가 얻어진다.

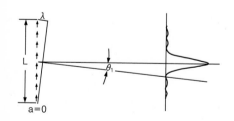

그림 30-5 산란체들이 줄을 따라 연속적으로 분포되어 있는 경우, 줄에 수직한 방향으로 강한 신호가 잡히고 그 주변에 약한 신호들이 여러 개 나타난다.

30-3 회절 격자의 분해능

이제 우리는 몇 가지 재미있는 현상들을 이해할 수 있는 단계에 이르렀다. 예를 들어, 회절 격자를 이용하여 빛의 파장을 분리해내는 방법을 생각해보자. 앞서 말한 대로 회절 격자에 입사된 빛은 파장에 따라 각기 다른 각도로 산란되는데, 이 성질을 이용하면 빛을 단색광으로 분리할 수 있다. 그렇다면 재미있는 질문을 하나 던져보자. 파장이 아주 비슷한 두 개의 광원이 있을 때, 회절 격자가 이들을 '서로 다른 두 개의 광원'으로 구별할 수 있으려면 이들의 파장은 최소한 얼마 이상 달라야 하는가? 붉은색 빛과 파란색 빛은 분명하게 구분된다. 그러나 붉은 빛과 조금 더 붉은 빛이 입사된다면, 격자가 이들을 분리하는 능력에는 어떤 한계가 있을 것이다. 이것을 격자의 '분해능(resolving power)'이라 하는데, 이 문제를 분석하는 방법 중 하나는 다음과 같다. 격자를 거쳐 산란된 두 개의 단색광이 스크린의 특정 방향에 강하게 도달했다고 하자. 단색광의 위상은 $\phi = 2\pi d \sin\theta/\lambda$이므로, 상이 맺히는 방향은 파장에 따라 달라진다. 우리가 두 개의 단색광을 구별할 수 있으려면, 스크린 상에서 이들의 거리가 최소한 얼마 이상 떨어져 있어야 할까? 두 개의 최대값이 정확하게 한 지점에 모여 있으면 당연히 구별할 수 없다. 반면에, 이들이 충분한 거리를 두고 떨어져 있으면 두 개의 신호로 인식될 것이다. 이를 판단하는 기준으로, '레일리 기준(Rayleigh's criterion)'이라는 것이 있다(그림 30-6). 즉, 한 신호의 최대값과 다른 신호의 첫 번째 최소값이 같은 위치에 놓인 경우를 기준으로 하여 분해 가능성을 판단하는 것이다. 이 조건이 만족되었을 때 두 신호가 갖는 파장의 차이는 간단한 기하학을 이용하여 쉽게 계산할 수 있다.

파장 λ'의 신호가 최대 강도를 가지려면 거리 Δ는 $n\lambda'$과 같아야 하고 (그림 30-3), m차 신호의 경우에는 $mn\lambda'$이 되어야 한다. 즉, $(2\pi d \sin\theta)/\lambda' = 2\pi m$이며 따라서 $nd\sin\theta(=\Delta)$는 $mn\lambda'$이다. 또, 파장이 λ인 다른 신호가 이 방향에서 최소 강도가 되려면 Δ는 $mn\lambda$보다 정확하게 한 파장만큼 커야 한다. 즉, $\Delta = mn\lambda + \lambda = mn\lambda'$이 되어야 하는 것이다. 그러므로 λ'과 λ의 차이를 $\Delta\lambda$라 하면($\lambda' = \lambda + \Delta\lambda$), 다음의 관계가 성립된다.

$$\Delta\lambda/\lambda = 1/mn \tag{30.9}$$

여기서 $\Delta\lambda/\lambda$를 격자의 '분해능(resolving power)'이라 한다. 이 값은 격자에 나 있는 홈의 개수에 신호의 차수를 곱한 것과 같다. 이 식은 "진동수의 오차는 서로 간섭을 일으키는 극한 경로(extreme path)들 사이의 시간차의 역수와 같다"는 법칙과 동일하다.*

$$\Delta\nu = 1/T$$

그림 30-6 레일리 기준을 나타낸 그림. 한 신호의 최대값과 다른 신호의 첫 번째 최소값이 같은 위치에서 나타나는 것을 기준으로 한다.

---

* 지금 우리가 다루는 문제에서는 $T = \Delta/c = mn\lambda/c$이다. 진동수 ν는 $\nu = c/\lambda$이므로 $\Delta\nu = c\Delta\lambda/\lambda^2$이다.

이 식은 격자뿐만 아니라 모든 기구에 적용될 수 있으므로, 식 (30.9)보다는 이 형태를 기억해두는 것이 좋다.

30-4 포물면 안테나(Parabolic antenna, 접시 안테나)

분해능과 관련된 다른 문제를 생각해보자. 우주에서 날아오는 라디오파를 전파 망원경으로 수신했을 때, 소스의 위치를 얼마나 정확하게 결정할 수 있을까? 물론 구식 안테나를 사용한다면 수신된 신호의 근원지를 알 수 없다. 그러나 천문학에서 천체의 위치를 결정하는 것은 아주 중요한 문제이다. 이를 해결하는 한 가지 방법은 호주의 대평원에 여러 개의 쌍극자 전선을 동일한 간격으로 설치하고, 모든 쌍극자들과 동일한 거리에 있는 하나의 수신기로 신호를 잡아내는 것이다. 그러면 모든 신호들은 동일한 위상으로 수신기에 도달할 것이다. 만일 라디오파의 근원지가 쌍극자 배열의 바로 위쪽 하늘에 있다면 전선에 도달하는 라디오파의 위상은 모두 같을 것이고, 따라서 수신기에도 동일한 위상으로 전달될 것이다.

소스의 방향이 수직선과 θ의 각도를 이룬다고 가정해보자. 그러면 여러 개의 안테나에 도달하는 신호들은 각기 다른 위상을 갖게 된다. θ가 크면 위상이 다른 여러 신호들이 더해지면서 서로 상쇄되어 수신기에는 아무 것도 잡히지 않는다. 그렇다면 수신 가능한 θ의 범위는 어느 정도인가? **답:** 그림 30-3에서 $\Delta/L = \theta$가 총 360°의 위상차를 유발시키면 수신기에는 아무 것도 도달하지 않는다. 즉, $\Delta = \lambda$인 방향에서 오는 신호는 전혀 잡히지 않는다. 앞에서 설명한 대로, 이 경우에는 모든 벡터들을 더한 결과가 0이 되기 때문이다. 길이 L인 안테나로 분해할 수 있는 최소 각도는 $\theta = \lambda/L$이다.

라디오 안테나는 이와 다른 형태로 만들 수도 있다. 여러 개의 쌍극자들을 똑바른 전선이 아닌 어떤 특정 곡선을 따라 배열시키고, 적절한 위치에 수신기를 세팅해놓으면 된다. 단, 하늘에서 수직 방향으로 내려오는 라디오파가 전선에 의해 산란되어 수신기에 도달할 때까지 소요되는 시간이 모두 같아야 한다. 이 원리는 그림 26-2에서 이미 언급된 적이 있다. 즉, 전선의 모양을 포물선으로 만들고 그 초점에 수신기를 장치하면 매우 강한 신호를 얻을 수 있다. 그런데 여기서 중요한 것은 수신기의 위치가 아니다. 모든 신호의 위상을 일치시키면 신호를 해석하기가 쉽기 때문에 수신기를 포물선의 초점에 갖다놓은 것뿐이다. 이 경우에도 분해할 수 있는 각도는 여전히 $\theta = \lambda/L$이다 (L은 첫 번째 안테나와 마지막 안테나 사이의 거리이다). 이 한계는 안테나의 총 개수와 아무런 상관이 없다. 심지어는 모든 안테나들을 하나의 금속조각으로 대치해도 각도의 분해능은 달라지지 않는다. 27장의 마지막에 달아놓은 각주의 의미를 이제 이해할 수 있겠는가? 지금 우리는 망원경의 분해능을 구한 것이다! (망원경의 직경을 L이라 했을 때, 분해능을 $\theta = 1.22\lambda/L$로 표현하기도 한다. 정확하게 λ/L이 되지 않는 이유는 다음과 같다. $\theta = \lambda/L$에는 모든 쌍극자 전선의 신호가 동일한 강도를 갖는다는 가정이 깔려 있다. 그러나 대부분의 망원경은 사각형이 아니라 원형으로 되어 있기 때문에, 외곽으로 갈수록 신호의 양이 줄어든다. 게다가 망원경 거울의 끝부분은 아무래도 신호를 모으는 기능이 떨어지기 때문에 덩치값을 100% 발휘하지 못한다. 1.22는 바로 이 효과를 고려해주기 위해 붙여놓은 상수이다.*)

30-5 얇은 막 : 결정 구조의 분석

지금까지 우리는 다양한 파동이 더해지면서 나타나는 간섭 효과에 대하여 알아보았다. 그러나 이와 관련하여 아직도 이해되지 않는 현상들이 몇 가지 있다. 예를 들어, 굴절률이 n인 물체에 빛이 수직으로 입사되었을 때, 다들 아는 바와 같이 빛의 일부는 반사된다. 그런데 빛이 반사되는 이유는 아직도 분명하게 알려지지 않고 있다(자세한 이야기는 나중으로 미룬다). 입사된 빛의 일부는 물체의 위쪽 표면에서 반사되고, 안으로 흡수된 빛들 중 일부는 물체의 아래쪽 면에서 또 한 번 반사된다. 따라서 필름(막)에 빛을 쪼였을 때 나타나는 반사광은 두 개의 빛이 더해진 결과이다. 아주 얇은 막의 경우, 두 개의 빛은 위상차에 따라 밝기가 다양하게 나타난다. 예를 들어, 붉은색 빛을 쪼였을 때 밝게 반사되었다 해도, 푸른색 빛을 쪼였을 때는 반사광이 사라질 수도 있다. 그리고 입사광의 각도를 바꾸면 빛의 입장에서 볼 때 막의 두께가 달라지기 때문에, 이 상황은 얼마든지 역전될 수도 있다. 아니면 노란색이나 주황색 등 다른 빛이 강하게 반사될 수도 있다. 그래서 얇은 막을 손에 들고 이리저리 각도를 변화시키면 다양한 색상이 수시로 변하면서 나타나는 것이다. 얇은 기름막이나 비누방울의 표면 등에서도 이와 같은 현상이 나타난다. 그러나 어떤 경우이건 간에, 적용되는 원리는 단 하나뿐이다. 이 모든 것은 위상이 다른 두 개의 파동이 더해지면서 나타나는 결과이다.

회절의 또 다른 사례로서, 다음과 같은 경우를 생각해보자. 지금 우리는 회절 격자에서 산란되어 스크린에 맺힌 빛의 영상을 바라보고 있다. 단색광을 광원으로 사용했다면 어떤 특정 위치에 밝은 줄무늬가 나타나고, 그 주변에도 여러 개의 줄무늬가 규칙적으로 나타날 것이다. 이때 광원의 파장을 알고 있다면, 줄무늬 사이의 간격으로부터 회절 격자에 나 있는 홈의 간격을 알아낼 수 있다. 또, 각 줄무늬의 밝기를 측정하면 회절 격자를 눈으로 직접 보지 않고서도 홈의 형태(줄무늬 또는 톱니 모양 등)를 유추해낼 수 있다. 이 원리는 결정의 원자 배열 상태를 알아내는 데 이용될 수 있다. 단, 평면이 아닌 3차원 입체 구조 속에서 회절이 일어나기 때문에 상황은 조금 복잡해진다. 그리고 빛의 파장이 원자의 간격보다 크면 아무런 효과도 나타나지 않으므로, 가시광선보다 파장이 짧은 X-선을 사용해야 한다. 이것은 실로 획기적인 방법이다.

---

* 이것은 망원경에 맺힌 상이 하나의 별인지, 또는 두 개의 별인지를 구별하는 '레일리의 기준'이 정확하지 않기 때문에 발생하는 오차이다. 실제로, 산란된 영상이 정확하게 한 지점으로 모이도록 최대한의 주의를 기울이면 θ가 λ/L보다 작은 경우에도 두 개의 별을 구별할 수 있다.

맨눈이나 단순 광학 기계로는 도저히 볼 수 없는 원자의 배열 상태를 X-선 촬영으로 알아낼 수 있다니, 이 얼마나 기발한 아이디어인가! 1장에서 소개 했던 여러 물질의 원자 구조는 바로 이런 실험을 통해 알려진 것이다. 이와 관련된 자세한 내용은 나중에 설명하기로 한다.

30-6 불투명 물체에 의한 회절

불투명한 판에 구멍을 뚫어놓고 한쪽에서 빛을 비춘다고 해보자. 이때 불 투명 판의 반대쪽에 있는 스크린에는 어떤 상이 맺혀질 것인가? 대부분의 사 람들은 구멍을 통해 나온 빛이 스크린에 도달하여 상이 맺혀진다고 생각할 것이다. 그런데 이 상황은 위상이 같은 여러 개의 광원들이 구멍을 가로질러 균일하게 배열되어 있는 경우와 거의 똑같이 취급될 수 있다. 물론 실제의 구 멍에는 광원이 없지만, 마치 광원이 구멍에만 있는 것으로 간주해도 거의 정 확한 회절 무늬를 얻을 수 있다는 것이다. 자세한 증명은 나중으로 미루고, 일단 지금은 이것을 사실로 받아들이기로 하자.

지금까지 말한 것과는 조금 다른 회절 현상이 있다. 이것을 제대로 이해 하려면 엄청난 양의 벡터 계산이 필요하기 때문에 기초 물리학 과정에서는 잘 다루어지지 않지만, 사실 그 안에 들어 있는 원리는 그동안 우리가 공부했 던 내용과 조금도 다르지 않다. 모든 간섭 현상은 하나의 원리에 기초를 두고 있다. 복잡한 상황이라고 해봐야 벡터의 덧셈이 조금 번거로운 것뿐이다.

무한히 먼 거리에서 날아온 빛이 물체에 드리우는 그림자를 생각해보자. 여기, 아주 먼 거리에 있는 광원으로부터 발사된 빛이 불투명한 물체 AB의 그림자를 스크린에 드리우고 있다(그림 30-7). 그림자의 바깥 부분은 당연히 밝을 것이고, 그림자 부분은 어둡게 나타날 것이다. 그런데 그림자의 경계선 근처에서 빛의 강도를 위치의 함수로 나타내면 매끈한 곡선이 아니라 위아래 로 요동치는 그래프가 얻어진다(그림 30-9). 그림자의 경계선에서 무슨 일이 일어난 것일까? 지금부터 그 이유를 알아보자. 이 문제는 방금 위에서 말한 것처럼 물체가 없는 부분($BDEC$)에, 빛을 발하는 광원들이 균일하게 분포되 어 있는 경우로 취급할 수 있다.

$BDEC$에 안테나들이 아주 촘촘하게 배열되어 있을 때, 점 P에 도달하 는 빛의 강도를 알아보자. 이 문제는 그동안 앞에서 다뤘던 문제들과 비슷해 보이지만 사실은 그렇지 않다. 광원에서 스크린까지의 거리가 유한하기 때문 이다. 그러나 모든 안테나들이 발하는 신호를 더하여 최종 신호의 강도를 얻 는다는 원리는 여기서도 똑같이 적용된다. 우선, P점과 마주보고 있는 D지 점의 안테나를 생각해보자. 여기서 위쪽으로 h만큼 올라가면 안테나 E에 도 달하는데, D와 E에서 나온 빛은 $EP - DP = h^2/2s$의 경로차를 갖는다(거 리가 다르기 때문에 도달하는 빛의 강도도 달라진다. 그러나 이 효과는 위상 차에 의한 효과와 비교할 때 거의 무시할 수 있을 정도로 작다). 즉, 위상차가 D점으로부터의 거리의 제곱(h^2)에 비례하는 것이다. 그동안 다뤘던 문제들은

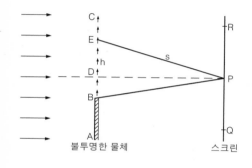

그림 30-7 빛이 불투명한 물체를 만나면 스크 린에 그림자를 드리운다.

$s = \infty$였고 위상차는 h에 비례했다. 위상차가 h에 비례하는 경우에는 여러 개의 벡터들을 일정한 각도로 돌려가면서 순차적으로 더하여 최종 결과를 얻을 수 있었다. 그런데 지금처럼 위상차가 h^2에 비례하면 더해지는 벡터의 각도가 점차 증가하여 원이 아닌 다른 곡선을 그리게 된다. 정확한 결과를 얻으려면 조금 복잡한 수학이 동원되어야 하는데, 어쨌거나 벡터를 더하는 원리는 이전과 동일하다. 인내심을 갖고 끈질기게 계산을 하다보면, 그림 30-8과 같이 묘하게 생긴 곡선이 얻어진다[이것을 '코르뉴의 나선(Cornu's spiral)'이라 한다]. 이로부터 어떤 결론을 내릴 수 있을까?

예를 들어, P점에 도달하는 빛의 강도를 알고 싶다면 B_P에서 시작하여 위쪽으로 무한대까지 걸쳐 있는 가상의 광원들에 의한 효과를 모두 더해주어야 한다. 즉, 그림 30-8의 B_P에서 시작하여, 각도가 수시로 변하는 벡터들을 무한히 더해가야 한다. 그러면 B_P의 위쪽에 있는 광원들에 의한 효과는 나선형 곡선을 따라 변해가게 된다. 임의의 위치에서 이 덧셈을 종료하면, 최종 결과는 B_P와 그 지점을 연결하는 벡터가 될 것이다. 지금 우리는 위쪽으로 한계가 없는 경우를 고려하고 있으므로 덧셈은 무한대까지 실행되어야 하며, 그 결과는 그림과 같이 $\mathbf{B}_{P\infty}$로 나타난다. 그런데 곡선에서 B_P의 위치는 P점을 어디로 잡느냐에 따라 달라진다. 왜냐하면 변곡점 D는 항상 P점과 일치해야 하기 때문이다. 따라서 시작점 B_P는 P와의 상대적 위치에 따라 곡선의 좌-하단부 나선상의 어딘가에 위치하게 된다. 그리고 최종 벡터 $\mathbf{B}_{P\infty}$는 작은 벡터들이 계속 더해짐에 따라 여러 번의 극대-극소값을 갖게 된다(그림 30-9).

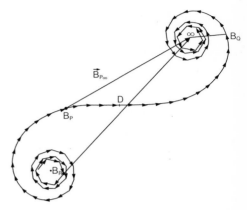

그림 30-8 그림 30-7에 있는 가상의 진동자들에 의한 신호의 강도와 위상은 미소 벡터들의 합으로 표현된다. 단, 이웃한 벡터들 사이의 위상차는 h^2에 비례한다.

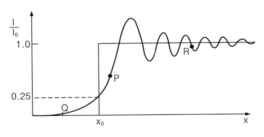

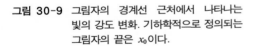

그림 30-9 그림자의 경계선 근처에서 나타나는 빛의 강도 변화. 기하학적으로 정의되는 그림자의 끝은 x_0이다.

이와 반대로, Q점에 도달하는 빛을 관측하는 경우에는 나선의 한쪽 끝 부분에 있는 화살표만 고려하면 된다. 다시 말해서, 화살표의 덧셈이 B_Q에서 시작된다는 뜻이다. 최종 결과는 Q가 그림자 쪽으로 멀어질수록 작아진다.

그렇다면, 실제 물체의 끝부분과 마주보는 지점에 나타나는 빛의 밝기는 어느 정도일까? 답: 밝은 지역에 도달하는 빛의 1/4이다(이 경우, 벡터의 끝은 D이다). 왜 그런가? P로부터 충분히 먼 지점 R에 도달하는 빛의 진폭(벡터의 길이)을 1이라 했을 때, 그림자의 경계 지점에 해당되는 벡터의 길이는 1/2이고 빛의 강도는 $(1/2)^2 = 1/4$이기 때문이다.

이 장에서 우리는 다양하게 배열된 파원에 대하여 각 방향으로 도달하는 신호의 강도를 알아보았다. 이제 마지막으로, 다음 장(31장 : 굴절률의 근원)에서 사용하게 될 공식 하나를 유도하고자 한다. 지금까지는 빛의 상대적 강도를 아는 것만으로 충분했지만, 앞으로는 전기장의 구체적인 형태를 유도할 것이다.

30-7 진동하는 평면 전하에 의한 전기장

미세한 하전 입자들로 가득 차 있는 평면을 생각해보자. 평면 안에 들어 있는 입자들은 일제히 같은 위상과 진폭으로 진동하고 있다. 이 평면으로부터 비교적 먼(그러나 무한히 멀지는 않은) 지점에 생성되는 전기장은 얼마인가? 전하들이 이루는 평면을 xy-평면이라 하고, 전기장을 계산하고자 하는 지점 P는 z축 위에 있다고 가정하자(그림 30-10). 각 하전 입자의 전하량은 q이고 단위 면적 안에 들어 있는 입자의 개수는 η이다. 모든 전하들은 같은 방향(평면 방향), 같은 진폭, 같은 위상으로 진동하고 있다. 이제, 임의의 시간 t에서 각 전하의 변위를 $x_0 \cos \omega t$라 하자(평균 위치에서 벗어난 정도를 전하의 변위로 정의한다). 이를 복소수로 표기하면 $x_0 e^{i\omega t}$이다.

P점에 형성되는 전기장은 개개의 전하들이 P점에 만드는 미소한 전기장을 일일이 더하여 얻을 수 있다. 이미 알고 있는 바와 같이, 전기장의 세기는 전하의 가속도 $-\omega^2 x_0 e^{i\omega t}$에 비례한다. 그런데 임의의 시간 t에 Q점에 있는 전하가 P에 만드는 전기장은 그 순간의 가속도에 비례하는 것이 아니라 r/c만큼 앞선 과거, 즉 $t' = t - r/c$일 때의 가속도에 비례한다. 여기서 r/c는 파동이 Q에서 P로 도달하는 데 걸리는 시간이다. 따라서 P점의 전기장은 전하의 가속도

$$- \omega^2 x_0 e^{i\omega(t-r/c)} \tag{30.10}$$

에 비례하게 된다. 좀더 구체적으로 표현하자면, Q점에 있는 전하에 의해 P점에 형성되는 전기장은 다음과 같다.

$$(Q\text{점의 전하에 의한 }P\text{점의 전기장}) = \frac{q}{4\pi\varepsilon_0 c^2} \frac{\omega^2 x_0 e^{i\omega(t-r/c)}}{r} \text{ (근사식)} \tag{30.11}$$

사실, 이것은 정확한 식이 아니다. 가속도 중에서 전기장에 기여하는 부분은 QP에 수직한 성분이므로 식 (30.10)에는 r/z이 곱해져야 한다. 그러나 P점까지의 거리가 ρ보다 충분히 큰 경우, r/z은 거의 1이 되어 따로 곱해줄 필요가 없다.

평면에 있는 개개의 전하들이 만드는 전기장을 모두 더하면 P점에 형성되는 총 전기장이 얻어진다. 물론, 이 덧셈은 벡터적으로 수행되어야 한다. 그런데 P점에 형성되는 전기장의 방향들이 모두 비슷하기 때문에, 전기장의 크기만 고려하여 스칼라처럼 더해도 결과는 크게 틀리지 않는다. 이 근사법을 이용하면, 같은 r에 있는 전하들은 모두 똑같은 전기장을 만드는 것으로 간주할 수 있다. 우선, 반지름 ρ와 $\rho + d\rho$ 사이의 가느다란 원형 고리 내부에 있는 전하들에 의한 전기장부터 계산해보자. 그런 다음에 ρ에 대하여 적분을

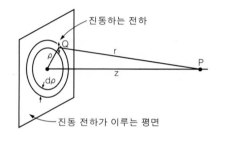

그림 30-10 진동하는 평면 전하에 의한 복사장(radiation field)

해주면 총 전기장이 얻어질 것이다.

원형 고리의 내부에 있는 전하의 개수는 고리의 면적에 단위 면적당 전하의 개수를 곱한 것과 같다. 즉, 고리 안의 전하수는 $2\pi\rho\,d\rho\cdot\eta$이다. 따라서 총 전기장은 다음과 같다.

$$(P \text{ 점의 총 전기장}) = \int \frac{q}{4\pi\varepsilon_0 c^2} \frac{\omega^2 x_0 e^{i\omega(t-r/c)}}{r} \cdot \eta \cdot 2\pi\rho\,d\rho \qquad (30.12)$$

우리는 이 적분을 $\rho = 0$에서 $\rho = \infty$까지 실행하고자 한다. 시간 t는 적분 변수 ρ와 아무런 상관이 없으므로 적분과 관련된 변수는 ρ와 r뿐이다. 따라서 상수 부분을 적분 기호 밖으로 모두 빼내고 나면 다음과 같은 적분이 남는다.

$$\int_{\rho=0}^{\rho=\infty} \frac{e^{-i\omega r/c}}{r} \rho\,d\rho \qquad (30.13)$$

적분을 쉽게 하려면 변수를 하나로 통일시키는 것이 좋다. 다음의 관계를 이용하면 ρ와 r 중 하나를 소거할 수 있다.

$$r^2 = \rho^2 + z^2 \qquad (30.14)$$

z는 ρ와 무관하므로 양변을 미분하면

$$2r\,dr = 2\rho\,d\rho$$

를 얻는다. 이 결과를 식 (30.14)에 적용하면 문제의 적분은 다음과 같이 간단한 형태로 바뀐다.

$$\int_{r=z}^{r=\infty} e^{-i\omega r/c}\,dr \qquad (30.15)$$

여기서, 적분 구간이 식 (30.13)과 달라진 이유는 적분 변수가 ρ에서 r로 바뀌었기 때문이다($\rho = \infty$일 때 $r = \infty$이고, $\rho = 0$일 때 $r = z$이다). 이 적분은 아주 기초적인 형태이므로, 그냥 결론으로 넘어가자. 적분 결과는 다음과 같다.

$$-\frac{c}{i\omega}\left[e^{-i\infty} - e^{-(i\omega/c)z}\right] \qquad (30.16)$$

여기서 ∞라고 쓴 것은 $(\omega/c) \times \infty$를 의미한다. 둘 다 '엄청나게 큰 수'라는 뜻이다!

결과에 나타난 $e^{-i\infty}$는 수학적으로 해석하기가 조금 난처하다. 물리적인 양에 해당되는 실수 부분 $\cos(-\infty)$의 값을 결정할 수가 없기 때문이다($+1$과 -1 사이의 어떤 값을 갖는다는 것밖에 알 수 없다!). 그러나 물리적으로 따져보면 이 값은 0으로 간주해야 한다. 왜 그럴까? 식 (30.15)로 돌아가서 그 이유를 알아보자.

식 (30.15)의 적분은 길이(절대값)가 Δr이고 각도 $\theta = -\omega r/c$인 여러

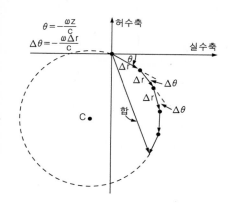

그림 30-11 $\int_z^\infty e^{-i\omega r/c}\,dr$ 의 기하학적 계산

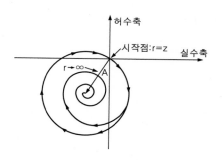

그림 30-12 $\int_z^\infty \eta e^{-i\omega r/c}\,dr$ 의 기하학적 계산

개의 복소수들을 복소수 평면에서 더한다는 의미이다. 이 덧셈은 기하학적 방법으로 행해질 수도 있다. 그림 30-11은 처음 다섯 개의 덧셈을 보여주고 있는데, 각 화살표의 길이는 Δr 이고, 이전 화살표와 이루는 각도는 $\Delta\theta = -\omega\Delta r/c$ 이다. 다섯 개의 복소수를 더한 결과는 첫 화살표의 시작점과 마지막 화살표의 끝점을 연결한 하나의 화살표로 표현된다. 그러므로 덧셈을 계속해나가면 총합을 나타내는 화살표의 끝은 다각형의 둘레를 따라서 돌아가다가 출발점으로 되돌아온 후 다시 같은 회전을 반복하게 된다. 즉, 아무리 많이 더해도 어떤 특정값으로 수렴하지 않는다(원의 반지름은 c/ω 이다. 연습 삼아 계산해보기 바란다). 바로 이러한 이유 때문에 식 (30.15)의 적분은 분명한 답을 주지 못하는 것이다!

그러나 현실적인 상황을 고려하면 물리적인 해답을 얻을 수 있다. 무한히 큰 전하 평면이 과연 존재하겠는가? 우리가 다룰 수 있는 크기는 분명한 한계가 있다. 만일 전하 평면이 디스크 모양이고 반지름이 유한하다면, 적분 변수 r 은 ∞ 까지 가지 않고 어떤 특정값에서 멈출 것이고, 벡터들을 더한 결과도 그림 30-11의 원주상의 어딘가에서 멈출 것이다. 만일 디스크의 전하 밀도가 바깥쪽으로 갈수록 작아진다면(또는 밀도는 균일하지만 평면의 모양이 불규칙적이어서 ρ 가 큰 값을 가질 때 폭이 $d\rho$ 인 고리에 의한 기여도가 점차 작아진다면), 단위 면적당 전하의 개수 η 는 점차 작아지다가 결국 0으로 사라진다. 따라서, 벡터들을 더한 결과는 덧셈의 횟수가 반복될수록 길이가 점차 짧아지면서 그림 30-12와 같은 나선을 그리게 된다. 그리고, 이 나선은 원의 중심을 향해 수렴한다. 그러므로 물리적으로 타당한 적분 결과는 원점과 원의 중심을 잇는 복소수 A 로 나타날 것이다. 이 값은

$$\frac{c}{i\omega}\,e^{-i\omega z/c} \tag{30.17}$$

로서(각자 계산해보기 바란다), 식 (30.16)에서 $e^{-i\infty} = 0$ 으로 놓았을 때의 값과 일치한다.

(r 이 커질수록 피적분 함수의 값이 작아지는 이유는 이것 말고도 또 있다. r 이 크면 전하의 가속도 중에서 PQ 에 수직한 성분이 작아지므로, 결국은 전기장이 작아지는 효과가 나타난다.)

우리의 관심은 오로지 물리적인 양이므로, $e^{-i\infty} = 0$ 으로 놓는 것이 타당하다. 식 (30.12)로 돌아가서 원래의 상수들을 고려해주면, 최종적으로 다음과 같은 결과가 얻어진다.

$$(P\text{점에 형성되는 총 전기장}) = -\frac{\eta q}{2\varepsilon_0 c}\,i\omega x_0 e^{i\omega(t-z/c)} \tag{30.18}$$

($1/i = -i$ 임을 상기하자.)

여기서 $(i\omega x_0 e^{i\omega t})$ 는 전하의 속도이므로, 위의 식은 다음과 같이 쓸 수 있다.

$$(P\text{점에 형성되는 총 전기장}) = -\frac{\eta q}{2\varepsilon_0 c}[\text{전하의 속도}]_{\text{시간}=t-z/c}, \tag{30.19}$$

각 전하들과 P 점 사이의 거리가 제각각임에도 불구하고, 거리에 의한 뒤처짐 효과가 평면과 P 점 사이의 수직 거리 z 에 관계된다는 것은 조금 이상하게 보인다. 그러나 이것이 바로 법칙이다. 간단하게 표현되었으니 다행한 일이다. 이것을 갖고 더 이상 고민할 필요는 전혀 없다. [우리의 계산은 평면과 P 점 사이의 거리 z 가 멀다는 가정하에서 진행되었지만, 식 (30.18)과 (30.19)는 임의의 거리에서 (심지어는 $z < \lambda$ 일 때도) 성립한다. 이것도 아주 다행스러운 일이다.]

CHAPTER 31
굴절률의 근원

31-1 굴절률

앞에서 나는 빛의 속도가 공기보다 물 속에서 더 느리고, 진공보다 공기 중에서 조금 더 느리다고 말했었다. 이 현상은 굴절률 n을 이용하여 설명될 수 있었다. 지금부터 진공이 아닌 매질 속에서 빛의 속도가 느려지는 진짜 이유를 물리적으로 이해해보자. 그리고 앞에서 가정했던 몇 가지 현상들이 빛의 속도와 어떻게 연관되는지도 알아보자. 그 가정들을 요약하면 다음과 같다.

(a) 우주 안에 형성된 총 전기장은 우주 안에 널려 있는 각 전하들이 만드는 전기장의 합으로 표현된다.

(b) 하나의 전하에 의해 생성된 장은 전하의 가속도에 의해 결정된다. 단, 현재의 장을 결정하는 것은 현재의 가속도가 아니라, c의 속도로 전달되는 데 소요되는 시간만큼 거슬러 올라간 과거의 가속도이다(복사장의 경우).

여러분은 아마 이렇게 말하고 싶을 것이다. "잠깐만요, 뭐 하나 빼먹으신 것 같네요. 유리 속에서 장이 전달될 때는 속도가 c/n로 바뀌어야 하지 않을까요?" 좋은 지적이긴 하지만 틀린 생각이다. 왜 그럴까?

굴절률이 n인 매질 속에서 빛(또는 전자기파)의 전달 속도가 c/n라는 것은 대략적으로 맞는 말이긴 하다. 그러나 이 경우에도 장은 여전히 움직이는 전하들에 의해 생성되고 있으며(이 전하는 매질 속에 존재할 수도 있다), 궁극적인 전달 속도는 항상 c이다. 그렇다면 매질 속에서 빛의 속도가 느려지는 것처럼 보이는 이유는 무엇인가?

아주 간단한 경우를 예로 들어보자. 여기 아주 얇은 유리판이 하나 있고, 유리판으로부터 아주 먼 거리에 빛을 방출하는 광원이 있다. 우리의 목적은 유리판을 기준으로 광원의 반대편 쪽에 생성되는 전기장을 알아내는 것이다. 이 상황은 그림 31-1에 나타나 있다. S와 P는 유리판으로부터 아주 멀리 떨어져 있다. 우리가 알고 있는 원리에 의하면, P점의 전기장은 광원 S와 유리판 속에 들어 있는 전하들에 의해 생성되며, 모두 속도 c를 기준으로 한 뒤처짐 효과가 나타난다. 그리고 하나의 전하가 만드는 전기장은 근처에 있는 다른 전하의 영향을 받지 않는다. 그러므로 P점의 전기장은 다음과 같이 쓸

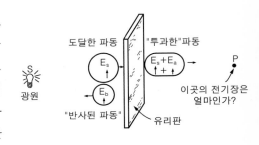

그림 31-1 투명한 물질을 통해 전달되는 전기장

수 있다.

$$E = \sum_{\text{모든 전하}} E_{\text{개개의 전하}} \qquad (31.1)$$

또는

$$E = E_s + \sum_{\text{다른 모든 전하}} E_{\text{개개의 전하}} \qquad (31.2)$$

여기서 E_s 는 광원 S 에 의해 생성된 전기장으로서, 중간에 유리판이 없을 때 P 에 생성되는 전기장을 의미한다. 광원 이외에 움직이는 전하가 또 있다면 P 점의 전기장은 당연히 E_s 와 다를 것이다.

　　유리판 안에서 움직이는 전하는 어떻게 생성되었을까? 다들 알다시피, 모든 물질들은 원자로 이루어져 있고 원자는 전자(electron)를 포함하고 있다. 광원 S 에서 생성된 전기장이 유리판의 원자에 도달하면 전기장으로부터 힘을 받은 전자는 위아래로 진동하기 시작하고, 이로부터 새로운 전기장이 생성된다. 즉, 유리판 속의 전자들도 새로운 복사체가 되는 것이다. 따라서 총 전기장은 광원에 의한 전기장과 유리판에 의한 전기장의 합으로 나타나며, 유리판의 존재 여부에 따라 P 점의 전기장은 달라진다. 그리고 이 달라진 효과는 마치 유리 안에서 장의 전달 속도가 느려진 것처럼 나타난다. 이것이 바로 지금부터 전개될 논리의 기본적인 아이디어이다.

　　실제로 벌어지는 상황은 이보다 훨씬 복잡하다. 새로운 전하의 움직임이 오로지 광원 때문에 유발된 것처럼 말하긴 했지만, 사실은 그렇지 않다. 임의의 전하는 그 주변에서 움직이고 있는 '모든' 전하들로부터 영향을 받고 있다. 그러므로 특정 전하에 작용하는 총 전기장은 다른 '모든' 전하들이 만드는 전기장의 합이다. 이와 동시에, 모든 전하들의 운동은 바로 이 특정 전하의 영향을 받고 있다. 이 상황을 제대로 서술하려면 일련의 복잡한 방정식들이 동원되어야 하는데, 내용이 너무 복잡하므로 구체적인 내용은 내년에 강의하기로 한다.

　　지금 당장은 물리적 원리를 쉽게 이해하는 것이 목적이므로, 다른 원자들에 의한 효과를 거의 무시할 수 있는 조건하에서 이야기를 풀어나가 보자. 다시 말해서, 광원을 제외한 다른 원자들이 전기장에 큰 기여를 하지 않는, 그런 물질을 대상으로 삼자는 것이다. 굴절률이 거의 1에 가까운 물질이라면 이 조건을 만족시킬 수 있다. 앞으로 전개될 우리의 논리는 이런 물질에 한해서 적용된다는 것을 명심하기 바란다.

　　전기장에 영향을 주는 요인은 이것 말고도 또 있다. 물체의 두 표면 중 광원 쪽을 향한 표면에서는 광원 S 를 향해 나아가는 복사파가 발생한다. 투명한 물체에 빛을 비췄을 때 반사되어 나오는 빛의 정체가 바로 이것이다. 광원 쪽으로 되돌아가는 전기장은 물체의 표면뿐만 아니라 내부의 모든 곳에서 발생하지만, 표면에서 반사된 것과 똑같은 효과를 준다. 이 반사 현상은 우리의 근사적 접근 방법으로는 설명될 수 없다. 굴절률이 1에 가까운 물체들은 거의 반사를 일으키지 않기 때문이다.

굴절률이라는 개념이 나오게 된 원천적인 이유를 따지기 전에, 매질 속을 진행하는 파동의 겉보기 속도가 매질의 종류에 따라 다르게 나타나는 이유를 먼저 알아보자. 일단 이것이 알려지면 굴절률의 정체는 밝혀진 것이나 다름없다. 매질의 경계면에서 빛의 진로가 꺾이는 것은 다른 매질을 지날 때 파동의 유효 속도(effective velocity)가 달라지기 때문이다. 그림 31-2는 전기적 파동이 진공에서 유리 속으로 진입하는 과정을 보여주고 있다. 각각의 점선은 위상이 같은 빛의 마루를 나타낸 것이고, 점선에 수직하게 그려진 화살표는 파동의 진행 방향을 의미한다. 여기서 한 가지 명심할 점은, 파동의 진동수가 어디서나 같다는 것이다(강제 진동의 경우, 외부 구동력의 진동수와 진동자 자체의 진동수는 같다). 이는 곧 유리면의 방향을 따라 측정한 파동의 마루와 마루 사이의 간격이 어디서나 같다는 것을 의미한다. 그렇지 않으면 같은 위상을 가진 파동이 유리면에 비스듬하게 입사되었을 때 유리 속에 진입한 부분과 그렇지 않은 부분이 동일한 위상을 유지할 수 없기 때문이다. 따라서 매질의 표면에 있는 원자는 오직 하나의 진동수를 '느끼고' 있다. 그러나 파동의 마루와 마루 사이의 최단 거리, 즉 파장은 파동의 진행 속도를 진동수로 나눈 값으로서, 진공 중에서는 $\lambda_0 = 2\pi c/\omega$ 이고 매질 속에서는 $\lambda = 2\pi v/\omega$, 또는 파동의 진행 속도를 $v = c/n$ 이라고 했을 때 $\lambda = 2\pi c/\omega n$ 이다. 그림에서 볼 때, 매질의 경계면에서 매질 속으로 들어간 파동과 아직 진공 중에 있는 파동이 '어깨를 나란히 하고' 진행하려면 매질 속의 파동은 진행 방향을 바꿀 수밖에 없다. 여기에 약간의 기하학을 사용하면 $\lambda_0/\sin\theta_0 = \lambda/\sin\theta$, 또는 $\sin\theta_0/\sin\theta = n$ 임을 알 수 있는데, 이는 우리에게 이미 친숙한 스넬의 법칙이다. 그렇다면 이제 남은 것은 굴절률이 n 인 매질 속에서 빛의 속도가 c/n 로 느려지는 이유를 밝히는 것이다.

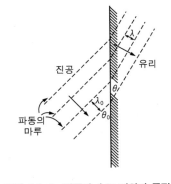

그림 31-2 파동의 속도 변화와 굴절 사이의 관계

다시 그림 31-1로 돌아가자. 우리가 할 일은 유리판에서 진동하고 있는 '모든' 전하들이 P점에 형성하는 전기장을 계산하는 것이다. 이것은 식 (31.2)의 두 번째 항에 해당되며, 지금부터는 E_a 라 부르기로 한다. 여기에 광원에 의한 전기장 E_s 를 더해주면 P점의 총 전기장이 얻어진다.

아마도 이 계산은 여러분이 금년에 수행하게 될 모든 계산들 중에서 가장 복잡한 작업이 될 것이다. 그러나 미리 겁먹을 필요는 없다. 복잡하기만 할 뿐, 어려운 것은 전혀 없다. 그저 더해야 할 항들이 많다는 것뿐이다. 그리고 각각의 항들은 아주 단순하게 생겼다. 여러분은 강의 시간에 교수들에게 이런 말을 자주 들었을 것이다. "유도 과정은 잊으세요, 결과만 알고 있으면 됩니다!" 하지만 지금의 경우는 정반대이다. 우리의 목적은 굴절률을 도입하게 된 원천을 추적하는 것이므로 구체적인 결과보다는 중간 과정에 관심을 집중해야 한다.

얇은 판이 없을 때, z축을 따라 오른쪽으로 진행하는 장의 파동은 다음과 같이 쓸 수 있다.

$$E_s = E_0 \cos \omega(t - z/c) \tag{31.3}$$

복소수 표기법을 사용하면 다음과 같다.

$$E_s = E_0\, e^{i\omega(t-z/c)} \qquad (31.4)$$

중간에 두께가 Δz인 판이 놓여 있다면 어떻게 될 것인가? 진공 중에서 파동이 Δz의 거리를 가는 데 걸리는 시간은 $\Delta z/c$이다. 그러나 굴절률이 n인 물체 속에서 Δz만큼 진행하는 데에는 $n\Delta z/c$의 시간이 소요된다. 즉, $\Delta t = (n-1)\Delta z/c$만큼의 시간이 추가로 소요되는 것이다. 판을 빠져나온 후에는 이전처럼 c의 속도로 진행한다. 이제 식 (31.4)의 t에 $(t-\Delta t)$를 대입해 주면 얇은 판에 의한 지연 효과는 자동으로 고려된다. 그러므로 얇은 판을 통과한 후의 파동은 다음과 같다.

$$E_{\text{통과후}} = E_0 e^{i\omega[t-(n-1)\Delta z/c-z/c]} \qquad (31.5)$$

이 식은 다음과 같이 쓸 수도 있다.

$$E_{\text{통과후}} = e^{-i\omega(n-1)\Delta z/c}\, E_0 e^{i\omega(t-z/c)} \qquad (31.6)$$

즉, 판을 통과한 후의 파동은 판이 없을 때의 파동 E_s에 $e^{-i\omega(n-1)\Delta z/c}$를 곱한 것과 같다. 그런데 $e^{i\omega t}$와 같은 진동 함수 앞에 $e^{i\theta}$와 같은 인자가 곱해진 다는 것은 파동의 위상이 θ만큼 달라진다는 뜻이다. 따라서 식 (31.6)은 E_s보다 위상이 $\omega(n-1)\Delta z/c$만큼 뒤처진 파동을 의미한다.

앞에서 나는 광원에 의한 전기장 $E_s = E_0 e^{-i\omega(t-z/c)}$에 얇은 판이 만드는 전기장 E_a를 더하면 P점의 전기장이 얻어진다고 말했다. 그런데 지금 얻은 결과에 의하면 얇은 판에 의한 효과는 더하기가 아닌 곱하기의 형태로 나타난다. 물론 여기에 잘못된 것은 없다. E_s에 적절한 복소수를 더해주면 식 (31.6)과 같은 결과를 얻을 수 있다. x가 아주 작은 경우에는 $e^x \sim (1+x)$이므로, Δz가 아주 작은 경우에는

$$e^{-i\omega(n-1)\Delta z/c} = 1 - i\omega(n-1)\Delta z/c \qquad (31.7)$$

가 된다. 이것을 식 (31.6)에 대입하면 다음과 같다.

$$E_{\text{통과후}} = \underbrace{E_0 e^{i\omega(t-z/c)}}_{E_s} - \underbrace{\frac{i\omega(n-1)\Delta z}{c} E_0 e^{i\omega(t-z/c)}}_{E_a} \qquad (31.8)$$

첫 번째 항은 광원에 의한 전기장이고, 두 번째 항은 얇은 판의 오른쪽 면에서 진동하는 전자들이 만드는 전기장, 즉 E_a이다. 보다시피 E_a는 굴절률 n과 E_s에 의존하는 양이다.

그림 31-3을 보면 지금까지 우리가 했던 계산을 기하학적으로 이해할 수 있다. 먼저 복소수 평면에 E_s를 그린다(여기서는 t와 z값을 잘 설정하여 E_s가 실수축 위에 그려지도록 했지만, 반드시 그럴 필요는 없다). 그 다음, 판을 통과하면서 발생한 지연 효과는 위상의 변화로 나타나므로, E_s를 시계 방향으로 돌린 복소수를 그린다. 이것은 위에서 구한 $E_{\text{통과후}}$에 해당된다. 그

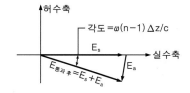

그림 31-3 특정한 t, z에서 $E_{\text{통과후}}$와 E_s, E_a의 관계를 복소수 평면에 나타낸 그림

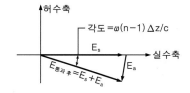

런데 $E_{통과후}$는 E_s와 작은 복소수 벡터 E_a의 합으로 표현될 수 있다. 식 (31. 8)의 두 번째 항에 곱해져 있는 $-i$는 E_s와 E_a가 서로 수직임을 말해 주고 있다. 따라서 E_s가 실수라면 E_a는 허수이고, 이들은 복소수 평면에서 일반적으로 90°의 각도를 이룬다.

31-2 물체에 의해 생성되는 장

이쯤에서 묻지 않을 수 없는 질문이 하나 있다 ─ 과연 식 (31.8)의 두 번째 항 E_a는 얇은 판의 전하들이 진동하면서 만들어낸 전기장과 일치하는가? 만일 정말로 일치한다면, 우리는 입사각이나 굴절각, 또는 매질 내의 광속을 측정하지 않고도 굴절률 n을 알아낼 수 있다! [식 (31.8)에서 우리 마음대로 주무를 수 있는 상수는 n밖에 없기 때문이다.] 이를 확인하기 위해, 지금부터 물체 내부의 전하들에 의해 생성되는 장 E_a를 직접 계산해보자. (기호가 너무 많이 등장하여 머리가 아픈 사람들을 위해, 지금까지 사용된 기호와 그 의미를 표 31-1에 정리하였다.)

표 31-1 계산에 사용된 기호들

E_s = 광원에 의한 전기장
E_a = 얇은 판의 전하에 의한 전기장
Δz = 얇은 판의 두께
z = 얇은 판으로부터의 수직 거리
n = 굴절률
ω = 복사의 (각)진동수
N = 얇은 판의 단위 부피당 전하의 수
η = 얇은 판의 단위 면적당 전하의 수
q_e = 전자의 전하
m = 전자의 질량
ω_0 = 원자에 구속되어 있는 전자의 공명 진동수

그림 31-1의 광원 S가 판으로부터 아주 멀리 떨어져 있다면 판의 왼쪽 면에 도달한 E_s는 모두 같은 위상을 갖고 있을 것이다. 그러므로 얇은 판 근처에서는

$$E_s = E_0 e^{i\omega(t-z/c)} \qquad (31.9)$$

이다. 얇은 판이 위치한 곳에서는 $z = 0$이므로 E_s는 다음과 같다.

$$E_s = E_0 e^{i\omega t} \qquad (31.10)$$

판에 속해 있는 모든 전자들은 이 전기장을 느끼면서 전기력 qE에 의해 위아래로 진동할 것이다(E_0는 수직 방향이라고 가정한다). 이제 전자의 운동을 수학적으로 무리없이 서술하기 위해, 개개의 원자를 진동자로 간주해보자. 즉, 외력이 가해졌을 때 전자가 평형 상태에서 벗어나는 정도는 가해진 힘의 크기에 비례한다.

전자가 궤도 운동을 한다고 알고 있는 사람들은 이 가정이 적절치 않다고 생각할지도 모른다. 그러나 전자가 태양계의 행성들처럼 자신의 궤도를 따라 돈다는 것은 현실을 지나치게 단순화시킨 모델이다. 파동 역학에 입각해서 빛에 대한 전자의 반응을 분석해보면, 전자는 정말로 스프링에 묶여 있는 진동자처럼 행동하고 있다. 즉, 전자는 '질량이 m 이고 공명 진동수가 ω_0 인' 진동자로 간주할 수 있다. 자, 드디어 그동안 열심히 공부했던 조화 진동자의 역학을 원없이 써먹을 기회가 왔다! 외부의 구동력 F 가 작용할 때, 진동자의 운동 방정식은 다음과 같다.

$$m\left(\frac{d^2x}{dt^2} + \omega_0^2 x\right) = F \tag{31.11}$$

지금 우리가 다루는 문제에서 전자에 작용하는 구동력은 광원으로부터 파동이 실어 나르는 전기장이므로,

$$F = q_e E_s = q_e E_0 e^{i\omega t} \tag{31.12}$$

이다. 여기서 q_e 는 전자의 전하이며, E_s 는 식 (31.10)의 $E_s = E_0 e^{i\omega t}$ 를 사용하였다. 따라서 우리는 다음과 같은 전자의 운동 방정식을 얻게 된다.

$$m\left(\frac{d^2x}{dt^2} + \omega_0^2 x\right) = q_e E_0 e^{i\omega t} \tag{31.13}$$

이 문제는 이미 앞에서 푼 적이 있다. 일반적인 해의 형태는

$$x = x_0 e^{i\omega t} \tag{31.14}$$

인데, 이것을 원래의 방정식 (31.13)에 대입하여 x_0 를 구해보면

$$x_0 = \frac{q_e E_0}{m(\omega_0^2 - \omega^2)} \tag{31.15}$$

가 되고, 따라서 전자의 변위 x 는 다음과 같이 구해진다.

$$x = \frac{q_e E_0}{m(\omega_0^2 - \omega^2)} e^{i\omega t} \tag{31.16}$$

이것으로 우리는 원하던 것을 얻었다 — 얇은 판에 속해 있는 전하(전자)의 운동을 알게 된 것이다. 각 전하의 평형 위치는 모두 다르지만, 그들의 변위는 식 (31.16) 하나로 일관되게 표현할 수 있다.

자, 이제 드디어 얇은 판의 전자들이 P 점에 만드는 전기장 E_a 를 계산할 수 있게 되었다. 진동하는 평면 전하에 의한 전기장은 30장의 끝부분에서 이미 계산을 끝냈으므로, 지금은 그 결과를 가져다 쓰기만 하면 된다. 식 (30.19)에 의하면 P 점의 전기장 E_a 는 어떤 음의 상수에 z/c 의 시간만큼 뒤처진 전하의 속도를 곱한 것과 같다. 식 (31.16)의 x 를 시간 t 로 미분하여 속도를 구하고, 여기에 뒤처짐 효과를 고려해주면

$$E_a = -\frac{\eta q_e}{2\varepsilon_0 c}\left[i\omega \frac{q_e E_0}{m(\omega_0^2 - \omega^2)} e^{i\omega(t-z/c)} \right] \qquad (31.17)$$

를 얻을 수 있다[식 (31.15)를 (30.18)에 대입해도 같은 결과가 얻어진다]. 우리의 예상대로, 광원에 의해 구동된 전자들은 오른쪽으로 진행하는 파동을 추가로 생성시킨다. 새로 생성된 파동의 진폭은 판의 단위 면적당 전자의 개수 η와 광원에 의한 전기장의 크기 E_0에 비례하며, 원자의 성질을 담고 있는 몇 가지 상수(q_e, m, ω_0)에 따라 달라지는데, 이것 역시 우리의 예상에서 크게 벗어나지 않는다.

가장 중요한 사실은 식 (31.17)의 E_a가 식 (31.8)에서 유도했던 E_a와 거의 비슷하게 생겼다는 점이다. 두 개의 결과가 서로 같아지려면, 거기 등장한 상수들이 다음과 같은 조건을 만족해야 한다.

$$(n-1)\Delta z = \frac{\eta q_e^2}{2\varepsilon_0 m(\omega_0^2 - \omega^2)} \qquad (31.18)$$

자세히 보면, 양변은 모두 Δz에 비례한다는 것을 알 수 있다. 왜냐하면 단위 부피당 전자의 개수를 N이라고 했을 때, 단위 면적당 전자의 개수 η는 $N\Delta z$와 같기 때문이다. 그러므로 양변에서 Δz를 소거하면 원자의 특성을 나타내는 상수들과 빛의 진동수를 이용하여 굴절률 n을 표현할 수 있게 된다.

$$n = 1 + \frac{N q_e^2}{2\varepsilon_0 m(\omega_0^2 - \omega^2)} \qquad (31.19)$$

이것이 바로 우리가 구하고자 했던 "굴절률의 정체"이다!

31-3 분산(Dispersion)

굴절률을 계산하는 과정에서 우리는 매우 흥미로운 사실 하나를 덤으로 알게 되었다. 원자가 갖는 고유의 특성으로부터 굴절률을 계산할 수 있게 되었을 뿐만 아니라, 빛의 굴절률이 진동수 ω에 따라 어떻게 달라지는지도 알게 된 것이다! 이것은 빛이 투명한 물체 속을 지날 때 속도가 느려진다는 단순한 지식만으로는 도저히 얻어낼 수 없는 정보이다. 물론, 단위 부피당 전자의 개수 N과 전자의 공명 진동수 ω_0를 알아내는 문제가 남아 있지만, 이 값은 물질의 종류에 따라 다르기 때문에 지금 당장 일반적인 법칙을 제시할 수는 없다. 진동수와 같은 물질 고유의 성질을 체계적으로 이해하려면 양자 역학의 도움을 받아야 한다. 어쨌거나, 이 세상에는 별의별 물질들이 다 있기 때문에, 모든 물체에 적용되는 일반적인 공식을 기대하는 것은 무리라고 본다.

그 대신 우리가 얻은 결과를 여러 가지 상황에 적용해보자. 가장 흔한 기체들(공기, 산소, 헬륨 등)의 공명 진동수는 눈에 보이지 않는 자외선 영역에 있다. 이 경우, 전자의 진동수 ω_0는 가시광선의 ω보다 크기 때문에 ω_0^2과 비교할 때 ω^2은 무시할 수 있을 정도로 작아지고, 그 결과 굴절률은 거의 변하지 않는 상수가 된다. 그래서 기체의 굴절률은 상수로 취급해도 크게 틀리지 않는다. 유리를 비롯한 투명 물질들도 사정은 이와 비슷하다. 그런데 식 (31.19)를 보면, ω가 증가할수록 굴절률도 서서히 커진다는 것을 알 수 있다. 즉, 다른 매질을 통과할 때 붉은빛보다 푸른빛이 더 많이 꺾인다는 뜻이다. 빛이 프리즘을 통과할 때 붉은색보다 푸른색이 더 아래쪽에 나타나는 것은 바로 이런 이유 때문이다.

굴절률이 진동수에 따라 달라지는 현상을 '분산(dispersion)'이라 한다. 그 이유는 굳이 설명하지 않아도 알 것이다. 그리고 굴절률을 진동수의 함수로 나타낸 식을 '분산 방정식(dispersion equation)'이라고 한다. 그러니까 우리는 지금까지 분산 방정식을 유도한 것이다(지난 몇 년 사이에 분산 방정식을 입자 물리학에 응용하는 새로운 이론이 개발되었다).

분산 방정식으로부터 또 다른 사실들을 유도해보자. 공명 진동수(또는 자연 진동수라고도 함) ω_0가 가시광선 영역에 있는 경우, 또는 유리 같은 물체에 자외선을 입사시킨 경우에는 ω와 ω_0가 거의 비슷한 값이 되어 굴절률 n이 엄청나게 커진다. 그 다음으로, ω가 ω_0보다 큰 경우를 생각해보자. 예를 들어, 유리에 X-선을 비추는 경우가 여기에 해당된다. 실제로 흑연 같이 불투명한 물질도 X-선에 대해서는 투명한 성질을 갖고 있기 때문에, ω_0를 0으로 간주하면 X-선에 대한 흑연의 굴절률도 결정할 수 있다(X-선의 진동수는 탄소 원자의 자연 진동수보다 훨씬 크다).

자유 전자 구름에 라디오파(또는 가시광선)를 입사시켰을 때에도 이와 비슷한 현상이 나타난다. 대기의 상층부에 있는 전자들은 태양의 자외선을 받아 핵으로부터 분리된 상태로 존재한다. 물론, 자유 전자의 ω_0는 0이다(변위를 회복시켜줄 복원력이 없기 때문이다). 그러므로 분산 방정식에서 $\omega_0 = 0$으로 놓으면 라디오파에 대한 성층권 대기의 굴절률이 얻어진다. 단, 이 경우에 방정식의 N은 단위 부피당 자유 전자의 개수로 해석되어야 한다. 그러나 여기에는 한 가지 주의를 기울여야 할 대목이 있다. 일상적인 물체에 X-선을 입사하거나 자유 전자에 임의의 전자기파를 입사시키면 식 (31.19)의 두 번째 항이 음수가 되어 굴절률 n이 1보다 작아진다. 그런데 물체의 굴절률이 1보다 작다는 것은 그 물체 속에서 빛의 속도가 c보다 빠르다는 것을 의미한다. 과연 이것이 가능한 일일까?

그렇다. 가능한 일이다. 어떤 종류의 신호이건 간에, 빛보다 빠르게 전달될 수 없다는 상대성 이론의 '금지령'에도 불구하고, 물질의 굴절률은 1보다 클 수도 있고 작을 수도 있다. 그러나 이것은 빛의 산란에 의한 위상의 이동이 +나 −쪽으로 일어날 수 있다는 것이지, 신호 자체가 빛보다 빠르게 전달된다는 뜻은 아니다. 신호의 속도를 좌우하는 것은 하나의 진동수에 대한 굴절률이 아니라 '여러 개의 진동수에 대한' 굴절률이다. 굴절률로부터 우리가 알 수 있는 것은 파동의 마디(또는 마루)가 진행하는 속도인데, 이 속도는 신호 자체의 속도가 아니다. 변조되지 않은 완전한 파동, 즉 동일한 진동을 반복하는 파동은 그것이 언제 '시작되었는지' 알 수 없기 때문에, 그 자체를 어떤 신호로 사용할 수는 없다. 파동이 어떤 신호를 담고 있으려면, 진폭이나 진동수 등 어딘가를 변형시켜야 한다. 그리고 수신자가 이 변화를 감지할 수 있으려면 적어도 한 파장 이상의 파동을 받아봐야 한다. 이때 신호의 실질적인 전달 속도는 굴절률에만 좌우되는 것이 아니라, 진동수에 따라 굴절률이 변하는 양상에도 좌우된다. 이에 관한 구체적인 내용은 48장에서 다루게 될 것이다. 어쨌거나, 파동의 마루는 진공 중의 광속 c 보다 빠르게 갈 수도 있지만, 정보를 담고 있는 신호는 결코 c 보다 빠를 수 없다.

그래도 의심을 떨치지 못하는 사람들을 위해, 여기 약간의 설명을 추가한다. $\omega_0 < \omega$ 일 때, 식 (31.16)에 제시된 전하의 변위 x 는 전기장과 부호가 반대이다. 즉, 전기장이 어떤 특정 방향으로 전하를 당기면 전하는 그 반대 방향으로 밀려난다는 뜻이다.

왜 전하는 전기장과 반대 방향으로 움직이는 것일까? 물론, 전기장이 도달하자마자 반대쪽으로 가는 것은 아니다. 처음 한동안은 탐색을 벌이다가 한 파장의 신호가 모두 접수되면 그때부터 전하는 원래의 전기장과 반대의 위상으로 진동하게 된다. 그리고 매질로 진입한 파동의 위상은 이때부터 원래의 파동보다 '앞서가는' 위상을 갖게 된다. 이것을 두고 우리는 "위상 속도(또는 마디의 속도)가 c 보다 빠르다"고 표현하는 것이다. 그림 31-4는 진동이 어느 순간 갑자기 시작되었을 때 파동이 진행되는 과정을 보여주고 있다. 그림 (c)에서 보는 바와 같이 위상이 앞서가는 경우에도 '신호(파동의 시작)' 자체는 원래의 파동보다 빠르게 전달되지 않는다.

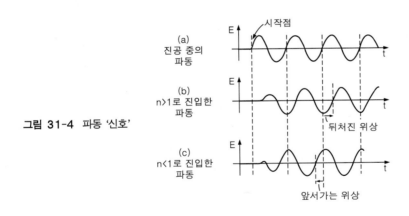

그림 31-4 파동 '신호'

다시 분산 방정식으로 돌아가자. 여러분은 그동안 굴절률을 분석하면서 얻은 결과들이 실제 자연에서 관측되는 것보다 훨씬 단순하다는 것을 느꼈을 것이다. 물론 이것은 자세한 사항들을 고려하지 않았기 때문에 나타난 결과이다. 좀더 완벽을 기하려면 거기에 몇 가지 수정을 가해야 한다. 첫째로, 진동하는 원자에는 무언가 운동을 방해하는 힘이 작용할 것이다. 만일 그렇지 않다면 한번 진동을 시작한 원자는 영원히 진동을 계속해야 하는데, 이것은 결코 있을 수 없는 일이다. 앞에서 얻었던 감쇠 진동의 해[식 (23.8)]를 따른다면, 식 (31.16)과 (31.19)의 분모에 있는 $(\omega_0^2 - \omega^2)$ 은 $(\omega_0^2 - \omega^2 + i\gamma\omega)$ 로 대치되어야 한다(γ = 감쇠 상수).

두 번째로, 한 종류의 원자는 여러 개의 공명 진동수를 갖고 있다는 것을 고려해야 한다. 여러 개의 원자들은 단 하나의 진동수로 일제히 진동하는 것이 아니라, 몇 가지 허용된 진동수로 다양하게 진동한다. 그리고 각각의 진동자들은 독립적으로 움직이기 때문에, 전체적인 효과는 각 진동자의 효과들을 더하여 구할 수 있다. 공명 진동수가 ω_k이고 감쇠 상수가 γ_k인 전자의 단위 부피당 개수를 N_k라 하면 분산 방정식은 다음과 같이 수정된다.

$$n = 1 + \frac{q_e^2}{2\varepsilon_0 m} \sum_k \frac{N_k}{\omega_k^2 - \omega^2 + i\gamma_k\omega} \tag{31.20}$$

이것으로 우리의 분산 방정식은 완성된다.* 진동수 ω에 대한 굴절률의 변화는 그림 31-5와 같다.

ω가 가능한 공명 진동수(ω_1, ω_2,…) 중 어느 하나와도 비슷하지 않다면 그래프는 계속 증가한다. 그러나 ω가 공명 진동수에 가까워지면 그래프가 급격하게 감소하는 부분이 생긴다. 이 부분을 가리켜 '비정상 분산(anomalous dispersion)'이라고 하는데, 과거에 이 현상이 처음 발견되었을 때 그 원인을 알 수가 없었기에 이런 이름이 붙여졌다. 물론, 지금 우리가 볼 때는 지극히 정상적인 분산이다!

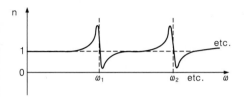

그림 31-5 굴절률을 진동수의 함수로 나타낸 그래프

31-4 흡수

식 (31.20)에 무언가 이상한 점이 보이지 않는가? 그렇다. 분모에 $i\gamma$가 더해지면서 우리가 애써 구한 굴절률은 졸지에 복소수가 되어버렸다! 굴절률이 실수가 아닌 복소수라니, 이건 또 무슨 황당한 소리인가? 자, 너무 당황하지 말고 n을 실수부와 허수부로 나눠서 생각해보자.

$$n = n' - in'' \tag{31.21}$$

여기서 n'과 n''은 모두 실수이다. (in'' 앞에 마이너스 부호를 붙인 이유는 n'과 n''을 모두 양수로 취급하기 위해서이다. 간단한 계산이니 직접 해보기 바란다.)

이것을 식(31.6)에 대입하여 약간의 계산을 거치면 다음과 같은 결과가 얻어진다.

$$E_{\text{통과후}} = \underbrace{e^{-\omega n'' \Delta z/c}}_{\text{A}} \underbrace{e^{-i\omega(n'-1)\Delta z/c} E_0 e^{i\omega(t-z/c)}}_{\text{B}} \tag{31.22}$$

여기서 B로 표기한 부분은 매질을 통과하면서 위상이 $\omega(n'-1)\Delta z/c$ 만큼

---

* 식 (31.20)은 양자 역학에서도 맞는 것으로 알려져 있지만 해석하는 방식은 조금 다르다. 양자 역학에서는 전자가 단 하나뿐인 수소 원자도 여러 개의 공명 진동수를 갖고 있다. 그러므로 공명 진동수가 ω_k인 전자의 단위 부피당 개수는 N_k가 아니라 Nf_k로 대치되어야 한다. 여기서 N은 단위 부피당 원자의 개수이고 f_k는, 진동수 ω_k가 나타나는 일종의 '강도'를 의미한다[흔히 '진동자 세기(oscillator strength)'라 부른다].

뒤처진 파동을 나타내며, A는 B의 크기를 결정하는 인자로서 지수가 음수이므로 A < 1 이다. 따라서 식 (31.22)의 파동은 Δz 가 증가할수록 진폭이 작아지고, 이는 우리가 예상했던 대로 매질을 통과하는 파동의 세기가 점차 줄어든다는 것을 의미한다. 그렇다면 손실된 에너지는 어디로 가는가?—매질 속으로 '흡수'된다. 그래서 매질을 통과해 나온 빛은 이전보다 작은 에너지를 갖고 있다. 이것은 그다지 놀라운 일이 아니다. 원자의 진동에 마찰력의 작용을 허용했으므로 에너지가 손실되는 것은 당연한 결과이다. 그러므로 굴절률의 허수 부분 n'' 은 파동의 흡수 정도를 나타내는 상수로 이해될 수 있다. n'' 은 종종 '흡수율(absorption index)'이라 불리기도 한다.

유리는 빛을 거의 흡수하지 않는다. 즉, 유리의 흡수율은 아주 작다. 식 (31.20)에서 알 수 있듯이, 유리의 경우에는 분모의 $i\gamma_k\omega$ 가 $(\omega_k^2 - \omega^2)$ 보다 훨씬 작기 때문이다. 그러나 빛의 진동수 ω 가 ω_k 와 거의 같아지면 $(\omega_k^2 - \omega^2)$ 는 $i\gamma_k\omega$ 보다 작아질 수도 있고, 정도가 심하면 굴절률은 거의 순허수가 되기도 한다. 이것은 매질이 빛을 거의 전달하지 않고 대부분을 흡수하는 경우에 해당되는데, 태양빛을 받아낸 스펙트럼에 검은 영역이 생기는 것은 바로 여기서 기인하는 현상이다. 태양에서 방출된 빛이 태양과 지구의 대기를 통과하는 동안 특정 공명 주파수의 빛들이 대기 속에 있는 원자들에게 거의 흡수되어 그 부분이 검게 나타나는 것이다.

그러므로 태양광선의 스펙트럼을 분석하면 태양의 대기 성분을 알 수 있다. 태양뿐만 아니라 멀리 있는 다른 별의 대기도 이런 방법으로 알아낸 것이다. 스펙트럼을 분석한 결과, 별의 대기를 이루고 있는 원자들은 모두 우리가 알고 있는 원자인 것으로 판명되었다. 만일 새로운 원자가 발견되었다면 주기율표에 새로운 원소가 추가되었을 것이다!

31-5 전기적 파동이 실어 나르는 에너지

이와 같이 굴절률의 허수 부분은 빛을 흡수하는 능력을 나타낸다. 이 사실을 이용하여, 빛이 실어 나르는 에너지를 계산해보자. 우리는 빛의 에너지가 전기장 제곱의 시간에 대한 평균, 즉 $\overline{E^2}$ 에 비례한다는 것을 알고 있다. 따라서 물체가 빛을 흡수하면 E 가 작아지면서 에너지도 감소하며, 그 결과는 물체의 온도 상승(열에너지)으로 나타난다.

그림 31-1 에 있는 얇은 판의 단위 면적($1cm^2$)에 빛이 도달한다고 가정해보자. 여기에 에너지 보존 법칙을 적용하면 다음과 같은 에너지 방정식을 만들 수 있다.

$$\text{총 에너지/초} = \text{방출되는 에너지/초} + \text{행해진 일/초} \qquad (31.23)$$

$\overline{E^2}$ 의 평균값과 에너지를 연결하는 비례 상수를 α 라 하면, 좌변은 $\alpha\overline{E_s^2}$ 으로 쓸 수 있다. 우변의 첫항은 원자의 복사 에너지에 해당되므로 $\alpha\overline{(E_s + E_a)^2}$, 또는 $\alpha(\overline{E_s^2} + \overline{2E_sE_a} + \overline{E_a^2})$ 으로 쓸 수 있다.

지금까지의 모든 계산은 굴절률이 1에 가깝다는 가정하에 진행되었으므로, E_s와 비교할 때 E_a는 아주 작은 양이라고 할 수 있다(물리적인 이유가 아니라 순전히 계산상의 편의를 위해 도입한 가정이었다). 따라서 $\overline{E_a^2}$는 $\overline{E_s E_a}$보다 훨씬 작으므로 무시할 수 있다. 여기서 이렇게 묻고 싶은 사람도 있을 것이다. "그럼 $\overline{E_s E_a}$도 E_s^2보다 훨씬 작으니까 무시해도 되겠네요?" 정원한다면 무시해도 좋다. 하지만 결과를 좀 보라. $\overline{E_s E_a}$까지 무시하고 나면 얇은 판이 아예 없는 썰렁한 경우가 돼버리고 만다! 그러기에 우리는 "$\overline{E_a^2}$는 무시하되 $\overline{E_s E_a}$는 고려해주는 정도"의 근사적 접근법을 사용할 수밖에 없는 것이다. 우리의 근사법이 타당한지를 테스트하는 방법 중의 하나는 계산 과정에 $N\Delta z$에 비례하는 항들이 포함되면서 $(N\Delta z)^2$, 또는 그 이상의 고차항들이 제대로 무시되고 있는지를 확인하는 것이다. $N\Delta z$는 판의 단위 면적 안에 들어 있는 원자의 개수이므로, 우리의 근사법을 '저밀도 근사법'이라 부르기로 한다.

판의 왼쪽 표면에서 광원 쪽으로 반사되는 에너지가 식 (31.23)에 고려되지 않은 것도 같은 이유이다. 반사된 빛의 진폭은 $N\Delta z$에 비례하므로, 반사된 에너지는 $(N\Delta z)^2$에 비례하여 우리의 근사식에서 탈락한 것이다.

식 (31.23)의 마지막 항은 입사된 파동이 전자에게 행하는 일률을 의미한다. 일은 힘 × 이동 거리이므로, 일률(단위 시간에 한 일)은 힘 × 속도이다. 벡터로 표기하면 $\mathbf{F} \cdot \mathbf{v}$이지만, 지금은 힘과 속도가 같은 방향(또는 반대 방향)이기 때문에 그냥 숫자를 곱하듯이 곱해주면 된다. 그러므로 각 원자에 가해지는 일률은 $\overline{q_e E_s v}$이다. $N\Delta z$(단위 면적당 원자의 개수)를 이용하여 다시 쓰면 $N\Delta z \, q_e \overline{E_s v}$가 된다. 이상의 결과를 식 (31.23)에 대입하면

$$\alpha \overline{E_s^2} = \alpha \overline{E_s^2} + 2\alpha \overline{E_s E_a} + N\Delta z \, q_e \overline{E_s v}. \tag{31.24}$$

가 얻어진다. $\overline{E_s^2}$을 소거하고 간단하게 정리하면 다음과 같다.

$$2\alpha \overline{E_s E_a} = -N\Delta z \, q_e \overline{E_s v} \tag{31.25}$$

z가 클 때 E_a는 식 (30.19)에 의해

$$E_a = -\frac{N\Delta z \, q_e}{2\varepsilon_0 c} v \ (z/c \text{만큼 뒤처짐}) \tag{31.26}$$

이다($\eta = N\Delta z$). 식 (31.26)을 (31.25)의 좌변에 대입한 결과는 다음과 같다.

$$2\alpha \frac{N\Delta z \, q_e}{2\varepsilon_0 c} \overline{E_s(at\ z) \cdot v(z/c \text{만큼 뒤처짐})}$$

여기서 E_s(at z)는 판으로부터 z만큼 떨어진 지점의 E_s이며, 이것은 z/c만큼 뒤처진 E_s (at 원자)와 같다. 그런데 평균값은 시간에 따라 변하지 않으므로 '지금'의 평균값과 'z/c만큼 뒤처진 시점'의 평균값은 같다. 그러므로 식 (31.25)의 좌변에 나타난 평균값과 우변의 평균값은 같다는 것을 알 수 있다. 결국, 에너지 방정식이 성립하려면 다음의 관계가 만족되어야 한다.

$$\frac{\alpha}{\varepsilon_0 c} = 1, \quad \text{또는} \quad \alpha = \varepsilon_0 c \qquad (31.27)$$

에너지가 보존되려면 단위 면적, 단위 시간에 전기적 파동이 실어 나르는 에너지는 $\varepsilon_0 c \overline{E^2}$이 되어야 한다는 것을 알 수 있다. 이 값을 '강도(intensity)' $\overline{S}$로 정의하면

$$\overline{S} = \left\{ \begin{array}{c} \text{강도} \\ \text{또는} \\ \text{에너지/면적/시간} \end{array} \right\} = \varepsilon_0 c \overline{E^2} \qquad (31.28)$$

으로 쓸 수 있다. 굴절률 이론으로부터 훌륭한 보너스 정보가 얻어진 셈이다.

31-6 스크린에 의한 빛의 회절

이 장에서 공부한 내용을 다른 물질에 적용해보자. 30장에서 말한 바와 같이 불투명한 물체에 구멍을 뚫고 그곳으로 빛을 비춰서 반대편 스크린에 맺힌 상을 분석해보면, 불투명한 물체의 구멍에 일정한 간격으로 광원(진동자)이 배치되어 있는 경우와 같은 결과가 얻어진다. 다시 말해서, 회절된 파동은 새로운 파원에서 발생하는 파동과 같다는 뜻이다. 구멍에 광원이 없다는 것은 자명한 사실인데, 왜 이런 결과가 나타나는 것일까? 30장에서는 그 이유를 설명하지 않고 그냥 넘어갔었다.

질문을 하나 던져보자. "불투명한 스크린이란 무엇인가?" 그림 31-6(a)처럼, 광원 S와 관측자 P 사이에 불투명한 스크린이 놓여 있다고 가정해보자. 스크린이 완전히 불투명하다면 P에서는 장이 관측되지 않는다. 왜 그런가? 원리적으로는 E_s의 뒤처진 장과 모든 전하들에 의해 생성된 장의 합이 P점에서 관측되어야 한다. 그러나 위에서 확인한 바와 같이 스크린의 전하는 E_s에 의해 구동되고, 이들이 생성한 장은 불투명한 스크린의 뒤쪽(광원을 바라보고 있는 쪽)에서 E_s와 정확하게 상쇄된다. 여러분은 이렇게 반문할지도 모른다. "정확하게 상쇄된다니, 그거 정말 기적 같은 현상이군요! 만일 기적이 일어나지 않아서 모두 상쇄되지 않는다면 어떻게 되나요?" 만일 정확하게 상쇄되지 않는다면(불투명한 스크린은 반드시 두께를 갖고 있다) 스크린에 도달한 장의 일부는 스크린의 내부를 통과하면서 다른 전하들의 진동을 유발시키고, 여기서 생긴 새로운 장과 또 한 차례의 상쇄 과정을 겪게 된다. 따라서 스크린의 두께가 제법 두꺼우면 투과하는 동안 상쇄될 기회가 충분히 많기 때문에 결국에는 아무 것도 남지 않게 된다. 우리가 유도한 공식으로 설명하자면, 굴절률의 허수 부분이 아주 커서 파동이 스크린의 내부를 진행하는 동안 대부분 흡수된다고 말할 수 있다. 금과 같이 불투명한 금속도 아주 얇게 만들면 투명해진다는 사실을 여러분은 잘 알고 있을 것이다.

그림 31-6(b)와 같이 불투명한 스크린에 구멍이 뚫려 있는 경우를 생각해보자. 이때 P점의 장은 (1)광원 S에 의한 장과 (2)스크린의 전하들이 만드

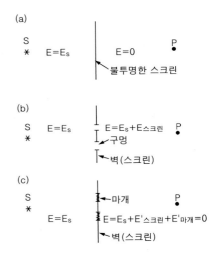

그림 31-6 스크린에 의한 회절

는 장의 합으로 나타낼 수 있다. 이 경우 스크린에 있는 전하들은 다소 복잡한 운동을 하겠지만, 이들이 만드는 장을 쉽게 계산하는 방법이 있다.

그림 31-6(c)처럼, 스크린의 구멍을 동일한 재질의 마개로 막아놓았다고 가정해보자. 이 상황은 31-6(a)와 다를 것이 없으므로 P점의 장은 당연히 0인데, 이것은 또한 광원에 의한 장과 스크린의 장, 그리고 마개에 의한 장의 합으로 나타낼 수 있다.

$$(b)의 경우 : E_{at\ P} = E_s + E_{스크린}$$

$$(c)의 경우 : E'_{at\ P} = 0 = E_s + E'_{스크린} + E'_{마개}$$

여기서 ′은 (b)와 (c)의 경우를 구별하기 위해 붙인 것이고, 광원에 의한 장은 구별할 필요가 없으므로 똑같이 E_s로 표기하였다. 첫 번째 식에서 두 번째 식을 빼면

$$E_{at\ P} = (E_{스크린} - E'_{스크린}) - E'_{마개}$$

이 된다. 그런데 구멍이 지나치게 작지 않다면(파장의 몇 배 이상) 구멍의 경계선 부근에서 일어나는 효과를 제외하고 $E_{스크린}$과 $E'_{스크린}$은 거의 같다. 그러므로

$$E_{at\ P} = -E'_{마개}$$

이라 할 수 있다. 즉, 스크린에 구멍이 뚫려 있는 경우(b), P점에 형성되는 장은 (부호를 제외하고) '광원이 구멍에만 놓여 있는 경우에 형성되는 장'과 같다! (여기서 부호는 별로 중요하지 않다. 우리의 주된 관심은 장의 제곱에 비례하는 에너지이기 때문이다.) 언뜻 보면 일종의 야바위식 논리 같지만, 이것은 구멍이 지나치게 작은 경우를 제외하면 아주 잘 들어맞을 뿐만 아니라, 회절 이론의 타당성을 입증해주는 증거이기도 하다.

스크린에 있는 모든 전하의 운동이 스크린의 뒤쪽에서 E_s를 상쇄시킨다는 것을 상기하면, $E_{마개}$은 어떤 경우에도 쉽게 계산될 수 있다. 일단 이 운동이 알려지면 P점의 장은 이들이 만드는 장과 거의 일치한다.

이 회절 이론은 구멍의 크기가 지나치게 작지 않을 때에만 적용될 수 있는 근사적 이론임을 다시 한번 강조한다. 구멍이 아주 작아지면 $E_{마개}$은 작아지고 $E_{스크린} - E'_{스크린}$이 상대적으로 커져서 위의 결과를 적용할 수 없게 된다.

CHAPTER 32
복사의 감쇠, 빛의 산란

32-1 복사 저항 (Radiation resistance)

31 장에서 우리는 진동계가 방출하는 에너지에 대하여 여러 가지 사실들을 알아보았다. 진동하는 전하는 에너지를 방출하고, 방출된 에너지는 장의 제곱에 비례하는 크기로 전달된다. 장의 제곱에 시간에 대한 평균을 취하여 $\varepsilon_0 c$ 를 곱한 값은 복사의 진행 방향과 수직한 방향으로 단위 시간에 단위 면적을 통과하는 에너지에 해당된다.

$$S = \varepsilon_0 c \langle E^2 \rangle \tag{32.1}$$

진동하는 전하는 예외 없이 에너지를 방출한다. 그러나 진동은 결코 공짜로 이루어지지 않는다. 예를 들어, 안테나가 에너지를 방출하려면 안테나에 연결된 전선을 따라 에너지가 공급되어야 한다. 그런데 이 상황을 에너지원(안테나 구동 장치)의 입장에서 볼 때, 안테나는 에너지가 손실되는 곳, 또는 일종의 '저항'으로 취급될 수 있다(실제로 에너지는 사라지지 않고 외부로 빠져나가고 있지만, 에너지 공급자의 입장에서 본다면 손실되는 셈이다). 일반적으로 손실된 에너지는 열의 형태로 나타나며, 이 에너지는 공간 속으로 흘러들어 간다. 그러나 전기 회로 이론의 관점에서 볼 때, 공간으로 빠져나간 에너지는 일단 회로를 이탈했으므로 고려의 대상이 될 수 없다. 즉, 에너지가 회로의 어딘가에서 손실되고 있는 것이다. 그러므로 아무리 우수한 재질(구리)로 안테나를 만든다 해도, 그것이 복사를 방출하고 있는 한 저항의 성격을 띨 수밖에 없다. 사실, 안테나의 본분은 가능한 한 많은 양의 복사 에너지를 방출하는 것이므로, '잘 만들어진' 안테나란 그 자체가 순수 저항체라는 뜻이다. 이러한 저항을 '복사 저항(radiation resistance)'이라 한다.

안테나로 전류 I 가 흐르고 있을 때 공급되는 일률(power)은 전류의 제곱의 평균에 저항을 곱한 값과 같다. 반면에, 전기장은 전류에 직접 비례하고 장에 실려 가는 에너지는 장의 제곱에 비례하므로 안테나를 통해 복사되는 일률은 전류의 제곱에 비례한다. 복사 일률과 $\langle I^2 \rangle$ 사이의 비례 관계를 연결해주는 상수가 바로 복사 저항이다.

복사 저항은 어디서 생기는 것일까? 간단한 예를 들어보자. 지금 안테나에서 전류가 위아래로 진동하고 있다. 안테나가 복사를 방출하려면 전력이 계속 공급되어야 한다. 전하를 위아래로 가속시키면 에너지를 복사하고, 전하가 없는 입자는 가속을 시켜도 에너지를 복사하지 않는다. 그리고 손실된 에너지는 에너지 보존 법칙으로 계산할 수 있다. 그런데 여기서 한 가지 궁금한 것이 있다. 에너지의 손실은 어떤 힘에서 비롯되는 것일까? 이 질문은 너무 어려워서, 지금까지 어느 누구도 만족스런 대답을 하지 못했다. 안테나의 내부에서 진행되는 사건의 속사정은 다음과 같다. 안테나의 한 부분에서 움직이는 전하에 의해 생성된 장은 다른 부분에서 움직이는 전하에 힘을 작용한다. 우리는 이 힘을 계산하여 전자에 가해지는 일을 알아낼 수 있고, 이로부터 복사 저항에 관한 법칙을 유도할 수 있다. 그러나 이 경우에 "계산하여—알아낼 수 있다"는 말은 적절한 표현이 아니다. 사실 우리는 계산을 할 수 없다. 왜냐하면 우리는 짧은 거리에서 작용하는 전기력을 아직 배우지 않았기 때문이다. 우리가 알고 있는 것은 거리가 충분히 멀 때 작용하는 전기력뿐이다. 28장에서 식 (28.3)을 잠시 구경하긴 했지만, 안테나의 내부에 적용하기에는 형태가 너무 복잡하다. 물론, 이 경우에도 에너지 보존 법칙은 여전히 성립하므로 짧은 거리에서 작용하는 전기력을 모른다고 해도 올바른 결과를 얻어낼 수는 있다. (사실, 이 과정을 거꾸로 거슬러 올라가면 에너지 보존 법칙과 먼 거리에 적용되는 전기력 법칙을 이용하여 단거리에 작용하는 전기력을 알아낼 수 있다. 그러나 지금 당장은 우리의 관심사가 아니므로 구체적인 설명은 생략한다.)

질문을 하나 제기해보자. 전하가 달랑 하나만 있을 때에는 어떤 힘이 작용하는가? 전하를 구형으로 간주하는 고전적인 이론에 의하면, 전하의 일부는 다른 부분에 힘을 작용하고 있다. 그러나 우리의 이론에 의하면, 전자가 아무리 작다고 해도 힘의 작용이 전자를 가로질러 전달되는 데에는 어느 정도의 시간이 걸릴 것이다. 그런데 전자가 정지해 있을 때에는 한쪽 끝에서 반대쪽 끝으로 전달되는 힘의 뒤처짐 효과와 그 반대 방향으로 전달되는 힘의 뒤처짐 효과가 똑같기 때문에 작용과 반작용이 정확하게 균형을 이루고 있다. 즉, 내부에서 작용하는 힘들이 모두 상쇄되어 알짜힘(net force) = 0인 상태이다. 그러나 전자가 가속되고 있을 때에는 이 뒤처짐 효과가 서로 다르게 나타나서 전자에는 알짜힘이 작용하게 되고, 이 힘이 전자의 원래 가속 운동을 방해하여 일종의 저항 효과가 나타나는 것이다. 만일 전자가 정말로 작은 공처럼 생겼다면 구체적인 계산도 가능하다. 그러나 실제의 전자는 결코 '작은 당구공'이 아니기 때문에, 이 문제는 아직 미해결 상태로 남아 있다. 물론, 힘이 작용하는 얼개를 다 알지 못해도 복사 저항과 관계된 힘이나 전하가 가속될 때 손실되는 에너지를 계산할 수는 있다.

32-2 에너지의 복사율

이제, 가속되는 전하의 총 복사 에너지를 계산해보자. 일반성을 잃지 않으려면 모든 종류의 가속 운동에 적용될 수 있는 논리가 필요하다(상대론적 효과는 고려하지 않겠다). 가속되는 전하의 근방에 나타나는 전기장은 (전하) × (그 방향에 수직한 가속도 성분)/(전하로부터의 거리)로 계산된다. 이렇게 전기장 E 를 구하고 나면 단위 시간, 단위 면적에 그 지점을 흐르는 에너지는 $\varepsilon_0 c E^2$ 으로 구할 수 있다.

라디오파의 전달 과정을 나타내는 수식에는 $\varepsilon_0 c$ 라는 상수가 자주 등장한다. 이 값의 역수인 $1/\varepsilon_0 c = 377$ 옴(ohm)을 '진공의 임피던스(impedance of a vacuum)'라 한다. 따라서 단위 면적당 일률(와트/m²)은 시간에 대한 E^2 의 평균을 377로 나눈 값과 같다.

전기장에 관한 식 (29.1)을 이용하면 θ 방향의 단위 면적당 일률은 다음과 같이 표현될 수 있다.

$$S = \frac{q^2 a'^2 \sin^2 \theta}{16\pi^2 \varepsilon_0 r^2 c^3} \qquad (32.2)$$

앞서 지적한 대로, 이 값은 거리의 제곱에 반비례한다. 그렇다면 모든 방향으로 전달되는 에너지의 총합은 어떻게 구할 수 있을까? 식 (32.2)를 모든 방향에 대하여 적분하면 된다. 먼저, 아주 작은 각도 $d\theta$ 이내로 흐르는 에너지를 구하기 위해 S 에 면적을 곱한다(그림 32-1). 이 면적은 구의 부분적인 단면적으로서, 다음과 같이 이해할 수 있다. 반경 r 인 구에서 각도 $d\theta$ 에 대응되는 원형 고리의 폭은 $rd\theta$ 이고 원주의 길이는 $2\pi r \sin\theta$ 이므로, $2\pi r \sin\theta$ 에 $rd\theta$ 를 곱하면 원형 고리의 면적이 된다.

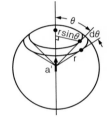

그림 32-1 구면의 면적소 dA 는 $2\pi r \sin\theta \cdot rd\theta$ 이다.

$$dA = 2\pi r^2 \sin\theta \, d\theta \qquad (32.3)$$

식 (32.2)의 다발(flux) S 에 이 면적을 곱하면 θ 와 $\theta + d\theta$ 사이로 전달되는 에너지가 얻어진다. 그러므로 이 값을 $\theta = 0°$ 부터 $\theta = 180°$ 까지 적분하면 모든 방향으로 전달되는 에너지의 총합이 된다.

$$P = \int S \, dA = \frac{q^2 a'^2}{8\pi \varepsilon_0 c^3} \int_0^\pi \sin^3 \theta \, d\theta \qquad (32.4)$$

$\sin^3 \theta = (1 - \cos^2 \theta)\sin\theta$ 의 관계를 이용하면 $\int_0^\pi \sin^3 \theta \, d\theta = 4/3$ 임을 쉽게 알 수 있다. 이로부터 총 에너지 P 는 다음과 같이 계산된다.

$$P = \frac{q^2 a'^2}{6\pi \varepsilon_0 c^3} \qquad (32.5)$$

이 결과에 몇 가지 설명을 추가하고자 한다. 우선 첫째로, 식 (32.5)의 a'^2 은 벡터 $\mathbf{a}'$ 의 제곱 $\mathbf{a}' \cdot \mathbf{a}'$ 으로서, $\mathbf{a}'$ 의 길이의 제곱을 의미한다. 둘째로, 식 (32.2)의 다발 S 는 뒤처진 가속도에 대하여 계산된 양이다. 다시 말해서, 이 식에 들어 있는 a' 은 구의 표면을 통과하는 에너지가 전하에서 처음으로 방출되던 시점의 가속도이다. 그러나 지금 흐르는 에너지가 정확하게 그 과거의 시점에 방출되었다고 말하기는 좀 곤란하다. 에너지가 방출되는 시점을 정확하게 정의할 수가 없기 때문이다. 우리가 정확하게 계산할 수 있는 것은 진동과 같은 완전한 운동에서 일어나는 일들뿐이다. 그러므로 우리는 한 주기 동안 방출된 에너지 다발이 가속도의 제곱의 평균값에 비례한다는 사실만을 알 수 있다. 만일 초기 가속도와 최종 가속도가 0이었다면, 방출된 총 에너지는 식 (32.5)를 시간으로 적분하여 얻어진다.

전하가 가속도 $a = -\omega^2 x_0 e^{i\omega t}$ 로 진동할 때 무슨 일이 일어나는지 알아보자. 한 주기 동안 가속도의 제곱을 평균하면(복소수를 제곱할 때에는 세심한 주의를 기울여야 한다. 복소수의 실수 부분은 코사인 함수이며 $\cos^2 \omega t$의 평균은 1/2이다)

$$\langle a'^2 \rangle = \frac{1}{2} \omega^4 x_0^2$$

이다. 그러므로 P는 다음과 같다.

$$P = \frac{q^2 \omega^4 x_0^2}{12\pi\varepsilon_0 c^3} \tag{32.6}$$

지금부터 우리가 얻은 결과들을 새로운 표기법으로 바꿔보자. 이것은 20세기 초부터 사용되어온 아주 유명한 표기법이다. 과거에 발행된 책들은 요즘 우리가 사용하는 mks 단위계와 다른 단위를 사용하기도 하지만, 다음과 같은 규칙을 따르면 단위에 의한 혼란스러움을 피할 수 있다. 전자의 전하를 q_e라 했을 때(단위 = 쿨롱), 전통적으로 $q_e^2/4\pi\varepsilon_0$는 e^2으로 표기한다. $q_e = 1.60206 \times 10^{-19}$이고 $1/4\pi\varepsilon_0 = 8.98748 \times 10^9$이므로, $e = 1.5188 \times 10^{-14}$ mks이다. 앞으로 우리는 다음의 표기법을 사용할 것이다.

$$e^2 = \frac{q_e^2}{4\pi\varepsilon_0} \tag{32.7}$$

새로운 상수 e를 이용하여 그동안 유도했던 식을 다시 써보면(단위는 mks로 통일시켜야 한다), 모든 결과가 잘 맞아 들어간다. 예를 들어, 식 (32.5)는 $P = \frac{2}{3} e^2 a^2 / c^3$이 된다. 거리 r만큼 떨어져 있는 전자와 양성자의 위치 에너지는 $q_e^2/4\pi\varepsilon_0 r$인데, 새 표기법을 사용하면 간단하게 e^2/r으로 쓸 수 있다.

32-3 복사의 감쇠(Radiation damping)

진동하는 전자가 에너지를 잃는 것은 우리가 생각하는 어떤 마찰력 때문이 아니다. 고유 진동수가 ω_0인 용수철 끝에 전하를 매달아서 진동시킨다면, 사방 수백억km 이내가 아무 것도 없는 완벽한 진공 상태라 해도 이 진동은 영원히 계속되지 않는다. 전하의 에너지가 복사 에너지로 계속해서 방출되기 때문에, 진동은 서서히 줄어들다가 결국 제자리에 멈출 것이다. 그렇다면 전하의 진동은 과연 얼마나 빨리 줄어들 것인가? 또, 전하 진동자의 Q값은 얼마인가? 임의의 진동계의 Q값은 진동자의 총 에너지를 단위 라디안당 에너지 손실로 나눈 값이다.

$$Q = \frac{W}{dW/d\phi}$$

또는, $dW/d\phi = (dW/dt)/(d\phi/dt) = (dW/dt)/\omega$를 이용하여 다음과 같이 쓸 수도 있다.

$$Q = \frac{\omega W}{dW/dt} \tag{32.8}$$

Q는 모든 진동계에 정의되는 값으로서, 진동자의 에너지가 얼마나 빠르게 소실되는지를 나타낸다. 식 (32.8)을 다시 쓰면 $dW/dt = -(\omega/Q)W$이며, 이 방정식의 해는 $W = W_0 e^{-\omega t/Q}$이다(W_0는 $t = 0$일 때의 초기 에너지이다).

이제, 복사체의 Q값을 알기 위해 식 (32.8)의 dW/dt에 식 (32.6)을 대입한다. 그런데 진동자의 총 에너지 W는 얼마인가? 진동자의 운동 에너지는 $\frac{1}{2}mv^2$이며, 평균 운동 에너지는 $m\omega^2 x_0^2/4$이다. 그런데 진동자가 갖는 총 에너지의 반은 운동 에너지이고, 나머지 반은 위치 에너지이므로 결국 진동자의 총 에너지는

$$W = \frac{1}{2} m\omega^2 x_0^2 \tag{32.9}$$

이다. 진동수에는 어떤 값을 대입해야 할까? 지금은 원자의 진동을 고려하고 있으므로 $\omega = \omega_0$이다. 그리고 질량 m에는 진동자, 즉 전자의 질량 m_e를 대입한다. 해당 값을 대입하여 정리하면 Q는 다음과 같은 형태가 된다.

$$\frac{1}{Q} = \frac{4\pi e^2}{3\lambda m_e c^2} \tag{32.10}$$

(좀더 보기에도 좋고 역사적 의미도 담을 겸해서 $q_e^2/4\pi\varepsilon_0 = e^2$과 $\omega_0/c = 2\pi/\lambda$를 사용하였다.) Q는 단위가 없는 양이므로, 전자의 특성을 담고 있는 $e^2/m_e c^2$은 길이의 단위를 갖는 상수가 되어야 한다. 이 상수에는 '고전적 전자 반경 (classical electron radius)'이라는 이름이 붙어 있는데, 그 이유는 초기의 원자 이론에서 복사 저항을 계산할 때 이 값을 전자의 반지름으로 사용했기 때문이다. 고전적 전자 반경의 구체적인 값은 다음과 같다.

$$r_0 = \frac{e^2}{m_e c^2} = 2.82 \times 10^{-15}\,\text{m} \tag{32.11}$$

빛을 방출하는 나트륨 원자의 Q값을 연습 삼아 계산해보자. 나트륨 원자에서 방출되는 빛의 파장은 약 6000Å(가시광선의 노란색 빛)이다. 따라서

$$Q = \frac{3\lambda}{4\pi r_0} \approx 5 \times 10^7 \tag{32.12}$$

이다. 대부분 원자의 Q값은 약 10^8 정도이다. 다시 말해서, 원자적 진동자는 에너지가 초기값의 $1/e$로 떨어질 때까지 10^8 라디안, 또는 약 10^7 회 정도 진

동한다. 파장 6000Å 을 진동수로 환산하면 $v = c/\lambda$에 의해 약 10^{15}cycles/sec 이며, 나트륨에서 방출되는 이 빛의 강도가 $1/e$ 로 감소될 때까지는 약 10^{-8} 초가 걸린다. 원자에서 방출되는 빛은 정상적인 환경에서 이 정도의 '반감기'를 갖는다. 물론 이것은 원자가 텅 빈 자유 공간에 홀로 놓여 있을 때의 이야기다. 고체 내부에 속박되어 있는 전자는 여기에 또 다른 복사 저항이 작용하여 반감기가 더욱 짧아진다.

진동자의 유효 저항 γ는 $1/Q = \gamma/\omega_0$ 의 관계로부터 구할 수 있는데, 공명 곡선의 폭은 그림 23-2와 같이 γ의 크기에 따라 결정된다. 그러므로 우리는 방금 자유 원자의 '스펙트럼 선폭(widths of spectral lines)'을 계산한 셈이다! $\lambda = 2\pi c/\omega$이므로 선폭은 다음과 같이 계산된다.

$$\Delta\lambda = 2\pi c \Delta\omega/\omega^2 = 2\pi c\gamma/\omega_0^2 = 2\pi c/Q\omega_0$$
$$= \lambda/Q = 4\pi r_0/3 = 1.18 \times 10^{-14}\text{m} \tag{32.13}$$

32-4 독립된 광원

이 장의 두 번째 주제인 빛의 산란 문제를 다루기 전에, 간섭이 일어나지 '않는' 조건에 관하여 잠시 살펴보자. 두 개의 광원 S_1, S_2에서 진폭이 각각 A_1, A_2인 빛이 방출되고 있다. 특정 위치에 설치된 감지기에 도달하는 순간, 이들의 위상은 각각 ϕ_1, ϕ_2이다(위상차는 진동 시간과 경로의 차이로부터 발생한다). 이때 감지기에 수신되는 에너지는 두 개의 복소수 벡터 A_1과 A_2의 합으로 나타낼 수 있다(이 계산은 29장에서 이미 다루었다).

$$A_R^2 = A_1^2 + A_2^2 + 2A_1A_2\cos(\phi_1 - \phi_2) \tag{32.14}$$

만일 $2A_1A_2\cos(\phi_1 - \phi_2)$ 항이 없다면 총 에너지는 광원에서 방출된 각 에너지의 합 $A_1^2 + A_2^2$과 같을 것이다. 그러나 $2A_1A_2\cos(\phi_1 - \phi_2) \neq 0$이면 간섭 효과가 발생하여 총 에너지는 각각의 합보다 커지거나 작아진다. 그런데 주변 환경을 적당히 조절하면 간섭항의 기여도를 현저하게 줄일 수 있다. 광원이 두 개 이상이면 간섭항은 항상 존재하지만, 효과가 작으면 우리의 눈에 거의 보이지 않는다.

한 가지 예를 들어보자. 여기 두 개의 광원이 파장의 7,000,000,000 배만큼 거리를 두고 설치되어 있다. 두 개의 광원을 연결한 선상에 감지기를 설치하면, 당연히 이 거리에 해당되는 위상차가 나타날 것이다. 그러나 눈(감지기)의 위치를 옆으로 아주 조금만 이동하면 두 빛의 상대적인 위상이 변하여 빛의 강도가 '아주 빠르게 변하는 코사인'의 형태로 분포된다. 이때 좁은 영역에 걸쳐서 빛의 강도에 평균을 취하면 +, − 로 빠르게 오락가락하는 코사인 함수는 0으로 사라진다(우리의 눈에 나 있는 구멍, 즉 동공은 빛의 파장에 비해 아주 크기 때문에, 넓은 영역에 도달한 빛의 강도의 평균으로 밝기를 인식한다).

그러므로 위치에 따라 위상이 급격하게 변하는 영역 안에서는 간섭 효과가 눈에 보이지 않는다.

또 다른 예를 들어보자. 여기 라디오파를 방출하는 두 개의 진동자가 있다. 만일 이들이 전선을 통해 연결되어 있다면 동일한 위상을 유지하는 '하나의' 진동자로 간주할 수 있겠지만, 지금 이들은 아무런 연결도 없이 따로 떨어져 있다. 게다가 이들은 진동수도 정확하게 일치하지 않는다(사실, 전선으로 연결해놓지 않으면 진동수를 일치시키기도 쉽지 않다). 이것을 가리켜 두 개의 '독립된(independent)' 진동자라 부른다. 이들은 진동수가 서로 다르기 때문에, 같은 위상에서 출발했다 해도 하나의 파동은 다른 파동보다 위상적으로 조금 앞서가게 될 것이다. 여기서 조금 더 진행하면 위상은 완전히 반대가 되었다가 더 진행하면서 다시 일치하게 된다. 즉, 합쳐진 파동의 강도가 음파의 맥놀이처럼 시간에 따라 변해 가는 것이다. 그런데 파동을 측정하는 장치가 둔감하여 시간에 따른 강도의 변화를 감지하지 못한다면(넓은 시간 영역에 걸쳐서 평균한 결과밖에 알 수 없다면), 이 효과 역시 사라질 것이다.

다시 말해서, 위상 변화의 평균밖에 알 수 없는 상황에서는 간섭 효과가 나타나지 않는다는 것이다!

여러 관련 서적들을 뒤지다 보면, "두 개의 광원은 서로 간섭을 일으키지 않는다"는 문구가 종종 눈에 띈다. 이것은 물리학에 입각한 설명이 아니라, 그 책들이 출간되던 시기에 실험 장비의 수준이 그 정도밖에 되지 않았다는 의미로 이해되어야 한다. 실제로 광원을 이루는 원자들은 동시에 일제히 빛을 발산하는 것이 아니라, 첫 번째 원자가 빛을 발하면 10^{-8}초 후에 다음 원자가 빛을 발하고, 또 10^{-8}초 후에 그 다음 원자가 빛을 발하는 등 일정한 시간 간격을 두고 순차적으로 복사를 방출하고 있다. 즉, 빛이 하나의 위상을 유지하는 시간은 10^{-8}초밖에 되지 않는다. 그러므로 이 빛을 긴 시간에 걸쳐 평균을 취하면 여러 개의 광원에 의한 간섭 효과가 나타나지 않는다. 10^{-8}초 간격으로 변하는 위상을 감지할 수 있는 고성능 광전지(photocell)를 이용하면 이 간섭 패턴을 잡아낼 수 있다. 그러나 대부분의 감지기들은 이렇게 짧은 시간 간격을 인식하지 못하기 때문에 간섭 무늬를 잡아내지 못한다. 약 1/10초 간격으로 빛의 강도를 평균하여 밝기를 인식하는 우리의 눈은 더 말할 것도 없다.

최근 들어, 모든 원자들이 '동시에' 복사를 방출하도록 만드는 기술이 개발되었다. 여기에는 '레이저(laser)'라고 부르는 매우 복잡한 장비가 사용되는데, 그 원리는 양자 역학적으로 이해되어야 한다(파인만이 말하는 '최근'이란, 1958년을 의미한다 : 옮긴이). 레이저가 만들어내는 빛의 위상은 10^{-8}초보다 훨씬 긴 시간 동안 일정하게 유지될 수 있다. 그러므로 1/100초나 1/10초, 심지어는 1초 간격으로 빛을 잡아내는 보통의 광전지를 사용해도 두 개의 레이저에서 나오는 빛의 진동수를 구별해낼 수 있다.

여러 개의 광원이 한꺼번에 빛을 발하는 경우에도 간섭 효과가 나타나지 않을 수 있다. 광원이 여러 개 있을 때 A_R^2은 각 에너지의 합($A_1^2 + A_2^2 + A_3^2 + \cdots$)에 모든 가능한 쌍에 대한 교차항(간섭항)을 더하여 얻어진다. 그런데 모든 교차항들이 아주 작아지는 환경에서는 위와 동일한 이유로 간섭 효과가 나타나지 않는다. 예를 들어 여러 개의 광원들이 임의의 지점에 제멋대로 분포되어 있다면, 간섭항의 코사인 함수가 빠르게 진동하여 긴 시간 동안 평균을 취한 결과는 0이 될 것이다.

그러므로 대부분의 경우에 간섭 효과는 사라지고, 빛의 총 강도는 각각의 강도를 더한 값과 일치하게 된다.

32-5 빛의 산란

분자들이 불규칙하게 분포되어 있는 대기에서도 위와 비슷한 현상이 나타난다. 굴절률을 논할 때 언급했던 것처럼, 빛이 물체에 입사되면 그로부터 영향을 받은 물체 내부의 원자는 또다시 복사를 방출한다. 입사된 빛의 전기장이 물체의 원자를 위아래로 진동시키기 때문에 새로운 복사가 방출되는 것이다. 이렇게 산란된 빛은 원래의 빛과 같은 방향으로 진행하지만 위상이 달라져서 굴절률이라는 물리량의 원인이 된다.

원자에 의해 새롭게 복사된 빛은 오로지 한 방향으로만 가는 것일까? 만일 물체 내부의 원자들이 아주 질서정연하게 배열되어 있다면, 오직 한쪽 방향으로만 진행한다는 것을 쉽게 증명할 수 있다. 위상이 수시로 변하는 수많은 벡터들을 모두 더하면 0이 되기 때문이다. 그러나 원자의 배열이 불규칙한 경우, 임의의 방향으로 전달되는 빛의 강도는 방금 위에서 말한 것처럼 개개의 원자에 의해 산란된 빛의 강도의 합으로 나타난다(사실, 기체의 원자들은 항상 움직이고 있기 때문에 두 원자에서 방출되는 빛의 위상차는 수시로 변한다. 그러나 이 효과는 긴 시간에 대하여 평균을 취하면 0으로 사라진다). 그러므로 기체에 의해 특정 방향으로 산란되는 빛의 강도는 하나의 원자에 의해 그 방향으로 산란되는 강도를 계산한 후에 원자의 개수를 곱하여 얻을 수 있다.

앞에서 나는 하늘이 파랗게 보이는 것이 빛의 산란 때문이라고 말한 적이 있다. 지금부터 파랗게 보이는 이유와 빛의 강도를 계산해보자.

대기 중의 원자에 $\mathbf{E} = \hat{\mathbf{E}}_0 e^{i\omega t}$의 전기장이 도달하면 원자의 내부에 있는 전자는 위아래로 진동하기 시작한다(그림 32-2). 식 (23.8)에 의하면 전자의 반응은 다음과 같다.

$$\hat{\mathbf{x}} = \frac{q_e \hat{\mathbf{E}}_0}{m(\omega_0^2 - \omega^2 + i\omega\gamma)} \tag{32.15}$$

여기에 진동의 감쇠 효과와 인근에 있는 전자들에 의한 효과까지 고려할 수도 있지만, 번잡함을 피하기 위해 전자는 하나만 있다고 가정하고 감쇠 효과는 무시하기로 한다. 그러면 외부 전기장에 의한 전자의 변위는 다음과 같다 [식 (31.15) 참조].

$$\hat{\mathbf{x}} = \frac{q_e \hat{\mathbf{E}}_0}{m(\omega_0^2 - \omega^2)} \tag{32.16}$$

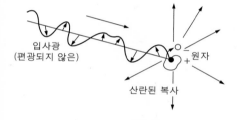

입사광
(편광되지 않은)

산란된 복사

원자

그림 32-2 복사파가 원자를 때리면 전자는 가속 운동을 하면서 여러 방향으로 새로운 복사파를 방출한다.

위의 $\hat{x}$로부터 구한 가속도와 식 (32.2)를 이용하면 다양한 방향으로 방출되는 빛의 강도를 계산할 수 있다.

그러나 시간 절약을 위해 이 계산은 접어두고, 모든 방향으로 퍼져 나가는 빛의 총 강도를 계산해보자. 단위 시간당 하나의 원자에 의해 모든 방향으로 산란된 빛의 총 에너지는 식 (32.6)과 같다. 여기에 식 (32.16)을 대입하여 정리하면, 단위 시간에 모든 방향으로 산란되는 에너지의 총량은

$$P = [(q_e^2 \omega^4 / 12\pi\varepsilon_0 c^3) q_e^2 E_0^2 / m_e^2 (\omega^2 - \omega_0^2)^2]$$

$$= \left(\frac{1}{2}\varepsilon_0 c E_0^2\right)(8\pi/3)(q_e^4/16\pi^2\varepsilon_0^2 m_e^2 c^4)[\omega^4/(\omega^2 - \omega_0^2)^2]$$

$$= \left(\frac{1}{2}\varepsilon_0 c E_0^2\right)(8\pi r_0^2/3)[\omega^4/(\omega^2 - \omega_0^2)^2] \qquad (32.17)$$

이다.

각 부분을 위처럼 괄호로 묶어서 표기하면 기억하기가 쉽다. 우선 첫째로, 산란된 총 에너지는 입사된 장의 제곱에 비례한다. 이 말은 무엇을 의미하는가? 입사된 장의 제곱이 단위 시간당 입사된 에너지에 비례한다는 것은 익히 알고 있을 것이다. 단위 시간, 단위 면적에 입사된 에너지는 $\varepsilon_0 c \langle E^2 \rangle$이며, E의 최대값을 E_0라 하면 $\langle E^2 \rangle = \frac{1}{2}E_0^2$이다. 다시 말해서, 산란된 총 에너지는 단위 면적으로 입사된 에너지에 비례한다는 뜻이다. 그러므로 태양빛이 밝을수록 하늘도 밝게 보인다.

입사된 빛 중 산란되는 양은 어느 정도인가? 면적이 σ인 '과녁'을 상상해보자(실제의 물체로 만든 과녁은 여러 가지 요인으로 빛을 변형시키기 때문에 우리의 목적에는 적절치 않다. 그냥 아무 것도 없는 공간에 가상의 면적을 상상하자는 것이다). 주어진 조건하에서 σ를 통과하는 총 에너지는 입사광의 강도와 σ에 비례한다.

$$P = \left(\frac{1}{2}\varepsilon_0 c E_0^2\right)\sigma \qquad (32.18)$$

여기서 아이디어를 하나 제시해보자─원자가 산란시키는 빛의 총량이 공간상의 어떤 기하학적인 면적에 도달한다고 생각하고, 산란된 빛의 양을 이 면적으로 표현해보자. 이 면적은 빛의 강도와 무관하며, 산란된 에너지와 단위 면적당 입사된 에너지의 비율로 표현된다. 즉,

$$\frac{\text{단위 시간당 산란된 총 에너지}}{\text{단위 시간당 단위 면적으로 입사된 에너지}}$$

가 바로 면적이 된다. 이 면적에 도달한 에너지가 모든 방향으로 퍼져나간다면, 이 값은 곧 원자에 의해 산란된 에너지의 총량이 된다.

흔히 '산란 단면적(cross section for scattering)'이라 불리는 이 면적은 입사광(또는 입사된 입자)의 강도에 비례하여 일어나는 모든 현상에 적용될 수 있다. 이런 경우에 특정 현상이 일어나는 정도(양)는 "그 현상을 일으키는 빛이 통과하는 유효 면적"으로 대신할 수 있다. 물론 이 면적은 산란을 일으

키는 진동자의 면적을 의미하는 것이 아니다. 아무 것도 없이 전자 혼자서 외롭게 진동하고 있다면, 산란 단면적은 아무런 의미도 갖지 못한다. 이것은 그저 특정 문제의 답을 표현하는 하나의 방법일 뿐이다. 산란 단면적은 '입사된 빛이 어떤 특정한 양만큼 산란되려면 얼마만큼의 면적을 통과해야 하는지'를 말해주는 양이다. 그러므로 지금 우리의 경우에는

$$\sigma_s = \frac{8\pi r_0^2}{3} \cdot \frac{\omega^4}{(\omega^2 - \omega_0^2)^2} \tag{32.19}$$

로 쓸 수 있다[첨자 s 는 '산란(scattering)'을 의미한다].

한 가지 예를 들어보자. 전자의 고유 진동수가 아주 작거나 자유 전자처럼 아예 $\omega_0 = 0$ 인 경우에는 식 (32.19)의 ω 가 상쇄되어 산란 단면적은 상수가 된다. 이것을 '톰슨 단면적(Thomson scattering cross section)'이라 하는데, 그 값은 약 $10^{-30} \mathrm{m}^2$ 으로서, 값이 작은 만큼 산란이 일어나지 않는다는 것을 의미한다!

공기 중을 가로지르는 빛의 경우는 어떨까? 앞서 지적한 대로, 공기 중에 있는 원자의 고유 진동수는 가시광선의 진동수보다 크다. 따라서 1차 근사를 사용하여 분모에 있는 ω^2 을 무시한다면 산란된 양은 진동수의 4제곱에 비례하게 된다. 다시 말해서, 진동수가 2배인 빛은 산란되는 정도가 16배나 크다! 바로 이러한 이유 때문에, 진동수가 큰 파란빛이 상대적으로 진동수가 작은 붉은빛보다 훨씬 멀리 도달하는 것이다. 그러므로 하늘에 태양이 떠 있는 한, 우리의 눈에 보이는 하늘은 언제나 푸른색으로 담아 있을 것이다.

위의 결과에 몇 가지 덧붙일 것이 있다. 질문을 하나 던져보자. 하늘에는 왜 구름이 떠다니는가? 구름은 어떻게 탄생하는가? 수증기가 뭉쳐서 구름이 된다는 것은 누구나 알고 있는 사실이다. 그러나 수증기는 굳이 구름이 형성되지 않아도 대기 중에 항상 존재한다. 그렇다면 구름으로 뭉쳐지기 전의 수증기는 왜 우리의 눈에 보이지 않는 것일까? 일단 구름으로 뭉쳐진 수증기는 아주 선명하게 보인다. 눈부시게 파란 하늘도 순식간에 구름으로 덮이곤 한다. 그러므로 구름의 정체는 "아빠, 물은 어디서 생기는 거예요?" 하고 묻는 아이들의 질문과는 차원이 다르다.

대기 중의 모든 원자들이 빛을 산란시킨다고 했으므로, 수증기도 예외는 아닐 것이다. 그러나 개개의 수증기 분자들은 빛을 산란시키는 양이 적기 때문에 우리의 눈에 보이지 않는다. 그런데 수증기가 구름으로 뭉쳐지면 왜 그토록 엄청난 양의 빛을 산란시키는 것일까?

두 개의 원자가 빛의 파장보다 짧은 간격으로 모여 있는 경우를 생각해보자. 원자의 크기는 Å 단위인 반면, 가시광선의 파장은 5000Å 이나 되기 때문에 한데 뭉쳐진 원자들 사이의 간격은 빛의 파장보다 얼마든지 짧아질 수 있다. 이런 상황에서 외부의 전기장(빛)이 작용하면 뭉쳐 있는 원자들은 같이 움직이게 될 것이다. 그러므로 여기서 산란된 전기장은 위상이 같은 두 전기장의 합이며, 에너지는 두 배가 아니라 네 배로 커진다! 서로 멀리 떨어져 있거나 움직이는 원자들은 위상이 같을 이유가 없지만, 가까이 붙어 있는 원자

들의 집단은 같은 위상으로 빛을 산란시키기 때문에 에너지가 급격하게 커지는 것이다.

　작은 물방울 안에 N개의 원자들이 뭉쳐 있다고 가정해보자. 각각의 원자들은 이전과 같이 외부 전기장에 의해 구동된다(원자들 사이의 상호 작용은 무시하자). 모든 원자들은 똑같은 양의 빛을 산란시키므로 이들에 의해 산란된 총 전기장은 N배로 커지고 빛의 강도(에너지)는 N^2배로 증가한다. 즉, 물방울들은 뭉쳐 있을수록 많은 양의 빛을 산란시킨다. 그렇다면 산란된 양이 무한대로 커질 수도 있을까? 아니다! 이 논리가 적용되는 데에는 한계가 있다. 그 한계는 어디까지인가? 답: 물방울의 직경이 빛의 파장보다 커지면 그 안에 있는 원자들은 더 이상 같은 위상에 있지 않기 때문에, 빛이 산란되는 양은 이전처럼 빠르게 증가하지 못한다. 그리고 물방울이 커지면 산란되는 빛의 파장도 길어져서 푸른빛은 붉은 쪽으로 이동하게 된다.

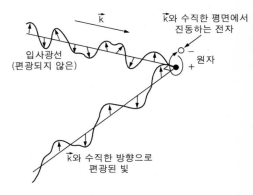

그림 32-3 입사광과 수직한 방향으로 산란되는 빛은 오직 한쪽 방향으로 진동한다. 이 현상을 편광이라 한다.

　마지막으로, 빛의 중요한 성질 중 하나인 '편광(polarization)'에 대하여 잠시 알아보자(구체적인 내용은 다음 장에서 다룰 예정이다). 편광이란, 산란된 빛의 전기장이 특정 방향으로만 진동하는 현상을 말한다. 입사광의 전기장이 어떤 특정 방향으로 진동하면 이로부터 구동된 진동자는 같은 방향으로 진동한다. 만일 우리가 입사광과 수직한 방향에서 이 광경을 바라보고 있다면, 우리의 눈에는 '편광된' 빛이 도달하게 된다. 즉 한쪽 방향으로만 진동하는 빛이 우리의 눈에 들어오는 것이다. 일반적으로 원자는 입사광과 수직한 면에서 어떤 방향으로도 진동할 수 있지만, 우리가 바라보는 방향으로 진동하면서 방출하는 빛은 우리의 눈에 보이지 않는다. 그러므로 임의의 방향으로 진동하는 입사광이 원자에 의해 산란되었을 때, 입사광과 수직한 방향으로 산란된 빛은 오로지 한쪽 방향으로 진동하게 된다!(그림 32-3 참조)

　특정 방향으로 진동하는 빛만 걸러내는 장치를 편광판(polaroid)이라 한다. 이 장치는 빛의 편광 여부를 확인할 때 유용하게 사용될 수 있다.

CHAPTER 33
편광

33-1 빛의 전기장 벡터

빛을 서술하는 전기장은 스칼라가 아니라 벡터이다. 이 장에서는 장의 벡터적 성질로부터 나타나는 여러 가지 현상에 대해 알아보기로 한다. 32장에서 우리는 전기장 벡터가 진행 방향에 수직한 평면에 놓인다는 것말고는 전기장의 진동 방향에 대하여 아무런 언급도 하지 않았다. 그동안 우리가 다뤄온 문제들은 장의 진동 방향과 무관했기 때문이다. 지금부터는 진동 방향에 따라 그 특성이 좌우되는 다양한 현상들을 집중적으로 다뤄보자.

단색광이 실어 나르는 장은 명확한 진동수를 갖고 있다. 그러나 장의 x성분과 y성분은 서로 독립적으로 진동하고 있으므로, 서로 수직 방향으로 진동하는 두 개의 진동자들을 합성했을 때 나타나는 효과부터 알아보기로 한다. x성분과 y성분이 같은 진동수로 진동하고 있을 때, 그 결과로 나타나는 장은 어떤 모습일까? 같은 위상을 갖는 x-진동과 y-진동을 더하면 xy평면 위에서 진행되는 새로운 진동이 얻어진다. 그림 33-1은 다양한 진폭에 대하여 x-진동과 y-진동이 더해진 결과를 보여주고 있다. 그러나 이것이 전부는 아니다. 그림에 제시된 사례들은 두 진동의 위상이 같은 경우이며, 실제로 x-진동과 y-진동의 위상은 얼마든지 다를 수 있다.

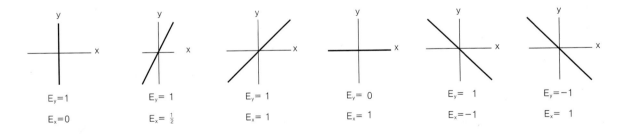

그림 33-1 위상이 같은 x-진동과 y-진동의 합성

x-진동과 y-진동의 위상이 일치하지 않으면 전기장 벡터는 타원 궤적을 그리며 움직이게 된다. 이 상황은 다음과 같이 우리에게 친숙한 사례로 시각화시킬 수 있다. 천장에서 늘어뜨린 실에 공을 매달아 단진자를 만들어보자. 다들 아는 바와 같이, 공을 옆으로 조금만 움직이면 단진동이 시작된다. 여기

에 원점이 공의 평형 지점과 일치하는 x, y 좌표를 설정하면 공은 일정한 진동수로 x 또는 y 방향으로 진동할 것이다. 또는 공의 초기 변위를 임의의 방향으로 설정하면 그 방향으로 나 있는 수직면을 따라 진동하게 될 것이다. 이 운동은 그림 33-1에 나와 있는 전기장 벡터의 운동과 비슷하게 이해될 수 있다. x방향 변위와 y방향 변위가 동시에 최대값(또는 최소값)을 가지므로, 두 방향의 진동은 같은 위상을 갖는다. 그러나 실제로 실에 매달린 공을 흔들어보면 이렇게 깔끔한 진동을 하는 경우가 거의 없다. 대부분의 경우에 공은 기울어진 타원 궤적을 그리며 진동한다는 것을 여러분도 잘 알고 있을 것이다. 이런 운동은 x와 y의 위상이 일치하지 않을 때 발생한다. 여러 가지 위상차에 대한 공의 궤적이 그림 33-2에 나와 있다. 일반적으로, 전기장 벡터도 이와 같은 타원 궤적을 그리며 진동하고 있다. 직선을 따라 움직이는 것은 위상이 일치하는(또는 위상차가 π의 정수배인) 특별한 경우이고, 완전한 원을 그리는 것은 진폭이 같고 위상차가 $90°$인 경우(또는 위상차가 $\pi/2$의 홀수배인 경우)이다.

그림 33-2에서 x, y 방향의 전기장은 복소수로 표현되어 있다. 다들 알다시피, 진동자의 위상차를 나타내는 데는 이것이 가장 좋은 표기법이다. 그러나 복소수의 실수 부분과 허수 부분을 혼동하지 않도록 세심한 주의를 기울여야 한다. 그림 33-1과 33-2에서 물리적으로 관측되는 양은 x성분과 y성분이며, 이들을 엮어서 복소수로 취급하는 것은 순전히 수학적인 편의 때문이다. 복소수 자체에는 물리적 의미가 전혀 없다.

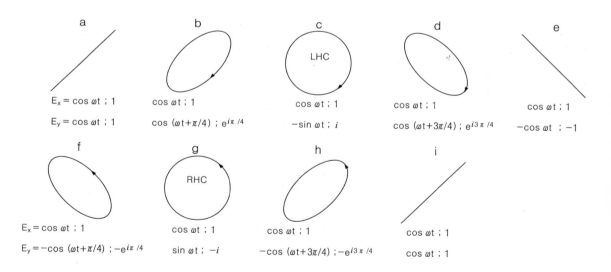

그림 33-2 진폭이 같고 위상이 다른 x-진동과 y-진동의 합성. E_x와 E_y는 실수 및 복소수로 병행 표기되었다.

이제, 앞으로 사용될 몇 가지 용어를 정의하고 넘어가자. 그림 33-1처럼 전기장이 직선을 따라 진동하는 경우를 '선형 편광(linearly polarization)'이라 한다. 그리고 전기장 벡터의 끝이 타원을 그리는 경우를 '타원 편광 (elliptically polarization)'이라 하며, 벡터의 끝이 정확하게 원을 그리면 '원형 편광(circular polarization)'이라 한다. 또, 진행하는 빛을 정면에서 똑바로 바라보고 섰을 때 전기장 벡터의 끝이 반시계 방향으로 돌아가면 '오른손' 편광(right-handed polarization)'이고[그림 33-2(g)], 시계 방향으로 돌아가면 '왼손 편광(left-handed polarization)'이다[그림 33-2(c)]. (두 그림 모두 빛이 종이를 뚫고 나오는 방향으로 진행한다고 가정했을 때 그렇다.) 왼손-오른손의 정의는 통상적인 정의를 따른 것이지만, 일부 광학 관련 서적에서는 이와 반대로 정의를 내리기도 한다.

편광된 모든 빛은 선형, 타원, 원형 편광 중 하나에 속한다. 그렇다면 편광되지 않은 빛은 어떤 식으로 진동하는가? 단색광이 아닌 혼합광이거나, x와 y의 위상이 일정하게 유지되지 않는 경우에는 전기장 벡터가 한쪽 방향으로 진동하다가 금세 다른 방향으로 진동을 바꾼다. 즉, 편광된 상태가 수시로 변하는 것이다. 앞에서 지적한 대로, 하나의 원자가 복사를 방출하는 시간은 약 10^{-8}초이다. 이 시간이 지나면 곧바로 다른 원자가 다르게 편광된 빛을 방출한다. 따라서 빛의 편광 상태는 10^{-8}초마다 새롭게 변한다고 볼 수 있다. 빛의 편광이 매우 빠르게 변하여 우리의 감지기로 그 변화를 잡아낼 수 없다면 그 빛은 편광되지 않은 것으로 간주한다. 이런 경우에는 편광에 의한 효과가 시간적으로 평균되어 나타나지 않기 때문이다. 편광되지 않은 빛에서는 편광에 의한 간섭 효과가 나타나지 않는다. 다시 말해서, 빛이 편광되지 않았다는 것은 빛의 고유한 성질을 말하는 것이 아니라, "편광 효과를 관측할 수 없다"는 뜻으로 이해되어야 한다.

33-2 산란된 빛의 편광

앞에서 다뤘던 내용들 중에서 빛의 편광 효과와 관계되어 있는 첫 번째 사례로 빛의 산란 현상을 들 수 있다. 지구의 대기를 통과하는 태양빛을 예로 들어보자. 전기장이 대기 중의 전하를 진동시키면 그로부터 새로운 복사파가 방출된다. 그리고 이 복사파는 전하의 진동면에 수직한 방향으로 가장 강하게 전달된다. 태양빛은 편광되지 않은 상태로 전달되기 때문에 편광의 방향이 수시로 변하고 있으며, 따라서 공기 중의 전하가 진동하는 방향도 계속해서 변하고 있다. 입사광의 진행 방향을 z축으로 잡으면 전하의 진동은 오직 xy-평면 위에서 이루어진다. 그러므로 입사광과 수직한 방향(x축 방향)에 관측자가 서 있다면, 오직 y방향으로 진동하는 빛만이 그의 눈에 들어올 것이다. 이 원리에 의하여, 산란은 편광을 일으키는 수단으로 사용되고 있다.

33-3 복굴절(Birefringence)

편광 때문에 일어나는 재미있는 현상 중에 '복굴절(birefringence, 또는 double refraction)'이라는 것이 있다. 모든 물체에서 이 현상이 일어나는 것은 아니고, 어떤 특별한 물체에 한해서 복굴절이 일어나는데, 이는 어느 한 방향으로 선형 편광된 빛과 다른 방향으로 선형 편광된 빛이 경계면에서 서로 다른 굴절률을 갖기 때문에 나타나는 현상이다. 한쪽 방향으로 기다란 분자 구조를 갖는 어떤 물체가 있다고 상상해보자. 이 물체 속의 분자들은 모두 평행한 방향으로 배열되어 있다. 진동하는 전기장이 이 물체에 진입하면 어떤 일이 벌어질 것인가? 분자 구조의 특성상, 물체 속의 전자는 입사된 전기장이 구동하려는 원래 방향보다, 그와 수직한 분자축(기다란 분자들이 나열되어 있는 방향)을 따라 진동하는 것이 훨씬 쉽다고 가정해보자. 그러면 편광은 우리가 예상하는 방향이 아니라, 그와 수직한 방향에서 나타나게 될 것이다. 기다란 분자들이 배열되어 있는 방향을 '광축(optic axis)'이라 부르기로 하자. 편광이 광축 방향으로 일어났을 때의 굴절률은 그와 수직한 방향으로 편광이 일어났을 때의 굴절률과 다른 값을 갖게 되는데, 이 현상을 복굴절이라 한다. 복굴절이 나타나는 물체는 두 개의 굴절률을 가지며, 그 값은 편광이 일어나는 방향에 따라 달라진다. 복굴절은 어떤 물체에서 나타나는가? 복굴절이 나타나려면 분자들이 어느 정도 비대칭적으로 배열되어 있어야 한다. 입방 결정체(cubic crystal)는 대칭적인 배열이므로 복굴절이 나타나지 않는다. 그러나 바늘처럼 기다란 결정체들은 분자 구조가 비대칭이어서 복굴절 현상이 쉽게 관측된다.

복굴절체(복굴절을 일으키는 물체를 이렇게 부르기로 하자)에 편광된 빛을 쪼이면 어떤 현상이 나타날 것인가? 입사광의 편광이 광축에 나란한 경우와 광축에 수직인 경우, 물체 속에서 빛의 속도는 서로 다르다. 특히, 입사광이 광축에 대하여 45°로 선형 편광된 경우에는 매우 흥미로운 현상이 나타난다. 그림 33-2(a)와 같이, 45° 편광은 진폭과 위상이 같은 x-편광과 y-편광이 합쳐진 결과이다. 이 빛이 복굴절체 속으로 진입하면 x-편광과 y-편광은 각기 다른 속도로 진행하기 때문에, 이들의 위상도 서로 다른 속도로 변해간다. 따라서 처음 물체에 진입했을 때 x, y의 위상이 같았다고 해도, 물체 속에서 진행한 거리에 비례하여 위상차가 증가하고, 그 결과 빛의 편광은 그림 33-2에 그려져 있는 순서를 따라 일련의 변화를 겪게 된다. 만일 물체가 90°의 위상차를 유발시키는 두께를 가졌다면, 물체를 통과한 빛은 그림 33-2(c)처럼 원형 편광된 상태로 나오게 될 것이다. 이런 물체를 가리켜 '1/4 파길이판(quarter-wave plate)'이라 한다. 그러므로 선형 편광된 빛이 두 개의 1/4 파길이판을 통과하면 그림 33-2(e)와 같은 상태로 나올 것이다.

셀로판지를 이용하면 이 현상을 쉽게 관측할 수 있다. 셀로판은 기다란 섬유형 분자 구조로 이루어져 있고, 이들이 모두 한쪽 방향으로 배열되어 있기 때문에 빛을 투과시키면 복굴절 현상이 나타난다. 빛의 편광 여부를 확인할 때는 특정 방향으로 편광된 빛만을 통과시키는 편광판(polaroid)이 주로 사용된다. 편광판은 고유의 방향성(공간상에 편광판이 위치한 방향을 뜻하는 것이 아니라, 편광판이 투과시키는 특정한 '진동의 방향'을 의미한다)을 갖고 있어서, 이 방향으로 편광된 빛은 거의 다 통과시키지만, 이와 직각 방향으로 편광된 빛은 강하게 흡수하는 성질을 갖고 있다. 편광되지 않은 빛을 편광판에 입사시키면 편광판의 고유 방향에 평행한 진동 성분만이 투과되므로 일단 편광판을 통과한 빛은 무조건 선형 편광된다. 바로 이러한 성질 때문에 편광판은 선형 편광의 방향을 알아내거나 입사광의 편광 여부를 확인할 때 주로 사용된다. 예를 들어, 입사광에 수직한 방향으로 편광판을 설치하고, 수직 상태를 유지하면서 편광판을 서서히 회전시킨다고 생각해보자. 만일 입사광이 선형 편광되었다면, 편광판의 고유 방향과 입사광의 편광된 방향이 직각을 이룰 때 빛은 거의 통과하지 않는다. 그리고 여기서 편광판을 다시 90° 회전시키면 입사광은 대부분 투과된다. 또, 투과된 빛의 강도가 편광판의 회전과 무관하게 나타나면 입사광은 선형 편광되지 않았다고 말할 수 있다.

셀로판지의 복굴절은 그림 33-3과 같이 두 개의 편광판을 이용하여 확인할 수 있다. 빛이 첫 번째 편광판을 통과하면 일단 선형 편광이 일어나고, 그후 셀로판을 거쳐 두 번째 편광판을 통과하면 셀로판과 편광판이 돌아간 각도에 따라 다양한 결과가 나타난다. 두 편광판의 고유 방향이 서로 수직을 이루도록 설치하고 가운데 셀로판을 제거한다면 빛은 두 번째 편광판을 통과하지 못할 것이다. 그리고 두 개의 편광판 사이에 셀로판을 끼워 넣고 여러 각도로 돌리다보면 두 번째 편광판을 통과해 나오는 빛이 감지된다. 그러나 이 경우에도 빛이 두 번째 편광판을 통과하지 못할 수가 있다. 즉, 빛이 첫 번째 편광판을 통과하면서 편광된 방향이 셀로판의 광축과 평행하거나 수직하면 셀로판을 통과하면서 편광의 방향이 변하지 않기 때문에 두 번째 편광판을 통과하지 못한다. 그리고 그림 33-3과 같이 평행과 수직의 중간쯤 되는 각도로 셀로판을 위치시키면 빛은 두 번째 편광판을 통과한다.

일상적으로 사용되는 포장용 셀로판지는 백색광에 포함된 대부분의 단색광에 대하여 1/2 파길이의 두께를 갖고 있다. 여기에 선형 편광된 빛이 광축과 45° 각도로 입사되면, 투과된 빛은 편광의 방향이 90° 돌아가서 두 번째 편광판을 통과할 수 있게 된다.

이 실험에서 입사광으로 백색광을 사용하고, 특정 단색광에 대하여 1/2 파길이의 두께를 갖는 셀로판을 사용하면, 이 단색광만 셀로판을 통과할 것이다. 셀로판을 통과하는 단색광의 종류는 셀로판의 두께에 따라 달라진다. 그러므로 셀로판을 기울여서 빛의 입사각을 변화시키면 셀로판의 유효 두께가 달라지면서 투과하는 빛의 색깔도 달라진다. 여러 가지 두께의 셀로판을 이용하면 다양한 단색광을 걸러내는 필터를 만들 수 있다.

분자의 특이한 배열 상태와 관계된 좀더 실질적인 예를 들어보자. 일부 플라스틱은 기다란 분자들이 복잡하게 꼬여 있다. 액체 상태의 플라스틱을 응고시키면 분자들은 다양한 방향으로 꼬이면서 복굴절이 특정 방향으로 나타나지 않는다. 일반적으로 액체가 응고되면 일종의 변형력이 국소적으로 작용하여 균질성을 잃는다. 그러나 물체에 실을 감아 당기듯이 장력을 가하면 분자들이 어떤 방향성을 띠게 되고, 여기에 편광된 빛을 투과시키면 복굴절을 관측할 수 있다. 투과된 빛을 편광판으로 걸러내면 밝고 어두운 줄무늬가 번갈아 나타난다(백색광을 사용한 경우에는 여러 가지 색의 줄무늬가 나타난다). 줄무늬의 위치와 밀도는 장력의 크기에 따라 달라지기 때문에, 이로부터

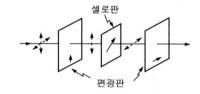

셀로판

편광판

그림 33-3 셀로판의 복굴절을 확인하는 실험. 점선으로 그린 화살표는 빛의 전기장 벡터이고 편광판의 고유 방향과 셀로판의 광축은 실선 화살표로 표시하였다. 입사광은 편광되어 있지 않다.

장력의 크기를 알아낼 수도 있다. 공학자들은 비정상적인 물질의 변형력을 계산할 때 주로 이 방법을 사용한다.

액체 중에서도 복굴절을 일으키는 물질이 있다. 기다란 분자의 양끝에 +, − 전하가 위치한 비대칭형 분자를 생각해보자. 전기적 쌍극자로 간주할 수 있는 이런 분자들이 액체를 이루고 있다면 이들은 수시로 충돌하여 쌍극자의 방향이 무질서하게 분포될 것이다. 그러나 여기에 외부 전기장을 걸어주면 분자들이 한 방향으로 가지런히 정렬되면서 복굴절체가 된다. 그리고 액체의 앞뒤에 두 개의 편광판을 추가로 설치하면 전기장이 걸렸을 때만 빛이 통과하는 하나의 장치를 만들 수 있다. 이것은 빛의 점멸을 조정하는 일종의 스위치로서, 흔히 '케르 전지(Kerr cell)'라 불린다[전기장에 의해 복굴절이 일어나는 현상을 '케르 효과(Kerr effect)'라 한다].

33-4 편광기

지금까지 우리는 빛의 편광된 방향에 따라 굴절률이 다르게 나타나는 물체에 대하여 알아보았다. 그런데 실제로 고체를 비롯한 여러 물체들은 입사광의 편광에 따라 굴절률만 달라지는 것이 아니라 흡수율까지 달라진다. 비등방성 물체에서 나타나는 이 현상은 복굴절에 사용했던 논리를 그대로 적용하여 이해할 수 있는데, 전기석과 편광판이 그 대표적인 사례이다. 편광판은 헤라파타이트(herapathite, 요오드와 키니네가 첨가된 염제) 결정을 여러 개의 층으로 겹쳐서 만든 물건이다. 이 결정은 전자가 특정 방향으로 진동할 때 빛을 흡수하고, 다른 특정 방향으로 진동할 때 거의 흡수하지 않는 성질을 갖고 있다.

진행 방향에 대하여 각도 θ로 선형 편광된 빛을 편광판에 입사시켰다고 가정해보자. 이때 편광판을 통과해 나오는 빛의 강도는 얼마일까? 입사광은 진행 방향에 수직한 성분($\sin\theta$에 비례)과 평행한 성분($\cos\theta$에 비례)으로 분해될 수 있다. 이 중에서 편광판을 통과하는 것은 $\cos\theta$에 비례하는 부분이고, $\sin\theta$에 비례하는 부분은 편광판에 흡수된다. 즉, 투과된 빛의 진폭은 입사광과 비교할 때 $\cos\theta$라는 인자만큼 줄어든다. 그러므로 투과된 빛의 강도는 $\cos^2\theta$에 비례하고 흡수된 빛의 강도는 $\sin^2\theta$에 비례하게 된다.

그런데 여기에 역설적인 상황이 존재한다. 앞서 말한 대로, 서로 90°의 각도로 설치된 두 개의 편광판에 빛을 입사시키면 반대편 끝에서는 아무런 빛도 검출되지 않는다. 그러나 두 개의 편광판 사이에 45°로 기울어진 제3의 편광판을 삽입하면 반대쪽 끝으로 나오는 빛을 검출할 수 있다. 우리가 알기로, 편광판은 빛을 흡수하거나 통과시킬 뿐, 빛을 만들어내지는 못한다. 그런데 어떻게 단순히 편광판을 추가함으로써 없던 빛을 감지할 수 있다는 말인가? 이 문제는 여러분 스스로 풀어보기 바란다.

편광과 관련된 가장 흥미로운 현상은 가장 단순한 경우, 즉 빛이 반사될 때 일어난다. 여러분이 믿거나 말거나, 유리의 표면에서 반사되는 빛은 편광될 수 있다. 물체의 표면에서 공기 중으로 반사되는 빛과 물체 속으로 굴절되는 빛의 각도가 90°를 이룰 때, 반사된 빛은 완전하게 편광된다. 부루스터(Brewster)가 경험을 통해 알아낸 이 현상은 물리적으로도 아주 간단하게 설명될 수 있다. 그림 33-4에서, 입사광이 진로에 수직한 평면 방향(그림의 점선 방향)으로 편광되어 있다면, 반사는 전혀 일어나지 않는다. 이와 수직한 방향(그림에서 점으로 표현한 방향, 종이에 수직한 방향으로 진동하는 경우를 말함)으로 편광된 입사광만이 유리의 표면에서 반사된다. 왜 그럴까? 그 이유는 아주 간단하다. 반사란, 그저 물체의 표면에서 입사광의 방향이 바뀌는 것이 아니라 입사광이 표면에 있는 원자를 진동시켜서 새로운 복사파가 발생하는 현상임을 우리는 이미 알고 있다. 그런데 그림 33-4를 보면 점선 방향으로 진동하는 입사광은 유리 표면에 있는 원자를 진동시킬 수 없다. 오직 점으로 표현한 방향으로 진동하는 빛만이 표면의 원자를 진동시킬 수 있다. 따라서 반사되어 나오는 빛이 이 방향으로 편광되는 것은 당연한 결과이다.

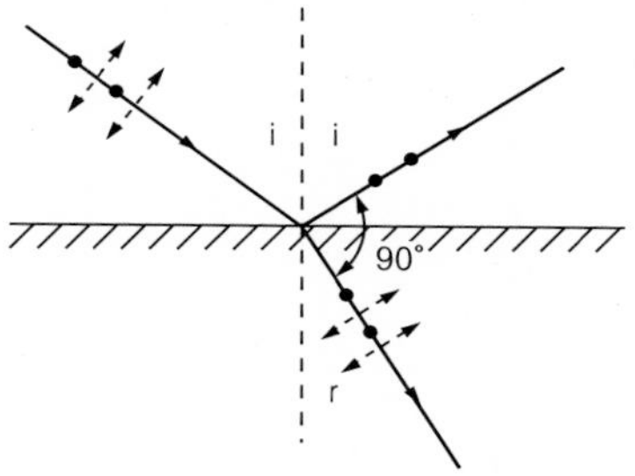

그림 33-4 선형 편광된 빛이 부루스터 각(입사각과 굴절각이 직각을 이루는 각도)으로 입사되었을 때 나타나는 반사. 편광의 방향은 점선과 점으로 표시하였다(점은 종이에 수직한 방향으로 진동한다는 의미이다).

33-5 광활성(Optical activity)

물체를 이루는 분자들이 거울 대칭성을 갖지 않는 경우에도 편광 효과가 나타난다(오른손 장갑이나 코르크 마개를 따는 나사처럼, 거울에 비쳤을 때 방향성이 달라지는 물체는 거울 대칭성을 갖지 않는다고 말한다. 오른손 장갑을 거울에 비추면 왼손 장갑이 되고, 오른나사는 왼나사가 된다). 거울 대칭을 갖지 않는 동일한 분자들로 이루어진 물체를 상상해보자. 이런 물체에 선형 편광된 빛을 입사시키면 경로를 축으로 하여 편광의 방향이 회전하게 되는데, 이 현상을 '광활성(optical activity)'이라 한다.

광활성을 제대로 이해하려면 약간의 계산이 필요하다. 그러나 여기서는 개념적으로만 이해하고 구체적인 계산은 생략하기로 한다. 그림 33-5처럼, 나선형으로 꼬여 있는 분자를 생각해보자. 물론, 반드시 이런 형태일 필요는 없다. 가장 간단한 사례로서 나선형을 예로 든 것뿐이다. 이제, y방향으로 선형 편광된 빛이 나선형 분자에 입사되었다면 분자 내의 전자는 나선을 따라 위아래로 진동하면서 y방향으로 전류를 생성시키고, 그 결과 y방향으로 편광된 복사장 E_y를 방출할 것이다. 그러나 전자가 나선을 이탈하지 못하도록 구속되어 있다면, 전자가 위아래로 진동하면서 생성하는 전류는 x방향의 성분도 갖게 된다. 그러므로 나선의 직경을 A라고 했을 때, $z = z_1$에서는 종이를 뚫고 들어가는 방향으로, $z = z_1 + A$에서는 종이를 뚫고 나오는 방향으로 전류가 흐른다. 여기서 언뜻 생각하면 x축 방향으로 흐르는 전류는 유효 복사를 내놓지 않을 것 같다. 나선의 대척점에서 흐르는 전류들은 방향이 항상 반대이므로 이들이 내놓은 복사장은 서로 상쇄될 것이기 때문이다. 그러나 그림을 자세히 보면, $z = z_1$에서 복사된 장(x성분만 있음)과 $z = z_1 + A$에서 복사된 장은 $z = z_2$지점에 A/c만큼의 시간차를 두고 도달한다는 것을 알 수 있다. 즉, 이들의 위상은 $\pi + \omega A/c$만큼 차이가 나는 것이다. 따라서 이

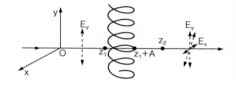

그림 33-5 거울 대칭성을 갖지 않는 분자에 선형 편광된 빛을 쪼이면 광활성 현상이 나타난다.

들이 만든 장은 $z = z_2$ 지점에서 정확하게 상쇄되지 않고 약간의 x 성분을 갖게 된다. 그리고 이 성분이 원래의 장 E_y와 더해지면서 결과적으로 나타나는 장은 y축을 중심으로 약간 돌아간 방향을 향한다. 빛이 물체를 통과하다보면 이런 현상이 연속적으로 나타날 것이므로, 결국 최종적인 장의 방향, 즉 편광의 방향은 y축을 중심으로 계속해서 돌아가게 된다. 이때 장이 회전하는 방향은 분자 안에서 전자가 회전하는 방향과 무관하다.

광활성이 나타나는 대표적인 물질로는 콘 시럽(옥수수로 만든 시럽)을 들 수 있다. 편광판을 거쳐 선형 편광된 빛을 콘 시럽이 들어 있는 용기에 쪼여주면 회전하는 전기장을 관측할 수 있다(용기의 뒤쪽에 또 하나의 편광판을 설치하여 이리저리 돌려보면 된다).

33-6 반사된 빛의 강도

빛의 반사 계수를 입사각의 함수로 구해보자. 그림 33-6(a)는 유리면에 입사된 빛 중 일부가 굴절되고 나머지는 반사되는 모습을 보여주고 있다. 입사광의 진폭은 1이고, 종이에 수직한 방향으로 선형 편광되어 있다고 가정하자. 그리고 반사광의 진폭을 b, 굴절광의 진폭을 a라 하자. 입사광이 선형 편광되어 있으므로 반사광과 굴절광도 모두 선형 편광되어 있고, 이들의 전기장 벡터는 모두 평행한 상태이다. 반면에, 그림 33-6(b)는 입사광이 종이면에 평행한 방향으로 편광된 경우를 나타내고 있다. 이 경우에는 반사광의 진폭을 B라 하고, 굴절광의 진폭을 A라 하자.

우리의 목적은 그림 33-6(a)와 33-6(b)에서 반사광의 강도를 계산하는 것이다. 앞에서 지적한 대로, 그림 33-6(b)에서 반사각과 굴절각이 직각을 이루는 경우에는 반사가 전혀 일어나지 않는다. 그러나 이렇게 특수한 경우만 알고 있는 것보다는 (B, b)와 입사각 i 사이의 함수 관계를 알아두는 것이 훨씬 더 유용하다.

이 계산을 위해 우리가 알아야 할 원리는 다음과 같다. 유리에 생성된 전류는 두 개의 파동을 만들어내며, 그중 하나가 반사된 빛에 해당된다. 또한, 유리 속에 전류가 생성되지 않는다면 입사광은 원래의 경로를 그대로 유지한 채 유리 속을 통과할 것이다. 이 세상에 있는 모든 소스(가속되는 전하)들은 예외 없이 장을 만들어낸다는 사실을 기억하라. 그러므로 입사광(강도 = 1)도 어떤 소스로부터 생성된 것이 분명하고, 이 빛은 유리가 없었다면 그림 33-6의 점선을 따라 계속 진행했을 것이다. 그런데 점선이 가는 길에서 전기장이 관측되지 않는 것을 보면, 유리의 내부에서 점선 방향으로 강도 −1짜리 장이 만들어진 것이 분명하다. 이 사실을 이용하면 굴절광의 진폭 a와 A를 계산할 수 있다.

그림 33-6(a)에서, b는 a에 대한 반응으로 전자가 진동하면서 생긴 것이므로 b는 a에 비례한다. 두 개의 그림은 편광된 방향만 빼고 완전히 동일하기 때문에, 언뜻 생각하면 b/a와 B/A는 같을 것 같지만 사실은 그렇지

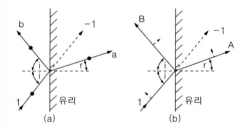

그림 33-6 강도 1인 입사광은 유리의 표면에서 반사되거나 굴절된다. (a)는 입사광이 종이면과 수직하게 선형 편광된 경우이고, (b)는 입사광이 점선으로 표시된 화살표 방향으로 선형 편광된 경우이다.

않다. 그림 33-6(a)는 편광된 방향이 모두 평행한 반면(종이면에 수직한 방향), 그림 33-6(b)는 편광된 방향이 제각각이기 때문이다. 그림(b)의 경우는 A 중에서 B에 수직한 성분, 즉 $A\cos(i+r)$만이 B를 생성하는 데 기여한다. 따라서 이들 사이에는 다음과 같은 비례 관계가 성립한다.

$$\frac{b}{a} = \frac{B}{A\cos(i+r)} \tag{33.1}$$

여기서 한 가지 트릭을 발휘해보자. 그림 33-6의 (a)와 (b) 모두는 편광된 방향이 입사광과 같으면서 점선 방향으로 진행하는, 강도 -1의 전기장이 생성되어야 한다. 그런데 그림(a)에서는 a 전체가 이 전기장을 만드는 데 기여하는 반면에(편광이 변하지 않으므로), 그림(b)의 경우에는 A 중에서 점선에 수직한 성분만이 이 전기장을 만들 수 있다. 그러므로

$$\frac{A\cos(i-r)}{a} = \frac{-1}{-1} \tag{33.2}$$

임을 알 수 있다.

식 (33.1)을 (33.2)로 나누면

$$\frac{B}{b} = \frac{\cos(i+r)}{\cos(i-r)} \tag{33.3}$$

이 되는데, 여기에 우리가 이미 알고 있는 사실을 적용하면 이 식의 타당성을 부분적으로나마 증명할 수 있다. 예를 들어 $(i+r) = 90°$이면 $B = 0$이 되는데, 이는 앞서 말했던 부루스터 각으로서 반사가 일어나지 않는다는 조건을 만족한다.

입사광의 진폭을 1이라 가정했으므로, 반사되는 빛의 강도(반사 계수)는 각각 $|B|^2/1^2$, $|b|^2/1^2$이다. 이들 사이의 비율은 식 (33.3)으로 주어진다.

이제, $|B|^2$과 $|b|^2$의 값을 각각 계산해보자. 에너지 보존 법칙에 의하여, 굴절된 빛의 강도는 입사광의 강도에서 반사광의 강도를 뺀 값과 같아야 한다. 즉, 굴절광의 강도는 각각 $1 - |B|^2$, $1 - |b|^2$이다. 그리고 그림 33-6 (a), (b)에서 유리를 투과한 에너지의 비율은 $|A|^2/|a|^2$이다. 그러므로

$$\frac{1 - |B|^2}{1 - |b|^2} = \frac{|A|^2}{|a|^2} \tag{33.4}$$

임을 알 수 있다.

위의 식에 식 (33.2)를 대입하여 A/a를 소거하고 식 (33.3)을 이용하여 B를 b로 대치하면 다음과 같은 형태가 된다.

$$\frac{1 - |b|^2\dfrac{\cos^2(i+r)}{\cos^2(i-r)}}{1 - |b|^2} = \frac{1}{\cos^2(i-r)} \tag{33.5}$$

이 식에서 우리가 모르는 양은 오직 b뿐이다. $|b|^2$에 대하여 풀면

$$|b|^2 = \frac{\sin^2(i-r)}{\sin^2(i+r)} \tag{33.6}$$

이 되고, 여기에 식 (33.3)을 이용하면

$$|B|^2 = \frac{\tan^2(i-r)}{\tan^2(i+r)} \tag{33.7}$$

이 얻어진다. 이리하여 우리는 $|B|^2$과 $|b|^2$을 입사각과 굴절각만으로 표현하는 데 성공하였다!

여기서 진도를 조금 더 나가면 b가 실수임을 보일 수 있다. 유리판의 양쪽 면으로 빛이 동시에 도달했다고 가정해보자. 실험적으로는 실현시키기 어렵지만 한 번쯤은 생각해볼 만한 상황이다. 이런 가정하에서 우리의 논리를 전개하면 b는 실수이며 $b = \pm\sin(i-r)/\sin(i+r)$임을 증명할 수 있다. 또, 유리판의 두께가 아주 얇다는 가정하에 윗면 반사와 아랫면 반사를 모두 고려해주면 b의 부호까지 결정할 수 있다. 우리는 유리판에 흐르는 전류의 양을 알고 있고 이 전류로부터 생성되는 장의 크기도 알고 있으므로 얇은 유리판에서 반사되는 빛의 양을 계산할 수 있다. 이 논리를 이용하면 다음의 결과가 얻어진다.

$$b = -\frac{\sin(i-r)}{\sin(i+r)}, \qquad B = -\frac{\tan(i-r)}{\tan(i+r)} \tag{33.8}$$

반사 계수를 입사각과 굴절각의 함수로 나타낸 이 식을 '프레넬의 반사 공식 (Fresnel's reflection formulas)'이라 한다.

i와 r이 모두 0에 가까워지면 $B^2 \approx b^2 \approx (i-r)^2/(i+r)^2$이 되는데, 이는 빛이 유리면에 수직으로 입사되었을 때의 반사율로서 두 경우 모두 같은 값을 갖는다. 그런데 스넬의 법칙에 의하면 $\sin i/\sin r = n$이고, 각도가 작으면 $i/r \approx n$이므로 수직 반사율은 다음과 같다.

$$B^2 = b^2 = \frac{(n-1)^2}{(n+1)^2}$$

수면에 빛이 수직으로 입사되었을 때 반사율은 얼마일까? 물의 굴절률은 $n = 4/3$이므로 수직 반사율(반사 계수)은 $(1/7)^2 \approx 2\%$이다. 즉, 수면에 수직으로 빛이 입사되면 그중 2% 정도만이 반사된다.

33-7 비정상 굴절(Anomalous refraction)

이제 마지막으로 '비정상 굴절'이라는 현상에 대해 알아보자. 옛날에 유럽의 한 선원이 아이슬란드에서 어떤 결정체를 수집해왔는데, 그 결정을 통해서 물체를 바라보니 무엇이든 두 개로 보였다. 이것이 바로 비정상 굴절로서, 당시 사람들은 이 결정체를 '아이슬란드 광석(Iceland spar)'이라 불렀다[화학식으로는 $CaCO_3$이며, 캘사이트(Calcite)라고도 한다 : 옮긴이]. 이것은 편광과 관련하여 가장 먼저 발견된 현상이었으며, 호이겐스는 비정상 굴절의 원인을 추적하다가 편광을 이론적으로 정립하는 데 결정적인 역할을 하기도 했다. 그런데 늘 그렇듯이, 제일 먼저 발견된 현상은 이론적으로 설명하기가 가장 어렵다. 비정상 굴절도 예외는 아니어서, 편광과 굴절에 관한 모든 이론이 완성된 후에야 비로소 설명될 수 있었다.

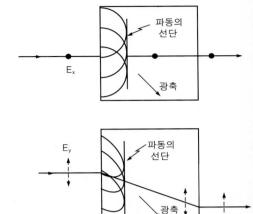

그림 33-7 위—정상 광선이 복굴절체를 통과하면서 그리는 궤적, 아래—비정상 광선이 복굴절체를 통과하면서 그리는 궤적. 복굴절체의 광축은 종이면 위에 놓여 있다.

　비정상 굴절은 앞서 언급했던 복굴절의 특이한 경우라 할 수 있다. 복굴절은 광축(비대칭형 분자들이 나열된 긴 축)의 방향이 결정의 표면과 나란하지 않을 때 일어나는 현상이다. 그림 33-7에 그려져 있는 두 개의 복굴절체 중 위쪽 그림은 광축에 수직한 방향으로 선형 편광된 빛이 입사된 경우를 보여주고 있다. 이 빛이 물체를 때리면 표면 위의 각 점들이 소스가 되어 파동을 생성하고, 이 파동은 물체 내부를 $v_\perp$의 속도로 진행한다. 이 조그만 구형 파동들이 모여서 형성된 파동의 선단은 물체의 내부를 진행하다가 반대쪽 면을 통해 밖으로 나간다. 이것이 바로 우리가 예상하는 정상적인 경우이며, 이렇게 진행하는 빛을 '정상 광선(ordinary ray)'이라 한다.

　그림 33-7의 아래쪽 그림은 결정에 입사되는 빛의 편광이 90° 돌아간 경우를 보여주고 있다. 보다시피 입사광의 진동 방향과 결정의 광축은 같은 평면 위에 놓여 있다. 그런데 이 경우에 결정의 표면에서 발생하는 작은 파동들은 구형이 아니다. 빛이 광축을 따라서 진행할 때는 편광면과 광축의 방향이 서로 수직이므로 진행속도가 $v_\perp$이지만, 빛이 광축에 수직한 방향으로 진행할 때는 편광면과 광축이 평행하므로 진행속도는 $v_\parallel$이다. 복굴절체에서는 일반적으로 $v_\parallel \neq v_\perp$이며, 지금의 경우에는 $v_\parallel < v_\perp$이다. 여기서 조금 더 자세히 분석해보면 표면에서 퍼져나가는 파동은 광축을 장축으로 하는 타원이며, 타원형 파동이 모여서 이루는 파동의 선단은 그림에 그려진 굵은 화살표 방향으로 진행한다는 사실을 알 수 있다. 그러므로 결정의 반대쪽 면으로 나온 빛은 원래의 빛과 같은 방향을 유지한 채 평행 이동을 하게 된다. 이 빛은 스넬의 법칙을 만족하지 않으므로 외관상 비정상적으로 보일 것이다. 그래서 이름도 '비정상 광선(extraordinary ray)'이다.

　편광되지 않은 빛이 비정상 굴절체의 표면에 도달하면, 정상적으로 진행하는 정상 광선과 경로에 변화를 일으키는 비정상 광선으로 갈라진다. 이들은 서로 수직한 방향으로 선형 편광되어 있으며, 이 사실은 결정의 뒤쪽에 편광판을 설치하여 확인할 수 있다. 입사광의 편광면을 적절한 방향으로 조절하면 비정상 굴절체를 통과하면서 두 줄기로 갈라지지 않게 조절할 수 있다.

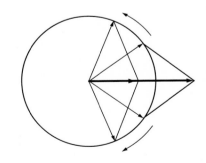

그림 33-8 서로 반대 방향으로 회전하는 (길이가 같은) 두 개의 벡터를 더하면 특정 방향으로 진동하는 벡터가 얻어진다.

　이 장의 서두에서 소개한 그림 33-1과 33-2에는 x와 y의 다양한 위상차에 대하여 모든 가능한 편광의 형태가 망라되어 있다. 그러나 (x, y) 말고 다른 한 쌍의 진동으로부터 편광을 분류할 수도 있다. 서로 수직하기만 하면 어떤 방향 성분을 택해도 무방하다[예를 들어, 모든 편광은 그림 33-2(a)와 (e)의 조합으로 나타낼 수 있다]. 그런데 재미있는 것은 이 아이디어를 다른 경우에도 적용할 수 있다는 것이다. 예를 들어, 선형 편광은 오른쪽 원형 편광과 왼쪽 원형 편광의 적절한 조합으로 나타낼 수 있다[그림 33-2(c), (g)].

왜냐하면 서로 반대 방향으로 회전하는 두 개의 벡터를 더하면 직선상에서 진동하는 벡터가 얻어지기 때문이다(그림 33-8). 만일 두 벡터의 위상이 다르다면 진동 방향이 다른 쪽으로 기울어진다. 그러므로 그림 33-1 에 나열된 모든 편광은 오른쪽 원형 편광과 왼쪽 원형 편광의 조합으로 나타낼 수 있다.

원형 편광된 빛은 진행 방향으로 각운동량을 갖고 있다. 이것을 증명하기 위해, x-y 평면 위에서 어떤 방향으로도 자유롭게 진동할 수 있는 원자에 원형 편광된 빛이 도달했다고 가정해보자. 이때 일어나는 원자의 x 방향 변위는 전기장 E_x 에 대한 반응이며, y 방향 변위는 전기장 E_y 에 대한 반응이다. 그리고 원형 편광의 특성상 E_x 와 E_y 는 90° 의 위상차를 갖고 있다. 즉, 원자는 회전하는 전기장을 따라 ω 의 각속도로 회전하게 되는 것이다(그림 33-9). 원자에 작용하는 감쇄력의 종류에 따라 변위 $\mathbf{a}$ 의 방향과 전기력 $q_e\mathbf{E}$ 의 방향은 다를 수도 있지만, 회전의 양상은 동일하다. 전기장 $\mathbf{E}$ 는 변위 $\mathbf{a}$ 에 수직한 성분을 가질 수 있으므로 원자에는 토크 τ 가 작용하여 초당 $\tau\omega$ 의 일이 가해진다. 따라서 한 주기 T 가 지나는 동안 원자가 흡수한 에너지는 $\tau\omega T$ 이다. 여기서 τT 는 에너지가 흡수되면서 물체에 전달된 각운동량에 해당된다. 그러므로 총 에너지가 ε 인 원형 편광된 빛은 진행 방향으로 ε/ω 의 각운동량을 갖는다. 이 빛이 흡수되면 각운동량은 흡수체에 그대로 전달된다. 왼쪽으로 원형 편광된 빛의 각운동량은 $-\varepsilon/\omega$ 이다.

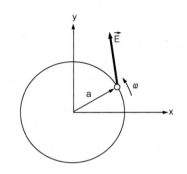

그림 33-9 원형 편광된 빛의 영향으로 회전하는 전자

CHAPTER 34
복사의 상대론적 효과

34-1 움직이는 광원

이 장에서는 복사와 관련하여 아직 언급되지 않은 기타 효과들을 설명하고 빛의 전파에 관한 고전적 이론을 마무리 짓기로 한다(상대성 이론도 고전적인 이론으로 간주한다는 뜻이다. 현대식 이론이란 양자 역학을 의미한다 : 옮긴이). 그동안 우리는 빛의 성질을 매우 자세하게 살펴보았다. 전자기 복사에 관하여 우리가 아직 다루지 않은 내용은 파장과 비슷한 크기의 상자 속에 라디오파를 가두었을 때 일어나는 복잡한 반사 현상[공동 공진기(cavity resonator)]과, 기다란 관을 통해 전자기파가 전달되는 현상(도파관, 導波管, waveguide)인데, 이것은 소리의 파동, 즉 음파를 먼저 공부한 후에 강의할 예정이다.

지금부터 설명할 모든 내용은 '움직이는 광원'이라는 한 마디로 요약될 수 있다. 지금까지 우리는 한 지역에 국한된 채 비교적 느린 속도로 진동하는 광원을 다루어왔지만, 이 장에서는 광원이 빠른 속도로 먼 거리를 움직일 때 나타나는 효과들을 주로 공부하게 될 것이다.

전자기학의 법칙에 의하면, 움직이는 전하가 먼 거리에 생성하는 장은 다음과 같다.

$$\mathbf{E} = -\frac{q}{4\pi\varepsilon_0 c^2} \frac{d^2\mathbf{e}_{R'}}{dt^2} \tag{34.1}$$

전하가 있는 곳을 향하는 단위 벡터 $\mathbf{e}_{R'}$을 시간으로 두 번 미분한 벡터는 전기장의 특성을 결정하는 요인으로 작용한다. 물론 $\mathbf{e}_{R'}$은 전하의 진정한 현재 위치가 아닌 '관측자의 눈에 보이는' 현재 위치를 향한다(장은 c의 속도로 전달된다).

전기장과 함께 나타나는 자기장 $\mathbf{B}$는 전기장과 항상 수직하며 광원의 '겉보기 방향'과도 항상 수직 상태를 유지한다. 그 구체적인 형태는 다음과 같다.

$$\mathbf{B} = -\mathbf{e}_{R'} \times \mathbf{E}/c \tag{34.2}$$

광원이 관측 지점으로부터 빠른 속도로 멀어지거나 가까워지면 상대론적 효과가 나타나는데, 지금까지 우리는 이런 경우를 심각하게 다룬 적이 없었다. 이제, 광원이 임의의 속도로 자유롭게 움직일 수 있다고 가정하면 어떤

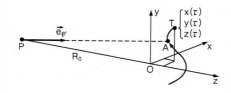

그림 34-1 움직이는 전하의 궤적. 시간 τ에서 전하의 진짜 위치는 T이며, 걸보기 위치(뒤처진 위치)는 A이다.

새로운 결과를 얻을 수 있는지 알아보자. 물론 광원과 관측 지점 사이의 거리는 충분히 멀다고 가정한다.

28장에서 말한 바와 같이, $d^2\mathbf{e}_{R'}/dt^2$에는 $\mathbf{e}_{R'}$의 방향 변화에 관한 정보만이 담겨 있다. 전하의 좌표를 (x, y, z)라 하고, 그림 34-1과 같이 전하를 관측하는 방향(관측자가 전하를 바라보는 방향)을 z축과 일치시켜보자. 그러면 시간 τ에서 전하의 위치는 $x(\tau)$, $y(\tau)$, $z(\tau)$이고, 전하까지의 거리 R은 $R(\tau) \approx R_0 + z(\tau)$이다. 또, 거리가 충분히 멀기 때문에 $\mathbf{e}_{R'}$의 방향은 주로 x와 y에 의해 좌우되고 z에는 별다른 영향을 받지 않는다. 단위 벡터 $\mathbf{e}_{R'}$의 가로 성분은 x/R, y/R인데, 이들을 미분하면 다음과 같이 분모에 R^2이 나타난다.

$$\frac{d(x/R)}{dt} = \frac{dx/dt}{R} - \frac{dz}{dt}\frac{x}{R^2}$$

그러므로 전하와의 거리가 충분히 먼 경우에는 x와 y의 변화만 고려해도 결과는 크게 틀리지 않는다. 이 사실을 이용하여 R_0를 미분 기호 밖으로 빼내면 전기장의 x, y 성분 E_x, E_y는 다음과 같이 쓸 수 있다.

$$E_x = -\frac{q}{4\pi\varepsilon_0 c^2 R_0}\frac{d^2 x'}{dt^2}$$

$$E_y = -\frac{q}{4\pi\varepsilon_0 c^2 R_0}\frac{d^2 y'}{dt^2} \tag{34.3}$$

여기서 R_0는 전하 q까지의 대략적인 거리로서, xyz-좌표계의 원점과 관측 지점 사이의 거리(OP)를 이 값으로 간주한다. 그러면 전기장은 x와 y좌표의 2계 미분에 어떤 상수를 곱한 것과 같아진다. (수학적으로는 x와 y를 전하의 위치 벡터 $\mathbf{r}$의 '가로 성분'으로 이해할 수도 있지만, 그런다고 해서 문제가 더 분명해지지는 않는다.)

물론 여기 등장하는 모든 좌표는 뒤처진 시간을 기준으로 한 것이다. 그런데 $z(\tau)$는 시간적 뒤처짐에 분명한 영향을 준다. 뒤처지는 시간은 어느 정도인가? 점 P에서 관측이 행해진 시간을 t라 했을 때, 이에 대응되는 A점의 시간은 t가 아니라 빛이 전달되는 데 걸리는 시간만큼 뒤처진 τ이며, 뒤처진 정도는 일차 근사법을 적용했을 때 R_0/c이다. 그러나 q의 z좌표가 제법 큰 경우에는 z와 관련된 두 번째 수정항(이차 근사)이 추가되어야 정확한 결과를 얻을 수 있다(앞에서는 이 효과를 무시하고 넘어갔었다).

이제 우리가 할 일은 어떤 t 값을 선택하여 그에 대응되는 τ를 계산한 후, 이로부터 x와 y를 찾아내는 것이다. 이것은 곧 시간적으로 뒤처진 x, y를 의미하며(이들을 x', y'으로 표기하기로 하자), 이들의 2계 미분이 전기장을 결정하게 된다. 그러므로 τ는 다음의 식

$$t = \tau + \frac{R_0}{c} + \frac{z(\tau)}{c}$$

에 의해 결정되며,

$$x'(t) = x(\tau), \qquad y'(t) = y(\tau) \tag{34.4}$$

로 쓸 수 있다. 이것으로 방정식 자체는 복잡해졌지만, 방정식의 해는 기하학적으로 쉽게 해석될 수 있다. 일단 기하학적 해석이 내려지고 나면 전체적인 상황을 이해하는 데 많은 도움이 될 것이다. 물론 정확한 결과를 얻으려면 많은 양의 계산이 수반되어야 한다.

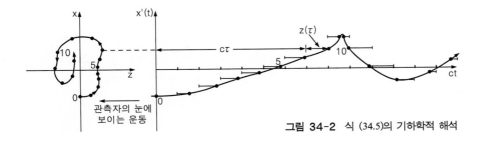

그림 34-2 식 (34.5)의 기하학적 해석

34-2 '걸보기' 운동

위 식에서 R_0/c 는 t 의 원점을 일정량만큼 이동시키는 것에 불과하므로 이 항을 무시하면 다음과 같이 간단하게 표현된다.

$$ct = c\tau + z(\tau), \qquad x' = x(\tau), \qquad y' = y(\tau) \tag{34.5}$$

이제 x' 과 y' 을 τ 가 아닌 t 의 함수로 표현해야 하는데, 이것은 다음과 같은 방법으로 구현할 수 있다. 식 (34.5)에 의하면 t 와 τ 의 차이는 $z(\tau)$ 에 따라 수시로 달라진다. 이것이 의미하는 바는 그림 34-2로 이해할 수 있다. 전하의 실제 운동이 그림 34-2의 왼쪽 그림과 같이 진행된다고 했을 때, 이 운동을 그대로 유지하면서 P 점으로부터 c 의 속도로 멀어져가는 전하를 상상해보자(지금은 단순히 z 에 $c\tau$ 가 더해진 수학적 효과를 고려하는 중이므로 상대론적 수축 효과를 따질 필요는 없다). 이 새로운 운동의 x 좌표, 즉 $x'(t)$ 를 시각 방향(z 방향) 좌표 ct 에 대한 그래프로 그려보면 그림 34-2의 오른쪽과 같은 곡선이 얻어진다. [지금은 전하가 xz-평면 위에서 움직이는 경우를 고려하였지만 반드시 그럴 필요는 없다. 전하의 실제 운동이 임의의 방향으로 진행될 때에도 같은 방법으로 $y'(t)$ 를 구할 수 있다.] 이로써 우리는 x'(또는 y')이 t 에 대하여 어떻게 변해가는지를 짐작할 수 있다! 이제 이 곡선을 두 번 미분하여 가속도를 구하면 우리가 원하는 전기장을 계산할 수 있다. 그러므로 움직이는 전하에 의한 전기장을 구하려면, 전하가 실제의 운동 상태를 유지하면서 c 의 속도로 멀어져간다고 가정하고, 거리 ct 에 따른 x' 과 y' 의 변화를 t 의 함수로 구하면 된다. 이 곡선을 두 번 미분하여 가속도를 구하면, 식 (34.3)에 의해 전기장이 곧바로 얻어진다. 또는, 이 '견고한' 곡선이 c 의 속도로 우리에게 다가온다고 상상했을 때, 시각 방향에 수직한 면과 교차하는 점을 x' 과 y' 으로 해석할 수도 있다. 이 경우에도 점의 가속도를 알면 전기장을 구할 수 있다. 전기장과 전하의 움직임 사이의 관계는 이렇게 기하학적으로 해석될 수 있다.

빛보다 훨씬 느리게 위아래로 진동하는 전하를, 전술한 바와 같이 빛의 속도로 멀어져간다는 가정하에 놓고 그래프를 그려보면 단순한 코사인 형태의 곡선이 얻어지는데, 이는 우리가 이미 알고 있는 사실이다. 즉, 천천히 진동하는 전하는 코사인 형태의 전기장을 생성시킨다(코사인 함수를 두 번 미분하면 다시 코사인 함수가 얻어진다). 전하가 거의 광속에 가까운 빠른 속도로 진동한다면 어떻게 될까? 예를 들어, 전하가 광속에 가까운 속도로 x-z 평면에서 원운동을 한다고 가정해보자. 이때, 시간적으로 뒤처진 $x'(t)$는 그림 34-3의 오른쪽 그림과 같은 곡선으로 나타나는데, 약간의 논리를 거치면 이 곡선이 사이클로이드(cycloid)의 특별한 형태임을 알 수 있다[이 곡선을 '단축 사이클로이드(curtate cycloid)'라고 한다]. 전하의 속도가 광속에 접근할수록 곡선의 첨단은 점점 더 뾰족해지고, 속도가 광속과 같아지면 곡선의 꼭대기는 완전한 첨점(尖點)이 된다. 그런데 완전한 첨점에서 2계 미분은 무한대이므로, 원운동의 매 주기마다 아주 강력한 전기장이 펄스의 형태로 발생하게 된다. 물론 이런 현상은 전하가 P점을 향해 다가올 때 일어나며(그림 34-3의 왼쪽 그림에서 원의 꼭대기 부분), P점에서 멀어질 때는(원의 아랫부분) 곡선의 곡률이 아주 작아서 복사파가 거의 발생하지 않는다.

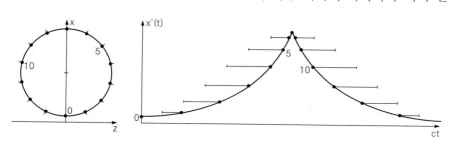

그림 34-3 전하가 v = 0.94c로 원운동 할 때 얻어지는 $x'(t)$ 곡선

34-3 싱크로트론 복사

싱크로트론(synchrotron, 입자 가속기의 일종)의 내부에서는 전자가 거의 광속에 가까운 속도로 원운동을 하고 있으므로, 위에서 말한 복사파가 실제 빛의 형태로 방출된다! 이 현상을 좀더 자세히 살펴보기로 하자.

싱크로트론의 내부에는 균일한 자기장이 걸려 있고, 그 속에서 전자는 원운동을 하고 있다. 그런데 왜 하필이면 원운동일까? 식 (28.2)에 의하면, 자기장 속에서 전하에 작용하는 힘은

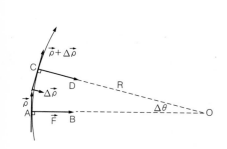

그림 34-4 하전 입자는 균일한 자기장 안에서 원(또는 나선)궤적을 따라 움직인다.

$$\mathbf{F} = q\mathbf{v} \times \mathbf{B} \qquad (34.6)$$

이며, 이 힘은 자기장과 속도에 모두 수직한 방향으로 작용한다. 뉴턴의 운동법칙에 의하면 힘이란 시간에 대한 운동량의 변화이다. 따라서 자기장이 종이면을 뚫고 나오는 방향이라면 운동량과 힘의 방향은 그림 34-4와 같을 것이다. 이 경우, 힘과 속도는 서로 수직이므로 속도의 크기(빠르기)에는 변화가 없다. 따라서 자기장이 전하에 주는 영향이란 진행 방향을 바꾸는 것뿐이다. 아주 짧은 시간 Δt 동안에 생긴 운동량의 변화는 $\Delta\mathbf{p} = \mathbf{F}\Delta t$ 이므로, 이 시간

동안 $\mathbf{p}$가 돌아간 각도는 $\Delta\theta = \Delta p/p = qvB\Delta t/p$이다($|\mathbf{F}| = qvB$). 그리고 이 시간 동안 전하가 이동한 거리는 $\Delta s = v\Delta t$이다. 또, 두 개의 선 AB와 CD는 원의 중심 O에서 만나고 $OA = OC = R$이므로 $\Delta s = R\Delta\theta$로 쓸 수 있다. 이 두 가지를 종합하면 $R\Delta\theta/\Delta t = R\omega = v = qvBR/p$이며, 이로부터 p와 ω를 구할 수 있다.

$$p = qBR \qquad\qquad (34.7)$$

$$\omega = qvB/p \qquad\qquad (34.8)$$

이 논리는 계속되는 Δt에 대하여 똑같이 적용될 수 있으므로, 결국 자기장 속의 전하는 ω의 각속도로 반경 R인 원운동을 하게 된다.

입자의 운동량이 전하 × 궤도 반지름 × 자기장과 같다는 사실은 여러 분야에서 매우 유용하게 사용되고 있다. 예를 들어, 한 종류의 입자 빔을 자기장 안에 발사했을 때 입자의 전하와 자기장, 그리고 궤도 반지름을 알고 있으면 입자의 운동량을 계산할 수 있다. 식 (34.7)의 양변에 c를 곱하고 q를 전자의 전하로 표현하면 운동량을 전자볼트(ev)의 단위로 구할 수 있다.

$$pc(\text{ev}) = 3 \times 10^8 (q/q_e)BR \qquad\qquad (34.9)$$

여기서 B와 R, 그리고 광속 c는 mks 단위이며, c의 값은 3×10^8이다.

자기장의 mks 단위는 weber/m²이다. 전통적으로는 가우스(gauss)라는 단위를 많이 사용하는데, 1weber/m²은 10^4gauss이다. 철로 얻을 수 있는 가장 큰 자기장은 약 1.5×10^4gauss이며, 이보다 큰 자기장을 얻으려면 철이 아닌 다른 재질을 사용해야 한다. 초전도선으로 만든 전자석은 10^5gauss의 안정된 자기장을 만들 수 있는데, 이는 10weber/m²에 해당된다. 적도에서 측정한 지구 자기장은 약 0.3gauss 정도이다.

싱크로트론의 에너지가 10^9ev이고 자기장이 10,000gauss이면 반지름 R은 약 3.3m이다. 칼텍에 있는 싱크로트론의 실제 반경은 3.7m인데, 에너지가 1.5×10^9ev이고 자기장이 조금 크다는 것만 다를 뿐, 원리는 이와 동일하다. 싱크로트론이 왜 그 정도의 크기를 갖게 되었는지, 이제 이해가 갈 것이다.

정지 질량 에너지를 포함한 총 에너지는 $W = \sqrt{p^2c^2 + m^2c^4}$으로 주어지고, 전자의 경우 정지 질량 에너지 mc^2은 0.511×10^6ev이다. 그러므로 $pc = 10^9$ev이면 mc^2은 거의 무시할 수 있을 정도로 작아서 전자의 속도가 광속에 가까울 때는 $W = pc$로 간주할 수 있다. 전자의 에너지가 10억 ev라는 것은 운동량 × 광속이 10억 ev라는 것과 거의 같은 의미로 통한다. $W = 10$억 ev일 때, 전자의 속도와 광속의 차이는 불과 8백만분의 1밖에 되지 않는다!

이렇게 고속으로 움직이는 입자는 어떤 복사파를 방출하는가? 반경 3.3m, 또는 20m의 원둘레를 돌고 있는 입자는 빛이 20m를 가는 데 걸리는 시간 동안 거의 한 바퀴를 돌아간다. 그러므로 이 입자는 라디오 단파와 비슷한 20m 파장의 복사파를 방출할 것 같다. 그러나 그림 34-3에 의한 효과 때문

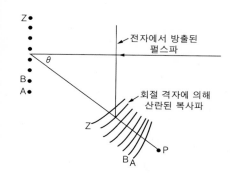

에 하이포사이클로이드의 첨점이 아주 뾰족해져서, 실제로는 파장이 아주 짧은 X-선이나 가시 광선이 방출된다. 물론 이 빛은 자기장에 수직한 방향으로 편광되어 있다.

이렇게 방출된 빛을 회절 격자에 쪼였다고 가정해보자. 여기서 산란된 빛은 어떤 특성을 갖고 있을까? 이 빛은 아주 짧은 시간 동안 방출되는 펄스의 형태이므로 회절 격자에 있는 진동자들은 단 한 차례의 격렬한 진동을 겪게 되고, 여기서 방출된 복사파는 그림 34-5처럼 다양한 방향으로 퍼져나갈 것이다. 그런데 P점과 진동자 A 사이의 거리는 P점과 다른 진동자들(B, C, …, Z) 사이의 거리보다 가깝기 때문에, P지점에는 여러 진동자들에 의해 방출된 빛들이 순차적으로 도달하여 그림 34-6(a)와 같은 효과가 나타나게 된다. 이것은 여러 개의 펄스가 겹쳐진 전기장으로서, 펄스 사이의 간격을 한 파장으로 하는 사인파와 비슷하다(단색광을 회절 격자에 입사시킨 경우와 똑같다!). 그렇다면 모든 형태의 펄스에 대하여 이런 현상이 관측될 것인가? 그렇지는 않다. 예를 들어, 그림 34-6(b)처럼 둥그스름한 펄스들이 균일한 시간차를 두고 도달했다면, 이들이 합쳐져서 나타나는 장은 전혀 진동하지 않는다.

자기장 안에서 전자가 광속에 가까운 속도로 원운동을 하고 있을 때 방출되는 전자기 복사를 '싱크로트론 복사(synchrotron radiation)'라 한다. 이런 이름이 붙은 이유는 굳이 설명하지 않아도 짐작이 갈 것이다. 그러나 이 현상은 싱크로트론을 비롯한 실험 장치뿐만 아니라 자연에서 천연적으로 나타나기도 한다!

34-4 우주에서 오는 싱크로트론 복사

서기 1054년, 당시 세계에서 가장 발달된 문명을 갖고 있었던 중국인과 일본인들은 우주에서 일어난 대폭발을 관측하여 기록으로 남겼다(중세의 모

그림 34-5 아주 짧은 펄스가 회절 격자에 도달하면 여러 방향으로 산란되며, 각 산란광은 고유한 색을 띠게 된다.

그림 34-6 (a)일련의 날카로운 펄스에 의해 나타나는 전기장 (b)둥그스름한 펄스에 의해 나타나는 전기장

그림 34-7 필터를 사용하지 않고 촬영한 게자리 성운

든 책들을 집필했던 유럽의 수도승들도 하늘에서 폭발하는 별을 기록으로 남기곤 했는데, 이상하게도 1054년의 대폭발은 그들의 기록에 남아 있지 않다). 이 별은 지금도 망원경으로 관측이 가능하며 그 모습은 그림 34-7과 같다. 성운의 외곽에는 원자들이 얇은 가스층을 이루고 있는데, 이들이 방출하는 빛을 스펙트럼으로 받아보면 여러 곳에 선명한 선이 나타난다. 이들 중 붉은 빛은 질소 원자에서 방출된 것이다. 그러나 성운의 중심부로 들어가면 빛의 윤곽이 흐려지면서 진동수가 연속적으로 분포된 것처럼 나타난다. 즉, 특정 원자에 해당하는 특정한 진동수가 관측되지 않는 것이다. 이 연속 스펙트럼은 근처에 있는 별들이 먼지층에 빛을 쪼였을 때 발생할 수도 있지만, 실제 성운의 중심부는 투명하면서도 빛을 발하고 있기 때문에 단순한 먼지의 집합 같지는 않다.

그림 34-8은 동일한 성운을 적색 필터를 거쳐 촬영한 사진이다. 따라서 성운의 외곽은 사라지고 중심부만 부각되어 있다. 망원경의 렌즈에 필터와 함께 편광판을 설치하여 두 장의 사진을 찍었는데, (a)는 수직 방향으로 편광된 빛만 촬영한 사진이고 (b)는 수평 방향으로 편광된 빛을 촬영한 결과이다. 보다시피, 두 장의 사진은 다른 모습을 하고 있다! 이는 곧 성운으로부터 오는 빛이 편광되어 있음을 의미한다. 왜 그럴까? 아마도 그 근처에 거대한 자기장이 걸려 있어서 수많은 원자들이 원운동을 하고 있기 때문일 것이다.

우리는 전자가 균일한 자기장 안에서 원운동을 한다는 사실을 알고 있다. 여기에 덧붙여서, 전자에 작용하는 힘은 $q\mathbf{v} \times \mathbf{B}$이므로 전자가 진행하는 방향으로는 아무런 힘도 작용하지 않는다. 또한, 앞서 지적한 대로 싱크로트론 복사는 시각 방향으로 투영시킨 자기장과 수직한 방향으로 편광되어 있다.

이 사실들을 조합하면, 두 개의 사진 중 (a)에서 밝게 나왔다가 (b)에서 어둡게 나온 부분은 빛의 전기장이 특정 방향으로 완전하게 편광되어 있음을 알 수 있다. 이는 곧 그 지역에 형성된 자기장이 편광된 방향과 수직임을 말해준다. 그림 34-8을 자세히 보면, 일련의 '선'들이 두 사진에서 서로 수직한 방향으로 뻗어 있는 것을 볼 수 있다. 즉, 이 사진들은 일종의 섬유 구조를 갖고 있다. 자기장이 매우 광대한 영역에 걸쳐 있어서 그 일대의 모든 전자들이 같은 방향으로 회전하고 있기 때문에 이런 현상이 나타나는 것으로 추정된다. 자기장의 방향이 다른 지역에서는 전자의 회전 방향도 물론 다를 것이다.

게자리 성운은 폭발이 일어난 지 900년이 지났는데도 전자들은 아직도 격렬하게 움직이고 있다. 이렇게 장구한 세월 동안 전자들이 에너지를 잃지 않는 비결은 무엇일까? 이는 아직 풀리지 않은 수수께끼 중 하나이다.

(a)

(b)

그림 34-8 적색 필터와 편광판을 사용하여
촬영한 게자리 성운의 모습
(a)수직 전기장 편광
(b)수평 전기장 편광

34-5 제동복사(Bremsstrahlung)

에너지를 복사하면서 매우 빠른 속도로 움직이는 입자는 또 하나의 특이한 성질을 갖고 있다. 어떤 물체를 향해 전자가 매우 빠른 속도로 발사되었다

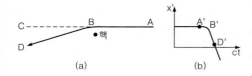

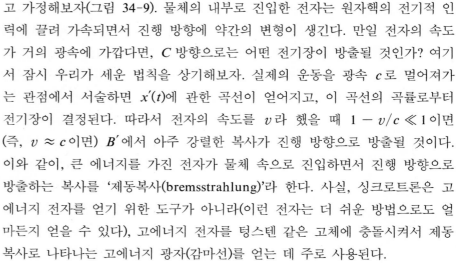

그림 34-9 전자가 빠른 속도로 핵 근처를 지나가면 진행 방향으로 에너지를 방출한다.

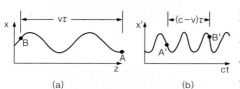

그림 34-10 운동중인 진동자의 $x-z$와 $x'-t$ 곡선

고 가정해보자(그림 34-9). 물체의 내부로 진입한 전자는 원자핵의 전기적 인력에 끌려 가속되면서 진행 방향에 약간의 변형이 생긴다. 만일 전자의 속도가 거의 광속에 가깝다면, C 방향으로는 어떤 전기장이 방출될 것인가? 여기서 잠시 우리가 세운 법칙을 상기해보자. 실제의 운동을 광속 c로 멀어져가는 관점에서 서술하면 $x'(t)$에 관한 곡선이 얻어지고, 이 곡선의 곡률로부터 전기장이 결정된다. 따라서 전자의 속도를 v라 했을 때 $1 - v/c \ll 1$이면 (즉, $v \approx c$이면) B'에서 아주 강렬한 복사가 진행 방향으로 방출될 것이다. 이와 같이, 큰 에너지를 가진 전자가 물체 속으로 진입하면서 진행 방향으로 방출하는 복사를 '제동복사(bremsstrahlung)'라 한다. 사실, 싱크로트론은 고에너지 전자를 얻기 위한 도구가 아니라(이런 전자는 더 쉬운 방법으로도 얼마든지 얻을 수 있다), 고에너지 전자를 텅스텐 같은 고체에 충돌시켜서 제동복사로 나타나는 고에너지 광자(감마선)를 얻는 데 주로 사용된다.

34-6 도플러 효과

광원이 움직일 때 나타나는 다른 효과에 대해 알아보자. 한자리에 묶여 있는 원자가 고유 진동수 ω_0로 진동하고 있다면, 이때 방출되는 복사의 진동수도 당연히 ω_0일 것이다. 또 다른 예로 고유 진동수 ω_1으로 진동하는 원자가 관측자를 향하여 v의 속도로 다가오는 경우를 생각해보자. 공간상에서 실제로 일어나는 운동은 그림 34-10(a)와 같다. 이제, 여기에 $c\tau$를 더해보자. 즉, 앞에서 줄곧 해왔던 대로 진동자가 광속으로 멀어진다는 가정하에 ct에 대한 $x'(t)$의 그래프를 그려보면 그림 34-10(b)와 같은 곡선이 얻어진다. 주어진 시간 간격 τ 동안, 관측자에게 다가오는 진동자는 $v\tau$만큼 이동할 것이다. 그러나 $x'(t)$의 그래프에서는 이 시간 동안 $(c - v)\tau$만큼 이동한다. 그러므로 고유 진동수 ω_1으로 $\Delta\tau$ 동안 진행된 진동은 이제 $\Delta t = (1 - v/c)\Delta\tau$ 이내에서 일어나게 된다. 다시 말해서, 파형이 가로 방향으로 '압축되는' 효과가 나타나는 것이다. 이 파동은 관측자에게 c의 속도로 전달되므로, 결국 관측자에게는 진동수가 커진 효과로 나타나게 된다. 관측자가 느끼는 진동수는 다음과 같다.

$$\omega = \frac{\omega_1}{1 - v/c} \tag{34.10}$$

물론 이 결과는 다른 방법으로 유도될 수도 있다. v의 속도로 다가오는 원자로부터 사인파가 아닌 아주 짧은 펄스가 ω_1의 진동수로 방출된다고 가정해보자. 이때 관측자가 느끼는 진동수는 얼마인가? 두 번째 펄스의 전달 시간은 첫 번째 펄스가 전달되는 데 걸리는 시간보다 짧아진다. 이 시간 간격 동안 원자가 관측자를 향해 다가왔기 때문이다. 이 상황을 기하학적으로 분석해보면 펄스의 진동수가 $1/(1 - v/c)$만큼 증가한다는 것을 쉽게 알 수 있다.

그렇다면 정지 상태에서 ω_0의 진동수로 복사를 방출하던 원자가 갑자기 속도 v로 움직일 때에도 진동수가 $\omega = \omega_0/(1 - v/c)$로 달라질 것인가? 아니다. '운동중인' 원자의 고유 진동수 ω_1은 정지해 있는 동일한 원자의 고유 진동수와 같지 않다. 움직이는 물체의 시간은 상대론적 효과에 의해 정지해 있을 때보다 길어지기 때문이다. 정지 상태의 고유 진동수 ω_0와 속도 v로 움직일 때의 진동수 ω_1 사이에는 다음과 같은 관계가 성립한다.

$$\omega_1 = \omega_0 \sqrt{1 - v^2/c^2} \qquad (34.11)$$

그러므로 관측자가 느끼는 진동수는 다음과 같다.

$$\omega = \frac{\omega_0 \sqrt{1 - v^2/c^2}}{1 - v/c} \qquad (34.12)$$

이와 같이 광원의 운동 상태에 따라 진동수가 달라지는 현상을 '도플러 효과(Doppler effect)'라 한다. 광원이 우리 쪽으로 다가오면서 방출하는 빛은 보라색 쪽으로 이동하고, 멀어지면서 방출하는 빛은 붉은색 쪽으로 이동한다.

이 결과는 아주 중요하기 때문에, 또 다른 방법으로 유도해보는 것도 의미있는 공부가 될 것이다. 이제, 광원은 제자리에 그대로 있고 관측자가 광원을 향하여 속도 v로 다가간다고 가정해보자. $t = 0$일 때 이동을 시작하여 시간이 t만큼 흘렀다면, 관측자는 광원을 향하여 vt만큼 다가갔을 것이다. 그렇다면 이 시간 동안 관측자는 파동의 위상을 몇 라디안이나 거슬러 갔을까? 만일 관측자가 제자리에 가만히 서 있었다면, t라는 시간 동안 $\omega_0 t$라디안만큼의 위상이 그를 지나갔을 것이다. 그러나 지금 관측자는 광원을 향해 다가가고 있으므로 vtk_0만큼의 위상이 추가로 지나가게 된다(단위 길이당 지나간 라디안 수에 시간 t 동안 진행한 거리를 곱한 것임). 그러므로 관측자의 눈에 나타나는 진동수는 $\omega_1 = \omega_0 + k_0 v$이다. 그런데 이 결과는 광원에 대해 정지해 있는 다른 관측자의 입장에서 구한 것이고, 몸소 광원을 향해 다가가고 있는 관측자의 눈에 이 상황이 어떻게 보일지는 또 다른 문제이다. 움직이는 관측자와 서 있는 관측자 사이의 시간 팽창 효과를 고려하면, 움직이는 관측자가 느끼는 진동수는 위의 결과를 $\sqrt{1 - v^2/c^2}$으로 나눈 값과 같다는 것을 알 수 있다.

$$\omega = \frac{\omega_0 + k_0 v}{\sqrt{1 - v^2/c^2}} \qquad (34.13)$$

빛의 경우 $k_0 = \omega_0/c$이므로, 다가가는 관측자가 느끼는 진동수는 다음과 같다.

$$\omega = \frac{\omega_0(1 + v/c)}{\sqrt{1 - v^2/c^2}} \qquad (34.14)$$

그런데 뭔가 좀 이상하다. 식 (34.14)와 (34.12)의 생긴 모습이 완전히 다르지 않은가! 그렇다면 광원이 다가오는 것과 관측자가 다가가는 것은 물리적으로 다른 상황이라는 말인가? 물론 그렇지 않다. 두 상황이 완전히 똑같다는 것이 바로 상대성 이론의 기본 철학이다. 만일 여러분이 계산에 능숙한 수학자라면, 두 개의 식이 완전히 똑같다는 것을 금방 눈치챘을 것이다! 이것은 또한 두 개의 서로 다른 관성계 사이에서 시간 팽창 효과가 나타난다는 것을 증명하는 논리로 사용될 수도 있다.

우리는 상대성 이론을 이미 알고 있으므로, 위의 결과를 또 다른 방법으로 증명할 수 있다. 상대성 이론에 의하면 한 사람이 측정한 x, t와 상대적으로 등속 운동을 하고 있는 다른 사람이 측정한 x', t' 사이에는 모종의 관계가 있다. 16장에서 설명했던 로렌츠 변환이 바로 그것이다.

$$x' = \frac{x + vt}{\sqrt{1 - v^2/c^2}}, \qquad x = \frac{x' - vt'}{\sqrt{1 - v^2/c^2}}$$
$$t' = \frac{t + vx/c^2}{\sqrt{1 - v^2/c^2}}, \qquad t = \frac{t' - vx'/c^2}{\sqrt{1 - v^2/c^2}} \tag{34.15}$$

만일 우리가 땅 위에 가만히 서 있다면 우리를 향해 다가오는 파동은 $\cos(\omega t - kx)$의 형태일 것이다. 그러나 움직이는 관측자에게 이 파동은 어떻게 보일 것인가? 일단 한 지점에서 장의 크기가 0이었다면, 그곳의 장은 다른 사람에게도 0이다. 즉, 장의 크기는 상대론적 불변량인 것이다. 그러므로 파동은 두 사람의 관측자에게 동일한 형태로 나타나며, 단지 t와 x만 달라질 뿐이다.

$$\cos(\omega t - kx) = \cos\left[\omega \frac{t' - vx'/c^2}{\sqrt{1 - v^2/c^2}} - k \frac{x' - vt'}{\sqrt{1 - v^2/c^2}} \right]$$

괄호 안을 정리하면

$$\cos(\omega t - kx) = \cos\left[\underbrace{\frac{\omega + kv}{\sqrt{1 - v^2/c^2}}}_{} t' - \underbrace{\frac{k + v\omega/c^2}{\sqrt{1 - v^2/c^2}}}_{} x' \right]$$
$$= \cos\left[\underbrace{}_{\omega'} t' - \underbrace{}_{k'} x' \right] \tag{34.16}$$

이 된다. 괄호 안의 내용들은 달라졌지만, 이것 역시 코사인파임에는 틀림없다. 그러므로 움직이는 관측자가 느끼는 진동수와 파동수는 다음과 같다.

$$\omega' = \frac{\omega + kv}{\sqrt{1 - v^2/c^2}} \tag{34.17}$$

$$k' = \frac{k + \omega v/c^2}{\sqrt{1 - v^2/c^2}} \tag{34.18}$$

식 (34.17)은 (34.13)과 동일하다. 그러므로 우리는 더욱 물리적인 논리로 도플러 효과를 증명한 셈이다.

34-7 ω, k 4차원 벡터

식 (34.17)과 (34.18)은 또 하나의 흥미로운 사실을 말해주고 있다. 즉, 새롭게 얻어진 진동수 ω'은 기존의 ω와 k의 조합으로 표현되며, k'도 마찬가지이다. 파동수는 거리에 따른 위상의 변화를 나타내고 진동수는 시간에 따른 위상의 변화를 나타내는데, 이는 로렌츠 변환에서 시간과 위치가 섞여서 나타났던 것과 아주 비슷한 상황이다. ω를 t에, 그리고 k를 x/c^2에 대응시키면 ω'은 t'에, 그리고 k'는 x'/c^2에 대응된다. 즉, 로렌츠 변환하에서 ω와 k가 변환되는 방식은 t와 x의 변환 방식과 완전히 동일하다는 것이다. 그러므로 이들은 시공간 벡터와 마찬가지로 4차원 벡터를 형성한다. 이렇게 하면 모든 것이 잘 맞아 들어가는 것 같은데, 단 한 가지 문제가 있다. 4차원 벡터라면 성분이 4개 있어야 하는데, 지금 우리에게는 ω와 k밖에 없다. 나머지 두 개는 어디서 충당해야 하는가? 일단 ω는 시간에 대응되는 양이므로 그냥 두고, 공간과 관련된 k를 다그쳐서 뭔가를 얻어내야 할 것 같다. 앞서 말한 대로 파동수 k는 거리에 따른 위상의 변화를 나타내는 양인데, 그 거리라는 것이 1차원밖에 고려되지 않았으므로 이것을 3차원 벡터로 확장하면 뭔가 그림이 완성될 것 같다. 이 작업을 수행하려면 우선 3차원 공간에서 파동이 진행되는 과정을 수학적으로 표현해야 한다.

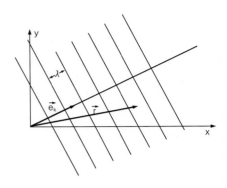

그림 34-11 비스듬한 방향으로 진행하는 평면파

　　3차원 공간 좌표계 $(x,\ y,\ z)$에서 파동의 선단이 그림 34-11과 같이 진행한다고 가정해보자. 파동의 파장은 λ이며, 파동의 진행 방향은 $x,\ y,\ z$ 중 어떤 축과도 일치하지 않는다고 하자. 이런 파동은 수학적으로 어떻게 표현해야 할까? 답은 자명하다. 파동의 진행 방향으로 측정한 거리를 s라고 했을 때, $\cos(\omega t - ks)$이다($k = 2\pi/\lambda$). 이것을 다음과 같이 표현해보자. 우리가 서술하고자 하는 파동의 한 지점의 위치 벡터를 $\mathbf{r}$이라 하고, 파동의 진행 방향으로 향하는 단위 벡터를 $\mathbf{e}_k$라 하면, s는 $\mathbf{r} \cdot \mathbf{e}_k$로 나타낼 수 있다. 따라서 파동은 $\cos(\omega t - k\mathbf{e}_k \cdot \mathbf{r})$이다.

　　이제, 파동 벡터 $\mathbf{k}$를 정의하자. 앞으로 알게 되겠지만, 이 벡터는 파동을 서술할 때 아주 유용하게 써먹을 수 있다. $\mathbf{k}$의 크기는 $2\pi/\lambda$이고, 방향은 파동의 진행 방향과 같다.

$$\mathbf{k} = 2\pi\mathbf{e}_k/\lambda = k\mathbf{e}_k \qquad (34.19)$$

파동 벡터를 이용하여 파동을 다시 쓰면 $\cos(\omega t - \mathbf{k} \cdot \mathbf{r})$, 또는 $\cos(\omega t - k_x x - k_y y - k_z z)$이다. 여기서 k_x의 물리적 의미는 무엇인가? 이것은 x 방향에 대한 위상의 변화율을 의미한다. 그림 34-11에서, x축에 대한 위상의 변화를 따지려면 파동이 x축을 따라 진행한다고 간주해야 하는데, 이렇게 되면 파동의 파장이 원래의 파장보다 길어진다. x축 방향의 파장을 λ_x라 하고, 파동의 진행 방향과 x축 사이의 각을 α라 하면

$$\lambda_x = \lambda/\cos\alpha \qquad (34.20)$$

의 관계가 성립한다. 그러므로 x방향 위상의 변화율은 λ_x의 역수에 비례하고, 그 값은 원래의 값보다 $\cos\alpha$ 배만큼 작다. 이것이 바로 k_x의 의미이며, 값은 $k\cos\alpha$이다!

　　이리하여 3차원 공간을 진행하는 파동의 특성은 파동 벡터 $\mathbf{k}$에 요약되고, 네 개의 성분을 갖는 $(\omega,\ k_x,\ k_y,\ k_z)$는 로렌츠 변환하에서 4차원 벡터를

형성한다.

　17장에서 상대성 이론을 공부할 때, 4차원 벡터의 내적을 계산하는 방법에 대해 언급한 적이 있다. 4차원 위치 벡터를 x_μ라 하고(μ는 시간과 3차원 공간을 합한 4개의 성분을 의미한다), 4차원 파동 벡터를 k_μ라 하면 x_μ와 k_μ의 내적은 $\sum' k_\mu x_\mu$로 표현된다(17장 참조). 4차원 내적은 좌표계와 무관하며, 로렌츠 변환에 대해 불변이다. 계산은 어떻게 하는가? 17장에서 약속한 규칙을 따르면 다음과 같다.

$$\sum{}' k_\mu x_\mu = \omega t - k_x x - k_y y - k_z z \tag{34.21}$$

이것은 파동을 표현하는 코사인 함수의 괄호 안에 들어 있는 양과 정확하게 일치한다. 따라서 파동의 위상은 로렌츠 변환에 대하여 불변임을 알 수 있다. 좌표계가 달라져도 파동의 위상은 변하지 않는다.

34-8　광행차(Aberration)

　앞에서 우리는 $\mathbf{k}$의 방향과 관측자의 운동 방향이 일치하는 경우에 한하여 식 (34.17)과 (34.18)을 유도했었다. 그러나 이 결과는 임의의 방향으로 일반화될 수 있다. 예를 들어, 지구 위에 서 있는 관측자가 별빛을 관측한다고 상상해보자. 다들 알다시피, 지구는 특정 방향으로 움직이고 있다(그림 34-12). 이 경우, 관측자의 눈에 보이는 별의 위치는 실제 위치와 어떻게 달라질 것인가? 질문에 답하려면 4차원 벡터 k_μ에 로렌츠 변환을 적용해야 한다. 그러나 망원경이 향하는 방향을 알면 답을 쉽게 구할 수 있다. 왜 그럴까? 빛은 광속 c로 지구를 향해 다가오고, 관측자를 포함한 지구는 v의 속도로 '옆으로' 진행하고 있기 때문에, 빛이 망원경의 몸통 속에 '똑바로' 들어오게 하려면 지구가 진행하는 방향 쪽으로 망원경을 조금 기울여야 한다. 빛이 ct의 거리를 진행하는 동안 지구는 vt만큼 옆으로 이동할 것이므로, 망원경이 기울어진 각도를 θ'이라 하면 $\tan\theta' = v/c$임을 쉽게 증명할 수 있다. 그러나 θ'은 지구에 대한 상대 각도가 아니다. 왜냐하면 이것은 절대 공간에 대하여 '정지해 있는' 관점에서 얻어진 결과이기 때문이다. 시간 t 동안 지구가 vt만큼 이동했다는 것은 절대적인 관점에서 서술할 때 그렇다는 것이고, 실제로 지구의 관측자가 느끼는 이동 거리는 '길이 단축' 효과에 의해 이보다 짧아진다. 이 효과를 고려해서 얻은 각도를 θ라 하면

$$\tan\theta = \frac{v/c}{\sqrt{1 - v^2/c^2}} \tag{34.22}$$

이며, 이것은 다음과 같이 쓸 수 있다.

$$\sin\theta = v/c \tag{34.23}$$

이 결과는 로렌츠 변환을 이용하여 유도할 수도 있다. 여러분 각자 해보기 바란다.

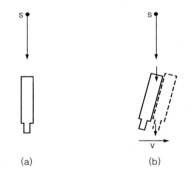

(a)

(b)

그림 34-12　망원경에 도달하는 별빛
(a) 정지해 있는 망원경
(b) 옆으로 움직이는 망원경

망원경의 방향이 달라지는 이 효과를 '광행차(aberration)'라 한다. 그런데 광행차가 생긴다는 것을 대체 어떻게 알았을까? 망원경에 관측된 별이 실제로 '어느 위치에 있었는지'를 어떻게 알 수 있을까? 지금 망원경으로 보이는 별이 실제의 위치에서 벗어나 있다는 것을 어떻게 알 수 있다는 말인가? 공전하는 지구가 그 답을 제시하고 있다. 지금 하늘의 특정 위치에서 빛나는 별을 6개월 뒤에 다시 관측하려면 망원경의 방향이 조금 달라져야 한다. 이것이 바로 광행차의 증거이다.

34-9 빛의 운동량

그동안 빛의 전기장에 대하여 많은 이야기를 했지만, 빛과 관련된 자기장에 대해서는 단 한 마디도 언급하지 않았다. 일반적으로 자기장에 의한 효과는 아주 미약하지만, 자기장과 관련하여 주의 깊게 바라봐야 할 대목이 하나 있다. 광원에서 방출된 빛이 어떤 물체에 도달하여 전자를 위아래로 진동시킨다고 가정해보자. 빛의 전기장이 x 방향이었다면 전자의 진동도 x 방향을 따라 진행될 것이다. 그림 34-13과 같이, 전자의 변위와 속도는 모두 x 축을 향한다. 그리고 자기장은 전기장과 수직한 방향으로 생성된다. 여기서 전기장의 역할은 분명하다. 전기장은 전자를 위아래로 진동시킨다. 그렇다면 자기장이 하는 일은 대체 무엇인가? 자기장은 '움직이는 전자'에만 영향을 줄 수 있다. 전자가 정지해 있으면 자기장은 전자에 아무런 힘도 행사하지 못한다. 그런데 우리의 전자는 지금 전기장에 의해 위아래로 움직이고 있다. 그러므로 전기장과 자기장은 항상 같이 작용하게 된다. 전하 q 가 자기장 B 안에서 v 의 속도로 움직일 때 작용하는 힘은 qvB 이다. 그런데 이 힘은 어느 방향으로 작용하는가? 바로 '빛이 진행하는 방향'으로 작용한다. 그러므로 빛이 하전입자에 도달하여 진동을 유발시키면 빛이 진행하는 방향으로 힘이 작용하게 된다. 이 힘을 '복사압(radiation pressure)', 또는 '광압(light pressure)'이라 한다.

지금부터 복사압의 크기를 계산해보자. 힘의 크기는 물론 $F = qvB$ 인데, 모든 전하들이 진동하고 있으므로 시간에 대한 평균 $\langle F \rangle$를 구해야 한다. 식 (34.2)에서 보면 자기장의 크기는 전기장의 크기를 c 로 나눈 것과 같으므로, 자기력의 평균값은 (전기력의 평균) × (전하의 속도) × (전하) × $1/c$로 구할 수 있다. 즉, $\langle F \rangle = q \langle vE \rangle / c$ 이다. 그런데 전기장에 전하를 곱한 양은 전하에 작용하는 전기력에 해당되고, 이 전기력에 속도를 곱하면 전하에 가해진 일률 dW/dt 가 된다! 따라서 단위 시간당 빛이 실어나르는 힘, 즉 '추진 운동량'은 단위 시간당 빛으로부터 흡수된 에너지를 c 로 나눈 것과 같다! 지금 우리는 전하의 상쇄 효과나 진동의 세기를 전혀 언급하지 않았으므로 이 결과는 어떤 경우에도 적용될 수 있다. 한 마디로 말해서, "빛이 흡수되는 곳에서는 언제나 압력이 작용한다." 빛이 실어나르는 운동량은 흡수된 에너지를 c 로 나눈 것과 같다.

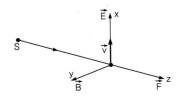

그림 34-13 전기장에 의해 유도된 자기력은 빛이 진행하는 방향으로 작용한다.

$$\langle F \rangle = \frac{dW/dt}{c} \qquad (34.24)$$

우리는 빛이 에너지를 운반한다는 사실을 이미 알고 있다. 여기에 추가하여, 빛은 운동량도 실어나르고 있으며, 그 크기는 에너지를 c로 나눈 것과 같다.

광원에서 빛이 방출되면 광원이 뒤로 되튀는 효과가 나타난다. 역으로, 광원이 뒤로 되튀면 빛이 방출된다. 하나의 원자가 특정 방향으로 W의 에너지를 방출하면 $p = W/c$의 되튐 운동량(recoil momentum)이 작용하며, 빛이 거울면에 수직한 방향으로 반사될 때 되튐 운동량은 두 배로 커진다.

빛에 관한 고전적 이론은 이 정도로 해두자. 물론 양자 역학으로 넘어가면 빛은 입자적인 성질도 갖게 된다. 빛의 입자(광자)가 갖고 있는 에너지는 진동수에 어떤 상수를 곱한 것과 같다.

$$W = h\nu = \hbar\omega \qquad (34.25)$$

그런데 빛은 에너지/c에 해당하는 운동량을 갖고 있으므로 광자의 운동량은 다음과 같이 쓸 수 있다.

$$p = W/c = \hbar\omega/c = \hbar k \qquad (34.26)$$

물론 운동량의 방향은 빛의 진행 방향과 같다. 그러므로 광자의 운동량은 다음과 같이 벡터로 나타낼 수 있다.

$$W = \hbar\omega, \qquad \mathbf{p} = \hbar\mathbf{k} \qquad (34.27)$$

우리는 입자의 에너지와 운동량이 4차원 벡터라는 사실을 이미 알고 있다. 그리고 ω와 $\mathbf{k}$도 4차원 벡터를 이룬다. 따라서 W와 ω, 그리고 $\mathbf{p}$와 $\mathbf{k}$가 식 (34.27)처럼 동일한 비례 관계에 있다는 것은 타당한 이야기다. 상대성 이론과 양자 역학은 이 점에서 상호 모순을 유발시키지 않는다고 볼 수 있다.

식 (34.27)을 한 줄로 줄이면 $p_\mu = \hbar k_\mu$가 되는데, 이는 파동과 입자를 연결시켜주는 상대론적 방정식으로 이해할 수 있다. 지금 우리는 k($\mathbf{k}$의 크기) $= \omega/c$이고 $p = W/c$인 광자를 다루고 있지만, 사실 이 관계는 모든 대상에 적용될 수 있다. 양자 역학에 의하면 광자뿐만 아니라 모든 물체들이 파동적 성질을 갖고 있으며, $p \neq W/c$인 경우에도 파동의 진동수와 파동수는 식 (34.27)을 통해 입자의 에너지 및 운동량과 연결된다[이를 '드브로이 관계(de Broglie relations)'라 한다].

33장에서 말한 바와 같이, 왼쪽 또는 오른쪽으로 원형 편광된 빛은 파동의 에너지 ε에 비례하는 각운동량을 갖고 있다. 양자 역학적 관점에서 볼 때, 원형 편광된 빛줄기는 진행 방향으로 $\pm\hbar$의 각운동량을 갖는 광자의 흐름에 해당된다. 이것은 입자적인 관점에서 편광을 재해석한 결과이다. 광자는 회전하는 탄환처럼 각운동량을 갖고 있다. 물론 광자가 정말로 탄환처럼 움직인다는 뜻은 아니다. 양자 역학에 관한 자세한 내용은 37장에서 강의할 예정이다.

CHAPTER 35
색상의 인식

35-1 인간의 눈

색과 관련된 현상은 부분적으로 물리적 세계의 특성에 따라 좌우된다. 비누막에 나타나는 총천연색 무늬는 간섭이라는 물리적 작용에 의해 나타나는 현상이다. 그러나 색이라는 것은 결국 우리 눈이 받아들인 외부의 정보(빛)가 두뇌를 통해 재구성되어 나타나는 결과이다. 물리학은 눈으로 날아오는 빛의 성질을 규명할 수 있다. 그러나 그 빛이 일단 우리 눈으로 들어온 후에 일어나는 일련의 과정들은 광화학과 신경학, 그리고 심리학적 과정에 더 가깝다.

시각과 관련된 여러 현상들은 사실 물리학의 범주를 벗어나 있다. 그러나 학문상의 분류는 자연의 필연적인 법칙을 따른 것이 아니라, 인간의 편의를 위해 이름만 다르게 붙여놓은 것에 불과하다. 자연은 우리가 학문을 어떻게 분류해놓고 있는지 알 턱도 없고 알 필요도 없다. 우리가 그것을 물리학이라 부르건, 또는 생화학이라 부르건 간에, 자연은 예나 지금이나 자신의 길을 가고 있다. 그러므로 이 강좌에서 느닷없이 인간의 눈에 대해 강의를 한다고 해서 당황해할 필요는 없다. 그리고 사실 우리의 관심을 끄는 자연현상들 중 대다수는 여러 분야의 경계에 어중간하게 걸쳐 있다.

나는 3장에서 물리학과 다른 과학들 사이의 관계를 일반론적인 입장에서 설명했었다. 그러나 지금은 물리학과 매우, 몹시, 지극히 밀접하게 관련되어 있는 특정 분야를 깊이 파고 들어갈 생각이다. 그 특정 분야란, 바로 우리의 눈이 작동하는 원리, 즉 '시각'에 관한 것이다. 이 장에서는 사물의 색(color)을 감지하는 원리에 대해 알아보고, 다음 장에서는 인간과 동물의 눈을 생리학적인 측면에서 조명해보기로 한다.

우리의 이야기는 '눈(eye)'에서 출발한다. 눈에 보이는 현상을 이해하려면 우선 눈의 구조에 대한 약간의 지식이 필요하다. 안구의 자세한 구조는 다음 장에서 알아보기로 하고, 지금 당장은 눈이 작동하는 원리만 간략하게 살펴보자(그림 35-1).

각막(cornea)을 통해 눈으로 들어온 빛은 수정체를 거치면서 굴절되고, 안구의 뒤쪽에 있는 망막에 맺히면서 상(image)을 만들어낸다. 물론 바깥의 서로 다른 지점에서 날아온 빛은 망막에서도 서로 다른 지점에 맺힌다. 망막은 균일한 재질로 되어 있지 않다. 망막의 중간 지점에는 빛에 아주 민감하게

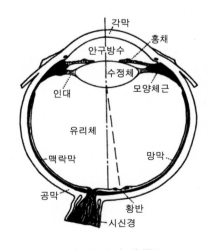

그림 35-1 눈의 구조

반응하는 황반(macula 또는 fovea)이 있다. 그래서 무언가를 세밀하게 바라볼 때는 곁눈질로 보지 말고 똑바로 바라보는 것이 가장 효율적이다. 그리고 이 근처에는 빛이 닿아도 영상이 맺히지 않는 맹점(암점, blind spot)이 있는데, 이것은 간단한 실험으로 확인할 수 있다. 한쪽 눈을 감고 눈 앞에 치켜든 손가락이나 연필 등을 똑바로 바라보는 상태에서 손가락을 서서히 옆으로 이동하면 어느 지점에서 갑자기 그 모습이 사라진다. 맹점이 실생활에서 유용하게 사용된 사례는 내가 알기로 단 하나밖에 없다. 프랑스의 한 생리학자가 왕에게 이런 조언을 했다고 한다. "폐하, 아첨꾼들이 보기 싫으실 때 그들의 머리를 쉽게 자르는 방법이 있습니다. 아첨꾼들이 옆으로 다가와도 그냥 앞만 똑바로 바라보세요. 그러면 그들의 머리는 자동으로 잘려나간답니다."

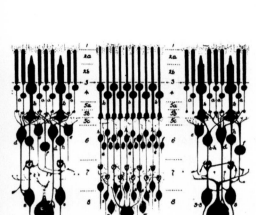

그림 35-2 망막의 구조
(빛은 그림의 아래쪽에서 들어온다)

망막의 내부 구조를 확대하여 약간 도식적으로 그린 단면도가 그림 35-2에 나와 있다. 보다시피 망막은 각 위치마다 다른 구조를 갖고 있다. 그림에서 망막의 표면으로 갈수록 구조가 치밀해지는 기관을 간상 세포(rod cell)라 한다(그림에서 망막의 표면은 아래쪽이다). 그리고 그 옆에는 원추 세포(cone cell)가 있다. 이들의 구조에 관해서는 나중에 따로 설명할 것이다. 황반 쪽으로 갈수록 원추 세포가 많아지다가, 황반에 이르면 수많은 원추 세포들이 아주 촘촘하게 다발로 묶여 있다. 그런데 여기서 한 가지 흥미로운 사실은 빛에 민감한 세포들이 시신경에 직접 연결되어 있지 않고 다른 세포들을 통해 연결되어 있다는 점이다. 이들을 연결해주는 세포에는 여러 가지가 있다. 시신경으로 정보를 전달하는 세포가 있는가 하면, 그냥 수평 방향으로 연결된 세포들도 있다. 이들은 모두 네 종류로 구분되는데, 구체적인 설명은 생략한다. 중요한 것은 빛이 망막을 거치면서 정보가 이미 분석된다는 사실이다. 즉, 망막에 있는 세포들은 외부의 빛을 두뇌에 그냥 전달하는 것이 아니라, 나름대로 정보를 분석하고 가공하여 두뇌의 노동량을 덜어주고 있다. 두뇌에서 처리되어야 할 업무의 일부를 눈이 떠맡고 있는 셈이다.

35-2 빛의 강도에 따라 달라지는 색

시각과 관련하여 가장 놀라운 현상은 '어둠에 적응하는 능력'이다[이를 '암순응(dark adaptation)'이라 한다]. 밝은 곳에 있다가 갑자기 어두운 실내로 들어가면 처음 한동안은 아무 것도 보이지 않다가 어느 정도 시간이 지나면 처음에 하나도 안 보였던 주변 풍경이 제법 또렷하게 보이기 시작한다. 이때 빛의 강도가 약하면 물체의 색상은 보이지 않는다. 알려진 바에 의하면, 암순응을 거쳐 물체가 보이는 것은 전적으로 간상 세포의 역할에 의한 것이고, 밝은 빛 아래서 사물을 보는 과정은 주로 원추 세포를 통해 이루어진다.

빛이 강하면 색상이 또렷하게 나타난다. 이런 현상은 주변에서 흔히 볼 수 있다. 멀리 있는 성운이나 은하를 일반 천체 망원경으로 보면 대부분 흑백으로 보이지만, 윌슨 산 천문대나 팔로마 산 천문대의 천체 망원경으로 보면 오색찬란한 광경이 펼쳐진다. 이 장관을 맨눈으로 볼 수 있는 사람은 없다.

그러나 이 색상은 결코 인위적으로 나타나는 것이 아니다. 우주에서 오는 빛이 워낙 희미하여 우리 눈의 원추 세포가 색상을 감지하지 못하는 것뿐이다. 고리 성운(ring nebula)의 중심부는 푸른색이며 바깥은 엷은 오렌지색을 띠고 있다. 그리고 게자리 성운은 전체적으로 푸른 바탕에 붉은 오렌지색 기운이 돌고 있다.

간상 세포는 밝은 빛에 거의 반응을 하지 않지만, 어둠 속에서는 시간이 흐를수록 감지능력이 살아난다. 원추 세포는 밝은 곳에서 색상을 판단하고, 간상 세포는 어두운 곳에서 암순응을 거쳐 사물을 시각화시킨다. 이렇게 역할이 분담되어 있기 때문에 우리는 어두운 곳에서 사물의 색을 볼 수 없다. 그리고 물체의 색상은 빛의 밝기와 밀접하게 관계되어 있다. 지금까지 알려진 바에 의하면, 간상 세포는 푸른색 쪽에 민감하고 원추 세포는 붉은색 계열에 민감하게 반응한다. 간상 세포의 입장에서 볼 때, 붉은색은 검은색과 다를 것이 없다. 푸른 종이와 붉은 종이를 밝은 조명 아래서 바라보면 붉은색이 더 밝게 보이지만, 어두운 곳에서 바라보면 푸른색이 더 밝게 보인다. 어두운 곳은 간상 세포의 주무대이기 때문이다. 어두운 방에서 사진이나 잡지를 바라보며 나름대로 밝고 어두운 곳을 판단한 후에 조명을 켜고 다시 보면, 자신의 판단이 완전히 틀렸음을 알게 될 것이다. 이 현상을 '퍼킨지 효과(Purkinje effect)'라 한다.

그림 35-3에서 점선으로 그려진 곡선은 어두운 곳에서 발휘되는 눈의 감도를 보여주고 있다. 즉, 이 곡선은 간상 세포의 감도를 나타낸다. 그리고 실선은 밝은 곳에서 활동하는 원추 세포의 감도이다. 보다시피, 간상 세포가 가장 민감한 곳은 초록색 영역이며, 원추 세포는 노란색 부근에서 가장 민감하게 반응한다. 그러므로 붉은색(약 650mμ)으로 칠해진 종이는 밝은 곳에서는 잘 보이지만 어두운 곳에서는 색상을 거의 판단할 수 없다.

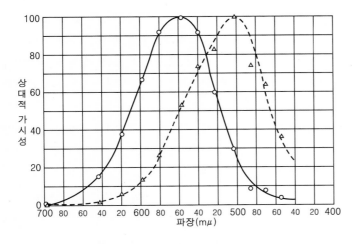

그림 35-3 빛의 파장에 따른 눈의 감도
점선 — 간상 세포, 실선 — 원추 세포

황반에는 어두운 곳에 민감한 간상 세포가 없다. 그래서 어두운 곳에서는 물체를 정면으로 바라보는 것보다 측면에서 비스듬히 바라보는 것이 더 낫다.

하늘에 있는 희미한 별이나 성운들도 시야의 정면에 있을 때는 잘 보이지 않는다.

원추 세포는 황반 근처에 집중적으로 분포되어 있고 옆으로 갈수록 그 수가 급격하게 줄어든다. 그래서 시야의 가장자리로 갈수록 색상이 희미해진다. 이것은 간단한 실험으로 확인할 수 있다. 당신이 정면을 똑바로 바라보는 동안, 다른 친구는 색종이를 들고 옆에서부터 정면을 향해 천천히 걸어간다. 친구가 들고 있는 색종이의 색상은 과연 어느 위치에서 보이기 시작할 것인가? (곁눈질을 하면 반칙이다!) 이 실험을 직접 해보면 여러분의 짐작보다 훨씬 가까이 와야 색이 보인다는 것을 알게 될 것이다.

또 하나 흥미로운 사실은, 망막의 표면이 움직임에 매우 민감하다는 것이다. 시야의 한쪽 구석에서 벌레 한 마리가 기어가고 있을 때, 그 구체적인 형태는 보이지 않지만 무언가가 움직이고 있다는 것은 금방 알아챌 수 있다. 만일 이런 기능이 없었다면 원시시대의 인간은 종족을 유지하기가 매우 어려웠을 것이다.

35-3 색상 지각력의 측정

이제 원추 세포의 기능과 색의 특성에 대해 좀더 자세히 알아보자. 다들 알다시피, 백색광을 프리즘에 통과시키면 다양한 색의 단색광들이 파장에 따라 분리되어 나타난다. 임의의 광원이 방출하는 빛은 프리즘이나 격자를 이용하여 어떤 파장의 빛이 어느 정도 들어 있는지 분석할 수 있다. 어떤 빛은 푸른색이 주류를 이룰 수도 있고, 또 어떤 빛은 붉은 계열만 포함할 수도 있다. 그러나 이것은 빛의 물리적인 특성일 뿐, 우리의 눈은 빛을 단색광으로 분리하지 못한다. 그렇다면 우리는 무엇을 기준으로 빛의 색상을 판단하는가? 색이라는 것이 빛의 파장 분포에 따라 달라진다는 것은 분명한 사실이다. 그러나 여러 종류의 단색광들이 혼합되어 우리의 눈에 어떤 특정한 색으로 보이는 것은 또 다른 문제이다. 예를 들어, 우리의 눈에 초록색으로 보이는 빛에는 어떤 파장들이 어느 정도로 섞여 있을까? 물론 초록색 파장에 해당되는 단색광을 추출하면 당연히 초록색으로 보일 것이다. 그러나 과연 이것이 초록색을 얻어내는 유일한 방법일까?

여러 종류의 파장이 적절하게 섞여서 초록색으로 보일 수도 있을까? 그렇다. 그럴 수도 있다! 그렇다면 어떤 조건이 만족되었을 때 파장의 분포가 다른 빛들이 같은 색으로 보일 것인가?

사실 색상을 판단하는 과정은 너무나 복잡하기 때문에 우리가 갖고 있는 지식으로는 분석이 거의 불가능하다. 그러므로 "어떨 때 초록색으로 보이는가?"를 따지지 말고, "어떨 때 두 개의 서로 다른 빛이 동일한 색으로 보이는가?"를 따져보기로 하자. 즉, 서로 다른 환경에서 두 사람이 같은 색을 느끼는지를 문제삼는 게 아니라, 한 사람에게 똑같은 색으로 보이는 두 개의 빛이 다른 사람에게도 똑같은 색으로 보이는지를 따져보자는 것이다. 한 사람이 초록색을 보았을 때 그 내면에서 느껴지는 것이 다른 사람에게도 똑같을 것인지는 알 방법이 없다.

여기, 네 개의 빔 프로젝터(beam projector)가 있다. 각 프로젝터에는 서로 다른 필터가 장착되어 있고 빛의 강도는 넓은 영역에 걸쳐 연속적으로 조절이 가능하다고 가정하자. 첫 번째 프로젝터에는 붉은색 필터가 끼워져 있어서 스크린에 붉은 원을 투영시키고 두 번째 프로젝터는 초록색 원, 세 번째는 푸른 원, 그리고 네 번째는 흰색 고리(중앙부는 검은색 원)를 투영시키고 있다. 첫 번째와 두 번째 프로젝터만 켜놓고 나머지의 전원을 끄면 스크린에는 붉은 원과 초록색 원이 한 위치에 겹쳐질 것이다. 이 원은 과연 무슨 색으로 보일 것인가? 붉은 기운이 감도는 푸른색? 아니면 푸른 기가 섞여 있는 붉은색? 둘 다 아니다. 스크린의 원은 이들과 전혀 관계없는 노란색으로 나타난다! 게다가 두 빛의 강도를 변화시키면 스크린에 맺히는 색도 다양하게 변한다. 그런데 노란색을 얻는 방법은 이것말고도 또 있다. 붉은빛과 초록빛말고 다른 두 개의 빛을 적절히 섞어서 노란색을 얻을 수도 있고, 아예 프로젝터에 노란색 필터를 끼워서 노란색을 얻을 수도 있다. 다시 말해서, 하나의 색상을 만들어내는 색의 조합은 유일하지 않다는 것이다.

빛의 이러한 성질은 다음과 같은 논리로 설명할 수 있다. 예를 들어, 어떤 특정한 노란색을 Y라는 기호로 표시하면 이 색상은 붉은빛(R)과 초록빛(G)의 적절한 조합으로 표현된다. 이때 각 빛의 강도를 r, g라 하면 Y는 다음과 같다.

$$Y = rR + gG \tag{35.1}$$

그렇다면 두 개, 또는 세 개의 색들을 이런 식으로 혼합하여 모든 색을 만들어낼 수 있을까? 물론 붉은색과 초록색만으로는 모든 색을 만들 수 없다. 이들을 아무리 다양하게 섞어봐도 푸른색은 나타나지 않는다. 그러나 여기에 푸른색 빛(B)을 추가하여 세 개의 빛을 스크린에 투영시키면, 겹쳐진 부분에서 하얀색이 선명하게 나타난다. 뿐만 아니라, 각 빛의 강도를 조절해나가면 우리의 눈이 인식할 수 있는 거의 모든 색을 만들어낼 수 있다. 즉, 모든 색은 R, G, B의 적절한 조합으로 나타낼 수 있다는 뜻이다. 이것이 정말로 가능한 일인지, 좀더 구체적으로 알아보자.

세 개의 빛이 만드는 원형 영상을 스크린의 한 지점에 집중시키고 네 번째 프로젝터에서 나오는 고리형 빛을 여기에 비추면, 흰색이라고 생각했던 고리형 빛에 약간 노란 기운이 감도는 것을 볼 수 있다. 이때 중앙에 있는 R, G, B의 강도를 적절히 조절하면 고리(테두리)와 똑같은 색을 만들 수 있다. 이런 식으로 조절해가면 어떤 색이라도 만들 수 있을 것 같다. 그런데 이 실험을 계속 하다보면 어떤 특정한 색은 만들기가 어렵다는 것을 알게 된다. 여러분은 갈색(brown)빛을 본 적이 있는가? 아마 한 번도 보지 못했을 것이다. 오색찬란한 무대 조명에도 갈색빛은 없었던 것 같다. 그렇다면 갈색빛은 만들 수 없는 것일까? 사실 붉은색과 노란색을 적절하게 섞으면 갈색빛을 만들 수는 있다. 그러나 이 빛은 어떤 배경과 대조되지 않으면 갈색으로 보이지 않는다. 이 빛을 스크린에 비춘 후에 원형 고리(테두리) 빛의 강도를 올려주면 그때 비로소 선명한 갈색이 나타난다! 즉, 갈색은 밝은 배경이 있을 때만 존재할 수 있는 색상인 것이다. 갈색에 약간의 변화를 주면 금세 다른 색으로 변한다. 예를 들어, 갈색빛에서 초록색을 조금 제거하면 초콜릿과 비슷한 붉은 갈색이 되고 반대로 초록색을 조금 추가하면 군대에서 주로 사용하는 칙칙한 색이 나타난다. 그러나 이것은 밝은 배경이 있을 때의 이야기고, 빛 자체의 색은 그다지 칙칙하지 않다. 그것은 그저 노란 기운이 감도는 초록색 빛일 뿐이다.

이제 네 번째 프로젝터에 노란색 필터를 끼우고 중심부와 테두리의 색상을 맞춰보자(물론 빛의 강도는 공급되는 전력의 한도 내에서 조절이 가능하기 때문에 아주 강한 빛은 만들 수 없다). 이 경우에도 우리는 테두리와 같은 색을 만들 수 있다. 초록색과 붉은색을 적당히 섞으면 된다. 여기에 푸른빛을 조금 추가하면 더욱 완벽한 노란색이 될 것이다. 이쯤 되면 여러분은 *R, G, B*의 광원을 조절하여 모든 색을 만들 수 있다는 쪽으로 심증이 기울 것이다.

앞에서 우리는 하나의 색을 만드는 방법이 여러 가지가 있으며, 붉은색과 초록색, 그리고 푸른색을 적절히 혼합하면 '모든' 색을 만들 수 있다는 것을 알았다. 색상의 혼합에서 가장 흥미로운 사실은, 하나의 빛 *X*와 또 하나의 빛 *Y*가 육안으로 구별되지 않을 때 이들을 같은 색으로 간주할 수 있다는 것이다(*X*와 *Y* 스펙트럼이 다르다 하더라도 우리의 눈에는 같은 색으로 보일 수 있다).

$$X = Y \qquad (35.2)$$

자, 지금부터가 중요한 부분이다. 스펙트럼 분포가 다른 두 개의 빛이 우리의 눈에 동일한 색으로 보인다면, 여기에 똑같은 빛 *Z*를 추가해도 여전히 같은 색으로 보인다(*X* + *Z*는 빛 *X*와 *Z*를 동일한 위치에 쪼였을 때 나타나는 색을 의미한다).

$$X + Z = Y + Z \qquad (35.3)$$

방금 전에 우리는 노란색을 일치시켰다. 그러므로 여기에 핑크색 빛을 똑같이 추가해도 두 색상은 여전히 같다. 일단 처음에 두 색상이 똑같기만 하면, 그 후에 임의의 색을 아무리 추가해도 두 개의 색은 구별되지 않는다. 따라서 색의 혼합 효과를 연구할 때 하나의 색은 그와 똑같은 (그러나 스펙트럼은 다른) 색으로 대치될 수 있다. 사실 두 개의 색이 동일하게 보이는 것은 현재의 눈의 상태와 무관하게 일어나는 현상이다. 예를 들어, 밝게 빛나는 붉은색 표면을 한동안 바라보다가 갑자기 하얀 종이로 시선을 돌리면 약간 푸른색으로 보인다. 그리고 두 개의 노란색을 똑같이 일치시킨 후에 밝은 붉은색 표면을 한동안 바라보다가 다시 노란색으로 시선을 돌리면 그것은 더 이상 노랗게 보이지 않는다. 구체적으로 어떤 색으로 보일지는 나도 모르지만, 아무튼 노란색은 아니다. 그러나 두 개의 노란색은 이 경우에도 똑같이 변하기 때문에 여전히 '동일한' 색으로 보인다. 단, 이미 일치했던 두 개의 색을 어두운 조명에서 다시 바라보는 경우에는 시각 작용이 원추 세포에서 간상 세포로 넘어가기 때문에 다르게 보일 수도 있다.

색의 혼합에 관한 두 번째 법칙은 다음과 같다―"모든 색은 임의의 서로 다른 세 가지 색의 혼합으로 만들어낼 수 있다" 지금 우리의 경우, 이 세 가지 기본색은 R, G, B이다. 이 법칙은 수학적으로 표현해도 아주 재미있다. 붉은색과 초록색, 그리고 푸른색을 기본 색상으로 취하여 그 이름을 A, B, C라 하자. 그러면 임의의 색 X는 이들을 조합하여 다음과 같이 나타낼 수 있다.

$$X = aA + bB + cC \qquad (35.4)$$

그리고 또 하나의 색 Y는 다음과 같이 표현된다.

$$Y = a'A + b'B + c'C \qquad (35.5)$$

그러면 X와 Y를 혼합하여 만든 새로운 색 Z는 식 (35.4)와 (35.5)를 더한 것과 같다(이 원리는 앞에서 이미 설명하였다).

$$Z = X + Y = (a + a')A + (b + b')B + (c + c')C \qquad (35.6)$$

이것은 마치 두 개의 벡터 (a, b, c)와 (a', b', c')을 더하는 연산과 같다. 즉, Z는 두 개의 벡터 X, Y를 더하여 얻어진 벡터인 셈이다. 이 문제는 오랫동안 물리학자와 수학자들의 관심을 끌어왔다. 양자 역학의 파동 방정식을 창안했던 슈뢰딩거(E. Schröedinger)는 벡터 분석법을 이용하여 색상의 혼합에 관한 멋진 논문을 쓴 적도 있다.

그렇다면 세 개의 기본 색상으로 어떤 색을 사용해야 하는가? 위에서 말한 것처럼, 기본 색상에는 제한이 없다. 물론 실제적인 상황에서는 다양한 색을 좀더 '쉽게' 얻어낼 수 있는 기본색이 존재하겠지만, 그것은 어디까지나 실용성에 관한 문제이며 지금 우리에게는 별로 중요하지 않다. 그러므로 서로 다른 색상을 아무렇게나 세 개만 선택하면 이들을 조합하여 모든 색을 얻을 수 있다(물론 이들 중 하나가 다른 두 개의 조합으로 표현되는 경우는 제외한다). 자, 말로는 그럴듯한데 과연 이 신기한 법칙을 증명할 수 있을까? 붉은빛, 초록빛, 푸른빛 대신 붉은빛, 푸른빛, 노란빛을 기본색으로 하여 초록색을 만들 수 있을까?

이 세 가지를 조합하면 꽤 다양한 색들을 만들어낼 수 있다. 그러나 빛의 강도를 아무리 바꿔봐도 초록색은 좀처럼 만들어지지 않는다. 과연 이 기본색으로는 초록색을 만들 수 없는 것일까? 아니다. 만들 수 있다. 어떻게 만들 수 있을까? 붉은색과 초록색을 섞으면(좌변) 노란색과 푸른색이 혼합된 색이 만들어진다!(우변) 이 등식에서 좌변의 붉은색을 우변으로 이항하면 X(초록) $= -a'A$(빨강) $+ b'B$(파랑) $+ c'C$(노랑)이 되어, 초록색에 해당되는 해를 구할 수 있다. 단, 음수로 나타난 빨간색의 계수($-a'$)에 적절한 해석이 내려져야 한다. 색을 뺀다는 것은 무슨 의미인가? 그것은 곧 맞은편에 있는 X에 색을 더한다는 뜻이다! 그러므로 식 (35.4)에 나오는 계수들을 음수의 영역까지 확장시킨다면, 결국 우리는 붉은빛, 푸른빛, 노란빛으로 초록빛을 만든 셈이다. 즉, 임의의 세 가지 색으로 모든 색을 만들 수 있다는 주장이 설득력을 얻게 되는 것이다.

그렇다면 색을 빼지 않고서도 모든 색을 만들 수 있는 기본색은 과연 존재할 것인가? 아니다. 그런 기본 세트는 없다. 어떤 기본색을 선택한다 해도 뺄셈을 하지 않고는 만들 수 없는 색이 반드시 있다. 그러므로 특별한 기본색 세트는 존재하지 않는다. 그러나 빨강, 초록, 파랑을 기본색으로 사용했을 때 만들 수 있는 색상의 범위가 가장 넓기 때문에, 대부분의 책에는 이들을 '빛의 삼원색'으로 표기하고 있다.

35-4 색도표(Chromaticity diagram)

지금부터 색의 혼합을 기하학적으로 이해해보자. 식 (35.4)로 표현되는 임의의 색은 세 개의 기본색을 축으로 하는 공간에 (a, b, c)의 성분을 갖는 벡터로 간주할 수 있다. 물론 이와 다른 (a', b', c')으로 표현되는 색은 또 하나의 벡터로 간주된다. 즉, 하나의 색은 이 공간에서 하나의 점에 대응된다. 그리고 이들을 더하여 얻어지는 색은 두 벡터를 더한 결과에 해당된다. 이 공간은 언뜻 생각하면 3차원 공간 같지만, 다음과 같은 논리를 통해 2차원 평면으로 줄일 수 있다. 하나의 색을 선택하여 모든 성분들을 두 배로 늘리면 어떻게 될까? 성분이 두 배로 커졌다는 것은 해당 색을 내는 빛의 강도가 두 배로 밝아졌다는 뜻이다. 그러므로 a, b, c가 모두 같은 비율로 커지면 색상이 달라지는 것이 아니라 색의 밝기가 그 비율만큼 밝아진다는 것을 의미한다. 따라서 색의 밝기를 일정하게 규격화시키면 모든 색을 하나의 평면 위에 나타낼 수 있으며, 이 작업을 모두 수행하면 그림 35-4와 같은 도표가 얻어진다. 이 평면에서 임의의 두 점에 해당되는 색을 섞으면 그 결과는 두 점을 잇는 선상의 한 점으로 나타난다. 예를 들어, 두 개의 색을 50 : 50으로 섞었다면 그 결과는 두 점을 잇는 직선의 중점으로 나타나고, 1/4 : 3/4으로 섞으면 수평 저울의 원리에 따라 연결선을 그 비율로 내분하는 점으로 나타난다. 붉은색과 초록색, 그리고 푸른색을 기본색으로 사용했을 때 이들을 '더하여' 만들 수 있는 모든 색들은 그림에서 점선으로 된 삼각형의 내부에 위치한다. 이 안에는 우리가 보았던 거의 모든 색들이 들어 있다. 그러나 실제로 우리가 본 적이 있는 '모든' 색들은 실선으로 그려진 말굽 모양의 도형 안에 들어 있다. 이 도형은 어디서 나타난 것일까? 이것은 누군가가 인간의 눈에 보이는 모든 색을 세밀하게 분석하여 만들어놓은 도형이다. 물론 우리는 눈에 보이는 모든 색을 일일이 분석할 필요가 없다. 물리적 관점에서 볼 때, 모든 빛은 순수한 스펙트럼 색상(단색광)들이 '더해져서' 나타나는 결과이다. 그러므로 우리가 선택한 기본색으로 스펙트럼 색상을 만드는 데 필요한 계수를 모두 알고 있다면, 색의 혼합 법칙을 하나의 도표에 정리할 수 있다.

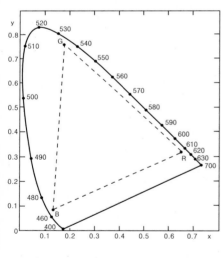

그림 35-4 표준 색도표

세 개의 빛을 섞은 결과는 그림 35-5에 나타나 있다. 가로축은 (적, 녹, 청)색 빛이 섞여서 나타나는 스펙트럼 색상을 파장의 단위로 나타낸 것이고, 세로축은 해당 색상을 얻기 위해 요구되는 계수의 값을 나타낸다. 그림의 왼쪽은 붉은색 영역이고 그 옆은 노란색, 오른쪽 끝은 파란색이다. 그런데 그림을 자세히 보면, 양의 계수만으로는 모든 색을 얻을 수 없음을 알 수 있다. 그림 35-4의 말굽형 곡선은 바로 이 데이터를 근거로 하여 만들어진 것이다 (x와 y는 기본 색상의 혼합 비율을 나타낸다). 즉, 이 곡선은 순수한 스펙트럼 색상의 궤적으로 이해할 수 있다. 그러므로 이 곡선에 있는 점들을 적절히 합성하면 자연에 존재하는 모든 색을 만들어낼 수 있다. 하단에 있는 직선은 스펙트럼의 보라색 끝과 붉은색 끝을 연결한 선으로서, 자주색의 궤적을 나타낸다. 빛으로 만들 수 있는 모든 색들은 말굽 모양 도형의 내부에 존재하며, 그 바깥에 있는 색들은 빛으로 만들 수 없다(간혹 잔상에서 나타날 수는 있다!).

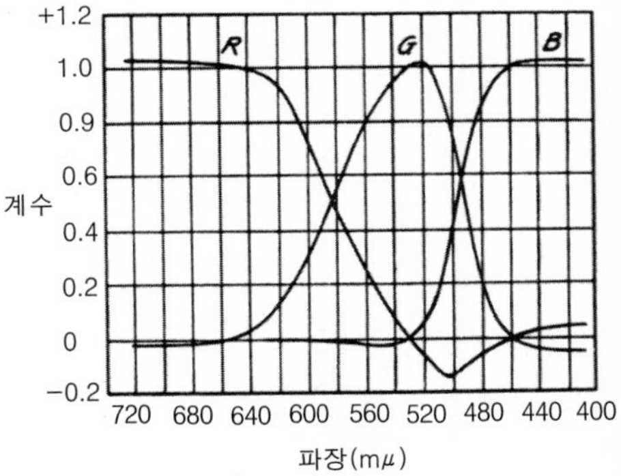

그림 35-5 표준 기본색(삼원색)으로 스펙트럼 색을 만들 때 필요한 계수의 변화. 가로축은 스펙트럼 색의 파장을 나타내고 세로축은 혼합에 필요한 계수값을 나타낸다.

35-5 색상 인지의 역학

그렇다면 색은 왜 이런 식으로 나타나는가? 영(Young)과 헬름홀츠(Helmholtz)는 다음과 같이 간단한 이론을 제시하였다 —사람의 눈에는 적, 녹, 청색을 받아들이는 세 가지의 색소가 있어서, 이들이 흡수한 빛의 양에 따라 색상이 다르게 인식된다는 것이다. 이 이론은 지금까지 말한 색의 혼합 원리를 그대로 따른 것이므로 별 무리는 없어 보이지만, 각 색소의 특성에 대해서는 명확한 언급이 없었기 때문에 사실 논쟁의 여지가 많은 이론이었다. 게다가 세 개의 기본색을 임의로 선택해도 모든 색을 만들 수 있기 때문에, 실험을 통해 모든 가능한 색에 대한 흡수 곡선을 찾을 수는 있지만 개개의 색소에 대한 흡수 곡선은 결정할 수가 없었다. 그래서 사람들은 눈의 물리적 특성을 설명해주는 특별한 곡선을 찾기 위해 많은 노력을 기울여왔고, 그중 하나가 바로 그림 35-3에 제시된 휘도 곡선(brightness curve)이다. 여기에는 두 개의 곡선이 그려져 있는데, 그중 하나는 어두운 곳에서 반응하는 감도이고 다른 하나는 밝은 곳에서 반응하는 감도, 즉 원추 세포의 휘도 곡선을 나타내고 있다. 이 값은 우리가 색을 판단할 때 최소한으로 요구되는 빛의 강도를 측정하여 얻어진 것이다. 즉, 그림 35-3은 각 파장대에 따른 눈의 감도를 나타내는 곡선으로 이해할 수 있다.

우리의 눈에 세 가지 색소가 있다는 이론을 받아들인다면, 남은 문제는 각 색소의 흡수 스펙트럼을 결정하는 것이다. 어떻게 해야 할까? 색맹이라는 유전 현상을 이용하면 된다. 통계 자료에 의하면 남자의 8%, 그리고 여자의 0.5%가 특정 색을 구별하지 못하는 색맹으로 알려져 있다. 색맹인 사람들은 정상인과 다른 색감을 갖고 있지만, 그들 역시 세 가지 기본색의 혼합으로 색을 구별하고 있다. 그러나 개중에는 단 두 개의 기본색만으로 모든 색을 판단하는 2색성 색각자(dichromat)도 있다. 아마도 이들은 세 개의 색소들 중 하나의 기능을 상실한 사람들일 것이다. 2색성 색각자들이 세 가지 부류로 나눠진다면, 이들은 각각 붉은색, 초록색, 파란색 색소가 없는 (또는 기능을 상실한) 사람들에 해당된다. 그러므로 이들의 색감을 분석하면 세 가지 기본색에 해당되는 곡선을 얻을 수 있다!

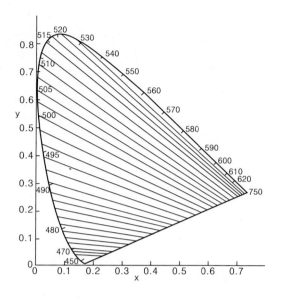

그림 35-6 녹색맹자의 동일색상 궤적

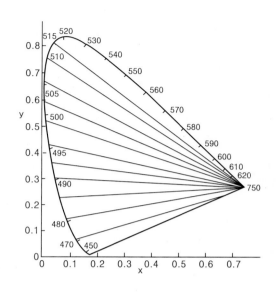

그림 35-7 적색맹자의 동일색상 궤적

실제로 2색성 색각자들은 세 가지 형태로 분류되며(두 가지는 흔히 나타나고 나머지 하나는 매우 드물다), 이들의 색감으로부터 누락된 기본색의 흡수 스펙트럼을 알아낼 수 있었다.

그림 35-6은 녹색맹자(deuteranope)의 색상 혼합법을 보여주고 있다. 이런 사람에게는 하나의 색이 하나의 점에 해당되는 게 아니라 하나의 선으로 나타난다. 즉, 같은 선상에 있는 모든 색들은 그에게 동일한 색으로 보이는 것이다. 만일 이 사람에게 하나의 색소가 빠져 있는 것이 사실이라면, 모든 선들은 하나의 점에서 만나야 한다. 실제로 그림 35-6에 나와 있는 모든 선들을 연장해보면 대충 하나의 점으로 수렴한다는 것을 알 수 있다. 물론 이 작업을 수행한 사람은 수학자이기 때문에 현실적인 데이터라고 보기는 어렵다. 현실적인 데이터를 제시한 최근 논문을 보면, 모든 선들이 정확하게 하나의 점으로 수렴하지 않는다고 나와 있다. 위의 그림에 나와 있는 직선들로는 이치에 맞는 스펙트럼을 얻기가 어렵다. 각 영역에 따른 흡수율이 음-양으로 오락가락하기 때문이다. 그러나 최근에 발표된 유스토바(Yustova)의 논문에 의하면, 오로지 양의 흡수율만으로 이루어진 곡선을 얻을 수 있다.

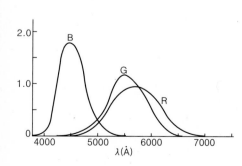

그림 35-8 세 가지 색소의 파장에 따른 감도 변화

그림 35-7은 적색맹자(protanope)의 색상 혼합법으로서, 모든 직선들이 경계곡선의 한쪽 구석(붉은색)으로 수렴하고 있다. 이것은 유스토바가 얻은 결과와 거의 일치한다. 이런 식으로 세 가지 형태의 색맹을 분석한 결과, 세 가지 색소의 반응 곡선이 그림 35-8과 같은 형태로 얻어졌다. 이것이 최종적

인 결과인가? 적어도 지금까지는 그렇다. 물론 이것이 절대적으로 옳은 이론이라고 주장할 수는 없다. 3색소 이론이나 그림 35-6, 35-7의 결과에 회의적인 학자들도 많이 있다. 주장하는 바가 다르면 결과도 다르게 나오기 마련이다. 한 마디로 말해서, 이 분야는 아직 갈 길이 멀다.

35-6 색상 인지의 생리화학적 측면

지금까지 얻은 그래프들은 실제 눈의 색소를 얼마나 정확하게 서술하고 있는가? 망막에 있는 색소들은 주로 '시홍(visual purple)'이라는 색소로 이루어져 있다. 시홍은 대부분의 척추동물에서 발견되며 시홍의 빛 흡수 곡선은 그림 35-9와 같이 암순응된 눈의 감도(sensibility)와 거의 정확하게 일치한다. 그러므로 시홍은 어둠 속에서 작용하는 색소임이 분명하다. 실제로 시홍은 간상 세포의 색소이며 색상의 인식과는 아무런 관계가 없다. 이 사실이 알려진 것은 1877년이며, 원추 세포의 색각색소(color pigment)는 오랫동안 발견되지 않고 있다가 1958년에 러쉬턴(Rushton)이 제시한 간단한 아이디어를 통해 이들 중 두 가지가 발견되었다.

원추 세포의 색소가 오랫동안 발견되지 않은 이유는 아마도 우리의 눈이 어두운 빛에 민감한 반면 밝은 빛에는 약하게 반응하기 때문일 것이다. 밝은 빛에서 색상을 인지할 때는 매우 많은 수의 시홍이 필요하지만 색각색소는 거의 필요 없다. 러쉬턴은 간접적인 방법으로 색각색소를 측정하였는데, 구체적인 내용은 다음과 같다. 옵탈모스코프(opthalmoscope)라는 기계 장치를 이용하여 사람의 눈에 빛을 쪼인 후 안구로부터 반사된 빛을 잡아서 한 점에 모으면 색소를 두 번 통과한 빛의 반사 계수를 알 수 있다(안구의 뒤쪽에서 반사된 빛이 옵탈모스코프로 되돌아가면서 원추 세포의 색소를 한 번 더 통과한다). 원추 세포에 입사된 빛은 별로 예민하지 않은 한 지점으로 반사되며, 예민한 곳으로 직접 입사된 빛은 바닥에서 반사되어 수많은 색각색소를 거친 후 다시 눈 밖으로 빠져 나온다. 황반(fovea)에는 간상 세포가 없으므로 시홍 때문에 혼동을 일으키는 경우는 없다. 그런데 망막의 색은 이미 오래 전부터 알려져 있었다. 망막은 분홍기가 가미된 주황색을 띠고 있다. 눈의 색소는 어떻게 식별할 수 있을까? 답: 첫째, 색맹인 사람을 대상으로 실험해보면 알 수 있다. 색맹은 정상인보다 색소가 적기 때문에 분석하기가 쉽다. 둘째, 시홍을 비롯한 여러 종류의 색소들은 빛에 노출되었을 때 농도가 변한다. 러쉬턴은 눈의 흡수 스펙트럼에 집중하면서 색소의 농도를 변화시키는 또 한 가닥의 빛을 눈에 입사시켜 스펙트럼의 변화를 측정함으로써 적녹색맹의 색소 곡선을 얻을 수 있었다(그림 35-10 참조).

그림 35-10에 제시된 두 번째 곡선은 정상인의 눈으로 실험한 결과로서, 정상인의 눈에 붉은색 빛을 쪼여서 얻어진 스펙트럼을 나타내고 있다. 붉은빛은 적녹색맹의 눈에 영향을 주지 않고 정상인의 눈에만 영향을 주기 때문에, 이로부터 누락된 색소에 대한 곡선을 얻을 수 있다. 두 개의 곡선 중 하나는

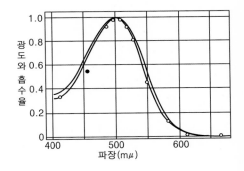

그림 35-9 암순응된 눈의 감도 곡선과 시홍의 흡수 곡선

그림 35-8의 G곡선과 잘 일치하지만 나머지 하나는 R곡선에서 조금 벗어나 있다. 그러므로 우리는 제대로 된 결과를 얻은 셈이다. 그러나 반드시 옳은 결과라고 말할 수는 없다. 최근 실시된 실험에 의하면 녹색맹자(deuteranope) 의 눈에서 색소가 누락되어 있다는 증거가 나타나지 않았기 때문이다.

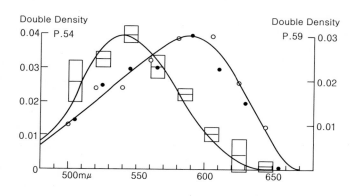

그림 35-10 적녹색맹(사각형)과 정상인(점)의
색각색소 흡수 스펙트럼의 비교

색상은 빛의 물리적 특성으로부터 유추할 수 있는 문제가 아니다. 색상은 일종의 감각이며, 이 감각은 환경에 따라 달라지기도 한다. 예를 들어, 백색 광과 적색 광을 교차시켜서 분홍색 광을 만들었다면(백색 광과 적색 광을 혼합하여 만들 수 있는 빛은 분홍색 광뿐이다) 백색 광은 푸른색으로 보인다. 이 빛 속에 물체를 놓아두면 두 개의 그림자가 생기는데, 이중 하나에는 백색 광이 비춰지고 나머지 하나에는 적색 광이 비춰질 것이다. 대부분의 사람들은 백색 광에 의해 드리워진 그림자를 푸른색으로 인식하지만, 그림자의 크기를 점점 키워서 스크린 전체를 덮게 만들면 갑자기 흰색으로 보이기 시작한다! 붉은색과 노란색, 그리고 흰색 광을 섞었을 때도 이와 비슷한 현상이 나타난다. 적, 황, 백색의 빛을 섞으면 주황색 기가 도는 노란색이 된다. 그러므로 이 빛들을 거의 비슷한 강도로 섞으면 노란색 빛이 얻어진다. 이 속에 물체를 집어넣고 여러 각도에서 그림자를 바라보면 다양한 색상이 나타나는데, 이것은 빛 자체의 성질이 아니라 감각의 변화 때문에 나타나는 현상이다. 물리적인 현상과는 관계없이, 우리는 빛 속에서 여러 가지 색을 보고 있다. 마치 우리의 망막이 빛에 대하여 나름대로 어떤 '생각'을 하고 있는 것 같다. 의도적인 행위는 아니겠지만, 망막은 한 영역에 도달한 빛과 다른 영역에 도달한 빛을 서로 비교하고 있는 것이다. 어떻게 그럴 수 있을까? 지금까지 알려져 있는 사실들을 다음 장에서 알아보기로 하자.

참고문헌

Committee on Colorimetry, Optical Society of America, *The Science of Color*, Thomas Y. Crowell Company, New York, 1953.

Hecht, S., S. Shlaer, and M. H. Pirenne, "Energy, Quanta, and Vision," *Journal of General Physiology*, 1942, **25**, 819-840.

Morgan, Clifford and Eliot Stellar, *Physiological Psychology*, 2nd ed., McGraw-Hill Book Company, Inc., 1950.

Nuberg, N. D. and E. N. Yustova, "Researches on Dichromatic Vision and the Spectral Sensitivity of the Receptors of Trichromats," presented at Symposium No. 8, *Visual Problems of Colour*, Vol. II, National Physical Laboratory, Teddington, England, September 1957. Published by Her Majesty's Stationery Office London, 1958.

Rushton, W. A., "The Cone Pigments of the Human Fovea in Colour Blind and Normal," pressented at Symposium No. 8, *Visual Problems of Colour*, Vol. I, National Physical Laboratory, Teddington, England, September 1957. Published by Her Majesty's Stationery Office, London, 1958.

Woodworth, Robert S., *Experimental Psychology*, Henry Holt and Company, New York, 1938. Revised edition, 1954, by Robert S. Woodworth and H. Schlosberg.

CHAPTER 36
시각의 역학

36-1 색상의 지각

시각과 관련된 논리를 전개할 때 한 가지 주의해야 할 점이 있다. 우리는 무작위로 퍼져 있는 점을 바라보는 경우보다 그것의 집합체인 사람이나 물건을 보는 경우가 훨씬 더 많다. (현대 예술을 표방하는 갤러리에서 난해한 그림을 감상할 때를 빼고는 대체로 내 말이 맞을 것이다!) 다시 말해서, 눈을 통해 접수된 정보가 두뇌에서 해석되어 '시각'이라는 감각으로 나타난다는 것이다. 그 구체적인 과정은 아직 알려져 있지 않다. 아마 앞으로도 한동안은 밝히기 어려울 것이다. 두뇌의 작용을 두뇌로 이해한다는 것은 아무래도 한계가 있기 때문이다. 우리는 같은 사람을 몇 차례 만나고 나면 그를 길거리에서 우연히 마주쳐도 금방 알아볼 수 있다. 시각이란 단순한 정보 수집이 아니라, 눈에 보이는 정보를 조합하는 기능도 포함하고 있기 때문이다. 전체적인 영상이 해석되는 과정을 이해하려면, 우선 망막을 이루는 각 세포들이 정보 입수의 초기 단계에서 어떻게 작동하는지를 알아야 한다.

안구의 이곳저곳에서 수집된 정보가 동시에 종합적으로 분석되는 구체적 과정은 아직 알려지지 않았지만, 그 증거는 일상적인 경험 속에서 쉽게 찾아볼 수 있다. 그림 36-1처럼 흑백으로 칠해진 원판이 회전하는 모습을 바라보면, 두 개의 '고리(ring)'를 제외한 나머지 부분은 모두 같은 색으로 보이지만, 두 개의 고리는 서로 다른 색으로 나타난다(두 고리의 색상이 서로 다르다는 뜻이다. 이때 나타나는 색은 원판의 회전 속도와 조명 상태, 그리고 시선을 집중하는 정도에 따라 달라진다). 이렇게 다른 색상이 나타나는 이유는 아직 밝혀지지 않았지만, 아주 기본적인 단계에서 수많은 정보들이 합쳐진다는 것만은 사실인 것 같다.

오늘날 제기되고 있는 색상 인지에 관한 이론들은 원추 세포에 세 가지 종류의 색소가 있다는 것과, 이들의 흡수 스펙트럼이 색상을 좌우한다는 점에 대부분 동의하고 있다. 그러나 세 개의 색소들이 수집한 정보가 한데 어우러져서 종합적으로 얻어지는 결과는, 각 색소가 수집한 정보의 단순한 합으로 나타나지 않는다. 우리는 노란색을 보면서 '붉은색이 가미된 초록색'으로 인식하지 않는다. 그것은 그저 노란색일 뿐이다. 그러므로 모든 색들이 기본색의 혼합으로 만들어진다는 것은 언뜻 이해가 가지 않는다. 이 사실을 모르는

그림 36-1 그림과 같은 원판을 빠르게 회전시키면 두 개의 고리가 시야에 들어오는데, 이중 하나는 어떤 '색'을 띠고 있다. 회전 방향을 바꾸면 고리의 색도 서로 뒤바뀐다.

사람에게 이런 주장을 펼치면 매우 황당해 할 것이다. 우리의 눈이 색을 느끼는 과정은 귀가 소리를 느끼는 과정과 사뭇 다르다. 우리의 귀는 세 개의 음 (도, 미, 솔)이 한꺼번에 들려와도 그것을 낱개로 분리할 수 있지만, 세 가지 색이 혼합되어 있는 경우에 우리의 눈은 그것을 낱개의 색으로 쉽게 분리하지 못한다.

시각의 원리를 연구하던 초기의 학자들은 원추 세포도 세 종류로 구분하였다. 즉 하나의 원추 세포에는 하나의 색소가 대응되며, 이렇게 수집된 세 개의 정보가 개별적으로 두뇌에 전달된다고 생각했었다. 그러나 이것만으로는 완전한 이론이 될 수 없다. 시각 정보가 시신경을 타고 두뇌에 전달되는 것이 사실이라 해도, 우리는 그 과정에 대하여 아는 바가 전혀 없기 때문에 별 도움이 되지 못한다. 그러므로 우리는 좀더 근본적인 문제를 파고 들어가야 한다. 여러 개의 정보들은 과연 어느 지점에서 하나로 합쳐지는가? 눈으로 들어온 정보는 시신경을 통해 그대로 두뇌에 전해지는가? 아니면 망막에서 한차례 분석을 끝내고 난 후에 두뇌로 전달되는가? 망막은 그림 35-2처럼 엄청나게 복잡한 네트워크로 구성되어 있다. 이렇게 복잡한 구조를 갖고 있으면서도 아무런 사전 분석 없이 정보를 그대로 두뇌에 떠넘긴다면 그것이 오히려 이상한 일이다.

해부학을 연구하는 학자들은 망막을 하나의 두뇌로 간주하고 있다. 실제로, 태아의 뇌가 생성될 때 그중 일부는 기다란 섬유 형태로 자라나서 눈과 연결된다. 그래서 망막은 두뇌와 아주 비슷한 구조를 갖고 있다. 어떤 학자는 "두뇌가 바깥을 보는 방법을 개발했다"고 말하기도 한다. 다시 말해서, 빛을 받아들이는 '두뇌의 첨병'이 바로 눈이라는 뜻이다. 그러므로 망막이 색을 분석한다는 표현이 그다지 틀린 말 같지는 않다.

다른 감각 기관들은 눈만큼 복잡한 계산 과정을 거치지 않는다. 소리와 냄새, 피부 자극 등은 곧바로 두뇌에 전달되는데, 정확하게 두뇌의 어느 곳에서 정보가 분석되는지는 분명치 않다. 그러나 눈의 경우에는 세 개의 층을 이루는 세포들이 복잡한 계산을 수행하여 색을 분석한 후, 그 결과가 시신경을 통해 두뇌로 전달된다. 망막에서 일어나는 일련의 생리학적 과정들은 외부의 자극에 두뇌가 반응을 보이는 첫 단계인 셈이다. 그러므로 색상을 지각하는 문제는 시각의 원리뿐만 아니라 생리학적인 측면에서도 매우 흥미로운 연구 과제이다.

세 가지의 색소가 존재한다고 해서 눈의 감각이 세 가지라는 뜻은 아니다. 색상 인지에 관한 이론 중에는 보색 관계를 중요하게 다루는 이론도 있다 (그림 36-2). 즉 신경 섬유 중 하나는 주로 노란색에 관한 정보를 전달하고 다른 하나의 신경 섬유는 초록색과 빨간색, 그리고 나머지 하나가 흑백 정보를 전달한다는 것이다. 이 이론에서도 신경 섬유 사이의 연결 관계가 중요하게 취급되고 있다.

우리의 눈이 각기 다른 색에 순응되었을 때, 눈에 보이는 색상들은 어떻게 달라지는가? 이 문제는 심리학적 관점에서 이해되어야 한다. 예를 들어,

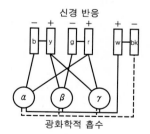

$$y - b = k_1(\beta + \gamma - 2\alpha)$$
$$r - g = k_2(\alpha + \gamma - 2\beta)$$
$$w - bk = k_3(\alpha + \gamma + \beta) - k_4(\alpha + \beta + \gamma)$$

그림 36-2 색상 인지에 관한 보색 이론이 주장하는 신경 연결망의 개요도

하얀색이 붉은색이나 초록색, 또는 푸른색으로 느껴지지 않는 것은 일종의 심리학적 현상이다. 심리학자들은 우리의 눈에 보이는 순수색을 네 가지로 분류하고 있다. "푸른색과 노란색, 초록색, 그리고 빨간색은 매우 강한 심리적 반응을 유발시킨다. 적갈색이나 마젠타, 자주색 등과는 달리 이 단순한 색들은 서로 상대방의 색을 공유하지 않는다. 푸른색은 노랗거나 붉거나 초록 기운을 띠고 있지 않다. 심리학적인 측면에서 볼 때, 가장 기본을 이루는 색은 이 네 가지로 압축될 수 있다." 이것은 이미 정설로 받아들여지고 있는 심리학 이론이다. 그들이 이런 주장을 펼치는 근거를 파악하려면 모든 관련 서적들을 샅샅이 뒤져야 한다. 최근에 발표된 관련 서적들을 보면 모두 똑같은 주장을 반복하고 있는데 이것은 레오나르도 다 빈치가 모든 색을 다섯 가지로 분류했다는 사실에 근거한 것이다. 그러나 조금 더 오래된 책에는 이런 주장도 나온다. "자주색은 붉은 기운이 도는 푸른색이고 주황색은 붉은 기운이 도는 노란색이다. 그렇다면 빨간색을 자줏빛이 감도는 주황색으로 간주할 수 있을까? 빨간색과 노란색은 자주색이나 주황색보다 고유성이 떨어지는 색인가? 보통 사람들에게 고유한 색을 말해보라고 하면 흔히 붉은색과 노란색, 그리고 푸른색을 언급한다. 일부는 여기에 초록색을 추가하는 사람도 있다. 심리학자들은 눈에 띄는 네 가지 색을 기본색으로 간주하는 데 익숙해져 있다." 어떤 사람은 삼원색을 주장하고, 또 어떤 사람은 사원색을 주장한다. 기본색이 네 개이기를 간절히 원한다면 그렇게 볼 수도 있다. 그래서 색에 관한 심리학적 연구는 항상 어려움에 직면한다. 우리가 색을 그런 식으로 느끼는 것은 사실이지만, 거기서 더 많은 정보를 캐내는 것은 결코 쉬운 일이 아니다.

그러므로 우리는 심리학보다 생리학적인 측면에서 접근하는 편이 유리할 것 같다. 두뇌와 눈, 망막에서 일어나는 과정을 추적하다보면 신경 섬유로 전달되는 다양한 신호의 조합으로부터 어떤 법칙을 찾을 수 있을지도 모른다. 알려진 바에 의하면, 세 가지 색소는 하나의 세포 안에 모두 존재할 수 있다. 하나의 세포 안에는 붉은 색소와 초록 색소가 같이 있을 수도 있고, 또는 세 가지가 모두 섞여 있을 수도 있다는 것이다(이때 세 개의 색소가 모두 반응하면 하얀색 정보가 생성된다). 이론적으로는 여러 가지 형태의 시각 인지 시스템이 가능하지만, 우리는 이들 중에서 자연이 어떤 것을 선택했는지 알아내야 한다. 시각의 생리학적 구조가 알려지면 심리학적 구조도 어느 정도 이해될 수 있을 것이다.

36-2 눈의 생리학

지금 우리는 망막 속에 얽혀 있는 신경망의 구조를 밝히는 것이 목적이므로, 색상 인식을 포함하는 일반적인 '시각'을 주제로 이야기를 풀어나가 보자. 앞서 말한 것처럼, 망막은 두뇌의 표면과 매우 비슷한 구조를 갖고 있다. 실제 모습을 현미경으로 관찰해보면 갈피를 잡을 수 없을 정도로 끔찍하게 복잡하지만, 세부 구조를 면밀하게 분석해보면 그 개략적인 구조는 그림 35-2

와 같다. 망막의 한 부분이 다른 부분과 연결되어 있다는 것은 의심의 여지가 없다. 망막의 세포에서 수집된 정보는 기다란 축색돌기를 통해 하나로 합쳐져서 시신경으로 전달된다. 이 과정에 관여하는 세포는 세 종류로 나뉘어진다. 빛과 직접 접촉하는 망막 세포와 이 정보들을 수집하여 다음 단계로 전달하는 세포, 그리고 최종 정보를 두뇌에 전달하는 세포가 그것이다. 물론 모든 세포들은 다양한 경로를 통해 서로 연결되어 있다.

이제 눈의 구조와 역할 쪽으로 관심을 돌려보자(그림 35-1). 눈으로 들어오는 빛은 각막을 통과하면서 굴절되어 한 점으로 모인다. 각막의 굴절률은 약 1.37이다. 그래서 굴절률이 1.33인 물 속의 풍경은 우리의 눈에 정확하게 맺히지 않는다. 각막과 물의 굴절률에 별 차이가 없기 때문이다. 각막의 바로 뒷부분은 굴절률 1.33의 안구방수라는 액체로 채워져 있으며, 그 뒤쪽에는 아주 특이한 성질을 가진 수정체가 자리잡고 있다. 이 수정체는 마치 양파처럼 여러 개의 투명한 겹으로 이루어져 있고, 중앙부의 굴절률은 1.40, 바깥 부분의 굴절률은 1.38이다. (유리로 렌즈를 제작할 때, 이런 식으로 굴절률이 다른 여러 개의 얇은 유리를 붙여놓으면 단일 유리로 된 렌즈보다 곡률이 작아도 동일한 굴절률을 얻을 수 있다.) 그리고 각막의 표면은 구형이 아니다. 27장에서 설명한 바와 같이, 완전한 구형 렌즈는 구면 수차(spherical aberration)를 갖고 있다. 그런데 각막의 표면은 구면보다 조금 평평하여 구면 수차가 아주 작게 나타난다! 각막과 수정체를 통과한 빛은 망막의 표면에 초점을 형성한다. 물체를 가까운 곳에 놓고 보다가 점점 멀리 가져가면 수정체를 붙들고 있는 인대가 수축-이완을 반복하면서 초점 거리를 맞춘다. 눈동자의 색을 좌우하는 홍채는 카메라의 조리개처럼 스스로 크기를 변화시키면서 눈으로 들어오는 빛의 양을 조절해준다.

수정체의 곡률과 안구의 운동을 조절하는 근육의 신경망을 살펴보자. 전체적인 구조는 그림 36-3과 같다. 시신경 A에 도달한 정보는 크게 두 갈래로 나뉘어서 두뇌에 전달된다(이 과정은 나중에 다시 언급될 것이다). 그러나 지금 우리의 관심을 끄는 것은 두뇌의 시피질(視皮質, visual cortex)로 연결되는 신경이 아니라, 가던 길을 벗어나서 두뇌의 중간 부분 H로 연결되는 신경이다. 이 부위는 빛의 평균 강도를 파악하여 홍채의 크기를 조절하고 영상이 흐릿하면 수정체의 곡률을 조정하며, 물체가 두 개로 보일 때(망원경으로 무언가를 바라볼 때 이런 현상이 나타난다) 하나로 합쳐주는 역할을 한다. 즉 H는 입력된 정보를 분석하여 눈으로 되돌려주는 일종의 피드백 시스템이라 할 수 있다. K는 수정체의 곡률을 조절하는 근육이고, L에는 홍채의 개폐 상태를 조절하는 또 다른 근육이 자리잡고 있다. 홍채를 조절하는 근육은 두 부분으로 이루어져 있는데 그중 하나는 아주 빠르게 반응하는 환상(circular) 근육으로서, 이 근육이 당겨지면 홍채의 입구가 좁아진다. 두뇌에서 나오는 신경은 조그만 축색돌기를 통해 홍채에 직접 연결되어 있다. 또 하나의 근육은 방사상(radial) 근육인데, 어두운 곳에서 환상 근육이 이완되면 방사상 근육은 팽팽하게 당겨진다. 우리 몸에는 서로 반대 방향으로 작용하면서

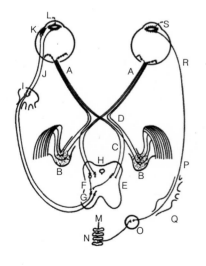

그림 36-3 눈의 신경망 조감도

쌍을 이루고 있는 근육이 많이 있다. 여기에 한쪽 근육을 당기라는 신호가 하달되면 다른 쪽 근육을 늦추라는 신호도 자동으로 하달된다. 그러나 홍채의 경우는 예외이다. 홍채를 수축시키는 신경은 위에서 설명한 식으로 작동하지만, 홍채를 이완시키는 신경은 교감 신경의 일종으로 출발 지점이 확실치 않다. 홍채를 열고 닫는 두 개의 신경은 전혀 다른 방식으로 작동하고 있는 것이다.

앞서 지적한 대로, 빛에 민감한 세포는 망막의 중심부에 있지 않다. 그래서 망막에 도달한 빛은 감지 세포(receptor)로 도달하기 전에 다른 세포로 이루어진 여러 개의 층을 통과하게 된다. 어떤 기관은 아주 효율적으로 설계되어 있지만, 또 어떤 기관은 언뜻 보기에 아주 비효율적인 것 같다.

그림 36-4는 시각과 관련된, 눈과 두뇌 사이의 연결망을 보여주고 있다. D의 바로 위쪽으로 들어오는 시신경 섬유는 외측 무릎체(lateral geniculate)라 하며, 이들은 두뇌의 시피질에 곧바로 연결된다. 두 개의 눈에서 들어오는 시신경들 중 일부는 두뇌의 다른 부분으로 연결되기 때문에, 이들로부터는 완전한 상을 얻을 수 없다. 오른쪽 눈의 왼쪽 부위에서 나온 시신경과 왼쪽 눈의 왼쪽 부위에서 나온 시신경은 똑같이 키아스마(chiasma, 시신경이 교차되는 지점) B를 거쳐가므로, 이들은 모두 왼쪽 두뇌에 전달된다. 즉 오른쪽 시야에 있는 풍경에 관한 정보가 두뇌의 왼쪽으로 전달되는 것이다. 그리고 왼쪽 시야로부터 들어온 정보는 두뇌의 오른쪽에 전달된다. 이렇게 교차된 두 개의 정보로부터 물체까지의 거리를 판단할 수 있다.

망막과 시피질 사이의 연결 상태는 매우 흥미롭다. 근본적으로 망막의 모든 지점들은 시피질의 각 지점과 1 : 1 대응 관계를 이루고 있으며, 망막에서 서로 가까운 두 지점은 시피질에서도 가까이 접해 있다. 시야의 중앙부에 있는 풍경은 망막의 아주 좁은 부분에 맺히는데, 이것이 시피질로 전달되면 수많은 세포들에 의해 넓게 펼쳐진다. 원래 가까이 있던 두 지점을 계속 가깝게 유지하는 것이 정보 유지에 유리하다는 것은 분명한 사실이다. 그러나 우리의 눈이 수집한 정보는 그런 식으로 전달되지 않는다. 대부분의 사람들은 사물 사이의 간격이 가장 중요한 부분은 시야의 중앙부라고 생각할 것이다. 여러분이 믿거나 말거나, 오른쪽 시야에 들어온 풍경은 두뇌의 왼쪽으로 전달되고, 왼쪽 시야에 들어온 풍경은 두뇌의 오른쪽에 전달된다. 그리고 중앙부에 아주 가까이 있었던 두 지점은 두 개의 풍경이 합성되는 과정에서 아주 멀리 떨어지게 된다! 그런데도 눈 앞의 풍경이 올바르게 재현되는 것을 보면, 두뇌의 다른 경로를 통해 이 동떨어진 정보들이 한데 합쳐진다고 보아야 한다.

이 신경망은 어느 정도까지 연결되어 있을까? 이것은 매우 흥미로운 질문이다. 과거의 학자들은 이것이 그저 대충 연결되어 있고 인간은 경험을 통해서 정보의 합성법을 습득한다고 생각했었다. 갓난아이가 자신의 위쪽에 놓여 있는 물체를 보면, '위쪽에 무언가가 있다'는 느낌을 아이의 두뇌가 습득한다는 것이다. (의사들은 갓난아이들이 사물을 보는 게 아니라 '느낀다'고 말한다. 그러나 한 살 남짓 된 아이가 과연 무엇을 느끼는지, 의사들이 무슨 수로 안다는 말인가?) 그러나 여러 가지 증거들을 종합해볼 때 좌-우 영상의 합성

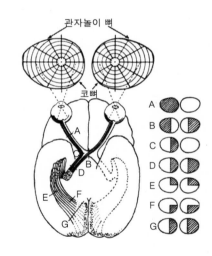

그림 36-4 눈과 시피질을 연결하는 신경망의 구조

은 경험으로 습득되는 것이 아니라, 신경망의 절묘한 연결을 통해 이루어지는 것 같다. 도롱뇽을 대상으로 한 실험 결과를 예로 들어보자(도롱뇽의 두 눈은 머리의 반대편에 달려 있어서, 시신경이 키아스마를 통하지 않고 두뇌에 직접 연결되어 있다. 그래서 도롱뇽은 원근을 파악하지 못한다). 도롱뇽 눈에서 시신경을 잘라내면 얼마 후에 다시 자라난다. 무수히 많은 세포 섬유가 완벽하게 재생되는 것이다. 시신경에 들어 있는 섬유는 마치 대충 꼬아놓은 전화선처럼 각 섬유의 배열 상태가 가지런하지 않지만, 두뇌와 연결되는 지점에 와서는 원래의 배열이 정확하게 재생된다. 이제 도롱뇽의 시신경을 잘라놓고 한가지 질문을 던져보자. 새로 자란 시신경은 원래의 위치를 제대로 찾아갈 것인가? 놀랍게도 답은 '그렇다'이다. 도롱뇽은 재생된 시신경으로 이전의 시력을 거의 100% 회복할 수 있다. 그런데 시신경을 자른 상태에서 안구의 위아래를 뒤집어놓으면 어떻게 될까? 이 경우, 시신경이 재생된 후에 도롱뇽의 시력에는 별 문제가 없지만, 행동 방식에 심각한 장애가 발생한다. 자신의 위쪽에서 날아다니는 파리를 보면 아래쪽으로 점프를 하는 것이다. 그리고 이런 비정상적인 행동은 경험을 통해서 수정되지도 않는다. 따라서 수많은 시신경들은 각자 두뇌의 고유한 위치에 연결되어 있다고 보아야 한다.

금붕어를 대상으로 이와 비슷한 실험을 해보면 강제로 자른 시신경 부위에 커다란 상처가 남는다. 그러나 이런 장애에도 불구하고, 새로 자라난 시신경은 원래의 길을 찾아 두뇌에 정확하게 연결된다.

이것이 가능하려면 새로 자라나는 시신경들은 자라는 방향을 결정할 만한 단서를 갖고 있어야 한다. 이런 일이 어떻게 가능할까? 아마도 거기에는 개개의 신경 섬유들이 각기 다르게 반응하는 화학적 실마리가 주어져 있을 것이다. 무수히 많은 신경 섬유들이 두뇌의 한 지점으로 명시된 최종 목적지를 향해 일제히 자라난다고 상상해 보라. 이 얼마나 기적 같은 일인가! 이것은 최근 생물학 분야에서 이루어진 가장 큰 발견으로서, 생물의 성장과 조직, 생체의 발달 과정, 그리고 태아의 성장 등과 밀접하게 관련되어 있다.

또 하나 흥미를 끄는 것은 안구의 운동에 관한 문제이다. 우리의 눈은 두개의 영상을 하나로 일치시키는 쪽으로 움직이는데, 상황에 따라서 크게 두가지의 운동으로 나누어 생각할 수 있다. 그중 하나는 두 개의 안구가 좌우로 똑같이 움직이는 운동이고, 또 하나는 다양한 거리에 있는 물체를 향해 집중하는 운동이다. 따라서 후자의 경우에는 두 개의 안구가 서로 반대 방향으로 움직인다. 눈을 움직이는 근육으로 연결된 신경은 이 운동이 적절히 일어나도록 세팅되어 있다. 이중 한 다발의 신경은 오른쪽 눈의 안쪽 근육과 왼쪽 눈의 바깥쪽 근육을 동시에 당기고 그 반대쪽 근육들을 이완시켜서 두 눈이 왼쪽으로 동시에 돌아가도록 만든다(오른쪽도 이와 비슷한 원리로 움직인다). 이와는 반대로, 두 개의 눈이 중심 쪽으로 모아지도록 당기는 근육도 있다. 두 눈을 코 쪽으로 모을 수 있다면 둘 다 바깥쪽으로 향하도록 만들 수도 있을 것 같지만, 여러분도 경험을 통해 잘 알다시피 이것은 절대로 불가능하다. 바깥쪽으로 당기는 근육이 없어서가 아니라, 우리의 신경계가 그런 명령을 내릴 수 없도록 연결되어 있기 때문이다(불의의 사고를 당하여 신경 계통에 이상이 생기거나 인위적으로 신경을 잘라내면 가능할 수도 있다). 안구의 방향은 얼마든지 자유롭게 이동할 수 있지만, 제아무리 뛰어난 요가수행자라 해도 두 개의 안구를 제각각 놀릴 수는 없다. 이런 정황으로 미루어볼 때, 눈의 기능은 대부분 신경망의 연결을 통해 제어된다고 할 수 있다. 이것은 매우 중요한 논쟁을 야기시킨다. 해부학이나 심리학책을 보면 이러한 행동들이 신경망 때문이 아니라 경험에 의한 학습의 결과라고 기술되어 있기 때문이다.

36-3 간상 세포

간상 세포에 대해 좀더 자세히 알아보자. 간상 세포의 중간 부분을 전자 현미경으로 확대해서 보면 그림 36-5와 같다(그림의 위쪽이 안구의 바깥 부분이다). 그림의 위쪽에 여러 층으로 이루어진 평면 조직은 간상 세포의 시각적 능력을 좌우하는 로돕신(rhodopsin, 시홍이라고도 함)이라는 색소를 포함하고 있다(확대된 그림이 그 오른쪽에 제시되어 있다). 그리고 로돕신은 레티넨(retinene)이라는 물질을 함유하고 있으며, 이곳에서 빛의 흡수가 이루어진다. 간상 세포가 여러 겹의 평면 구조로 되어 있는 이유는 확실치 않지만, 아마도 로돕신 분자들이 평행하게 배열되어 있어야 제 기능을 하기 때문인 것으로 추정된다. 이들의 화학적 성질은 익히 알려져 있다. 그러나 여기에는 물리학적 요소도 깊게 개입되어 있어서, 제대로 된 설명을 위해서는 고체 물리학(또는 다른 물리학)과 생화학을 모두 동원해야 한다.

여러 개의 평면이 층을 이루고 있는 형태는 빛이 중요한 역할을 하는 경우에 공통적으로 나타나는 구조이다. 식물의 엽록체도 여러 개의 층으로 이루어져 있다. 레티넨 대신에 엽록소(chlorophyll)가 발견된다는 것만 빼고는 간상 세포와 거의 동일하다. 레티넨은 그림 36-6처럼 탄소의 이중 결합이 번갈아 나타나는 구조로 되어 있다. 이는 엽록소나 혈액 등 빛을 강하게 흡수하는 물질에서 공통적으로 나타나는 특징이다. 사람은 이 물질을 체내에서 만들지 못하기 때문에 음식으로 섭취해야 한다. 그런데 사실 우리가 먹는 것은 레티넨이 아니라 이와 비슷하게 생겼으면서 오른쪽 끝이 산소로 끝나는 비타민 A이다. 이것이 결핍되면 간상 세포에 로돕신이 충분히 합성되지 못하여 야맹증에 걸리게 된다.

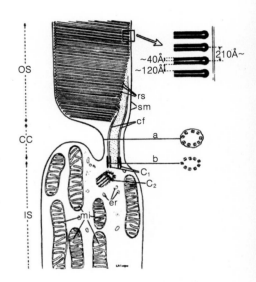

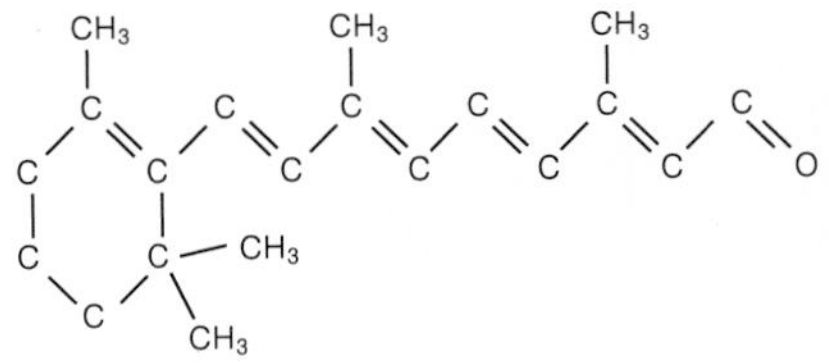

그림 36-5 간상 세포를 전자 현미경으로 확대한 모습

그림 36-6 레티넨의 구조식

36-4 겹눈(Compound eye)

잠시 생물학으로 관심을 돌려보자. 인간의 눈은 물론 섬세한 구조를 갖고 있지만 이것이 최상의 눈은 아니다(척추동물의 눈은 사람의 눈과 거의 비슷하다). 하등 동물의 눈은 생김새와 구조가 엄청나게 다양한데 지금 여기서 다 설명할 필요는 없을 것 같다. 단, 겹눈(compound eye)이라 불리는 곤충의 눈은 성능이 매우 우수하여 한 번쯤 짚고 넘어갈 만한 가치가 있다(대부분의 곤충은 겹눈 이외에 또 하나의 간단한 눈을 덤으로 갖고 있다). 이중에서도

벌의 눈이 비교적 자세하게 알려져 있다. 벌은 꿀만 보면 무조건 달려들기 때문에 시각적인 반응을 연구하기가 쉽기 때문이다.

두 장의 하얀색 종이를 놓고 벌의 반응을 연구한 결과, 일부 학자들은 벌들이 흰색에 별로 민감하지 않다는 결론을 내렸는가 하면, 또 다른 학자들은 엄청나게 예민하다는 상반된 결론을 내놓고 있다. 우리의 눈으로는 거의 구별할 수 없는 흰색들도 벌들은 쉽게 구별한다는 것이다. 예를 들어, 백색 아연과 백색 납은 우리의 눈에 똑같은 색으로 보이지만 자외선 반사량이 서로 다르기 때문에 자외선을 볼 수 있는 생명체에게는 전혀 다른 색으로 보일 수도 있다. 실제로 벌을 대상으로 실험한 결과, 벌의 가시 영역은 인간보다 조금 넓은 것으로 나타났다. 인간의 가시 영역은 4000 ~ 7000Å(보라색 ~ 붉은색)이지만, 벌은 3000Å의 자외선까지 볼 수 있다! 바로 이러한 이유 때문에 우리 눈에 똑같이 흰색으로 보이는 꽃들을 벌이 귀신처럼 골라내는 것이다. 두말할 것도 없이, 꽃의 색은 인간이 아닌 벌을 유혹하려는 목적으로 디자인되어 있다. 그러므로 꽃은 벌만이 볼 수 있는 파장의 빛을 가장 두드러지게 반사하고 있을 것이다. 하얀 꽃들은 도처에 널려 있지만, 그것은 우리 인간의 눈에 흰색으로 보이는 것뿐이다. 벌들이 흰 꽃에 내려앉는 것은 그들이 흰색을 좋아해서가 아니라 그 꽃이 발하고 있는 자외선 색상에 매료되었기 때문이다. 물론 하얀 꽃들은 모든 자외선을 100% 반사시키지는 않는다. 만일 그렇다면 그 꽃은 벌들에게도 흰색으로 보일 것이다. 푸른색이 흡수되면 노란색으로 보이는 것처럼, 자외선의 일부가 흡수되면 벌들의 눈에도 어떤 특정한 색으로 나타난다. 즉 벌에게는 모든 꽃들이 총천연색으로 보이는 것이다. 그러나 실험에 의하면 벌은 빨간색을 보지 못하는 것으로 알려져 있다. 그렇다면 벌에게는 장미꽃이 검은색으로 보일 것인가? 그렇지는 않다. 붉게 보이는 꽃의 색상을 정밀하게 분석해보면 약간의 푸른색이 같이 섞여 있다는 것을 알 수 있다. 즉 벌의 눈에는 장미꽃이 푸른색으로 보인다. 그리고 꽃잎의 각 부위에 따라 자외선을 반사하는 정도가 조금씩 다르기 때문에, 만일 벌의 눈으로 꽃을 바라볼 수 있다면 지금보다 훨씬 더 아름답고 다채롭게 보일 것이다!

그러나 일부 붉은 꽃들 중에는 푸른색이나 자외선을 전혀 반사하지 않는 것도 있다. 이런 꽃은 벌의 눈에 정말로 검게 보이기 때문에 가루받이를 할 때 벌의 도움을 받을 수 없다. 그렇다면 누구의 도움을 받아야 할까? 벌새가 벌의 역할을 대신 해준다. 벌새는 붉은색을 볼 수 있기 때문이다!

벌의 시각과 관련하여 또 하나 재미있는 현상이 있다. 벌은 태양을 직접 바라보지 않고서도 태양의 현재 위치를 판단할 수 있다. 물론 인간에게는 이런 능력이 거의 없다. 좁은 창문으로 푸른 하늘을 바라보면서, 태양이 지금 어디에 있는지 짐작할 수 있겠는가? 그러나 벌에게 이것은 아주 쉬운 일이다. 대기 중에서 산란된 빛은 편광되어 있고, 벌의 눈은 편광에 매우 민감하기 때문이다.[1] 벌이 편광을 감지하는 원리는 아직 알려지지 않았다. 서로 다른 환경에서 반사된 빛의 성질이 서로 다르기 때문일 수도 있고, 아니면 벌의 눈에 그 차이를 감지하는 기관이 따로 있을 수도 있다.[2]

사람의 눈은 초당 20번 정도의 움직임을 판별할 수 있지만 벌은 초당 200번까지 판별할 수 있다. 그래서 벌의 날개가 펄럭이는 모습이나 다리를 움직이는 모습은 우리의 눈에 거의 잡히지 않지만 벌들에게는 매우 또렷하게 보인다. 이 정도로 빠른 눈을 갖고 있어야 의사소통에 지장이 없을 것이다.

이제 벌의 눈과 같은 겹눈이 어느 정도의 성능을 발휘할 수 있는지 알아보자. 겹눈은 원뿔 모양의 낱눈(ommatidium)이 여러 개 합쳐진 구조로서, 벌의 머리 부위에 구면의 형태로 돌출되어 있다. 낱눈을 확대하면 그림 36-7과 같은 구조가 나타나는데, 꼭대기의 투명한 부분은 빛을 가느다란 홈 안으로 모으는 역할을 하고, 반대쪽 끝에는 시신경 섬유가 연결되어 있다. 낱눈의 중간 부분은 여섯 종류의 세포들로 둘러싸여 있다. 여기서 우리의 관심을 끄는 것은 낱눈들이 원추형으로 생겼다는 점이다.

벌의 눈은 어느 정도의 분해능을 갖고 있을까? 낱눈을 그림 36-8과 같이 반지름 r인 원의 가느다란 부채꼴로 표현하면 개개의 낱눈들이 바라볼 수 있는 범위를 계산할 수 있다. 만일 하나의 낱눈이 비교적 넓은 범위를 바라볼 수 있다면 분해능은 그만큼 떨어진다. 벌은 하나의 낱눈을 통해 들어오는 정보와 이웃한 낱눈으로 들어오는 정보의 차이로부터 영상의 변화를 감지하기 때문에, 낱눈이 크면 물체를 정확하게 볼 수 없다. 하나의 낱눈이 바라보는 각도 $\Delta\theta_g$는 낱눈의 원주 길이 δ를 반지름으로 나눈 값과 같다.

$$\Delta\theta_g = \delta/r \qquad (36.1)$$

그러므로 δ가 작을수록 눈의 분해능은 더욱 커질 것 같다. 그렇다면 벌들은 왜 낱눈이 더 많은 쪽으로 진화하지 않았을까? 답: 빛을 좁은 공간에 모으면 회절이 일어나서 시야가 흐려지기 때문이다. 하나의 낱눈으로 들어올 수 있는 빛의 각도 $\Delta\theta_d$는 다음과 같다.

$$\Delta\theta_d = \lambda/\delta \qquad (36.2)$$

그러므로 δ가 지나치게 작으면 하나의 낱눈은 한 방향의 정보를 집중적으로 취할 수 없게 된다! 그리고 이와 반대로 δ가 커지면 눈의 분해능이 떨어진다. 가장 적절한 타협점은 $\Delta\theta_g$와 $\Delta\theta_d$의 합이 최소가 되는 지점이다(그림 36-9). $\Delta\theta_g + \Delta\theta_d$를 δ로 미분하면

$$\frac{d(\Delta\theta_g + \Delta\theta_d)}{d\delta} = 0 = \frac{1}{r} - \frac{\lambda}{\delta^2} \qquad (36.3)$$

이 되어, 가장 적절한 δ값은 다음과 같이 계산된다.

그림 36-7 낱눈(겹눈을 이루는 세포)의 구조

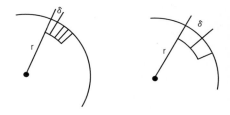

그림 36-8 도식적으로 표현한 벌의 낱눈

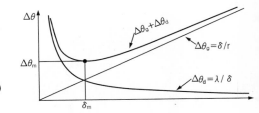

그림 36-9 낱눈의 가장 이상적인 크기는 δm이다.

---

*1 사람의 눈도 약간의 편광을 구별할 수 있기 때문에, 이 특성을 잘 활용하면 우리도 벌처럼 태양의 위치를 판단할 수 있다! 편광 안경을 쓰고 넓은 영역의 하늘을 바라보면 모래시계 같은 노란색 무늬가 희미하게 나타나는 것을 볼 수 있는데 이를 '하이딩거 무늬(Haidinger's brush)'라 한다. 이때 무늬의 방향과 태양의 위치 사이의 관계를 경험적으로 숙지해두면 태양을 직접 보지 않고도 위치를 짐작할 수 있다. 시각 방향을 축으로 얼굴을 이리저리 돌려보면 안경 없이도 이 현상을 관측할 수 있다.

*2 이 책의 논리에 의하면 벌의 눈에 별도의 감각 기관이 있다고 보아야 할 것이다.

$$\delta = \sqrt{\lambda r} \qquad (36.4)$$

r을 약 3mm로 간주하고 벌의 눈에 들어오는 빛의 파장을 4000Å 이라 하면

$$\delta = (3 \times 10^{-3} \times 4 \times 10^{-7})^{1/2}\text{m}$$
$$= 3.5 \times 10^{-5}\text{m} = 35\mu \qquad (36.5)$$

이다. 관련 서적에는 이 값이 30μ로 나와 있으므로, 제법 정확한 결과라 할 수 있다. 따라서 우리는 벌의 눈이 지금의 상태로 진화한 이유를 물리적으로 이해한 셈이다. 이 값을 이용하면 각도에 따른 분해능을 계산할 수 있는데 이 점에서 벌의 눈은 사람의 눈보다 성능이 매우 떨어진다. 우리의 눈은 벌이 볼 수 있는 가장 작은 물체보다 30배나 작은 것도 볼 수 있지만, 벌에게는 그 정도의 시력이 필요하지 않다. 왜 그럴까? 벌의 몸집이 작기 때문이다. 인간의 눈을 벌의 몸집에 맞게 축소시키면 회절이 일어나서 지금과 같은 성능을 발휘하지 못한다. 그렇다고 눈의 크기만 키우면 두뇌의 용량이 작아져서 생존에 위협을 받게 된다. 그러므로 겹눈은 두뇌의 면적(또는 용량)을 많이 차지하지 않으면서 좋은 시력을 유지하는 최선의 선택이라 할 수 있다.

36-5 그 밖의 눈들

벌 이외에 물고기와 나비, 새, 그리고 일부 파충류들은 색을 판별할 수 있지만 대부분의 동물들은 색을 보지 못하는 것으로 알려져 있다. 그런데 조류가 색을 볼 수 없었다면 깃털의 색상이 지금처럼 화려할 필요도 없었을 것이다! 새들의 색상은 주로 수컷이 암컷을 유인하는 용도로 개발되었다. 그러므로 공작의 화려한 깃털을 보면서 깃털의 주인인 수컷에게 찬사를 보낼 이유는 없다. 그 화려한 색상은 암컷들의 심미안에 의해 개발된 것이므로, 정작 찬사를 받아야 할 주인공은 암컷들이다!

대부분의 척추동물은 인간과 비슷한 눈을 갖고 있지만 무척추동물의 눈은 성능이 별로 신통치 않다. 그나마 겹눈이 개중 좋은 눈에 속한다. 무척추동물 중에서 가장 똑똑한 동물이 무엇인지 동물학자들에게 물어보면 그들은 주저없이 문어를 꼽을 것이다. 문어는 다른 무척추동물보다 훨씬 뛰어난 두뇌와 감각 기관을 갖고 있다. 특히 문어의 눈은 다른 무척추동물과 비교가 되지 않을 정도로 발달되어 있다. 문어의 눈에는 각막과 눈꺼풀, 홍채, 수정체, 안구방수 등이 모두 갖춰져 있을 뿐만 아니라, 안구 뒤쪽에는 망막도 있다. 전체적인 구조가 척추동물의 눈과 거의 비슷하다! 문어의 망막도 태아기 때 두뇌의 일부가 눈 쪽으로 자라나서 형성되는 것으로 알려져 있는데 빛에 민감한 세포들이 눈의 안쪽에 있고 빛을 분석하는 세포가 그 뒤에 있다는 점이 사람의 눈과 다르다(그림 36-10). 지구에 사는 생명체들 중에서 가장 큰 눈을 가진 동물은 대왕 오징어(giant squid)로서, 안구의 직경이 15인치(약 38cm)나 된다!

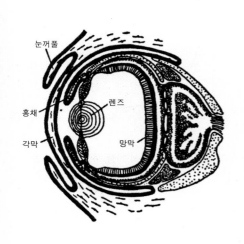

눈꺼풀

홍채

렌즈

각막

망막

그림 36-10 문어의 눈

36-6 신경학적 관점에서 본 시각

이 장의 주제 중 하나는 두 개의 눈에 개별적으로 들어온 정보가 하나로 합쳐지는 과정에 관한 것이었다. 비교적 연구가 많이 진행되어 있는 투구게(horseshoe crab)의 겹눈을 통해 이 과정을 추적해보자. 우선, 어떤 종류의 정보들이 신경으로 전달되는지를 알아야 한다. 신경이 운반하는 것은 감지하기가 용이한 일종의 전기적 펄스이며[이것을 '활동 전위(活動電位)', 또는 '스파이크(spike)'라 한다], 이 정보는 기다란 축색돌기 세포를 통해 두뇌로 전달된다. 하나의 스파이크가 신경을 타고 흐르는 동안 다른 스파이크는 그 뒤를 바짝 따르지 못한다. 즉 두 개의 스파이크 사이에는 어떤 시간적 간격이 존재한다. 그리고 외부 충격의 크기에 상관없이 모든 스파이크들은 크기가 일정하다. 따라서 강한 충격이 전달될 때는 스파이크의 크기가 커지는 것이 아니라 단위 시간당 전달되는 스파이크의 개수가 증가한다. 각 스파이크의 크기는 신경 섬유의 특성에 의해 결정된다.

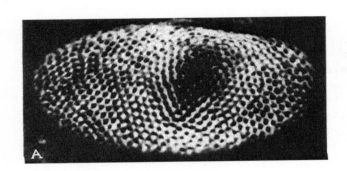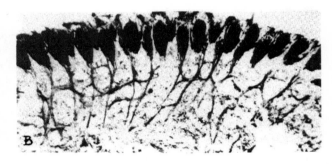

그림 36-11 투구게의 겹눈 (A)외형 (B)단면도

그림 36-11(A)는 투구게의 겹눈을 확대한 사진이다. 투구게의 겹눈은 약 1000개의 낱눈으로 이루어져 있다. 그림 36-11(B)는 겹눈의 단면인데, 낱눈의 한쪽 끝에서 뻗어 나온 신경 섬유들이 두뇌로 연결되는 것을 볼 수 있다. 사람처럼 복잡하진 않지만, 그림에서 보는 바와 같이 투구게의 신경들도 서로 연결되어 있다.

투구게의 시신경에 미소 전극을 연결하고, 단 하나의 낱눈에 빛을 쪼였을 때(렌즈를 이용하여 빛을 모으면 된다) 나타나는 반응을 조사해보자. 특정 시간 t_0에 조명을 켜면 시간이 조금 흐른 뒤에 일련의 신호들이 빠른 시간 간격으로 관측되다가 나중에는 일정한 간격, 일정한 크기로 균일화되는 것을 볼 수 있다[그림 36-12(a)]. 조명을 차단하면 신호도 사라진다. 그러나 전극의 연결 상태를 그대로 유지한 채 다른 낱눈에 빛을 쪼이면 아무런 반응도 나타나지 않는다.

이제 다른 실험을 해보자. 인접해 있는 몇 개의 낱눈을 향해 동시에 빛을 쪼이면 어떻게 될까? 이 경우에는 잠시 동안 펄스가 중단되었다가 훨씬 뜸한 간격으로 다시 나타나게 된다[그림 36-12(b)]. 다른 신경을 통해서도 신호들

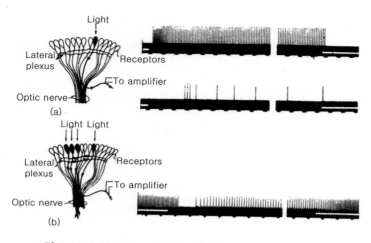

그림 36-12 투구게의 낱눈에 빛을 쪼였을 때 시신경 섬유가 나타내는 반응

이 전달되고 있기 때문에 펄스가 빠른 간격으로 나타나지 못하는 것이다! 그러므로 모든 겹눈에 빛을 쪼이면 신호의 간격은 더욱 뜸해질 것이다. 이런 현상은 인접한 낱눈에 빛을 쪼였을 때 두드러지게 나타나며, 멀리 떨어져 있는 두 개의 낱눈에 각각 빛을 쪼인 경우에는 신호의 빈도수가 거의 달라지지 않는다. 즉 다른 신경에 의해 방해를 받는 정도는 신경들 사이의 거리가 가까울수록, 그리고 동시에 신호를 나르는 신경의 개수가 많을수록 크게 나타난다. 그래서 투구게의 눈에는 모든 물체의 외곽선이 아주 뚜렷하게 나타난다. 물체의 중간 부분은 반사되는 빛의 강도가 거의 비슷하여 신호가 뜸하게 전달되지만, 외곽선 근처에서는 빛의 강도 차이가 커서 인접한 신경으로부터 큰 방해를 받지 않기 때문이다. 이것은 그림 36-13의 실험 데이터로 확인할 수 있다.

물체의 외곽선이 두드러지게 보이는 현상은 오래 전부터 심리학자들의 연구 대상이었다. 실제로 우리는 어떤 물체를 그릴 때 외곽선만 대충 그리는 경향이 있다. 그래도 의미 전달에는 하등의 문제가 없기 때문이다. 물체의 외곽선이란 무엇인가? 빛의 강도나 색상이 크게 변하는 부분이다. 안개나 연기 등의 기체를 제외하고, 대부분의 물체는 뚜렷한 외곽선을 갖고 있다. 그런데 사실 물체의 외곽에는 선이라는 것이 존재하지 않는다. 외곽선은 어디까지나 우리의 인식이 만들어낸 가상의 경계선인 것이다. 우리는 투구게의 겹눈 구조로부터 '사물을 판단할 때 외곽선만으로도 충분한 이유'를 이해할 수 있다. 인간의 눈은 이보다 훨씬 더 복잡한 구조를 갖고 있지만, 작동되는 원리는 거의 비슷하다.

마지막으로, 개구리를 대상으로 한 실험을 간략하게 살펴보자. 투구게와 동일한 실험을 개구리에게 실시한 결과, 하나의 신경을 타고 가는 신호는 투구게의 경우와 마찬가지로 인접한 다른 신경으로부터 영향을 받는다는 결론이 얻어졌다.

개구리의 시각적 반응에 관하여 가장 최근에 얻은 결과는 다음과 같다. 개구리의 시신경 섬유는 반응하는 양상에 따라 네 종류로 분류될 수 있다. 이 실험은 on-off 스위치가 달려 있는 보통의 광원을 사용하지 않았다. 개구리

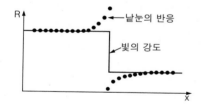

그림 36-13 빛의 강도가 갑자기 변하는 부분에서 투구게의 눈이 나타내는 반응

의 눈은 그런 변화에 반응하지 않기 때문이다. 개구리의 눈은 눈 앞에 떠 있는 수련의 잎이 움직이지 않는 한 정지된 상태를 유지한다. 그리고 수련이 펄럭이면 정확하게 수련을 따라 눈을 움직이면서 항상 정지된 영상이 얻어지는 쪽으로 반응한다. 그러나 개구리는 결코 눈동자를 돌리지 않는다. 눈 앞에서 조그만 벌레가 움직이면(개구리는 고정된 배경에서 움직이는 조그만 물체를 보지 못한다) 네 종류의 시신경들은 표 36-1과 같은 반응을 나타낸다. 여기서 '지속성 외곽 감지(비말소성)'란, 개구리의 시야에서 물체의 외곽선이 흔들리고 있을 때 특정한 신경 섬유에 나타나는 반응으로서, 물체가 정지해도 이 반응은 한동안 계속된다. 조명을 끄면 잠시 반응이 사라졌다가 조명을 켜면 물체가 움직이지 않아도 똑같은 반응이 계속된다. 즉 이 반응은 단시간에 사라지지 않는다. 또 하나의 반응 패턴은 이와 비슷한 형태로 일어나지만 직선으로 된 외곽선에는 반응하지 않는다는 특징이 있다. 이것은 물체의 곡선형 외곽이 어두운 배경으로 시야에 들어왔을 때 나타나는 반응이다! 물체의 곡률까지 판단하는 것을 보면, 개구리의 눈은 엄청나게 복잡한 구조임이 틀림없다! 그러나 이 반응은 오래 지속되지 않고 불을 껐다가 다시 켜면 사라진다. 그래서 개구리에게 울퉁불퉁한 물체를 보여준 후 불을 껐다가 다시 켜면, 개구리는 그 물체를 볼 수 없을 뿐만 아니라 그 물체가 눈 앞에 있었다는 사실도 기억하지 못한다.

표 36-1 개구리 시신경의 반응 패턴

패턴	속도	시야 각도
1. 지속성 외곽 감지(비말소성)	0.2~0.5m/sec	1°
2. 곡면 외곽 감지(말소성)	0.5m/sec	2°~3°
3. 대조도 변화 감지	1~2m/sec	7°~10°
4. 조도 감소 감지	~0.5m/sec	~15°
5. 어둠 감지	?	매우 넓음

또 다른 반응으로는 대조도(contrast)의 변화에 대한 반응을 들 수 있다. 물체의 외곽선이 앞뒤로 움직이면 펄스가 발생하는데, 이 반응은 물체의 움직임이 멈추면 나타나지 않는다.

조도의 감소를 감지하는 기능도 있다. 빛의 밝기가 감소할 때에도 개구리의 시신경에는 펄스 신호가 흐른다. 그러나 밝기가 일정해지면 이 신호는 더이상 흐르지 않는다.

끝으로, 어둠을 감지하는 몇 가닥의 신경이 있는데 이 신경은 놀랍게도 항상 작동한다! 빛이 밝아지면 신호를 뜸하게 보내다가 어두워지기 시작하면 당장 급속한 신호가 전달된다. 마치 "이봐! 어두워지고 있어. 날이 저물고 있다구! 그러니까 조심해!"라는 경고를 보내는 것 같다.

사실, 지금까지 언급한 반응들은 분류하기가 쉽지 않기 때문에 실험 단계에서 무언가 잘못 해석되었을 가능성도 있다. 그러나 개구리의 몸을 해부해보면 신경들이 이와 똑같은 형태로 분류되어 있음을 알 수 있다. 그리고 표 36-1의 패턴 분류가 이루어진 후에 다른 실험을 해본 결과, 각 신경 섬유를 흐르

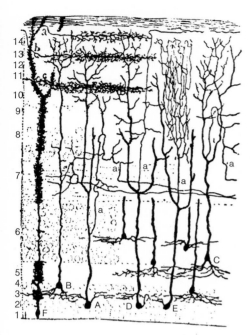

그림 36-14 개구리의 시각 덮개

는 신호의 속도가 서로 다르다는 것이 알려졌다. 그러므로 우리가 발견한 것이 어떤 신경이었는지를 역으로 추적해서 확인할 수도 있다.

하나의 신경 섬유가 처리하는 바깥 풍경의 폭은 어느 정도인가? 그것은 신경이 실어나르는 정보의 패턴에 따라 다르다.

그림 36-14는 개구리의 시신경이 두뇌에 연결되는 지점을 보여주고 있다[이 부위를 '시각 덮개(optic tectum)'라 한다]. 시신경에서 나오는 모든 신경 섬유들은 시각 덮개의 여러 층에 각각 연결되는데, 이 부위의 구조는 사람의 망막과 아주 비슷하다(이것은 사람의 망막이 두뇌와 비슷하다는 간접적인 증거이기도 하다). 여기에 전극을 갖다대고 신호를 측정해보면 각 층마다 다른 종류의 신호가 도달한다는 것을 알 수 있다! 첫 번째 신경은 표 36-1의 1번 신호에 해당되고 두 번째 신경은 2번 신호에 해당된다. 그리고 3번과 5번 신호는 같은 장소에서 발견되며, 제일 깊은 곳에 4번 신호가 도달한다.

지금까지 얻은 결론은 다음과 같이 요약할 수 있다. 우리의 눈에는 세 종류의 색소와 이들이 서로 다른 비율로 섞여 있는 감지 세포(receptor cell)가 있다. 신경 섬유들은 다양한 연결 통로를 통해 서로 정보를 교환하고 있다. 그러므로 색을 판단하는 원리를 이해하려면 색에 대한 우리의 '느낌'을 먼저 이해해야 한다. 이 분야는 지금도 활발한 연구가 진행되고 있으므로 색상에 얽힌 비밀은 곧 풀릴 것으로 기대된다.

참고문헌

Committee on Colorimetry, Optical Society of America, *The Science of Color*, Thomas Y. Crowell Company, New York, 1953.

"Mechanisms of Vision", 2nd Supplement to *Journal of General Physiology*, Vol. 43, No.6, Part 2, July 1960, Rockefeller Institute Press.

SPECIFIC ARTICLES :

DeRobertis, E., "Some Observations on the Ultrastructure and Morphogenesis of Photoreceptors", pp. 1-15.

Hurvich, L. M. and D. Jameson, "Perceived Color, Induction Effects, and Opponent-Response Mechanisms", pp. 63-80.

Rosenblith, W. A., ed., *Sensory Communication*, Massachusetts Institute of Technology Press, Cambridge, Mass., 1961.

"Sight, Sense of", *Encyclopaedia Britannica*, Vol. 20, 1957, pp. 628-635.

CHAPTER 37
양자적 행동

37-1 원자의 역학

　앞에서 우리는 빛의 성질을 이해하는 데 가장 필수적인 개념, 즉 전자기파의 복사에 대하여 개략적으로 살펴보았다. 물질의 굴절률과 내부 전반사(total internal reflection) 등을 비롯한 몇 개의 문제들은 내년 강의 때 다루기로 한다. 그런데 지금까지 언급한 것은 전자기파에 대한 '고전적 이론'으로서 자연 현상의 상당 부분을 매우 정확하게 설명해주고 있긴 하지만, 여기에는 아직 고려되지 않은 요소가 남아 있다. 빛의 에너지를 파동이 아닌 입자의 다발(photon : 광자)로 간주한다면 어떤 결과가 얻어질 것인가? 이 점에 관해서는 아직 한마디도 언급하지 않았다.

　우리는 앞으로 비교적 덩치가 큰 물질들의 행동 방식(역학 및 열역학적 성질 등)을 살펴볼 것이다. 그런데 이들의 성질을 논할 때 고전적인 이론만을 고집한다면 결코 올바른 결론에 도달할 수 없다. 모든 물질들은 예외 없이 원자 규모의 작은 입자들로 이루어져 있기 때문이다. 그럼에도 불구하고 우리는 여전히 고전적인 관점으로 접근할 것이다. 지금까지 여러분이 배운 물리학이 그것뿐이기 때문이다. 물론 이런 식으로는 실패할 것이 뻔하다. 빛의 경우와는 달리, 우리는 곧 난처한 상황에 직면하게 될 것이다. 원자적 효과가 나타날 때마다 그것을 어떻게든 피해갈 수는 있겠지만, 그렇다고 무턱대고 피하기만 하면 이 장의 제목이 무색해진다. 그래서 문제가 발생할 때마다 원자 물리학의 양자 역학적 아이디어를 조금씩 추가하여 '우리가 지금 피해가고 있는 대상이 무엇인지'를 개략적으로나마 느낄 수 있도록 유도할 생각이다. 사실, 양자적 효과를 완전히 무시한 채로 원자 규모의 현상을 이해하는 방법은 어디에도 없다.

　그래서 지금부터 양자 역학의 기본 개념을 설명하고자 한다. 그러나 이 개념들을 실제 상황에 적용하려면 아직도 갈 길이 멀다.

　양자 역학(quantum mechanics)이란, 물질과 빛이 연출하는 모든 현상들을 서술하는 도구이며, 특히 원자 규모의 미시 세계에 주로 적용된다. 미시 세계의 입자들은 여러분이 매일같이 겪고 있는 일상적인 물체들과 전혀 다른 방식으로 행동하고 있다. 소립자들은 파동(wave)이 아니며, 입자(particle)처럼 행동하지도 않는다. 이들은 여러분이 지금껏 보아왔던 그 어떤 것(구름,

당구공, 용수철 등…)하고도 닮은 점이 없다. 이들의 행동을 제어하는 법칙 자체가 완전히 다르기 때문이다.

뉴턴은 빛이 입자로 이루어져 있다고 생각했으나, 다들 알다시피 빛은 파동적 성질을 갖고 있다. 그런데 20세기 초에 들어서면서 빛의 입자설이 또다시 설득력을 갖기 시작했다. 예를 들어 전자는 처음 발견되었을 무렵에 입자로 간주되었지만, 그 후에 여러 가지 실험이 실행되면서 파동처럼 행동한다는 놀라운 사실이 밝혀졌다. 그렇다면 전자는 입자이면서 동시에 파동이란 말인가? 아니다. 엄밀하게 말한다면 둘 중 어느 것도 아니다. 그렇다면 전자의 진정한 본성은 무엇인가? 이 질문에 관해서는 물리학자들도 두 손을 들었다. 우리가 말할 수 있는 거라곤 "전자는 입자도 아니며 파동도 아니다"라는 지극히 모호한 서술뿐이다.

그나마 한 가지 다행스러운 것은 전자들의 행동 양식이 빛과 비슷하다는 점이다. 극미의 물체들(전자, 양성자, 중성자, 광자 등등…)의 양자적 행동 양식은 모두 똑같다. 이들은 모두 '입자 파동'이다. 이 단어가 마음에 들지 않는다면 다르게 불러도 상관없다. 적절한 명칭 같은 것은 애초부터 있지도 않았으니까 말이다. 그러므로 전자에 관하여 알게 된 여러 가지 성질들은 광자를 비롯한 입자들에도 적용될 수 있다.

20세기가 밝으면서 처음 25년 동안 원자적 규모에서 일어나는 현상들이 서서히 알려지기 시작했는데, 이로부터 미시 세계의 특성에 관하여 약간의 이해를 도모할 수는 있었지만 전체적인 그림은 그야말로 오리무중이었다. 그러다가 1926~1927년에 이르러 슈뢰딩거(Erwin Schrödinger, 1887~1961)와 하이젠베르크, 보른(Max Born, 1882~1970) 등의 물리학자들에 의해 비로소 안개가 걷히기 시작했다. 이들은 미시 세계에서 일어나는 현상을 조리있게 설명한 최초의 물리학자들이었다. 이 장에서는 그들이 찾아냈던 서술법을 집중적으로 다루기로 한다.

원자적 규모에 적용되는 법칙들은 우리들의 일상적인 경험과 전혀 딴판이기 때문에 선뜻 받아들이기가 어려울 뿐만 아니라 익숙해지는 데에도 꽤 많은 시간이 필요하다. 그러나 걱정할 것 없다. 노련한 물리학자에게도 사정은 마찬가지다. 심지어는 이 문제를 직접 연구하고 있는 물리학자들조차도 제대로 이해하지 못하고 있다. 우리들이 갖고 있는 모든 경험과 직관은 거시적인 세계를 바탕으로 형성되었기 때문에, 미시적인 세계를 이해하지 못하는 것은 너무나도 당연한 일이다. 우리는 커다란 물체들이 어떻게 움직일 것인지 잘 알고 있지만, 미시 세계의 사물들은 결코 그런 방식으로 움직이지 않는다. 그래서 이 분야의 물리학을 배울 때에는 기존의 경험적 지식들을 모두 떨쳐버리고, 다소 추상적인 상상의 나래를 펼쳐야 한다. 눈에 보이지도 않으면서 엉뚱하기까지 한 미지의 세계를 여행하려면 이 방법밖에 없다.

지금부터 우리의 직관과 가장 동떨어진 이상한 현상을 설명하고자 한다. 이것을 피해갈 방법은 없다. 우리는 어쩔 수 없이 정면돌파를 시도해야 한다. 이 현상은 어떤 고전적 논리로도 설명할 수 없으며, 그렇다고 현상 자체를 부정할 수도 없다. 그리고 이 안에는 양자 역학의 핵심적 개념이 숨어 있다. 사실, 이것은 하나의 미스터리일 뿐이다. 세부적인 사항들을 어떻게든 알아낸다 해도 미스터리 자체가 해결되는 것은 아니다. 나는 여러분에게 '일어나는 현상'만을 설명할 것이다. 그리고 이 과정에서 양자 역학의 기이한 성질도 여러 차례 언급될 것이다.

37-2 총알 실험

전자(electron)의 양자적 행동 방식을 이해하기 위해, 우선 총알을 가지고 한 가지 실험을 해보자. 실험 장치는 그림 37-1에 개략적으로 그려져 있다. 우리는 나중에 총알을 전자로 바꾼 다음, 동일한 실험을 실시하여 그 결과를 비교해 볼 것이다. 자, 여기 총알을 연속적으로 발사하는 기관총이 하나 있다. 그런데 이 총은 성능이 신통치 않아서 총알을 항상 똑같은 방향으로 내보내지 못하고 꽤 넓은 각도를 오락가락하면서 이리저리 난사를 해대는 중이다. 총 앞에는 철판으로 만든 벽이 놓여 있는데, 이 벽에는 총알이 통과할 수 있을 정도의 구멍이 두 군데 뚫려 있다. 철판 벽을 통과한 총알은 일정 거리를 날아가다가 목재로 만든 두툼한 나무벽에 박히게 된다. 또 나무벽 바로 앞에는 모래를 가득 채운 상자가 설치되어 있는데, 총알이 이 상자의 외벽을 관통하면 나무벽까지 도달하지 못하고 상자 속에 들어 있는 모래에 파묻힌 채로 멈추도록 되어 있다. 그러므로 나중에 모래 상자를 열어보면 어느 지점에 얼마나 많은 총알이 도달했는지 알 수 있다. 이 '총알 감지기' 상자는 가로 방향(x축 방향)으로 자유롭게 이동할 수 있도록 설치되었다. 자, 이런 장치를 만들어놓고 총알을 난사하는 실험을 했다면, 우리는 다음의 질문에 답할 수 있을 것이다. "철판의 구멍을 무사히 통과한 총알이 나무판의 중심부에서 x만큼 떨어진 곳에 도달할 확률은 얼마인가?" 우선 여러분은 질문의 요지가 '확률'임을 명심해야 한다. 특정 총알이 정확하게 어느 지점으로 도달할 것인지를 예측할 수 있는 방법은 없기 때문이다. 발사된 총알이 운 좋게 철판 구멍에 '진입'했다 해도, 그것이 구멍의 모서리에 튀어서 경로가 바뀔 가능성은 얼마든지 있다. 여기서 '확률'이란, 총알이 모래 상자 감지기에 도달할 확률을 뜻하며, 이 값은 일정 시간 동안 기관총을 난사한 후에 감지기에 박힌 총알의 개수와 나무판에 박힌 총알의 개수를 세어 비율을 취하면 얻을 수 있다. 또는 1분당 발사 횟수가 항상 균일하도록 기관총을 세팅한 후에, 특정 시간 동안 감지기에 도달한 총알의 수를 헤아려서 확률을 구할 수도 있다. 이 경우, 우리가 구하고자 하는 확률은 감지기에 박힌 총알의 수에 비례할 것이다.

우리의 실험 목적을 제대로 반영하기 위해, 지금 사용하는 총알은 절대로 부러지거나 쪼개지지 않는 특수 총알이라고 가정하자. 이 실험에서 총알은 항상 온전한 모습으로 존재하며, 감지기나 나무판을 때려도 조각으로 부스러지지 않는다. 이제 기관총의 '1분당 발사 속도'를 크게 줄이면, 임의의 한순간에는 '총알이 전혀 날아오지 않거나' 아니면 '오로지 단 한 개의 총알이 나무판(또는 감지기)에 도달하는' 두 가지 경우가 가능하다. 그리고 총알의 크기는 1분당 발사 속도에 상관없이 항상 일정하다. 우리가 사용하는 총알은 '모두 똑같이 생긴 덩어리'이기 때문이다. 이제 감지기의 뚜껑을 열어 총알의 수를 세면 총알이 도달할 확률을 위치 x의 함수로 구할 수 있다(물론, 모든 x에 대하여 동일한 실험을 다 해봐야 한다 : 옮긴이). 이 결과를 그래프로 그려보면, 그림 37-1의 (c)와 같은 결과를 얻는다. 여러분의 이해를 돕기 위해 그래프

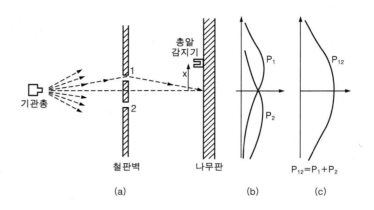

그림 37-1 총알을 이용한 간섭 실험

는 실제의 실험 장치와 동일한 축척으로 그렸으며, x축의 방향도 나무판의 방향과 일치시켰다. 그래서 확률을 나타내는 곡선은 x축의 오른쪽에 나타나 있다. 지금부터 이 확률을 P_{12}라고 표기할 텐데, 그 이유는 특정 지점에 도달한 총알이 철판에 뚫려 있는 두 개의 구멍(구멍 1, 구멍 2) 중 어느 곳을 거쳐 왔는지 아직 구별할 필요가 없기 때문이다. 보다시피 P_{12}는 그래프의 중심부에서 큰 값을 가지며, 가장자리로 갈수록 값이 작아진다. 사실 이것은 그다지 놀라운 사실이 아니다. 그러나 여러분은 왜 하필 $x = 0$에서 P_{12}가 최대값을 갖는지 궁금할 것이다. 이 궁금증을 해소하기 위해, 구멍 2를 가리고 동일한 실험을 다시 해보자. 그리고 그 다음에는 구멍 1을 가리고 실험해보자. 여기서 얻어진 결과가 여러분의 의문을 풀어줄 것이다. 구멍 2를 막아놓은 실험에서, 총알은 오직 구멍 1만을 통해 지나갈 수 있다. 그리고 그 결과는 그림 37-1의 (b)에 P_1으로 표시되어 있다. 여러분의 짐작대로, P_1은 기관총과 구멍 1을 직선으로 연결한 연장선이 나무판과 만나는 곳에서 최대가 된다. 구멍 1을 막아놓은 실험에서는 P_1과 대칭을 이루는 P_2가 얻어진다. P_2는 구멍 2를 통과한 총알의 확률 분포이다. 그림 37-1의 (b)와 (c)를 비교해 보면, 우리는 다음과 같이 중요한 결과를 얻을 수 있다.

$$P_{12} = P_1 + P_2 \qquad (37.1)$$

보다시피, 전체 확률은 개개의 확률을 그냥 더함으로써 얻어진다. 두 개의 구멍을 모두 열어놓았을 때의 확률 분포는 각각의 구멍이 한 개씩 열려 있는 경우의 확률 분포를 더한 값이다. 이 결과를 '간섭이 없는 경우(no interference)

의 확률 분포'라 부르기도 한다. 이렇게 거창한 이름을 붙여두는 이유는 이제 곧 알게 될 것이다. 총알로 하는 실험은 이 정도로 충분하다. 개개의 총알은 덩어리의 형태로 날아오며, 이들이 나무판에 도달할 확률 분포는 간섭 패턴을 보이지 않는다.

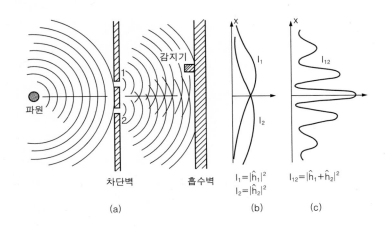

$$I_1 = |\hat{h}_1|^2$$
$$I_2 = |\hat{h}_2|^2$$

$$I_{12} = |\hat{h}_1 + \hat{h}_2|^2$$

그림 37-2 수면파를 이용한 간섭 실험

37-3 파동 실험

이번에는 똑같은 실험을 총알이 아닌 수면파로 재현해보자. 실험 장치는 그림 37-2와 같다. 그다지 깊지 않은 수조에 물을 채워 넣고, 파동을 만들어내는 파원(wave source)을 적당한 장소에 설치한다. 이 파원에는 모터로 작동되는 조그만 팔이 달려 있으며, 이것이 위아래로 빠르게 진동하면서 계속적으로 수면파를 만들어내고 있다. 파원의 오른쪽에는 구멍이 두 개 뚫려 있는 벽이 수면파를 가로막고 있어서, 파원으로부터 나온 수면파는 오로지 이 구멍을 통해 계속 진행할 수 있다. 그리고 이보다 더 오른쪽에는 또 하나의 벽이 있는데, 이 벽은 수면파를 전혀 반사시키지 않는 흡수벽이다. 이런 벽을 실제로 만들 수 있을까? 완만한 경사를 이루는 해변의 모래사장처럼 만들면 된다. 그리고 모래사장 앞에는 이전과 같이 x방향으로 오락가락할 수 있는 감지기를 설치한다. 이 감지기는 파동의 '세기(intensity)'를 측정하는 장치이다. "파동의 세기를 어떻게 측정하나…" 하는 걱정은 접어두기 바란다. 우리의 감지기는 도달한 수면파의 높이를 감지한 후, 그 값의 제곱을 눈금으로 표시해주는 아주 똑똑한 장비이다. 이렇게 나타난 눈금은 파동의 세기에 비례하게 된다. 따라서 우리의 수면파 감지기는 수면파가 실어 나르는 에너지를 눈금으로 표시해주는 장치라고도 할 수 있다.

이 실험 장치에서 눈여겨 볼 점은, 총알의 경우와 달리 파동의 세기가 어떠한 값도 가질 수 있다는 것이다(개개의 총알은 모두 크기가 같은 규격품이었다 : 옮긴이). 파원이 아주 작게 진동하면 파동의 세기는 작아질 것이며, 파원이 크게 진동하면 파동의 세기도 커질 것이다. 이 값은 얼마든지 달라질 수 있다. 따라서 파동의 경우에는 '덩어리'라는 개념이 존재하지 않는다.

이제, 감지기의 위치 x를 다양하게 변화시키면서 파동의 세기를 측정해보자(파원의 진동폭은 일정하게 유지한다). 그러면 그림 37-2(c)의 I_{12}와 같이 특이한 형태의 곡선이 얻어질 것이다.

앞에서 우리는 전기적 파동의 간섭 현상을 공부하면서 이러한 모양의 그래프를 이미 접해본 경험이 있다. 지금의 경우에는 파원에서 발생한 파동이 구멍을 통과하면서 회절을 일으켜 새로운 원형 파동이 생성되고, 이것이 퍼져나가면서 감지기(또는 모래사장)에 도달하게 된다. 이제 두 개의 구멍들 중 하나를 막고 실험해보면, 그림 37-2(b)와 같이 비교적 단순한 형태의 곡선이 얻어진다. I_1은 구멍 2를 막아놓았을 때 구멍 1로부터 퍼져나온 파동의 세기이며, I_2는 구멍 1을 막아놓았을 때 구멍 2에서 퍼져나온 파동의 세기를 나타내고 있다.

두 개의 구멍을 모두 열어놓았을 때 얻어진 I_{12}는 분명 I_1과 I_2의 단순합이 아니다. 두 개의 파동이 서로 '간섭(interference)'을 일으켰기 때문이다. I_{12}가 극대값(그래프상의 산꼭대기에 해당하는 지점)을 갖는 지점에서는 두 파동의 위상이 일치하여 파동의 높이가 더욱 커지고 따라서 파동의 세기도 커졌음을 알 수 있는데, 이런 경우를 가리켜 '보강 간섭'이라고 한다. 감지기로부터 구멍 1까지의 거리가 감지기로부터 구멍 2까지의 거리보다 파장의 정수배만큼 크거나 작은 곳에서는 항상 보강 간섭이 일어난다.

두 개의 파동이 π의 위상차(180°)를 가진 채로 도달하는 지점(위상이 정반대인 곳)에서 감지기에 나타나는 눈금은 두 파동의 진폭의 차이에 해당된다. 이 경우가 바로 '소멸 간섭'이며, 파동의 세기는 상대적으로 작을 수밖에 없다. 이런 현상은 구멍 1과 감지기 사이의 거리가 구멍 2와 감지기 사이의 거리보다 반파장의 홀수배만큼 길거나 짧을 때 나타난다. 그림 37-2(c)에서 I_{12}의 극소값은, 그 지점에서 두 개의 파동이 소멸 간섭을 일으켰다는 뜻이다.

I_1과 I_2, 그리고 I_{12} 사이의 관계는 다음과 같이 구할 수 있다. 구멍 1을 통과한 파동이 감지기에 도달했을 때의 높이를 $\hat{h}_1 e^{i\omega t}$의 실수부로 정의하자. 여기서, 진폭에 해당하는 $\hat{h}_1$은 일반적으로 복소수이다. 파동의 세기는 파고의 제곱에 비례하는데, 복소수로 표현된 경우에는 $|\hat{h}_1|^2$에 비례한다. 이와 마찬가지로, 구멍 2를 통과한 파동의 높이는 $\hat{h}_2 e^{i\omega t}$이며, 세기는 $|\hat{h}_2|^2$에 비례한다. 두 개의 구멍이 모두 열려 있을 때, 감지기에 느껴지는 파동의 높이는 각각의 높이를 더한 $(\hat{h}_1 + \hat{h}_2)\,e^{i\omega t}$이며, 그 세기는 $|\hat{h}_1 + \hat{h}_2|^2$이다. 지금 우리에게는 실제의 값보다 그래프의 형태가 더욱 중요하므로, 필요 없는 상수를 제거하고 나면 파동의 간섭에 관하여 다음과 같은 관계식을 얻을 수 있다.

$$I_1 = |\hat{h}_1|^2, \quad I_2 = |\hat{h}_2|^2, \quad I_{12} = |\hat{h}_1 + \hat{h}_2|^2 \tag{37.2}$$

총알 실험에서 얻은 식 (37.1)과 비교할 때 사뭇 다른 결과이다. $|\hat{h}_1 + \hat{h}_2|^2$을 전개하면,

$$|\hat{h}_1 + \hat{h}_2|^2 = |\hat{h}_1|^2 + |\hat{h}_2|^2 + 2|\hat{h}_1||\hat{h}_2|\cos\delta \tag{37.3}$$

를 얻는다. 여기서 δ는 $\hat{h}_1$과 $\hat{h}_2$ 사이의 위상차를 나타낸다. 파동의 세기를 이용하여 다시 쓰면

$$I_{12} = I_1 + I_2 + 2\sqrt{I_1 I_2}\,\cos\delta \tag{37.4}$$

가 된다. 식 (37.4)의 마지막 항은 '간섭항(interference term)'이다. 수면파 실험도 이 정도로 해두자. 파동의 세기는 어떤 값도 가질 수 있으며, 파동 특유의 간섭 현상이 나타난다.

37-4 전자 실험

이제부터가 본론이다. 이번에는 총알도 아니고 수면파도 아닌 전자를 대상으로 하여 지금까지 했던 실험을 재현해보자. 실험 장치는 그림 37-3에 나와 있다. 우선 텅스텐 전선에 전류를 흘려서 가열시킨 다음, 이것을 금속 상자로 덮고 구멍을 하나 뚫어놓는다. 이것이 바로 그림의 제일 왼쪽에 있는 전자총이다. 전선이 상자에 대하여 음의 전위를 갖게 하면 텅스텐에서 방출된 전자들은 금속 상자의 벽을 향해 가속될 것이며, 그들 중 운 좋은 일부는 구멍을 통해 밖으로 발사될 것이다. 이렇게 발사된 전자들은 모두(거의) 같은 에너지를 갖는다. 전자총 앞에는 얇은 금속으로 만든 벽이 놓여 있는데, 여기에도 이전처럼 두 개의 구멍이 뚫려 있다. 벽의 오른쪽에는 전자의 종착점인 또 하나의 벽이 가로놓여 있으며, 이 벽에는 x방향을 따라 자유롭게 이동할 수 있는 전자 감지기가 설치되어 있다. 감지기는 가이거 계수기(geiger counter)일 수도 있고, 확성기가 달려 있는 전자 증폭기(electron multiplier)여도 상관없다(후자가 훨씬 비싸다).

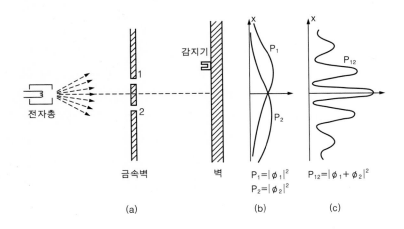

그림 37-3 전자를 이용한 간섭 실험

그러나 이 실험은 앞에서 언급했던 두 종류의 실험처럼 만만하지가 않다. 무엇보다 어려운 점은, 우리가 원하는 결과를 얻으려면 모든 실험 장치를 엄청나게 작게 만들어야 한다는 것이다. 그런데 애석하게도 지금의 과학 기술로

는 전자 규모의 초미세 실험 기구를 만들 수가 없다. 따라서 이 실험은 실제로 하는 것이 아니라 상상 속에서 진행되어야 한다. 이것이 바로 '사고 실험(thought experiment)'이다. 그리고 우리는 실험의 결과를 이미 알고 있다. 왜냐하면 우리가 원하는 규모에서 행해졌던 여러 종류의 실험 결과들(정확하게 이 실험은 아니지만)이 이미 나와 있기 때문이다.

전자 실험에서 우선 주목해야 할 것은 전자가 감지기에 도달할 때마다 '딸깍' 하는 소리가 난다는 점이다. 그리고 어떤 전자가 도달했건 간에, '딸깍' 소리의 크기는 항상 동일하다. 절반만 '딸깍!' 하거나 작은 소리로 '딸깍' 하는 경우는 절대로 일어나지 않는다.

그리고 이 '딸깍' 하는 소리는 매우 불규칙적으로 들려올 것이다. 메트로놈처럼 규칙적으로 박자를 맞추지 않고, "딸깍… 딸깍딸깍… 딸깍…… 딸깍… 딸깍딸깍…… 딸깍…"과 같이 제멋대로 소리를 낼 것이다. 그러므로 충분히 긴 시간 동안(4~5분 정도) 딸깍 소리의 횟수를 세고, 또다시 동일한 시간 동안 딸깍 소리를 세어보면 그 결과는 거의 같을 것이다. 즉, 딸깍 소리의 평균 빈도수(또는 1분당 딸깍 횟수)는 감지기에 도달한 전자의 개수를 헤아리는 척도로 사용될 수 있다.

감지기의 위치를 바꾸면 소리가 나는 빈도수는 달라지겠지만, 한 번 소리가 날 때마다 들려오는 강도(소리의 크기)는 항상 똑같다. 전자총의 내부에 연결해놓은 텅스텐의 온도를 낮춰도 소리의 빈도수만 줄어들 뿐, 강도는 여전히 변하지 않는다. 또, 감지기를 하나 늘려서 두 대를 설치해놓았다면 딸깍 소리는 이곳저곳을 번갈아가며 들려올 뿐, 두 개의 감지기에서 '동시에' 소리가 나는 경우는 결코 발생하지 않는다. (가끔씩 두 소리의 시간 간격이 너무 짧아서 우리의 귀가 그 차이를 감지하지 못할 수도 있다. 이런 경우는 예외로 해두자.) 그러므로 감지기(또는 두 번째 벽)에 도달하는 모든 전자들은 총알의 경우처럼 균일한 '덩어리'의 형태라고 말할 수 있다. 전자는 조각으로 쪼개지는 일 없이 항상 온전한 덩어리의 형태를 유지한 채로 감지기에 도달한다. 자, 이제 본격적인 질문으로 들어가보자—"하나의 전자가 두 번째 벽의 중심으로부터 x만큼 떨어진 곳에 도달할 확률은 얼마인가?" 이전의 실험처럼, 전자총의 시간당 발사 횟수를 일정하게 세팅해놓고 감지기가 내는 소리의 빈도수를 측정하면 상대적 확률을 구할 수 있다. 전자가 x지점에 도달할 확률은 그 지점에서 측정된 딸깍 소리의 평균 빈도수에 비례한다.

이 실험의 결과는 그림 37-3(c)에 P_{12}로 표시되어 있다. 그렇다! 이것이 바로 전자의 행동 방식이다!

37-5 전자 파동의 간섭

이제 그림 37-3(c)에 나타난 그래프를 분석하여 전자의 행동 방식을 규명해보자. 먼저 분명히 해둘 점은, 하나의 전자는 항상 온전한 덩어리로만 존재하기 때문에 개개의 전자는 구멍 1 아니면 구멍 2, 둘 중 '하나'를 통해서 감지기에 도달한다는 것이다(하나의 전자가 두 개의 구멍을 '동시에' 통과할 수는 없다는 뜻이다 : 옮긴이). 이것을 명제의 형태로 쓰면 다음과 같다.

　명제 A : 개개의 전자는 두 개의 구멍 중 반드시 하나만을 통하여 감지기에 도달한다.

　명제 A를 사실로 가정하면, 두 번째 벽에 도달하는 전자는 두 가지 부류로 나눠진다. (1)구멍 1을 통과한 전자와, (2)구멍 2를 통과한 전자가 그것이다. 따라서 우리가 얻은 확률 곡선(P_{12})은 부류 (1)에 속하는 전자에 의한 효과와 부류 (2)에 속하는 전자의 효과를 더한 결과임에 틀림없다. 이 확신에 찬 추론을 확인하기 위해, 이제 구멍 하나를 막은 상태에서 실험을 해보자. 먼저 구멍 2를 막은 경우부터 시작한다. 이 경우, 감지기에 도달하는 전자는 누가 뭐라해도 구멍 1을 통과한 전자이다. 감지기의 딸깍 소리를 측정하여 그 빈도수로부터 얻은 결과는 그림 37-3(b)에 P_1로 표시되어 있다. 우리의 예상과 잘 맞는 그래프이다. 이와 비슷한 방법으로 구멍 1을 막은 실험 결과는 P_2이며, 이 역시 그렇게 표시되어 있다.

　그런데 여기서 심각한 문제가 발생했다. 구멍 두 개를 모두 열어놓은 실험에서 얻어진 P_{12}가 $P_1 + P_2$와 전혀 딴판으로 생긴 것이다. 그런데 우리는 수면파 실험에서 이와 비슷한 결과를 얻은 적이 있다. 그러므로 우리는 다음과 같은 결론을 내릴 수밖에 없다— "전자는 간섭을 일으킨다."

$$\text{전자의 경우} : P_{12} \neq P_1 + P_2 \tag{37.5}$$

　파동도 아닌 전자가 간섭을 일으키다니, 이런 일이 어떻게 가능하단 말인가? "하나의 전자가 하나의 구멍만을 지나갈 수 있다는 명제가 틀린 게 아닐까? 전자는 우리가 생각했던 것보다 훨씬 더 복잡한 존재일 수도 있으니까 말이야. 예를 들면 반으로 쪼개진다거나…." 잠깐! 그건 아니다. 절대로 그렇지 않다. 전자는 항상 온전한 형태로만 존재한다! "그런가요? 그렇다면… 구멍 1을 빠져나온 전자가 구멍 2를 통해 다시 돌아오고, 이런 식으로 몇 차례 더 반복하거나 아주 복잡한 경로를 거쳐서… 이렇게 된다면, 구멍 2를 막았을 때 구멍 1을 통과한 전자들의 확률 분포는 달라지지 않을까요?" 하지만 이 점을 명심하라. 두 개의 구멍이 모두 열려 있을 때에는 전자가 거의 도달하지 않는 '금지 구역'이 존재하지만, 구멍 하나를 가려놓으면 이 금지 구역에도 꽤 많은 전자들이 도달한다는 것이다. 그리고 간섭 무늬 중앙의 최대값은 $P_1 + P_2$보다 두 배나 크다. 구멍 하나를 닫아놓으면 마치 전자들이 "저것 봐. 저 치들이 대문 하나를 닫아버렸어. 우리가 빠져나가는 걸 원치 않는 모양이야" 하면서 감지기로 향한 여행에 이전처럼 최선을 다하지 않는 듯하다. 이 두 가지 현상은 전자가 복잡한 경로를 따라간다는 가설로 해결되지 않는다.

　이것은 지독한 미스터리다. 자세히 보면 볼수록 더욱 미궁 속으로 빠지는 것 같다. P_{12}의 이상한 패턴을 설명하기 위해 여러 가지 가설들이 제시되었지만, 어느 것도 성공하지 못했다. 어떤 이론도 P_1과 P_2로부터 P_{12}를 재현하지 못한 것이다.

그러나 놀랍게도 P_1과 P_2로부터 P_{12}를 유도하는 수학적 과정은 지극히 단순하다. P_{12}는 그림 37-2(c)의 I_{12}와 비슷하며, I_{12}를 구하는 과정은 아주 간단했다. 두 번째 벽에서 일어나는 현상은 $\hat{\phi}_1$과 $\hat{\phi}_2$로 표현되는 두 개의 복소수로 표현될 수 있다(물론 이들은 x의 함수이다). $\hat{\phi}_1$의 절대값의 제곱은 구멍 1만 열려 있을 때의 확률 분포를 의미한다. 즉, $P_1 = |\hat{\phi}_1|^2$이다. $\hat{\phi}_2$의 경우도 이와 비슷하여, $P_2 = |\hat{\phi}_2|^2$으로 표현된다. 그리고 이들이 서로 혼합된 결과는, $P_{12} = |\hat{\phi}_1 + \hat{\phi}_2|^2$이다. 보다시피 수학적 과정은 파동의 경우와 완전히 동일하다! 전자들이 오락가락하는 복잡한 길을 가면서 이렇게 단순한 결과를 얻기는 어려울 것이다.

그러므로 우리는 이런 결론을 내릴 수밖에 없다. 전자는 총알과 같은 입자처럼 덩어리의 형태로 도달하지만, 특정 위치에 도달할 확률은 파동의 경우처럼 간섭 무늬를 그리며 분포된다. 이런 이유 때문에 전자는 "어떤 때는 입자였다가, 또 어떤 때는 파동처럼 행동한다"고 일컬어지는 것이다.

이왕 말이 나온 김에, 한 가지만 더 짚고 넘어가자. 고전적인 파동 이론을 공부할 때, 우리는 파동의 진폭을 시간적으로 평균하여 파동의 세기를 정의했으며, 계산상의 편의를 위해 복소수를 사용했다. 그러나 양자 역학에서 진폭은 '반드시' 복소수로 표현되어야만 한다. 실수 부분만 갖고는 아무 것도 할 수 없다.

두 개의 구멍을 모두 열어놓았을 때 전자가 벽에 도달하는 확률 분포가 $P_1 + P_2$는 아니지만, 그래도 아주 간단한 수식으로 표현되기 때문에 이 점에 관하여 더 이상 할 이야기는 많지 않다. 그러나 자연이 이렇게 묘한 방식으로 행동할 수밖에 없는 이유를 따진다면, 거기에는 미묘한 문제들이 수도 없이 산재해 있다. 우선 $P_{12} \neq P_1 + P_2$이므로 명제 A는 틀렸다고 결론지을 수밖에 없다. 하나의 전자는 오로지 하나의 구멍만을 통과한다는 가정이 틀린 것이다. 이것은 또 다른 실험을 통해 확인해 볼 수 있다.

37-6 전자를 눈으로 보다

실험 장치를 조금 바꿔서, 그림 37-4처럼 세팅해보자. 구멍이 뚫린 벽의 바로 뒤, 두 개의 구멍 사이에 아주 강한 빛을 내는 광원을 설치한다. 우리는 전기 전하가 빛을 산란시킨다는 사실을 이미 알고 있다. 그러므로 구멍을 빠져나온 전자에 강한 빛을 쪼이면 전자는 쏟아지는 빛(광자)을 사방으로 산란시키면서 어떻게든 제 갈 길을 갈 것이다. 그리고 전자에 의해 산란된 광자들 중 일부가 우리의 눈에 들어오면 우리는 전자가 어디로 가는지를 '볼 수' 있다. 예를 들어, 그림 37-4에서처럼 전자가 구멍 2를 통해 빠져나왔다면 우리는 A라고 표시된 지점 근방에서 번쩍이는 섬광을 보게 될 것이다. 이와 반대로 전자가 구멍 1을 통과했다면, 그쪽 근처에서 섬광이 나타날 것이다. 그리고 만일 두 지점에서 동시에 섬광이 나타난다면, 그것은 전자가 반으로 나뉘었다는 뜻인데… 길게 말할 필요 없다. 일단 실험부터 해보자!

우리 눈에 보이는 상황은 다음과 같다. 감지기에서 '딸깍' 소리가 날 때마다, 구멍 1 아니면 구멍 2 근처에서 섬광을 목격하게 될 것이며, 두 곳에서 섬광이 동시에 나타나는 광경은 결코 볼 수 없을 것이다. 감지기의 위치를 아무리 바꿔봐도 사정은 마찬가지다. 이 실험에 의하면 '하나의 전자는 오로지 하나의 구멍만을 지나간다'고 결론 내릴 수밖에 없다. 즉, 명제 A는 참인 것이다.

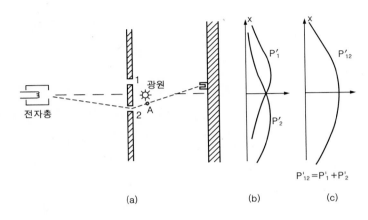

그림 37-4 약간 변형된 전자 실험

명제 A가 틀렸음을 입증하려고 했던 실험이었는데, 그 반대의 결과가 나와 버렸다. 우리의 논리에서 어디가 잘못되었을까? P_{12}는 왜 $P_1 + P_2$와 다른 것일까? 다시 실험으로 돌아가보자! 전자의 경로를 계속 추적하여, 이번에야말로 끝장을 내주자! 감지기의 위치(x)를 이동시켜가면서 도착하는 전자의 개수를 세고, 그들이 어느 구멍을 통과해 왔는지도 일일이 기록해두자. 즉, 구멍 근처를 뚫어지게 바라보다가 저쪽 감지기에서 '딸깍' 소리가 나면, 그 전자가 바로 전에 비췄던 섬광의 위치를 기록하자는 것이다. 구멍 1 근처에서 섬광이 보였다면 1열에 작대기 하나를 긋고, 구멍 2 근처에서 섬광이 보였다면 2열에 작대기 하나를 긋는다. 감지기에 도달하는 모든 전자들은 둘 중 하나의 경우에 해당될 것이다. 이제 1열에 그어진 작대기의 개수를 세어 '전자가 구멍 1을 통해 감지기에 도달할 확률' P_1'을 구하고, 같은 방법으로 P_2'도 구한다. 이런 식의 실험을 여러 x값에 대하여 반복 실행하면, 그림 37-4(b)에 그려진 두 개의 곡선이 얻어진다.

지금까지는 별로 새로운 것이 없다. 지금 구한 P_1'은 아까 구멍 하나를 막고 실험했을 때 얻어진 P_1과 거의 비슷하다. 그러므로 하나의 전자가 두 개의 구멍을 동시에 통과하는 황당한 일은 발생하지 않는 것 같다. 강한 빛을 쪼여서 전자를 눈으로 봤는데도 전자는 전혀 수줍어하지 않고, 태연하게 제 갈 길을 간 것이다. 일단 구멍 1을 통과했음이 확인된 전자들은 구멍 2가 닫혔건 열렸건 간에, 항상 동일한 분포를 보인다.

그러나 잠깐! 아직 전체 확률을 확인하지 않았다. P_1'과 P_2' 효과가 더해진 P'_{12} 는 어떤 분포를 보일 것인가?

우리는 그에 관한 정보를 이미 갖고 있다. 섬광에 관한 건 모두 잊고, 1 열과 2 열에 그어진 작대기의 개수를 그냥 더하기만 하면 된다. 다른 짓은 하면 안 된다. 그냥 더해야만 한다! 왜냐하면 지금의 실험은 두 개의 구멍을 모두 열어놓은 채로 진행되었기 때문이다. 감지기가 거짓말을 하지 않는 한, 누가 뭐라 해도 이 경우만은 $P'_{12} = P'_1 + P'_2$ 가 성립되어야 한다. 그림 37-4(c)를 보니 과연 그렇다. 그런데… 생각해보니 이건 더욱 황당하지 않은가! 아까 두 개의 구멍을 모두 열어놓은 실험에서는 분명히 간섭 현상이 나타났었는데, 전자들이 통과한 구멍의 위치를 알아내기 위해 약간의 장치를 추가시켰더니 간섭 패턴이 사라져버린 것이다! 광원의 전원을 차단하면 간섭 패턴이 다시 나타난다. 대체 뭐가 어떻게 돌아가는 것일까?

"전자는 우리가 그들을 보고 있을 때와 보고 있지 않을 때 서로 다르게 행동한다" — 이렇게 결론을 내리는 수밖에는 도리가 없다. 혹시 광원이 전자를 교란시킨 것은 아닐까? 전자들은 매우 예민하여, 빛이 전자를 때리는 순간 충격을 받아 향후의 운동에 모종의 변화를 일으킨 것이 분명하다. 우리는 빛의 전기장이 전하에 힘을 미친다는 사실을 이미 알고 있다. 그러므로 이 경우에도 전자는 빛의 영향을 받았을 것이다. 어쨌거나, 빛은 전자에 커다란 영향력을 행사한다. 전자를 '보려고' 했던 우리의 시도 자체가 전자의 운동을 바꾸어 놓은 것이다. 광자가 산란될 때 전자에 가해진 충격은 P_{12} 의 최대 지점으로 갈 예정이었던 전자를 P_{12} 의 최소 지점으로 보내버릴 정도로 강력하다. 간섭 무늬가 사라진 것은 바로 이런 이유 때문이다.

여러분은 이렇게 주장할지도 모른다. "너무 밝은 광원을 사용하지 마라! 광원의 밝기를 줄여라! 그러면 빛의 세기가 줄어들어서 전자를 크게 교란시키지 못할 게 아닌가! 광원을 점차 어둡게 만들면 빛에 의한 산란 효과는 거의 무시해도 좋을 만큼 작아질 것이다." 오케이! 좋은 제안이다. 그렇게 해보자. 광원의 밝기를 줄이면 전자들이 지나가면서 발하는 섬광의 밝기도 줄어들 것 같지만, 사실은 전혀 그렇지 않다. 광원의 밝기를 아무리 줄여봐도, 하나의 전자에 의해 나타나는 섬광은 항상 같은 밝기로 나타난다. 그러나 이 경우에는 섬광이 반짝이지 않았는데도 감지기에서 '딸깍' 소리가 나는 애석한 사태가 가끔씩 발생하게 된다. 빛의 조도가 너무 약하면 전자를 아예 '놓쳐버리는' 경우가 생기는 것이다. 왜 그럴까? 그렇다. 우리는 믿는 도끼에 발등을 찍힌 셈이다. 전자뿐만 아니라 빛까지도 '덩어리'처럼 행동하고 있었던 것이다! 파동이라고 믿어왔던 빛이 지금은 입자적 성질을 발휘하여 우리를 실망시키고 있다. 그러나 이것이 사실임을 어쩌겠는가. 빛은 광자(photon)의 형태로 진행하고 산란되며, 빛의 세기를 줄이면 광원으로부터 방출되는 광자의 개수가 줄어들 뿐 광자 하나의 '크기'는 전혀 변하지 않는다. 광원이 희미해졌을 때, 섬광 없이 감지기에 도달하는 전자가 발생한 것도 바로 이런 이유 때문이다. 전자가 지나가는 순간에 때마침 산란될 광자가 하나도 없었던 것이다.

지금까지의 결과는 다소 실망적이다. 광자가 전자를 교란시킬 때마다 항상 똑같은 크기의 섬광을 발하는 게 사실이라면, 우리의 눈에 보이는 전자는 한결같이 '이미 교란된' 것들뿐이다. 어쨌거나, 일단 희미한 빛으로 실험을 해보자. 이번에는 감지기에서 '딸깍' 소리가 날 때마다 다음의 세 가지 경우 중 하나에 작대기를 그어나가기로 한다. (1)구멍 1 근처에서 전자가 발견된 경우, (2)구멍 2 근처에서 전자가 발견된 경우, (3)전자는 발견되지 않고 소리만 난 경우. 이렇게 얻어진 데이터를 분석해보면, 다음과 같은 결론이 내려진다 : '구멍 1 근처에서 발견된' 전자들은 P_1'과 같은 분포를 보인다 : '구멍 2 근처에서 발견된' 전자들은 P_2'와 같은 분포를 보인다(따라서 '구멍 1 또는 구멍 2에서 발견된' 전자들은 P_{12}'의 분포 곡선을 보인다) : '전혀 발견되지 않은' 전자들은 그림 37-3의 P_{12}처럼 파동적 분포를 보인다! 발견되지 않은 전자들은 간섭을 일으킨다는 뜻이다!

이 결과는 그런대로 이해할 만하다. 우리가 전자를 보지 못했다는 것은 전자가 광자에 의해 교란되지 않았음을 의미하며, 일단 우리의 눈에 뜨인 전자는 교란된 전자임이 분명하다. 광자의 '크기(영향력)'는 모두 같기 때문에 전자가 교란되는 정도 역시 항상 동일하다. 그리고 광자에 의한 교란은 간섭 효과를 사라지게 할 만큼 막강하다.

전자를 교란시키지 않고 볼 수 있는 방법은 없을까? 우리는 "하나의 광자가 실어나르는 운동량은 광자의 파장에 반비례한다($p = h/\lambda$)"는 사실을 이미 배워서 알고 있다. 그러므로 광자에 의해 전자가 교란되는 정도는 광자의 운동량에 따라 달라질 것이다. 맞다! 바로 그거다! 전자가 크게 교란되는 것을 원치 않는다면, 빛의 세기를 줄이는 게 아니라 빛의 진동수를 줄여야 하는 것이다(즉, 좀더 긴 파장의 빛으로 전자를 쪼인다는 뜻이다). 이 사실을 알았으니, 이번에는 좀더 붉은 빛을 사용해보자. 여러분이 원한다면 아예 적외선이나 라디오파 같이 파장이 아주 긴 빛을 사용해도 상관없다. 이런 빛들은 우리 눈에 보이지 않지만, 특별한 장치를 사용하면 얼마든지 가시화시킬 수 있다. '얌전한(파장이 긴)' 빛을 사용할수록 전자의 교란은 더욱 줄어들 것이다.

자, 전자가 구멍을 통과해 나오는 길목에 긴 파장의 빛을 쪼인다. 그리고 파장을 점차 늘려가면서 동일한 실험을 반복한다. 과연 어떤 결과가 얻어질 것인가? 처음에는 별로 달라지는 것이 없다. 그런데 점차 긴 파장의 빛으로 바꾸어가면서 실험을 하다보면, 결국에는 끔찍한 사태가 발생한다. 앞에서 현미경에 관하여 이야기할 때, 아주 가까이 있는 두 개의 점을 구별하는 것은 '빛의 파동성' 때문에 한계가 있다고 말했었다. 이 한계는 어느 정도일까? 빛의 파장이 바로 그 한계이다. 즉, 두 점 사이의 거리가 빛의 파장보다 가까우면, 그 빛으로는 두 개의 점을 구별할 수가 없다. 따라서 우리가 사용한 빛의 파장이 두 구멍 사이의 간격보다 길어지면 빛이 전자에 의해 산란될 때 커다란 섬광이 발생하여 전자가 어느 구멍을 통해 나왔는지 알 수가 없게 된다! 우리가 알 수 있는 것이라곤 전자가 어디론가 가버렸다는 것뿐이다! 그리고 이때부터 비로소 P_{12}'은 P_{12}와 비슷해지기 시작한다. 즉, 간섭 무늬가 다시 나타나기 시작하는 것이다. 여기서 빛의 파장을 계속 늘려나가면 광자에 의한 전자의 교란이 아주 작아져서 간섭 무늬가 거의 완전하게 재현된다.

이제 여러분은 어느 정도 눈치를 챘을 것이다. 전자가 어느 쪽 구멍을 통해 나왔는지를 알면서, 동시에 간섭 무늬까지 볼 수 있는 방법은 이 세상에 존재하지 않는다. 그래서 하이젠베르크는 측정의 정밀도에 근본적 한계를 부여하는 자연의 법칙을 추적하던 끝에, 그 유명한 불확정성 원리를 찾아내어 양자 역학의 서문을 열었다. 이 원리를 우리의 실험에 적용한다면, 다음과 같이 설명할 수 있다. "전자의 간섭 무늬가 나타날 정도로 교란을 적게 시키면서, 동시에 전자가 통과한 구멍을 판별하는 것은 불가능하다." 다시 말해서, 전자가 어느 쪽 구멍을 통해 나왔는지를 판별하는 측정 기구는 그것이 어떤 원리로 작동한다 해도 전자의 간섭 무늬를 그대로 보존시킬 만큼 섬세할 수가 없다는 뜻이다. 지금까지 무수한 실험이 행해져왔지만, 불확정성 원리를 피해가는 데 성공한 사례는 단 한 번도 없었다. 그러므로 우리는 이 원리가 자연계에 원래 존재하는 특성임을 받아들여야 한다.

원자를 비롯한 모든 물질의 현상을 설명해주는 양자 역학은 불확정성 원리에 그 뿌리를 두고 있다. 그리고 양자 역학은 어느 모로 보나 대단히 성공적인 이론이므로, 불확정성 원리에 대한 우리의 믿음은 확고부동하다. 그러나 만일 이 원리를 피해갈 수 있는 방법이 단 하나라도 발견된다면, 양자 역학은 지금의 왕좌에서 조용히 물러나야 할 것이다.

여러분은 이렇게 묻고 싶을 것이다. "그렇다면 아까 말했던 명제 **A**는 어떻게 되는가? 전자가 두 개의 구멍들 중 하나만을 통해서 지나간다는 말은 사실인가, 아니면 틀린 것인가?" 명쾌한 대답을 해주고 싶지만, 그게 그렇게 쉽지가 않다. 지금 줄 수 있는 대답이란, 모순에 빠지지 않는 새로운 사고방식을 실험으로부터 얻어냈다는 사실뿐이다. 잘못된 결론으로 도달하지 않으려면 우리는 이렇게 말하는 수밖에 없다. 우리가 만일 전자를 "쳐다본다면", 즉 전자가 어느 쪽 구멍을 통해 나왔는지를 알려주는 어떤 장치를 만들어 놓았다면, 우리는 개개의 전자가 지나온 구멍을 알 수 있다. 그러나 전자가 가는 길을 전혀 교란시키지 않는다면(전자를 쳐다보지 않는다면), 그것이 어느 구멍을 통해 나왔는지 알 수가 없게 된다. 만일 누군가가 전자를 교란시키지 않고서도 통과해온 구멍을 알 수 있다고 주장하면서 이로부터 어떤 후속 논리를 진행시킨다면, 그는 틀림없이 잘못된 결론에 이르게 될 것이다. 자연을 올바르게 기술하려면, 이러한 '외줄타기식 논리'에 의존하는 수밖에 없다.

전자를 비롯한 모든 물질들이 파동적 성질을 갖는 게 사실이라면, 앞에서 총알을 대상으로 했던 실험은 어찌된 것일까? 그 경우에는 왜 간섭 무늬가 나타나지 않았던 것일까? 거기에는 그럴 만한 이유가 있다. 총알의 파장이 너무 짧아서 이들이 만드는 간섭 무늬가 너무 적게 나타났기 때문에 우리에게 감지되지 않았던 것이다. 즉 최대점과 최소점이 매우 촘촘하게 붙어 있기에 우리가 사용하는 둔감한 감지 장치로는 총알의 간섭 무늬를 확인할 길이 없다. 우리가 얻은 분포 곡선은 일종의 '평균적 결과'이며, 이것은 고전적인 확률 분포에 해당된다. 총알과 같은 거시적 규모의 물체로 실험했을 때 나타나는 결과는 대략 그림 37-5와 같다. 왼쪽에 제시된 그림 (a)는 양자 역학에 입각한 총알의 확률 분포도이다. 보다시피, 간섭에 의한 파동 무늬의 간격이 매우 촘촘하게 나타나 있다. 물론 이것은 상상으로 그린 그림이며, 실제의 감지기는 이 굴곡을 감지하지 못하고 그림 (b)처럼 완만한 분포 곡선을 우리에게 보여줄 것이다.

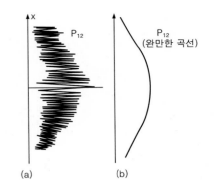

그림 37-5 총알에 의한 간섭 무늬
(a) 실제의 모습(개략적인 그림)
(b) 관측된 결과

37-7 양자 역학의 제1원리

지금까지 했던 일련의 실험으로부터 얻은 결론을 요약해보자. 지금부터 하는 이야기는 앞에서 했던 특정 실험뿐만 아니라 비슷한 유의 모든 실험에 일반적으로 적용된다. 우선, 우리의 실험에 영향을 줄 만한 외부의 요인들을 모두 차단할 수 있다고 가정하자. 이렇게 '이상적인 실험'을 가정하면 우리의 논리는 한층 더 간략하게 정리될 수 있다. 이상적인 실험이란 한마디로 "실험의 모든 초기 조건과 말기 조건이 완벽하게 규정될 수 있는 실험"을 말한다. 그리고 사건(event)이란 일반적으로 "초기 조건과 말기 조건의 집합"으로 정의된다(예를 들어, "전자가 총에서 발사되어 감지기에 도달하는 것"도 하나의 사건이다. 이 사건에서 전자는 감지기 이외의 다른 곳으로 도달하지 않는다). 이제 결론을 요약해보자.

요 약

(1) 이상적인 실험에서 임의의 사건이 일어날 확률은 확률 진폭이라 부르는 복소수 ϕ의 절대값의 제곱으로 주어진다.

$$P = 확률$$
$$\phi = 확률\ 진폭$$
$$P = |\phi|^2 \qquad (37.6)$$

(2) 하나의 사건이 여러 가지 방법으로 일어날 수 있는 경우, 이 사건에 대한 확률 진폭은 각각의 경우에 대한 확률 진폭을 더하여 얻어지며, 이때 간섭 현상이 일어난다.

$$\phi = \phi_1 + \phi_2$$
$$P = |\phi_1 + \phi_2|^2 \qquad (37.7)$$

(3) 위에서 말한 사건이 여러 가지 가능성 중 어떤 방법으로 일어났는지를 알아내는 실험을 한다면, 그 사건이 발생할 전체 확률은 개개의 방식으로 일어날 확률들을 더하여 얻어지며, 간섭은 일어나지 않는다.

$$P = P_1 + P_2 \qquad (37.8)$$

여러분은 아직도 심기가 불편할 것이다. "어떻게 그럴 수가 있단 말인가? 우리가 전자를 바라보고 있다는 것을, 생명체도 아닌 전자가 어떻게 알아챈다는 말인가? 그 배후에 숨어 있는 법칙은 무엇인가?" 배후의 법칙은 아직 아무도 찾아내지 못했다. 우리가 지금 제시한 것보다 더 자세한 설명을 할 수 있는 사람은 없다. 이 난처한 상황을 지금보다 더 논리적으로 이해하는 방법이 전혀 존재하지 않는 것이다.

이 시점에서, 고전 역학과 양자 역학 사이의 중요한 차이점을 강조하고자 한다. 지금까지 우리는 주어진 조건하에서 하나의 전자가 특정 위치에 도달할 확률을 생각해보았다. 그런데 왜 하필이면 확률인가? 더 정확한 예측을 할 수는 없는 것인가? 그렇다. 실험 기구의 주변 환경을 아무리 이상적으로 만든다 해도 (그리고 실험 기구가 제아무리 정밀하다 해도) 개개의 전자가 어디로 도달할 것인지를 정확하게 예측하는 방법은 없다. 우리는 오직 가능성(확률)만을 예측할 수 있을 뿐이다! 이것은 곧 현대 물리학이 어떤 정해진 환경하에서 앞으로 발생할 사건을 정확하게 예견하는 것을 포기해야 한다는 뜻이다. 그렇다! 물리학은 그것을 포기할 수밖에 없었다. 우리는 주어진 상황에서 앞으로 벌어질 일을 정확하게 예측할 수 없다. 그동안 수많은 실험과 경험적 사실로 미루어 볼 때, 이것은 분명한 사실이다. 우리가 알 수 있는 것은 오로지 확률뿐이다. 이로써 자연을 이해하려는 우리의 이상은 한 걸음 뒤로 물러나야 했다. 무언가 억울한 기분이 드는 것은 사실이지만, 어쩌겠는가? 불확정성 원리를 피해갈 방법이 없는 한, 우리는 이 안타까운 현실을 받아들여야만 한다.

지금까지 서술한 내용, 즉 '측정이라는 행위에 수반되는 한계'를 극복하기 위해 여러 가지 방법이 제안되었는데, 그중 한 가지를 소개해보겠다. "전자는 우리가 모르는 은밀한 내부 구조를 갖고 있을지도 모른다. 우리가 전자의 앞날을 예견하지 못하는 것은 아마도 이것 때문일 것이다. 만일 전자를 좀 더 가까운 곳에서 관측할 수만 있다면, 우리는 전자의 앞길을 정확하게 예측할 수 있을 것이다." 과연 그럴까? 지금까지 알려진 바에 의하면 이것 역시 불가능하다. 전자를 가까이서 본다 해도 난점은 여전히 남아 있다. 위에서 말한 대로, 전자의 앞길을 예측할 수 있는 모종의 내부 구조가 전자 속에 숨어 있다고 가정해보자. 그렇다면 이 내부 구조는 전자가 '어느 구멍으로 지나갈 것인지'도 결정해야 한다. 그러나 여기서 한 가지 명심해야 할 것이 있다. 우리가 실험 장치를 아무리 바꾼다 해도, 전자의 내부 구조는 변하지 않아야 한다. 즉, 우리가 두 개의 구멍들 중 하나를 막아놓았다고 해서 전자의 내부 구조가 달라질 이유는 없는 것이다. 그러므로 만일 전자가 총으로부터 발사된 직후에 (a)어느 구멍으로 지나갈지, 그리고 (b)어느 지점에 도달할 것인지를 이미 마음먹고 있었다면, 우리는 구멍 1을 선택한 전자의 확률 분포(P_1)와 구멍 2를 선택한 전자의 확률 분포(P_2)를 알 수 있으며, 감지기에 도달한 전자의 전체적 확률 분포는 $P_1 + P_2$로 결정되어야만 한다. 여기에는 이론의 여지가 있을 수 없다. 그러나 실제로 실험을 해보면 전혀 그렇지가 않다. 이것은 정말로 지독한 수수께끼여서, 아무도 이 문제를 풀지 못했으며 앞으로도 풀릴 가능성은 별로 없어 보인다. 지금의 우리는 그저 확률을 계산하는 것만으로 만족해야 한다. 사실 '지금'이라고 말은 하고 있지만, 이것은 아마도 영원히 걷어낼 수 없는 물리학의 굴레인 것 같다. 불확정성 원리는 인간의 지적

능력에 그어진 한계가 아니라, 자연 자체에 원래부터 내재되어 있는 본질이기 때문이다.

37-8 불확정성 원리

애초에 하이젠베르크는 불확정성 원리를 다음과 같이 설명했다. "어떤 물체의 운동량(더 정확하게는 운동량의 x성분) p를 측정할 때 오차의 한계를 Δp 이내로 줄일 수 있다면, 그 물체의 위치 x를 측정할 때 수반되는 오차(불확정도) Δx는 $h/\Delta p$보다 작아질 수 없다. 임의의 한 순간에 위치의 불확정도(Δx)와 운동량의 불확정도(Δp)를 곱한 값은 항상 h(플랑크 상수)보다 크다." — 이것은 앞에서 다루었던 '일반적인' 불확정성 원리의 특수한 경우에 해당된다. 이를 보다 일반적으로 서술한다면 다음과 같다 — "간섭 무늬를 소멸시키지 않으면서 전자가 어느 구멍을 지나왔는지를 확인하는 방법은 없다."

하이젠베르크의 불확정성 원리가 없었다면, 우리는 곧바로 난처한 상황에 직면했을 것이다. 한 가지 예를 들어서 그 이유를 설명하기로 한다. 그림 37-3의 실험 장치를 조금 수정하여, 그림 37-6과 같은 실험 장치를 만들었다고 가정해보자. 구멍이 뚫린 벽은 롤러에 물려 있어서, 아래위로(x방향으로) 자유롭게 이동할 수 있다. 이런 경우라면 이동용 벽의 운동 상태로부터 전자가 통과한 구멍을 식별해낼 수 있다. 감지기가 $x = 0$에 있을 때(그림 37-6과 같은 상황) 어떤 일이 일어나는지 상상해보라. 구멍 1을 통과한 전자가 감지기에 도달하려면 전자는 구멍 속에서 벽에 충돌하여 진행 경로가 아래쪽으로 굴절되어야 한다. 이 경우, 전자 운동량의 수직 성분에 변화가 생겼으므로 벽 자체의 운동량도 이와 반대쪽으로 같은 크기만큼 변해야 한다. 즉, 구멍이 뚫린 벽이 위쪽으로 조금 이동하게 되는 것이다. 이와 반대로 전자가 구멍 2를 통과한 경우, 벽은 아래쪽으로 충격을 받을 것이다. 그러므로 감지기가 어느 위치에 있건 간에, 전자가 구멍 1을 통과한 경우와 구멍 2를 통과한 경우, 판에 전달되는 운동량은 달라질 수밖에 없다. 맞다! 바로 이거다! 이 방법을 이용하면 전자를 전혀 교란시키지 않고서도 어느 쪽 구멍을 통과해왔는지 알 수 있을 것 같다.

그런데 한 가지 문제가 있다. 벽의 운동량이 얼마나 변했는지를 알기 위해서는 전자가 구멍을 통과하기 전에 벽의 운동량이 얼마였는지를 미리 알고 있어야 한다. 그래야 전자가 지나간 후의 운동량을 측정하여, 이 값에서 애초의 운동량을 뺌으로서 운동량의 변화를 구할 수 있기 때문이다. 그런데 불확정성 원리에 의하면 벽의 운동량을 정확하게 측정할수록 벽의 정확한 위치를 알 수가 없게 된다. 그리고 벽의 위치가 불분명하다는 것은 곧 두 개의 구멍이 나 있는 위치가 오차의 한계 이내에서 모호해진다는 뜻이다. 이렇게 되면 개개의 전자가 구멍을 통과할 때마다 구멍의 위치가 조금씩 달라지고, 이 요동으로 인해 간섭 무늬는 사라지게 된다. 벽의 운동량을 어느 한도 이내로 정

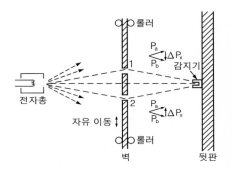

그림 37-6 벽의 되튐(recoil)을 고려하여 전자가 통과한 구멍을 식별하는 실험

확하게 측정했을 때, 이로부터 수반되는 위치의 오차(Δx)는 간섭 무늬의 극대값을 바로 옆의 극소 지점으로 이동시킬 만큼 크기 때문이다. 이에 관한 정량적인 계산은 다음 장에서 다루기로 하겠다.

불확정성 원리는 양자 역학을 유지시키는 일종의 보호 장치이다. 하이젠베르크는 "위치와 운동량을 매우 높은 정확도로 동시에 측정할 수 있다면 양자 역학은 붕괴된다"는 사실을 깊이 인식하여, 이것이 불가능할 수밖에 없다는 결론에 도달하였다. 불확정성 원리에 수긍할 수 없었던 많은 물리학자들은 어떻게든 반론을 제기하기 위해 여러 가지 물체를 대상으로 다양한 실험을 해보았지만, 위치와 운동량을 동시에 정확하게 측정하는 방법은 단 한 차례도 발견되지 않았다. 이렇듯 양자 역학은 정교한 '외줄타기식 논리'를 바탕으로 지금의 명성을 유지하고 있는 것이다.

CHAPTER 38
파동과 입자의 관계

38-1 파동의 확률 진폭

이 장에서는 파동성과 입자성의 상호 관계에 대해 알아보기로 한다. 입자설과 파동설이 모두 옳지 않다는 것은 37장에서 확인한 바 있다. 그동안 나는 물리학을 설명하면서 가능한 한 사실에 입각하여 정확하게 서술하려고 애를 써왔다. 앞으로 여러분이 공부를 더 하면 지금 배운 내용이 확장될 수는 있겠지만, 이론의 근간이 송두리째 흔들리는 대형사고는 거의 발생하지 않을 것이다. 그러나 불행하게도, 여기에는 한 가지 예외적인 분야가 있다. 입자와 파동의 특성을 깊이 파고들어가다 보면, 기존의 관념들을 모두 포기해야 한다. 이 장에서 강의될 내용은 부분적으로 직관에 의존하고 있기 때문에, 나중에 양자 역학을 제대로 배우게 되면 약간의 수정이 가해져야 한다. 이런 불편을 감수하면서 굳이 '틀린' 강의를 하는 이유는 지금 여러분에게 양자 역학을 강의하는 것이 무리라고 판단되기 때문이다. 양자 역학에 나오는 그 복잡한 수학을 배우기 전에, 우리가 이미 알고 있는 파동과 입자의 특성을 양자 역학과 연계하여 직관적으로 이해할 수 있다면 나중에 커다란 도움이 될 것이다.

양자 역학의 가장 큰 특징은 '발생 가능한 모든 사건의 확률'로 이 세계를 서술한다는 점이다. 예를 들어 하나의 입자가 발생하는 사건을 다루는 경우, 우리는 그 입자의 확률 진폭(probability amplitude)을 시간과 공간의 함수로 표현한다. 그리고 그 입자가 발견될 확률은 확률 진폭의 절대값 제곱에 비례한다. 일반적으로 입자가 발견될 확률은 시간과 공간의 좌표에 따라 달라진다.

확률 진폭은 시간과 공간에서 $e^{i(\omega t - k \cdot r)}$처럼 주기적인 값을 가질 수도 있다(이 진폭은 실수가 아니라 허수임을 상기하라). 여기서 ω는 진동수이고 $\mathbf{k}$는 파동수를 의미한다. 그런데 이것은 고전적으로 에너지 E를 갖고 있는 입자와 다음과 같은 식으로 연결된다.

$$E = \hbar \omega \tag{38.1}$$

입자의 운동량 $\mathbf{p}$와 파동수 $\mathbf{k}$도 다음과 같이 연결된다.

$$\mathbf{p} = \hbar \mathbf{k} \tag{38.2}$$

이 관계식은 입자 이론의 한계를 보여주고 있다. 정확한 위치와 운동량을 갖고 있는 '입자(particle)'라는 개념은 우리에게 매우 친숙하긴 하지만 어딘가

모자란 구석이 있다. 예를 들어 입자의 확률 진폭이 $e^{i(\omega t - k \cdot r)}$로 주어졌을 때, 입자가 발견될 확률을 구하기 위해 절대값의 제곱을 취하면 위치와 시간에 관계없는 상수가 얻어진다. 즉, 입자가 발견될 확률이 모든 지점에서 똑같다는 뜻이다. 이렇게 되면 입자가 어디에 있는지 알 방법이 없다. 입자의 위치에 엄청난 불확정성이 나타나는 것이다.

또는 입자의 위치가 어느 정도 알려져 있어서 특정 순간의 위치를 거의 정확하게 예견할 수 있는 경우라면 입자가 발견될 확률은 Δx 라는 영역 안에 국한된다. 이 영역 밖에서 입자가 발견될 확률은 0이다. 그런데 확률은 진폭의 절대값을 제곱한 양이므로 확률이 0이라는 것은 곧 진폭이 0임을 의미하며, 이것은 그림 38-1과 같이 길이가 Δx인 '파동 열차(wave train)'에 대응될 수 있다. 이 파동 열차의 파장은 입자의 운동량에 대응된다.

여기서 우리는 파동의 이상한 성질(양자 역학과는 아무런 관계도 없지만, 아무튼 이상한 성질)과 직면하게 된다. 그림 38-1과 같이 짧은 파동 열차에 대해서는 파장을 정확하게 정의할 수가 없다는 것이다! 정확한 파장을 정의할 수 없으면 파동수도 정확하게 정의할 수 없고, 따라서 운동량도 불분명해질 수밖에 없다.

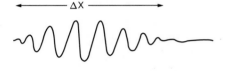

그림 38-1 Δx의 길이를 갖는 파동 묶음
(wave packet)

38-2 위치와 운동량의 측정

위치와 운동량의 상호 관계를 보여주는 간단한 예가 하나 있다. 조그만 구멍(슬릿)을 통해 입자가 빠져나오는 경우를 상상해보자.

이 입자는 아주 먼 거리에 있는 입자 발생기에서 빔의 형태로 출발하여, 슬릿에 도달할 때는 평행한 직선 궤적을 그리고 있다(그림 38-2). 우리가 관심을 가질 부분은 입자가 갖는 운동량의 수직 방향 성분이다. 고전적인 관점에서 본 입자의 수평 방향 운동량을 p_0라 하자. 이 입자는 슬릿에 도달하기 전까지는 위아래로 움직이지 않기 때문에 운동량의 수직 성분은 0이다. 이제, 이 입자가 폭 B인 구멍을 빠져나오면 입자의 y 방향 위치(위치 벡터의 y성분)는 $\pm B$의 오차 범위 이내에서 결정될 수 있다. 즉, 수직 방향 위치의 불확정성 Δy는 B와 거의 같은 차수를 갖는다(order of B). 구멍을 통과하기 전에 입자의 운동량은 수평 방향 성분밖에 없었으므로 구멍을 통과한 후에 나타나는 운동량의 수직 성분의 불확정성 Δp_y는 0이라고 말하고 싶겠지만, 사실은 그렇지 않다. 일단 구멍을 통과한 후에는 입자의 운동량이 수평 성분만 갖는다고 단언할 수가 없기 때문이다. 입자가 구멍을 통과하기 전에는 입자의 y좌표를 알 수 없었다(입자는 빔의 형태로 날아오고 있다). 그후, 입자가 좁은 구멍을 통과하면 그때 비로소 y좌표를 $\pm B$의 오차 범위 내에서 결정할 수 있다. 그러나 그때부터 운동량의 y성분에 관한 정보는 잃어버리게 된다! 왜 그럴까? 파동 이론에 의해 좁은 구멍에서 회절이 일어나기 때문이다. 이렇게 되면 입자는 더 이상 수평 방향으로 직선 운동을 하지 않고 여러 방향으로 흩어져서 0이 아닌 p_y를 갖게 된다. 구멍을 빠져나온 입자들을 감

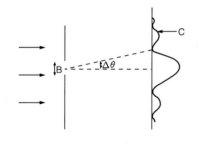

그림 38-2 좁은 구멍을 통과하는 입자의 회절

지기로 검출하여 각 위치에 도달한 개수를 세어보면 그림 38-2의 오른쪽과 같은 그래프가 얻어지는데, 중앙 부위의 피크와 그 옆에 나타나는 첫 번째 최소값 사이의 각도 $\Delta\theta$는 '각도의 불확정성'에 해당된다.

구멍을 통과한 입자들이 넓은 영역으로 퍼지는 이유는 무엇인가? 분포가 위아래로 나타난다는 것은, 입자의 운동량이 수직 방향의 성분을 갖는다는 뜻이다. 만일 입자가 그림 38-2의 C 지점에 도달했다면, 그것은 입자의 일부가 아니라 하나의 입자가 통째로 도달했다는 뜻이므로 고전적인 관점에서 볼 때 수직 방향으로 운동량을 갖고 있음이 분명하다.

운동량이 수직 방향으로 '퍼지는' 정도는 대략 $p_0\Delta\theta$와 같다. 그렇다면 $\Delta\theta$는 얼마나 되는가? 30장에서 계산했던 바와 같이, 구멍의 한쪽 모서리에서 첫 번째 최소 지점으로 도달하는 경로는 반대쪽 모서리에서 최소 지점으로 도달하는 경로보다 한 파장만큼 길다. 그러므로 $\Delta\theta = \lambda/B$이며 $\Delta p_y = p_0\lambda/B$이다. B를 더욱 작게 하여 입자의 위치에 정확성을 기할수록 회절 패턴은 더욱 넓게 퍼진다. 즉, B가 작아질수록 입자가 수직 방향의 운동량 성분을 가질 확률이 높아지는 것이다. 따라서 수직 방향 운동량의 불확정성은 수직 방향 위치 y의 불확정성과 반비례 관계에 있다. 실제로 이 두 개의 불확정성을 곱한 값은 $p_0\lambda$이다. 그런데 λ는 파장이고 p_0는 운동량이므로 양자 역학의 법칙에 의하면 이들을 곱한 값은 플랑크 상수 h와 같다. 그러므로 운동량의 수직 성분과 위치의 수직 성분 사이에 다음과 같은 불확정성이 존재한다는 것을 알 수 있다.

$$\Delta y \Delta p_y \approx h \tag{38.3}$$

어떠한 측정 장비를 동원한다 해도, y좌표의 불확정성 Δy를 $h/\Delta p_y$보다 작게 줄일 수는 없다. 그리고 입자의 수직 방향 운동량의 불확정성 Δp_y도 $h/\Delta y$보다 항상 크게 나타난다.

개중에는 양자 역학이 틀렸다고 주장하는 사람들도 있다. 입자가 구멍을 통과하기 전에는 운동량의 수직 성분이 0이었고 구멍을 통과할 때에는 입자의 위치가 정확하게 결정되므로, 이 정보를 잘 조합하면 위치와 운동량을 추호의 오차도 없이 정확하게 결정할 수 있을 것 같기도 하다. 사실, 입자가 구멍에 도달하면 현재의 위치는 정확하게 파악되는 셈이고, 과거의 운동량도 쉽게 알아낼 수 있다. 그러나 식 (38.3)이 의미하는 것은 과거의 정보가 아니라, 위치와 운동량을 정확하게 **예측할 수 없다**는 뜻이다. 그러므로 "나는 입자가 구멍을 통과하기 전에 운동량이 얼마였는지 정확하게 알고 있고, 지금 막 구멍에 도달한 입자의 위치도 알고 있다"고 해도 불확정성은 사라지지 않는다. 입자가 좁은 구멍을 통과하는 순간, 운동량에 관한 정보가 증발해버리기 때문이다. 우리의 관심은 과거의 정보를 재확인하는 이론이 아니라, 앞으로 일어날 일들을 '예측하는' 이론이다.

이와는 조금 다른 방법으로 한 가지 실험을 더 해보자. 앞의 실험에서 고려된 입자의 운동량은 속도의 방향과 각도 등으로부터 결정되는 고전적인 개

넘의 운동량이었다. 그러나 운동량은 식 (38.2)를 통해 파동수와도 관계되어 있으므로, 운동량을 측정하는 다른 방법이 있을 것이다. 지금부터 파동의 파장으로부터 입자의 운동량을 결정해보자.

여기, 여러 개의 줄무늬 홈이 새겨진 회절 격자에 입자 빔이 발사되고 있다(그림 38-3). 입사 입자들이 정확한 운동량을 갖고 있다면, 이들이 회절을 일으킨 결과는 어떤 특정 방향에서 집중적으로 검출될 것이다. 이때 운동량의 정확도는 회절 격자의 분해능에 의해 좌우되는데, 이 내용은 30장에서 이미 설명한 바 있다. 격자의 줄무늬 개수를 N 이라 하고 회절 무늬의 차수(order)를 m 이라 했을 때 파장의 상대적 불확정성 $\Delta\lambda/\lambda$ 는 다음과 같다(식 30.9 참조).

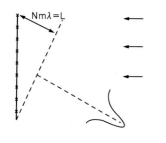

그림 38-3 회절 격자를 이용한 운동량의 측정

$$\Delta\lambda/\lambda = 1/Nm \tag{38.4}$$

식 (38.4)는 다음과 같이 변형될 수 있다.

$$\Delta\lambda/\lambda^2 = 1/Nm\lambda = 1/L \tag{38.5}$$

여기서 L 은 격자의 제일 윗부분에서 반사된 입자가 진행한 거리와 격자의 제일 아래 부분에서 반사된 입자가 진행한 거리의 차이이다(그림 38-3). 격자의 제일 아래 부분에서 반사된 파동이 제일 먼저 도달한 후 그 위에서 반사된 파동들이 순차적으로 도달하며, 격자의 제일 윗부분에서 반사된 빛은 처음 도달한 빛과 L 만큼의 경로차를 갖게 된다. 그러므로 식 (38.4)의 불확정성 이내에서 감지기의 스펙트럼에 선명한 선이 나타나려면 파동 열차의 길이가 적어도 L 보다 길어야 한다. 파동 열차의 길이가 지나치게 짧으면 스펙트럼을 형성하는 파동들이 격자의 전체가 아닌 일부분에서 반사되었다는 뜻이며, 이 경우에 스펙트럼은 가느다란 선을 형성하지 않고 넓은 각도에 걸쳐 퍼지게 된다. 가느다란 선을 얻으려면 격자의 모든 부분을 사용해야 한다. 그래야 모든 파동 열차들이 회절 격자의 모든 지점에서 동시에 산란될 수 있기 때문이다. 따라서 파장의 불확정성이 식 (38.5)보다 작아지려면 파동 열차의 길이는 L 이상이 되어야 한다. 그런데

$$\Delta\lambda/\lambda^2 = \Delta(1/\lambda) = \Delta k/2\pi \tag{38.6}$$

이므로

$$\Delta k = 2\pi/L \tag{38.7}$$

이다. 여기서 L 은 파동 열차의 길이이다.

이는 곧 파동 열차의 길이가 L 보다 짧으면 파동수의 불확정성이 $2\pi/L$ 보다 커진다는 것을 의미한다. 또는 파동수의 불확정성과 파동 열차의 길이 Δx 를 곱한 값이 항상 2π 보다 크다는 것을 의미하기도 한다. 파동 열차의 길이를 Δx 로 표현하는 이유는 이것이 바로 입자의 위치가 갖는 불확정성에 해당되기 때문이다. 파동 열차의 길이가 유한하다는 것은 입자의 위치를 Δx 의 불확정성 이내에서 결정할 수 있다는 뜻이다. 파동 열차의 길이와 파동수

의 불확정성을 곱한 값이 적어도 2π보다 크다는 것은 이 분야를 연구하는 사람이라면 누구나 알고 있는 사실이다. 이것은 양자 역학과 아무런 관계도 없으며, 그저 "길이가 유한한 파동 열차의 파동수는 정확하게 정의될 수 없다"는 사실을 말해주고 있을 뿐이다. 여기에 담긴 의미를 다른 방법으로 찾아보자.

여기, 길이가 L인 파동 열차가 있다. 파동 열차는 그림 38-1과 같이 가장자리로 갈수록 진폭이 감소하므로, L 안에 들어 있는 파동의 수를 헤아리면 ± 1 정도의 오차가 발생할 것이다. 그런데 이 파동 열차의 파동수는 $kL/2\pi$이므로, 결국 k에 불확정성이 존재하게 되고 그 결과는 식 (38.7)과 일치한다. 이것은 양자 역학적 결과가 아니라 단지 파동 특유의 성질일 뿐이다. 단위 시간당 파동의 진동수를 ω라 하고 파동 열차가 지속되는 시간을 T라 했을 때, 진동수의 불확정성과 T 사이에도 다음의 관계가 성립한다.

$$\Delta\omega = 2\pi/T \qquad (38.8)$$

이 모든 것은 파동이 갖는 고유한 성질로서, 음파 이론 등에 유용하게 사용되고 있다.

양자 역학에서 파동수는, $p = \hbar k$의 관계를 통해 입자의 운동량으로 해석된다. 따라서 식 (38.7)로부터 $\Delta p \approx h/\Delta x$임을 알 수 있다. 이것이 바로 고전적인 운동량의 한계이다. '입자의 운동량'이라는 고전적인 개념을 고집한다면 이 관계를 이해할 방법이 없다(입자를 파동으로 설명할 때에도 이와 비슷한 한계에 부딪힌다!).

38-3 결정(crystal)에 의한 회절

입자가 결정면에서 반사되는 경우를 생각해보자. 결정이란, 비슷한 원자들이 어떤 일정한 규칙에 따라 배열되어 있는 구조를 말한다. 여기서 우리의 질문은 다음과 같다—빛(X-선)이나 전자, 중성자 등의 입자들을 결정면에 입사시켰을 때, 이들이 어떤 특정 방향에서 집중적으로 검출되려면 결정을 어느 방향으로 세팅시켜야 하는가? 한 지점에서 반사가 강하게 일어나려면 원자에 의해 산란된 파동들의 위상이 모두 같아야 한다. 위상이 같은 파동과 정반대인 파동이 같은 정도로 섞인다면 검출기에는 아무 것도 나타나지 않는다. 이 내용은 앞에서 이미 설명한 적이 있는데, 대략적인 상황은 그림 38-4와 같다.

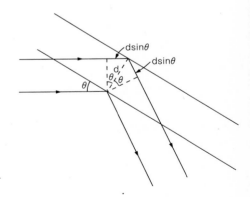

그림 38-4 결정면에 의한 파동의 산란

그림 38-4와 같이 두 개의 평행한 결정면에서 산란이 일어나는 경우, 두 파동의 경로차가 파장의 정수배일 때 검출기에 강한 신호가 나타난다. 두 결정면 사이의 거리를 d라 하면 경로차는 $2d\sin\theta$이므로, 보강 간섭이 일어날 조건은 다음과 같다.

$$2d\sin\theta = n\lambda \quad (n = 1, 2, \cdots) \qquad (38.9)$$

예를 들어, 결정면이 식 (38.9)의 $n = 1$인 경우에 해당된다면 반사된 방향에서 강한 신호가 잡힐 것이다. 그러나 두 결정면의 중간 지점에 성질이 똑같은 또 하나의 결정면이 있었다면, 여기서 산란된 파동이 다른 파동과 간섭을 일으켜 아무런 신호도 잡히지 않을 것이다. 그러므로 식 (38.9)의 d는 '바로 이웃한 결정면까지의 거리'로 잡아야 한다. 몇 층의 간격을 두고 떨어져 있는 두 결정면에 대해서는 이 식을 적용할 수 없다!

실제로 결정체 안에 들어 있는 원자들은 단순한 패턴이 반복되는 식으로 간단하게 배열되어 있지 않다. 2차원 평면을 예로 든다면 결정체의 원자들은 마치 벽지처럼, 복잡한 '무늬'가 사방으로 반복되는 구조를 갖고 있다. 이때 나타나는 하나의 무늬를 '단위 세포(unit cell)'라 한다.

무늬가 반복되는 기본 패턴을 '격자꼴(lattice type)'이라 하는데, 이것은 빛이나 입자가 반사되어 나타나는 분포의 대칭성으로부터 쉽게 짐작할 수 있다. 그러나 격자를 구성하고 있는 입자의 특성까지 알고자 한다면, 다양한 방향으로 나타나는 산란의 강도(intensity)까지 알아야 한다. 다시 말해서, 산란되는 방향은 격자의 형태에 의해 좌우되고 산란되는 강도는 단위 세포의 특성에 따라 달라진다. 대부분의 결정 구조는 이 두 가지 방법으로 알아낼 수 있다.

암염(岩鹽, rock salt)과 미오글로빈(myoglobin, 산소를 저장하는 단백질)을 대상으로 X-선 산란 실험을 한 결과가 그림 38-5와 38-6에 각각 나와 있다.

이웃한 결정 평면 사이의 거리가 $\lambda/2$보다 가까우면 재미있는 현상이 일어난다. 이 경우에는 식 (38.9)를 만족하는 n이 존재하지 않기 때문에, 빛(또는 다른 입사 입자)이 결정면에서 반사되지 않고 그대로 통과한다. 따라서 결정면들 사이의 간격보다 파장이 훨씬 긴 빛을 쪼이면 결정면에 의한 반사 무늬가 나타나지 않는다.

이 현상은 원자로에서 발생하는 중성자에서도 나타난다. 핵분열 과정에서 생성되는 중성자는 기다란 흑연(제어봉) 속으로 흡수되는데, 그 속에서 중성자는 여러 원자들에 의해 산란되면서 사방으로 퍼져나간다(그림 38-7). 이때 제어봉의 길이가 충분히 길면 봉의 끝을 통해서 밖으로 나오는 중성자는 매우 긴 파장을 갖게 된다! 이 근처에 감지기를 설치하여 중성자의 개수와 파장 사이의 관계를 추적해보면 그림 38-8과 같은 그래프가 얻어진다. 즉, 제어봉의 끝을 통해서 밖으로 나오는 중성자의 파장은 어떤 특정값(λ_{min})보다 항상 크다는 것을 알 수 있다. 다시 말해서, 속도가 느린 중성자들만이 도중에 산란되거나 회절되지 않고 제어봉의 끝까지 도달한다는 뜻이다. 중성자를 비롯한 여러 입자들의 파동적 성질을 보여주는 사례는 이것 말고도 여러 가지가 있다.

38-4 원자의 크기

식 (38.3)의 불확정성 원리를 이용하여 원자의 크기를 계산해보자. 이 논리는 딱히 틀린 곳은 없지만 정확한 값을 얻을 수 있는 방법이 아니므로 결

그림 38-5

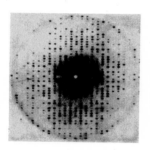

그림 38-6

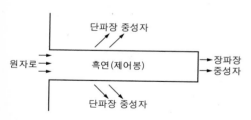

그림 38-7 원자로에서 생성된 중성자는 흑연(제어봉)의 내부를 관통한다.

과를 심각하게 받아들일 필요는 없다. 고전적으로 생각해보면, 원자에 속해 있는 전자는 가속 운동(원운동)을 하고 있으므로 전자기파를 방출하면서 나선형 궤적을 그리다가 결국 원자핵 속으로 빨려 들어가야 한다. 그러나 양자 역학적으로는 전자의 위치와 속도 사이에 어떤 불확정성이 존재하기 때문에 이런 일은 일어나지 않는다.

수소 원자에 속해 있는 전자의 위치를 측정한다고 상상해보자. 사실, 우리는 전자의 위치를 정확하게 결정할 수 없다. 만일 전자의 위치가 아무런 오차 없이 정확하게 결정된다면 운동량의 오차(불확정성)는 무한대가 되기 때문이다. 우리가 전자를 들여다볼 때마다 그것은 어딘가에 분명히 존재하겠지만, 우리는 임의의 시간에 전자의 위치를 한 점으로 결정할 수 없고 각 위치에 존재할 확률만을 알 수 있다. 이 확률이 존재하는 구간, 즉 전자가 존재할 확률이 0이 아닌 구간의 폭을 a라 하면, 이 값은 원자핵과 전자 사이의 거리로 이해할 수 있다. 이제, 원자의 총 에너지가 최소값을 가진다는 조건으로부터 a의 값을 결정해보자.

식 (38.3)에 의하면 운동량의 불확정성은 대략 $\hbar/a$이다. 전자는 한 자리에 정지해 있지 않으므로, X-선 산란 등을 이용하여 전자의 운동량을 측정해보면 $p \approx \hbar/a$가 얻어질 것이다. 따라서 전자의 운동 에너지는 대략 $\frac{1}{2}mv^2 = p^2/2m = \hbar^2/2ma^2$임을 알 수 있다. (어떤 의미에서, 이것은 전자의 운동 에너지가 플랑크 상수와 전자의 질량, 그리고 원자의 크기에 의존한다는 사실을 알려주는 일종의 '차원 분석'이라고 할 수 있다. 그러므로 우리의 계산에 2, π 등과 같은 상수를 따로 고려할 필요는 없다. 원자의 크기라고 정의했던 a 역시 이런 상수들에 영향을 받을 만큼 정확하게 정의되지 않았다.) 한편, 전자의 위치 에너지는 $-e^2/a$인데, 여기서 e^2은 전자의 전하를 제곱하여 $4\pi\varepsilon_0$로 나눈 값이다. 여기서 우리가 주목할 점은 a가 작을수록 위치 에너지는 작아지지만 불확정성 원리에 의해 운동량이 커지고, 따라서 운동 에너지가 증가한다는 사실이다. 전자의 총 에너지는

$$E = \hbar^2/2ma^2 - e^2/a \tag{38.10}$$

이다. 우리는 아직 a의 값을 알지 못하지만, 원자가 총 에너지를 최소화시키는 쪽으로 배열되어 있다는 사실은 알고 있다. E의 최소값을 구하기 위해 E를 a로 미분하면

$$dE/da = -\hbar^2/ma^3 + e^2/a^2 \tag{38.11}$$

이 된다. 여기에 $dE/da = 0$이라는 조건을 부과하면

$$a_0 = \hbar^2/me^2 = 0.528 \text{ angstrom} = 0.528 \times 10^{-10} \text{ meter} \tag{38.12}$$

를 얻는다. 이 값이 바로 그 유명한 '보어 반지름(Bohr radius)'으로서, 이로부터 우리는 원자의 반지름이 거의 Å 단위임을 알 수 있다. 원자의 크기에 관한 아무런 실마리도 없이, 오로지 불확정성 원리 하나만으로 원자의 크기를 이 정도로 짐작할 수 있다는 것은 실로 놀라운 일이다! 고전적으로는 원자의

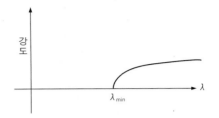

그림 38-8 흑연 제어봉의 끝을 통해 밖으로 나오는 중성자의 개수와 파장 사이의 관계

구조를 이해할 방법이 없다. 고전 전자기학에 의하면 전자는 핵의 중심부로 빨려 들어가야 하기 때문이다.

식 (38.12)에서 구한 a_0를 식 (38.10)에 대입하면 원자의 에너지를 구할 수 있다.

$$E_0 = -e^2/2a_0 = -me^4/2\hbar^2 = -13.6\,\text{ev} \tag{38.13}$$

보다시피 전자의 에너지는 음수이다. 이건 또 무슨 뜻일까? 전자가 혼자 자유롭게 돌아다닐 때보다 원자 안에 구속되어 있을 때 에너지가 더 작다는 뜻이다. 이러한 상태를 '속박된 상태(bounded state)'라 한다. 속박된 전자가 자유롭게 풀려나려면 외부로부터 에너지를 공급받아야 한다. 따라서 수소 원자를 이온화시키는 데 필요한 에너지는 식 (38.13)으로부터 13.6ev임을 알 수 있다. 앞서 지적한 대로 이 계산의 정확도는 대충 자릿수만 맞는 수준이므로 여기에 2, 3, 1/2, 또는 $1/\pi$ 등의 상수가 누락되었을지도 모른다. 그러나 나는 이미 알고 있는 지식을 사용하여 답이 크게 틀리지 않도록 약간의 술수를 부렸다. 식 (38.13)의 E_0는 '리드베리 에너지(Rydberg energy)'로서, 수소 원자를 이온화시키는 데 필요한 에너지이다.

우리가 마룻바닥을 걷고 있을 때 바닥 아래로 빠지지 않는 이유가 바로 이것이다! 신발바닥을 이루고 있는 원자들과 마룻바닥의 원자들이 서로 밀쳐내고 있기 때문에 아래로 빠지지 않는 것이다. 원자들 사이의 거리를 아주 가깝게 좁혀서 좁은 영역 안에 국한시키면 불확정성 원리에 의해 운동량이 커지고 그 결과로 운동 에너지가 증가하여 서로 밀쳐내는 효과가 나타난다. 원자들이 압축에 저항하는 성질은 순전히 양자 역학적인 결과이며 고전적으로는 이 현상을 설명할 방법이 없다. 고전적으로는 전자와 원자핵이 한데 붙었을 때 원자의 에너지가 가장 작다. 그래서 과거에는 원자론 자체가 커다란 수수께끼였으며, 이 난제를 해결하기 위해 별의별 모델이 다 도입되었었다. 그러나 지금 우리는 원자의 붕괴를 걱정할 필요가 없다. 불확정성 원리가 적용되는 한, 모든 원자들은 지금의 모습을 유지할 것이기 때문이다.

지금 당장은 이 현상을 이해할 논리가 없긴 하지만, 전자들은 서로 밀쳐내는 성질을 갖고 있다. 하나의 전자가 어떤 공간을 점유하고 있으면 다른 전자들은 같은 지점에 놓일 수 없다. 좀더 정확하게 말하자면, 스핀이 다른 두 개의 전자들만이 같은 공간을 점유할 수 있다. 일단 두 개의 전자가 특정 공간을 점유하고 있으면 거기에 다른 전자가 추가될 여지는 없어진다. 대부분의 물체들이 견고한 구조를 유지하고 있는 것은 바로 이런 이유 때문이다. 만일 여러 개의 전자를 한 지점에 모을 수 있다면 그 지점의 밀도는 훨씬 더 커질 것이다. 그러나 전자들은 서로 '올라 탈' 수 없기 때문에 지금과 같은 주기율표를 따라 견고한 물체들이 존재하게 된 것이다.

그러므로 물질의 세부 구조를 더욱 정확하게 이해하려면 고전 역학에 만족하지 말고 양자 역학으로 관심을 돌려야 한다.

38-5 에너지 준위

방금 우리는 원자가 최소한의 에너지를 갖는다는 조건하에서 원자의 크기를 계산하였다. 그러나 원자는 항상 최소 에너지 상태에 있는 것이 아니라 끊임없이 꼼지락거리면서 에너지가 더 높은 상태를 오락가락하고 있다. 양자 역학에 의하면 정상 상태의 원자는 명확한 양의 에너지를 갖고 있다. 원자에 속박되지 않은 전자, 즉 자유 전자는 어떤 에너지도 가질 수 있지만 속박된 전자는 그림 38-9와 같이 어떤 특정한 값의 에너지만을 가질 수 있다.

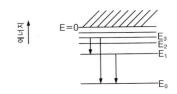

그림 38-9 원자가 가질 수 있는 에너지 준위. 이들 중 몇 개의 가능한 전이(transition)가 화살표로 표시되어 있다.

원자가 가질 수 있는 에너지 값을 각각 E_0, E_1, E_2, E_3라 하자. 만일 원자가 초기에 E_1이나 E_2 등 '들뜬 상태(excited state)'에 있었다면 원자는 이 상태를 오래 지속하지 못하고 빛을 방출하면서 낮은 에너지 상태로 전이된다. 이때 방출되는 빛의 진동수는 에너지 보존 법칙과 '에너지와 빛의 진동수 사이의 양자 역학적 관계'를 말해주는 식 (38.1)에 의해 결정된다. 그러므로 원자가 E_3에서 E_1으로 전이되면서 방출하는 빛의 진동수는 다음과 같다.

$$\omega_{31} = (E_3 - E_1)/\hbar \tag{38.14}$$

이 값은 원자 특유의 진동수로서, 각 원자마다 다른 값을 갖는다. E_3에서 E_0로 전이될 때 방출하는 빛의 진동수는

$$\omega_{30} = (E_3 - E_0)/\hbar \tag{38.15}$$

이며, E_1에서 E_0로 전이될 때 방출하는 빛의 진동수는

$$\omega_{10} = (E_1 - E_0)/\hbar \tag{38.16}$$

이다. 보기에도 뻔한 세 개의 식을 굳이 나열한 이유는 이들 사이의 흥미로운 관계를 보여주기 위해서이다. 식 (38.14)와 (38.15), (38.16)을 잘 조합하면

$$\omega_{30} = \omega_{31} + \omega_{10} \tag{38.17}$$

이 성립함을 알 수 있다. 하나의 원자에서 두 개의 스펙트럼 선이 발견되었다면, 우리는 두 진동수의 합(또는 차)에 해당되는 또 하나의 스펙트럼 선을 찾을 수 있다. 일반적으로, 모든 스펙트럼 선의 진동수는 다른 두 스펙트럼 선의 진동수의 차이로 나타낼 수 있다. 이 놀라운 사실은 양자 역학이 발견되기 전부터 '리츠의 결합 법칙(Ritz combination principle)'이라는 이름으로 이미 알려져 있었는데, 물론 당시에는 그 원인을 아무도 알지 못했다. 그러나 지금 우리는 모든 것을 정확하게 알고 있으므로, 고전적인 해설을 굳이 나열할 필요는 없을 것이다.

앞에서 우리는 확률 진폭으로 표현되는 양자 역학의 체계를 잠시 논한 적이 있다. 확률 진폭은 진동수와 파동수 등 파동적 성질을 갖고 있다는 사실도 이미 알고 있다. 그렇다면 확률 진폭의 관점에서 볼 때 원자가 명확한 에너지 상태를 갖는다는 것을 어떻게 이해할 수 있을까? 정확한 이유는 아직 설명할 단계가 아니지만, 일정 영역 안에 갇혀 있는 파동이 명확한 진동수를 갖는다는 사실을 이용하면 양자 역학을 동원하지 않고도 이해할 수 있을 것

같다. 예를 들어, 오르간의 파이프에 갇혀 있는 음파는 여러 가지 형태로 진동할 수 있지만 각각의 진동은 명확한 진동수를 갖고 있다. 그러므로 파동을 내포하고 있는 물체는 어떤 공명 진동수를 갖고 있을 것이다. 즉, 특정 영역에 갇혀 있는 파동은 명확한 진동수로 진동한다는 것이다. 확률 진폭의 진동수와 에너지는 서로 긴밀한 관계에 있으므로, 원자에 속박된 전자가 명확한 에너지를 갖는다는 것은 그다지 놀라운 일이 아니다.

38-6 철학적 의미

지금부터 양자 역학에 담겨 있는 철학적 의미를 살펴보자. 철학을 논하다 보면 늘 그렇듯이, 이 과정에는 두 가지 문제가 대두된다. 하나는 물리학의 철학적 의미에 관한 것이고, 나머지 하나는 철학적 의미를 다른 분야에 적용하는 것이다. 철학적 아이디어를 과학에 접목시켜서 다른 분야로 가져가면 원래의 문제가 완전히 변형되어서 대체 뭔 소리를 하는지 알아들을 수 없는 경우가 태반이다. 그러므로 우리는 가능한 한 물리학의 범주를 넘지 않는 한도 내에서 철학적 의미를 따져보기로 하자.

양자 역학에서 사람들의 관심을 가장 많이 끄는 부분은 측정 행위가 결과에 영향을 준다는 '불확정성 원리(uncertainty principle)'이다. 무언가를 측정할 때 오차가 생기는 것은 당연한 일이지만, 여기서 말하는 불확정성은 가장 이상적인 환경에서 측정을 한다 해도 결코 0으로 줄일 수 없는 오차를 의미한다. 우리는 어떤 현상을 관측할 때 어쩔 수 없이 관측 대상을 교란시키게 되고, 또 관측 대상이 교란되어야 타당한 관점을 확보할 수 있다. 양자 역학이 태동하기 전에도 관측자가 중요하게 취급되는 경우가 가끔 있었지만, 그다지 심각한 상황은 아니었다. 그때 제기되었던 문제는 이런 것이다—숲 속에서 거대한 나무가 쓰러질 때, 그 주변에 사람이 아무도 없다면 과연 소리가 날 것인가? 물론, '진짜' 숲에서 '진짜' 나무가 쓰러진다면 사람이 없어도 소리가 난다. 소리를 들어줄 생명체가 그 주변에 없다 해도 어떤 형태로든 소리의 흔적이 남을 것이기 때문이다. 공기의 진동으로 인해 나뭇잎이 흔들리고 그 잎이 나무 가시에 긁혀서 찢어질 수도 있다. 이것은 나뭇잎이 흔들렸다는 가정을 세우지 않으면 설명할 수 없는 현상이다. 그러므로 소리가 직접 들리지 않았다 해도 그곳에 소리가 '있었다'는 증거는 얼마든지 찾을 수 있다. "하지만 소리는 들리지 않았잖아요?"라고 따지고 싶은 사람도 있을 것이다. 그렇다. 소리를 들어줄 생명체가 없으면 당연히 소리는 들리지 않는다. 그러나 소리가 '들린다'는 것은 인간의(또는 생명체의) 감각에 관한 문제이다. 그 근처를 지나가는 개미가 소리를 들을 수 있는지, 또는 나무들도 소리를 들을 수 있는지, 그것은 아무도 알 수 없다. 이 문제는 이 정도로 해두자.

양자 역학으로부터 야기된 또 하나의 문제는 다음과 같다. "관측할 수 없는 대상을 논하는 것이 과연 의미가 있는가?" 양자 역학은 단호히 '의미가 없다!'고 말한다(사실, 상대성 이론도 어느 면에서 이와 비슷한 주장을 하고 있다). 실험을 통해 정의될 수 없는 것은 이론을 구축해도 아무 소용이 없다는 것이다. 물론 이것은 위치와 운동량을 동시에 정확하게 측정할 수 없다고 해서 그것에 대해 '언급할 수 없다'는 뜻은 아니다. 그보다는 위치와 운동량의 정확한 값을 '언급할 필요가 없다'는 뜻에 더 가깝다. 그러므로 지금의 과학이 처한 상황은 다음과 같다—측정될 수 없거나 실험을 통해 언급될 수 없는 개념이나 아이디어는 유용할 수도 있고 그렇지 않을 수도 있다. 이런 것들은 이론에 포함시킬 필요가 없다. 고전 역학적 세계와 양자 역학적 세계를 비교한 결과, 물체의 위치와 운동량을 동시에 정확하게 측정할 수 없다는 것이 사실로 판명되었다고 하자. 그렇다면 입자의 **정확한 위치**와 **정확한 운동량**이라는 개념은 과연 옳은 것인가? 고전 이론은 옳다고 여기는 반면, 양자 역학은 옳지 않음을 주장하고 있다. 물론 그렇다고 해서 고전 물리학이 틀렸다는 뜻은 아니다. 양자 역학이 처음 발견되었을 때 고전 이론에 집착하는 사람들(사실, 하이젠베르크와 슈뢰딩거, 그리고 보어를 제외한 모든 사람들이 이 부류에 속했다)은 다음과 같은 질문을 제기했다. "당신의 이론은 별로 쓸모가 없습니다. 왜냐구요? 그 이론은 '지금 입자는 정확하게 어느 위치에 있는가?' 또는 '입자는 어느 구멍을 통과했는가?' 등의 질문에 대답을 할 수 없잖습니까?" 하이젠베르크는 이렇게 대답했다. "저는 그 질문에 대답할 필요가 없다고 생각합니다. 왜냐하면 당신은 그 질문을 실험적으로 제기할 수 없기 때문입니다." 언뜻 듣기에는 말장난 같지만 여기에는 심오한 뜻이 담겨 있다. 예를 들어, 여기 두 개의 이론 (a)와 (b)가 있다고 하자. (a)는 직접 확인할 수 없지만 분석에 필요한 개념을 포함하는 이론이고 (b)는 그 개념을 포함하지 않는 이론이다. 만일 두 개의 이론이 서로 다른 예측을 내놓았다면, (a)에는 있는 것이 (b)에 없다는 이유로 (b)가 틀렸다고 주장할 수는 없다. 왜냐하면 (a)가 갖고 있는 아이디어는 실험적으로 확인할 수 없기 때문이다. 어떤 아이디어들이 직접 확인될 수 없는지를 미리 알아두는 것은 물론 좋은 일이지만, 이들을 이론에서 모두 제외시킬 필요는 없다. 실험적으로 확인 가능한 개념만을 사용해야 완전한 과학을 구축할 수 있다는 생각은 옳지 않다.

양자 역학에는 확률 진폭을 나타내는 파동 함수와 위치 에너지를 비롯하여 측정 가능한 많은 개념들이 등장한다. 과학의 가장 근본적인 역할은 무언가를 예견하는 것이다. 그리고 무언가를 예견한다는 것은 앞으로 실험을 했을 때 얻어질 값들을 미리 알아낼 수 있음을 의미한다. 이런 일이 어떻게 가능할까? 실험과 상관없이 '그곳에 무엇이 있는지 우리는 알고 있다'는 것을 가정함으로써 가능해진다. 우리는 아직 실험이 행해지지 않은 곳에 나타날 결과들을 기존의 실험 결과로 추측해야 한다. 기존의 개념이 제대로 통하는지 아직 확인되지 않은 곳에 그 개념을 적용해야 무언가를 예측할 수 있는 것이다. 이런 행위가 없으면 물리적인 예측도 있을 수 없다. 그러므로 고전 물리학자들이 야구공과 같은 거시적 물체에 적용되던 위치의 개념을 전자에도 적용하려고 했던 것은 지극히 당연한 발상이었다. 그 시도에는 아무런 하자가 없다. 심각하게 잘못된 상황에 처하기 전까지는 지금 우리가 얼마나 잘못된 길로 가고 있는지 알 수가 없으므로, 우리는 새로운 신천지를 찾아서 기존의 아이디어를 적용해봐야 한다. 그리고 무언가가 잘못되었음을 알아내는 유일한 방법은 무언가를 예측해보는 것이다. 이것은 새로운 이론을 구축하는 데 반드시 필요한 과정이다.

우리는 앞에서 양자 역학의 '결정 불가능성'에 대하여 이미 논한 적이 있다. 우리가 아무리 물리적 환경을 잘 꾸며놓는다 해도, 앞으로 일어날 일을 정확하게 예견하는 것은 불가능하다. 들뜬 상태에 있는 원자가 광자를 방출한다는 사실은 알고 있지만, 그것이 '언제' 광자를 방출할지는 아무도 알 수 없다. 우리는 매 시간마다 광자가 방출될 확률만을 알 수 있을 뿐이다. 우리는 미래를 정확하게 예측할 수 없다. 자연의 이러한 성질은 불확실한 세계와 인간의 자유 의지에 관하여 수많은 의문과 넌센스를 야기시켰다.

어떤 의미에서 보면 고전 물리학도 불확실하기는 마찬가지다. 미래를 예측하지 못하는 불확실성은 양자 역학의 중요한 부분으로서 마음과 느낌, 자유 의지 등의 행동 양식을 설명해줄 수도 있다. 그러나 만일 이 세계가 고전적이라면(역학의 법칙들이 고전적이라면) 우리의 마음이 지금과 같은 느낌을 갖게 될 것인지는 분명하지 않다. 고전적으로는, 이 세계를 이루는 모든 입자들의 위치와 속도를 알고 있다면 앞으로 발생할 사건을 정확하게 예측할 수 있다. 그러므로 고전적인 세계는 결정론적인 세계이다. 그런데 10억분의 1의 오차 이내에서 위치가 알려져 있는 어떤 원자가 다른 원자와 충돌하여 흩어졌다면, 위치에 관한 오차의 한계는 더욱 커진다. 이런 충돌이 몇 차례만 반복되면 오차는 걷잡을 수 없을 정도로 커질 것이다. 예를 하나 들어보자. 흐르는 물이 댐에서 떨어지면 사방으로 튀어나간다. 이때 물의 낙하 지점 근처에 서 있으면 우리의 코를 향해 계속해서 물이 튀어올 것이다. 이 운동은 완전히 무작위적으로 일어나지만, 고전적인 법칙만을 사용하여 물방울의 행동을 예견하는 것은 가능하다. 모든 물방울들의 정확한 위치는 댐 위에서 흐르는 물의 정확한 흔들림에 의해 좌우된다. 댐 아래로 떨어지기 전에 있었던 아주 작은 흔들림이 추락하는 과정에서 크게 증폭되어 완전한 무작위적 운동으로 나타나는 것이다. 그러므로 물의 정확한 운동 상태를 알지 못하면 추락한 후의 물방울의 위치를 정확하게 예견할 수 없다.

좀더 정확하게 표현하자면, 현재의 상황을 아무리 정확하게 알고 있다 해도 더 이상 앞일을 예측할 수 없는 시점이 언젠가는 찾아온다는 것이다. 그런데 그 시점은 생각보다 빨리 찾아온다. 오차가 10억분의 1이라 해서, 향후 100만 년 동안 마음놓고 법칙을 적용할 수 있는 것이 결코 아니다. 실제로 오차의 크기와 예측 가능한 시간은 로그 함수적 관계에 있기 때문에, 시간이 아주 조금만 흘러도 우리는 정보의 대부분을 잃어버리게 된다. 초기의 오차가 10억 $\times 10$억 $\times 10$억 $\times \cdots \times 10$억분의 1이었다 해도, 이 값이 정확하게 0이 아닌 이상 앞일을 예측할 수 없는 시점은 반드시 찾아온다! 그러므로 "인간의 마음이 비결정론적이어서 '결정론적인' 고전 역학보다 양자 역학을 수용하는 것이 우주를 이해하는 데 유리하다"고 말하는 것은 사리에 맞지 않는다. 고전 역학도 나름대로 비결정론적인 성질을 이미 내포하고 있다.

CHAPTER 39
기체 운동 이론

39-1 물질의 특성

지금부터는 주제를 확 바꿔서 물질의 물리적 특성을 좌우하는 여러 가지 요인에 대하여 자세히 알아보기로 한다. 모든 물체는 수많은 원자(또는 소립자)들로 이루어져 있고, 이들은 전기적 상호 작용을 주고받으면서 역학의 법칙을 따르고 있다. 원자가 모여 있는 형태에 따라 물체의 성질이 달라지는 이유를 알아보자.

여러분도 짐작하다시피, 이것은 다루기가 매우 까다로운 주제이다. 시작부터 겁을 줘서 미안하지만, 이 문제는 너무나 심하게 어려워서 기존의 방법으로 접근할 수가 없다. 역학이나 빛을 다룰 때에는 '뉴턴의 법칙'이나 '하나의 원자가 만들어내는 장의 공식'과 같이 분명한 서술이 가능했고, 그로부터 역학의 법칙과 빛의 특성을 이해할 수 있었다. 앞으로 여러분이 물리학을 더 배우면 문제를 다루는 수학적인 기술은 발전하겠지만, 내용 자체는 달라지지 않을 것이다.

그런데 물질의 특성을 연구할 때에는 이런 식의 접근이 불가능하다. 일단 물질의 가장 근본적인 단계에서 시작해야 하는데, 각 입자의 역학적, 전기적 특성을 하나씩 따져나가면서 물질의 특성에 이르려면 갈 길이 너무 멀다. 뉴턴의 법칙에서 시작하여 물질의 특성이라는 결론에 이르기까지 중간에 거쳐야 할 단계가 너무 많을 뿐만 아니라, 각 단계가 너무나 복잡하기 때문이다. 지금부터 이 단계 중 일부를 따라가 보기로 하자. 처음에는 정확한 결과가 얻어지는 듯이 보이지만, 앞으로 나아갈수록 결과가 점점 모호해진다는 것을 여러분도 알게 될 것이다. 이런 방식으로는 물질의 특성에 관하여 대략적인 이해만 할 수 있을 뿐이다.

지금 우리가 불완전한 분석을 할 수밖에 없는 이유 중 하나는 여기에 적용되는 수학이 확률 이론에 대한 깊은 이해를 요구하기 때문이다. 우리는 모든 원자들의 운동을 일일이 서술할 수 없으므로 그들의 평균적인 운동으로부터 여러 가지 다양한 현상들을 설명해야 한다. 따라서 이 주제를 다루려면 우선 확률 이론을 알아야 하는데, 여러분은 아직 준비가 되지 않았으므로 지금의 상황에서는 불완전한 분석법으로 접근할 수밖에 없다.

또 하나의 이유는 실제의 원자들이 고전 역학이 아닌 양자 역학의 법칙을 따르고 있기 때문이다. 여러분은 양자 역학의 대략적인 개념만을 알고 있을 뿐, 이런 복잡한 시스템에 적용할 수 있을 정도로 잘 알지는 못하므로 아직은 정면돌파를 할 수 없다. 당구공이나 자동차와는 달리, 원자 세계의 작은 물체들은 철저하게 양자 역학의 법칙을 따르고 있기 때문에, 여기에 고전 역학을 적용하면 틀린 결과가 얻어질 수밖에 없다. 그러므로 여기서 배운 내용의 일부는 훗날 양자 역학을 배울 때 서로 상충될 수도 있다. 앞으로 나는 고전적인 논리를 사용하면서 틀린 결과가 나올 때마다 고전 역학의 한계를 지적하고 넘어갈 것이다. 앞장에서 양자 역학을 미리 논했던 이유 중 하나는 고전 역학이 틀린 결과를 줄 수밖에 없다는 것을 여러분에게 상기시키기 위함이었다.

그렇다면 이 주제를 왜 지금 다뤄야 하는가? 확률 이론과 양자 역학을 배우고 난 후에 이 내용을 강의하면 이런 번거로운 과정을 피할 수 있을 텐데, 왜 군이 무리를 자초하고 있는가? 이유는 간단하다. 이 주제는 너무나 어려워서 천천히 배우는 것이 최선의 방법이기 때문이다! 일단 지금 대략적인 아이디어를 습득해 놓으면 나중에 물리학을 더 배웠을 때 좀더 쉽게 이해할 수 있을 것이다.

물질의 특성을 현실적인 문제로 다루고 싶어하는 사람들은 당장 기본 방정식에서 시작하여 수학적인 해를 찾으려고 노력할 것이다. 실제로 물리학자들 중에는 이런 식의 접근을 시도하는 사람들이 있다. 그러나 내가 보기에 이들은 성공할 가능성이 거의 없다. 성공적인 결과를 얻으려면 수학이 아닌 물리적 관점에서 출발하여 근사적인 접근을 시도해야 한다. 이 문제는 너무나 어렵고 복잡하여 가장 기초적인 단계에서도 분명한 것이 별로 없다. 그러므로 우리는 물리적인 아이디어를 먼저 제시한 후에, 그로부터 근사적인 결과를 얻어내는 과정을 여러 차례 반복하면서 점진적으로 답에 접근하는 수밖에 없다.

사실, 여기 등장하는 아이디어들은 여러분에게 그다지 생소하지 않다. 개중에는 고등학교 과정에서 배운 것도 있다. 이미 알고 있는 아이디어나 법칙의 물리적 근원을 추적하는 것도 앞으로의 공부에 커다란 도움이 될 것이다.

재미있는 예를 하나 들어보자. 부피와 압력, 그리고 온도가 모두 같은 기체들은 종류에 상관없이 항상 같은 개수의 분자를 포함하고 있다. 아보가드로(Avogadro)는 두 종류의 기체가 화학 반응을 일으켜서 제3의 기체가 되었을 때, 이들의 부피 사이에 간단한 정수비가 성립한다는 사실을 알아냈다. 오늘날 배수 비례 법칙으로 알려져 있는 이 법칙은 "같은 부피의 기체 안에는 같은 개수의 원자가 존재한다"는 사실을 말해주고 있다. 아마도 여러분은 고등학교 때 이 내용을 이미 배워서 알고 있을 것이다. 그런데, 여러분은 그 이유를 생각해본 적이 있는가? 부피가 같으면 왜 원자의 개수까지 같아야 하는가? 뉴턴의 법칙으로부터 이 사실을 증명할 수 있을까? 이 장에서는 이 문제를 집중적으로 다룰 예정이다. 그리고 다음 장에서는 압력과 부피, 온도, 열등의 현상에 관하여 논하기로 한다.

이 주제는 원자론이 아닌 다른 관점에서 접근할 수도 있다. 예를 들어,

무언가를 압축시키면 열이 발생하고, 무언가에 열을 가하면 부피가 팽창한다. 이 두 가지 현상은 서로 밀접하게 관련되어 있어서, 그 저변 구조를 추적하여 상호 관계를 알아낼 수 있다. 이것이 바로 '열역학(thermodynamics)'이라는 분야이다. 열역학을 심도 있게 이해하려면 그 저변에 깔려 있는 다양한 요소들을 먼저 이해해야 한다. 앞으로 당분간 우리의 강의는 여기에 초점을 맞춰서 진행될 것이다. 그러나 지금 당장은 원자론에 입각하여 물질의 다양한 성질과 열역학의 기본 법칙들을 살펴보기로 하겠다. 그러면 지금부터 뉴턴의 운동 법칙을 이용하여 기체의 특성을 분석해보자.

39-2 기체의 압력

우리는 기체의 압력이 어디서 기인하는지 알고 있다. 만일 우리의 귀가 지금보다 몇 배 더 예민했다면 소란스런 잡음들이 끊임없이 들려올 것이다. 이런 잡음들을 매 순간 들으며 살아가는 것은 그다지 효율적인 운영 체계가 아니기 때문에, 우리의 귀는 적당히 무감각한 쪽으로 진화해왔다. 그런데 예민한 귀에서 잡음이 들리는 이유는 무엇일까? 공기 중을 떠도는 분자들이 계속해서 귓속의 고막을 때리기 때문이다. 그러나 다행히도 우리의 귀는 분자의 충돌에 의한 고막의 진동을 느끼지 못하기 때문에 이 소리를 들을 수 없다. 바깥의 공기 분자들은 계속해서 우리의 고막을 때리고 있지만, 고막의 반대편(귓속)에 있는 공기 분자들도 똑같은 세기와 빈도로 고막을 때리고 있으므로 고막에 가해지는 총힘은 0으로 유지된다. 만일 이중 한쪽의 공기를 제거한다면 고막은 한쪽 방향으로만 집중공격을 받아서 균형을 이룰 수 없게 된다. 여러분은 승강기나 비행기를 타고 빠르게 높은 곳으로 올라갔을 때 귀가 멍해지는 것을 느낀 경험이 있을 것이다. 특히, 감기에 걸렸을 때에는 이런 증세가 더욱 심하게 나타난다(체온이 올라가면 귀의 안쪽과 바깥쪽을 연결하는 후두의 일부가 막히기 때문에 양쪽의 기압이 쉽게 균형을 이루지 못한다).

정량적인 분석을 위해, 기체가 들어 있는 상자를 예로 들어보자. 상자의 한쪽 면에는 피스톤이 달려 있어서 기체의 부피를 임의로 조절할 수 있게 되어 있다(그림 39-1). 상자 내부의 원자들이 다양한 속도로 이리저리 배회하다가 피스톤을 때리면 피스톤에는 어떤 힘이 가해져서 밖으로 밀려날 것이다. 이 힘의 크기는 얼마나 될까? 상자의 부피를 V 라 하고, 상자의 외부는 진공 상태라고 가정하자. 외부에서 피스톤에 힘을 가하지 않는 한, 피스톤은 원자들에게 두들겨맞으면서 운동량이 증가하여 서서히 바깥쪽으로 밀려나게 된다. 피스톤이 밀려나지 않게 하려면 외부에서 어떤 힘 F 를 안쪽으로 가해주어야 한다. F 의 크기는 얼마인가? 단위 면적당 가해지는 힘을 생각해보자. 피스톤의 면적을 A 라 하면 원자들에 의해 피스톤에 가해지는 힘은 어떤 양에 면적을 곱한 값과 같다. 이 값을 압력(pressure)이라 정의하고 기호 P 로 표기하면, 다음과 같은 관계가 성립한다.

$$P = F/A \tag{39.1}$$

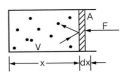

그림 39-1 상자 속에 들어 있는 기체. 상자의 오른쪽에는 마찰 없이 움직이는 피스톤이 달려 있다.

이제, 피스톤을 아주 작은 거리 $-dx$ 만큼 압축시켰을 때 기체에 가해진 일 dW 는 힘 × 이동 거리이며, 이 값은 식 (39.1)에 의해 압력 × 면적 × 이동 거리로 나타낼 수 있다. 그런데 면적 × 이동 거리는 부피의 변화량에 해당되므로

$$dW = F(-dx) = -PA\,dx = -P\,dV \qquad (39.2)$$

임을 알 수 있다. 앞에 붙어 있는 $-$ 부호는 피스톤을 눌렀을 때 부피가 '감소'한다는 의미로 이해하면 된다. 보다시피, 기체의 부피가 감소하려면 외부에서 기체에 일을 해주어야 한다.

기체 분자와의 충돌에도 불구하고 피스톤이 밖으로 밀려나지 않게 하려면 얼마의 힘을 가해주어야 할까? 매번 충돌이 일어날 때마다 피스톤에는 미세한 운동량이 전달되므로, 밖으로 밀려나지 않으려면 이와 똑같은 운동량을 매 순간 가해주어야 한다. 물론, 이때 발생하는 힘은 1초당 나타나는 운동량의 변화율과 같다. 이 상황은 다음과 같이 표현할 수도 있다. 피스톤이 밖으로 밀려나도록 그냥 내버려두면 매 순간 운동량이 변하면서 가속 운동을 하게 되는데, 이때의 가속도는 피스톤에 가해진 힘에 비례한다. 그러므로 위에서 말한 힘, 즉 압력에 면적을 곱한 양은 '분자들의 충돌에 의해 단위 시간당 피스톤에 전달된 운동량'과 같다.

단위 시간당 피스톤에 전달된 운동량은 두 단계를 거쳐 계산될 수 있다. 먼저, 하나의 분자가 피스톤에 전달하는 운동량을 계산한 후에, 단위 시간당 피스톤에 충돌하는 분자의 개수를 구하여 이들을 곱하면 된다. 우선 첫 번째 단계부터 계산해보자. 만일 피스톤이 완전한 탄성체가 아니라면 충돌 과정에서 열이 발생하여 올바른 결과를 얻을 수 없게 된다. 그러나 실제 실험 결과에 의하면 분자와 피스톤의 충돌을 완전한 탄성 충돌로 간주해도 크게 틀리지 않는다. 그러므로 우리의 피스톤을 완전한 탄성체로 가정하고 계속 진도를 나가보자. 이 경우, 피스톤에 충돌한 분자는 들어올 때와 똑같은 속력으로 되튀어 나가게 된다(물론, 질량도 보존된다).

기체 분자의 속도를 $\mathbf{v}$ 라 하고 $\mathbf{v}$ 의 x 성분을 v_x 라 하면, 분자 하나의 x 방향 운동량은 mv_x 이다. 그리고 이 분자는 피스톤과 충돌하면서 속도의 방향이 $180°$ 바뀌므로, 피스톤에 전달되는 운동량은 $mv_x - (-mv_x) = 2mv_x$ 이다.

그 다음으로, 1초당 피스톤과 충돌하는 분자의 개수를 세어보자. 부피 V 인 기체 안에 N 개의 분자가 들어 있다고 가정하면 단위 부피당 분자의 개수는 $n = N/V$ 이다. 임의의 시간 t 동안 피스톤을 두드리는 분자는 몇 개나 될까? 모든 분자들은 x 방향을 따라 v_x 의 속도로 움직이고 있으므로, $t = 0$ 일 때 피스톤으로부터 $v_x t$ 이내의 거리에 있던 분자들은 시간 t 가 흐르는 동안 모두 피스톤에 충돌할 것이다. 이 분자들이 차지하는 부피는 $v_x t$ 에 피스톤의 단면적 A 를 곱한 값과 같다. 그런데 단위 부피당 분자의 개수는 n 이므로, 시간 t 가 흐르는 동안 피스톤에 충돌하는 분자의 총 개수는 $nv_x tA$ 이다. 이 값을 시간 t 로 나누면 단위 시간당 충돌하는 분자의 개수가 얻어진다(시

간 t는 어떤 값이건 상관없다. 수학적으로 좀더 폼나게 보이기를 원한다면 아주 짧은 시간 dt를 잡아서 계산한 후에 t로 미분해도 된다. 물론 이렇게 해도 결과는 달라지지 않는다).

그러므로 피스톤에 작용하는 힘은 다음과 같다.

$$F = nv_x A \cdot 2mv_x \qquad (39.3)$$

보다시피, 힘은 면적에 비례한다. 이 힘을 면적 A로 나누면 기체의 압력 P가 얻어진다.

$$P = 2nmv_x^2 \qquad (39.4)$$

그런데 지금까지의 논리에는 약간의 오류가 숨어 있다. 기체 분자들은 모두 같은 속도로 움직이지도 않을뿐더러, 이동 방향도 천차만별이다. 그러므로 v_x^2은 각 입자들마다 다르다! 이 난해한 상황을 어떻게 타개해야 할까? 그렇다, 평균값을 취하면 된다. 단, 우리에게 필요한 것은 v_x의 평균이 아니라 v_x^2의 평균이라는 점을 명심해야 한다. 속도의 제곱에 평균을 취하면 압력은 다음과 같이 표현된다.

$$P = nm\langle v_x^2 \rangle \qquad (39.5)$$

앞에 붙어 있던 상수 2는 어디로 갔는가? 혹시 깜빡 잊고 빠뜨린 것은 아닐까? 아니다. 우리는 속도가 아닌 '속도의 제곱'에 평균을 취했기 때문에, 피스톤으로 접근하는 입자들뿐만 아니라 피스톤의 반대 방향으로 움직이는 입자들까지 모두 이 속에 포함되어 있다. 따라서 이 평균값은 원래 우리가 원했던 값보다 정확하게 두 배만큼 크다. 다시 말해서, 양의 v_x를 대상으로 평균을 취한 $\langle v_x^2 \rangle$은 '모든 v_x'를 대상으로 평균을 취한 $\langle v_x^2 \rangle$의 반에 해당된다. 상수 2는 후자의 $\langle v_x^2 \rangle$을 대입하는 과정에서 상쇄된 것이다.

사실, 기체 분자들이 x방향을 특별히 선호할 이유는 없다. 이들은 특별한 방향성 없이 모든 방향으로 어지럽게 움직이고 있다. 따라서 각 방향 속도의 평균값들도 다를 이유가 전혀 없다. 즉, 기체 분자들은

$$\langle v_x^2 \rangle = \langle v_y^2 \rangle = \langle v_z^2 \rangle \qquad (39.6)$$

의 관계를 만족한다. 식 (39.6)을 모두 더하면 '속도의 제곱의 평균값'이 되는데, 각 항들이 모두 같기 때문에 $\langle v_x^2 \rangle$는 총합의 1/3에 해당된다. 즉,

$$\langle v_x^2 \rangle = \frac{1}{3}\langle v_x^2 + v_y^2 + v_z^2 \rangle = \langle v^2 \rangle/3 \qquad (39.7)$$

이다. 이 결과를 이용하면 어떤 특정 방향의 속도를 따로 고려할 필요 없이 그냥 속도의 평균값만으로 압력을 표현할 수 있다.

$$P = \frac{2}{3}n\langle mv^2/2 \rangle \qquad (39.8)$$

여기서 평균값 안에 1/2이라는 상수를 굳이 집어넣어서 $\langle mv^2/2 \rangle$로 표현한

이유는 이것이 기체 분자의 운동 에너지임을 강조하기 위해서이다. 여기에 $n = N/V$를 대입하면

$$PV = N\left(\frac{2}{3}\right)\langle mv^2/2 \rangle \qquad (39.9)$$

이 된다. 기체 분자의 속도를 알고 있다면 이 식으로부터 압력을 계산할 수 있다.

헬륨 가스나 고온의 수은 가스, 또는 아르곤 가스를 예로 들어보자. 이들을 이루는 기체 분자들은 모두 단원자 분자이므로, 분자의 내부에서 일어나는 원자의 운동을 따로 고려하지 않아도 된다. 분자의 구조가 복잡한 경우에는 상호 진동 등 내부 운동에 의한 속도가 따로 고려되어야 하지만, 이 복잡한 문제는 잠시 뒤로 미뤄두자. 분자의 내부 운동을 무시한다면 기체가 갖고 있는 에너지란 운동 에너지뿐이다. 일반적으로 기체 분자들이 갖고 있는 총 에너지는 U라는 기호로 표기한다(개중에는 U를 '총 내부 에너지'라고 명명한 책도 있는데, 무슨 뜻인지는 나도 잘 모르겠다. 기체에 '외부 에너지'라도 있다는 말일까?).

단일 원자로 이루어진 기체의 경우, 총 에너지는 하나의 원자가 갖는 평균 운동 에너지에 원자의 개수를 곱한 값과 같다. 그러므로 식 (39.9)는 다음과 같이 쓸 수 있다.

$$PV = \frac{2}{3}U \qquad (39.10)$$

여기서 잠시 발길을 멈추고 다음의 질문에 답을 구해보자. 기체가 들어 있는 용기를 압축시키려면 어느 정도의 압력을 가해야 할까? (용기를 찌그러뜨리는 데 필요한 힘을 말하는 것이 아니다. 이 용기에는 마찰 없이 움직이는 피스톤이 달려 있다고 가정한다 : 옮긴이) 식 (39.10)을 이용하면 아주 쉽게 계산할 수 있다. 용기를 압축시키려면 기체에 일을 가해야 하고, 따라서 기체의 에너지 U는 증가한다. 이 과정에 개입되는 물리량들은 어떤 미분 방정식을 만족하기 때문에, 처음 상태의 에너지와 부피를 알고 있으면 압력을 계산할 수 있다. 일단 용기를 압축하기 시작하면 에너지 U가 증가하고 부피 V는 감소하므로 압력은 증가할 것이다.

결국 우리는 미분 방정식을 풀어야 한다. 그러나 미분 방정식을 풀기 전에 한 가지 짚고 넘어갈 것이 있다. 우리가 가한 일이 모두 기체의 에너지를 높이는 데 사용된다는 보장이 있는가? 에너지가 다른 곳으로 새어 나갈 수도 있지 않을까? 물론 그럴 수도 있다. 데워진 원자(속도가 빠른 원자)가 용기의 벽에 부딪치면 에너지의 일부는 벽의 온도를 높이는 데 사용되므로 원자의 에너지는 우리의 예상보다 작아질 것이다. 그러나 지금은 이론을 정립하는 초기 단계이므로 열에 의한 손실을 무시하고 이상적인 경우에 한하여 문제를 풀어보자.

좀더 포괄적인 일반성을 유지하기 위해, $PV = \frac{2}{3}U$를 다음과 같은 형태

로 써보자.

$$PV = (\gamma - 1)U \qquad (39.11)$$

U 앞에 붙어 있는 계수는 반드시 $\frac{2}{3}$일 필요가 없으므로 편의상 $(\gamma - 1)$로 대치되었다. 그런데 왜 하필이면 γ가 아니고 $(\gamma - 1)$인가? 별다른 이유는 없고, 그저 100년 전에 이 분야를 연구했던 선배 과학자들의 전통을 따르는 것뿐이다. 단원자 기체의 경우, 원래의 계수는 $\frac{2}{3}$였으므로 $\gamma = \frac{5}{3}$에 해당된다.

식 (39.2)에서 확인한 바와 같이, 기체를 압축시킬 때 가해지는 일은 $-P\,dV$이다. 기체를 압축시키는 과정에서 열이 가해지거나 손실되지 않는 경우를 '단열 압축(adiabatic compression)'이라고 하는데, 이 말은 그리스어의 a(not)＋dia(through)＋bainein(to go)에서 유래된 것이다(adiabatic이라는 단어는 물리학의 다른 분야에서도 종종 사용되는데, 이들 사이의 공통점이 무엇인지 오리무중인 경우가 많다). 그러므로 단열 압축 과정에서 기체에 가해진 일은 모두 내부 에너지를 변화시키는 데 사용된다. 이것이 바로 이 문제의 핵심이다. 에너지의 손실이 전혀 없으므로 $P\,dV = -dU$의 관계가 성립하는 것이다! 그런데 식 (39.11)에 의하면 $U = PV/(\gamma - 1)$이므로

$$dU = (P\,dV + V\,dP)/(\gamma - 1) \qquad (39.12)$$

로 쓸 수 있다. 따라서 $P\,dV = -(P\,dV + V\,dP)/(\gamma - 1)$ 또는 $\gamma P\,dV = -V\,dP$ 또는

$$(\gamma\,dV/V) + (dP/P) = 0 \qquad (39.13)$$

을 얻는다. 단원자 기체의 경우, γ는 상수이므로 양변을 적분하면 $\gamma \ln V + \ln P = \ln C$($C$는 상수)가 되고, 양변에서 로그를 떼어내면 다음과 같은 법칙이 얻어진다.

$$PV^{\gamma} = C(상수) \qquad (39.14)$$

즉, 단원자 기체를 단열 압축시키면 압력 × (부피)$^{\frac{5}{3}}$이 항상 일정한 값으로 유지된다! 우리는 이 관계식을 이론적으로 유도했지만, 실제 실험을 통해 얻은 결과도 정확하게 이 법칙을 따르고 있다.

39-3 복사의 압축

화학에서는 잘 사용되지 않지만 천문학에서 자주 인용되는 또 하나의 기체 법칙을 유도해보자. 여기, 온도가 아주 높은 상자 안에 여러 개의 광자가 갇혀 있다. (이 상자는 온도가 높은 별의 기체에 해당된다. 사실, 태양의 온도는 별로 높지 않다. 태양의 내부에는 수소나 헬륨과 같은 원자들이 멀쩡하게 존재할 수 있기 때문이다. 그러나 온도가 이보다 훨씬 더 높아지면 원자의 존재를 무시하고 광자만 존재하는 것으로 간주할 수 있다.) 광자들은 운동량 **p**

를 갖고 있다. (운동 이론을 언급할 때마다 항상 마주치게 되는 곤란한 문제가 하나 있다. 압력과 운동량은 모두 p로 표기되고 운동 에너지, 온도, 시간, 토크 등은 모두 T로 표기된다. 대-소문자를 구별한다 해도 혼동의 여지는 여전히 남아 있다. 그렇다고 다른 기호를 쓰면 혼란만 가중될 뿐, 별 소득이 없다. 그러므로 문자를 대할 때마다 그 의미를 다시 한번 마음 속에 새겨둘 것을 권한다!) 물론, **p**는 벡터이다. 여기에 우리의 논리를 그대로 적용하면 상자의 벽에 가해지는 운동량은 **p**의 x성분인 p_x이며, 이것의 두 배에 해당되는 $2p_x = 2mv_x$가 상자의 벽에 전달된다. 그러므로 광자에 의한 압력은 식 (39.4)에 의해

$$P = 2np_xv_x \tag{39.15}$$

가 된다. v_x에 평균을 취하고 이 값을 전체 속도 **v**로 바꿔서 표기하면

$$PV = N\langle \mathbf{p} \cdot \mathbf{v}\rangle/3 \tag{39.16}$$

을 얻는다. $\mathbf{p} = m\mathbf{v}$이므로 이 식은 식 (39.9)와 일치한다. 즉, 압력에 부피를 곱한 값은 원자의 개수에 $\frac{1}{3}(\mathbf{p} \cdot \mathbf{v})$의 평균을 곱한 값과 같다.

광자의 경우에 $\mathbf{p} \cdot \mathbf{v}$는 무엇을 의미하는가? 운동량과 속도는 같은 방향이고 속도는 광속이므로 이 값은 광자의 운동량에 광속을 곱한 값이다. 그런데 광자의 경우에 $E = pc$이므로 $\mathbf{p} \cdot \mathbf{v}$는 하나의 광자가 실어나르는 에너지를 의미한다. 그러므로 여기에 광자의 개수 N이 곱해지면 총 내부 에너지 U가 되어 식(39.16)은 다음과 같은 형태로 변환된다.

$$PV = U/3 \text{ (광자 기체)} \tag{39.17}$$

U의 계수가 $\frac{1}{3}$이므로 $\gamma = \frac{4}{3}$이고, 따라서 상자의 내부에서 일어나는 복사는 다음의 법칙을 따른다.

$$PV^{4/3} = C \tag{39.18}$$

보다시피, 복사도 압축이 가능하다! 천문학자들은 별의 복사압에 의한 효과를 계산할 때 이 법칙을 사용한다. 물론 여러분도 그 정도의 계산을 쉽게 할 수 있는 수준에 도달한 셈이다!

39-4 온도와 운동 에너지

지금까지 나는 기체의 부피와 압력, 에너지 등에 대하여 여러 가지 이야기를 했지만 온도에 관해서는 단 한 마디도 언급하지 않았다(사실은 의도적으로 언급을 피해왔다). 기체를 압축시키면 기체 분자의 운동 에너지가 증가하는데, 우리는 이 상황을 두고 "기체의 온도가 상승했다"는 표현을 자주 사용한다. 그렇다면 분자의 운동 에너지와 온도는 서로 무관한 양이 아닐 것이다. 기체의 온도가 일정하다는 것은 무슨 뜻일까? 온도가 다른 두 개의 기체 상자를 서로 붙여 놓고 그 사이에 통로를 만들어놓으면 기체들이 섞이면서

온도차가 서서히 감소한다. 오랜 시간이 지나면 이들은 동일한 온도에 다다를 것이다. 즉, 기체를 오랜 시간 동안 내버려두면 더 이상 온도가 변하지 않는다는 뜻이다. 그러므로 온도가 같다는 것은 여러 입자들이 상호 작용을 주고받으면서 오랜 시간이 지났을 때 나타나는 상태를 의미한다.

이제, 그림 39-2와 같이 두 종류의 기체가 마찰 없이 움직이는 피스톤을 사이에 두고 격리되어 있는 경우를 생각해보자[문제를 단순화시키기 위해, 두 기체 모두 단원자 기체(헬륨과 네온)라고 가정하자]. 구역 (1)에 있는 원자는 질량이 m_1이고 속도는 v_1이며 단위 부피당 개수는 n_1이다. 그리고 구역 (2)에는 이 값들이 m_2, v_2, n_2로 주어져 있다. 이들이 평형을 이루려면 어떤 조건이 만족되어야 하는가?

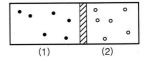

그림 39-2 피스톤에 의해 두 구역으로 분리된 단원자 기체

왼쪽 칸에 있는 원자(헬륨)들이 피스톤을 때리면 피스톤은 오른쪽으로 이동하면서 오른쪽 칸의 기체(네온)를 압축할 것이다. 압축된 네온 가스의 원자들은 속도가 빨라져서 피스톤을 더욱 맹렬하게 때리고, 피스톤은 다시 왼쪽으로 이동한다. 이런 식으로 오락가락하다가 어느 정도 시간이 지나면 피스톤은 안정된 자리를 찾게 된다. 즉, 두 기체의 압력이 같아지는 것이다. 이는 곧 두 기체의 단위 부피당 에너지가 같다는 것을 의미하며, 또는 양쪽의 평균 운동에너지에 입자의 개수를 곱한 값이 같다는 뜻이기도 하다. 그러므로 식 (39.8)에 의해

$$n_1 \langle m_1 v_1^2/2 \rangle = n_2 \langle m_2 v_2^2/2 \rangle$$

의 관계가 성립한다. 그러나 완전한 평형을 이루려면 이 조건만으로는 부족하다. 두 기체의 온도가 완전히 같아지기 위해서는 무언가 다른 변화가 아주 느린 속도로 진행되어야 한다.

이 점을 이해하기 위해, 오른쪽에 있는 네온 가스의 밀도가 크고 원자의 속도는 느리다고 가정해보자. 큰 n과 느린 v로 형성되는 압력은 작은 n과 빠른 v로도 만들 수 있다. 즉, 아주 조밀하게 뭉쳐 있으면서 원자들의 이동 속도가 느린 기체의 압력은 원자들 사이의 거리가 멀면서 아주 빠르게 움직이는 기체와 같은 압력을 가질 수 있다는 것이다. 그렇다면 이 상태는 영원히 지속될 수 있을까? 언뜻 생각하면 그럴 수도 있을 것 같지만, 사실은 그렇지 않다. 피스톤에는 항상 균일한 압력이 작용하지 않는다. 피스톤을 때리는 원자들은 모두 균일한 속도로 움직이지 않기 때문에, 피스톤은 앞에서 예로 들었던 귀의 고막처럼 수시로 흔들리고 있다. 이제, 오른쪽에 있는 네온 가스는 밀도가 크면서 원자의 속도는 느리고, 왼쪽의 헬륨 가스는 밀도가 작은 대신 원자의 속도가 빠르다고 가정해보자. 그러면 피스톤은 왼쪽으로부터 강한 충격을 받으면서 오른쪽으로 서서히 밀릴 것이다. 그런데 피스톤이 밀리면 오른쪽에서 부딪히는 네온 원자들의 속도가 증가하게 된다(지금 피스톤은 수시로 떨고 있으므로 여기에 부딪히는 원자는 에너지를 얻거나 아니면 잃거나, 둘 중 하나이다). 충돌이 일어나는 한 피스톤의 떨림은 계속되고, 이 떨림은 네온 원자들에게 에너지를 전달하여 속도가 더욱 빨라진다. 그러다가 피스톤

이 원자들로부터 얻는 에너지와 원자들에게 전달하는 에너지가 같아지는 시점에서 평형을 이루게 된다. 즉, 양쪽의 원자들이 피스톤을 통하여 단위 시간당 상대방에게 전달하는 에너지가 같아지면 피스톤은 평형을 이루는 것이다.

이런 경우에 피스톤의 운동을 자세히 서술하는 것은 그다지 쉬운 일이 아니다. 이 문제를 해결하기 전에, 다른 문제 하나를 먼저 풀어보자. 여기, 두 종류의 서로 다른 기체(기체1, 기체2)가 섞여 있는 상자가 있다. 각 기체 분자의 질량은 m_1, m_2이고 속도는 v_1, v_2이다. 만일 기체2의 모든 분자들이 정지해 있다면 이 상태는 오래 지속되지 못한다. 기체1의 분자들이 계속해서 이들과 충돌하여 운동을 유발시킬 것이기 때문이다. 그리고 기체2의 분자들이 기체1의 분자들보다 빠르게 움직이는 상황도 오래 가지 못한다. 이 경우 역시 충돌을 겪으면서 에너지가 전이되기 때문이다. 그렇다면 두 종류의 기체가 같은 상자 안에 섞여 있을 때 두 분자들 사이의 상대 속도를 결정하는 요인은 무엇일까?

이것도 결코 쉬운 문제는 아니지만 용기를 갖고 도전해보자. 우선, 다음과 같은 부속 문제를 생각해보자(이 문제의 답은 아주 간단하지만 유도 과정은 참으로 기발하다). 질량이 다른 두 개의 분자가 충돌하는 과정을 질량 중심 좌표계(CM계)에서 바라본다고 가정해보자. 이 충돌은 완전 탄성 충돌이므로 운동량과 에너지가 모두 보존된다. 따라서 충돌 후의 분자들은 속도의 크기가 변하지 않은 채로 진행 방향만 바뀐다. 이 상황은 그림 39-3에 제시되어 있다. 이 충돌 과정을 질량 중심이 정지된 좌표계에서 바라본다고 가정해보자(CM계의 정의가 바로 이것이다 : 옮긴이). 그리고 이들은 충돌 전에 수평 방향으로 움직인다고 가정하자. 물론, 충돌 후에 각 분자들은 방향이 바뀔 것이다. 심지어는 충돌 후에 수직 방향으로 움직일 수도 있다. 다른 방향으로 충돌한 분자들 역시 다양한 각도로 흩어져 나간다. 여러 개의 분자들이 모여 있는 공간에서 충돌이 일어나면 흩어진 분자들이 다른 분자와 또 충돌을 일으키고, 여기서 산란된 분자들이 또 충돌을 일으키는 등 유사한 충돌이 연쇄적으로 일어날 것이다. 그렇다면 분자의 최종적인 분포는 어떻게 나타날 것인가? **답** : 임의의 위치에서 각 방향으로 움직이는 분자를 발견할 확률은 모두 같다. 일단 이 상태에 이르고 나면, 충돌이 추가로 일어난다 해도 분자의 분포는 달라지지 않는다.

분자들은 모든 방향으로 움직이고, 각각의 확률은 모두 똑같다. 이것을 좀더 구체적으로 표현하자면 다음과 같다. 충돌이 일어난 지점을 중심으로 가상의 구면을 생각해보자. 구면상에 임의의 영역을 잡았을 때 그곳을 통과하는 분자의 개수는, 이와 면적이 같은 다른 영역을 통과하는 분자의 개수와 같다. 다시 말해서, 충돌 후 산란된 분자들이 구면의 한 지점을 통과할 확률은 모든 점들에 대하여 같다는 뜻이다.

질량 중심계가 아닌 실제 상황에서 일어나는 충돌을 살펴보자. 이 경우에 두 원자는 각각 $\mathbf{v}_1$, $\mathbf{v}_2$의 속도로 움직이고 있다. 이들의 질량 중심을 CM이라 하면, CM의 이동 속도 $\mathbf{v}_{CM}$은 질량을 가중치로 한 두 속도의 평균값과

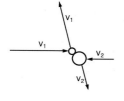

그림 39-3 질량이 다른 두 분자의 충돌을 질량 중심계(CM계)에서 바라본 그림

같다. 즉, $\mathbf{v}_{CM} = (m_1\mathbf{v}_1 + m_2\mathbf{v}_2)/(m_1 + m_2)$ 이다. 이들의 충돌을 CM 계에서 바라보면 그림 39-3과 같은데, 이때 두 개의 원자가 서로 다가가는 속도 $\mathbf{w}$ 는 둘 사이의 상대 속도, 즉 $\mathbf{v}_1 - \mathbf{v}_2$ 이다. 이제, 충돌 과정에서 CM은 움직이고 있으며 CM 계에서 바라볼 때 두 원자의 상대 속도는 여전히 $\mathbf{w}$ 이다. 이들은 충돌 후에 새로운 방향으로 산란될 것이다. 이 모든 과정에서 CM은 아무런 변화 없이 등속 운동 상태를 유지한다.

충돌 후에 원자의 분포는 어떻게 될 것인가? (지금 파인만은 단원자 기체를 언급할 때 '원자'와 '분자'라는 단어를 섞어서 사용하고 있다. 여기서 중요한 것은 입자의 정체가 아니라 입자의 질량과 속도이므로, 원자와 분자를 굳이 구별할 필요는 없다 : 옮긴이) 앞서 설명했던 논리를 따르면 다음과 같은 결론을 내릴 수 있다 — "평형 상태에서 CM의 운동 방향에 대한 $\mathbf{w}$ 의 상대적 방향은 모두 똑같은 확률로 나타난다.*" 즉, 상대 속도의 방향과 CM의 운동방향 사이에는 특별한 상호 관계가 없다는 뜻이다. 물론, 처음에 어떤 관계가 있었다고 해도 이 관계는 충돌이 반복되면서 사라진다. 그러므로 $\mathbf{v}_{CM}$ 과 $\mathbf{w}$ 의 사잇각에 대한 코사인의 평균값은 0이다.

$$\langle \mathbf{w} \cdot \mathbf{v}_{CM} \rangle = 0 \tag{39.19}$$

$\mathbf{w} \cdot \mathbf{v}_{CM}$ 을 $\mathbf{v}_1$ 과 $\mathbf{v}_2$ 로 나타내면 다음과 같다.

$$\mathbf{w} \cdot \mathbf{v}_{CM} = \frac{(\mathbf{v}_1 - \mathbf{v}_2) \cdot (m_1\mathbf{v}_1 + m_2\mathbf{v}_2)}{m_1 + m_2}$$
$$= \frac{(m_1 v_1^2 - m_2 v_2^2) + (m_2 - m_1)(\mathbf{v}_1 \cdot \mathbf{v}_2)}{m_1 + m_2} \tag{39.20}$$

먼저, $\mathbf{v}_1 \cdot \mathbf{v}_2$ 항을 살펴보자. $\mathbf{v}_1 \cdot \mathbf{v}_2$ 의 평균값은 얼마인가? 즉, 한 분자의 속도 벡터를 다른 분자가 움직이는 방향으로 투영시킨 값의 평균은 얼마인가? 하나의 분자는 모든 방향으로 움직일 수 있고 그 확률은 모두 동일하므로, $\mathbf{v}_2$ 의 평균값은 0이다. 따라서 $\mathbf{v}_1$ 의 방향으로 계산한 $\mathbf{v}_2$ 의 평균값도 0이다. 이는 곧 $\mathbf{v}_1 \cdot \mathbf{v}_2$ 의 평균값이 0임을 의미한다! 그러므로 $m_1 v_1^2$ 의 평균은 $m_2 v_2^2$ 의 평균과 같다. 즉, 두 분자의 평균 운동 에너지가 같다는 결론을 내릴 수 있는 것이다.

$$\left\langle \frac{1}{2} m_1 v_1^2 \right\rangle = \left\langle \frac{1}{2} m_2 v_2^2 \right\rangle \tag{39.21}$$

두 종류의 기체가 하나의 상자 속에 섞여 있을 때, 이들이 평형 상태에 이르면 기체 분자의 평균 운동 에너지는 종류에 상관없이 같아진다. 방금 위에서

---

* 이 논리는 맥스웰이 제일 처음 사용했는데, 여기에는 약간 미묘한 점이 있다. 이로부터 내려진 결론은 결국 옳은 것으로 판명되었지만, 앞에서 고려했던 대칭성과는 직접적으로 연결되지 않는다. 기체 내부에서 움직이는 좌표계를 설정하면 속도의 분포가 다르게 보일 것이기 때문이다. 그럼에도 불구하고 이 결론이 맞는 이유는 아직 분명치 않다.

그림 39-4 반투막으로 양분된 상자 내부의 두 기체

증명한 내용이 바로 이것이다. 따라서 무거운 분자는 느리게 움직이고 가벼운 분자는 빠르게 움직인다. 실제로 공기 중에 떠다니는 여러 원자들의 속도를 측정해보면 식 (39.21)이 옳다는 것을 쉽게 확인할 수 있다.

두 종류의 기체가 상자 안에서 서로 분리되어 있는 경우에도 일단 평형 상태에 이르고 나면 이들의 운동 에너지는 같아진다. 예를 들어, 그림 39-4 처럼 상자의 중앙부에 고정된 벽이 있고 양쪽에 다른 기체가 차 있는 경우를 생각해보자. 왼쪽의 작은 기체 분자는 벽에 나 있는 조그만 구멍을 통해 오른 쪽으로 이동할 수 있지만 오른쪽의 기체 분자는 덩치가 커서 왼쪽으로 이동 할 수 없다고 하자. 이 상태에서 시간이 흘러 평형 상태에 이르면 오른쪽 칸 에 섞인 기체들은 동일한 평균 운동 에너지를 갖게 되고, 구멍을 통해 이동하 는 분자는 에너지 손실이 없으므로 결국 좌-우 기체의 평균 운동 에너지는 같아진다.

이제 다시 피스톤 문제로 돌아가자. 우리는 피스톤의 운동 에너지 역시 $\frac{1}{2}m_2v_2^2$임을 논증할 수 있다. 이것은 피스톤의 수평 운동에 의한 에너지이므 로 수직 방향 운동을 무시한다면 $\frac{1}{2}m_2v_{2x}^2$과 같다. 또, 다른 쪽 기체에 이 논 리를 적용하면 피스톤의 운동 에너지는 $\frac{1}{2}m_1v_{1x}^2$이기도 하다. 물론 이것은 기 체의 중앙부가 아니라 한쪽 끝부분에 한정된 이야기지만, 여기에 약간의 논리 (조금 어려운)를 추가하면 피스톤과 기체의 운동 에너지가 같다는 것을 증명 할 수 있다.

이것으로 만족스럽지 않다면 다른 논리를 사용할 수도 있다. 어떤 논리를 사용하건, 두 기체의 온도가 같을 때 질량 중심의 평균 운동 에너지도 같다는 결론이 얻어진다.

기체 분자의 평균 운동 에너지는 기체 자체의 특성이 아니라, 오로지 '온 도에 의해 나타나는' 성질이다. 그러므로 평균 운동 에너지는 온도를 정의하 는 데 사용될 수 있다. 즉, 분자의 평균 운동 에너지는 온도의 함수이다. 그런 데 온도를 나타낼 때는 어떤 스케일의 눈금을 사용해야 할까? 거기에는 아무 런 기준도 없다. 그저 평균 에너지가 온도에 비례하도록 편리한 스케일을 사 용하면 된다. 제일 좋은 방법은 평균 에너지 자체를 그냥 '온도'로 정의하는 것이다. 이렇게 하면 함수의 형태도 가장 간단해진다. 그러나 과거의 학자들 이 온도의 스케일을 운동 에너지와 다르게 선택했기 때문에 둘 사이에는 어 떤 비례 상수가 놓이게 되었다. 지금 사용하는 절대 온도의 단위는 켈빈 (Kelvin, K)이며, 분자의 평균 운동 에너지는 $\frac{3}{2}kT$이다.* (T는 절대 온도이 고 k는 1.38×10^{-23}joule/K 이다. $\frac{3}{2}$은 편의상 도입된 상수이며 불필요하다 면 제거할 수도 있다.)

---

* 섭씨 온도(°C)는 절대 온도와 스케일은 같지만 눈금의 값이 다르다. 섭씨 0°C는 절대 온도 273.16K와 같다. 좀더 정확하게 표현하자면 $T = 273.16 +$ 섭씨 온도이다.

어떤 특정 방향의 운동과 관련된 온도는 $\frac{1}{2}kT$ 이다. 그러므로 $\frac{3}{2}kT$ 는 3 차원 공간에서 세 가지 방향의 운동이 모두 고려된 결과이다.

39-5 이상 기체 법칙

위에서 정의한 온도를 식 (39.9)에 대입하면 기체의 압력을 온도의 함수로 나타낼 수 있다. $\frac{2}{3}$ 평균 운동 에너지 $= kT$ 이므로, 압력에 부피를 곱한 값은 원자의 총 개수 N 에 kT 를 곱한 값과 같다.

$$PV = NkT \tag{39.22}$$

k 는 범우주적 상수이므로 종류가 다른 기체라 하더라도 압력과 부피, 그리고 온도가 같으면 원자의 개수도 같다. 즉, 원자의 개수도 범우주적 상수이다! 이로써 우리는 뉴턴의 법칙을 이용하여 아보가드로의 법칙을 증명한 셈이다!

실제 상황에서는 분자의 개수가 너무나 많기 때문에 이 식으로는 불편한 점이 많다. 그래서 화학자들은 '몰(mole)'이라는 아주 큰 수를 정의하여 사용하고 있다. 분자의 개수가 $N_0 = 6.02 \times 10^{23}$ 개일 때를 가리켜 1몰이라고 한다. 화학자들은 분자의 개수 대신 몰수라는 개념을 주로 사용하고 있다.* 상수 N_0 를 사용하면 식 (39.22)의 우변은 (몰수) $\times N_0 \times kT$ 로 쓸 수 있는데, 여기서 $N_0 k = (1.38 \times 10^{-23}) \times (6.02 \times 10^{23}) = 8.317 \text{joule} \cdot \text{mole}^{-1} \cdot \text{K}^{-1}$ $= R$ 로 정의하면 NRT 가 된다(여기서 N 은 분자의 개수가 아니라 기체의 몰수이다). 그러므로 식(39.23)은

$$PV = NRT \tag{39.23}$$

로 쓸 수 있다. 이 식은 숫자를 세는 스케일만 달라졌을 뿐, 식 (39.22)와 다를 것이 전혀 없다. 우리는 분자의 개수를 세는 기본 단위가 1이고, 화학자들은 6×10^{23} 을 기본 단위로 사용하는 것뿐이다!

단원자 기체에 적용되는 법칙과 관련하여 한 가지 짚고 넘어갈 것이 있다. 그동안 우리는 단원자 기체의 질량 중심 운동만을 고려했었다. 만일 여기에 다른 힘이 작용한다면 어떻게 될까? 피스톤에 수평 방향으로 용수철이 연결되어 있다고 해도 매 순간 일어나는 원자들과 피스톤 사이의 상호 작용은 피스톤의 현재 위치와 무관하므로, 피스톤이 평형을 이룰 조건은 이전과 동일하다. 즉, 피스톤의 평균 속도는 달라지지 않는다. 따라서 한 방향으로의 평균 운동 에너지는 힘의 존재 여부와 상관없이 항상 $\frac{1}{2}kT$ 이다.

예를 들어, 질량이 m_A, m_B 인 두 개의 원자로 이루어진 분자를 생각해보

---

* 화학자들이 말하는 '분자의 무게'란 1몰의 무게(gram 단위)를 의미한다. 1몰은 원자량이 12 (양성자 6개 + 중성자 6개)인 탄소 ^{12}C 1몰의 무게가 정확하게 12g이 되도록 정의되었다. N_0 를 다소 이상한 형태(6.02×10^{23})로 정의한 이유가 바로 이것이다!

자. 우리는 A의 질량 중심 운동과 B의 질량 중심 운동에 대해서 $\langle \frac{1}{2} m_A v_A^2 \rangle$ $= \langle \frac{1}{2} m_B v_B^2 \rangle$임을 증명하였다. 그런데 이들이 서로 붙어 있을 때에도 이 관계가 성립할 것인가? 두 개의 원자가 붙어 있다 해도, 다른 무언가가 이들과 충돌하여 에너지를 교환할 때 상황을 좌우하는 요인은 오로지 '속도'뿐이다. 특정 순간에 작용하는 힘은 근본적인 양이 아니다. 그러므로 우리가 유도한 원리는 힘이 작용할 때에도 여전히 성립한다.

마지막으로, 기체의 법칙이 내부 운동과 상관없이 성립한다는 것을 증명해보자. 앞에서 우리는 기체 분자의 내부 운동을 고려할 필요가 없는 단원자 기체만을 다뤘었다. 그러나 분자 전체를 질량 M인 하나의 덩어리로 간주하고 질량 중심의 속도를 $\mathbf{v}_{\text{CM}}$이라 하면

$$\langle \frac{1}{2} M v_{\text{CM}}^2 \rangle = \frac{3}{2} kT \tag{39.24}$$

의 관계가 여전히 성립한다. 다시 말해서 개개의 원자를 고려하건 분자를 한 덩어리로 고려하건 간에, 에너지와 온도 사이에는 같은 법칙이 적용된다는 뜻이다! 지금부터 그 이유를 알아보자. 이원자 분자의 질량은 $M = m_A + m_B$이고 질량 중심의 속도는 $\mathbf{v}_{\text{CM}} = (m_A \mathbf{v}_A + m_B \mathbf{v}_B)/M$이다. 따라서 $\mathbf{v}_{\text{CM}}$의 제곱은 다음과 같다.

$$v_{\text{CM}}^2 = \frac{m_A^2 v_A^2 + 2 m_A m_B \mathbf{v}_A \cdot \mathbf{v}_B + m_B^2 v_B^2}{M^2}$$

양변에 $\frac{1}{2}M$을 곱하고 평균을 취하면

$$\langle \frac{1}{2} M v_{\text{CM}}^2 \rangle = \frac{m_A \frac{3}{2} kT + m_A m_B \langle \mathbf{v}_A \cdot \mathbf{v}_B \rangle + m_B \frac{3}{2} kT}{M}$$
$$= \frac{3}{2} kT + \frac{m_A m_B \langle \mathbf{v}_A \cdot \mathbf{v}_B \rangle}{M}$$

을 얻는다[$(m_A + m_B)/M = 1$임을 상기하라]. $\langle \mathbf{v}_A \cdot \mathbf{v}_B \rangle$는 얼마인가? 이 값이 0이면 증명은 끝난다. 두 원자의 상대 속도 $\mathbf{w} = \mathbf{v}_A - \mathbf{v}_B$가 어떤 특정 방향을 선호하지 않는다는 우리의 가정을 고수하면

$$\langle \mathbf{w} \cdot \mathbf{v}_{\text{CM}} \rangle = 0$$

도 여전히 성립한다. 그런데

$$\mathbf{w} \cdot \mathbf{v}_{\text{CM}} = \frac{(\mathbf{v}_A - \mathbf{v}_B) \cdot (m_A \mathbf{v}_A + m_B \mathbf{v}_B)}{M}$$
$$= \frac{m_A v_A^2 + (m_B - m_A)(\mathbf{v}_A \cdot \mathbf{v}_B) - m_B v_B^2}{M}$$

이고, $\langle m_A v_A^2 \rangle = \langle m_B v_B^2 \rangle$이므로 첫째 항과 마지막 항은 서로 상쇄된다. 따라서

$$(m_B - m_A)\langle \mathbf{v}_A \cdot \mathbf{v}_B \rangle = 0$$

이 되고, $m_A \neq m_B$ 이므로 $\langle \mathbf{v}_A \cdot \mathbf{v}_B \rangle = 0$ 임을 알 수 있다. 즉, 질량 M 인 분자를 하나의 입자로 간주해도 그 운동 에너지는 $\frac{3}{2}kT$ 와 같다.

우리는 위의 결과를 유도하면서 질량 중심의 운동을 무시했을 때 이원자 분자의 내부 평균 운동 에너지가 $\frac{3}{2}kT$ 임을 같이 증명한 셈이다! 왜냐하면 분자의 총 운동 에너지는 $\frac{1}{2}m_A v_A^2 + \frac{1}{2}m_B v_B^2$ 이고, 여기에 평균을 취하면 $\frac{3}{2}kT + \frac{3}{2}kT = 3kT$ 이기 때문이다. 질량 중심의 운동 에너지는 $\frac{3}{2}kT$ 이므로, 회전과 진동에 의한 분자 내부의 평균 운동 에너지도 $\frac{3}{2}kT$ 가 되어야 한다.

질량 중심의 운동에 의한 평균 에너지 정리는 일반적으로 성립한다. 어떠한 물체라도 그것을 하나의 움직이는 덩어리로 간주하면, 힘의 작용 여부와 운동 방향에 상관없이 한 방향에 대한 평균 운동 에너지는 $\frac{1}{2}kT$ 이다. 독립적으로 움직일 수 있는 방향의 수를 흔히 '자유도(degrees of freedom)'라 한다. 원자 하나의 위치를 정하기 위해서는 3개의 좌표가 필요하므로, r 개의 원자로 이루어진 하나의 분자는 $3r$ 의 자유도를 갖는다. 분자의 총 운동 에너지는 각 원자의 운동 에너지의 합으로 구할 수도 있고, 질량 중심의 운동 에너지와 내부 운동에 의한 운동 에너지의 합으로 나타낼 수도 있다. 내부 운동에 의한 에너지는 근사적으로 회전 운동 에너지와 진동 운동 에너지의 합으로 표현되기도 한다. 우리의 정리를 r 개의 원자로 이루어진 분자에 적용하면, 분자는 평균적으로 $\frac{3}{2}rkT$ joule 의 운동 에너지를 갖는다는 것을 알 수 있다. 이중 $\frac{3}{2}kT$ 는 질량 중심이 갖는 운동 에너지이고, 나머지 $\frac{3}{2}(r-1)kT$ 는 분자 내부의 진동과 회전에 의한 운동 에너지이다.

CHAPTER 40
통계 역학

40-1 지수 함수적으로 변하는 대기의 밀도

앞장에서 우리는 많은 수의 원자들이 서로 충돌하고 있는 물리계의 특성에 대하여 알아보았다. 이것은 원자의 충돌이라는 관점에서 물질의 특성을 설명하는 일종의 운동 이론(kinetic theory)이다. 근본적으로, 물체의 거시적인 특성은 작은 부분의 운동으로 설명될 수 있다.

지금부터 당분간은 '열평형(thermal equilibrium)'이라는 주제에 관심을 집중하기로 하자. 열평형에 적용되는 역학을 통계 역학(statistical mechanics)이라 하는데, 그중 가장 대표적인 법칙들을 이 장에서 소개할 예정이다.

우리는 통계 역학의 주요 법칙 중 하나를 이미 알고 있다—절대 온도 T에서 일어나는 임의의 운동에 의한 에너지는 하나의 자유도에 대하여 $\frac{1}{2}kT$이다. 그러므로 온도를 알면 입자의 평균 운동 에너지도 알 수 있다. 이제 우리의 할 일은 열적 평형 상태에서 원자의 배열과 속도를 알아내는 것이다. 우리는 속도의 제곱의 평균을 알고 있긴 하지만, 이것만으로는 "평균 속도보다 세 배 빠르게 움직이는 원자는 몇 개인가?"라거나, "평균 속도의 1/4로 움직이는 원자는 몇 개인가?" 또는 "모든 원자들이 똑같은 속도로 움직이고 있는가?" 등의 구체적인 질문에 답할 수 없다.

우리가 답을 구해야 할 질문은 다음의 두 가지로 요약된다. (1)힘이 작용할 때 분자들은 공간 속에서 어떻게 분포되는가? (2)분자의 속도는 어떻게 분포되는가?

이 두 개의 질문은 상호 관계가 전혀 없으며, 속도는 항상 똑같은 분포로 나타난다고 알려져 있다. 이것은 분자에 작용하는 힘에 상관없이 하나의 자유도에 대한 운동 에너지가 항상 $\frac{1}{2}kT$라는 사실과 일맥상통한다. 분자들이 서로 충돌하는 빈도수는 힘과 무관하므로, 속도의 분포도 힘과 무관하게 나타나는 것이다.

바람과 같은 변동 요인이 전혀 없는 '조용한 대기'를 예로 들어보자. 실제의 대기는 위로 올라갈수록 차가워지지만, 이 대기는 열평형 상태에 있다고 가정하자. 고도에 따라 온도가 달라지는 대기는 열평형 상태에 있지 않다는 것을 어떻게 증명할 수 있을까? 기다란 막대를 대기 중에 세로로 세워놓고 양끝에 공을 놓아두면 된다(그림 40-1). 그러면 아래쪽에 있는 분자들이 $\frac{1}{2}kT$의 에

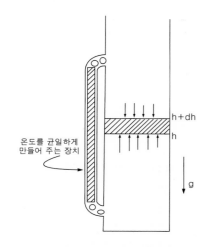

그림 40-1 높이가 h인 대기의 압력은 h + dh 의 압력보다 크다. 그 차이는 dh 안에 들어 있는 대기의 무게와 같다.

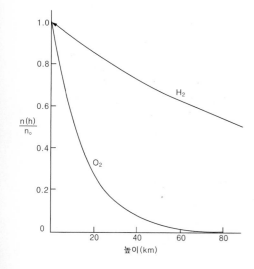

그림 40-2 고도에 따른 산소와 수소의 밀도 변화. 대기의 온도는 균일하다고 가정하고, 각각의 밀도는 고도 = 0일 때 1로 규격화하였다.

너지를 막대의 아래쪽 끝에 전달하고, 이 에너지는 막대를 통해 위쪽으로 전달되어 그곳에 있는 공을 흔들 것이며, 이 에너지가 분자에 전달되어 위쪽의 온도가 올라갈 것이다. 이런 상태로 시간이 오래 흐르면 결국 위쪽 대기와 아래쪽 대기의 온도는 같아진다.

　　고도에 따른 온도차가 없다면, 남은 문제는 위로 올라갈수록 대기가 희미해지는 이유를 알아내는 것이다. 압력이 P 이고 부피가 V 인 기체 안에 N 개의 분자가 들어 있을 때, 이들 사이에는 $PV = NkT$, 또는 $P = nkT$ 의 관계가 성립한다는 것을 우리는 이미 알고 있다(여기서 n 은 단위 부피당 분자의 개수, 즉 N/V 이다). 다시 말해서, 단위 부피당 분자의 개수 n 을 알고 있으면 압력을 알 수 있고, 반대로 압력을 알고 있으면 n 을 알 수 있다. 지금 우리의 대기는 온도가 일정하므로, P 와 n 은 서로 비례하는 관계에 있다. 그러나 P 자체는 고도가 낮아질수록 증가한다. 임의의 고도에서 대기는 그 위에 있는 모든 기체를 (말하자면) 떠받치고 있기 때문이다. 우리는 이 사실로부터 고도에 따른 압력의 변화를 유추할 수 있다. 높이가 h 인 단위 면적의 공기 기둥을 잡았을 때, 아래쪽으로 작용하는 수직 방향 힘이 바로 압력 P 에 해당된다. 높이 $h + dh$ 에서 아래로 작용하는 힘은 중력의 관점에서 볼 때 P 와 같을 것 같지만 사실은 그렇지 않다. 아래쪽에서 작용하는 힘은 위에서 내리누르는 힘보다 크며, 그 차이는 h 와 $h + dh$ 사이에 들어 있는 대기의 무게와 같다. 중력 가속도를 g 로 표기했을 때 하나의 분자에 작용하는 중력은 mg 이고 h 와 $h + dh$ 사이에 들어 있는 분자의 개수는 $n\,dh$ 이다(공기 기둥의 단면적은 1이다). 따라서 $P_{h+dh} - P_h = dP = -mgn\,dh$ 라는 미분 방정식이 성립한다. 그런데 $P = nkT$ 이고 T 는 상수이므로 방정식에서 P 나 n 중 하나를 소거할 수 있다. P 를 소거하면

$$\frac{dn}{dh} = -\frac{mg}{kT}\,n$$

이 된다. 이 방정식은 고도가 높아질수록 대기가 희미해진다는 사실을 말해주고 있다.

　　이 방정식은 n 에 대한 1계 미분 방정식으로서, 해는 다음과 같다(어떤 함수의 미분이 함수 자체에 비례할 때, 그 함수는 e 를 밑으로 하는 지수 함수로 표현된다).

$$n = n_0\,e^{-mgh/kT} \tag{40.1}$$

적분하는 과정에서 나타나는 상수 n_0 는 $h = 0$ 일 때의 n(분자 밀도)이며, $h = 0$ 인 지점은 어떤 곳을 잡아도 상관없다. 그리고 n 은 높이가 증가함에 따라 지수 함수적으로 감소한다.

　　질량이 다른 대기에 이 논리를 적용하면 고도에 따른 밀도의 변화율이 다르게 나타난다(즉, e 의 지수가 달라진다). 분자의 질량 m 이 지수의 분자에 놓여 있으므로, 무거운 분자일수록 고도에 따른 밀도의 변화가 크다. 따라서 높이 올라갈수록 대기 중의 질소 함유량이 증가한다(질소는 산소보다 가벼

다). 그러나 실제의 대기는 여러 가지 요인에 의해 수시로 섞이고 있기 때문에 아주 높이 올라가기 전에는 이 효과가 잘 나타나지 않는다. 게다가 실제의 대기는 온도가 균일하지도 않다. 가장 가벼운 기체는 수소이므로, 대기의 가장 높은 곳은 대부분 수소 가스로 이루어져 있다(그림 40-2).

40-2 볼츠만의 법칙

여기서 한 가지 흥미로운 사실은 식 (40.1)에서 지수의 분자(numerator)가 분자(molecule) 하나의 '위치 에너지'에 해당된다는 점이다. 그러므로 이 식을 좀더 일반적인 형태로 표현하면 다음과 같다—임의의 지점에서 분자(molecule)의 밀도는 다음의 양에 비례한다.

$$e^{-(\text{원자 하나의 위치 에너지}/kT)}$$

지수에 mgh가 나타난 것은 이 경우에만 해당되는 우연일 수도 있지 않을까? 그렇지 않다. 이것은 일반적으로 적용되는 법칙이다. 왜 그럴까? 중력이 아닌 다른 힘이 기체 분자에 작용하는 경우를 생각해보자. 예를 들어, 분자들이 전기 전하를 띠고 있고 공간에 전기장이 걸려 있는 경우를 생각해보자(전기장의 원천은 다른 전하일 수도 있고, 대전된 커다란 벽일 수도 있다). 문제의 단순화를 위해 모든 분자들이 같은 전하를 갖고 있다고 가정하면, 기체에 작용하는 총힘은 개개의 분자에 작용하는 힘에 분자의 개수를 곱한 것과 같다. 문제가 필요없이 복잡해지는 것을 피하기 위해, 각 분자에 작용하는 힘 $\mathbf{F}$가 x축 방향의 성분만 갖는다고 가정하자.

앞에서와 마찬가지로 기체 내부에서 dx만큼 떨어져 있는 두 개의 평면을 생각해보자. 그러면 원자 하나당 작용하는 힘에 단위 부피당 원자의 개수 n을 곱하고(nmg의 일반화) 여기에 또 dx를 곱한 양은 두 평면에 작용하는 압력의 차이와 같다. 즉, $Fn\,dx = dP = kT\,dn$이다. 이 방정식에 약간의 변형을 가하면 다음과 같은 형태가 된다.

$$F = kT \frac{d}{dx} (\ln n) \qquad (40.2)$$

여기서 $-F\,dx$는 분자 하나를 x에서 $x + dx$까지 옮기는 데 필요한 일을 의미한다. 분자에 가해진 일이 위치 에너지(P.E.)로 표현될 수 있다면 이것은 두 지점의 위치 에너지의 차이에 해당된다. 즉, 위치 에너지를 미분하여 음의 부호를 취한 양이 $F\,dx$가 되어 $d(\ln n) = -d(\text{P.E.})/kT$의 관계가 성립하는 것이다. 이 식을 적분하면

$$n = (\text{상수})e^{-\text{P.E.}/kT} \qquad (40.3)$$

이 된다. 따라서 위치 에너지가 e의 지수가 되는 것은 일반적인 법칙이라고 할 수 있다. [만일 F가 위치 에너지로부터 유도되지 않는다면, 방정식 (40.2)의 해는 존재하지 않는다. 이런 경우에는 원자가 원운동을 하여 원위치로 돌아와

도 가해진 일은 0이 아니므로 안정된 평형점을 가질 수 없다. 외부에서 가해진 힘이 보존력이 아니라면 열적 평형은 이루어지지 않는다.] 식 (40.3)은 통계 역학의 근간을 이루는 '볼츠만의 법칙(Boltzman's law)'으로서, 기체 분자가 발견될 확률이 −(위치 에너지/kT)를 지수로 갖는 지수 함수를 따라 감소한다는 사실을 말해주고 있다.

이로부터 우리는 분자의 분포 상태를 짐작할 수 있다. 예를 들어, 액체 속에 양이온이 하나 있고 그 주변을 음이온들이 에워싸고 있다면, 거리에 따른 음이온의 분포는 어떻게 나타날 것인가? 위치 에너지가 거리의 함수로 표현되는 경우, 이들의 분포는 식 (40.3)을 따른다. 볼츠만의 법칙은 전기력이 아닌 다른 힘이 작용하는 경우에도 적용될 수 있다.

40-3 액체의 증발

통계 역학의 고급 과정을 배우다보면 다음과 같은 문제를 자주 접하게 된다. 여기, 서로 인력을 행사하는 분자의 집합이 있다. i번째 분자와 j번째 분자 사이에 작용하는 인력은 그들 사이의 거리 r_{ij}에만 의존하며, 이 힘은 위치 에너지 함수 $V(r_{ij})$의 미분으로 표현된다. 그림 40-3에는 위치 에너지가 거리의 함수로 그려져 있다. $r > r_0$인 영역에서 두 분자가 가까이 접근하면 에너지가 감소하다가 어느 한계점을 지나면 갑자기 빠른 속도로 증가한다. 분자들이 지나치게 가까워지면 서로 밀쳐내는 힘이 작용하기 때문이다. 이것은 거의 모든 분자들이 갖는 공통적인 성질이다.

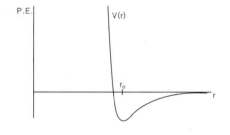

그림 40-3 두 분자 사이의 위치 에너지는 둘 사이의 거리에만 의존한다.

이런 분자들로 가득 찬 상자가 있다고 가정해보자. 분자들의 평균적인 분포는 어떻게 나타날 것인가? 답은 당연히 $e^{-P.E./kT}$이다. 이 경우에 총 위치 에너지는 모든 쌍(pair)들 사이에 작용하는 위치 에너지의 합으로 주어진다(세 개의 입자들 사이에서 작용하는 힘도 있을 수 있다. 그러나 전기력은 두 개의 전하 사이에 작용하는 힘이 분명하다). 그러므로 어떤 특정한 r_{ij}의 조합에서 분자들이 발견될 확률은 다음의 양에 비례한다.

$$\exp\left[-\sum_{i,j} V(r_{ij})/kT\right]$$

이제, 온도가 매우 높다고 가정하면[$kT \gg |V(r_0)|$] 모든 위치에서 지수가 매우 작아지므로 분자가 발견될 확률은 거의 위치와 무관해진다. 분자 두 개만 고려한다면 $e^{-P.E./kT}$는 둘 사이의 거리 r에 따라 이들이 발견될 확률을 알려주는 함수이다. 위치 에너지가 최소일 때 확률은 최대가 되고, 위치 에너지가 무한대로 커지면(r이 아주 작을 때) 확률은 거의 0으로 줄어든다. 즉, 두 개의 분자는 가까운 거리에서 서로 밀쳐내기 때문에 같은 지점에 존재할 수 없다. 반면에, $r = r_0$인 곳에서는 단위 부피 안에서 이들을 발견할 확률이 가장 높게 나타나고, 이때의 최대값은 온도에 따라 달라진다. 만일 온도가 $r = r_0$와 $r = \infty$인 두 지점 사이의 위치 에너지의 차이보다 훨씬 큰 값을 가진다면 지수 함수의 값은 거의 1에 접근한다. 이때 평균 운동 에너지(약 kT)는

위치 에너지보다 훨씬 크기 때문에, 둘 사이에 작용하는 힘은 분포 상태에 거의 영향을 주지 못한다. 그러나 온도가 떨어질수록 $r = r_0$에서 분자들이 발견될 확률은 다른 지점에서 발견될 확률보다 상대적으로 커지고, $kT \ll |V(r_0)|$가 되면 r_0 근방에서 e의 지수가 양의 큰 값을 가지므로 분자들이 한 곳에 집중되는 경향을 보이기 시작한다. 여기서 온도가 계속 떨어지면 결국 분자들은 덩어리로 뭉쳐져서 액체 또는 고체가 되고, 이 상태에서 다시 가열하면 분자는 증발하여 기체 상태로 되돌아간다.

물체가 증발하는 과정을 제대로 이해하려면, 양자 역학의 이론이나 실험을 통해 분자들 간의 힘에 의한 위치 에너지 $V(r)$을 정확하게 알고 있어야 한다. 일단 이것이 알려지고 나면 수십억 개에 달하는 분자들의 운명은 $e^{-\Sigma V_{ij}/kT}$으로 모두 결정된다. 언뜻 보기에는 간단한 아이디어에 간단한 수식 같지만, 주어진 위치 에너지에 대하여 이 계산을 모두 실행하는 것은 상상을 초월할 정도로 복잡한 작업이다. 너무나 복잡해서 떠올리기조차 끔찍할 정도이다.

이런 어려움에도 불구하고, 이 문제는 우리의 관심을 끌기에 충분하다[흔히 '다체 문제(many-body problem)'라 불리기도 한다]. 이 간단한 수식 속에는 기체의 응고와 구체의 결정 구조 등에 관한 모든 정보가 들어 있다. 이 문제가 어려운 이유는 법칙 자체가 복잡해서가 아니라 고려해야 할 변수가 너무 많기 때문이다.

공간상에 입자들이 배열되는 규칙은 이것이 전부이다. 그리고 이것은 고전적 통계 역학의 종착점이기도 하다. 일단 분자들 사이에 작용하는 힘만 알고 있으면 원리적으로 모든 분포 상태를 알 수 있고, 위치를 미분하면 속도의 분포도 구할 수 있다. 형식적으로 구한 해들로부터 특별한 정보를 찾아내는 것이 바로 고전적 통계 역학의 주된 목적이다.

40-4 분자의 속도 분포

지금부터 속도의 분포에 대하여 알아보자. 서로 다른 속도로 움직이는 분자의 개수를 알고 있으면 여러모로 유용한 점이 많다. 앞에서 언급했던 대기의 성질을 이용해서 이 문제를 풀어보기로 하자. 문제의 단순화를 위해, 기체 분자들 사이에는 상호 작용이 전혀 없다고 가정한다. 앞에서 대기를 다룰 때에도 이와 같은 가정을 내세웠었다. 즉, 기체 분자에 작용하는 힘은 오로지 지구에 의한 중력뿐이었다. 그러므로 여기에 개입되는 에너지 역시 중력에 의한 위치 에너지뿐이다. 분자(또는 원자)들 사이의 상호 작용을 허용하면 좀더 정확한 결과를 얻을 수 있겠지만 문제가 너무 복잡해지기 때문에, 당분간은 작용하는 힘이 중력뿐이고 분자들 사이에는 아무런 충돌도 일어나지 않는다고 가정한다. 충돌에 의한 효과는 뒤에 따로 고려할 것이다. 우리는 고도가 h인 지점보다 고도가 0인 지점에 분자의 개수가 더 많다는 사실을 이미 알고 있다. 식 (40.1)에 의하면 분자의 개수는 고도가 감소함에 따라 지수 함수적

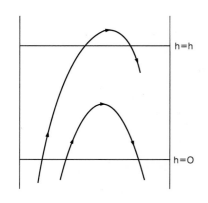

그림 40-4 $h = 0$에서 충분히 빠른 속도로 움직이는 분자들만이 고도 h에 다다를 수 있다.

으로 증가한다. 고도가 높을수록 분자의 개수가 적어지는 이유는 무엇일까? 고도 0인 지점에서 위쪽으로 움직이는 분자들 중 속도가 느린 분자는 고도 h인 지점에 도달하지 못하기 때문이다!(그림 40-4) 이것을 힌트 삼아 식 (40.1)을 이용하면 속도의 분포를 계산할 수 있다.

이 아이디어를 좀더 정확하게 서술하면 다음과 같다. 아래쪽에서 출발하여 $h = 0$인 평면을 통과하는 분자의 개수를 센다고 해보자($h = 0$이라고 해서 반드시 밑바닥을 의미하지는 않는다. 아래쪽을 $h < 0$으로 정의하면 높은 곳에 $h = 0$인 지점이 존재할 수 있다). 임의의 방향으로 운동중인 기체 분자들 중에는 이 평면을 밑에서 위로 통과하는 분자들도 있다. 물론, 이들의 속도는 같을 이유가 전혀 없다. 높이 h에 도달하기 위해 필요한 속도를 u라 하면(운동 에너지 $mu^2/2 = mgh$), $h = 0$인 평면을 u보다 빠른 속도로 통과하는 분자의 개수는 $h = h$인 평면을 통과하는 분자의 총 개수와 같다. 속도의 수직 성분이 u보다 작은 분자는 h에 도달하지 못한다. 그러므로

($v_z > u$의 속도로 $h = 0$을 통과한 분자수) = ($v_z > 0$의 속도로 $h = h$를 통과한 분자수)

가 된다. 그러나 고도 h인 지점을 0보다 큰 속도로 통과하는 분자의 수는 이보다 낮은 지점을 0보다 큰 속도로 통과하는 분자의 수보다 적다. 우리가 알아야 할 내용은 이것이 전부다. 대기 전체의 온도가 균일할 때 속도의 분포가 어디서나 동일하다는 사실은 이미 알고 있고, 고도가 낮을수록 분자의 밀도가 크기 때문에, 고도 = h인 지점을 0보다 큰 속도로 통과하는 분자의 수 $n_{>0}(h)$와 고도 = 0인 지점을 0보다 큰 속도로 통과하는 분자의 수 $n_{>0}(0)$의 비율은 두 지점의 분자 밀도의 비율과 같다. 즉, $n_{>0}(h)/n_{>0}(0) = e^{-mgh/kT}/e^{-mg0/kT}$ $= e^{-mgh/kT}$ 이다. 그런데 $n_{>0}(h) = n_{>u}(0)$이고 $\frac{1}{2}mu^2 = mgh$ 이므로

$$\frac{n_{>u}(0)}{n_{>0}(0)} = e^{-mgh/kT} = e^{-mu^2/2kT}$$

로 쓸 수 있다. 다시 말해서, 고도 = 0인 지점을 u보다 빠른 속도로 통과하는 분자의 수는 같은 지점을 0보다 빠른 속도로 통과하는 분자의 수에 $e^{-mu^2/2kT}$를 곱한 것과 같다.

이것은 우리가 임의로 정한 $h = 0$에서만 성립하는 것이 아니라, 모든 고도에 대하여 일반적으로 성립한다. 따라서 속도의 분포는 어디서나 동일하다는 결론을 내릴 수 있다! (고도 h인 지점은 논리의 중간에 잠시 나왔을 뿐, 마지막 결론은 $h = 0$인 지점만을 언급하고 있다.)

이제, 충돌에 의한 효과를 고려해보자. 앞에서도 말했듯이, 분자 간의 충돌을 고려해도 결과는 달라지지 않는다. 왜 그럴까? 똑같은 논리를 아주 작은 고도 h에 적용하면 이 사이에서는 충돌이 일어날 틈이 없으므로 같은 결론을 얻을 수 있다. 그러나 다른 식으로도 증명이 가능하다. 우리의 논리는 에너지 보존 법칙에 기초를 두고 있으며, 분자들 사이에 충돌이 일어나면 에너지가 손실되지 않고 한쪽에서 다른 쪽으로 전이된다. 따라서 분자들을 동일 입

자로 간주하는 한, 어떤 분자가 고도 h에 도달했는지는 중요하지 않다. 우리에게 중요한 것은 도달하는 '개수'뿐이다. 그러므로 충돌을 일일이 고려하면 문제가 엄청나게 복잡해지겠지만 그 결과는 달라질 것이 없다. 우리가 얻은 분자의 속도 분포는 다음과 같다.

$$n_{>u} \propto e^{-\text{운동 에너지}/kT} \tag{40.4}$$

그러나 '주어진 면적을 최소한의 속도(z방향 성분)로 통과하는 분자의 개수'로 속도의 분포를 표현하는 것은 최선의 방법이 아니다. 예를 들어, 기체 내부에서 속도의 z방향 성분이 어떤 특정한 간격 이내에 있는 분자의 개수를 알고 싶을 때 식 (40.4)는 별 도움이 되지 않는다. 이럴 때는 식 (40.4)를 좀더 편리한 형태로 변환시킬 필요가 있다. 여기서 한 가지 명심할 것은 분자의 속도가 어떤 '명확한' 값을 가질 수는 없다는 점이다. 예를 들어, 속도가 정확하게 1.7962899173m/sec인 분자는 존재하지 않는다. 그러므로 분자의 속도 자체를 묻는 것보다, 특정 속도 u와 $u + du$ 사이의 속도를 갖는 분자가 몇 개인지를 묻는 것이 현실적으로 의미가 있다. 즉, 속도가 1.796에서 1.797 사이인 분자의 개수를 세는 것이 더 타당하다는 뜻이다. 이를 수학적으로 표현하면 다음과 같다. $u \sim u + du$ 사이의 속도를 갖는 분자의 비율(전체 개수에서 차지하는 비율)을 $f(u)du$라 하자. $f(u)$의 한 예가 그림 40-5에 제시되어 있다. 여기서 빗금으로 채워진 영역[밑변의 길이가 du이고 높이가 $f(u)$인 직사각형으로 간주할 수 있다]은 방금 말한 $f(u)du$에 해당된다. 즉, 곡선 아래의 전체 면적에 대한 빗금 친 부분의 면적은 속도가 $u \sim u + du$ 사이인 분자의 비율을 의미한다. $f(u)$를 규격화시키면 전체 면적은 100%가 되어 다음의 조건을 만족한다.

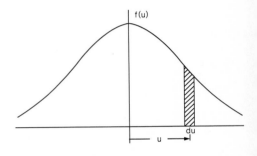

그림 40-5 속도 분포 함수의 그래프. 빗금 친 부분의 면적 f(u)du는 u~u+du 사이의 속도를 갖는 입자의 비율에 해당된다.

$$\int_{-\infty}^{\infty} f(u)du = 1 \tag{40.5}$$

이제, 앞에서 유도했던 정리를 여기에 적용시켜보자. u보다 빠른 속도로 단위 시간에 주어진 면적을 통과하는 분자의 개수를 $f(u)$로 표현한다면 어떻게 될까? 언뜻 생각하면 $\int_{u}^{\infty} f(u)du$가 될 것 같지만 사실은 그렇지 않다. 우리의 질문에는 '단위 시간에'라는 단서가 붙어 있기 때문이다. 속도가 빠른 분자는 더욱 빈번하게 면적을 통과하고, 느린 분자는 뜸하게 통과할 것이다. 그러므로 단위 시간에 통과하는 개수를 구하려면 여기에 속도를 곱해야 한다. 주어진 시간 t 동안 특정 표면에 도달하는 분자의 개수는 그 표면에 도달할 정도로 충분히 빠른 분자의 개수와 일치하며, 이들은 모두 표면과 ut의 거리 이내에 있는 분자들이다. 따라서 도달하는 분자의 총 개수는 (단위 부피당 개수) × (이동 거리)로 계산되며, 이동 거리는 속도 u에 비례하므로 결국 $\int_{u}^{\infty} uf(u)du$가 되고, 이 값은 앞에서 계산했던 $e^{-mu^2/2kT}$와 일치해야 한다.

$$\int_{u}^{\infty} uf(u)du = (\text{상수}) \cdot e^{-mu^2/2kT} \tag{40.6}$$

여기 나타난 상수는 나중에 결정하기로 한다.

이 적분을 u로 미분하면 적분 안의 함수가 다시 얻어지고(u가 적분의 하한이므로 마이너스 부호가 추가로 나온다), 우변을 u로 미분하면 똑같은 지수 함수에 u가 곱해진 형태가 된다. 그러므로 양변의 u를 소거하면

$$f(u)du = Ce^{-mu^2/2kT}\,du \qquad (40.7)$$

를 얻는다. '분포'를 나타내고 있다는 사실을 강조하기 위해 du는 소거시키지 않고 그대로 놔두었다. 이 식으로부터 우리는 속도가 $u \sim u + du$ 사이인 분자의 비율을 알 수 있다.

상수 C는 식 (40.5)의 조건으로부터 결정할 수 있다. 다음의 적분

$$\int_{-\infty}^{\infty} e^{-x^2}\,dx = \sqrt{\pi}$$

을 이용하면* $C = \sqrt{m/2\pi kT}$ 임을 쉽게 증명할 수 있다.

속도와 운동량은 비례 관계에 있으므로 분자의 운동량 분포 역시 단위 운동량 간격 안에서 $e^{-K.E./kT}$로 표현된다. 이렇게 운동량으로 표현한 분포식은 상대론적 관점에서도 그대로 성립한다(속도로 표현한 식은 상대론에 그대로 적용되지 않는다). 그러므로 속도보다는 운동량으로 표현하는 것이 여러 모로 유용하다.

$$f(p)dp = Ce^{-K.E./kT}\,dp \qquad (40.8)$$

지금까지 우리가 유도한 것은 속도의 '수직 성분 분포'이다. 다른 방향 성분들의 분포는 어떻게 나타날 것인가? 물론 이 분포들은 서로 연결되어 있으므로 하나의 분포를 알면 그로부터 다른 방향의 분포를 유도할 수 있다. 완전한 분포는 속도의 z성분이 아니라 속도의 제곱에 의존하기 때문이다. z방향 성분의 분포는 이미 구했으므로 다른 방향 성분의 속도 분포는 이로부터 구할 수 있다. 이 경우 역시 $e^{-K.E./kT}$에 비례하는 것은 똑같지만 운동 에너지가 $mv_x^2/2$와 $mv_y^2/2$, 그리고 $mv_z^2/2$의 합으로 나타나는 것이 다르다. 이것을 곱으로 표현하면 다음과 같다.

$$f(v_x,\ v_y,\ v_z)dv_x\,dv_y\,dv_z$$

$$\propto e^{-mv_x^2/2kT} \cdot e^{-mv_y^2/2kT} \cdot e^{-mv_z^2/2kT}\,dv_x\,dv_y\,dv_z \qquad (40.9)$$

---

* 이 적분은 다음과 같이 계산할 수 있다. 먼저

$$I = \int_{-\infty}^{\infty} e^{-x^2}\,dx$$

라 하면

$$I^2 = \int_{-\infty}^{\infty} e^{-x^2}\,dx \cdot \int_{-\infty}^{\infty} e^{-y^2}\,dy = \int_{-\infty}^{\infty}\int_{-\infty}^{\infty} e^{-(x^2+y^2)}\,dy\,dx$$

가 된다. 이것은 xy-평면 전체에 걸친 이중 적분이지만, 극좌표를 사용하면 다음과 같이 간단하게 계산된다.

$$I^2 = \int_0^{\infty} e^{-r^2} \cdot 2\pi r\,dr = \pi\int_0^{\infty} e^{-t}\,dt = \pi$$

v_z에 대한 확률을 얻으려면 이 식을 v_x와 v_y에 대해 적분하면 되는데, 그 결과는 식 (40.7)과 일치한다.

40-5 기체의 비열

이제, 몇 가지 사례로 지금까지의 이론을 검증하여 고전적인 기체 이론이 얼마나 잘 맞는지를 확인해보자. 우리는 앞에서 N개의 분자로 이루어진 기체의 내부 에너지를 U라 했을 때 $PV = NkT = (\gamma - 1)U$로 쓸 수 있다는 것을 알았다[식 (39.11)]. 단원자 기체의 경우, 이 값은 질량 중심 운동 에너지의 2/3에 해당되므로 $\gamma - 1 = 2/3$이다. 그렇다면 내부의 회전이나 진동 효과를 따로 고려해야 하는 복잡한 분자의 경우는 어떨까? 분자의 내부 운동에 의한 에너지도 kT에 비례한다고 가정해보자(고전 역학에 의하면 사실이 그렇다). 그러면 어떤 주어진 온도에서의 전체 에너지는 운동 에너지와 내부 진동(또는 회전)에 의한 에너지의 합으로 나타날 것이다. 따라서 내부 운동 에너지 이외에 회전에 의한 에너지가 U에 추가되어 γ의 값이 달라진다. γ를 측정하는 가장 좋은 방법은 온도에 따른 에너지의 변화, 즉 '비열(specific heat)'을 측정하는 것이다. 이 문제는 잠시 후에 다루기로 하고, 지금 당장은 단열 압축 과정의 PV^γ 곡선으로부터 γ가 실험적으로 측정될 수 있다고 가정해보자.

몇 가지 경우에 γ의 값을 계산해보자. 먼저, 단원자 기체의 총 에너지는 U이며, 이는 운동 에너지와 같다. 또한 우리는 단원자 기체의 γ가 5/3임을 이미 알고 있다. 산소나 수소 가스와 같은 이원자 분자는 두 개의 원자들이 그림 40-3과 같은 힘을 주고 받으며 붙어 있는 형태로 간주할 수 있다. 어떤 특정 온도에서 두 개의 원자들은 위치 에너지가 최소가 되는 거리 r_0를 유지하려는 경향이 있다. 그러므로 우리에게 중요한 것은 곡선의 최소점 근방이며, 이 근처에서 위치 에너지는 대략 포물선으로 근사될 수 있다. 그런데 포물선 위치 에너지는 바로 조화 진동자의 위치 에너지에 해당되므로, 산소 분자는 두 개의 산소 원자가 용수철로 연결되어 있는 것으로 간주할 수 있다.

그렇다면 온도 T에서 분자의 총 에너지는 얼마인가? 원자 하나의 운동 에너지는 $\frac{3}{2}kT$이므로 이들을 합하면 $\frac{3}{2}kT + \frac{3}{2}kT$이다. 이것은 다른 식으로 설명할 수도 있다. 즉, (질량 중심의 에너지 $\frac{3}{2}kT$) + (회전 운동 에너지 kT) + (진동에 의한 운동 에너지 $\frac{1}{2}kT$)로 해석해도 같은 결과가 얻어진다. 진동에 의한 운동 에너지가 $\frac{1}{2}kT$인 이유는 진동의 자유도가 1이기 때문이다 (하나의 자유도에는 $\frac{1}{2}kT$의 운동 에너지가 할당됨을 기억하라). 회전의 경우는 가능한 회전축이 두 개 있으므로 운동 에너지가 kT이다. 왜 세 개가 아니고 두 개인가? 지금 우리는 원자를 점입자로 간주하고 있으므로, 두 원자가 연결된 방향을 축으로 삼아 일어나는 회전은 의미가 없기 때문이다. 만일 우리의 계산 결과가 실험치와 다르게 나온다면, 그것은 원자의 크기에 의한 효과가 누락되었음을 의미할 것이다. 그런데 여기에는 아직 고려되지 않은 에너지가 남아 있다. 진동에 의한 위치 에너지가 바로 그것이다. 그 크기는 얼마나 될까? 조화 진동자의 평균 운동 에너지는 평균 위치 에너지와 같으므로 $\frac{1}{2}kT$ 가 추가되어야 한다. 따라서 $U = \frac{7}{2}kT$, 또는 원자 하나당 $kT = \frac{2}{7}U$ 이며, γ 는 5/3가 아니라 9/7 = 1.286임을 알 수 있다.

여러 기체들의 γ 값이 표 40-1에 정리되어 있다. 헬륨(He)은 단원자 기체이므로 $\gamma = 5/3 = 1.667$ 이 되어야 하는데, 표에는 1.660으로 나와 있다. 오차의 원인은 아마도 낮은 온도(−180°C)에서 기인했을 것이다. 이렇게 낮은 온도에서는 원자들 사이에 다른 힘이 작용할 수도 있기 때문이다. 크립톤(Kr)과 아르곤(Ar)도 이 오차 이내에서 우리의 계산과 잘 들어맞는다.

이원자 기체인 수소(H$_2$)는 $\gamma = 1.404$ 인데, 이는 방금 전에 이론적으로 구한 1.286과 큰 차이를 보이고 있다. 산소(O$_2$)도 수소와 거의 비슷한 값을 보이면서 이론치와 많은 차이가 난다. 요오드화수소(HI)마저 $\gamma = 1.40$ 인 것을 보면, 아무래도 이원자 기체의 γ 는 1.40이 맞는 값인 것 같다. 그러나 브롬(Br$_2$)은 1.32이고 요오드(I$_2$)는 1.30으로 우리의 예상치인 1.286에 점차 가까워지고 있다. 이들 중 어느 쪽이 맞는 값일까? 어떤 분자에는 잘 맞고, 또 어떤 분자에는 맞지 않는다. 이 난처한 상황을 과연 어떻게 설명해야 할까?

이보다 좀더 복잡한 분자인 에탄(C$_2$H$_6$)의 경우를 살펴보자. 하나의 에탄 분자는 8개의 원자로 이루어져 있고 이들은 다양한 방향으로 진동과 회전을 겪고 있으므로 총 내부 에너지는 다른 분자들보다 매우 클 것이다. 에탄 분자의 내부 운동 에너지는 적어도 $12kT$ 이상이며, $\gamma - 1$은 거의 0에 가까운 값을 갖는다. 즉, 에탄의 γ 는 거의 1이라고 예상할 수 있다. 그러나 표에 나와 있는 값은 1.22로서, 이것 역시 이론값과 많은 차이를 보이고 있다.

이상한 점은 이것 말고도 또 있다. 이원자 분자의 원자들 사이에 작용하는 결합력을 인위적으로 강하게 만든다 해도 원자의 진동을 완전히 멈추게 할 수는 없다. 즉, 이원자 기체는 고체가 될 수 없다. 분자 내부의 진동 에너지는 결합력의 크기와 상관없이 항상 kT 이다. 그러나 만일 이원자 분자를 고체화시켜서 분자의 내부 진동을 완전히 없앴다고 가정하면 $U = \frac{5}{2}kT$ 가 된다. 그 결과, $\gamma = 1.40$ 이 되고 이 결과는 H$_2$ 와 O$_2$ 에 잘 들어맞는다. 또 하나 어려운 문제는 수소와 산소의 γ 값이 온도에 따라 변한다는 점이다! 그림 40-6에는 온도에 따른 γ 의 변화가 그려져 있다. 이 그래프는 실험을 통해 얻은 것으로서, H$_2$ 의 γ 는 −185°C에서 1.6이었다가 2000°C에서는 1.3으로 감소한다. γ 의 변화가 비교적 적은 O$_2$ 의 경우에도, 낮은 온도에서는 커다란 변화를 보이고 있다.

40-6 고전 물리학의 실패

결국 우리는 고전적 이론으로 γ 값을 설명하는 데 실패하였다. 스프링 말고 다른 힘을 도입할 수도 있지만, 어떤 힘을 도입한다 해도 γ 의 값은 이전보다 더 커지기만 할 뿐, 실험값을 재현시키지 못한다. 또, 다른 형태의 에너지

표 40-1 여러 가지 기체의 비열 비 (specific heat ratio, γ)

기체	$T(°C)$	γ
He	−180	1.660
Kr	19	1.68
Ar	15	1.668
H$_2$	100	1.404
O$_2$	100	1.399
HI	100	1.40
Br$_2$	300	1.32
I$_2$	185	1.30
NH$_3$	15	1.310
C$_2$H$_6$	15	1.22

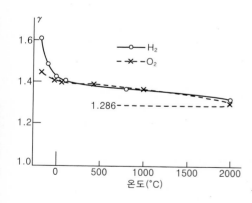

그림 40-6 온도의 변화에 따른 γ 값의 변화 곡선(H$_2$, O$_2$). 고전적 이론에 의하면 온도에 상관없이 $\gamma = 1.286$ 이어야 한다.

를 추가로 포함시키면 γ는 1에 접근하여 역시 실험 결과와 맞지 않는다. 고전적인 이론에 집착하는 한, 어떤 수정을 가해도 상황은 더욱 나빠지기만 한다. 원자의 내부에서 움직이는 전자는 $\frac{1}{2}kT$의 운동 에너지와 어떤 양의 위치 에너지를 갖고 있다. 그런데 이들을 더하여 γ를 계산해보면 이전보다 더욱 작은 값이 얻어진다. 이런 식으로는 문제가 해결될 가능성이 거의 없을 것 같다.

기체의 역학에 관한 첫 번째 위대한 논문으로는 1859년에 발표된 맥스웰의 이론을 들 수 있다. 그는 지금까지 우리가 논했던 아이디어에 기초하여 보일의 법칙(Boyle's law)과 확산 이론(diffusion theory), 기체의 점성 등 여러 가지 현상을 원리적으로 설명할 수 있었다. 맥스웰은 논문의 마지막 부분에 다음과 같은 글을 남겼다. "마지막으로, 구형이 아닌 분자의 병진 운동과 회전 운동의 상호 관계를 밝힘으로써($\frac{1}{2}kT$ 이론을 말함), 입자계가 두 비열 사이의 관계를 만족하지 않는다는 것을 증명하였다." 그는 여기서 γ의 특성에 대하여 언급하고 있다. 맥스웰도 올바른 γ값을 이론적으로 구할 수 없었던 것이다.

그로부터 10년 후, 맥스웰은 강의를 하는 자리에서 이렇게 말했다. "내가 엄청나게 어렵다고 생각했던 그 문제는 분자 이론에서도 똑같이 발생한다." 이 말은 고전 물리학이 틀렸음을 시인하는 첫 번째 발언이었다. 그는 엄밀하게 검증된 이론이 실험 결과를 재현시키지 못한다는 것을 대중 앞에서 솔직하게 고백하였다. 1890년경에, 진스(Jeans)도 이와 비슷한 발언을 한 적이 있다. 19세기 말엽의 물리학자들은 자신이 물리학의 모든 것을 알고 있다는 자신감에 가득 차 있었고, 남은 일이란 계산을 더욱 정확하게 수행하는 것 뿐이라고 생각했었다. 그러나 당시의 물리학자들은 서로 털어놓지는 않았어도 한결같이 공통의 걱정거리를 안고 있었다.

원자의 진동이 낮은 온도에서는 사라지고 높은 온도에서만 일어난다고 가정하면, 충분히 낮은 온도에서 $\gamma = 1.40$인 기체가 존재할 수도 있다. 여기서 온도를 높이면 진동이 나타나면서 γ는 감소할 것이다. 이 논리는 회전 운동에도 그대로 적용될 수 있다. 즉, 온도가 충분히 낮을 때 회전 운동이 "얼어붙는다고(일어나지 않는다고)" 가정하면 아주 낮은 온도에서 수소 가스의 γ가 1.66인 이유를 이해할 수 있다. 그러나 운동이 얼어붙는 현상을 어떻게 이해해야 하는가? 고전적으로는 이 현상을 이해할 방법이 없다. 이 모든 수수께끼는 양자 역학이 발견되면서 비로소 풀릴 수 있었다.

양자 이론에 입각한 통계 역학의 결과를 증명 없이 설명하자면 다음과 같다. 양자 역학에 의하면 조화 진동자와 같이 퍼텐셜(위치 에너지)에 속박된 운동계는 불연속적인 에너지 준위를 갖는다. 그렇다면 통계 역학은 양자적으로 어떻게 수정되어야 하는가? 대부분의 문제들은 양자 역학으로 넘어가면 고전 역학보다 훨씬 더 어려워지지만, 다행스럽게도 통계 역학의 문제들은 양자적 효과를 고려하면 오히려 더 쉬워진다! 고전 통계 역학에서 얻었던 $n = n_0 e^{-\text{에너지}/kT}$는 다음과 같은 중요한 정리로 변형된다 — 분자계의 에너지 준위가 E_0, E_1, E_2, ⋯ E_i, ⋯ 등으로 주어진 경우, 열평형 상태에서 에너지가 E_i

인 분자를 발견할 확률은 $e^{-E_i/kT}$에 비례한다. 다시 말해서, 에너지가 E_1인 경우와 E_0인 경우의 상대적 확률은

$$\frac{P_1}{P_0} = \frac{e^{-E_1/kT}}{e^{-E_0/kT}} \tag{40.10}$$

이며, $P_1 = n_1/N$, $P_0 = n_0/N$이므로 이 식은 다음과 같이 쓸 수 있다.

$$n_1 = n_0\, e^{-(E_1-E_0)/kT} \tag{40.11}$$

즉, 높은 에너지 상태에 있을 확률보다 낮은 에너지 상태에 있을 확률이 더 크다. 에너지가 큰 분자의 개수와 에너지가 작은 분자의 개수의 비율은 $e^{-\text{에너지 차이}/kT}$이다. 양자적 통계 역학의 법칙은 이렇게 간단명료하다.

양자적 조화 진동자의 에너지 준위는 모두 같은 간격으로 배열되어 있다. 가장 낮은 에너지 준위 E_0를 0이라 하고(사실 E_0는 0이 아니라 0보다 조금 큰 값이다. 그러나 모든 에너지를 균일하게 이동시켜도 달라지는 것은 없다) 진동자의 진동수를 ω라 하면 $E_1 = \hbar\omega$, $E_2 = 2\hbar\omega$, $E_3 = 3\hbar\omega\cdots$ 등이다.

이제, 양자 역학적 에너지에 의한 결과가 어떻게 나타나는지 알아보자. 먼저, 앞에서 조화 진동자로 간주했던 이원자 분자의 내부 진동을 양자 역학적으로 분석해보자. 에너지가 E_1인 분자를 발견할 상대적 확률(E_0에 대한)은 얼마인가? 이 확률은 $e^{-\hbar\omega/kT}$를 따라 감소한다. kT가 $\hbar\omega$보다 훨씬 작은 저온의 경우, 분자가 E_1의 에너지를 가질 확률은 극히 작아진다. 즉, 대부분의 분자들이 E_0의 상태에 놓이게 되는 것이다[이를 '바닥 상태(ground state)'라 한다]. 여기서 온도를 조금 올리면 $E_1 = \hbar\omega$ 준위에서 분자가 발견될 확률은 조금 증가하겠지만, 확률 자체는 여전히 작다. 온도가 $\hbar\omega$보다 훨씬 작은 한, 온도를 올려도 상황은 크게 달라지지 않는다. 이런 환경에서 거의 모든 분자들은 바닥 상태에 밀집되어 마치 운동이 '얼어붙은 듯한' 효과를 보이게 되는 것이다. 즉, 이들은 비열에 아무런 공헌도 하지 못한다. 표 40-1 에서 산소와 수소의 경우에 100°C(절대 온도 373K)의 kT가 진동 에너지보다 작게 나타났던 것은 바로 이런 이유 때문이다. 반면에, 요오드 분자는 수소 분자보다 훨씬 무거워서 진동수 ω가 작기 때문에 이 차이가 크게 나타나지 않는다. 상온에서 수소의 $\hbar\omega$는 kT보다 크지만 요오드의 $\hbar\omega$는 kT보다 작으므로, 요오드 분자가 고전 이론에 더 잘 들어맞았던 것이다. '거의 모든 분자들이 바닥 상태에 있는' 극저온에서 시작하여 온도를 서서히 높여나가면 분자들이 높은 에너지 준위에 존재할 확률이 점차 증가한다. 이 확률들이 무시할 수 없을 정도로 커지면 기체 분자들은 고전적인 이론을 따르기 시작한다. 왜냐하면 각 준위에 존재하는 분자들의 에너지와 비교할 때, 에너지 준위들 사이의 간격은 거의 무시할 수 있을 정도로 작기 때문이다. 이 상황은 그림 40-6의 그래프와도 잘 일치한다. 이와 마찬가지로, 원자의 회전 상태도 양자화되어 있지만 일상적인 온도에서는 kT가 에너지 준위의 간격보다 훨씬 커서 회전 운동 에너지는 고전적인 법칙을 따르게 된다.

이것은 고전 물리학의 예견치가 실험 결과와 일치하지 않는다는 것을 보

여준 첫 번째 사례였다. 이로부터 30 ~ 40년이 지난 후에 물리학자들은 또 하나의 난제에 직면하게 되는데, 이것 역시 통계 역학에 관한 문제였다(흑체 복사). 이 문제는 19세기 초에 플랑크(Max Planck)가 빛의 양자 가설로 해결하였다.

CHAPTER 41
브라운 운동

41-1 에너지의 등분배(Equipartition)

브라운 운동은 1827년에 식물학자인 로버트 브라운(Robert Brown)에 의해 처음으로 발견되었다. 그는 식물의 꽃가루 입자가 액체 속에서 마치 살아 있는 생명체처럼 이리저리 돌아다니는 모습을 현미경으로 확인한 후, 액체 속에서 진행되는 입자의 운동을 집중적으로 연구한 끝에, 그것이 생명체가 아니라 물 속을 배회하는 작은 먼지조각에 불과하다는 사실을 알게 되었다. 그는 석영조각의 내부에 갇혀 있는 물에서도 이와 비슷한 운동을 발견했는데, 이 물은 수십억 년 전부터 석영 속에 갇혀 있었으므로 그 정체불명의 운동이 생명 활동과는 아무런 관계가 없다는 것을 확인할 수 있었다.

이 현상은 훗날 분자의 움직임으로 판명되었다. 이것은 마치 넓은 운동장에서 수많은 사람들이 아주 커다란 공을 다양한 방향으로 밀고 있는 상황과 비슷하다. 이 광경을 멀리 떨어진 곳에서 바라보았을 때 공의 움직임은 분자의 운동과 비슷하게 진행된다. 먼 곳에서는 사람의 모습이 보이지 않고 불규칙하게 움직이는 공만 시야에 들어올 것이다. 40장에서 유도했던 정리에 의하면 액체나 기체 속에서 떠다니는 입자는 $\frac{3}{2}kT$ 의 평균 운동 에너지를 갖는다. 이것은 분자보다 훨씬 무거운 입자에도 똑같이 적용되는 성질이다. 무거운 입자는 상대적으로 속도가 느려지겠지만 우리의 눈에 보일 정도로 느리지는 않다. 사실, 이런 입자의 속도를 측정하는 것은 쉬운 일이 아니다. 수 미크론(μ, 10^{-6}m) 크기의 입자가 갖는 $\frac{3}{2}kT$ 의 평균 운동 에너지를 속도로 환산하면 초당 수 mm에 불과하지만, 이들은 아무런 목적지도 없이 수시로 방향을 바꾸고 있기 때문에 현미경을 통한 관찰만으로 운동을 파악할 수는 없다. 이 문제는 19세기가 시작될 무렵에 아인슈타인에 의해 해결되었다.

입자의 평균 운동 에너지가 $\frac{3}{2}kT$ 라는 것은 뉴턴의 법칙으로부터 유도된 결과이다. 앞으로 알게 되겠지만, 우리는 운동 이론(kinetic theory)으로부터 거의 모든 것을 유도할 수 있을 뿐만 아니라, 아주 작은 양의 정보만으로도 꽤 많은 사실들을 알아낼 수 있다. 물론, 뉴턴의 법칙에 담긴 정보가 부족하다는 말은 아니다. 뉴턴의 운동 법칙은 정말로 많은 양의 정보를 담고 있다. 내 말의 뜻은, 그 안에 담긴 정보를 모두 사용하지 않아도 된다는 것이다. 이런 일이 어떻게 가능할까? 우리의 논리에는 항상 다음과 같은 가정이 깔려 있기 때문이다—"주어진 물리계가 어떤 특정 온도 T에서 열적 평형 상태에 이르렀다면, 그것은 온도가 T인 다른 무엇과도 열적 평형을 이룬다." 예를 들어, 어떤 입자 a가 물과 충돌했을 때 어떻게 움직이는지를 알기 위해, 물과 상호 작용은 하지 않으면서 입자 a와 '강하게' 충돌하는, 온도 T의 작은 알갱이들을 상상해보자. 알갱이들은 물과 아무런 상호 작용도 하지 않는다고 했으므로 이들에게 일어날 수 있는 일이란 입자 a와 충돌하는 것뿐이다. 사실, 우리는 이 기체(알갱이)에 대한 모든 것을 알고 있다. 이것은 바로 이상 기체이다. 물의 내부에서는 복잡한 사건이 진행되고 있지만 이상 기체의 내부는 아주 간단하다. 이제, 입자 a는 이 작은 알갱이들로 이루어진 기체와 평형을 이뤄야 한다. 만일 입자가 빠른 속도로 충돌했다면 작은 알갱이들은 에너지를 전달받아서 물보다 온도가 높아질 것이다. 그러나 이들은 처음에 온도가 같았고, 한번 평형을 이루면 평형 상태가 계속 유지된다고 했으므로 이런 일은 있을 수 없다. 즉, 한 부분이 차가워지면서 다른 부분이 뜨거워지는 변화는 결코 자발적으로 일어나지 않는 것이다.

이 정리는 역학 법칙으로 증명될 수도 있지만, 증명 과정이 너무 어렵고 복잡하므로 여기서 언급하지는 않겠다. 오히려, 고전 역학보다는 양자 역학으로 증명하는 편이 훨씬 쉽다. 이것은 볼츠만에 의해 처음으로 증명되었는데, 내용은 생략하고 그냥 사실로 받아들이기로 하자. 그렇다면 입자 a가 갖고 있는 $\frac{3}{2}kT$의 에너지는, 작은 알갱이를 제거한 같은 온도의 물과 충돌한 경우에도 여전히 $\frac{3}{2}kT$일 것이다. 논리가 다소 이상하게 들리겠지만, 어쨌거나 이것은 사실이다.

브라운 운동은 콜로이드 입자의 운동에서 처음으로 발견되었으나, 이와 같은 현상은 실험실이나 다른 환경 속에서 수시로 발견된다. 그림 41-1과 같이 가느다란 석영 섬유에 조그만 거울을 장착하여 매우 섬세한 검류계를 만든다면, 거울은 잠시도 가만히 있지 않고 끊임없이 흔들릴 것이다. 이 거울 위에 빛을 쪼여서 반사된 위치를 측정하면 정확한 값을 얻을 수 없다. 왜 그런가? 거울은 평균적으로 $\frac{1}{2}kT$의 회전 운동 에너지를 갖기 때문이다.

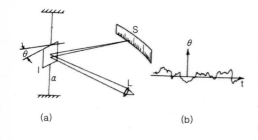

그림 41-1 (a)빛을 이용한 검류계. 광원 L에서 나온 빛은 작은 거울에 반사되어 눈금이 그려진 자에 도달한다. (b)시간에 따른 눈금의 위치 변화

거울의 흔들림에 따른 평균 제곱 각도(mean-square angle)는 얼마인가? 거울의 자연 진동수를 ω_0라 하고 관성 모멘트를 I라 하면 회전에 의한 운동 에너지는 $\frac{1}{2}I\omega_0^2$으로 주어진다[식 (19.8) 참조]. 그리고 진동에 의한 위치 에너지는 돌아간 각도의 제곱에 비례하므로 $V = \frac{1}{2}a\theta^2$으로 쓸 수 있다. 그런데, 거울의 진동 주기를 t_0라 했을 때 자연 진동수는 $\omega_0 = 2\pi/t_0$이므로, 위치 에너지는 $V = \frac{1}{2}I\omega_0^2\theta^2$이 된다. 운동 에너지의 평균은 $\frac{1}{2}kT$이고, 조화 진동자의 평균 위치 에너지는 평균 운동 에너지와 같으므로, 이 역시 $\frac{1}{2}kT$이다. 따라서

$$\frac{1}{2}I\omega_0^2\langle\theta^2\rangle = \frac{1}{2}kT$$

또는

$$\langle \theta^2 \rangle = kT/I\omega_0^2 \qquad (41.1)$$

임을 알 수 있다. 이렇게 검류계에 달린 거울의 진동을 알고 있으면 측정에 수반되는 오차의 크기를 계산할 수 있다. 거울의 진동을 줄이려면 거울의 온도를 낮춰야 한다. 온도를 어떻게 낮출 수 있을까? 온도 상승의 원인을 제거하면 된다. 만일 섬유 때문에 온도가 올라간다면 섬유의 꼭대기 부분을 식히고, 거울을 에워싸고 있는 기체 때문이라면 기체를 식혀야 한다. 실제로, 진동을 감쇠시키는 요인도 거울을 흔드는 원인으로 작용하는데, 이 점에 대해서는 나중에 다시 언급할 것이다.

전기 회로에서도 이와 비슷한 현상이 일어난다. 예를 들어, 매우 예민하고 정교하면서 정확한 진동수를 갖는 증폭기(amplifier)를 만든다고 가정해보자. 이 증폭기에는 특정 진동수에 아주 예민한, 그림 41-2와 같은 공명 회로가 포함되어 있다. 물론, 이런 회로에서는 에너지의 손실이 생길 수밖에 없다. 이 회로는 완벽한 공명 회로는 아니지만 성능이 아주 뛰어나다고 가정했으므로 매우 작은 저항이 달려 있는 회로라고 생각할 수 있다. 이제, 우리의 질문은 다음과 같다—인덕턴스(L)의 진동에 의한 전압은 얼마인가? 답: 공명 회로의 코일에 의한 운동 에너지는 $\frac{1}{2}LI^2$이므로(25장 참조), $\frac{1}{2}LI^2$의 평균값은 $\frac{1}{2}kT$와 같다. 우리는 이로부터 rms(제곱 평균 제곱근, root-mean square) 전류를 계산할 수 있고, 이 값으로부터 rms 전압도 알 수 있다. 코일의 양끝에 걸리는 전압은 $\hat{V}_L = i\omega_0 L\hat{I}$이고, $\langle V_L^2 \rangle = L^2\omega_0^2\langle I^2 \rangle$, $\frac{1}{2}L\langle I^2 \rangle = \frac{1}{2}kT$이므로

$$\langle V_L^2 \rangle = L\omega_0^2 kT \qquad (41.2)$$

이다. 이 결과를 이용하면 열적 진동에 의한 잡음, 즉 존슨 잡음(Johnson noise)이 얼마나 발생하는지를 알 수 있다.

이러한 요동(fluctuation)은 어디서 발생하는가? 진원지는 바로 저항이다. 저항의 내부에 있는 전자들은 저항 내부의 다른 물질들과 열적 평형을 이룬 상태에서 꾸준히 진동하고 있기 때문에, 이로부터 발생한 미세한 전기장이 공명 회로를 구동시키고 있는 것이다.

전기공학자들은 이 상황을 다른 식으로 표현한다. 물리적으로 볼 때 실제의 저항은 잡음의 원천에 해당된다. 그러나 이 저항은 잡음을 발생시키는 장치(G)와 잡음이 전혀 없는 이상적인 저항으로 나누어 생각할 수 있다[그림 41-2(b)]. 이렇게 가정하면 모든 잡음은 G에서만 발생하게 되고, 실제의 저항에서 발생하는 잡음의 특성과 그에 관한 공식을 알고 있다면, 공명 회로가 잡음에 어떻게 반응하는지를 알 수 있다. 이제 우리가 할 일은 잡음에 의한 요동 효과를 수식적으로 유도하는 것이다. 저항 자체는 공명을 하지 않기 때문에 저항에서 발생하는 잡음은 모든 진동수를 다 갖고 있다. 물론 공명 회로는 특정 진동수만을 골라내겠지만, 저항의 내부에는 다양한 진동수가 섞여 있다. 잡음 발생 장치 G의 강도는 다음과 같다—G와 직렬로 연결된 저항이 흡수

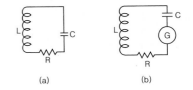

그림 41-2 Q값이 높은 공명 회로 (a)온도가 T인 실제의 회로, (b)잡음이 없는 이상적인 저항과 잡음 발생기가 달려 있는 인공적 회로

하는 평균 전력(mean power)은 G의 전압을 E라 했을 때 $\langle E^2 \rangle / R$ 이다. 그러나 우리가 알고자 하는 것은 '모든 진동수'에 대한 전력이다. 각각의 진동수에는 아주 작은 양의 전력이 대응되는데, 이것은 일종의 '분포도'로 이해할 수 있다. G가 $d\omega$ 의 영역 안에서 저항에 전달하는 전력을 $P(\omega)d\omega$ 라 하면,

$$P(\omega)d\omega = (2/\pi)kT\,d\omega \tag{41.3}$$

임을 증명할 수 있다(구체적인 증명은 앞으로 다른 경우를 다루면서 제시될 것이다). 이렇게 표현하면 $P(\omega)d\omega$ 는 저항 R 과 무관하게 나타난다.

41-2 복사의 열평형

이제, 좀더 어렵고 흥미로운 문제를 다뤄보자. 앞의 여러 장에 걸쳐서 설명한 바와 같이, 빛이 물체에 도달하면 물체의 내부에 있는 전자는 위아래로 (또는 임의의 방향으로) 진동하면서 빛을 방출한다. 이 전자가 기체의 내부에 있다고 가정하고, 기체를 이루는 원자들은 가끔씩 서로 충돌한다고 가정해보자. 충분한 시간이 흐른 후에 평형 상태가 되면 진동자의 운동 에너지는 $\frac{1}{2}kT$ 가 되고 조화 진동자의 특성에 따라 진동자의 총 에너지는 kT 가 된다. 그러나 진동자(전자)는 전기 전하를 갖고 있으므로 이것은 옳은 설명이 아니다. 진동자는 kT 의 에너지를 가짐과 동시에 외부로 빛을 방출하고 있다. 그러므로 실제의 물체들은 빛을 전혀 방출하지 않는 상태에서 평형을 이룰 수가 없다. 물체는 빛을 방출하면서 에너지를 잃고, 진동자의 에너지도 시간이 흐를수록 작아진다. 즉, 기체의 온도가 서서히 내려가는 것이다. 추운 겨울밤에 뜨거운 난로가 빛을 복사하면서 서서히 식어가는 것은 바로 이런 이유 때문이다. 원자는 계속 진동하면서 복사파를 방출하고, 복사의 방출은 곧 에너지의 방출을 의미하기 때문에 진동은 서서히 감소한다.

모든 것을 상자 안에 집어넣어 빛이 멀리 달아나는 것을 방지하면 이 상태에서 열평형에 도달한다. 기체를 상자에 가두면 방출된 복사파가 상자의 내벽에 반사되어 되돌아올 텐데, 아주 이상적인 경우를 생각하기 위해 상자의 내벽이 거울로 되어 있다고 가정해보자. 그러면 진동자가 방출한 복사는 전혀 바깥으로 새어나가지 않고 상자 내부에서 이리저리 반사되며 돌아다닐 것이다. 이 경우, 진동자는 계속 복사를 방출하고 있음에도 불구하고, 복사가 시작되고 나서 잠시 후면 에너지의 값이 kT 로 유지된다. 왜냐하면 상자의 내벽 (거울)에서 반사된 빛이 계속해서 진동자를 비추고 있기 때문이다. 즉, 자신이 방출한 에너지가 벽에 반사되어 되돌아옴으로써 진동자는 평형 상태에 도달하게 된다.

그렇다면, 상자의 온도를 T 라 했을 때 전자가, 반사된 에너지를 되돌려 받으면서 복사를 계속하려면 상자 안에는 얼마나 많은 빛이 있어야 할까?

상자 내부에는 원자가 많지 않아서 원자들 사이의 거리가 충분히 멀다고 가정하자. 그러면 전자는 복사 저항 이외에는 아무런 저항도 작용하지 않는

이상적인 진동자로 간주할 수 있다. 이런 조건하에서 열평형 상태에 이른 진동자가 방출하는 복사 에너지의 양을 계산해보자. (32 장에서 유도했던 복사 저항과 관련된 방정식들을 사용하면 된다.) 이 복사량은 진동자에 빛이 쪼여지면서 산란되는 양과 같아야 한다. 외부와 차단된 상자 안에서는 에너지가 따로 갈 곳이 없기 때문이다.

진동자가 단위 시간에 방출하는 복사량은 얼마인가? 앞에서 우리는 단위 라디안당 복사된 에너지를 진동자의 에너지로 나눈 값을 $1/Q$로 정의한 바 있다(식 32.8 참조). 즉, $1/Q = (dW/dt)/\omega_0 W$이다. 감쇠 상수 γ를 이용하면 이 식은 $1/Q = \gamma/\omega_0$로 쓸 수 있다. 여기서 ω_0는 진동자의 자연 진동수를 나타낸다. γ가 아주 작을 때 Q는 매우 큰 값을 갖는다. 따라서 단위 시간당 복사되는 에너지는

$$\frac{dW}{dt} = \frac{\omega_0 W}{Q} = \frac{\omega_0 W \gamma}{\omega_0} = \gamma W \qquad (41.4)$$

이다. 즉, 단위 시간당 복사된 에너지는 진동자의 에너지에 γ를 곱한 값과 같다. 그런데 진동자의 평균 에너지는 kT이므로, 결국 γkT는 단위 시간당 복사된 에너지의 평균과 같다.

$$\langle dW/dt \rangle = \gamma kT \qquad (41.5)$$

이제, γ의 값만 알면 된다. γ는 식 (32.12)로부터 쉽게 계산될 수 있다.

$$\gamma = \frac{\omega_0}{Q} = \frac{2}{3} \frac{r_0 \omega_0^2}{c} \qquad (41.6)$$

여기서 $r_0 = e^2/mc^2$는 고전적인 전자의 반경이고, $\lambda = 2\pi c/\omega_0$이다.

마지막으로, 진동수가 ω_0에 가까운 빛의 평균 복사 변화율은 다음과 같다.

$$\frac{dW}{dt} = \frac{2}{3} \frac{r_0 \omega_0^2 kT}{c} \qquad (41.7)$$

다음으로, 진동자에 쪼여지는 빛의 양을 계산해보자. 이 양은 진동자가 흡수한(그리고 곧바로 산란된) 빛의 양과 같다. 다시 말해서, 진동자가 방출한 빛의 양은 진동자에 쪼여졌다가 산란된 빛의 양과 같아야 한다. 그러므로 이제 우리가 계산해야 할 것은 진동자에 의해 산란되는 빛의 양이다. $d\omega$의 범위 안에서 상자 안에 존재하는 빛에너지를 $I(\omega)d\omega$라 하자. 그러면 $I(\omega)$는 어떤 스펙트럼 분포에 해당된다. 이것은 작은 구멍을 통해 온도 T인 상자의 내부를 들여다봤을 때 우리의 눈에 보이는 빛의 색분포 상태를 의미한다. 자, 그렇다면 얼마나 많은 빛이 흡수될 것인가? 앞에서 우리는 주어진 입사 광선이 흡수되는 양을 산란 단면적을 이용하여 계산한 적이 있다. 그때 우리가 내렸던 결론은 산란 단면적 안으로 들어온 빛이 모두 흡수된다는 것이었다. 따라서 진동자에 의해 재복사되는(산란되는) 총량은 입사광의 강도 $I(\omega)d\omega$에 산란 단면적 σ를 곱한 값과 같다.

우리는 식 (32.19)의 산란 단면적을 유도할 때 감쇠 효과를 고려하지 않

았었다. 여기에 저항을 도입하여 공식을 다시 유도하는 것은 그다지 어려운 일이 아니다. 이 계산을 다시 수행하여 얻어지는 산란 단면적은 다음과 같다.

$$\sigma_s = \frac{8\pi r_0^2}{3} \left(\frac{\omega^4}{(\omega^2 - \omega_0^2)^2 + r^2\omega^2} \right) \tag{41.8}$$

진동수의 함수인 σ_s는 ω가 ω_0와 거의 같을 때 무시할 수 없는 크기가 된다(복사 진동자의 Q는 약 10^8임을 기억하라). ω가 ω_0와 거의 같으면 진동자는 빛을 강하게 산란시키고, 그렇지 않은 경우에는 산란되는 양이 아주 작아진다. 그러므로 ω는 ω_0로, 그리고 $\omega^2 - \omega_0^2$는 $2\omega_0(\omega - \omega_0)$로 대치될 수 있다. 이 값으로 σ_s를 다시 계산하면

$$\sigma_s = \frac{2\pi r_0^2 \omega_0^2}{3[(\omega - \omega_0)^2 + \gamma^2/4]} \tag{41.9}$$

이 된다. 그래프를 그려보면 σ_s는 $\omega = \omega_0$ 근방에 집중되어 있음을 알 수 있다(전체적인 변화만 확인하는 것이 목적이라면 굳이 이런 근사식을 도입할 필요가 없다. 그러나 근사식을 사용하면 적분이 훨씬 쉬워진다). 이제, $d\omega$의 영역 이내에서 산란되는 에너지의 양은 σ_s에 $I(\omega)d\omega$를 곱한 것과 같다. 그리고 산란되는 총 에너지는 이 값을 ω로 적분하여 구할 수 있다.

$$\frac{dW_s}{dt} = \int_0^\infty I(\omega)\sigma_s(\omega)d\omega$$
$$= \int_0^\infty \frac{2\pi r_0^2 \omega_0^2 I(\omega)d\omega}{3[(\omega - \omega_0)^2 + \gamma^2/4]} \tag{41.10}$$

이제, 식 (41.10)에 $dW_s/dt = 3\gamma kT$를 적용하자. 왜 하필이면 3인가? 우리는 32장에서 산란 단면적을 도입할 때, 진동자가 진동이 가능한 방향으로 빛이 편광되어 있다는 가정을 세웠었다. 만일 진동자가 한 방향으로만 진동할 수 있고 입사광이 그와 수직한 방향으로 편광되어 있다면 산란은 전혀 일어나지 않을 것이다. 그러므로 우리는 한 방향으로만 진동하는 진동자의 산란 단면적을 모든 편광 방향에 대하여 평균을 취하거나, 아니면 장의 방향이 어느 쪽이건 그 방향을 따라 자유롭게 진동하는 진동자를 가정해야 한다. 이런 진동자는 세 방향으로 모두 진동할 수 있으므로 자유도 = 3이 되어 $3kT$의 평균 에너지를 갖는다.

이제 적분을 하는 일이 남았다. σ_s가 피크를 형성하는 좁은 진동수 영역에서 빛의 스펙트럼 분포 $I(\omega)$가 완만하게 변하는 곡선을 그린다고 가정해보자(그림 41-3). 그러면 적분 안에 들어 있는 함수는 ω가 ω_0와 거의 같을 때에만 의미 있는 값을 갖게 된다. 우리는 $I(\omega)$의 형태에 대하여 아직 아는 것이 없지만, 식 (41.10)에서는 $\omega = \omega_0$일 때에만 의미를 가지므로 그 근방에서 상수로 취급할 수 있다. 이 상수를 $I(\omega_0)$라 하고 모든 상수들을 적분 기호 밖으로 빼내면 다음과 같은 형태가 된다.

$$\frac{2}{3}\pi r_0^2 \omega_0^2 I(\omega_0) \int_0^\infty \frac{d\omega}{(\omega - \omega_0)^2 + \gamma^2/4} = 3\gamma kT \tag{41.11}$$

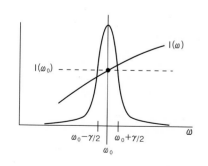

그림 41-3 식 (41.10)의 적분 함수. 중앙의 피크는 $1/[(\omega - \omega_0)^2 + \gamma^2/4]$의 공명 곡선을 나타낸다. $I(\omega)$는 상수 $I(\omega_0)$로 근사될 수 있다.

이 적분의 하한은 0으로 주어져 있는데, 0은 ω_0로부터 충분히 멀리 떨어져 있으므로 $\omega = 0$에서 적분 함수는 거의 0으로 취급할 수 있다. 따라서 적분의 하한을 $-\infty$로 바꿔도 결과는 달라지지 않으며 적분은 훨씬 쉬워진다. 이 적분은 $\int dx/(x^2 + a^2)$의 형태로서 $\tan x$의 역함수이며, 계산결과는 π/a이다. (이 적분은 대부분의 적분표에 잘 나와 있다.) 그러므로 우리의 적분은 $2\pi/\gamma$가 되고, 계산 결과를 정리하면

$$I(\omega_0) = \frac{9\gamma^2 kT}{4\pi^2 r_0^2 \omega_0^2} \tag{41.12}$$

가 얻어진다. 여기에 식 (41.6)을 대입하면(ω_0는 걱정하지 않아도 된다. 이 식은 모든 ω_0에 대하여 성립하므로 그냥 ω로 표기해도 무방하다) $I(\omega)$는 다음과 같다.

$$I(\omega) = \frac{\omega^2 kT}{\pi^2 c^2} \tag{41.13}$$

$I(\omega)$는 뜨거운 용광로 속을 들여다봤을 때 나타나는 빛의 분포를 말해주고 있다. 이것이 바로 그 유명한 '흑체 복사(black body radiation)' 공식으로서, 밀폐된 상자 밖으로는 빛이 새어나오지 않기 때문에 이런 이름이 붙여졌다.

식 (41.13)은 온도 T인 상자 내부의 복사 에너지 분포를 고전적인 이론에 입각하여 계산한 결과이다. 이 식의 의미를 찬찬히 살펴보자. 우선 눈에 띄는 것은, 질량이나 전하 등 진동자의 특성과 관련된 모든 양들이 식에 나타나지 않는다는 점이다. 왜 그럴까? 하나의 진동자가 평형 상태에 이르면 질량이 다른 진동자들도 모두 평형에 이르기 때문이다. 이것은 평형 조건이 온도에만 관계하며, 평형을 이룬 진동자의 종류와는 아무런 관계도 없다는 사실을 다시 한번 말해주고 있다. $I(\omega)$의 그래프는 그림 41-4에 실선으로 그려져 있는데, 이 곡선은 각 진동수별로 나타나는 빛에너지의 양을 의미한다.

이 이론에 의하면 $I(\omega)$는 진동수의 제곱에 비례하므로 상자에서 방출되는 빛은 진동수가 클수록 강하게 나타난다. 즉, 적외선보다는 가시광선이 많이 나오고 가시광선보다는 자외선이 많이 나오는 식이다.

물론 우리는 이 결과가 틀렸다는 것을 잘 알고 있다. 상자 내부에서 타오르는 불구덩이를 들여다보았을 때, X-선이나 감마선이 그래프처럼 강하게 나온다면 우리의 눈은 결코 성하지 못할 것이다. 그러나 아무리 뜨거운 물체라해도 단순히 그것을 바라봤다고 해서 눈을 다치는 경우는 없다. 그러므로 이 결과는 완전히 틀린 것이다! 게다가, 그래프 아래 부분의 면적은 상자가 갖고 있는 총 에너지에 해당되는데, 이 그래프대로라면 총 에너지가 무한대라는 황당한 결과가 얻어진다. 무언가가 심각하게 잘못되었음이 틀림없다.

고전 이론은 기체의 비열을 설명하는 데 실패했을 뿐만 아니라, 흑체 복사도 제대로 설명할 수 없었다. 물리학자들은 다양한 관점에서 이 현상을 설명하려고 무진 애를 썼지만 뚜렷한 해결책은 나오지 않았다. '레일리의 법칙(Rayleigh's law)'으로 알려져 있는 식 (41.13)은 고전 물리학의 한계를 분명

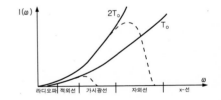

그림 41-4 흑체가 방출하는 복사 에너지의 진동수에 따른 분포 곡선. 고전 이론이 예측한 결과는 실선으로 그려져 있다. 점선은 실험으로 얻어진 실제의 분포를 나타낸다.

하게 보여주는 또 하나의 신호탄이었다.

41-3 에너지 등분배와 양자적 진동자

기체의 비열에서 한번 실패를 본 고전 물리학은 흑체 복사라는 또 하나의 난제 때문에 심각한 고민에 빠져 있었다. 이론 물리학자들이 이 문제를 파고드는 동안 실험실에서는 실제의 복사량이 정확하게 측정되었는데, 그 결과는 그림 41-4에 점선으로 표시되어 있다. 그림에서 보다시피, 흑체가 복사하는 빛 중에 X-선은 관측되지 않았다. 온도가 낮아질 때 전체적인 값이 온도에 비례하여 작아지는 것은 고전 이론으로 설명될 수 있었지만, 온도가 낮아질수록 진동수의 최대값이 작아지는 것은 분명히 이론에서 벗어난 결과였다. 즉, 낮은 진동수에서는 이론과 실험이 잘 들어맞았지만 높은 진동수에서는 너무나 큰 차이를 보였던 것이다. 왜 이런 결과가 나왔을까? 제임스 진스 경 (Sir James Jeans)은 기체의 비열을 놓고 고민에 빠져 있던 중, 아주 낮은 온도에서는 높은 진동수를 갖는 운동이 '얼어붙는다'는 생각을 떠올렸다. 즉, 온도가 아주 낮으면서 진동수가 매우 크면 진동자의 평균 에너지는 kT가 아니라는 것이다. 여기서 잠시 식 (41.13)의 유도 과정을 되돌아보자. 모든 것은 열적 평형 상태에 있는 진동자의 에너지에 의해 좌우되었다. 식 (41.5)와 (41.13)에 있는 kT는 진동수가 ω이고 온도가 T인 조화 진동자의 평균 에너지를 의미한다. 고전 이론상으로 이 값은 kT가 맞지만, 온도가 아주 낮거나 진동수가 아주 크면 실험 결과와 큰 차이를 보인다! 그리고, 높은 진동수에서 분포 곡선이 급격하게 감소하는 것은 기체의 비열 이론이 실패했던 이유이기도 하다. 그러므로 복잡한 비열보다는 흑체 복사의 분포 곡선에 집중하여 문제를 해결하는 것이 유리할 것 같다. 흑체의 복사 곡선을 올바르게 재현시켜주는 이론을 찾으면, 모든 진동수에 적용되는 진동자의 평균 에너지를 온도의 함수로 나타낼 수 있을 것이다.

플랑크도 이 곡선을 연구하였다. 그는 우선 실험치와 잘 맞아떨어지는 함수의 수학적 표현을 구한 후에, 이 함수를 이용하여 진동자의 평균 에너지를 온도의 함수로 표현하였다. 즉, 플랑크는 물리적 의미를 따져가며 곡선을 찾은 것이 아니라 곡선의 형태를 수학적으로 추적한 후에 물리적 의미를 부여한 것이다. 그는 이상한 가설을 내세우며 기존의 kT를 대신하는 다른 에너지를 찾아냈다. 그의 가설이란 조화 진동자가 $\hbar\omega$의 에너지를 갖는다는 것이었는데, 이는 조화 진동자가 어떤 값의 에너지도 가질 수 있다는 기존의 이론과 정면으로 상치되는 것이었다. 물론, 플랑크의 가설은 고전 물리학의 종말을 알리는 서곡이었다.

지금부터, 물리학 역사상 처음으로 양자 역학적 아이디어를 적용하여 성공을 거두었던 플랑크의 복사 공식을 유도해보자. 조화 진동자의 에너지 준위가 그림 41-5처럼 $\hbar\omega$의 동일한 간격으로 배열되어 있다고 가정해보자(나중에 양자 역학을 배우면 알게 되겠지만, 이것은 가정이 아니라 사실이다). 플랑크는 아주 복잡한 논리를 사용하였지만, 진동자가 에너지 E를 가질 확률이 $P(E) = \alpha e^{-E/kT}$임을 가정하면 답을 쉽게 얻을 수 있다.

여기, 진동수가 ω_0인 여러 개의 진동자가 있다. 이들이 여러 층의 에너지 준위에 다양하게 분포되어 있을 때, 진동자의 평균 에너지는 얼마인가? 모든 진동자들의 에너지를 더한 후에 진동자의 개수로 나누면 된다. 이 값은 열평형 상태에 있는 진동자의 평균 에너지로서, 식 (41.13)의 kT를 대신할 양이기도 하다. 바닥 상태에 있는 진동자의 개수를 N_0라 하고, 에너지가 E_1인 진동자의 개수를 N_1, 에너지가 E_2인 진동자의 개수를 $N_2 \cdots$라 하자. 우리의 가정에 의하면 고전 역학의 확률 $e^{-P.E./kT}$나 $e^{-K.E./kT}$는 양자 역학에서 $e^{-\Delta E/kT}$로 대치된다(아직 구체적인 증명은 하지 않았다). 여기서 ΔE는 에너지의 초과량을 의미한다. 그러므로 $N_1 = N_0 e^{-\hbar\omega/kT}$이고 $N_2 = N_0 e^{-2\hbar\omega/kT}$이다. 계산을 간단히 하기 위해 $e^{-\hbar\omega/kT} = x$라 하면 $N_1 = N_0 x$, $N_2 = N_0 x^2$, $\cdots$, $N_n = N_0 x^n$이 된다.

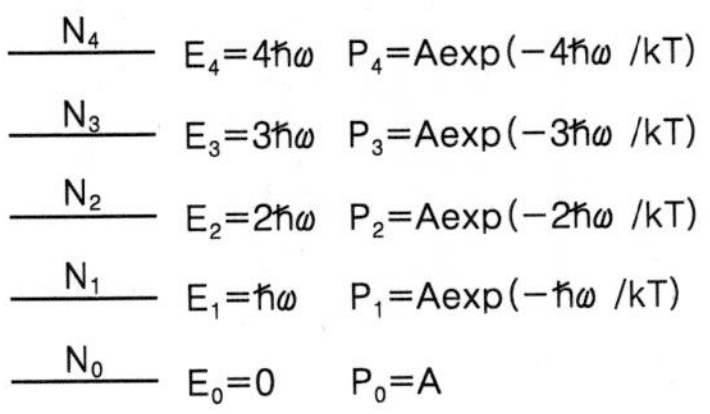

먼저, 진동자들의 총 에너지를 구해보자. 바닥 상태에 있는 진동자는 에너지가 없다. 첫 번째 들뜬 상태의 에너지는 $\hbar\omega$이고 여기에는 N_1개의 진동자가 있다. 따라서 첫 번째 들뜬 상태의 총 에너지는 $N_1\hbar\omega = \hbar\omega N_0 x$이다. 두 번째 들뜬 상태의 에너지는 $2\hbar\omega$이고 진동자의 개수는 N_2이므로 총 에너지는 $N_2 \cdot 2\hbar\omega = 2\hbar\omega N_0 x^2$이다. 이런 식으로 각 준위의 총 에너지를 모두 더하면 $E_{tot} = N_0\hbar\omega(0 + x + 2x^2 + 3x^3 + \cdots)$이 된다.

진동자의 총 개수는 당연히 $N_{tot} = N_0(1 + x + x^2 + x^3 + \cdots)$이다. 따라서 평균 에너지는 다음과 같다.

$$\langle E \rangle = \frac{E_{tot}}{N_{tot}} = \frac{N_0\hbar\omega(0 + x + 2x^2 + 3x^3 + \cdots)}{N_0(1 + x + x^2 + \cdots)} \tag{41.14}$$

분자와 분모에 나타난 수열의 합은 여러분이 직접 계산해보기 바란다(수열에 관한 약간의 기초 지식만 있으면 된다). 계산에 실수가 없다면 다음과 같은 결과를 얻게 될 것이다.

$$\langle E \rangle = \frac{\hbar\omega}{e^{\hbar\omega/kT} - 1} \tag{41.15}$$

플랑크는 이 하나의 식으로 십여 년에 걸친 논쟁에 마침표를 찍었다. 맥스웰은 이 식에 문제가 있다고 생각했는데, 그 문제란 다름이 아니라 "이 식이 왜 실험치와 일치하는가?"였다. 맞는다는 것은 알겠는데, '왜' 맞는지, 그 이유를 알 수가 없었던 것이다. 이 식을 이해하는 한 가지 방법은 $\omega \to 0$이나 $T \to \infty$일 때의 극한값을 kT와 비교하는 것이다. 이것은 여러분을 위해 연습 문제로 남겨두겠다.

이제, 식 (41.13)의 kT 대신 식 (41.15)를 대입하면 흑체가 복사하는 빛의 분포 상태가 다음과 같은 형태로 구해진다.

$$I(\omega)d\omega = \frac{\hbar\omega^3 d\omega}{\pi^2 c^2(e^{\hbar\omega/kT} - 1)} \tag{41.16}$$

그림 41-5 조화 진동자의 에너지 준위는 동일한 간격으로 배열되어 있다 : $E_n = n\hbar\omega$.

N_4	$E_4 = 4\hbar\omega$	$P_4 = A\exp(-4\hbar\omega/kT)$
N_3	$E_3 = 3\hbar\omega$	$P_3 = A\exp(-3\hbar\omega/kT)$
N_2	$E_2 = 2\hbar\omega$	$P_2 = A\exp(-2\hbar\omega/kT)$
N_1	$E_1 = \hbar\omega$	$P_1 = A\exp(-\hbar\omega/kT)$
N_0	$E_0 = 0$	$P_0 = A$

진동수 ω가 클 때, 분자는 ω^3에 비례하여 증가하지만 분모는 ω가 e의 지수로 올라가 있으므로 이보다 훨씬 빠른 속도로 증가하여 식 (41.16)은 0으로 접근한다. 즉, 흑체가 아무리 뜨겁게 달궈져도 자외선이나 X-선이 나오지 않는 이유가 자연스럽게 설명되는 것이다!

사실, 우리는 식 (41.16)을 유도하면서 조화 진동자의 '양자적' 에너지 준위를 사용했으므로 완전한 증명이라고 볼 수는 없다. 그러나 빛과 진동자의 상호 작용을 양자 역학적으로 푼 결과는 고전 역학과 완전하게 일치한다. 앞에서 원자를 작은 진동자로 간주하여 굴절률과 빛의 산란을 긴 시간에 걸쳐 설명했던 것도 이런 이유 때문이었다.

이제, 저항의 존슨 잡음 문제로 다시 되돌아가보자. 잡음의 세기를 설명하는 이론은 흑체 복사의 고전 이론과 근본적으로 같은 이론이다. 앞에서 지적한대로, 만일 회로에 연결된 저항이 실제 저항이 아니라 안테나라면(안테나는 에너지를 방출하므로 저항과 같은 역할을 한다), 이때 발생하는 전력은 주변의 빛으로부터 안테나에 전달된 전력과 같다. 그러므로 저항은 미지의 전력 스펙트럼 $P(\omega)$를 갖는다고 볼 수 있다. 이 스펙트럼은 그림 41-2(b)와 같이 공명 회로에 연결된 G가 인덕턴스에 식 (41.2)의 전압을 발생시킨다는 사실로부터 계산할 수 있다. 따라서 이 계산에는 식 (41.10)과 같은 적분이 나타나게 되고, 적분을 그대로 실행하면 식 (41.3)이 얻어진다. 물론, 낮은 온도에서는 식 (41.3)의 kT가 식 (41.15)로 대치되어야 한다. 두 개의 이론(잡음 이론과 흑체 복사)은 물리적으로도 긴밀하게 연결되어 있다. 공명 회로를 안테나에 연결시키면 저항 R은 순수한 복사 저항이 되기 때문이다. 식 (41.2)는 저항의 물리적 기원과 무관하므로 실제의 저항에 대한 G와 복사 저항에 대한 G는 동일하다. 온도 T에서 주변과 평형을 이루고 있는 이상적인 안테나가 저항 R의 역할을 하고 있을 때, $P(\omega)$를 만들어내는 근원은 무엇인가? 그것은 바로 온도 T인 공간에 존재하면서 안테나에 신호를 전달하는 복사 $I(\omega)$이다. 그러므로 우리는 $P(\omega)$와 $I(\omega)$ 사이의 직접적인 관계를 유추하여 식 (41.13)으로부터 (41.3)을 유도할 수 있다.

존슨 잡음과 흑체 복사, 그리고 앞으로 설명할 브라운 운동의 물리적 원인은 20세기가 시작된 후 처음 10년 사이에 모두 규명되었다. 이 사실을 염두에 두고, 지금부터 브라운 운동을 자세히 살펴보기로 하자.

41-4 마구 걷기(Random walk)

이리저리 마구 흔들리면서 어디론가 나아가는 입자의 위치는 시간에 따라 어떻게 변해갈 것인가? 다른 분자들과 모든 방향으로 충돌하면서 브라운 운동을 하고 있는 조그만 입자를 생각해보자. **질문**: 어떤 주어진 시간이 흐른 뒤에, 입자는 출발점에서 얼마나 멀리 떨어져 있을 것인가? 이 문제는 아인슈타인과 스몰루초프스키(Smoluchowski)에 의해 해결되었다. 전체 시간을 아주 짧은 시간(예를 들면 1/100초 등)으로 세분해서 보면 각 1/100초마다 입자의 위치는 수시로 변해갈 것이다. 분자와 충돌하는 빈도수와 비교할 때, 1/100초는 매우 긴 시간이다. 예를 들어, 물 속에 떠다니는 하나의 분자는 다른 분자들과 초당 10^{14}회의 충돌을 겪는다. 즉, 1/100초 사이에 무려 10^{12}번의 충돌을 겪는 셈이다! 그러므로 1/100초만 지나도 이전에 가고 있던 방향 같은 것은 아무런 의미가 없어진다. 다시 말해서, 이 운동은 완전히 '무작위적(random)'으로 일어나며 한 번의 발걸음과 그 다음의 발걸음 사이에는 아무런 상호 관계가 없다. 이것은 '술취한 선원(drunken sailor)' 문제와 아주 비슷하다. 해변가의 술집에서 방금 나온 선원은 숙소를 향해 걷기 시작했다. 그러나 그는 술에 너무 취해서 발걸음을 어떤 특정 방향으로 유지하지 못하고 이리저리 마구 걸어가고 있다(그림 41-6). **질문**: 시간이 충분히 흐른 뒤에 선원은 어디쯤 가고 있을까? 물론 알 수 없다! (아마 선원 자신도 모를 것이다.)

그림 41-6 보폭 ℓ의 걸음으로 36걸음을 무작위로 걸어서 S_{36}에 도달하였다. 이때 S_{36}은 출발점 B로부터 얼마나 떨어져 있을까? 답: 평균적으로 약 6ℓ만큼 떨어져 있다.

그는 아무런 목적 의식이나 방향 감각도 없이 그저 발이 가는 대로 휘청거리며 걷고 있기 때문이다. 그렇다면, 그의 평균 위치는 알 수 있을까? 사실 우리는 이 계산을 앞에서 한 적이 있다. 여러 개의 광원에서 나온 다양한 위상의 빛들을 중첩시킬 때, 우리는 여러 개의 화살표들을 더했었다(32장 참조). 거기서 우리는 거리의 평균 제곱(mean square), 즉 빛의 강도가 개개의 빛의 강도의 합으로 나타난다는 것을 알았다. 이와 동일한 수학을 적용하면 N걸음을 걸어간 후의 위치를 $\mathbf{R}_N$이라 했을 때, 원점과의 평균 제곱 거리는 N에 비례한다는 것을 알 수 있다. 즉, 보폭을 L이라 하면 $\langle R_N^2 \rangle = NL^2$이다. 전체 걸음수는 흘러간 시간에 비례하므로, 결국 평균 제곱 거리는 시간에 비례하게 된다.

$$\langle R^2 \rangle = \alpha t \tag{41.17}$$

물론 그렇다고 해서 평균 거리가 시간에 비례한다는 뜻은 아니다. 만일 평균 거리가 시간에 비례한다면 그것은 곧 선원이 어떤 특정 방향으로 꾸준하게 나아간다는 뜻이며, 이렇게 되려면 그의 정신은 말짱해야 한다. 그가 술에 취해 있는 한, 발걸음은 매 순간 임의의 방향을 향하기 때문에 출발점과의 거리는 결코 시간에 비례할 수 없다. 이것이 바로 '마구 걷기'의 특징이다.

매 걸음마다 나타나는 거리 증가량의 평균 제곱이 L^2에 비례한다는 것은 쉽게 증명할 수 있다. $\mathbf{R}_N = \mathbf{R}_{N-1} + \mathbf{L}$이라 하면 $\mathbf{R}_N^2$은

$$\mathbf{R}_N \cdot \mathbf{R}_N = R_N^2 = R_{N-1}^2 + 2\mathbf{R}_{N-1} \cdot \mathbf{L} + L^2$$

이 되고, $\langle \mathbf{R}_{N-1} \cdot \mathbf{L} \rangle = 0$이므로 $\langle R_N^2 \rangle = \langle R_{N-1}^2 \rangle + L^2$임을 알 수 있다. 여기에 귀납적 논리를 적용하면

$$\langle R_N^2 \rangle = NL^2 \tag{41.18}$$

이 된다.

이제, 식 (41.17)에 나와 있는 계수 α를 계산해보자. 제멋대로 움직이고 있는 입자에 어떤 힘을 가하면(이것은 브라운 운동과 아무런 관계가 없다. 힘에 의한 효과는 브라운 운동과 별개로 다루어주면 된다), 입자는 다음과 같은

방식으로 주어진 힘에 반응한다. 첫째로, 입자의 관성에 의한 효과를 들 수 있다. 관성의 계수, 즉 입자의 유효 질량(effective mass)을 m이라 하자(이 값은 입자의 실제 질량과 같을 필요가 없다. 물 속의 입자를 잡아당기면 물은 입자의 주변을 따라 움직이기 때문이다). 한쪽 방향의 운동만을 고려한다면 그 방향으로 $m(d^2x/dt^2)$와 같은 항이 나타날 것이다. 두 번째로, 입자를 균일한 힘으로 끌어당기면 유체는 입자의 속도에 비례하는 힘으로 입자를 끌어당긴다. 유체 자체의 관성 이외에 유체의 점성에 의한 저항력이 추가로 작용하는 것이다. 요동 현상(fluctuation)이 일어나기 위해서는 저항과 같이 비가역적인 에너지 손실이 반드시 있어야 한다. 아무런 손실 없이 kT의 에너지를 생산할 수는 없다. 요동 현상의 근원은 에너지의 손실과 밀접한 관계가 있다. 속도에 비례하는 저항력의 근원은 후에 따로 설명할 예정이다. 아무튼, 외력 F_{ext}가 작용하고 있는 입자의 운동은 다음과 같은 방정식으로 표현된다.

$$m\frac{d^2x}{dt^2} + \mu\frac{dx}{dt} = F_{\text{ext}} \tag{41.19}$$

여기서 μ는 실험으로 결정해야 할 상수이다. 중력에 끌려 아래로 떨어지는 물방울의 경우, 중력의 크기는 mg이고 μ는 mg를 물방울의 최종 속도(종단속도)로 나눈 값을 갖는다. 또는 물방울을 원심분리기에 넣어서 바깥쪽으로 쏠리는 정도를 관측할 수도 있고, 전하를 띤 경우에는 전기장 안에 넣어서 그 반응을 관찰할 수도 있다. 어떠한 경우에도 μ는 실험적으로 결정될 수 있는 상수이다.

브라운 운동을 일으키는 불규칙적인 힘에 이 방정식을 적용해보자. 이 경우에 우리가 알고 싶은 것은 물체의 평균 제곱 거리이다. 문제를 간단하게 하기 위해, 물체의 x방향 운동만을 고려하여 x^2의 평균을 계산해보자(y^2과 z^2의 평균은 x^2의 평균과 같다. 따라서 3차원의 평균 제곱 거리는 x^2의 평균의 3배이다). 불규칙한 힘의 x성분은 y, z성분과 마찬가지로 역시 불규칙하게 나타난다. x^2의 변화율은 얼마인가? $d(x^2)/dt = 2x(dx/dt)$이므로, 우리는 위치의 평균에 속도를 곱한 값을 알아야 한다. 식 (41.19)에 x를 곱하면 $mx(d^2x/dt^2) + \mu x(dx/dt) = xF_x$가 되는데, 여기서 $x(dx/dt)$의 시간에 대한 평균을 알기 위해 방정식 전체에 평균을 취해보자. 우변의 xF_x항은 어떻게 될까? 물체에 작용하는 힘은 현재의 위치 x와 아무런 상관없이 무작위적으로 작용하기 때문에 xF_x의 평균값은 0이다. 그러나 $mx(d^2x/dt^2)$는 사정이 조금 다르다. 이 항은

$$mx\frac{d^2x}{dt^2} = m\frac{d[x(dx/dt)]}{dt} - m\left(\frac{dx}{dt}\right)^2$$

과 같이 쓸 수 있으므로 위의 식에 평균을 취해보자. 지금 물체의 운동은 특정 위치에 도달했을 때 '지금 어디로 가고 있는지' 아무런 지침 없이 진행되고 있으므로, x에 속도를 곱한 양의 평균은 시간이 흘러도 변하지 않는다. 따라서 이 값을 시간으로 미분한 양은 0이다. 이제 남은 것은 mv^2의 평균인

데, 이 값은 이미 알고 있다. 운동 에너지 $mv^2/2$의 평균은 $\frac{1}{2}kT$ 이다. 그러므로

$$\langle mx\frac{d^2x}{dt^2}\rangle + \mu\langle x\frac{dx}{dt}\rangle = \langle xF_x\rangle$$

이고, 간단하게 정리하면

$$-\langle mv^2\rangle + \frac{\mu}{2}\frac{d}{dt}\langle x^2\rangle = 0$$

또는

$$\frac{d\langle x^2\rangle}{dt} = 2\frac{kT}{\mu} \qquad\qquad (41.20)$$

를 얻는다. 그러므로 시간 t가 지난 후 물체의 평균 제곱 거리 $\langle R^2\rangle$은

$$\langle R^2\rangle = 6kT\frac{t}{\mu} \qquad\qquad (41.21)$$

가 된다. 이로써 우리는 물체가 '얼마나 멀리 가는지'를 알아낸 것이다! 이 식은 역사적으로도 깊은 의미를 갖고 있다. 바로 이 식을 이용하여 상수 k의 값을 처음으로 계산할 수 있었기 때문이다. $PV = RT$에서 R은 1몰에 들어 있는 원자의 개수에 k를 곱한 양이므로, k는 물리적으로 중요한 상수이다. 원래 1몰은 산소(요즘은 탄소를 기준으로 한다) 16g으로 정의되었기에, 그 안에 산소 원자가 몇 개나 들어 있는지는 알 수가 없었다. 물론 이것은 아주 중요한 문제였다. 원자의 크기는 얼마나 되는가? 주어진 부피 안에 원자는 몇 개나 들어 있는가? 물리학자들은 조그만 입자가 주어진 시간 동안 얼마나 멀리 움직여가는지를 현미경으로 관찰함으로써 이 질문의 답을 구할 수 있었다. 물론, 실험적으로 R의 값을 이미 알고 있었기에 이로부터 볼츠만 상수 k와 아보가드로 수 N_0를 계산할 수 있었다.

CHAPTER 42
운동 이론의 응용

42-1 증발

이 장에서는 지금까지의 운동 이론을 실제 현상에 적용하여 좀더 구체적인 결과를 유도해보기로 하자. 우리는 41장에서 운동 이론의 특정한 부분, 즉 하나의 자유도에 대한 입자의 평균 운동 에너지가 $\frac{1}{2}kT$ 라는 사실을 주로 강조했었다. 지금부터는 하나의 입자가 단위 부피 안의 특정 위치에서 발견될 확률이 $e^{-\text{위치 에너지}/kT}$ 를 따라 변한다는 사실에 초점을 맞춰서, 이를 보여주는 몇 가지 사례를 들어보자.

지금부터 우리는 액체의 증발과 금속 표면을 이탈하는 전자, 그리고 여러 개의 원자들이 개입된 화학 반응 등 매우 복잡한 내용들을 다루게 될 것이다. 이러한 사례들은 전체적인 구조가 너무 복잡하여 운동 이론으로부터 무언가를 예측해내기가 쉽지 않다. 그러므로 이 장에서 내려지는 결론들은 실제상황과 정확하게 일치하지 않을 것이다. 물론, 이 장에서 언급될 아이디어들은 운동 이론으로 충분히 이해될 수 있으며, 여기에 열역학적 논리와 몇 가지 측정 결과를 동원하면 주어진 현상을 더욱 정확하게 설명할 수 있다.

제일 먼저, 액체의 증발을 예로 들어보자. 여기, 커다란 상자 안에 액체와 증기가 특정 온도에서 평형을 이루고 있다. 기체를 이루는 분자들은 서로 멀리 떨어져 있고, 액체 분자들은 가까운 거리에 뭉쳐 있다고 가정해보자. 우리에게 주어진 과제는 증기 분자와 액체 분자의 상대적인 밀도를 계산하는 것이다. 주어진 온도에서 증기 분자는 얼마나 촘촘하게 분포되어 있으며, 이 분포 상태는 온도에 따라 어떻게 달라질 것인가?

단위 부피 안에 들어 있는 증기 분자의 개수를 n 이라 하자. 물론 n 은 온도에 따라 달라진다. 상자에 열을 가하면 증기 분자의 개수는 증가할 것이다. 단위 부피 안에 들어 있는 액체 분자의 개수는 $1/V_a$ 로 표현하기로 하자. 하나의 액체 분자가 액체 안에서 특정 부피를 차지한다고 가정하면 분자가 많을수록 이들이 차지하는 부피도 커질 것이다. 하나의 액체 분자가 차지하는 부피를 V_a 라 하면, 단위 부피 안에 들어 있는 분자의 개수는 단위 부피(1)를 분자 하나의 부피로 나눈 값과 같다. 또한, 액체 분자들 사이에는 서로 잡아당기는 힘이 작용한다고 가정하자. 이 힘이 없다면 액체가 뭉쳐지는 이유를 설명할 수 없다. 따라서 액체 분자는 결합 에너지를 갖고 있으며, 분자가 증발하면 이 에너지는 사라진다. 즉, 서로 결합하고 있는 액체 분자를 분리하여 증기 상태로 만들기 위해서는 특정량의 일 W 가 이들에게 가해져야 한다는 뜻이다. 그러므로 액체 상태의 분자와 기체 상태의 분자 사이에는 W 만큼의 에너지 차이가 존재한다.

서로 다른 두 지역의 단위 부피 안에 들어 있는 분자 개수의 비율은 $n_2/n_1 = e^{-(E_2-E_1)kT}$ 로 주어진다. 그러므로 단위 부피 안의 증기 분자 개수 n 과 단위 부피 안의 액체 분자 개수 $1/V_a$ 사이의 비는 다음과 같다.

$$nV_a = e^{-W/kT} \qquad (42.1)$$

이것은 중력장하에서 평형을 이루고 있는 대기의 상태와 비슷하다. 대기의 아랫부분이 상층부보다 밀도가 큰 이유는 공기 입자를 높은 곳까지 이동시키는 데 더 많은 일을 해야 하기 때문이다. 이와 마찬가지로, 액체 분자가 증기 분자보다 더 조밀한 이유는 이들을 분리시켜 증기로 만드는 데 W 의 일을 해주어야 하기 때문이다.

이것이 바로 우리의 추론 방식이다. 증기 분자의 밀도는 $e^{-W/kT}$ 을 따라 변한다. 증기의 밀도는 액체의 밀도에 비해 아주 작은 양이므로 e 의 앞에 붙는 상수는 별로 중요하지 않다. 증기와 액체의 구별이 모호해지는 임계점 근처가 아니라면 증기의 밀도는 액체의 밀도보다 현저하게 작다. 이 상황은 'n 이 $1/V_a$ 보다 훨씬 작다'고 표현할 수도 있고, 또는 'W 가 kT 보다 훨씬 크다'는 말로 표현할 수도 있다. 이럴 때에는 온도 T 가 아주 조금만 변해도 $e^{-W/kT}$ 의 변화가 아주 크게 나타나며, 이 변화는 e 의 앞에 곱해지는 상수의 변화를 압도한다. V_a 와 같은 양은 왜 온도에 따라 변하는가? 우리의 접근법이 근사적이기 때문이다. 사실, 분자 하나의 부피는 고정된 양이 아니다. 온도가 올라가면 V_a 가 커지면서 액체의 전체적 부피도 증가한다. 물론 여기에는 다른 여러 가지 요인들이 한꺼번에 작용하므로, 실제의 상황은 훨씬 더 복잡하다. 개중에는 (서서히 변하는) 온도에 따라 작용하는 요인들도 있다. 심지어는 W 조차도 온도에 따라 아주 조금씩 달라진다. 높은 온도에서 분자의 크기가 달라지면 평균적인 인력의 크기도 달라질 것이기 때문이다. 온도에 따라 변한다는 것은 알겠는데 그 구체적인 관계를 모르고 있다면, 그리고 지수 W/kT 가 아주 큰 값이라면, 식 (42.1)에는 온도에 따른 거의 모든 변화가 내포되어 있는 것으로 간주할 수 있다. 밀도 곡선의 아주 짧은 간격만을 고려한다면 W 와 $1/V_a$ 을 상수로 취급해도 좋은 근사식을 얻을 수 있다. 다시 말해서, 액체와 증기에서 일어나는 모든 변화는 $e^{-W/kT}$ 의 결과로 해석할 수 있다는 뜻이다.

자연 현상 중에는 다른 곳에서 에너지를 빌려오거나, 온도에 따른 변화가 $e^{-\text{에너지}/kT}$ 의 형태로 나타나는 경우가 엄청나게 많다. 에너지가 kT 보다 훨씬 클 때, 대부분의 변화는 kT 의 변화 안에 자연스럽게 포함되며, 상수를 비롯한 다른 변수의 변화는 별로 중요하지 않다.

액체의 증발을 다른 방식으로 설명해보자. 앞에서 우리는 식 (42.1)을 얻기 위해 평형 상태에 적용되는 법칙을 그냥 적용하였다. 그러나 그 안에서 진행되는 과정을 세밀하게 들여다보면 이해의 폭을 좀더 넓힐 수 있을 것이다. 이 과정은 다음과 같이 표현할 수 있다—증기 분자들은 매 순간 액체의 표면과 충돌하고 있다. 충돌한 분자는 증기 속으로 되튀거나 액체의 표면에 달라붙을 텐데, 그 정확한 비율은 알 수 없다. 50 : 50일 수도 있고 10 : 90이 될 수도 있다. 일단, 액체와 충돌한 분자는 모두 액체의 표면에 달라붙는다고 가정해보자. 그렇지 않은 경우는 나중에 따로 고려하면 된다. 단위 시간 동안 액체의 단위 면적에 달라붙어서 액화되는 증기 분자의 수는 단위 부피당 증기 분자의 수 n에 증기 분자의 속도 v를 곱한 것과 같다. 운동에너지 $\frac{1}{2}mv^2$의 평균은 $\frac{3}{2}kT$이므로, 분자의 속도는 온도와 밀접하게 관련되어 있다. 물론, 이 속도는 여러 각도에 대하여 평균을 취해야 하겠지만, 그 결과는 속도의 제곱 평균 제곱근(root-mean square)과 거의 같다. 그러므로 1초 동안 액체 표면의 단위 면적에 달라붙어서 액화되는 분자의 개수는 다음과 같이 표현될 수 있다.

$$N_c = nv \tag{42.2}$$

그러나 이와 동시에 액체 분자들도 수면을 이탈하여 증기 속으로 날아가고 있다. 이들이 증발하는 속도를 계산해보자. 이 문제를 해결하는 기본 아이디어는 다음과 같다—"평형 상태에서 액체에 달라붙는 증기 분자의 개수와 증기 속으로 날아가는 액체 분자의 개수는 같다."

얼마나 많은 액체 분자들이 증기 속으로 빠져나오고 있을까? 하나의 액체 분자가 표면을 탈출하려면 주변의 다른 분자들보다 훨씬 많은 에너지를 획득해야 한다. 그렇지 않으면 분자들끼리 서로 강하게 끌어당기고 있는 힘을 이겨낼 수가 없기 때문이다. 정상적인 상태에서는 어떤 분자도 액체의 표면을 탈출할 수 없지만, 여러 차례 충돌을 겪으면서 하나의 분자가 우연히 많은 에너지를 얻게 된다면 탈출이 가능할 수도 있다. 액체 분자의 초과 에너지 W가 kT보다 훨씬 큰 경우에는 분자가 탈출에 필요한 에너지 W를 획득할 확률이 아주 작다. 사실, $e^{-W/kT}$는 하나의 원자가 탈출에 필요한 에너지를 얻을 확률에 해당된다. 이것은 운동 이론에서 유도되는 일반적인 원리이다. 이제, 일부 운 좋은 분자들이 이 에너지를 획득했다고 가정해보자. 그렇다면 1초당 증기 속으로 빠져나오는 분자는 몇 개인가? 탈출에 필요한 에너지를 얻었다고 해서 무조건 액체 밖으로 빠져나올 수 있는 건 아니다. 분자가 액체 깊은 곳에 파묻혀 있을 수도 있고, 수면 근처에 있다 하더라도 운동 방향이 위쪽을 향하지 않으면 밖으로 나올 수 없기 때문이다. 단위 시간에 액체의 표면을 탈출하는 분자의 개수는 (표면 근처의 단위 면적에 들어 있는 분자의 개수) ÷ (탈출에 소요되는 시간) × (탈출에 필요한 에너지를 획득할 확률 $e^{-W/kT}$)으로 계산된다.

액체의 표면에 있는 분자 하나가 차지하는 단면적을 A라 하자. 그러면 단위 면적에 들어 있는 분자의 개수는 $1/A$가 된다. 그 다음으로, 탈출에 소요되는 시간은 얼마인가? 분자의 평균 속도를 v라 하고 액체 표면의 제일 바깥층의 두께, 즉 분자의 반경을 D라 하면, 분자는 이 두께를 통과해야 바깥으로 탈출할 수 있으므로 소요 시간은 약 D/v이다. 그러므로 1초 동안 액체의 표면을 탈출하는 분자의 개수는 근사적으로

$$N_e = (1/A)(v/D)e^{-W/kT} \qquad (42.3)$$

이라 할 수 있다. 그런데, 분자의 단면적 A에 바깥층의 두께 D를 곱한 양은 분자 하나가 차지하는 부피 V_a와 거의 같으므로 $AD = V_a$가 되고 평형 상태에서는 $N_c = N_e$이므로

$$nv = (v/V_a)e^{-W/kT} \qquad (42.4)$$

가 성립한다. 위 식의 양변에 있는 v를 소거할 수 있을까? 좌변의 v는 증기에서 액체로 진행하는 속도이고 우변의 v는 액체에서 증기로 빠져나가는 속도이므로 언뜻 생각하면 소거할 수 없을 것 같다. 그러나 분자의 운동 방향이 어느 쪽이건 간에, 한 방향에 대한 평균 운동 에너지는 $\frac{1}{2}kT$이므로 좌변과 우변의 v는 같다. 여러분은 이렇게 따질 수도 있을 것이다. "아니죠! 증기 분자들은 그냥 충돌만 하면 되지만, 액체 분자는 결합 에너지를 이길 만큼의 에너지를 추가로 갖고 있으니까 훨씬 더 빠르지 않나요?" 그렇지 않다. 액체 분자가 에너지를 더 갖고 있는 것은 사실이지만 이 초과된 에너지는 분자들 간의 인력을 이겨내는 데 모두 소모되기 때문에 바깥으로 나오는 속도는 결국 증기 분자의 속도와 같아진다! 이것은 대기 중에 있는 분자의 속도 분포와 같은 원리로 이해할 수 있다. 대기의 아래쪽에 있는 분자들은 나름대로의 에너지 분포를 갖고 있는데, 대기의 위쪽에 도달하는 분자들도 이와 똑같은 에너지 분포를 보인다. 속도가 느린 분자들은 위쪽에 다다르지 못하고, 빠른 분자들은 위에 다다르면서 똑같은 양의 에너지를 잃기 때문이다. 이와 마찬가지로, 증발하는 분자들의 에너지 분포 상태는 액체 속에 있는 분자들과 동일하다. 논리적으로는 당연하지만 사실 이것은 매우 놀라운 결과이다. 어쨌거나, 우리의 접근법은 여러 면에서 부정확하기 때문에 세세한 사항을 일일이 따지고 드는 것은 별 의미가 없다. 지금 우리에게 주어진 과제는 증발률과 액화율을 대략적인 아이디어로 대충 계산하는 것이다. 그러나 여기에 약간의 정보를 추가하면 식 (42.4)와 같이 구체적인 식을 유도할 수 있다.

　이로부터 우리는 증발과 액화라는 현상을 좀더 자세히 분석할 수 있다. 예를 들어, 펌프를 동원하여 증기가 형성되는 즉시 외부로 뽑아내고 있다고 가정해보자(펌프의 성능은 매우 우수하며, 액체의 증발 속도는 아주 느리다). 이 경우에 액체의 온도를 T로 유지한다면 증발은 얼마나 빠르게 진행될 것인가? 평형 상태에서 증기의 밀도는 실험을 통해 이미 알고 있다고 가정하고, 따라서 주어진 온도에서 평형 상태 액체의 단위 부피 안에 들어 있는 분자의 개수도 알고 있다고 가정하자. 증발되는 분자에 대해서는 모든 것을 대충 계산했지만, 증기에서 액체의 표면에 도달하는 분자의 개수는 (액체의 표면에서

반사되는 비율을 제외하고) 크게 틀렸다고 볼 만한 이유가 없다. 그러므로 평형 상태에서 액체의 표면을 탈출하는 분자의 개수와 표면에 도달하는 분자의 개수가 같다는 사실을 이용하면 비교적 정확한 값을 얻을 수 있다. 펌프를 이용하여 증기를 모두 걷어내고 있다면 상자 안의 빈 공간에는 액체의 표면을 탈출하는 분자들밖에 없겠지만, 증기를 그냥 내버려둔 채로 기다리면 상자의 내부는 증발과 액화가 동일한 정도로 일어나는 평형 상태에 도달할 것이다. 따라서 1초당 표면을 이탈하는 분자의 개수는, 아직 값이 알려지지 않은 반사계수 R에, 증기를 제거하지 않았을 때 1초당 증기에서 액체로 충돌하는 분자의 개수를 곱한 것과 같다.

$$N_e = nvR = (vR/V_a)e^{-W/kT} \tag{42.5}$$

증기 분자는 액체 분자보다 상호 작용이 훨씬 약하기 때문에, 증기에서 액체의 표면을 때리는 분자의 개수는 상대적으로 쉽게 계산할 수 있다(분자들 간의 상호 작용에 대하여 많이 알고 있지 않아도 된다). 증발은 매우 복잡한 과정을 거치므로 다루기가 까다롭지만, 액화 과정은 아주 쉽게 다룰 수 있다.

42-2 열전자 방출(Thermionid emission)

액체의 증발과 여러모로 공통점이 많은 다른 사례를 들어보자. 사실 이것은 액체의 증발과 근본적으로 같은 현상이기 때문에 별도의 분석이 필요없다. 라디오관(radio tube)의 내부에는 전자를 만들어내는 뜨거운 텅스텐 필라멘트와 전자를 끌어당기는 (양전하로 대전된) 금속판이 있다. 텅스텐의 표면을 이탈한 전자는 곧바로 금속판에 끌려간다. 즉, 금속판이 전자를 제거하는 '펌프'의 역할을 하는 셈이다. 여기서 우리의 질문은 다음과 같다. 1초당 텅스텐을 빠져나오는 전자는 몇 개이며, 그 개수는 온도에 따라 어떻게 달라지는가? 답은 식 (42.5)와 동일하다. 왜냐하면 금속 내부의 전자는 이온이나 원자에 의해 끌어당겨지기 때문이다. 대략적으로 말하자면, 금속 내부의 전자는 금속 자체에 의한 인력의 영향을 받고 있다. 그러므로 전자가 금속 표면을 이탈하려면 어떤 최소한의 에너지를 획득해야 한다. 물론 이때 요구되는 에너지의 양은 금속의 종류에 따라 다르다. 사실, 엄밀하게 따지면 이 에너지는 같은 종류의 금속이라 하더라도 표면의 특성에 따라 달라진다. 그러나 그 차이는 수 전자 볼트(ev)에 불과하므로 우리의 계산에서는 무시해도 상관없다.

1초당 금속 표면을 탈출하는 전자의 개수는 어떻게 계산해야 하는가? 전자는 밖으로 빠져나오면서 엄청나게 복잡한 과정을 겪기 때문에, 지금 우리가 갖고 있는 지식으로는 쉽게 접근할 수가 없다. 그러므로 우리는 다른 계산법을 찾아야 한다. 어떤 방법이 좋을까? 방금 전에 했던 대로 전자를 끌어당기는 금속판의 존재를 무시하고, 텅스텐을 빠져나온 전자가 마치 기체처럼 그 주변에 머물러 있으면서 수시로 텅스텐과 충돌한다고 가정해보자. 그러면 전자는 어떤 특정한 밀도에서 평형을 이룰 것이고, 평형 조건은 식 (42.1)과 동일할 것이다. 단, 지금의 경우에 V_a는 금속 안에서 전자 한 개가 차지하는 부피를 의미하고 W는 $q_e\phi$로 대치된다[q_e는 전자의 전하이며, ϕ는 전자를 금속의 표면에서 떼어내는 데 필요한 전압, 즉 일함수(work function)이다]. 이 식으로부터, 텅스텐을 빠져나오는 전자가 텅스텐에 충돌하는 전자와 평형을 이루기 위한 '전자 증기'의 밀도와 단위 시간당 텅스텐의 표면에 충돌하는 전자의 개수를 알 수 있다. 그리고 이 개수는 전자 증기가 제거되었을 때 단위 시간에 텅스텐의 표면을 탈출하는 전자의 개수와 같다. 그런데, 단위 시간당 전하의 흐름은 전류에 해당되므로 우리가 얻은 결과는 다음과 같이 쓸 수 있다.

$$I = q_e n v = (q_e v / V_a) e^{-q_e\phi/kT} \tag{42.6}$$

1전자볼트를 kT로 환산하면 $T = 11,600°C$에 해당된다. 그러므로 텅스텐의 온도가 $1100°C$였다면 e의 지수는 대략 e^{-10} 정도의 크기를 갖는다. 텅스텐의 온도가 조금만 변해도 $e^{-q_e\phi/kT}$의 변화는 아주 크게 나타난다. 즉, 이 경우에도 대부분의 상황은 $e^{-q_e\phi/kT}$라는 인자에 의해 좌우되는 것이다. 사실, 앞에 곱해져 있는 $q_e v / V_a$는 정확한 값이 아니다. 고전 역학으로는 금속의 내부에 있는 전자의 행동 양식을 올바르게 서술할 수 없다. 정확한 서술을 위해서는 양자 역학이 동원되어야 한다. 그러나 이 차이는 무시할 수 있을 정도로 작기 때문에 크게 걱정할 필요는 없다. 지금까지 수많은 사람들이 이 문제를 양자역학적으로 해결하기 위해 많은 노력을 기울여왔지만 말끔한 답이 제시된 적은 없다. 가장 큰 어려움은 온도에 따른 W의 변화를 알 수가 없다는 점이다. 만일 W가 온도에 따라 변한다면 이로부터 나타나는 효과와 e의 앞에 곱해진 상수에 의한 효과를 구별하기가 어려워진다. 예를 들어, W가 $W = W_0 + \alpha kT$와 같이 온도의 1차 함수로 표현된다면

$$e^{-W/kT} = e^{-(W_0+\alpha kT)/kT} = e^{-\alpha} e^{-W_0/kT}$$

이 되어, W는 변하지 않고 앞의 상수가 변한 것과 동일한 결과를 준다. 그러므로 정확한 상수를 구하는 것은 물론 어려운 일이긴 하지만 물리적으로 큰 의미는 없다.

42-3 열이온화(Thermal ionization)

똑같은 아이디어를 다른 사례에 적용해보자. 이번에 고려할 것은 이온화에 관한 문제인데, 기본적인 아이디어는 다를 것이 없다. 여기, 여러 개의 원자들로 이루어진 기체가 있다. 원자들은 전기적으로 중성이지만 기체의 온도를 높이면 쉽게 이온화될 수 있다. 우리의 과제는 특정 온도에서 기체에 섞여있는 이온의 수를 계산하는 것이다. 단, 그 온도에서 단위 부피당 원자의 개수는 알고 있다고 가정한다. 앞의 경우와 마찬가지로 N개의 원자 기체가 상자 안에 갇혀 있다고 가정해보자(원자가 전자를 잃은 상태를 이온이라 하고, 중성 원자는 그냥 '원자'라 부른다). 그리고 주어진 한 순간에 단위 부피에 들어 있는 원자의 개수를 n_a, 이온의 개수를 n_i, 전자의 개수를 n_e라 하자.

질문: n_a와 n_i, 그리고 n_e 사이에는 어떤 관계가 있을까?

우선, 이 세 개의 숫자들은 두 가지의 조건을 만족해야 한다. 첫 번째 조건은 온도를 비롯한 여러 환경이 변해도 $n_a + n_i$는 일정하게 유지되어야 한다는 것이다. 왜냐하면 상자 안에 갇혀 있는 원자의 개수는 N개로 이미 결정되어 있기 때문이다. 원자를 새로 추가하거나 제거하지 않고 온도만 변화시키면 원자 중 일부는 이온으로 전환되겠지만 원자와 이온의 수를 더한 값은 항상 N으로 일정하다. 즉, $n_a + n_i = N$이다. 두 번째 조건은 기체 전체가 전기적으로 중성을 유지한다는 조건의 결과로서, $n_i = n_e$로 표현할 수 있다. 2차, 또는 3차 이온화가 일어나지 않는다고 가정하면 모든 원자들은 하나의 전자를 잃으면서 이온이 될 것이므로 이온의 수와 전자의 수는 같아야 하는 것이다. 이 조건들은 전하 보존의 법칙과 원자의 개수가 보존된다는 법칙으로부터 자연스럽게 유도될 수 있다.

우리는 실제 문제를 다룰 때 이 관계식을 사용할 것이다. 그러나 위에서 도입한 세 개의 숫자들 사이에는 또 다른 관계식이 성립한다. 이 식은 다음과 같이 유도할 수 있다. 하나의 전자를 원자로부터 제거하려면 어떤 특정량의 에너지를 가해주어야 한다. 이 에너지를 통상 '이온화 에너지(ionization energy)'라 부르는데, 앞에서 유도했던 수식과 같은 형태를 유지시키기 위해 이 값을 W로 표기하기로 한다. 즉, W는 원자로부터 전자 하나를 떼어내는 데 필요한 에너지를 의미한다. 여기에 앞서 사용했던 원리를 그대로 적용하면 '전자 증기'의 단위 부피 안에 들어 있는 자유 전자의 개수는 단위 부피 안에서 원자에 구속되어 있는 전자의 개수에 $e^{-(\text{구속된 전자의 에너지} - \text{자유 전자의 에너지})/kT}$를 곱한 것과 같다. 모든 정보는 이 안에 다 들어 있다. 그렇다면 이것을 어떻게 수식으로 표현할 것인가? 정의에 의하여, 단위 부피 안에 들어 있는 전자의 개수는 당연히 n_e이다. 그렇다면 단위 부피 안에서 원자에 구속된 전자는 몇 개인가? 구속된 전자가 놓일 수 있는 위치의 수는 당연히 $n_a + n_i$이며, 원자나 이온에 구속되어 있는 하나의 전자는 V_a의 부피를 차지한다고 가정하자 (물론 전자는 원자핵의 주변에서 복잡한 운동을 하고 있으므로 V_a는 딱히 전자의 부피를 의미하지는 않는다). 그러면 구속된 전자들이 차지하는 총 부피는 $(n_a + n_i)V_a$이므로, 위에서 언급한 관계식은 다음과 같이 표현된다.

$$n_e = \frac{n_a}{(n_a + n_i)V_a} e^{-W/kT}$$

그런데, 사실 이 식은 근본적인 오류를 담고 있다. 전자가 원자의 내부에 자리를 잡고 있으면 다른 전자는 그 부피 안으로 더 이상 들어갈 수가 없다! 다시 말해서, 자유 전자가 원자의 내부로 들어가기로 마음먹었다 해도, 전자들끼리는 전기적 척력이 작용하기 때문에 자신이 들어갈 위치를 마음대로 고를 수 없다는 것이다. 그러므로 이미 다른 전자가 자리를 차지한 곳을 제외하고, 남은 자리가 몇 개인지를 알아야 한다. 자유 전자는 이온에만 들어갈 수 있으므로 위의 식에서 $(n_a + n_i)V_a$를 $n_i V_a$로 대치시키면

$$\frac{n_e n_i}{n_a} = \frac{1}{V_a} e^{-W/kT} \qquad (42.7)$$

이 된다. 이것을 '사하의 이온화 방정식(Saha ionization equation)'이라 한다. 지금부터 전자의 운동 이론에 입각하여 식 (42.7)이 옳다는 것을 입증해보기로 하자.

일단, 전자가 이온으로 진입하면 원자가 된다. 그리고 무언가와 충돌한 원자는 이온과 자유 전자로 분리된다(물론, 항상 그런 것은 아니다). 우리의 문제에서 이 두 가지 사건은 같은 빈도수로 일어나고 있다. 전자와 이온은 서로 상대방을 얼마나 빨리 찾아낼 수 있을까? 단위 부피 안에 들어 있는 자유 전자의 개수가 증가하면 전자와 이온이 결합하여 원자가 되는 사건도 그만큼 빈번하게 일어날 것이다. 또한, 이 사건의 빈도는 단위 부피 안에 들어 있는 이온의 수에도 비례한다. 그러므로 전자와 이온이 결합하는 비율은 전자의 개수와 이온의 개수를 곱한 양에 비례한다. 그리고 원자가 전자를 잃고 이온화 되는 비율은 원자의 총 개수에 비례한다. 이 두 개의 비율은 $n_e n_i$와 n_a가 어떤 관계식을 만족할 때 서로 균형을 이룬다. 이 관계식이 식 (42.7)과 같은 형태로 주어진다는 것은 물론 새로운 정보이긴 하지만, $n_e n_i/n_a$가 온도와 원자의 단면적, 그리고 다른 몇 개의 상수로 표현된다는 것은 굳이 수식의 도움을 받지 않아도 짐작할 수 있는 사실이다.

식 (42.7)은 '단위 부피당' 개수를 포함하고 있으므로, 입자의 개수를 그대로 유지한 채 상자의 크기만 키운다면 n_e, n_i, n_a는 이전과 다른 값을 갖게 될 것이다. 그러나 이 경우에도 $n_e n_i/n_a$는 변하지 않아야 하므로[식 (42.7)의 우변은 상자의 부피와 아무런 상관이 없다], 전자와 이온의 총 개수는 상자가 커질수록 증가해야 한다. 이 사실을 확인하기 위해, 부피 V인 상자 안에 N개의 원자가 있고 이들 중에 섞여 있는 이온의 비율을 f라 하자. 그러면 $n_e = fN/V = n_i$이고 $n_a = (1-f)N/V$이다. 이 결과를 식 (42.7)에 대입하면

$$\frac{f^2}{1-f} \frac{N}{V} = \frac{e^{-W/kT}}{V_a} \qquad (42.8)$$

이 된다. 즉, 원자의 밀도를 줄이거나 상자의 크기가 커질수록 전자와 이온의 비율 f는 증가한다. 단순히 상자의 크기만을 키웠을 뿐인데도 원자들이 이온화되는 것이다! 천문학자들이 별들 사이의 차가운 공간에 이온이 존재한다고 믿는 근거가 바로 이것이다. 에너지의 관점에서 본다면 이 현상을 설명할 방법이 없다.

공간이 충분할 때 이온이 생기는 이유는 무엇이며, 밀도가 클 때 이온들이 사라지는 경향을 보이는 이유는 무엇인가? **답**: 하나의 원자를 생각해 보자. 원자는 근처에 있는 다른 원자나 이온, 또는 빛과 수시로 충돌하고 있다. 아주 드물기는 하지만 연속된 충돌로 인해 충분한 에너지를 얻으면 원자는 이온과 전자로 분리된다. 이때 주변에 충분하게 넓은 공간이 존재한다면 이탈된 전자는 아무리 떠돌아다녀도 다른 친구를 찾지 못할 것이다. 공간이 아주 넓으면 이런 식으로 몇 년 동안 배회할 수도 있다. 그러므로 이런 환경에서는

한번 분리된 이온과 전자가 다시 만나서 원자로 되돌아갈 확률이 지극히 작아진다. 전자가 원자로부터 분리될 확률은 아주 작지만, 부피가 큰 곳에서는 전자가 이온을 만날 확률이 훨씬 더 작기 때문에, 전자가 원자를 이탈할 때 이온화 에너지가 필요함에도 불구하고 상대적으로 많은 전자가 발견되는 것이다.

42-4 반응 속도 이론(Chemical kinetics)

화학 반응의 속도 이론에도 열이온화와 동일한 논리가 적용된다. 예를 들어 A, B 두 물체가 화학적으로 반응하여 AB라는 화합물이 생성되었을 때, AB를 원자로 간주하고, B는 전자에, A는 이온에 대응시키면 이 화학 반응은 열이온화 과정과 똑같은 원리를 따라 진행된다. 물론, 평형 상태에서 성립하는 방정식의 모양도 똑같다.

$$\frac{n_A n_B}{n_{AB}} = ce^{-W/kT} \tag{42.9}$$

물론 c라는 상수는 A와 B가 점유하고 있는 공간의 부피에 따라 달라지므로, 식 (42.9)는 정확한 식이라 할 수 없다. 그러나 여기에 열역학적 논리를 적용하면 e의 지수인 W의 의미를 유추할 수 있다. 이 경우에 W는 반응에 필요한 에너지를 의미한다.

이 문제를 지금까지 다루어왔던 사례와 같은 맥락에서 이해해보자. 즉, A와 B가 '충돌'을 일으켜 AB가 형성되고, AB는 다른 분자들과 충돌하면서 에너지를 획득하여 A와 B로 분리된다는 식이다.

실제의 화학 반응에서, 원자들이 서로 가까이 접근하여 반응 전과 반응 후의 차이에 해당하는 에너지가 방출되었다 해도 $A + B \rightarrow AB$의 반응은 일어나지 않는다. 반응이 시작되려면 원자들은 아주 강하게 충돌해야 한다. A와 B가 '약하게' 충돌하면 에너지가 방출되었다 해도 AB는 생성되지 않는다. 이는 모든 화학 반응에 적용되는 현상으로서, A와 B가 결합하여 AB를 생성하려면 이들은 충분한 에너지를 갖고 강하게 충돌해야 한다. 이 에너지를 '활성화 에너지(activation energy)'라 하는데, 말하자면 "반응을 활성화시키는 데 필요한 에너지"라는 뜻이다(그림 42-1). 활성화 에너지를 A^*라 하자. 이 여분의 에너지가 공급되었을 때 비로소 화학 반응이 일어나기 시작한다. 이제, A와 B가 결합하여 AB를 생성하는 비율 R_f는 원자 A의 개수 × 원자 B의 개수 × 하나의 원자가 어떤 단면적 σ_{AB}를 때릴 확률 × $e^{-A^*/kT}$와 같다. 여기서 $e^{-A^*/kT}$는 원자가 반응에 필요한 활성화 에너지를 갖고 있을 확률을 의미한다.

$$R_f = n_A n_B v \sigma_{AB} e^{-A^*/kT} \tag{42.10}$$

이제 반대의 경우, 즉 AB가 분리되어 A와 B로 나뉘어지는 반응의 비율 R_r을 계산해보자. AB가 분리되려면 분리에 필요한 에너지 W 이외에 여분의 에너지가 추가로 공급되어야 한다. 이때 필요한 추가 에너지는 앞서 언급했던 활성화 에너지 A^*와 같다. 이 상황은 그림 42-1을 보면 쉽게 이해할 수 있을 것이다. $A + B \rightarrow AB$와 $AB \rightarrow A + B$ 반응은 둘 다 반응 과정에서 A^*라는 '에너지 언덕'을 넘어야 하는 것이다. 이것은 높은 산을 넘어 골짜기로 내려가는 일종의 산행 과정에 비유할 수 있다. AB는 $W + A^*$라는 산을 넘어야 A와 B로 분리될 수 있다. 그러므로 AB가 A와 B로 분리되는 비율은 AB 분자의 개수 n_{AB}에 $e^{-(W+A^*)/kT}$를 곱한 양에 비례한다.

$$R_r = c' n_{AB} e^{-(W+A^*)/kT} \tag{42.11}$$

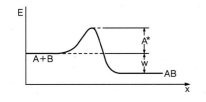

그림 42-1 $A + B \rightarrow AB$ 반응과 에너지의 관계

상수 c'에는 원자들이 차지하고 있는 부피와 충돌이 일어나는 빈도수 등이 포함되어 있다. 충돌의 빈도수는 증발 문제에서 다뤘던 것처럼 면적과 두께를 곱하여 계산할 수 있지만 여기서는 생략하기로 한다. 우리의 관심은 $R_f = R_i$인 경우이다. 즉, 식 (42.10)과 (42.11)이 같아지면 앞의 경우와 비슷하게 $n_A n_B / n_{AB} = c e^{-W/kT}$가 성립한다. 상수 c에는 단면적과 속도 등 입자의 개수와 상관없는 양들이 포함되어 있다.

여기서 우리의 흥미를 끄는 것은 반응의 비율이 $e^{-상수/kT}$를 따라 변한다는 점이다. 활성화 에너지 A^*는 W와 사뭇 다르다. W는 평형 상태에서 A와 B, 그리고 AB가 차지하는 비율을 좌우하지만, $A + B \rightarrow AB$의 반응이 일어나는 속도는 평형의 문제가 아니라 '넘어야 할 산의 높이'에 관한 문제이며, 이것은 활성화 에너지 A^*에 의해 좌우된다.

게다가 A^*는 W처럼 근본적인 상수가 아니다. 예를 들어, A와 B가 좀 더 쉽게 결합할 수 있는 환경을 만들었다고 가정해보자. 에너지 언덕에 일종의 '터널'을 뚫을 수도 있고, 아니면 언덕의 높이를 낮출 수도 있다. 에너지 보존 법칙에 의하면 우리가 어떤 조작을 했건 간에 반응 전과 반응 후의 에너지 차이 W는 변하지 않는다. 그러나 활성화 에너지 A^*는 반응이 일어나는 과정에 '전적으로' 좌우되는 양이다. 화학 반응이 일어나는 비율이 외부의 환경에 크게 좌우되는 것은 바로 이런 이유 때문이다. 반응 물질 속에 제3의 물질을 첨가하면 반응이 일어나는 비율에 큰 변화를 줄 수 있다. 특히, 활성화 에너지 A^*를 낮춰서 반응률을 높여주는 첨가제를 촉매(catalyst)라 한다. 어떤 온도에서는 A^*가 너무 높아서 반응이 전혀 일어나지 않는 경우가 있는데, 이때에도 특별한 촉매를 첨가하면 A^*가 작아지면서 반응이 활발하게 일어난다.

$A + B \rightarrow AB$의 반응에서 한 가지 짚고 넘어갈 것이 있다. 두 개의 물질이 한데 합쳐져서 더욱 안정된 물질이 만들어지는 경우에는 에너지와 운동량이 보존되지 않는다. 그러므로 여기에는 또 다른 물질 C가 첨가되어야 하고, 그 결과 실제의 반응은 매우 복잡해진다. 따라서 순방향 반응의 비율은 $n_A n_B n_C$에 의존하게 되고, 이렇게 생각하면 우리가 유도한 식은 틀린 것처럼 보인다. 그러나 사실은 그렇지 않다! 반대 방향으로 진행되는 반응 역시 C가 필요하기 때문이다. 즉, 역방향 반응의 비율은 $n_{AB} n_C$에 의존하게 되고 평형

상태에서 n_C는 상쇄되기 때문에, 우리가 초반에 도입했던 식 (42.9)는 반응의 구체적인 과정에 관계없이 항상 성립한다!

42-5 아인슈타인의 복사 법칙

다시 흑체 복사 법칙으로 되돌아가 보자. 이 문제도 지금까지의 사례와 재미있는 유사점을 갖고 있다. 우리는 41장에서 상자 내부의 복사 분포를 작은 진동자의 복사로 이해했었다. 진동자는 평균 에너지를 갖고 있으며, 흡수와 방출이 평형을 이룰 때까지 복사를 계속한다. 이때 방출되는 복사의 강도를 진동수 ω의 함수로 구한 결과는 다음과 같다.

$$I(\omega)d\omega = \frac{\hbar\omega^3 d\omega}{\pi^2 c^2 (e^{\hbar\omega/kT} - 1)} \qquad (42.12)$$

이 결과를 유도할 때, 우리는 한 가지 가정을 세웠다—복사를 방출하는 진동자의 에너지 준위가 균일한 간격으로 분포되어 있다는 가정이었다. 이것 말고는 아무런 가정도 내세우지 않았다. 심지어는 빛이 광자(photon)로 이루어져 있다는 양자 가설조차도 우리의 논리에는 포함시키지 않았다. 뿐만 아니라 원자가 하나의 에너지 준위에서 다른 준위로 이동할 때 방출되는 에너지가 왜 $\hbar\omega$의 정수배이며, 왜 빛의 형태로 방출되는지도 설명하지 않았다. 원래 플랑크의 양자 가설은 물체를 대상으로 탄생하였으며, 이 가설에서 빛은 양자의 대상이 아니었다. 플랑크의 이론에 의하면 진동자는 임의의 에너지를 가질 수 없고 오직 최소 단위 에너지의 정수배만을 취할 수 있다.

또 한 가지 문제는 41장의 유도 과정이 부분적으로 고전 물리학에 의존했다는 점이다. 우리는 진동자의 복사율을 고전 물리학의 관점에서 계산한 후에 갑자기 관점을 돌려서 "아니다, 이 진동자는 수많은 에너지 준위를 갖고 있다"고 주장하기 시작했다. 1900년에 탄생한 초창기의 양자 역학은 이렇게 다소 애매한 관점을 지닌 채 서서히 발전하다가 1927년이 되어서야 비로소 '양자 역학'이라는 분명한 이름을 가질 수 있었다. 그러나 양자 역학이 한창 개발되던 와중에 아인슈타인은 오직 물체만이 양자화되어 있다는 플랑크의 관점을 수정하여 빛이 광자라는 입자로 이루어져 있으며, 하나의 광자는 $\hbar\omega$의 에너지를 실어나른다는 생각을 떠올렸다. 그리고 보어는 원자들이 에너지 준위를 갖고 있긴 하지만 플랑크의 진동자처럼 동일한 간격으로 배치되어 있지는 않다고 주장하였다. 그리하여 플랑크의 복사 공식은 양자 역학적인 관점에서 완전히 다시 유도하거나 다시 설명해야 한다는 주장이 설득력을 얻게 되었다.

아인슈타인은 플랑크의 복사 공식이 실험 결과를 아주 잘 재현하고 있으므로 일단 맞는 것으로 간주하고, 복사와 물체 사이의 상호 작용에 관한 새로운 정보를 얻어내는 데 이 공식을 사용하였다. 아인슈타인의 논리는 다음과 같다. 원자의 에너지 준위 중에서 m번째와 n번째 준위를 생각해보자(그림 42-2). 이 원자에 적당한 진동수의 빛을 쪼이면 원자는 광자를 흡수하면서 $n \rightarrow m$

으로 전이(transition)되며, 이런 일이 일어날 확률은 쪼여진 빛의 강도에 비례한다(물론 두 준위의 에너지 값에 따라 달라지기도 한다). 이때 나타나는 비례 상수를 B_{nm}이라 하자. 물론, B_{nm}은 범우주적인 상수가 아니라 에너지 준위 n, m에 따라 달라진다. 어떤 준위는 전이가 쉽게 일어나지만, 전이가 잘 일어나지 않는 준위도 있다. 그렇다면 $m \rightarrow n$의 에너지 전이가 일어날 확률은 얼마인가? 아인슈타인은 이 확률을 두 가지 경우로 나누어 생각하였다. 첫째로, 빛이 전혀 없는 경우에도 원자는 빛을 방출하면서 더 낮은 에너지 준위로 전이될 확률을 갖고 있다. 이것을 '자발적 방출(spontaneous emission)'이라 하는데, 이는 고전적인 진동자가 자신의 에너지를 그대로 유지하지 않고 복사를 방출하면서 에너지를 잃는 것과 비슷한 현상이다. 들뜬 상태(m)에 있는 원자가 더 낮은 준위(n)로 전위될 확률을 A_{mn}이라 하자. 이 값은 두 준위의 에너지에 따라 달라지지만, 원자에 쪼여지는 빛과는 아무런 상관이 없다. 그러나 아인슈타인은 여기서 한 걸음 더 나아가, 쪼여진 빛에 의해 에너지의 방출이 유도될 수도 있다고 생각했다. 즉, 원자에 적당한 진동수의 빛을 쪼여주면 빛의 강도에 비례하여 광자가 방출된다고 생각한 것이다. 이때 나타나는 비례 상수를 B_{mn}이라 하자. 나중에 $B_{mn} = 0$이라는 결과가 얻어진다면 아인슈타인의 가설은 잘못된 것이다(물론, 그의 이론은 옳은 것으로 판명되었다).

그러므로 아인슈타인의 가설을 따른다면 원자의 에너지 전이에는 세 가지 종류가 있다. 빛의 강도에 비례하는 흡수 과정과, 역시 빛의 강도에 비례하는 방출 과정[이 과정은 흔히 '유도 방출(induced emission)' 혹은 '강제 방출(stimulated emission)'이라 한다], 그리고 빛과 상관없이 일어나는 자발적 방출이 그것이다.

온도 T의 평형 상태에서 에너지 준위 n에 속해 있는 원자의 개수를 N_n이라 하고, 준위 m에 속하는 원자의 개수를 N_m이라 하자. 그러면 준위 n에서 m으로 전이되는 원자의 총 개수는 $n \rightarrow m$으로 전이될 확률에 N_n을 곱한 것과 같다.

$$R_{n \rightarrow m} = N_n B_{nm} I(\omega) \tag{42.13}$$

$m \rightarrow n$으로 전이되는 원자의 개수도 이와 비슷한 방법으로 계산할 수 있다. 준위 m에 있는 원자의 개수 N_m에 전이 확률을 곱하면 된다. 그 결과는 다음과 같다.

$$R_{m \rightarrow n} = N_m [A_{mn} + B_{mn} I(\omega)] \tag{42.14}$$

이제, 원자계가 열평형 상태에 있을 때 상향 전이되는 원자의 개수와 하향 전이되는 원자의 개수가 같다고 가정해보자. 이 경우에 각 에너지 준위에 있는 원자의 개수는 일정하게 유지된다.* 그러나 우리는 또 하나의 정보를 갖고 있다. 앞에서 여러 차례 지적했던 것처럼, N_m과 N_n의 비율은 $e^{-(E_m - E_n)/kT}$과 같다. 아인슈타인은 $n \rightarrow m$ 전이가 오직 $E_m - E_n = \hbar\omega$를 만족하는 진동

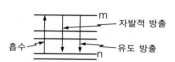

그림 42-2 원자의 두 에너지 준위(n, m)에서 일어나는 전이

수의 빛에 의해 일어난다고 가정하였다. 그러므로 N_m과 N_n은

$$N_m = N_n e^{-\hbar\omega/kT} \qquad (42.15)$$

의 관계를 만족한다.

이제, 두 방향의 전이가 동일한 비율로 일어난다는 조건을 부과하면
$N_n B_{nm} I(\omega) = N_m [A_{mn} + B_{mn} I(\omega)]$가 되고, 양변을 N_m으로 나누면

$$B_{nm} I(\omega) e^{\hbar\omega/kT} = A_{mn} + B_{mn} I(\omega) \qquad (42.16)$$

를 얻는다. 그러므로 아인슈타인이 구한 $I(\omega)$는 다음과 같다.

$$I(\omega) = \frac{A_{mn}}{B_{nm}\, e^{\hbar\omega/kT} - B_{mn}} \qquad (42.17)$$

식 (42.17)을 플랑크의 복사 공식[식 (42.12)]과 비교해보자. 두 식이 같아지
려면 어떤 조건이 만족되어야 하는가? 먼저, $(e^{\hbar\omega/kT} - 1)$과 같은 항이 나타나
려면 B_{nm}과 B_{mn}은 같아야 한다. 다시 말해서, 유도 방출(강제 방출)이 일어날
확률과 빛이 흡수될 확률이 같다는 뜻이다. 이것은 아인슈타인조차도 짐작하
지 못했던 매우 흥미로운 결과였다. 또한, 두 식의 나머지 부분을 비교하면

$$A_{mn}/B_{mn}\text{은 } \hbar\omega^3/\pi^2 c^2\text{과 같아야 한다.} \qquad (42.18)$$

그러므로 어떤 특정 준위의 흡수율을 알고 있다면 그로부터 유도 방출과 자
발적 방출이 일어날 확률도 알 수 있다.

이 정도는 굳이 아인슈타인이 아니더라도 누구나 내릴 수 있는 추론이다.
그러나 특정 원자의 자발적 방출 확률(또는 유도 방출 확률이나 흡수 확률)을
계산하려면 원자의 양자적 구조를 설명하는 양자 전기 역학(quantum electro-
dynamics)을 알아야 한다. 아인슈타인은 이 새로운 복사 법칙을 1916년에 발
견하였고, 양자 전기 역학이 처음으로 알려진 것은 그로부터 11년이 지난 후
의 일이었다.

오늘날 유도 방출은 흥미로운 분야에 응용되고 있다. 원자에 빛을 쪼이면
위에서 언급한 확률에 따라 유도 방출이 일어나고, 이때 방출된 $\hbar\omega$의 빛에
너지는 근처에 있는 다른 원자에게 입사광의 역할을 할 수 있다. 이제, 어떤
기체에 비열역학적인 방법을 적용하면 낮은 준위 n에 있는 원자의 개수보다
높은 준위 m에 있는 원자의 개수가 훨씬 많도록 만들 수 있다. 이 배열은 평
형 상태가 아니기 때문에 $e^{-\hbar\omega/kT}$를 따르지 않는다. 심지어는 높은 준위에
대부분의 원자가 집중되어 있고 낮은 준위에는 원자가 거의 없도록 만들 수
도 있다. 이런 기체에 진동수가 $\omega = (E_m - E_n)/\hbar$인 빛을 쪼이면, 낮은 에
너지 준위에 원자가 거의 없으므로 흡수는 거의 일어나지 않고 유도 방출이

---

* 이것은 다양한 에너지 준위에 있는 원자의 개수를 일정하게 유지시키는 '유일한' 방법은 아니
다. 열평형 상태에서 모든 과정은 그 반대 과정과 균형을 이루는데, 이것을 '상세 균형의 원
리(principle of detailed balancing)'라 한다.

강하게 일어난다! 특히 높은 준위에 원자들이 밀집되어 있으면, 하나의 원자가 방출한 빛이 다른 원자에 입사되어 다시 방출을 유도하는, 일종의 연쇄 반응이 일어나게 된다. 그 결과로 방출되는 빛은 처음에 쪼인 빛보다 훨씬 강하게 나타나는데, 이것이 바로 레이저(laser, light amplification by stimulated emission of radiation)의 원리이다. 적외선에 이 원리를 적용한 것은 메이저(maser, microwave amplification by stimulated emission of radiation)라고 한다.

높은 에너지 준위 m에 원자들을 집중시키는 방법은 여러 가지가 있다. 그중 하나는 들뜬 원자를 임시적으로 보관하는 준위를 사용하는 것이다. 예를 들어, 기체에 아주 높은 진동수의 빛을 쪼여주면 원자들은 m보다 높은 준위 h로 올라갔다가 특정 진동수의 광자를 방출하면서 m 준위로 떨어져 쌓이게 된다. 이때 m 준위에 쌓인 원자들이 더 이상 전이되지 않고 머물러 있을 때, 준위 m을 '준안정 준위(metastable level)'라 한다. 여기에 알맞은 진동수의 빛을 쪼이면 원하는 결과를 얻을 수 있다. 그런데 여기에는 기술적인 문제가 있다. 기체를 상자 속에 가둬두었을 때 방출되는 복사는 모든 방향으로 진행하기 때문에 증폭 효과가 한곳에 집중되지 않는다. 그래서 유도 방출의 효율을 높이기 위해 보통 상자의 양면에 거울을 설치한다. 이렇게 하면 한번 방출된 빛이 거울에 반사되어 다른 원자의 복사를 유도하게 되고, 이 과정이 여러 차례 반복되면 최종 결과는 아주 강한 빛줄기로 나타난다. 여러분이 사진이나 실험실에서 본 레이저는 대부분 이런 원리로 작동된다.

그림 42-3 청색광을 쪼여서 원자를 h준위로 들뜨게 하면 원자는 광자를 방출하면서 m준위로 떨어진다. 여기에 원자들이 많이 모여 있으면 레이저 효과를 유도할 수 있다.

CHAPTER 43
확산(Diffusion)

43-1 분자 간의 충돌

지금까지 우리는 열평형 상태에 있는 기체 분자의 운동을 살펴보았다. 이 장에서는 열평형에서 '조금' 벗어난 상태를 논해보자. 기체가 평형 상태에서 많이 벗어나면 모든 것이 끔찍하게 복잡해지지만, 평형에서 아주 조금 벗어난 기체는 그런대로 다루기가 쉽다. 단, 이런 기체를 이론적으로 다루려면 통계 역학이 아닌 분자의 운동 이론으로 다시 돌아가야 한다. 통계 역학과 열역학은 평형 상태에 적용되는 이론이며, 여기서 벗어나면 개개의 원자들을 일일이 상대하는 수밖에 없다.

비평형 상태의 간단한 예로는 기체 속에서 이온이 확산되는 경우를 들 수 있다. 소량의 이온(전기적으로 대전된 분자)이 섞여 있는 기체를 생각해보자. 이 기체에 전기장을 가하면 이온에는 전기력이 작용한다(물론, 전기적으로 중성인 분자에는 전기력이 작용하지 않는다). 만일 상자 안에 다른 분자는 없고 오직 이온들만 있다면, 이들은 상자의 벽에 부딪힐 때까지 균일한 가속 운동을 할 것이다. 그러나 다른 중성 분자들과 함께 섞여 있다면 계속되는 충돌 때문에 이렇게 순조로운 운동을 할 수가 없다. 이온은 수시로 분자와 충돌하면서 운동량을 잃고, 또 꾸준하게 작용하는 전기력에 의해 다시 운동량을 얻는다. 이런 과정이 반복되다보면 아주 복잡하고 변덕스러운 궤적을 그리게 되겠지만, 어쨌거나 이온은 전기장의 방향으로(음이온이면 전기장의 반대 방향으로) 어떻게든 나아갈 것이다. 이때 이온이 '표류하는' 평균 속도는 전기장의 세기에 비례한다. 전기장이 강할수록 이온이 분자 속을 헤치고 나아가는 속도는 빨라진다. 물론, 전기장하에서 이온이 표류하는 상황은 평형을 이룬 상태가 아니다. 지금 이들은 평형을 이루기 위해 상자의 벽을 향해 나아가고 있다. 여기에 운동 이론을 적용하면 이온이 표류하는 속도, 즉 '유동 속도(drift velocity)'를 계산할 수 있다.

지금 여러분이 알고 있는 수학으로는 이런 복잡한 상황에서 나타나는 물리량들을 정확하게 계산하기가 어렵다. 우리의 최선은 모든 것을 대략적으로 계산하면서 그 저변에 깔려 있는 원리를 이해하는 것이다. 압력과 온도 등이 변할 때 무엇이 어떻게 달라지는지는 알 수 있지만, 관련된 항들을 상수까지 정확하게 계산할 수는 없다. 그래서 앞으로 무언가를 계산할 때 산술적인 양은 대충 다룰 예정이다. 이들을 정확하게 계산하려면 더욱 복잡하고 어려운 수학이 동원되어야 한다.

비평형 상태를 다루기 전에, 평형 상태의 기체에 대하여 좀더 자세히 살펴볼 필요가 있다. 예를 들어, 한 번의 충돌과 그 다음 충돌 사이의 평균 시간 간격은 얼마인가? 개개의 분자들은 다른 분자들과 무작위적인 충돌을 반복하고 있다. 하나의 분자가 충분히 긴 시간 T 동안 N 번의 충돌을 겪는다고 가정해보자. 시간 간격을 두 배로 늘이면 충돌 횟수도 두 배로 많아질 것이다. 즉, 충돌 횟수는 시간 T 에 비례한다. 이것을 수식으로 표현하면 다음과 같다.

$$N = T/\tau \tag{43.1}$$

이것은 N 과 T 를 연결하는 비례 상수를 $1/\tau$ 로 놓은 결과이다. 물론, τ 는 시간의 단위를 갖는 상수로서, 충돌과 충돌 사이의 시간 간격을 의미한다. 예를 들어, 한 시간 동안 60회의 충돌이 일어났다면 $\tau = 1$ 분이 된다. 이때, τ (1분)를 충돌 사이의 '평균 시간(average time)'이라 한다.

질문을 하나 던져보자. 아주 짧은 시간 dt 사이에 하나의 분자는 몇 번의 충돌을 겪을 것인가? 직관적으로 생각해보면 dt/τ 라는 답이 금방 떠오를 것이다. 물론 맞는 답이긴 하지만 그 속사정을 자세히 살펴보면 다음과 같다. 아주 많은 수의 분자 N 개가 있을 때, 짧은 시간 dt 동안 몇 번의 충돌이 일어날 것인가? 만일 이들이 평형 상태에 있다면 시간이 아무리 흘러도 '평균적으로는' 아무런 변화도 일어나지 않는다. 따라서 N 개의 분자들이 dt 동안 겪는 충돌의 횟수는 하나의 분자가 Ndt 의 시간 동안 겪게 될 충돌 횟수와 같다. 앞에서 충돌 사이의 평균 시간을 τ 라 했으므로 이 횟수는 Ndt/τ 이며, 시간 dt 동안 N 개의 원자도 Ndt/τ 번의 충돌을 겪는다. 그러므로 '하나의' 분자가 dt 동안 겪는 충돌 횟수는 $(1/N)(Ndt/\tau) = dt/\tau$ 가 되어, 우리의 직관적인 답과 일치한다. 다시 말해서, 짧은 시간 dt 동안 충돌을 겪는 분자의 비율이 dt/τ 라는 뜻이다. 예를 들어 $\tau = 1$ 분인 경우, 1초 사이에 충돌을 겪는 분자의 비율은 1/60이다. 즉, 전체 분자들 중 1/60에 해당하는 분자들이 1초 이내에 충돌을 일으킬 수 있을 만큼 다른 분자와 가까이 있다는 뜻이다.

충돌 사이의 평균 시간 τ 가 1분이라고 해서, 모든 충돌이 1분 간격으로 일어난다는 뜻은 아니다. 어떤 분자는 1분 동안 충돌을 전혀 겪지 않을 수도 있고, 또 다른 분자는 같은 시간 동안 수차례의 충돌을 겪을 수도 있다. 충돌 사이의 실제 시간 간격은 이렇게 수시로 달라진다. 앞으로 진행될 논리와 직접적인 관계는 없지만, 또 하나의 질문을 던져보자. "충돌 사이의 진짜 시간 간격은 얼마나 되는가?" 앞에서 우리는 평균 시간이 1분이라고 가정했었다. 그렇다면 '2분 동안 충돌이 전혀 일어나지 않을 확률'도 구할 수 있을까?

우리의 질문을 좀더 일반적인 형태로 바꿔보자. "하나의 분자가 시간 t 동안 충돌을 전혀 겪지 않을 확률은 얼마인가?" $t = 0$ 인 시점에서 어느 특정한 분자를 관측하기 시작했다고 가정해보자. 이 분자가 향후 t 라는 시간 동안 충돌을 일으키지 않을 확률은 얼마인가? 이 계산을 하려면, 먼저 상자 안에 들어 있는 N_0개의 분자들에게 무슨 일이 일어나고 있는지를 알아야 한다. 시간 t가 흐르고 나면 이들 중 어떤 분자들은 한 번, 또는 여러 번의 충돌을 겪었을 것이다. 이 시간 동안 충돌을 한 번도 겪지 않은 분자의 수를 $N(t)$라 하자. 물론, $N(t)$는 N_0보다 작다. 지금부터, $N(t)$가 시간에 따라 어떻게 변해가는지를 추적하여 구체적인 형태를 유도할 것이다. 시간 t동안 충돌을 전혀 겪지 않은 분자의 개수 $N(t)$를 알고 있다면, $N(t + dt)$는 $t + dt$의 시간 동안 충돌을 겪지 않은 분자의 수를 의미하며 이 값은 물론 $N(t)$보다 작다. 이들 사이의 차이 dN은 시간 dt동안 일어나는 충돌 횟수와 같다. 위에서 했던 계산에 의하면 $dN = N(t)dt/\tau$이므로,

$$N(t + dt) = N(t) - N(t)\frac{dt}{\tau} \tag{43.2}$$

임을 알 수 있다. 좌변의 $N(t + dt)$는 미분의 정의에 의해 $N(t) + (dN/dt)dt$로 쓸 수 있으므로 위의 식은

$$\frac{dN(t)}{dt} = -\frac{N(t)}{\tau} \tag{43.3}$$

로 쓸 수 있다. 즉, 시간 dt 동안 나타나는 N의 감소량은 원래의 값 $N(t)$에 비례하고 평균 시간 τ에 반비례한다. 식 (43.3)을 다음과 같이 변형시켜보자.

$$\frac{dN(t)}{N(t)} = -\frac{dt}{\tau} \tag{43.4}$$

이렇게 쓰면 양변을 쉽게 적분할 수 있다. 적분 결과는 다음과 같다.

$$\ln N(t) = -t/\tau + (상수) \tag{43.5}$$

로그 함수의 정의에 의해 이 식을 다시 쓰면

$$N(t) = (상수)\, e^{-t/\tau} \tag{43.6}$$

가 된다. $t = 0$일 때 $N(0) = N_0$가 되어야 하므로, 상수 $= N_0$임을 알 수 있다. 그러므로 최종 결과는 다음과 같다.

$$N(t) = N_0 e^{-t/\tau} \tag{43.7}$$

충돌이 일어나지 않을 확률 $P(t)$는 식 (43.7)의 $N(t)$를 분자의 총 개수 N_0로 나눈 값과 같다.

$$P(t) = e^{-t/\tau} \tag{43.8}$$

이 결과는 다음과 같이 요약된다 : 하나의 특정한 분자가 시간 t동안 충돌을 한 번도 겪지 않을 확률은 $e^{-t/\tau}$이며($\tau = $ 충돌 사이의 평균 시간), 이 확률은 $t = 0$에서 1로 시작하여 시간이 흐를수록 작아진다. 특히 분자가 시간 τ동안 충돌을 겪지 않을 확률은 $e^{-\tau/\tau} = e^{-1} \approx 0.37\cdots$이다. 즉, 평균 시간보다

긴 시간 동안 충돌이 일어나지 않을 확률은 1/2보다 작다.

우리는 앞에서 한 번의 충돌과 그 다음 충돌 사이의 평균 시간을 τ로 정의했었다. 그런데, 식 (43.7)은 임의의 시간에서 시작하여 그 다음 충돌이 일어날 때까지의 평균 시간도 τ임을 말해주고 있다. 이것은 다소 놀라운 사실이다. 임의의 시간 t에서 $t + dt$ 사이에 충돌을 일으키는 분자의 수는 $N(t)dt/\tau$이므로 '다음 충돌이 일어날 때까지 기다려야 할 평균 시간'은 다음과 같이 일상적인 방법으로 계산된다.

$$\text{다음 충돌이 일어날 때까지 기다려야 할 평균 시간} = \frac{1}{N_0}\int_0^\infty t\frac{N(t)dt}{\tau}$$

여기에 식 (43.7)의 $N(t)$를 대입하여 적분하면 임의의 순간에서 시작하여 다음 충돌이 일어날 때까지의 평균 시간은 τ임을 알 수 있다.

43-2 평균 자유 경로(mean free path)

분자 간의 충돌을 표현하는 또 하나의 방법은 한 번의 충돌과 그 다음 충돌 사이에 분자가 이동하는 거리를 서술하는 것이다. 충돌 사이의 평균 시간을 τ라 하고 분자의 평균 속도를 v라 하면 충돌 사이의 평균 거리 l은 τ와 v의 곱으로 주어진다. 이를 '평균 자유 경로(mean free path)'라 한다.

$$l = \tau v \tag{43.9}$$

이 장에서는 평균의 '종류'에 대하여 크게 신경 쓰지 않을 것이다. 그냥 일반적인 평균이나 제곱 평균 제곱근(root-mean-square)이나, 크게 다르지 않기 때문이다(기껏해야 1 정도의 차이가 날 뿐이다). 정확한 값을 얻으려면 엄청난 양의 노동이 필요하므로, 이 정도의 정확도에서 만족하기로 한다.

하나의 분자가 짧은 시간 dt 동안 겪는 충돌 횟수가 dt/τ였던 것처럼, 하나의 분자가 dx의 거리를 진행하는 동안 겪는 충돌 횟수는 dx/l이다. 여기에 위에서 거쳤던 계산 과정을 그대로 반복하면 거리 x를 진행하는 동안 충돌이 한 번도 일어나지 않을 확률은 $e^{-x/l}$임을 어렵지 않게 증명할 수 있다.

하나의 분자가 다른 분자와 충돌하지 않고 진행할 수 있는 평균 거리, 즉 평균 자유 경로 l은 주변에 있는 분자의 개수와 분자의 크기에 따라 달라진다. 충돌을 좌우하는 분자의 유효 단면적을 '충돌 단면적(collision cross section)'이라 하는데, 이것은 핵물리학이나 빛의 산란 문제에서도 유용하게 사용되는 개념이다.

단위 부피당 n_0개의 분자가 들어 있는 기체의 내부에서 하나의 분자가 x 방향으로 dx만큼 이동하는 경우를 생각해보자(그림 43-1). 진행 방향에서 바라보이는 단위 단면적에는 $n_0\,dx$개의 분자들이 들어 있다. 각 분자의 충돌 단면적을 σ_c라 하면, 분자들이 뒤덮고 있는 총 면적은 $\sigma_c\,n_0\,dx$이다.

충돌 단면적 σ_c는, 지금 우리의 예에서 x방향으로 진행중인 분자가 다른 분자와 충돌을 일으킨다고 했을 때, 분자의 중심이 놓일 수 있는 영역의

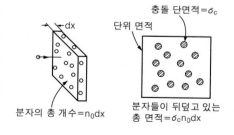

충돌 단면적=σ_c
단위 면적

dx

분자의 총 개수=n_0dx

분자들이 뒤덮고 있는 총 면적=$\sigma_c n_0 dx$

그림 43-1 충돌 단면적

면적을 의미한다(즉, 분자의 중심이 이 영역 안에 있어야 다른 분자와 충돌할 수 있다). 분자를 작은 구형 알갱이로 간주하고, 충돌하는 두 분자의 반경을 각각 r_1, r_2라 하면 $\sigma_c = \pi(r_1 + r_2)^2$이다. 지금 x 방향으로 진행하고 있는 우리의 입자가 dx만큼 진행하면서 다른 입자와 충돌할 확률은 충돌 단면적을 전체 면적으로 나눈 값에 분자의 개수 $n_0\, dx$를 곱하여 얻을 수 있다. 그런데 전체 면적을 1로 잡았으므로(단위 면적) 이 확률은 $\sigma_c\, n_0\, dx$이다.

$$dx \text{ 안에서 충돌이 일어날 확률} = \sigma_c\, n_0\, dx \tag{43.10}$$

또한, 위에서 언급한 대로 하나의 분자가 dx의 거리를 이동하면서 겪는 충돌 횟수는 dx/l이므로 평균 거리와 충돌 단면적 사이에는 다음과 같은 관계가 성립한다.

$$\frac{1}{l} = \sigma_c\, n_0 \tag{43.11}$$

이 식을 다음과 같은 형태로 바꿔 쓰면 기억하기가 쉽다.

$$\sigma_c\, n_0\, l = 1 \tag{43.12}$$

이 관계식은 다음과 같은 뜻으로 해석할 수 있다―분자들이 전체 면적을 뒤덮고 있을 때, 하나의 분자는 거리 l을 진행하는 동안 평균적으로 한 번의 충돌을 겪는다. 단면적이 1이고 길이가 l인 원통형 부피의 내부에는 $n_0 l$개의 분자들이 있다. 분자 하나의 충돌 단면적을 σ_c라 하면, 분자들에 의해 뒤덮여 있는 총 면적은 $n_0 l \sigma_c$인데, 이 값은 원통의 단면적 1과 같다. 물론, 일부 분자들은 다른 분자의 바로 뒤에 가려 있을 수도 있기 때문에 일반적으로 분자들은 전체 면적을 덮을 수 없다. 충돌을 겪을 때까지 l보다 먼 거리를 가는 분자가 종종 나타나는 것은 바로 이런 이유 때문이다. 분자가 거리 l을 진행할 때마다 한 번의 충돌을 겪는다는 것은 '평균적으로' 그렇다는 의미이다. 실험을 통해 l을 측정하면 산란 단면적 σ_c를 알 수 있고, 이 결과는 원자 구조에 관한 자세한 이론으로 재확인할 수 있다. 그러나 이 장의 주제는 원자론이 아니므로, 애초에 의도했던 비평형 상태로 관심을 돌려보자.

43-3 유동 속도(Drift speed)

지금부터, 한 개 또는 몇 개의 특별한 분자들이 다른 여러 개의 분자 기체 속에 섞여 있을 때 어떤 일들이 일어나는지 알아보자. 다수의 평범한 분자들을 '배경 분자(background molecules)'라 하고, 이들과 다른 소수의 분자들을 '특이 분자(special molecules)', 또는 S-분자라 부르기로 하자. 임의의 분자가 배경 분자보다 무겁거나, 화학적 성질이 다르거나, 또는 전기 전하가 다르면(즉, 배경 분자가 이온이 되면) S-분자가 된다. S-분자는 질량이나 전하가 배경 분자와 다르기 때문에 배경 분자에 작용하는 힘과는 다른 힘이 작용한다. S-분자가 겪는 일련의 현상들을 잘 분석하면 기체의 확산이나 전지에 흐르는 전류, 침전, 원심분리 등의 현상들을 물리적으로 이해할 수 있다.

우선, 기본적인 과정에서 시작해보자. 배경 분자 속에 섞여 있는 하나의 S-분자는 중력이나 전기력 $\mathbf{F}$ 이외에 배경 분자와의 충돌에 의한 힘을 받고 있다. 지금 우리의 과제는 S-분자의 행동 양식을 일반적인 관점에서 서술하는 것이다. 이들은 이곳저곳을 정신없이 돌아다니며 다른 분자들과 수시로 충돌하고 있다. 그러나 S-분자를 자세히 들여다보면 그렇게 정신없이 돌아다니는 와중에도 $\mathbf{F}$의 방향으로 꾸준하게 나아가고 있음을 알 수 있다. 그렇다면 S-분자들이 $\mathbf{F}$의 방향으로 흘러가는 속도, 즉 '유동 속도(drift velocity)'는 얼마나 될까?

임의의 순간에 S-분자를 관측하기 시작했다면, 그것은 한 번의 충돌과 그 다음 충돌 사이에서 어딘가로 진행하고 있을 것이다. S-분자는 가장 최근에 겪은 충돌로 인한 속도 이외에 $\mathbf{F}$에 의한 속도 성분을 추가로 갖고 있다. 이제, 짧은 시간 이내에(평균적으로 τ 이내에) S-분자는 새로운 충돌을 겪으면서 또 다른 궤적을 그리며 나아가게 될 것이다. 다시 말해서, $\mathbf{F}$에 의한 가속 운동이 새로운 초기 속도에서 시작되는 것이다.

문제를 조금 단순화시키기 위해, 우리의 S-분자는 충돌을 겪을 때마다 완전하게 '새로운' 운동을 시작한다고 가정하자. 즉, 방금 다른 분자와 충돌한 S-분자는 $\mathbf{F}$에 의한 가속도를 전혀 기억하지 못한다는 뜻이다. S-분자가 다른 분자들보다 훨씬 가벼운 경우에는 이 가정이 잘 들어맞지만, 사실 이것은 일반적으로 타당한 가정이라 할 수 없다. 여기서 생긴 오차는 나중에 좀더 현실적인 가정을 도입하여 수정할 것이다.

그러므로 당분간은 방금 충돌한 S-분자가 어떤 방향으로도 움직일 수 있다고 가정하자. 그러면 충돌 직후의 초기 속도는 모든 방향으로 똑같은 확률을 갖기 때문에, 결과적으로는 S-분자의 운동에 아무런 영향도 주지 못한다. 그러므로 우리는 S-분자의 초기 속도에 신경을 쓸 필요가 없다. S-분자는 무작위적인 운동 이외에 $\mathbf{F}$ 방향의 속도 성분을 갖고 있다. $\mathbf{F}$에 의한 속도의 평균값은 얼마인가? S-분자의 질량을 m이라고 했을 때 $\mathbf{F}$에 의한 평균 속도는 $(\mathbf{F}/m) \times \tau$이다(물론 τ는 가장 최근에 겪은 충돌에서 그 다음 충돌까지 소요되는 평균 시간을 의미한다). 여러분의 짐작대로, $\mathbf{F}$에 의한 평균 속도가 바로 S-분자의 유동 속도 v_{drift}이다.

$$v_{\text{drift}} = \frac{F\tau}{m} \tag{43.13}$$

이것은 앞으로 우리가 펼칠 논리의 근간을 이루는 중요한 관계식이다. τ를 구하는 과정은 좀 복잡할 수도 있지만, 어쨌거나 우리는 식 (43.13)에 의존하여 문제를 풀어나갈 것이다.

보다시피, 유동 속도는 S-분자에 가해진 힘에 비례한다. 그러나 이들 사이의 비례 상수를 칭하는 일반적인 용어는 없다. 전기력의 경우 전하 q인 S-분자에 작용하는 힘은 $\mathbf{F} = q\mathbf{E}$이며, 이때 유동 속도와 전기장 $\mathbf{E}$를 연결하는 비례 상수는 '이동률(mobility)'이라 한다. 약간 혼동의 여지는 있지만, 앞으로 힘의 종류를 불문하고 유동 속도와 힘 사이를 연결하는 모든 비례 상수를 이동률이라 부르기로 한다. 식 (43.13)의 표기법을 조금 바꾸면

$$v_{\text{drift}} = \mu F \qquad (43.14)$$

로 쓸 수 있다. 우리의 약속을 따른다면 μ는 이동률이며, 그 값은

$$\mu = \tau/m \qquad (43.15)$$

이다. 즉, 이동률은 두 충돌 사이의 평균 시간에 비례하고(충돌이 뜸하게 일어나면 τ가 커지므로 유동 속도도 빨라진다), 질량에는 반비례한다(관성이 클수록 F에 의한 가속도가 작다).

식 (43.13)에는 약간 미묘한 성질이 숨어 있다. 이 점을 강조하기 위해 식 (43.13)을 다른 방법으로 유도해보자. 아래 제시된 또 하나의 논리는 언뜻 듣기에 그럴듯해 보이지만 사실은 틀린 논리이다. 그럼에도 불구하고 많은 교과서들이 유동 속도를 이런 식으로 설명하고 있다!

"충돌 사이의 평균 시간은 τ이다. 방금 충돌을 겪은 입자는 임의의 방향으로 새로운 운동을 시작하지만, 그 다음 충돌이 일어나기 전까지는 F에 의한 속도의 변화를 겪는다(가속도에 시간을 곱한 양만큼 속도가 변한다). 우리의 입자는 다음 충돌이 일어날 때까지 τ의 시간을 기다려야 하므로, 이 시간 동안 $(F/m)\tau$의 속도를 획득한다. 충돌이 막 일어난 직후에 입자의 속도는 0이므로, 결국 이 입자는 다음 충돌을 겪을 때까지 $\frac{1}{2}F\tau/m$의 평균 속도로 이동하게 된다." —이 결과는 식 (43.13)과 다르다. 분명히 말하지만, 식 (43.13)이 맞는 결과이다! 둘 다 비슷한 논리를 사용한 것 같은데, 왜 다른 결과가 나왔을까? 두 번째 논리가 잘못된 결론에 도달한 데에는 아주 미묘한 사연이 숨어 있다. '모든 충돌이 τ의 시간 간격으로 일어난다'는 가정이 잘못된 것이다. 실제의 충돌은 τ(평균 시간)보다 더 짧거나 긴 간격으로 일어날 수도 있다. 충돌간의 시간 간격이 τ보다 짧으면 충돌이 더 빈번하게 일어난다는 뜻이므로 유동 속도에 큰 영향을 끼치지 못한다. 충돌 사이의 시간 간격 분포를 고려해주면 두 번째로 얻은 결과에 1/2이라는 상수가 없어야 한다는 것을 증명할 수 있다. 상수 1/2이 나온 이유는 '평균 최종 속도'를 평균 속도와 직접 연결시켰기 때문이다. 사실, 이 관계는 그리 간단한 문제가 아니므로 다른 데 한눈 팔지 말고 '평균 속도'에 관심을 집중시키는 것이 최선책이다. 올바른 평균 속도를 얻으려면 첫 번째 논리를 따라가야 한다. 이제 여러분은 이 장의 서두에서 모든 상수를 정확하게 결정하기가 어렵다고 말한 이유를 어느 정도 이해할 수 있을 것이다.

"방금 충돌을 겪은 입자는 과거의 모든 운동을 잊어버리고 새로운 운동을 시작한다"는 가정으로 되돌아가보자. 앞서 지적한 대로 이 가정은 항상 적용될 수 없다. S-분자가 다른 분자들보다 무겁다면 단 한 번의 충돌로 자신의 운동량을 모두 잃지는 않을 것이다. 즉, 무거운 S-분자가 과거의 운동 상태를 말끔하게 잊어버리려면 여러 번의 충돌을 겪어야 한다. 따라서 이런 경

우에는 S-분자가 충돌을 겪을 때마다 일정한 비율로 운동량을 잃어버린다고 생각할 수 있다. 구체적인 계산을 해보면, S-분자가 상대적으로 무거운 경우에는 기존의 평균 시간이 '평균 말소 시간(average forgetting time)'으로 대치된다는 것을 알 수 있다. 이것은 S-분자가 자신의 운동량을 완전히 잃어버리고 새로운 운동을 시작할 때까지 걸리는 시간으로서, 당연히 평균 시간 τ 보다 길다. 이렇게 대치된 시간을 적용하면 무거운 S-분자에 대해서도 식 (43.15)를 적용할 수 있다.

43-4 이온 전도율(Ionic conductivity)

지금까지 얻은 결과를 특별한 경우에 적용해보자. 여기, 원자 또는 분자로 이루어진 기체가 용기 속에 담겨 있다. 그리고 이 기체에는 소량의 이온이 섞여 있다. 전체적인 상황은 그림 43-2와 같다. 용기의 양쪽 벽은 금속 재질로 되어 있고, 전지로부터 나온 전선이 여기 연결되어 용기의 내부에는 전기장이 형성되어 있다. 기체 속의 이온들은 이 전기장의 영향을 받아 한쪽 벽에서 맞은편 벽 쪽으로 이동하려는 경향을 보일 것이다. 그런데 전하의 이동은 곧 전류를 의미하므로 기체의 내부에는 전류가 유도되고, 원자나 분자는 일종의 저항과 같은 역할을 하게 될 것이다. 여기서 이온의 유동 속도를 계산하면 저항의 크기를 알 수 있다. 특히 우리의 관심을 끄는 질문은 다음과 같다. 양쪽 벽에 걸린 전압을 V 라 할 때, 전류의 흐름은 V 에 따라 어떻게 달라지는가?

기체가 담겨 있는 사각형 용기의 가로 길이를 b라 하고, 측면 금속판의 넓이를 A라 하자. 금속판 사이의 전압(전위차)을 V 라 하면 이들 사이에 걸리는 전기장 E 의 크기는 V/b이다. [이 경우에 전기적 위치 에너지는 한쪽 벽에서 맞은편 벽으로 단위 전하를 이동시키는 데 필요한 일과 같다. 단위 전하에 작용하는 전기력은 $\mathbf{E}$ 이다. 용기 안에서 $\mathbf{E}$ 가 일정하다면(사실, 면적 A 가 무한히 크지 않으면 그 사이에 형성되는 전기장 $\mathbf{E}$ 는 균일하지 않다. 그러나 지금 우리가 하고 있는 계산의 정확도를 생각할 때 $\mathbf{E}$ 는 균일한 상수로 간주할 수 있다), 단위 전하를 이동시키는 데 필요한 일은, $V = Eb$ 이므로 $E = V/b$가 된다.] 전하 q 의 이온에는 전기력 $q\mathbf{E}$ 가 작용하고 있다. 앞에서 말한 대로 이온의 유동 속도 v_{drift} 는 이동률 μ 에 힘을 곱한 것과 같다.

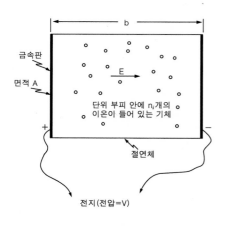

그림 43-2 이온 기체에 의한 전류의 흐름

금속판
면적 A
E
단위 부피 안에 n$_i$개의
이온이 들어 있는 기체
절연체
전지(전압=V)

$$v_{\text{drift}} = \mu F = \mu qE = \mu q \frac{V}{b} \tag{43.16}$$

전류 I 는 정의에 의해 단위 시간에 흐르는 전하량을 의미한다. 그러므로 한쪽 판에서 봤을 때, I 는 단위 시간에 금속판에 도달하는 이온의 총 전하량과 같다. 지금 이온들은 금속판을 향하여 v_{drift} 의 속도로 이동하고 있으므로, 금속판으로부터 $(v_{\text{drift}} \cdot T)$의 거리 안에 있는 이온들만이 시간 T 동안 금속판에 도달할 수 있다. 단위 부피당 이온의 개수를 n_i 라 하면 시간 T 이내에 금속판에 도달하는 이온의 수는 $(n_i \cdot A \cdot v_{\text{drift}} \cdot T)$이다. 각각의 이온들은 전하 q 를 갖고 있으므로

$$\text{시간 } T \text{ 이내에 금속판에 도달하는 총 전하량} = qn_iAv_{\text{drift}}T \qquad (43.17)$$

이다. 이 값을 시간 T로 나눈 값이 전류 I이므로

$$I = qn_iAv_{\text{drift}} \qquad (43.18)$$

임을 알 수 있다. 여기에 식 (43.16)의 v_{drift}를 대입하면

$$I = \mu q^2 n_i \frac{A}{b} V \qquad (43.19)$$

가 얻어진다. 전류가 I에 비례하는 것은 옴의 법칙(Ohm's law)과 일치하므로, 식 (43.19)에서 I와 V의 비례 관계를 연결해주는 상수는 저항의 역수에 해당된다.

$$\frac{1}{R} = \mu q^2 n_i \frac{A}{b} \qquad (43.20)$$

드디어 우리는 전기 저항을 분자의 성질[n_i, q, $\mu(m, \tau)$ 등]로 표현하는 데 성공하였다. 기체를 직접 관측하여 n_i와 q, 그리고 저항 R을 알아냈다면 이로부터 이동률 μ를 알 수 있고, μ로부터 평균 시간 τ도 계산할 수 있다.

43-5 분자의 확산

지금부터 확산 이론에 대하여 알아보자. 확산 이론은 지금까지 다뤄왔던 문제들과 조금 다른 특성을 갖고 있다. 열평형 상태의 기체가 들어 있는 용기에 다른 종류의 기체를 조금 주입시켰다고 가정해보자. 이때 원래의 기체는 '배경 기체'의 역할을 하고, 새로 주입된 기체는 특별한 기체, 즉 S-기체가 된다. S-기체는 용기 안에서 사방으로 퍼져나가겠지만, 배경 기체의 방해를 받기 때문에 빠른 속도로 퍼져나가지는 못한다. 이렇게 배경 기체 속에서 새로운 기체가 서서히 퍼져나가는 현상을 '확산(diffusion)'이라 한다. 확산의 특성은 S-기체와 배경 기체 사이의 충돌에 전적으로 좌우된다. 충돌을 여러 차례 겪고 나면 S-기체는 전 공간에 걸쳐 비교적 균일한 속도로 확산된다. 학생들은 기체의 확산과 대기의 흐름을 종종 혼동하는 경우가 있는데, 이 두 가지는 분명히 다른 현상이다. 두 종류의 기체가 섞일 때에는 흔히 대류와 확산이 동시에 일어난다. 그러나 지금 우리는 '바람(wind)' 없이도 두 기체가 섞이는 현상, 즉 확산에 관심을 두고 있다. 다시 말해서, 확산이란 오로지 분자의 자체 운동에 의해 두 물질이 섞이는 현상을 말한다. 그러면 지금부터 확산이 진행되는 속도를 계산해보자.

분자 운동에 의해 나타나는 S-분자의 '알짜 흐름(net flow)' 속도를 계산해보자. 만일 분자가 모든 방향으로 균일하게 분포되어 있다면 S-분자는 어떤 특정 방향으로 흘러가는 경향을 보이지 않을 것이다. 그러므로 S-분자의 알짜 흐름이 특정 방향으로 진행되려면 분자의 분포가 균일하지 않아야 한다. 우선, x방향의 흐름부터 계산해보자. x방향에 수직한 가상의 평면을 상정하

여, 이 평면을 통과하는 S-분자의 개수를 세어보자. 알짜 흐름을 계산하려면 가상의 평면을 $+x$방향으로 통과하는 분자의 수에서 $-x$방향으로 진행하는 분자의 수를 빼야 한다. 앞에서도 여러 차례 언급한 바와 같이, ΔT의 시간 동안 어떤 평면을 통과하는 분자의 수는 평면으로부터 $v\Delta T$의 거리 이내에 있는 분자의 수와 같다(단, v는 유동 속도가 아니라 분자의 실제 속도이다).

계산의 단순화를 위해, 가상으로 잡은 평면의 면적을 1이라 하자. 그리고 가상의 평면이 있는 곳을 경계로 하여 왼쪽의 S-분자 밀도(단위 부피당 S-분자의 수)를 n_-라 하고 오른쪽의 S-분자 밀도를 n_+라 하자. 그러면 왼쪽에서 오른쪽으로($+x$방향) 평면을 통과하는 S-분자의 개수는 $n_-v\Delta T$이고, 오른쪽에서 왼쪽으로($-x$방향) 통과하는 S-분자의 개수는 $n_+v\Delta T$이다(2배 정도의 오차가 있을 수 있지만 이 정도는 그냥 무시해도 상관없다). 단위 시간에 단위 면적을 지나는 분자의 알짜 흐름을 분자 전류 J로 정의하면

$$J = \frac{n_-v\Delta T - n_+v\Delta T}{\Delta T} \tag{43.21}$$

또는

$$J = (n_- - n_+)v \tag{43.22}$$

를 얻는다.

n_-와 n_+를 정의한 의도는 무엇인가? '왼쪽의 밀도'란, 평면에서 왼쪽으로 '얼마나' 멀리 떨어진 곳의 밀도를 말하는가? n_-와 n_+는 S-분자가 운동을 시작한 지점의 밀도가 되어야 한다. 왜냐하면 확산을 시작한 분자의 개수는 그 지점에 있는 분자의 개수에 의해 결정되기 때문이다. 따라서 n_-는 가상의 평면으로부터 왼쪽으로 평균 거리 1만큼 떨어진 곳의 밀도이며, n_+는 오른쪽으로 1만큼 떨어진 곳의 밀도를 의미한다.

S-분자의 분포는 공간 좌표 x, y, z의 함수로 나타내는 것이 편리하다. 이 함수를 n_a라 하자. $n_a(x, y, z)$는 (x, y, z)에 중심을 둔 아주 작은 공간에서 S-분자의 밀도를 나타낸다. n_a를 이용하여 $(n_+ - n_-)$를 표현하면 다음과 같다.

$$(n_+ - n_-) = \frac{dn_a}{dx}\Delta x = \frac{dn_a}{dx} \cdot 2l \tag{43.23}$$

이 결과를 식 (43.22)에 대입하고 상수 2를 과감하게 무시해버리면

$$J_x = -lv\frac{dn_a}{dx} \tag{43.24}$$

가 얻어진다. 보다시피 S-분자의 흐름은 밀도의 미분에 비례하는데, 흔히 '밀도의 기울기(gradient)에 비례한다'고 표현되기도 한다.

이 과정에서 우리는 몇 차례에 걸쳐 근사적 방법을 사용하였다. 방금 전에 무시해버린 상수 2 이외에, v_x를 써야할 곳에 그냥 v를 사용하였으며, S-분자가 x방향으로 움직인다는 보장이 없는데도 가상의 평면에서 'x방향'

으로 l 만큼 떨어진 곳에서 n_- 와 n_+ 를 정의했다. 좀더 정확성을 기하려면 평면으로부터의 거리 l 은 x 방향이 아니라 분자의 이동 경로를 따라 '기울어진' 방향으로 잡아야 한다. 이 모든 효과들을 고려해주면 식 (43.24)의 앞에는 1/3 이라는 상수가 곱해져야 한다(자세한 증명은 생략한다).

$$J_x = -\frac{lv}{3}\frac{dn_a}{dx} \tag{43.25}$$

J_y 와 J_z 에 대해서도 이와 비슷한 식이 성립한다.

분자 전류 J_x 와 밀도의 기울기 dn_a/dx 는 거시적인 관측으로 결정할 수 있다. 이들 사이의 비율을 '확산 계수(diffusion coefficient)'라 하며, 기호로는 D 로 표기한다.

$$J_x = -D\frac{dn_a}{dx} \tag{43.26}$$

물론, 확산 계수 D 의 값은 다음과 같다.

$$D = \frac{1}{3}lv \tag{43.27}$$

식 (43.25)에 $l = v\tau$ 와 $\tau = \mu m$ 을 대입하면

$$J_x = -\frac{1}{3}mv^2\mu\frac{dn_a}{dx} \tag{43.28}$$

이 된다. 그런데, mv^2 은 운동 에너지의 두 배로서, 다음과 같이 온도에 관계된 양이다.

$$\frac{1}{2}mv^2 = \frac{3}{2}kT \tag{43.29}$$

그러므로 분자 전류의 x 성분은

$$J_x = -\mu kT\frac{dn_a}{dx} \tag{43.30}$$

로 표현된다. 이 식에 의하면, 앞서 구했던 확산 계수 D 는 kT 에 이동률 μ 를 곱한 것과 같다.

$$D = \mu kT \tag{43.31}$$

우리의 논리는 다소 엉성했지만, 식 (43.31)은 정확하게 맞는 결과이다. 이 결과를 보정하기 위해 또 다른 상수를 도입할 필요는 없다. 우리의 계산법을 도저히 적용할 수 없을 정도로 복잡한 경우에도 식 (43.31)은 항상 성립한다.

식 (43.31)이 일반적으로 성립한다는 것을 증명하기 위해, 통계 역학의 기본 원리만을 이용하여 같은 결과를 다시 한번 유도해보자. 여기, 식 (43.26) 과 같이 분자의 확산 전류가 밀도의 기울기에 비례하는 S-분자들이 있다. 모든 S-분자에 x 방향으로 F 의 힘이 작용할 때 분자의 유동 속도는 이동률의

정의에 의해 다음과 같이 주어진다.

$$v_{\text{drift}} = \mu F \tag{43.32}$$

이때, 유동 전류(단위 시간에 단위 면적을 통과하는 분자의 알짜수)는

$$J_{\text{drift}} = n_a v_{\text{drift}} \tag{43.33}$$

또는

$$J_{\text{drift}} = n_a \mu F \tag{43.34}$$

이다. 이제, 힘 F 에 의한 유동 속도가 S-분자의 확산과 균형을 이루어 알짜 흐름이 0이 되도록 F 의 세기를 조절하면 $J_x + J_{\text{drift}} = 0$ 이며, 이는 다음과 같이 표현할 수 있다.

$$D \frac{dn_a}{dx} = n_a \mu F \tag{43.35}$$

이렇게 균형을 이룬 상태에서 밀도의 기울기는 다음과 같다(시간이 흘러도 변하지 않는다).

$$\frac{dn_a}{dx} = \frac{n_a \mu F}{D} \tag{43.36}$$

자, 여기가 중요한 시점이다. 우리는 지금 평형 상태를 논하고 있다! 그러므로 식 (43.36)은 통계 역학의 평형 법칙을 따른다. 기체가 평형을 이루고 있을 때 위치 x 에서 분자가 발견될 확률은 $e^{-U/kT}$ 에 비례한다(U 는 분자의 위치 에너지이다). 이것을 밀도 n_a 로 표현하면 다음과 같다.

$$n_a = n_0 e^{-U/kT} \tag{43.37}$$

식 (43.37)을 x 로 미분하면

$$\frac{dn_a}{dx} = -n_0 e^{-U/kT} \cdot \frac{1}{kT} \frac{dU}{dx} \tag{43.38}$$

또는

$$\frac{dn_a}{dx} = -\frac{n_a}{kT} \frac{dU}{dx} \tag{43.39}$$

가 되는데, 지금 우리가 고려중인 F 는 x 방향이므로 위치 에너지 U 는 $-Fx$ 이고 $-dU/dx = F$ 이다. 그러므로 식 (43.39)는

$$\frac{dn_a}{dx} = \frac{n_a F}{kT} \tag{43.40}$$

로 쓸 수 있다[이 결과는 $e^{-U/kT}$ 를 전제로 유도했던 식 (40.2)와 동일하다]. 식 (43.40)과 (43.36)을 비교해보면 식 (43.31)이 옳다는 것을 쉽게 확인할 수 있다. 즉, 확산 계수가 이동률 μ 에 비례하는 것은 일반적으로 성립하는 사실

이다. 이동률과 확산 사이의 관계를 처음으로 규명한 사람은 아인슈타인이었다.

43-6 열전도율(Thermal conductivity)

위에서 사용했던 열역학적 계산법은 열전도율을 계산할 때에도 그대로 적용된다. 만일 용기의 위쪽에 있는 기체가 아래쪽의 기체보다 뜨겁다면 열은 위에서 아래로 흐를 것이다(아래쪽이 뜨겁다고 가정하면 대류가 일어나므로 우리의 논지에서 벗어난다). 뜨거운 기체에서 차가운 기체로 열이 전달되는 것은 일종의 확산 현상으로서, 에너지가 큰 '뜨거운' 분자는 아래로 확산되고 차가운 분자는 위로 확산된다. 이때, 아래로 이동하는 분자와 위로 이동하는 분자가 실어나르는 에너지의 차이가 에너지의 알짜 흐름에 해당된다.

단위 면적을 통과하는 에너지의 변화율과 온도의 기울기는 서로 비례하는데, 이때 나타나는 비례 상수 κ 를 열전도율이라 한다.

$$\frac{1}{A}\frac{dQ}{dt} = -\kappa\frac{dT}{dz} \tag{43.41}$$

분자 확산을 구하는 과정과 비슷한 계산 과정을 거치면 κ 는 다음과 같이 구할 수 있다(구체적인 계산은 독자들을 위해 연습 문제로 남겨두겠다).

$$\kappa = \frac{knlv}{\gamma - 1} \tag{43.42}$$

여기서, $kT/(\gamma - 1)$ 는 온도 T 인 분자의 평균 에너지에 해당된다.

$nl\sigma_c = 1$ 의 관계를 이용하면 열전도율은 다음과 같이 쓸 수 있다.

$$\kappa = \frac{1}{\gamma - 1}\frac{kv}{\sigma_c} \tag{43.43}$$

이것은 매우 놀라운 결과이다. 우리는 기체 분자의 평균 속도가 온도에만 관계되고 분자의 밀도에는 무관하다는 것을 알고 있다. 그리고 σ_c 는 분자의 크기에만 관계되는 양이다. 따라서 열전도율 κ 는 기체의 밀도와 무관하다(임의의 환경에서 일어나는 열의 흐름도 마찬가지다)! 밀도가 변하면 에너지를 실어나르는 입자의 수가 달라져서 에너지의 흐름에 변화가 생길 것 같지만, 분자들 사이의 평균 거리도 같이 변하기 때문에 결과적으로는 달라지는 것이 없다(밀도가 커지면 평균 거리가 짧아져서 충돌을 자주 겪게 된다).

이런 질문을 할 수도 있다—"열의 흐름이 밀도와 무관하다는 것이 밀도가 0으로 가는 극한일 때도 여전히 성립할 것인가?" 물론 성립하지 않는다. 식 (43.43)은 이 장에서 유도된 다른 식들과 마찬가지로, 분자의 평균 자유 경로가 용기의 크기보다 훨씬 작다는 가정하에서 유도되었다. 분자가 용기를 가로질러 가는 동안 단 한 번의 충돌도 겪지 않을 정도로 저밀도 상태라면 우리의 논리는 적용될 수 없다. 이런 경우에는 다시 운동 이론으로 돌아가 모든 계산을 처음부터 다시 시작해야 한다.

CHAPTER 44
열역학의 법칙

44-1 열역학 제1법칙 : 열기관

지금까지 우리는 원자론의 관점에서 물질의 특성을 살펴보았다. 원자론의 몇 가지 법칙을 따라가보면서 물질의 다양한 성질을 대략적으로나마 이해할 수 있었다. 물질의 다양한 특성들은 어떤 상호 관계를 갖고 있는데, 이들 중 일부는 물질의 세부 구조를 고려하지 않고도 이해할 수 있다. 이렇게 물체의 내부를 직접 들여다보지 않고 물리적 특성들 간의 상호 관계를 연구하는 분야가 바로 열물리학(thermodynamics)이다. 역사적으로 열물리학은 물질의 미세 구조가 알려지기 전부터 체계적으로 개발되어왔다.

간단한 예를 들어보자. 운동 이론에 의하면 기체의 압력은 분자의 충돌에 의해 생긴다. 기체에 열을 가하면 충돌이 더욱 빈번하게 일어나서 압력이 증가한다. 이와는 반대로, 기체가 담겨 있는 용기의 피스톤을 기체 분자와 충돌하는 쪽으로 움직여가면 피스톤과 충돌하는 분자의 에너지가 증가하면서 기체의 온도가 상승한다. 즉, 고정된 부피에서 온도를 올리면 압력이 증가하고 기체의 압력을 증가시키면 온도가 올라가는 것이다. 여기에 운동 이론을 도입하면 이 두 가지 현상의 양적인 상호 관계를 유도할 수 있다. 그러나 우리는 이들 사이에 분자의 충돌과 무관한 어떤 필연적인 관계가 이미 내재되어 있다는 것을 직관적으로 느낄 수 있다.

또 다른 예를 들어보자. 고무줄을 잡아당기면 고무의 온도가 올라간다. 이것은 아주 간단한 실험으로 확인할 수 있다. 양손으로 고무줄을 길게 잡아당긴 후, 고무줄에 입술을 갖다대면 따뜻한 온기를 느낄 수 있다(실험 전에 고무줄을 미리 세척해둘 것!). 그런데 이때의 온도 상승은 가역적인 현상이어서, 고무줄을 다시 원래 상태대로 되돌리면 온도가 금방 내려간다. 이것은 고무줄의 온도가 고무줄의 장력과 어떤 식으로든 관련되어 있음을 보여주는 사례이다. 우리는 고무줄에 열을 가하면 수축된다는 것을 경험으로 알고 있다. 이것은 고무줄을 잡아당겼을 때 온도가 올라가는 현상과 일맥상통한다. 실제로, 물건을 매달고 있는 고무줄에 가스불을 가까이 대면 고무줄은 빠르게 수축된다(그림 44-1). 그러므로 고무줄에 열을 가하면 고무줄은 당겨지며, 이 현상은 고무줄의 장력을 제거했을 때 온도가 내려가는 현상과 밀접하게 관련되어 있음을 알 수 있다.

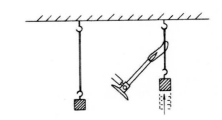

그림 44-1 장력이 걸린 고무줄에 열을 가하면 고무줄은 수축된다.

고무줄의 이러한 성질을 고무줄의 내부 구조로부터 이해하려면 엄청나게 복잡한 과정을 거쳐야 한다. 이 장의 주제는 원자나 분자적 스케일의 내부 구조를 따지지 않고 이런 현상들 사이의 상호 관계를 규명하는 것이지만, 교육적인 측면에서 의미가 있을 듯하여 고무줄의 특성을 일단 분자적 관점에서 설명해보겠다. 물론, 분자론으로 접근해도 이들 사이의 상호 관계를 알아낼 수 있다. 고무줄의 내부에는 무수히 많은 분자들이 길다란 사슬로 연결되어 마치 국수가락과 같은 모양을 하고 있는데, 이 국수가락들은 모두 낱개로 분리되어 있는 것이 아니라 가끔씩 서로 엉켜서 굵직한 국수다발을 형성하기도 한다. 이때 외부에서 고무줄을 잡아당기면 일부 분자 사슬은 힘이 가해진 방향으로 재배열된다. 그리고 이와 동시에 분자 사슬은 열적 운동 상태가 되어 인근의 분자들과 계속해서 충돌을 일으킨다. 한번 당겨진 분자 사슬은 그 상태를 스스로 유지할 수 없다. 왜냐하면 인근에 있는 다른 분자들이 사슬의 옆구리를 계속 때려서 원래의 모습으로 되돌아가도록 유도하고 있기 때문이다. 고무줄이 탄성을 갖는 것은 바로 이런 이유 때문이다. 고무줄을 당기면 분자 사슬의 길이가 늘어나고, 사슬의 옆에 위치한 다른 분자들은 열적 운동 상태가 되어 사슬을 계속 때리기 때문에 원래의 길이로 되돌아오는 것이다. 분자 사슬이 당겨져서 온도가 올라가면 옆에 있는 분자들이 사슬의 측면을 더욱 맹렬하게 때려서 원래의 길이를 회복시키고, 바로 이 복원력 덕분에 고무줄은 탄성적 성질을 갖는다. 고무줄을 한동안 잡아당긴 후에 장력을 제거하면 분자 사슬이 부드러워지면서 사슬을 때리던 분자들도 에너지를 잃는다. 그리고 이 결과는 온도의 하강으로 나타나게 된다.

고무줄에 열을 가했을 때 길이가 수축되는 현상과 잡아당긴 고무줄을 다시 놓았을 때 온도가 내려가는 현상은 운동 이론을 통하여 서로 연관지어질 수 있지만, 그 세부 과정은 정말 끔찍하게 복잡하다. 이 작업을 수행하려면 1초당 발생하는 충돌 횟수를 알아야 하고, 분자 사슬의 구체적인 형태를 비롯한 여러 가지 복잡한 요인들을 일일이 고려해주어야 한다. 그러므로 운동 이론을 이용하여 고무줄이 갖고 있는 특성들 사이의 관계를 규명하는 것은 현실적으로 불가능하다. 그러나 고무줄의 내부 구조를 일일이 따지지 않고서도 이 작업을 완수할 수 있는 방법이 있다!

고무줄에서 일어나는 현상을 열물리학으로 설명하면 다음과 같다. 고무줄은 저온에서보다 고온에서 더 '강하기' 때문에, 온도가 높은 고무줄은 일(work)을 할 수 있다. 그림 44-1에서 본 것처럼, 고무줄에 물건을 매단 상태에서 열을 가하면 고무줄은 물건을 들어올리면서(수축되면서) 분명히 '일'을 한다. 열이 가해진 물체가 일을 행하는 방식을 연구하는 것이 바로 열역학의 시발점이다. 그렇다면, 데워진 고무줄을 이용하여 열기관을 만들 수 있을까? 물론 가능하다. 그림 44-2와 같이 모든 바퀴살이 고무줄로 만들어진 자전거 바퀴를 상상해보자. 한 쌍의 전등빛을 바퀴의 한쪽 부분에 쪼여주면, 그 부분에 있는 고무줄은 반대편의 고무줄보다 더욱 강해진다(장력이 커진다). 그러면 바퀴 전체의 무게 중심이 한쪽으로 쏠리면서 바퀴가 돌아가기 시작한다.

그림 44-2 고무줄을 이용한 열기관

그리고 바퀴가 돌아감에 따라 차가운 고무줄이 전등 쪽으로 이동하여 열을 획득하고, 방금 전에 데워진 고무줄은 전등에서 멀어지면서 다시 차가워지므로 결국 바퀴는 전등이 제거될 때까지 계속 돌아가게 된다. 그러나 이렇게 만든 엔진은 효율이 너무 떨어져서, 전등으로 400와트의 전력을 공급했을 때 파리 한 마리를 겨우 들어올릴 수 있는 정도이다. 그렇다면 여러분의 머릿속에는 다음과 같은 질문이 자연스럽게 떠오를 것이다. "공급된 열을 좀더 효율적으로 사용하는 열기관을 만들 수는 없을까?"

사실, 열역학이라는 분야는 위대한 공학자인 사디 카르노(Sadi Carnot)가 열효율이 높은 열기관을 연구하면서 본격적으로 시작되었다. 이는 공학자들이 물리학에 중요한 공헌을 했던 몇 안 되는 사례들 중 하나이다. 최근에는 클라우드 섀넌(Claude Shannon)이라는 공학자가 정보 이론에 커다란 공헌을 했는데, 우연히도 카르노와 섀넌의 이론은 서로 긴밀하게 연관되어 있는 것으로 드러났다.

다들 알다시피 증기 기관은 불을 지펴서 물을 끓인 후 거기서 발생한 수증기로 피스톤을 움직이는 식으로 작동한다. 그런데, 정작 일을 하는 바퀴는 피스톤과 어떻게 연결되어야 할까? 바로 이 부분에서 열기관의 효율이 결정된다. 부적절한 방식으로 연결해놓으면 증기가 밖으로 새어나가면서 효율이 급격하게 떨어진다. 쓰고 난 증기를 용기에 다시 담아서 물로 만든 후(온도를 내려서 액화시킨다) 펌프를 통해 다시 물통으로 흘려보내면 비용을 절약할 수 있다. 여기에 알코올을 사용하면 효율을 높일 수 있을까? 열기관을 어떻게 설계해야 최고의 효율을 낼 수 있을까? 카르노는 이 문제를 깊이 생각하던 끝에 하나의 법칙을 발견하였다.

열역학의 모든 결과들은 몇 개의 단순한 열역학 법칙 안에 함축되어 있다. 카르노가 활동하던 무렵에는 열역학 제1법칙인 '에너지 보존 법칙'이 알려지지 않았음에도 불구하고, 그는 치밀한 논리를 통해 올바른 결론을 내릴 수 있었다! 그후 클라페롱(Clapeyron)은 카르노가 사용했던 것보다 훨씬 단순한 논리로 열역학의 법칙을 설명하였다. 그러나 클라페롱은 에너지 보존을 가정하지 않고, 칼로리 이론(caloric theory)을 이용하여 열이 보존된다는 가정을 세웠었는데, 훗날 칼로리 이론은 틀린 것으로 판명되었다. 클라페롱 때문에 카르노의 이론은 한동안 틀린 이론으로 간주되기도 했지만, 에너지 보존 법칙이 알려진 지금은 카르노가 옳았다는 것을 누구나 알고 있다.

열역학 제2법칙은 제1법칙이 발견되기 전에 카르노에 의해 발견되었다! 제1법칙을 사용하지 않은 카르노의 독특한 논리는 아주 흥미롭고 나름대로의 의미를 갖고 있다. 그러나 이 강의의 주제는 과학사가 아닌 물리학이므로 순서에 입각하여 제1법칙부터 설명하기로 하겠다.

열역학 제1법칙은 한마디로 말해서 '에너지 보존 법칙'이다. 주어진 물리계에 열을 가하고 일을 해주면 물리계의 에너지는 그만큼 증가한다. 이것은 다음과 같이 표현할 수 있다. 물리계에 열 Q와 일 W를 가했을 때, 계의 에너지 U(또는 '내부 에너지'라고도 한다)의 변화량은 다음과 같다.

$$U\text{의 변화량} = Q + W \tag{44.1}$$

작은 양의 열 ΔQ 와 작은 양의 일 ΔW 가 가해졌을 때 U 의 변화량 ΔU 는 다음과 같다.

$$\Delta U = \Delta Q + \Delta W \tag{44.2}$$

이것은 식 (44.1)을 미분의 형태로 표현한 것으로서, 앞에서 여러 차례에 걸쳐 계속 언급해왔기 때문에 여러분에게도 이미 친숙한 내용일 것이다.

44-2 열역학 제 2 법칙

열역학의 제2법칙은 무엇인가? 마찰력에 저항하며 일을 했을 때 손실된 일은 열의 형태로 나타난다. 온도가 T 인 방 안에서 여러분이 무언가 일을 하고 있다고 가정해보자. 일을 아주 천천히 한다면 방 안의 온도는 크게 변하지 않는다. 즉, 여러분은 온도가 일정한 상태에서 일을 열로 바꾸고 있는 셈이다. 그렇다면 그 반대 과정도 일어날 수 있을까? 일을 하면서 발생한 열을, 주어진 온도에서 다시 일로 바꿀 수 있을까? 열역학 제2법칙은 그것이 불가능함을 말해주고 있다. 마찰과 같은 과정을 역으로 진행시켜서 열로부터 일을 얻을 수 있다면 매우 편리할 것이다. 에너지 보존 법칙만을 고려한다면, 분자의 진동에서 발생한 열에너지를 이용하여 무언가 유용한 일을 할 수 있을 것 같다. 그러나 카르노는 '고정된' 온도에서 열에너지를 추출해내는 것이 불가능하다고 가정하였다. 다시 말해서, 이 세상 어디서나 온도가 일정하다고 했을 때 열에너지를 일로 변환시키는 것이 절대로 불가능하다는 것이다. 주어진 온도에서 무언가에 일을 가하여 열을 발생시키는 과정은 얼마든지 일어날 수 있지만, 이 과정을 역으로 되돌려서 일을 얻어낼 수는 없다. 열에너지를 추출하여 일로 변환시키면 주변 환경이 필연적으로 변한다는 것이 카르노의 생각이었다.

방금 위에서 마지막으로 한 말은 매우 중요한 의미를 담고 있다. 압축된 공기가 들어 있는 용기를 예로 들어보자. 용기 속의 공기를 팽창시키면 일을 할 수 있다. 공기가 팽창하면서 온도는 조금 내려가겠지만, 온도가 일정한 바다(열저장소) 속에 용기를 담근 상태라면 내려간 온도는 다시 회복될 것이다. 이렇게 하면 바다의 열을 추출하여 일로 변환시키는 데 성공한 것처럼 보인다. 그렇다면 카르노의 가정이 틀린 것일까? 아니다. 주변 환경이 바뀌지 않고서는 이런 일이 일어날 수 없다. 용기 내부의 공기가 일을 하려면 어떻게든 용기를 다시 압축시켜야 하는데, 이 과정에서 무언가 일을 해주어야 한다. 그리고 이 과정이 끝나면 온도 T 의 물리계로부터 얻어지는 일은 없고 무언가가 소모되기만 한다. 그러나 우리는 지금, 전체 과정을 통해 나타나는 알짜 결과가 열을 일로 바꾼 효과를 줄 수 있는지를 따지고 있다. 이것은 마찰력에 저항하여 일을 했을 때 알짜 결과가 열로 나타나는 것과 정반대의 현상이다. 만일 주어진 물리계에 힘을 가하여 원운동을 시켰다면 한 바퀴 돌아간 후에 원위치로 돌아올 것이다. 이때 우리가 가해준 일의 알짜 결과는 마찰에 의한 열로 나타난다. 그렇다면 이 과정을 고스란히 거꾸로 진행시킬 수 있을까? 스위치를 반대로 돌려서 모든 것이 거꾸로 진행되게 하면 마찰력이 우리에게 일을 하면서 바닷물을 식힐 수 있을까? 카르노는 이것이 불가능하다고 단호하게 말하고 있다.

만일 이것이 가능하다면 아무런 비용도 들이지 않고 차가운 물체에서 열을 취하여 더운 물체 쪽으로 공급할 수 있다는 뜻이 된다. 그러나 우리는 더운 물체가 차가운 물체의 온도를 높이는 것이 자연스러운 현상임을 경험적으로 알고 있다. 뜨거운 물체와 차가운 물체를 한데 모아놓고 그대로 방치해두었을 때, 뜨거운 물체의 온도가 더 올라가고 차가운 물체가 더 차가워지는 일은 결코 자발적으로 일어나지 않는다! 그러나 바다, 또는 다른 무엇으로부터 온도를 변화시키지 않고 열을 추출하여 일을 얻을 수 있다면 이 일은 다른 온도에서 마찰을 통해 열로 전환될 수 있다. 이때 나타나는 알짜 결과는 차가운 물체(바다)로부터 열을 추출하여 더운 물체로 공급한 셈이 된다. 카르노의 가정, 즉 열역학 제2법칙은 종종 다음과 같이 표현된다.ㅡ"열은 차가운 쪽에서 더운 쪽으로 자발적으로 흐르지 않는다." 방금 보았듯이, 주어진 온도에서 열을 일로 바꿀 수 없다는 것과 열이 차가운 쪽에서 더운 쪽으로 자발적으로 흐르지 않는다는 것은 동일한 서술이다. 앞으로 우리는 첫 번째 서술을 주로 인용하게 될 것이다.

카르노가 열기관을 분석하면서 사용했던 논리는 4장에서 에너지 보존 법칙을 논할 때 예로 들었던 지레의 원리와 비슷하다. 사실, 그때 나는 카르노의 열기관을 염두에 두고 논리를 진행시켰었다. 그러므로 지금부터 하는 이야기는 4장의 설명과 매우 비슷하게 들릴 것이다.

온도 T_1의 보일러가 장착된 열기관을 상상해보자. 보일러에서 나온 Q_1의 열은 증기 기관에 유입되어 W의 일을 하고, 남은 열 Q_2는 온도 T_2의 콘덴서(액화 장치)에 전달된다(그림 44-3). 당시 카르노는 제 1 법칙을 알지 못했으므로 열량에 대하여 언급하지 않았고, 칼로리 이론을 믿지 않았기에 $Q_1 = Q_2$라는 가정을 세우지도 않았다(바로 이 덕분에 그는 올바른 결론에 도달할 수 있었다). 그러나 우리는 열역학 제1법칙을 알고 있으므로 좀더 쉽게 논리를 전개할 수 있다. 제 1 법칙에 의하면 콘덴서에 전달된 열 Q_2는 애초에 공급된 열 Q_1에서 외부에 해준 일 W를 뺀 것과 같다.

$$Q_2 = Q_1 - W \tag{44.3}$$

(우리의 열기관이 콘덴서에서 액된 물을 다시 보일러로 재공급하는 일종의 순환계였다면, 매 사이클마다 Q_1의 열을 흡수하여 W의 일이 행해진다고 말할 수 있다.)

그렇다면, 온도 T_1의 보일러로부터 똑같은 열 Q_1을 공급받아 온도 T_2의 콘덴서에 Q_2의 열을 전달하면서 '더 많은 일'을 할 수 있는 열기관을 만들어 보자. 물이 아닌 알코올(또는 다른 연료)을 사용한다면 일을 얼마나 더 할 수 있을까?

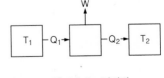

그림 44-3 열기관

44-3 가역 기관(Reversible engine)

이제, 열기관을 본격적으로 분석해보자. 한 가지 분명한 사실은 마찰이 있을 때 무언가가 손실된다는 것이다. 마찰을 완전히 제거하면 가장 이상적인 열기관이 된다. 에너지 보존 법칙을 논할 때에도 그랬듯이, 이런 완벽한 엔진을 어떻게든 만들었다고 가정해보자.

그렇다면 마찰이 없는 운동과 비슷한 맥락에서 '마찰이 없는 열전달 과정'의 의미를 정확하게 알아야 한다. 다들 알다시피, 뜨거운 물체를 차가운 물체와 함께 두면 열이 한쪽 방향으로 흐른다. 이때 두 물체의 온도를 조금 변화시켜도 열이 흐르는 방향은 바뀌지 않는다. 마찰이 전혀 없는 기계를 오른쪽으로 살짝 밀면 기계는 오른쪽으로 계속 진행하고, 왼쪽으로 살짝 밀면 왼쪽으로 움직여갈 것이다. 다시 말해서, 약간의 변화를 가해주면 기계의 진행 방향을 마음대로 바꿀 수 있다. 그렇다면 마찰이 없는 열전달은 어떤 특성을 갖고 있을까? 이 경우에도 약간의 변화를 가해주면 열의 이동 방향을 바꿀 수 있다. 물론, 두 물체의 온도가 다르면 이런 일은 일어나지 않는다. 그러나 두 물체의 온도가 같은 경우에는 미세한 변화를 가하여 열이 흐르는 방향을 우리가 원하는 대로 조절할 수 있다. 이러한 흐름을 '가역 과정(reversible process)'이라 한다. 그림 44-4에서 왼쪽에 있는 물체의 온도를 조금 높여주면 열은 오른쪽으로 흐른다. 이와 반대로, 왼쪽 물체를 식히면 열은 왼쪽으로 흐른다. 그러므로 가장 이상적인 열기관은 열의 흐름이 가역적으로 일어나는 기관이라 할 수 있다. 여기서 말하는 '가역적'이란, 아주 미세한 변화를 가하여 열기관이 반대 방향으로 작동하도록 만들 수 있다는 뜻이다. 이렇게 되려면 기계에는 아무런 마찰도 없어야 하고, 기계의 내부에 있는 열저장소나 보일러의 불꽃 등은 더 차갑거나 더운 물체와 직접 닿아 있지 않아야 한다.

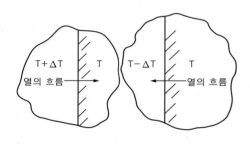

그림 44-4 가역적인 열전달 과정

모든 과정이 가역적인 이상적인 열기관을 상상해보자. 물론, 이런 열기관을 만드는 것은 원리적으로 불가능하다. 이를 증명하기 위해 기체가 담겨 있는 실린더와 거기 연결되어 있는 피스톤을 생각해보자. 피스톤에는 아무런 마찰도 작용하지 않는다고 가정한다. 기체는 반드시 이상 기체일 필요도 없고, 심지어는 기체가 아닌 액체라 하더라도 우리의 논리에는 별 지장이 없다. 그러나 머릿속 복잡해지는 것을 방지하기 위해 실린더 속에는 이상 기체가 들어 있다고 가정하자. 그리고 온도가 변하지 않는 커다란 열 패드 두 개가 주어져 있다고 하자. 열 패드의 온도는 각각 T_1, T_2이며, $T_1 > T_2$이다. 이제, 기체가 온도 T_1인 패드와 맞닿은 상태에서 피스톤은 잡아당겨 부피를 늘여보자. 부피가 증가하는 동안 패드로부터 열이 충분히 전달될 수 있도록 피스톤을 천천히 움직인다면 기체의 온도는 T_1에서 크게 벗어나지 않을 것이다. 피스톤을 아주 빠르게 잡아당기면 기체의 온도가 T_1보다 많이 낮아지므로 이 과정은 가역적이지 않다. 그러나 이 과정을 아주 천천히 진행시키면 기체의 온도는 거의 일정하게 유지된다. 이와 반대로, 피스톤을 천천히 원위치로 되돌리면 기체의 온도가 T_1보다 아주 조금 높아지면서 열이 패드로 전달된다. 이와 같이 느리게 진행되는 등온 팽창(isothermal expansion)은 가역 과정으로 간주될 수 있다.

이 과정을 좀더 자세히 이해하기 위해, 그림 44-6과 같이 부피와 압력의 변화 관계를 그래프로 그려보자. 기체가 팽창하면 압력은 감소한다. 그림 44-6의 곡선(1)은 일정한 온도 T_1에서 부피의 팽창에 따른 압력의 변화를 나타내고 있다. 이상 기체의 경우, 이 곡선은 $PV = NkT_1$의 법칙을 따른다. 등온 팽창이 계속되는 동안 기체의 압력은 계속 떨어지면서 곡선의 b 지점에 이른다. 그리고 이 과정에서 Q_1의 열이 패드(열저장소)에서 기체로 전달된다(물론, 기체는 팽창하는 동안 다른 차가운 물체와 접촉하지 않는다). 등온 팽창이 b 지점에서 끝나면 실린더를 패드에서 분리하여 팽창을 계속시킨다. 단, 이 과정에서는 외부의 열이 실린더에 전달되지 않도록 한다. 이런 식으로 부피를 서서히 증가시킨다면, 이 과정도 반대로 진행되지 못할 이유가 없다. 물론, 이 과정에도 마찰력은 작용하지 않는다. 지금은 외부의 열과 차단된 상태이므로 기체가 팽창함에 따라 온도는 계속 내려간다.

온도 T_2인 c 지점에 이를 때까지 곡선(2)를 따라 기체를 계속 팽창시킨다. 이처럼 열공급 없이 이루어지는 팽창을 단열 팽창(adiabatic expansion)이라 한다. 이상 기체의 경우, 이 곡선은 $PV^\gamma =$ (상수)로 표현된다(γ는 1보다 큰 상수이다). 그러므로 단열 곡선은 등온 곡선보다 경사가 크다. c 점에서 온도 T_2에 이른 기체를 같은 온도의 패드 위에 올려놓고 서서히 압축시키면 기체의 상태는 곡선(3)을 따라 변해간다(그림 44-5의 3단계). 이제 기체는 같은 온도의 패드와 접촉한 상태이므로 온도는 변하지 않고, 열량 Q_2가 실린더에서 패드로 흘러간다. 이런 식으로 등온 압축을 계속하여 곡선(3)을 따라 d 지점에 이르면 실린더를 온도 T_2인 패드에서 분리하고 외부의 열을 차단한 상태에서 압축을 계속한다. 그러면 기체의 온도가 올라가면서 압력은 곡선(4)를 따라 변하게 된다. 각 단계를 조건에 맞게 실행하면 온도 T_1인 a 지점(출발 지점)에 원래의 상태로 되돌아오면서 한 번의 행정(cycle)이 끝나게 된다.

한 번의 행정을 거치는 동안 기체는 온도 T_1에서 Q_1의 열을 얻었고 온도 T_2에서 Q_2의 열을 방출했다. 그런데 이 행정은 가역적이므로 모든 과정은 거꾸로 진행될 수도 있다. 즉, 온도 T_1인 a 지점에서 시작하여 곡선(4)를 따라 기체를 팽창시켜서 온도가 T_2에 이르면 같은 온도의 패드 위에 얹어놓고 계속해서 팽창시킨다. 그러면 기체는 Q_2의 열을 흡수하고… 이런 식으로 전과는 정반대의 과정들을 거치면서 출발점으로 되돌아올 것이다. 만일 어느 한쪽 방향으로 한 번의 행정을 수행했을 때 우리가 기체에 일을 해주었다면, 반대 방향으로 진행되는 동안에는 기체가 우리에게 일을 하게 된다.

한 행정이 진행되는 동안 가해진 일은 쉽게 계산할 수 있다. 부피가 변하면서 하는 일은 $\int P\, dV$ 이다. 그림 44-6의 경우, 세로축은 압력에, 그리고 가로축은 부피에 대응되므로 수직 거리를 y 라 하고 수평 거리를 x 라 하면 각 단계에서 행해진 일은 $\int y\, dx$, 즉 곡선 아래 부분의 면적과 같다. 그런데 곡선(3)과 (4)는 x 가 감소하는 방향으로 진행되었으므로 부호가 반대이다. 따

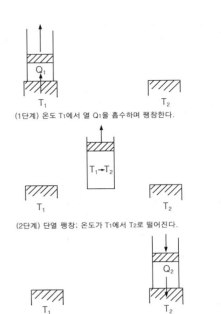

(1단계) 온도 T_1에서 열 Q_1을 흡수하며 팽창한다.

(2단계) 단열 팽창; 온도가 T_1에서 T_2로 떨어진다.

(3단계) 온도 T_2에서 등온 압축되면서 열 Q_2가 패드에 전달된다.

(4단계) 단열 압축; 온도가 T_2에서 T_1으로 올라간다.

그림 44-5 카르노 기관의 행정(cycle)

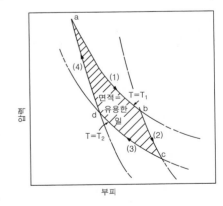

그림 44-6 카르노 행정(Carnot cycle)

라서 한 번의 행정에서 행해진 총일은 네 개의 곡선으로 둘러싸인 부분의 면적과 같다.

가역적인 기계의 간단한 예를 들어보자. 여기, 온도 T_1에서 Q_1의 열을 취하고 W의 일을 한 후에 온도 T_2에서 Q_2의 열을 방출하는 가역 기관 A가 있다. 그리고 그 옆에는 또 하나의 열기관 B가 있는데, 이것은 고무줄 기관이나 증기 기관일 수도 있고 가역적이거나 비가역적일 수도 있다. 어쨌거나 사람이 만든 열기관 B는 온도 T_1에서 Q_1의 열을 취하여 W'의 일을 한 후에 이보다 낮은 온도 T_2에서 열을 방출한다(그림 44-7). 지금부터 우리는 $W \geq W'$임을 증명할 것이다. 즉, 가역 기관보다 많은 일을 하는 열기관은 만들 수 없다는 뜻이다. 왜 그런가? W'이 W보다 크다고 가정해보자. 우리는 온도 T_1의 열저장소에서 Q_1의 열을 취하여 열기관 B가 W'의 일을 하게 한 후 얼마간의 열을 온도 T_2의 열저장소로 전달할 수 있다(전달된 열량이 얼마인지는 중요하지 않다). 그리고 이 과정에서 W'의 일부를 저장했다가 다른 목적에 쓸 수 있다. 즉, B가 할 수 있는 W'의 일 중에서 W는 가역 기관 A를 '반대 방향으로' 작동시키는 데 사용하고, 그 나머지인 $W' - W$를 다른 유용한 곳에 사용할 수 있다. 그러면 A는 온도 T_2의 열저장소에서 얼마간의 열을 취하여 온도 T_1의 열저장소에 Q_1의 열을 전달할 것이다. 이 모든 과정이 끝나면, 모든 것이 처음의 상태로 되돌아갔음에도 불구하고 $W' - W$에 해당하는 일을 얻은 셈이 된다. 그저 열저장소 T_2에서 에너지를 추출해내기만 하면 끊임없이 일을 할 수 있다! 열저장소 T_1을 작게 만들어서 두 열기관을 합친 $A + B$의 내부에 장치하면, $A + B$의 알짜 효과는 열저장소 T_2에서 $W' - W$에 해당하는 열을 추출하여 일로 바꾼 결과로 나타난다. 그러나 카르노의 가설에 의하면 '아무 것도 변화시키지 않은 채로' 일정한 온도에서 열저장소로부터 유용한 일을 얻는 것은 불가능하다. 그러므로 방금 서술한 과정은 실제 상황에서 일어날 수 없다. 높은 온도 T_1에서 일정량의 열을 흡수하여 낮은 온도 T_2로 열을 전달하는 열기관은 같은 온도 조건에서 작동하는 가역 기관보다 많은 일을 할 수 없다.

B도 가역 기관이라면 어떻게 될까? A와 B의 입장을 바꿔서 방금 사용했던 논리를 그대로 적용하면 W는 W'보다 클 수 없다는 결론이 내려진다. 즉, $W \geq W'$이면서 동시에 $W \leq W'$가 만족되어야 하는 것이다. 그러므로 두 개의 열기관이 모두 가역적이라면 이들은 똑같은 일을 해야 하며, 이로부터 우리는 카르노가 얻었던 놀라운 결론에 이르게 된다—만일 어떤 열기관이 가역적이라면, 그 성질은 열기관의 내부 구조와 아무런 상관이 없다. 왜냐하면 이 열기관이 온도 T_1에서 특정량의 열을 흡수하여 다른 온도 T_2에서 열을 전달하는 사이에 하는 일의 양은 기계적인 세부 구조와 무관하기 때문이다. 이것은 특정한 열기관만이 갖는 성질이 아니라 물리적 세계에 내재되어 있는 특성이다.

온도 T_1에서 Q_1의 열이 흡수되어 온도 T_2에서 열이 전달될 때 우리가 얻을 수 있는 일의 양을 어떤 법칙으로 결정할 수 있다면, 이 일은 범우주적

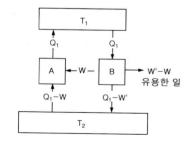

그림 44-7 열기관 B에 의해 반대 방향으로 가동되는 가역 기관 A

인 양으로서 열기관의 구조와 무관하다는 뜻이 된다. 물론, 주어진 가역 기관의 특성과 주변의 환경을 모두 알고 있다면 이것을 작동시켜서 얻은 결과를 다른 모든 가역 기관에 대하여 일반화시킬 수 있다. 우리는 이 핵심적인 아이디어를 이용하여 (예를 들어) 열을 가했을 때 고무줄이 늘어나는 정도와 고무줄이 수축하면서 온도가 내려가는 정도 사이의 상호 관계를 알아낼 수 있다. 가역 기관이 어떤 원리로 작동되건 건에, 그로부터 우리가 얻을 수 있는 일의 양은 구체적인 구조와 무관하다. 그러므로 열기관의 내부 구조를 아무리 개조한다 해도 가역 기관보다 더 많은 일을 하는(효율이 높은) 열기관은 만들 수 없다.

44-4 이상적인 열기관의 효율

지금부터 일 W를 Q_1과 T_1, T_2의 함수로 구해보자. 우선, W와 Q_1은 서로 비례 관계에 있다. 왜냐하면 두 개의 가역 기관을 연결하여 하나로 만들어진 기관 역시 가역 기관이기 때문이다. 각각의 가역 기관이 Q_1의 열을 흡수했다면 총 흡수량은 $2Q_1$이고 총일은 $2W$가 된다. 그러므로 W와 Q_1은 비례한다고 볼 수 있다.

그 다음 과정은 범우주적으로 적용될 수 있는 법칙을 찾는 것이다. 이상 기체로 작동되는 어떤 특정한 가역 기관으로부터 이 법칙을 유도해보자. 물론, 가역 기관의 세부 구조를 전혀 고려하지 않고 순수한 논리만으로 이 법칙을 유도할 수도 있다. 이 논리는 물리학에서도 아주 아름답고 우아한 논리이기 때문에 여러분에게 꼭 설명을 하고 싶다. 그러나 지금 당장은 보다 구체적이고 간단한 사례로부터 이야기를 풀어나가는 것이 더 나을 듯하여 논리적인 설명은 잠시 미루기로 한다.

우선, 등온 팽창이나 등온 압축 과정에서 교환되는 열 Q_1과 Q_2를 계산해보자. 예를 들어, 그림 44-6의 a지점(압력 = p_a, 부피 = V_a, 온도 = T_1)에서 b지점(압력 = p_b, 부피 = V_b, 온도 = T_1)으로 이동하는 등온 팽창 과정에서 온도 T_1인 열저장소로부터 흡수되는 열 Q_1은 얼마인가? 이상 기체의 경우 각 분자의 에너지는 온도에만 관계하고, a지점과 b지점에서 온도 및 분자의 개수는 일정하므로 내부 에너지도 같다. 즉, U는 일정한 값을 유지한다. 그러므로 팽창하는 동안 기체가 한 총일

$$W = \int_a^b p\, dV$$

는 열저장소에서 취한 열 Q_1과 같다. $a \to b$의 과정에서 $pV = NkT_1$이므로

$$p = \frac{NkT_1}{V}$$

이며,

$$Q_1 = \int_a^b p\, dV = \int_a^b NkT_1 \frac{dV}{V} \tag{44.4}$$

또는

$$Q_1 = NkT_1 \ln \frac{V_b}{V_a}$$

이다. 같은 방법으로, 온도 T_2의 등온 압축 과정(그림 44-6의 $c \to d$ 과정)에서 열저장소로 전달되는 열 Q_2는 다음과 같이 계산된다.

$$Q_2 = NkT_2 \ln \frac{V_c}{V_d} \tag{44.5}$$

이제 V_c/V_d와 V_b/V_a 사이의 관계를 구해보자. 그림 44-6의 $b \to c$는 단열 팽창이므로 이 과정에서 pV^γ는 상수이다. 그런데 $pV = NkT$이므로 $(pV)V^{\gamma-1} =$ 상수, 또는 $TV^{\gamma-1} =$ 상수이며 따라서

$$T_1 V_b^{\gamma-1} = T_2 V_c^{\gamma-1} \tag{44.6}$$

임을 알 수 있다. $d \to a$도 단열 압축이므로 위의 논리에 의해 다음의 관계가 성립한다.

$$T_1 V_a^{\gamma-1} = T_2 V_d^{\gamma-1} \tag{44.6a}$$

식 (44.6)을 (44.6a)로 나누면 $V_b/V_a = V_c/V_d$가 되어

$$\frac{Q_1}{T_1} = \frac{Q_2}{T_2} \tag{44.7}$$

가 된다. 이것이 바로 우리가 원하던 관계식이다. 유도 과정에서 이상 기체의 상태 방정식을 사용하긴 했지만, 이 결과는 모든 가역 기관에 적용될 수 있다.

이제, 같은 결과를 순수한 논리로 유도해보자. 여기, 온도가 각각 T_1, T_2, T_3인 세 개의 열기관이 있다. 이중 첫 번째 열기관은 온도 T_1에서 Q_1의 열을 흡수하여 W_{13}의 일을 하고 온도 T_3인 열저장소에 Q_3의 열을 전달한다 (그림 44-8). 두 번째 열기관은 첫 번째와 반대 방향으로 작동하여 온도 T_3인 열저장소로부터 Q_3의 열을 흡수하여 Q_2의 열을 전달하는데, 이 과정에서 W_{32}의 일을 외부로부터 가해주어야 한다. 첫 번째 열기관이 Q_1을 흡수하여 Q_3를 전달하는 한 차례의 행정(cycle)을 끝내면, 두 번째 열기관은 온도 T_3의 열저장소로부터 Q_3의 열을 흡수하여 온도 T_2인 열저장소에 Q_2의 열을 전달한다. 그러므로 두 개의 열기관을 연결시키면 온도 T_1에서 Q_1의 열을 흡수하여 온도 T_2인 열저장소에 Q_2의 열을 전달하는 하나의 열기관으로 간주할 수 있다. 그리고 이 두 개의 열기관은 온도 T_1에서 Q_1을 흡수하여 W_{12}의 일을 하고 T_2에 Q_2의 열을 전달하는 세 번째 열기관과 동일하다. 왜냐하면 아래의 식 (44.8)에 의해 $W_{12} = W_{13} - W_{32}$이기 때문이다.

$$W_{13} - W_{32} = (Q_1 - Q_3) - (Q_2 - Q_3) = Q_1 - Q_2 = W_{12} \tag{44.8}$$

이로부터 우리는 이 열기관들의 효율을 서로 연결해주는 법칙을 유도할 수 있다. 왜냐하면 온도 $T_1 \sim T_3$에서 작동하는 기관과 $T_2 \sim T_3$에서 작동하는

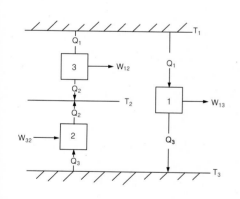

그림 44-8 1과 2를 연결한 하나의 열기관은 열기관 3과 동일하다.

기관, 그리고 $T_1 \sim T_2$에서 작동하는 기관의 효율 사이에는 분명한 연결 관계가 존재하기 때문이다.

논리의 진행 방식은 다음과 같다. 방금 우리는 온도 T_3의 열저장소에 전달된 열로부터 T_1에서 흡수된 열과 T_2에 전달된 열의 상호 관계를 알 수 있었다. 그러므로 하나의 기준 온도를 정하여 그 온도에서 모든 것을 분석하면 모든 열기관의 특성을 알 수 있다. 다시 말해서, 어떤 온도 T와 임의의 기준 온도 사이에서 작동되는 열기관의 효율을 알고 있으면 다른 온도 영역에서 작동되는 모든 열기관의 효율을 알 수 있다는 뜻이다. 지금 우리는 가역 기관을 다루고 있으므로, 초기 온도에서 시작하여 기준 온도로 내려간 후에 다시 나중 온도로 되돌아오는 경로를 따라가면 된다. 이제, 기준 온도를 1도로 정의하자. 그리고 이 기준 온도에서 전달되는 열을 Q_S로 표기하자. 즉, 가역 기관이 온도 T에서 Q의 열을 흡수하면 온도 1도에서 Q_S의 열을 전달한다는 뜻이다. 만일 하나의 열기관이 온도 T_1에서 Q_1의 열을 흡수한 후 1도에서 Q_S의 열을 전달하고, 또 하나의 열기관이 온도 T_2에서 Q_2의 열을 흡수한 후 1도에서 Q_S의 열을 전달한다면, 온도 T_1과 T_2 사이에서 작동되는 열기관은 온도 T_1에서 Q_1의 열을 흡수한 후 Q_2의 열을 전달한다. 이것은 앞에서 얻었던 결과(세 가지 온도 사이에서 작동하는 세 개의 열기관)와 정확하게 일치한다. 그러므로 이제 우리가 할 일은 '1도에서 Q_S의 열이 전달되기 위한' 온도 T_1에서 열의 흡수량 Q_1을 알아내는 것이다. 일단 이 값이 알려지면 우리는 모든 것을 안 것이나 다름없다. 물론, 열 Q는 온도 T의 함수이다. 또한, 온도가 올라가면 Q도 증가한다. 왜냐하면 열기관을 반대 방향으로 작동시켜서 높은 온도 쪽으로 열을 전달하려면 외부에서 일을 해주어야 하기 때문이다. 그리고 Q_1이 Q_S에 비례한다는 것도 쉽게 증명할 수 있다. 그러므로 우리가 찾는 법칙은 대충 다음과 같은 형태일 것이다 ─ 열기관이 온도 1도에서 Q_S의 열을 전달한다고 했을 때, 온도 T에서 흡수하는 열 Q는 Q_S와 온도의 단조 증가 함수 $f(T)$의 곱으로 표현된다.

$$Q = Q_S f(T) \tag{44.9}$$

44-5 열역학적 온도

일단, 식 (44.9)의 $f(T)$를 일상적인 수은 온도계의 눈금 단위가 아닌 새로운 단위로 구해보자. 사실, 온도에 따른 수은의 팽창률은 균일하지 않기 때문에 수은 온도계의 눈금은 엄밀히 말해서 균일한 간격이라 볼 수 없다. 그러면 지금부터 어떤 특정한 환경에 좌우되지 않는 일반적인 온도를 정의해보자. 우리는 이 과정에서 장치에 무관한 함수 $f(T)$를 사용할 수 있다. 가역 기관의 효율은 작동 원리와 전혀 무관하기 때문이다. $f(T)$는 단조 증가 함수이므로 이 함수를 그냥 온도로 정의해보자. 그리고 눈금의 단위는 기존의 단위와 동일하게 매기기로 하자. 그러면

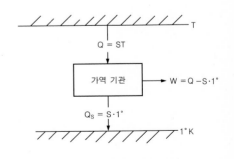

그림 44-9 열역학적 절대 온도

$$Q = ST \quad\quad\quad (44.10)$$

이 되고, 여기서 S 는

$$Q_S = S \cdot 1° \quad\quad\quad (44.11)$$

를 의미한다. 즉, 물체의 뜨거운 정도는 그 물체의 온도와 1도 사이에서 작동하는 가역 기관이 흡수하는 열로 나타낼 수 있다(그림 44-9). 예를 들어, 어떤 보일러로부터 열을 취하여 그중 1/7만이 1도짜리 열저장소로 전달되고 있다면 그 보일러의 온도는 7도이다. 이렇게 정의된 온도를 '열역학적 절대 온도(absolute thermodynamic temperature)'라 한다. 이 온도는 온도를 측정하는 장비나 주변 환경의 영향을 받지 않는다. 지금부터 우리는 열역학적 절대 온도만을 사용할 것이다.*

하나의 열기관이 온도 $T_1 \sim 1°$ 사이에서 작동하고, 또 하나의 열기관이 $T_2 \sim 1°$ 사이에서 작동하면서 1°에서 똑같은 양의 열을 전달하고 있다면, 이들이 흡수한 열 Q_1 과 Q_2 사이에는 다음의 관계가 성립한다.

$$\frac{Q_1}{T_1} = S = \frac{Q_2}{T_2} \quad\quad\quad (44.12)$$

이 식이 의미하는 바는 온도 $T_1 \sim T_2$ 사이에서 작동하는 열기관이 T_1 에서 Q_1 의 에너지를 흡수하고 T_2 에서 Q_2 를 전달할 때, Q_1 과 T_1 의 비율이 Q_2 와 T_2 의 비율과 같다는 것이다. 이 관계는 모든 가역 기관에 대해 성립하며, 열역학의 핵심이라 해도 과언이 아니다.

열역학의 핵심은 이렇게 간단한데, 실제의 열역학 문제들은 왜 그리도 어려운 것일까? 주어진 문제에 어떤 물체의 질량이 포함되어 있을 때, 임의의 순간에 그 물체의 상태는 온도와 부피로 결정된다. 만일 물체의 온도와 부피가 모두 알려져 있고 압력이 온도와 부피의 함수로 표현된다는 것도 알고 있다면, 우리는 물체의 내부 에너지를 구할 수 있다. 그렇다면 여러분은 이렇게 따지고 싶을 것이다. "저는 그런 식으로 문제를 풀고 싶지 않은데요? 누군가가 저한테 온도와 압력이 얼마인지 알려준다면 저는 그로부터 부피를 구할 수 있습니다. 저는 부피를 온도와 압력의 함수로 간주하고 싶거든요. 그러면 내부 에너지도 온도와 압력의 함수로 나타낼 수 있을 거구요." 그렇다. 사람들마다 접근 방식이 제각각이기 때문에 열역학이 그토록 어려운 것이다. 일단 변수들이 확고하게 결정되면, 그 다음부터는 어려울 것이 전혀 없다.

$F = ma$ 가 뉴턴 역학의 범우주적 법칙인 것처럼, 방금 우리가 알아낸 사실은 열역학의 범우주적 법칙에 해당된다. 그렇다면 이로부터 우리는 어떤 결론을 내릴 수 있을까?

---

* 앞에서 우리는 다른 방법으로 온도를 정의한 적이 있다. 이상 기체 분자의 평균 운동 에너지는 온도에 비례하며, 상태 방정식에 의하면 pV 는 온도 T 에 비례했었다. 이 온도는 방금 새로 정의한 온도와 일치할 것인가? 그렇다. 일치한다. 왜냐하면 기체 법칙으로부터 유도된 식 (44.7)은 여기서 유도된 결과와 똑같은 형태이기 때문이다. 이 문제는 다음 장에서 좀더 자세히 논하기로 한다.

첫 번째 결론을 유도하기 위해, 에너지 보존 법칙과 Q_1, Q_2를 연결하는 법칙을 조합해보자. 그러면 가역 기관의 효율을 쉽게 얻을 수 있다. 에너지 보존 법칙에 의하면 $W = Q_1 - Q_2$ 이고, 식 (44.12)에 의하면

$$Q_2 = \frac{T_2}{T_1} Q_1$$

이다. 따라서 일은

$$W = Q_1 \left(1 - \frac{T_2}{T_1}\right) = Q_1 \frac{T_1 - T_2}{T_1} \tag{44.13}$$

로 표현된다. 이것은 Q_1 의 열을 흡수한 가역 기관이 발휘할 수 있는 일의 양을 나타내므로, 가역 기관의 효율로 간주할 수 있다. 즉, 열기관의 효율은 그것이 작동하는 온도의 범위에 비례하며, 둘 중 높은 온도에 반비례한다.

$$\text{효율} = \frac{W}{Q_1} = \frac{T_1 - T_2}{T_1} \tag{44.14}$$

열기관의 효율은 1보다 클 수 없고 절대 온도는 0보다 작을 수 없다. $T_2 > 0$ 이므로 효율은 항상 1보다 작다. 이것이 우리의 첫 번째 결론이다.

44-6 엔트로피(Entropy)

식 (44.7)과 (44.12)는 다음과 같이 해석될 수 있다. 우리의 논리를 가역 기관에 한정시켰을 때, $Q_1/T_1 = Q_2/T_2$ 이면 온도 T_1 에서 Q_1 의 열은 온도 T_2 에서 Q_2 의 열과 '동등하다'. 즉, 둘 중 하나가 흡수된 열이면 다른 하나는 전달되는 열에 해당된다. 이런 맥락에서 보면 Q/T 라는 물리량은 어떤 의미를 담고 있을 것 같다. 즉, Q/T 는 열기관이 흡수, 또는 방출하는 양을 의미하며, 가역 기관인 경우 이 양은 변하지 않는다. 이유는 따지지 말고, 그냥 Q/T 를 '엔트로피(entropy)'라 부르기로 하자. 그러면 "가역 기관의 엔트로피는 변하지 않는다"고 말할 수 있다. 만일 $T = 1°$ 라면 엔트로피는 $Q/1°$ 이며, 엔트로피를 S 로 표기하면 $Q/1° = S$ 가 된다. 수치적으로 볼 때 엔트로피는 온도 $1°$ 인 열저장소로 전달되는 열과 같다(그러나 엔트로피는 열 자체가 아니라 열을 온도로 나눈 값이다. 그러므로 엔트로피의 단위는 joule/° 이다).

압력과 내부 에너지는 온도와 부피의 함수이다. 그러나 엔트로피는 '상태(condition)의 함수'라고 할 수 있다. 지금부터 엔트로피의 계산법을 알아보기로 하자. 이 과정을 따라가다 보면 엔트로피를 왜 상태의 함수라 부르는지 자연스럽게 알게 될 것이다. 여기, 서로 다른 상태에 있는 두 개의 열역학적 계(system)가 있다. 이 계는 앞에서 단열 팽창과 등온 팽창 과정을 논할 때 도입했던 열기관과 비슷한 것으로 이해하면 된다. (열기관이 반드시 두 개의 열저장소를 갖고 있을 필요는 없다. 열기관이 열을 취하거나 전달하는 열저장소는 각기 다른 온도로 여러 개가 있어도 무방하다.) 우리는 pV-다이어그램(압력과 부피의 관계를 나타내는 그래프, 그림 44-6과 같은 그래프를 말함)상을

이리저리 돌아다니면서 한 상태에서 다른 상태로 자유롭게 이동할 수 있다. 다시 말해서, 어떤 기체가 상태 a에서 다른 상태 b로 변환되었다면 이 변환은 반대 방향으로 일어날 수도 있다는 뜻이다. pV-곡선을 따라 a에서 b로 이동하는 과정에서 여러 개의 조그만 열저장소를 거친다고 가정해보자. 각각의 열저장소를 거칠 때마다 물체는 해당 온도에서 dQ의 열을 열저장소에 전달하고 있다. 이제, 모든 열저장소들을 가역 기관을 통하여 온도 1°인 하나의 열저장소에 연결시켰다고 가정해보자. 이런 상황에서 물체의 상태를 $a \to b$로 변환시키고 나면 모든 열저장소들은 원래의 상태로 되돌아간다. 그리고 온도 T에서 물체로부터 흡수된 각 dQ는 가역 기관에 의해 변형되어 온도 1°의 열저장소로 다음과 같은 dS의 엔트로피가 전달된다.

$$dS = dQ/T \tag{44.15}$$

가역 기관을 통해 전달된 엔트로피의 총합을 계산해보자. 이 값은 $a \to b$의 가역 변환 과정이 진행되는 데 필요한 엔트로피에 해당되며, 조그만 열저장소에서 추출되어 온도 1°의 열저장소로 전달된 엔트로피의 합과 같다. 상태 a의 엔트로피를 S_a라 하고 상태 b의 엔트로피를 S_b라 하면, 총 엔트로피는 다음과 같다.

$$S_b - S_a = \int_a^b \frac{dQ}{T} \tag{44.16}$$

여기서 궁금한 것이 하나 있다. 엔트로피는 경로에 따라 달라지는가? 상태 a에서 상태 b로 이동하는 경로는 여러 가지가 있다. 카르노 행정에서 $a \to c$로 이동할 때, a에서 등온 팽창 후 단열 팽창을 거쳐 c로 도달할 수도 있고, 반대로 단열 팽창 후에 등온 팽창을 거쳐 c로 도달할 수도 있다(그림 44-6 참조). 그렇다면 그림 44-10과 같이 $a \to b$의 변환 과정에서 나타나는 엔트로피의 변화량은 다른 경로를 취했을 때에도 변하지 않을 것인가? 그렇다. 엔트로피는 경로에 상관없이 같아야 한다. 가역 기관의 한 차례 행정이 완료되었다는 것은 출발점(a)에서 시작하여 하나의 경로를 따라 임의의 중간 지점(b)를 거친 후 이전과는 다른 경로를 따라 출발점으로 되돌아왔다는 것을 의미하고, 이 과정에서 1°짜리 열저장소는 열의 손실이 전혀 없다. 완전히 가역적인 열기관이라면 온도 1°의 열저장소로부터 아무런 열도 취하지 않는다. 그러므로 a에서 b로 이동하는 데 필요한 엔트로피는 경로에 상관없이 같아야 한다. 즉, 엔트로피는 시작점과 끝점에만 관계되는 물리량인 것이다. 엔트로피가 상태(부피와 온도)의 함수라는 것은 바로 이러한 성질을 두고 한 말이었다.

물체의 상태가 가역적 경로를 따라 변해갈 때 나타나는 엔트로피의 총 변화량 ΔS는 물체에서 방출된 dQ/T의 합으로 계산된다.

$$\Delta S = \int \frac{dQ}{T} \tag{44.17}$$

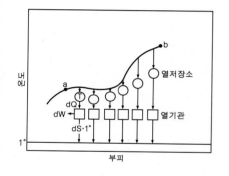

그림 44-10 가역 변환 과정에서 나타나는 엔트로피의 변화

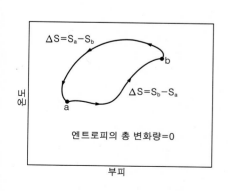

그림 44-11 가역적 행정(cycle)에서 엔트로피의 변화

여기서 dQ는 온도 T에서 물체로부터 추출된 열을 의미한다. 또한, 엔트로피의 총 변화량은 시작점의 엔트로피와 끝점의 엔트로피의 차이와 같다.

$$\Delta S = S(V_b, T_b) - S(V_a, T_a) = \int_a^b \frac{dQ}{T} \tag{44.18}$$

이것은 엔트로피 자체를 정의하는 식이 아니라 '서로 다른 두 상태의 엔트로피의 차이'를 정의하는 식이다. 엔트로피를 완전하게 정의하려면 하나의 특정한 상태에서 엔트로피 S를 계산해야 한다.

과거의 물리학자들은 엔트로피의 차이만을 중요하게 여겼고 엔트로피의 값 자체는 의미가 없다고 생각했다. 그러나 네른스트(Nernst)의 열정리(heat theorem, 열역학 제3법칙이라 부르기도 한다)가 알려진 후로는 사정이 달라졌다. 여기서는 정리의 내용만 소개하고 증명은 생략하기로 한다. 네른스트의 정리는 "절대 온도 0도인 물체의 엔트로피는 0이다"라는 한마디로 요약될 수 있다. 즉, $T = 0$이면 $S = 0$이라는 뜻이다. 이로부터 우리는 0이 아닌 다른 온도에서 S의 형태를 유추할 수 있다.

예를 들어, 이상 기체의 엔트로피를 계산해보자. 가역적인 등온 팽창 과정에서는 T가 일정하므로 $\int dQ/T = Q/T$이다. 따라서 [식 (44.4)에 의해] 엔트로피의 변화량은 다음과 같다.

$$S(V_a, T) - S(V_b, T) = Nk \ln \frac{V_a}{V_b}$$

이로부터 $S(V, T) = Nk \ln V + (T$만의 함수$)$로 표현된다는 것을 알 수 있다. T만의 함수는 어떤 형태일까? 우리는 가역적인 단열 팽창 과정에서 열의 교환이 일어나지 않는다는 것을 알고 있다. 그러므로 V가 변하더라도 T가 함께 변하여 $TV^{\gamma-1} = ($상수$)$를 유지한다면 엔트로피는 변하지 않는다. 여러분은 이 사실로부터

$$S(V, T) = Nk \left[\ln V + \frac{1}{\gamma - 1} \ln T \right] + a$$

임을 유도할 수 있겠는가? [여기서 a는 V와 T에 무관한 상수로서, 흔히 화학 상수(chemical constant)라 불린다. a의 값은 기체의 특성에 따라 달라지는데, 온도를 $0°$까지 낮춰서 기체를 고체화시킬 때(헬륨 기체는 액화됨) 방출되는 열을 $\int dQ/T$로 적분하여 실험적으로 구할 수 있다. 또는 플랑크 상수와 양자 역학을 이용하여 이론적으로 계산할 수도 있는데, 여기서는 언급하지 않겠다.]

엔트로피는 어떤 특성을 갖고 있는가? 가역적인 경로를 따라 a에서 b로 이동할 때, 엔트로피는 $S_b - S_a$만큼 변한다. 또한, 그 경로를 따라가는 동안 엔트로피는 $dS = dQ/T$의 법칙을 따라 변한다. 여기서 dQ는 온도 T인 물체로부터 추출된 열을 의미한다.

우리는 가역적인 행정(cycle)에서 전체 엔트로피가 변하지 않는다는 사실

을 이미 알고 있다. T_1에서 Q_1의 열이 흡수될 때와 T_2에 Q_2의 열이 전달될 때 나타나는 엔트로피의 변화는 크기가 같고 부호가 반대이기 때문에 엔트로피의 알짜 변화는 0이 되는 것이다. 한 번의 가역 행정을 거치는 동안 열 저장소를 포함한 모든 계의 총 엔트로피는 변하지 않는다. 이것은 언뜻 보기에 에너지 보존 법칙과 비슷한 것 같지만 사실은 그렇지 않다. 엔트로피의 보존 법칙은 가역적인 과정에서만 성립하기 때문이다. 비가역적인 과정까지 고려하면 엔트로피 보존 법칙은 성립하지 않는다.

두 가지 예를 들어보자. 첫째로, 마찰력이 작용하는 물체에 힘을 가하여 온도 T에서 Q의 열을 발생시킨 경우를 상상해보자. 이때 나타나는 엔트로피의 증가량은 Q/T이다. 그런데 Q는 우리가 물체에 가해준 일 W와 같으므로, 온도 T인 물체를 마찰력에 저항하여 이동시켰을 때 이 우주의 엔트로피는 W/T만큼 증가한다.

또 하나의 예로, 온도가 각각 T_1, T_2인 두 물체를 가까이 접근시켜 한쪽에서 다른 쪽으로 열이 흐르는 경우를 생각해보자(뜨겁게 달군 돌을 차가운 물 속에 담갔다고 상상하면 된다). T_1에서 T_2로 ΔQ의 열이 흘러갔다고 했을 때, 뜨거운 돌의 엔트로피는 $\Delta Q/T_1$만큼 감소하고, 차가운 물의 엔트로피는 $\Delta Q/T_2$만큼 증가한다. 물론, 열은 높은 온도 T_1에서 낮은 온도 T_2쪽으로 흐르기 때문에 $T_1 > T_2$이면 ΔQ는 양수이다. 따라서 이 경우에도 온 우주의 엔트로피는 다음의 양만큼 증가한다.

$$\Delta S = \frac{\Delta Q}{T_2} - \frac{\Delta Q}{T_1} \tag{44.19}$$

이로부터 우리는 다음과 같은 정리가 성립함을 알 수 있다 ─비가역적인 모든 과정에서 엔트로피는 항상 증가한다! 엔트로피가 변하지 않는 것은 가역 과정뿐이다. 그런데 완전하게 가역적인 과정은 현실 세계에 존재하지 않으므로 엔트로피는 항상 조금씩 증가하고 있다. 가역 과정이란 엔트로피의 증가량이 최소화되는 과정을 이론적으로 정의한 것뿐이다.

우리는 아직 열역학의 본론으로 들어가지 않았다. 지금 우리의 목적은 열역학의 기본 아이디어를 이해하는 것일 뿐, 그 속에 몸을 담그자는 것은 아니다. 열역학은 공학자들과 화학자들이 자주 사용하는 분야이므로, 우리도 공학이나 화학적 응용 분야를 중심으로 열역학을 이해하는 것이 바람직하다. 그렇다고 모든 내용을 다시 반복하는 것은 별 의미가 없으므로 특별한 응용 사례보다 이론의 핵심을 짚고 넘어가는 것이 더 나을 것 같다.

열역학의 기본이 되는 법칙은 다음과 같이 요약될 수 있다.

제1법칙 : 우주의 에너지는 항상 일정하다.
제2법칙 : 우주의 엔트로피는 항상 증가한다.

그런데 사실 위에 적은 제2법칙은 그다지 좋은 표현이 아니다. 여기에는 가역 과정에서 엔트로피가 변하지 않는다는 내용도 들어 있지 않고 엔트로피에 관한 설명도 전혀 없기 때문이다. 위의 내용은 그저 열역학의 기본 법칙을 외우기 쉽게 축약한 것뿐이다. 이 장에서 설명한 내용은 표 44-1에 요약되어 있다. 다음 장에서 우리는 이 법칙들을 이용하여 고무줄이 늘어났을 때 발생하는 열과 고무줄에 열을 가했을 때 발생하는 장력 사이의 관계를 규명할 것이다.

표 44-1 열역학 법칙의 요약

제1법칙 :

계(system)에 가해진 열 + 계에 가해진 일 = 계의 내부 에너지의 증가량

$$dQ + dW = dU$$

제2법칙 :

열 저장소로부터 열을 취하여 그것을 모두 일로 바꾸는 것은 불가능하다.

온도 T_1에서 Q_1의 열을 취하여 온도 T_2에 Q_2의 열을 전달하는 열기관은 동일한 형태의 가역 기관보다 많은 일을 할 수 없다. 가역 기관의 효율은 다음과 같다.

$$W = Q_1 - Q_2 = Q_1 \left(\frac{T_1 - T_2}{T_1} \right)$$

계의 엔트로피는 다음과 같이 정의된다.

(a) 온도 T에서 열 ΔQ가, 주어진 계에 가역적으로 공급되었을 때 계의 엔트로피는 $\Delta S = \Delta Q / T$만큼 증가한다.

(b) $T = 0$이면 $S = 0$이다(열역학 제3법칙).

가역적인 변환 과정에서 모든 계(열저장소 포함)의 총 엔트로피는 변하지 않는다.

비가역적인 변환 과정에서 계의 총 엔트로피는 항상 증가한다.

CHAPTER 45
열역학의 응용

45-1 내부 에너지

열역학은 이론 자체의 내용보다 어딘가에 응용할 때 더욱 어렵고 복잡해진다. 그러므로 이 강좌에서 응용 분야를 깊게 파고드는 것은 별로 바람직하지 않다고 생각한다. 물론, 열역학의 응용은 공학자들과 화학자들에게 매우 중요한 과제이며, 특히 물리화학과 공학적 열역학 분야에서 매우 중요한 역할을 하고 있다. 더욱 자세한 내용을 원하는 사람들은 지만스키(Zemansky)가 저술한 『열과 열역학(Heat and Thermodynamics)』을 참고하기 바란다. 브리태니커 백과사전에는 열역학과 열화학(thermochemistry)에 관하여 자세하게 소개되어 있고, 특히 화학이라는 단어를 찾아보면 물리화학을 비롯하여 증발, 기체의 액화 현상 등이 일목요연하게 정리되어 있다.

열역학에서는 동일한 현상을 설명하는 방법이 아주 많기 때문에 내용이 복잡해질 수밖에 없다. 기체의 운동을 서술할 때 온도와 부피에 따라 변하는 압력을 언급할 수도 있고 온도와 압력에 따라 변하는 부피를 서술할 수도 있다. 또는, 내부 에너지 U 에 초점을 맞춰서 U 가 온도와 부피에 따라 변한다고 말할 수도 있고, 변수를 바꿔서 U 가 온도와 압력, 또는 부피와 압력에 따라 변한다고 말할 수도 있다. 앞장에서 우리는 온도와 부피의 함수인 또 하나의 물리량-엔트로피 S 를 정의하였다. 우리는 이들로부터 $U - TS$ 와 같이 수많은 함수들을 임의로 만들어낼 수도 있다.

이 장에서는 혼돈을 피하고 문제를 단순화시키기 위해, 당분간 온도 T 와 부피 V 를 독립 변수로 간주하기로 한다. 화학자들이 선호하는 변수는 온도와 부피가 아니라 온도와 압력이다. 왜냐하면 실험실에서는 압력을 측정하고 조절하는 것이 부피를 직접 다루는 것보다 더 쉽기 때문이다. 그러나 이 장에서는 화학자들이 선호하는 방정식을 유도할 때를 제외하고, 온도와 부피만을 독립 변수로 간주할 것이다.

우선 처음에는 몇 개의 독립 변수로 표현되는 하나의 계를 고려한 후에, 두 개의 독립적인 함수(내부 에너지와 압력)를 고려할 예정이다. 다른 모든 함수들은 이로부터 유도될 수 있기 때문에 따로 고려할 필요가 없다. 이렇게 관심의 대상을 한정시켜놓아도 열역학은 여전히 어렵지만 다룰 수 없을 정도는 아니다!

먼저, 수학적인 이야기를 조금 해야 할 것 같다. 두 개의 변수로 이루어진 함수를 미분할 때에는 세심한 주의를 기울여야 한다. 단일 변수로 된 함수를 미분할 때와 상황이 사뭇 다르기 때문이다. 압력을 시간으로 미분한다는 것은 무엇을 의미하는가? 온도의 변화에 따른 압력의 변화는 부분적으로 온도의 변화에 따른 부피의 변화에 영향을 받는다. 그러므로 T에 관한 미분이 정확한 의미를 가지려면 V의 변화도 정확하게 정의되어야 한다. 예를 들자면, 'V가 고정되어 있을 때' T에 대한 P의 변화율이 얼마인지를 묻는다면 정확한 답을 구할 수 있다. 이 변화율은 우리가 일상적으로 사용하는 미분 기호, 즉 dP/dT와 같다. 그러나 P의 변수가 두 개이고 그중 하나는 상수로 고정되어 있으므로 이 점을 강조하기 위해 $\partial P/\partial T$라는 표기를 사용한다[이것을 '편미분(partial derivative)'이라 하며, ∂는 'round'라고 읽는다]. 그리고 여기에 좀더 정확성을 기하기 위해 상수로 취급되고 있는 변수를 아래 첨자로 추가하여 $(\partial P/\partial T)_V$라고 표기한다. 사실, 두 개의 변수 중 하나로 미분했다는 것은 다른 하나의 변수를 상수로 취급했다는 뜻이므로 굳이 첨자를 쓸 필요는 없다. 그러나 오만가지 편미분이 난무하는 열역학의 정글 속을 헤매다 보면, 이 뻔한 첨자가 여러분의 머릿속을 정리하는 데 얼마나 도움이 되는지 피부로 느끼게 될 것이다.

여기, x와 y를 변수로 하는 함수 $f(x, y)$가 있다. 이때 $(\partial f/\partial x)_y$는 y가 상수로 고정되어 있다는 것만 빼고는 일상적인 미분과 같은 의미를 갖는다.

$$\left(\frac{\partial f}{\partial x}\right)_y = \lim_{\Delta x \to 0} \frac{f(x + \Delta x,\, y) - f(x,\, y)}{\Delta x}$$

y에 관한 편미분도 이와 비슷하게 정의된다.

$$\left(\frac{\partial f}{\partial y}\right)_x = \lim_{\Delta y \to 0} \frac{f(x,\, y + \Delta y) - f(x,\, y)}{\Delta y}$$

예를 들어, $f(x, y) = x^2 + yx$일 때 $(\partial f/\partial x)_y = 2x + y$이고 $(\partial f/\partial y)_x = x$이다. 이 아이디어는 $\partial^2 f/\partial y^2$나 $\partial^2 f/\partial y \partial x$와 같은 고차 미분에도 동일하게 적용된다. 이중 $\partial^2 f/\partial y \partial x$는 y를 상수로 취급한 상태에서 f를 x로 먼저 미분하고, x를 상수로 취급한 상태에서 그 결과를 y로 또 한 번 미분한다는 뜻이다. 그러나 최종 결과는 미분의 순서에 상관없이 동일하다. 즉, $\partial^2 f/\partial x \partial y = \partial^2 f/\partial y \partial x$이다.

이제, x가 $x + \Delta x$로 변하고 y가 $y + \Delta y$로 변했을 때 $f(x, y)$에 나타나는 변화 Δf를 계산해보자. 단, Δx와 Δy는 아주 작은 양이라고 가정한다.

$$\begin{aligned}
\Delta f &= f(x + \Delta x,\, y + \Delta y) - f(x,\, y) \\
&= \underbrace{f(x + \Delta x,\, y + \Delta y) - f(x,\, y + \Delta y)}_{} + \underbrace{f(x,\, y + \Delta y) - f(x,\, y)}_{} \\
&= \qquad\qquad \Delta x \left(\frac{\partial f}{\partial x}\right)_y \qquad\qquad + \qquad \Delta y \left(\frac{\partial f}{\partial y}\right)_x \qquad (45.1)
\end{aligned}$$

마지막 식은 Δf를 Δx와 Δy로 표현하는 아주 기본적이고 중요한 식으로서, 가능하면 외워둘 것을 권한다.

이 결과를 이용하여 온도가 $T \rightarrow T + \Delta T$, 부피가 $V \rightarrow V + \Delta V$로 변했을 때 내부 에너지 $U(T, V)$의 변화량 ΔU를 계산해보자. 식 (45.1)에 의하면

$$\Delta U = \Delta T \left(\frac{\partial U}{\partial T}\right)_V + \Delta V \left(\frac{\partial U}{\partial V}\right)_T \qquad (45.2)$$

이다. 그런데 44장에서 말한 바와 같이, 기체에 ΔQ의 열이 가해졌을 때 내부 에너지의 변화 ΔU는

$$\Delta U = \Delta Q - P \Delta V \qquad (45.3)$$

로 표현할 수도 있다. 여러분은 식 (45.2)와 (45.3)을 비교하면서 $P = -(\partial U / \partial V)_T$라고 생각할지도 모른다. 그러나 그것은 잘못된 생각이다. 올바른 관계를 얻기 위해, 기체의 부피를 고정시킨 상태에서($\Delta V = 0$), ΔQ의 열을 공급한다고 생각해보자. $\Delta V = 0$이면 식 (45.3)은 $\Delta U = \Delta Q$가 되고 식 (45.2)는 $\Delta U = (\partial U / \partial T)_V \Delta T$가 되어 $(\partial U / \partial T)_V = \Delta Q / \Delta T$의 관계가 성립된다. 여기서 $\Delta Q / \Delta T$는 부피가 고정된 상태에서 기체의 온도를 $1°$ 올리는 데 필요한 열의 양으로서 흔히 '정적 비열(specific heat at constant volume)'이라 부르며 기호로는 C_V로 표기한다. 위의 결과를 종합하면 정적 비열은 다음과 같다.

$$\left(\frac{\partial U}{\partial T}\right)_V = C_V \qquad (45.4)$$

이번에는 온도 T를 고정시킨 상태에서($\Delta T = 0$), ΔQ의 열을 공급하여 부피가 ΔV만큼 변하는 경우를 생각해보자. 이전보다 조금 더 복잡한 경우이긴 하지만, 앞장에서 도입했던 카르노 행정을 이용하면 ΔU를 계산할 수 있다.

그림 45-1에는 압력-부피에 대한 카르노 행정이 그려져 있다. 44장에서 확인했던 바와 같이, 가역 과정에서 기체가 한 일은 $\Delta Q(\Delta T / T)$이다. 여기서 ΔQ는 일정한 온도에서 기체의 부피가 $V \rightarrow V + \Delta V$로 증가하는 데 필요한 열이며, $T - \Delta T$는 카르노 행정의 두 번째 단계인 단열 팽창 과정에서 기체가 이르는 온도를 뜻한다. 그리고 기체가 한 총일은 그림 45-1에서 빗금친 영역의 면적과 같다. 왜 그럴까? 어떠한 환경에서건, 기체가 한 일은 $\int P\,dV$이고, 이 값은 기체가 팽창할 때 양수이며 압축될 때는 음수이다. V에 대한 P의 변화를 그래프로 그려보면 하나의 곡선이 얻어지는데, 부피가 한 값에서 다른 값으로 변할 때 기체가 한 일은 $\int P\,dV$, 즉 해당 곡선 아래 부분의 면적과 같다. 이 아이디어를 한 번의 카르노 행정에 적용하여 각 단계마다 기체가 한 일을 그래프의 면적으로 더해나가면 (기체가 일을 하면 양수이고 기체에 일을 해주면 음수이다) 결국 기체가 한 전체 일은 그림 45-1의 빗금친 부분의 면적과 같음을 알 수 있다.

이제, 빗금친 부분의 면적을 기하학적으로 구해보자. 그림 45-1에 나타

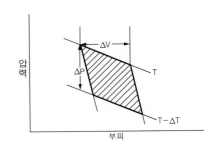

그림 45-1 카르노 행정을 압력-부피의 관계로 나타낸 그래프. T와 $T - \Delta T$로 나타낸 곡선은 등온 곡선이고 경사가 큰 곡선은 단열 곡선을 나타낸다. 또, ΔQ는 일정한 온도에서 기체에 공급된 열을 의미하며, ΔP는 일정한 부피에서 기체의 온도가 $T \rightarrow T - \Delta T$로 변할 때 나타나는 압력의 변화이다.

난 행정은 그림 44-6과 원리적으로 동일하지만 ΔT와 ΔQ가 지극히 작기 때문에, 등온 과정과 단열 과정을 나타내는 곡선(그림 45-1의 굵은 선)들은 직선으로 간주될 수 있다. 즉, ΔT와 ΔQ가 0으로 접근하는 극한에서 빗금 친 부분의 도형은 평행 사변형에 접근한다. 그러므로 일정한 온도에서 ΔQ의 열이 공급되었을 때 나타나는 부피의 변화를 ΔV라 하고, 일정한 부피에서 온도가 ΔT만큼 변했을 때 나타나는 압력의 변화를 ΔP라 하면 이 도형의 면적은 $\Delta V \Delta P$가 된다. 그림 45-2를 보면, 그림 45-1의 빗금 친 부분의 면적이 $\Delta V \Delta P$와 같다는 것을 쉽게 알 수 있을 것이다.

지금까지 얻은 결과를 요약하면 다음과 같다.

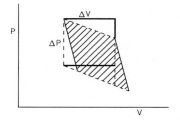

그림 45-2 빗금 친 부분의 면적 = 점선으로 그린 평행 사변형의 면적 = 직사각형의 면적 = $\Delta P \Delta V$

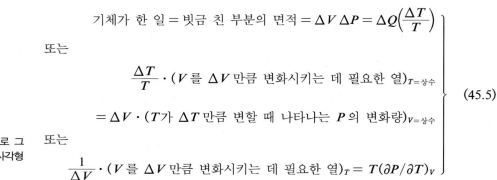

$$\text{기체가 한 일} = \text{빗금 친 부분의 면적} = \Delta V \Delta P = \Delta Q \left(\frac{\Delta T}{T} \right)$$

또는

$$\frac{\Delta T}{T} \cdot (V \text{를 } \Delta V \text{만큼 변화시키는 데 필요한 열})_{T=\text{상수}}$$
$$= \Delta V \cdot (T \text{가 } \Delta T \text{만큼 변할 때 나타나는 } P \text{의 변화량})_{V=\text{상수}}$$

또는

$$\frac{1}{\Delta V} \cdot (V \text{를 } \Delta V \text{만큼 변화시키는 데 필요한 열})_T = T(\partial P/\partial T)_V$$

(45.5)

식 (45.5)는 카르노 행정의 근본 원리를 서술하고 있다. 열역학의 모든 내용은 식 (45.5)와 식 (45.3)의 에너지 보존 법칙으로 요약된다. 식 (45.5)는 근본적으로 열역학 제2법칙과 동일하다[카르노는 온도를 우리와 다르게 정의했기 때문에 그가 얻었던 결과는 식 (45.5)와 조금 다른 형태를 띠고 있지만 근본적으로는 같은 내용을 서술하고 있다].

이제, $(\partial U/\partial V)_T$를 계산해보자. 부피를 ΔV만큼 변화시켰을 때 내부 에너지 U는 얼마나 변할 것인가? U는 계에 주입된 열과 가해진 일에 의해 변화를 겪는다. 주입된 열은 식 (45.5)에 의해

$$\Delta Q = T \left(\frac{\partial P}{\partial T} \right)_V \Delta V$$

이며, 계에 가해진 일은 $-P\Delta V$이다. 그러므로 내부 에너지의 변화 ΔU는 다음과 같이 두 부분으로 나누어 생각할 수 있다.

$$\Delta U = T \left(\frac{\partial P}{\partial T} \right)_V \Delta V - P\Delta V$$ (45.6)

양변을 ΔV로 나누면 일정한 온도에서 V에 대한 U의 변화율이 다음과 같이 구해진다.

$$\left(\frac{\partial U}{\partial V} \right)_T = T \left(\frac{\partial P}{\partial T} \right)_V - P$$ (45.7)

지금 우리의 변수는 T와 V이고 계산해야 할 함수는 P와 U뿐이므로 식 (45.3)과 (45.7)은 우리에게 필요한 모든 정보를 담고 있다.

45-2 응용

이제, 식 (45.7)의 의미를 살펴보자. 이 식은 앞장에서 제기했던 질문에 명쾌한 답을 제시하고 있다. 우리가 고려했던 문제는 다음과 같다―기체의 온도가 올라가면 분자들이 피스톤(벽)을 더욱 격렬하게 때리면서 압력이 증가한다. 이때 피스톤이 후퇴하도록 그대로 내버려두면 기체의 열이 감소하기 때문에, 동일한 온도를 유지하려면 외부로부터 일정량의 열을 공급해주어야 한다. 기체가 팽창하면 온도가 내려가고 기체에 열을 가하면 압력이 증가한다. 이 두 가지 현상은 서로 밀접하게 연관되어 있는데, 식 (45.7)은 바로 이 관계를 설명해주고 있다. 만일 기체의 부피를 고정시킨 상태에서 온도를 높인다면 기체의 압력은 $(\partial P/\partial T)_V$의 비율로 증가한다. 그리고 기체의 부피를 증가시키면 외부로부터 열을 공급하지 않는 한 온도가 내려가는데, 이때 동일 온도를 유지하기 위해 공급해야 할 열의 양이 바로 $(\partial U/\partial V)_T$이다. 식 (45.7)은 이 두 가지 현상들 사이에 성립하는 근본적인 상호 관계를 말해주고 있다. 44장에서 열역학의 법칙을 언급하면서 '앞으로 규명하겠다'고 약속했던 내용이 바로 이것이다. 기체의 내부 구조를 전혀 고려하지 않아도, 동일 온도에서 기체를 팽창시키는 데 필요한 열과 기체에 열을 가했을 때 나타나는 압력의 변화를 정확하게 알 수 있다!

이 결과를 고무줄에 적용시켜보자. 고무줄을 잡아당기면 온도가 올라가고 고무줄에 열을 가하면 길이가 줄어든다. 그렇다면 고무줄의 경우에 식 (45.3)은 어떻게 표현될 것인가? ΔQ의 열이 고무줄에 가해지면 내부 에너지가 ΔU만큼 변하면서 얼마간의 일을 하게 된다. 기체와 다른 점은 이 일이 $P\Delta V$가 아니라 $-F\Delta L$이라는 것뿐이다(여기서 F는 고무줄에 가해진 힘이고 L은 고무줄의 길이이다). 힘 F는 고무줄의 길이와 온도의 함수이다. 그러므로 식 (45.3)에서 $P\Delta V$를 $-F\Delta L$로 대치시키면 다음과 같은 관계식이 얻어진다.

$$\Delta U = \Delta Q + F\Delta L \tag{45.8}$$

그러므로 $V \to L$, $P \to -F$로 대치시키면 카르노 행정의 분석 결과를 고무줄에 그대로 적용할 수 있다. 예를 들어, 고무줄의 길이를 ΔL만큼 늘이기 위해 필요한 열 ΔQ는 식 (45.5)에 의해 $\Delta Q = -T(\partial F/\partial T)_L \Delta L$임을 알 수 있다. 즉, 고무줄의 길이를 고정시킨 상태에서 열을 가했을 때 고무줄에 가해지는 힘의 증가량은 고무줄을 조금 잡아당겼을 때 온도를 일정하게 유지하기 위해 필요한 열을 이용하여 계산할 수 있다. 그러므로 고무줄과 기체는 동일한 형태의 방정식을 만족하는 셈이다. 일반적으로 A와 B가 힘과 길이, 또는 압력과 부피 등을 나타낼 때 기체와 고무줄의 열역학적 변화는 $\Delta U = \Delta Q + A\Delta B$라는 방정식으로 나타낼 수 있다. 예를 들어, 전기적 위치 에너지, 즉 전압이 E인 전지의 내부에서 ΔZ의 전하가 이동하는 경우를 생각해보자. 축전지처럼 가역적인 전지의 경우, 전지가 하는 일은 $E\Delta Z$이다(지금 우리는 $P\Delta V$를 고려하고 있지 않으므로 전지의 부피는 변하지 않는다고 봐야 한다). 그렇다면 열역학적 관점에서 볼 때, 전지의 효율은 얼마나 될까? 식 (45.7)에 P 대신 E를 대입하고 V 대신 Z를 대입하면 다음과 같은 방정식이 얻어진다.

$$\frac{\Delta U}{\Delta Z} = T\left(\frac{\partial E}{\partial T}\right)_z - E \tag{45.9}$$

식 (45.9)는 전하 ΔZ가 전지의 내부를 흐를 때 내부 에너지 U가 변한다는 사실을 말해주고 있다. 그런데 왜 $\Delta U/\Delta Z = -E$가 되지 않는 것일까? 실제의 전지는 그 안에서 전하가 이동하는 동안 온도가 올라가기 때문이다. 전지의 내부 에너지는 전지가 외부의 회로에 일을 해줌으로써 변하기도 하고 전지 자체가 열을 받아서 변하기도 한다. 놀라운 것은 후자의 변화가 온도에 대한 전압의 변화율로 표현된다는 사실이다. 전하가 전지의 내부를 움직여가면서 일종의 화학 반응이 일어나는데, 식 (45.9)를 이용하면 화학 반응에 필요한 에너지를 계산할 수 있다. 우리가 할 일이란 화학 반응으로 작동하는 전지를 만들어서 전압을 측정하고, 전지에 전하의 변화가 없을 때 온도에 따른 전압의 변화 $(\partial E/\partial T)_z$를 관측하는 것이다!

지금 우리는 전지가 한 일을 $E\Delta Z$로 간주하고 $P\Delta V$ 항은 고려하지 않았으므로 전지의 부피가 일정하게 유지된다는 것을 가정한 셈이다. 그러나 실제로 전지의 부피를 일정하게 유지하는 것은 기술적으로 매우 어렵다. 실험실에서는 전지의 부피보다 대기의 압력을 일정하게 유지시키는 편이 훨씬 쉽다. 이런 이유 때문에 화학자들은 방금 우리가 유도한 형태의 방정식을 별로 선호하지 않으며, '일정한 압력'하에서 서술된 방정식을 더 좋아한다. 이 장의 첫머리에서 우리는 V와 T를 독립 변수로 간주하기로 약속했었다. 그러나 화학자들은 주로 P와 T를 변수로 사용한다. 그러면 지금부터 우리가 유도했던 방정식을 화학자 버전으로 바꿔보자. (T, V)로 이루어진 체계를 (T, P) 체계로 전환시키다 보면 여러 가지 혼동이 야기될 것이다. 자, 정신을 바짝 차리고 진도를 나가보자!

변환 과정은 식 (45.3)의 $\Delta U = \Delta Q - P\Delta V$로부터 시작된다.

여기서 $P\Delta V$는 $E\Delta Z$나 $A\Delta B$로 대치될 수 있다. 만일 두 번째 항을 $V\Delta P$로 대치시킨다면 V와 P의 역할이 뒤바뀌면서 화학자의 마음이 편안해질 것이다. PV의 미분은 $d(PV) = P\,dV + V\,dP$이므로, 이것을 식 (45.3)에 더한 결과는 다음과 같다.

$$\Delta(PV) = P\Delta V + V\Delta P$$
$$\Delta U \quad\; = \Delta Q \quad - P\Delta V$$
$$\overline{\Delta(U + PV) = \Delta Q \quad + V\Delta P}$$

계산 결과가 식 (45.3)과 비슷하게 보이도록 하기 위해 $U + PV$를 H로 표기하고 '엔탈피(enthalpy)'라 부르기로 하자. 그러면 위의 식은 $\Delta H = \Delta Q + V\Delta P$가 된다.

이제, $U \to H$, $P \to -V$, $V \leftrightarrow P$로 대치시켜서 우리가 얻은 식을

화학자들이 좋아하는 형태로 바꿔보자. 예를 들어, 식 (45.7)은 다음과 같은 형태가 된다.

$$\left(\frac{\partial H}{\partial P}\right)_T = -\ T\left(\frac{\partial V}{\partial T}\right)_P + V$$

이 정도면 변수를 T와 P로 바꾸는 방법은 충분히 이해가 됐으리라 믿는다. 그러면 지금부터 원래의 변수 T, V로 돌아가자. 앞으로는 T와 V를 독립 변수로 취급하여 이야기를 진행할 것이다.

지금까지 얻은 결과들을 몇 가지 물리적 상황에 적용시켜보자. 첫 번째 적용 사례는 이상 기체이다. 우리는 기체의 운동 이론으로부터 기체의 내부 에너지가 분자의 운동상태와 분자의 개수에만 관계된다는 것을 알고 있다. 즉, 내부 에너지는 온도 T에만 관계되고 V와는 무관하다. T를 일정하게 유지시킨 상태에서 V를 변화시켜도 U는 변하지 않는다. 그러므로 $(\partial U/\partial V)_T$ = 0이며 식 (45.7)에 의해

$$T\left(\frac{\partial P}{\partial T}\right)_V - P = 0 \tag{45.10}$$

이 됨을 알 수 있다. 식 (45.10)은 P에 관한 정보를 알려주는 미분 방정식으로서, 'V = 상수'라는 조건을 따로 명기하면 편미분은 일상적인 전미분으로 대치될 수 있다. 즉, 식 (45.10)은

$$T\frac{\Delta P}{\Delta T} - P = 0 ; \qquad V = 상수 \tag{45.11}$$

로 쓸 수 있다. 양변을 T로 적분하면

$$\ln P = \ln T + 상수 ; \qquad V = 상수$$
$$P = 상수 \times T ; \qquad V = 상수 \tag{45.12}$$

가 된다. 우리는 이상 기체의 압력이

$$P = \frac{RT}{V} \tag{45.13}$$

임을 이미 알고 있다. 여기서 V와 R은 상수이므로 이 결과는 식 (45.12)와 일치한다. 이상 기체의 상태 방정식을 이미 알고 있으면서도 이토록 번거로운 과정을 거쳐온 이유는 무엇인가? 지금 우리는 서로 다르게 정의된 두 가지의 온도를 사용하고 있기 때문이다! 앞에서 우리는 분자의 운동 에너지가 온도 에 비례한다는 가정하에 온도의 눈금을 정의했었다. 앞으로 이 눈금을 '이상 기체 눈금'이라 부르기로 하자. 식 (45.13)에 나타난 T는 이상 기체 눈금으로 측정한 온도이다. 이 온도는 흔히 '운동학적 온도(kinetic temperature)'라 불리기도 한다. 또한 우리는 주변 물체의 상태와 전혀 무관한 두 번째 온도를 정의했었다. 44장에서 열역학 제2법칙을 근거로 정의된 이 온도는 '열역학적 절대 온도'로서, 식 (45.12)에 나타난 온도가 바로 이것이다. 지금 우리는 이상

기체의 압력이 열역학적 절대 온도에 비례한다는 사실을 증명하였다. 또한 우리는 이상 기체의 압력이 이상 기체 눈금의 온도에 비례한다는 것을 상태 방정식으로부터 알고 있다. 그러므로 운동학적 온도와 열역학적 온도는 서로 비례 관계에 있다고 추론할 수 있다. 즉, 비례 상수를 조절하여 두 개의 온도가 서로 일치하도록 만들 수 있다는 뜻이다. 그래서 물리학자들과 화학자들은 이들 사이의 비례 상수를 1로 선택하여 두 개의 온도를 똑같이 취급하고 있다. 인간은 대체로 좋지 않은 선택을 하여 사태를 복잡하게 만드는 경향이 있는데, 이 경우만은 현명한 선택을 한 것 같다!

45-3 클라우지우스-클라페롱 방정식(Clausius-Clapeyron equation)

또 다른 응용 사례로는 액체의 증발을 들 수 있다. 피스톤이 달린 원통형 용기 안에 액체가 들어 있다고 하자. **질문**: 온도를 일정하게 유지하면서 부피를 변화시키면 액체의 압력은 어떻게 달라지는가? 다시 말하자면 $P-V$ 다이어그램에서 등온 곡선을 그리고 싶다는 뜻이다. 용기의 내부에 들어 있는 것은 이상 기체가 아니라 액체이다. 또는 액체의 일부가 증발하여 액체와 기체가 혼재하는 상태일 수도 있다. 압력을 충분히 가하면 내용물은 순수한 액체로 변할 것이다. 여기서 압력을 더 가하면 액체의 부피가 아주 조금 변하면서 등온 곡선은 그림 45-3의 왼쪽 부분처럼 급격한 경사를 그리게 된다.

이제 피스톤을 후퇴시켜서 부피를 늘이면 압력이 급속하게 떨어지다가 거의 균일한 압력에 이르면서 액체가 끓기 시작한다. 이 시점에 이르면 피스톤을 계속 후퇴시켜도 압력은 변하지 않고 증발만 일어난다. 이렇게 액체와 기체가 혼재하면서 평형을 이루면 액체의 증발률과 기체의 액화율이 서로 같아진다. 이때 피스톤을 조금 뒤로 후퇴시키면 압력을 유지하기 위해 더 많은 기체가 필요하므로 약간의 액체가 증발하면서 압력은 그대로 유지된다. 그림 45-3의 중간 부분에서 일정하게 유지되는 압력을 '온도 T에서의 증기압'이라 한다. 여기서 부피를 계속 키워나가면 액체가 더 이상 증발하지 않는 시점에 도달하게 된다. 이 시점에서 부피를 계속 증가시키면 그림 45-3의 오른쪽 부분처럼 압력이 떨어지기 시작한다. 그림에서 아래쪽에 제시된 곡선은 동일한 등온 곡선을 약간 낮은 온도($T - \Delta T$)에서 그린 것이다. 온도가 증가하면 액체의 부피가 조금 커지기 때문에 액체의 압력은 조금 낮아진다(이것은 거의 모든 물체에서 나타나는 현상이지만 빙점 근처의 물만은 예외이다). 또한, 온도가 낮으면 증기압도 낮아진다.

이제, 두 개의 등온 곡선을 평평한 부분의 양끝에서 단열 곡선으로 연결하여 그림 45-4와 같은 모양의 순환 행정을 만들어보자. 오른쪽 끝에 조금 돌출된 부분은 결과에 큰 영향을 주지 않으므로 무시해도 된다. 여기에 '액체를 증발시키는 데 필요한 열은 한 번의 행정을 거치면서 행해지는 일의 양에 따라 달라진다'는 카르노의 논리를 적용해보자. 실린더의 내부의 액체를 증발시키는 데 필요한 열을 L이라 하자. 앞에서 언급한 대로, 물체가 한 일은

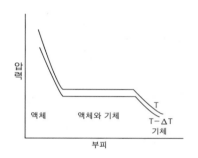

그림 45-3 원통형 용기(실린더) 안에 들어 있는 증기의 등온 곡선. 왼쪽 부분은 액체 상태이고 오른쪽 끝은 기체 상태를 나타낸다. 가운데 부분은 액체와 기체가 섞여 있는 상태이다.

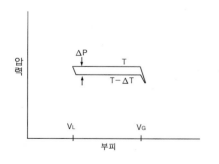

그림 45-4 원통형 용기에 들어 있는 증기에 대한 카르노 행정. 그림의 왼쪽은 액체 상태를 나타내며, 온도 T에서 액체를 증발시키는 데 필요한 열은 L이다. T가 $T - \Delta T$로 변할 때 증기는 단열적으로 팽창한다.

$L(\Delta T/T)$이다. 물론 이 경우에도 물체가 한 일은 폐곡선 내부의 면적과 같다. 온도 T와 $T - \Delta T$에서 증기압의 차이를 ΔP라 하고 기체의 부피를 V_G, 액체의 부피를 V_L이라 하면 이 면적은 약 $\Delta P(V_G - V_L)$이 된다. 그러므로 $L(\Delta T/T) = \Delta P(V_G - V_L)$로부터 다음의 결과가 얻어진다.

$$\frac{L}{T(V_G - V_L)} = (\partial P_{\text{vap}}/\partial T) \qquad (45.14)$$

식 (45.14)는 온도에 대한 증기압의 변화율과 액체를 증발시키는 데 필요한 열 사이의 관계를 말해주고 있다. 이 관계를 처음 유도한 사람은 카르노였지만 지금은 '클라우지우스-클라페롱 방정식'이라는 이름으로 불리고 있다.

식 (45.14)를 운동 이론에서 얻은 결과와 비교해보자. 일반적으로 V_G는 V_L보다 훨씬 큰 값이므로 $V_G - V_L \approx V_G = RT/P$로 쓸 수 있다(1 몰당). 여기서 L이 온도와 관계없는 상수라고 가정하면(사실 이것은 그다지 좋은 근사가 아니다), $\partial P/\partial T = L/(RT^2/P)$가 된다. 이 방정식의 해는 다음과 같다.

$$P = (\text{상수})\, e^{-L/RT} \qquad (45.15)$$

운동 이론으로부터 구한 '온도에 대한 압력의 변화'를 식 (45.15)와 비교해보자. 앞에서 유도했던 바와 같이, 수면 위에 존재하는 증기 분자의 개수는 대략 다음과 같다.

$$n = \left(\frac{1}{V_A}\right) e^{-(U_G - U_L)/RT} \qquad (45.16)$$

여기서 $U_G - U_L$은 액체 1몰의 내부 에너지에서 기체 1몰의 내부 에너지를 뺀 값이다. 즉, 이 값은 1몰의 액체를 증발시키는 데 필요한 에너지에 해당된다. 압력 $= nkT$이므로 열역학으로 구한 식 (45.15)와 운동 이론으로 구한 식 (45.16)은 매우 긴밀하게 연결되어 있다. 사실, 압력이 정확하게 nkT가 되는 것은 아니지만 $L =$ 상수 대신에 $U_G - U_L =$ 상수임을 가정하면 압력 $= nkT$는 정확하게 성립한다. 온도와 무관하게 $U_G - U_L =$ 상수가 만족되면 식 (45.15)를 얻을 때 사용한 논리는 식 (45.16)에 도달하게 된다.

방금 시도한 비교로부터 열역학과 운동 이론의 장단점을 나열할 수 있다. 첫째, 열역학에서 유도된 식 (45.14)는 정확한 식이지만 식 (45.16)은 '대충 맞는' 식이다. 둘째, 기체가 액화되는 과정을 알지 못한다 해도 식 (45.14)는 여전히 '정확하게' 맞는 식이다. 셋째, 지금 우리는 액화되는 기체를 고려하고 있지만 이 논리는 모든 종류의 상태 변화에 적용될 수 있다. 예를 들어, 고체가 액화되는 과정도 그림 45-3과 45-4에 나타난 곡선으로 이해할 수 있다. 액화에 필요한 열을 M/mole이라 하면 식 (45.14)에 대응되는 식은 $(\partial P_{\text{melt}}/\partial T)_v = M/[T(V_{\text{liq}} - V_{\text{solid}})]$이다. 우리는 액화 과정을 운동 이론으로 설명할 수 없음에도 불구하고 올바른 방정식을 얻어내는 데 성공했다. 그러나 운동 이론으로 액화 과정을 이해할 수 있다면 또 하나의 혜택을 누릴 수 있다. 식 (45.14)는 일종의 미분 방정식인데, 적분 과정에서 나오는 상수를 결정할 방법이 없다. 그런데 모든 현상을 올바르게 서술하는 모델을 찾는다면 운동 이론으로부터 이 상수를 결정할 수 있다. 그러므로 열역학과 운동 이론은 나름대로의 장단점을 모두 갖고 있는 셈이다. 열역학은 알려진 것이 별로 없고 상황이 복잡할수록 그 위력을 발휘한다. 그러나 상황이 매우 간단하여 이론적 분석이 가능하다면 운동 이론을 적용해야 더 많은 정보를 얻을 수 있다.

또 하나의 예로, 흑체 복사를 생각해보자. 앞에서 우리는 복사파 이외에는 아무 것도 들어 있지 않은 상자를 다룬 적이 있다. 광자가 상자의 내벽을 때리면서 유발시키는 압력을 P라 하고, 상자 내부에 들어 있는 모든 광자의 총 에너지를 U, 상자의 부피를 V라 하면 $PV = U/3$의 관계가 성립한다. 이제, 식 (45.7)에 $U = 3PV$를 대입하면

$$\left(\frac{\partial U}{\partial V}\right)_T = 3P = T\left(\frac{\partial P}{\partial T}\right)_V - P \tag{45.17}$$

가 된다. 상자의 부피는 고정되어 있으므로 $(\partial P/\partial T)_V$는 전미분 dP/dT와 같다. 따라서 위의 식은 일상적인 전미분 방정식이 되어 $\ln P = 4\ln T + $ 상수, 또는 $P = $(상수)$\times T^4$이라는 해가 얻어진다. 즉, 복사에 의한 압력은 온도의 4제곱에 비례하며, 따라서 복사의 총 에너지 밀도인 $U/V = 3P$도 T^4에 비례한다는 것을 알 수 있다. 이 관계는 보통 $U/V = (4\sigma/c)T^4$의 형태로 표현된다(c는 빛의 속도이고 σ는 상수이다). 열역학만으로는 σ의 값을 결정할 수 없다. 지금부터, σ의 계산을 통해 열역학의 한계를 알아보자. U/V가 T^4에 비례한다는 것은 물론 중요한 정보이긴 하지만, 임의의 온도에서 U/V의 구체적인 값을 알려면 완전한 이론이 있어야 한다. 우리는 흑체 복사 이론을 이미 알고 있으므로, 이로부터 σ의 값을 계산해보자.

복사 강도의 분포, 즉 $\omega \sim \omega + d\omega$ 사이의 진동수로 1초당 1m²를 통과하는 에너지의 양을 $I(\omega)d\omega$라 하자. 그러면 에너지의 밀도 분포 = 에너지/부피 = $I(\omega)\,d\omega/c$는 다음과 같다.

$$\frac{U}{V} = \text{총 에너지 밀도}$$
$$= \int_{\omega=0}^{\infty} (\omega\text{와 }\omega + d\omega \text{ 사이의 에너지 밀도})$$
$$= \int_0^{\infty} \frac{I(\omega)d\omega}{c}$$

이전에 얻은 결과에 의하면 $I(\omega)$는 다음과 같다.

$$I(\omega) = \frac{\hbar\omega^3}{\pi^2 c^2(e^{\hbar\omega/kT} - 1)}$$

위의 $I(\omega)$를 U/V식에 대입하면

$$\frac{U}{V} = \frac{1}{\pi^2 c^3} \int_0^{\infty} \frac{\hbar\omega^3 d\omega}{e^{\hbar\omega/kT} - 1}$$

이 되고, 여기에 $x = \hbar\omega/kT$를 대입하면

$$\frac{U}{V} = \frac{(kT)^4}{\hbar^3 \pi^2 c^3} \int_0^\infty \frac{x^3 dx}{e^x - 1}$$

이 된다. 적분이란 원리적으로 곡선 아래의 면적을 작은 사각형 구획으로 나눠서 그 면적의 합을 구하는 것이므로, 위의 식에 나타난 적분도 그런 식으로 계산할 수 있다. 계산 결과는 약 6.5이다. 수학에 능한 사람은 정확한 답이 $\pi^4/15$임을 쉽게 증명할 수 있을 것이다.* 이 결과를 $U/V = (4\sigma/c)T^4$와 비교하면

$$\sigma = \frac{k^4 \pi^2}{60\, \hbar^3 c^2} = 5.67 \times 10^{-8} \frac{\text{watts}}{(\text{meter})^2 (\text{degree})^4}$$

임을 알 수 있다.

상자에 작은 구멍을 뚫었을 때, 1초당 단위 면적의 구멍을 통해 빠져 나오는 에너지는 얼마일까? 에너지 밀도로부터 에너지의 흐름을 구하려면, 에너지 밀도 U/V에 광속 c를 곱하면 된다. 그리고 여기에 1/4이라는 상수를 추가로 곱해야 하는데, 그 이유는 다음과 같다. 첫째, '바깥으로 흘러나가는' 에너지만을 고려해야 하므로 1/2를 곱해야 하고 둘째, 구멍을 향해 비스듬한 방향(수직 방향과 θ의 각도를 이루는 방향)으로 흐르는 에너지는 수직 방향으로 흐르는 에너지보다 $\cos\theta$를 곱한 만큼 효율이 떨어지는데, $\cos\theta$의 평균값이 1/2이므로 이 값을 추가로 곱해주어야 한다. $U/V = (4\sigma/c)T^4$이 나온 이유를 이제 이해할 수 있을 것이다. 조그만 구멍을 통해 흘러나오는 단위 면적당 에너지가 σT^4이 되려면, U/V는 위와 같은 형태를 가질 수밖에 없다 $[(4\sigma/c)T^4 \times c \times \frac{1}{4} = \sigma T^4]$.

---

* $(e^x - 1)^{-1} = e^{-x} + e^{-2x} + \cdots$이므로 이 적분은

$$\sum_{n=1}^\infty \int_0^\infty e^{-nx} x^3 dx$$

로 표현될 수 있다. 그런데 $\int_0^\infty e^{-nx} dx = 1/n$이고, 양변을 n으로 세 번 미분하면 $\int_0^\infty x^3 e^{-nx} dx = 6/n^4$이므로 적분 결과는 $6\left(1 + \frac{1}{16} + \frac{1}{81} + \cdots\right)$이 된다. 뒤로 갈수록 숫자가 급격하게 작아지므로 처음 몇 개의 항만 고려해도 좋은 근사치를 얻을 수 있다. 괄호 안의 수열을 모두 더한 정확한 결과는 $\pi^4/90$이다(50장에 가면 4제곱수의 역수들을 더하는 방법을 알게 될 것이다).

CHAPTER 46
래칫과 폴(Ratchet and pawl)

46-1 래칫의 작동 원리

이 장에서는 축을 한쪽 방향으로만 돌아가도록 만들어주는 간단한 도구-래칫(ratchet, 톱니가 한쪽 방향으로 기울어져 있는 특수한 톱니바퀴)과 폴(pawl, 래칫의 역회전을 방지하는 장치)에 대해 알아보기로 한다. 무언가를 오직 한쪽 방향으로 돌리려면 주의 깊은 분석이 선행되어야 하며, 그로부터 흥미로운 결과를 얻을 수 있다.

분자적 또는 운동학적 관점에서 볼 때 열기관으로부터 얻을 수 있는 일의 양에 어떤 한계가 있다는 것을 설명하기 위해 이 주제를 선택하였다. 물론 우리는 카르노가 펼쳤던 논리를 이미 배워서 알고 있지만, 실제의 물리적 도구에 그 원리를 적용하여 현실감 있는 이해를 도모하는 것도 좋은 공부가 될 것이다. 한 지점에서 다른 지점으로 이동하는 열로부터 얻을 수 있는 일에 한계가 있다는 것은 뉴턴의 법칙을 이용하여 증명할 수도 있다. 그러나 이 증명은 지나치게 수학적인데다가 너무 어렵고 복잡하기 때문에 별로 소개하고 싶지 않다. 간단히 말해서, 수학적 과정은 어떻게든 따라갈 수 있겠지만 내용을 이해하기가 쉽지 않다는 뜻이다.

"어떤 온도에서 다른 온도로 이동할 때 추출할 수 있는 일의 양에 한계가 있다"는 카르노의 논리는 "모든 것이 같은 온도에 있을 때, 순환적인 과정을 거쳐 열을 일로 바꿀 수 없다"는 공리에 기초를 두고 있다. 지금부터 하나의 구체적인 사례를 통해 카르노의 공리가 사실임을 증명해보기로 하자.

열역학의 제2법칙을 따르지 않는 기계 장치, 즉 모든 것이 동일한 온도에 있음에도 불구하고 열저장소로부터 열을 취하여 일로 바꿔주는 장치를 만들어보자. 여기, 날개(바람개비)가 달린 회전축이 상자 안에 들어 있다. 상자의 내부는 특정 온도의 기체로 가득 차 있다고 하자(그림 46-1 참조. $T_1 = T_2 = T$ 라 하자). 기체 분자들이 날개에 부딪히면서 날개는 이리저리 흔들리고 있다. 이제, 날개가 한쪽 방향으로만 돌아가게 하기 위해 축의 반대쪽 끝에 한쪽 방향으로 돌아가는 톱니바퀴를 연결한다. 이것이 바로 래칫과 폴의 기본 원리이다. 이제 날개는 어느 한쪽 방향으로만 회전할 수 있다. 축의 가운데 부분에 드럼(디스크 모양의 물건)을 설치하고 거기에 실을 연결하여 벼룩 한 마리를 매달아놓으면 날개가 회전하면서 벼룩을 들어올릴 것이다! 이런 기계

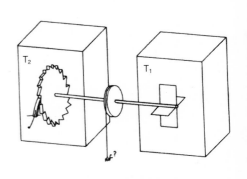

그림 46-1 래칫과 폴

를 만드는 것이 과연 가능할까? 카르노의 논리에 의하면 이것은 절대로 불가능하다. 그러나 그림 46-1을 들여다보면 불가능할 이유가 전혀 없어 보인다. 아무래도 이 장치는 좀더 자세한 분석이 필요할 것 같다.

방금 예로 들었던 래칫은 구조가 아주 단순하여 논리적 결함이 없는 것 같지만, 아무리 단순하다 해도 폴에는 스프링이 연결되어 있어야 한다. 폴이 기어의 톱니를 타고 들어올려진 후에 다시 원위치로 되돌아가야 역회전을 방지할 수 있기 때문이다.

그림에는 나와 있지 않지만 래칫과 폴은 또 하나의 근본적인 특성을 갖고 있다. 그림 46-1의 모든 장치들이 완전한 탄성체로 만들어졌다고 가정해 보자. 기어의 톱니를 타고 폴이 한 번 들어올려졌다가 스프링에 의해 원위치로 되돌아갈 때, 폴과 기어는 문자 그대로 '충돌'을 겪게 된다. 그런데 모든 부품이 완전 탄성체로 만들어졌다면 기어에 부딪힌 폴은 같은 속도로 되튀어나올 수밖에 없고 이런 현상은 끝없이 반복될 것이다. 그리고 때마침 폴이 허공에 떠 있을 때 기어가 '금지된 방향'으로 돌아갔다면 이 회전을 저지할 방법이 없다! 그러므로 톱니바퀴가 비가역적으로(한쪽 방향으로) 돌기 위해서는 저항력과 같은 요소가 반드시 개입되어야 한다. 물론, 저항력이 작용하면 폴이 갖고 있던 에너지가 톱니바퀴 쪽으로 전달되면서 약간의 열이 발생하게 되고, 회전이 계속되면서 톱니바퀴의 온도는 서서히 증가할 것이다. 문제를 좀더 단순화시키려면 톱니바퀴의 주변에 기체를 주입하여 온도를 빼앗아가게 만들 수도 있다. 그러면 톱니바퀴가 회전함에 따라 기체의 온도는 서서히 상승하게 된다. 자, 이런 상황은 영원히 계속될 것인가? 아니다! 폴과 톱니바퀴는 같은 온도(T)에 있고, 둘 다 브라운 운동을 하고 있다. 그리고 폴이 들어올려져 있는 동안 날개의 브라운 운동이 축을 반대 방향으로 돌릴 수도 있다. 온도가 높아질수록 이런 움직임은 더욱 빈번하게 일어날 것이다.

바로 이러한 이유 때문에 위에서 만든 장치는 영구적으로 작동할 수 없다. 기체 분자가 축에 달린 날개를 때리면 폴이 바퀴의 톱니를 타고 들어올려지는데, 이때 축이 반대 방향(금지된 방향)으로 돌아가면 톱니바퀴는 원래의 상태로 되돌아올 수밖에 없다. 간단히 말해서, 알짜 회전 효과는 전혀 나타나지 않는 것이다! 양쪽의 온도가 같을 때 톱니바퀴의 알짜 평균 운동이 0이라는 것은 쉽게 증명할 수 있다. 물론, 톱니바퀴는 이리저리 돌아가겠지만 이런 식으로는 실에 매달린 벼룩을 들어올릴 수 없다.

그 이유를 좀더 자세히 알아보자. 폴을 톱니의 정점까지 들어올리려면 스프링에 저항하여 무언가 일을 해주어야 한다. 이 에너지를 ϵ이라 하고 톱니 사이의 각도를 θ라 하자. 이 시스템이, 폴을 정점까지 들어올리기 위한 에너지 ϵ을 축적할 확률은 $e^{-\epsilon/kT}$이다. 그러나 폴이 들어올려질 확률도 역시 $e^{-\epsilon/kT}$이다. 그러므로 폴이 들어올려진 상태에서 바퀴가 반대 방향으로 돌아갈 확률은 시스템이 충분한 에너지를 축적하여 바퀴를 순방향으로 돌릴 확률과 같다. 이들이 서로 균형을 이루기 때문에, 실에 매달린 벼룩은 작은 폭으로 흔들리기만 할 뿐, 꾸준하게 들어올려지지 않는 것이다.

46-2 래칫을 사용한 열기관

여기서 조금 더 진도를 나가보자. 날개의 온도를 T_1, 톱니바퀴(또는 래칫)의 온도를 T_2라 하고 $T_1 > T_2$라 가정하자. 바퀴의 온도가 낮으면 폴의 진동이 상대적으로 뜸해지기 때문에, 폴이 ε의 에너지를 얻을 기회도 그만큼 줄어든다. 그러나 온도가 높은 날개는 ε의 에너지를 상대적으로 쉽게 얻을 수 있으므로 우리의 장치는 한쪽 방향으로 작동하기 시작한다.

우리의 장치가 과연 이 조건에서 무게를 들어올릴 수 있는지 알아보자. 축의 중앙부에 끼워넣은 드럼에는 실이 감겨 있고 그 실의 한쪽 끝에는 벼룩 한 마리가 매달려 있다. 벼룩의 무게에 의한 토크를 L이라 하자. L이 지나치게 크지 않다면 이 장치는 벼룩을 들어올릴 수 있다. 왜냐하면 지금 상황에서 일어나는 브라운 운동은 특정 방향을 더 선호하기 때문이다. 그렇다면 이 장치로 어느 정도의 무게를 들어올릴 수 있을까? 그리고 바퀴의 회전속도는 얼마나 될까?

먼저, 순방향(원래 의도했던 방향)으로 일어나는 운동을 살펴보자. 바퀴의 톱니가 한 단계 돌아가려면 축의 끝에서 얼마큼의 에너지가 공급되어야 하는가? 스프링에 연결된 폴을 들어올리려면 ε의 에너지가 필요하고, 한 단계를 거칠 때마다 톱니바퀴는 토크 L에 저항하여 θ만큼 돌아가므로 매 단계마다 $L\theta$의 에너지가 필요하다. 따라서 우리에게 필요한 총 에너지는 $\varepsilon + L\theta$이며, 이만큼의 에너지를 얻을 확률은 $e^{-(\varepsilon + L\theta)/kT_1}$에 비례한다. 그러나 우리에게 중요한 것은 이만큼의 에너지를 획득하는 사건이 '1초당 몇 번이나 일어나는가' 하는 것이다. 물론, 1초당 확률도 $e^{-(\varepsilon + L\theta)/kT_1}$에 비례한다. 이때 앞에 붙는 비례 상수를 $1/\tau$이라 하자. 나중에 가면 비례 상수는 서로 상쇄되어 없어진다. 우리의 장치가 순방향으로 한 단계 진행되었을 때 실에 매달린 물체에는 $L\theta$의 일이 가해진다. 축으로부터 얻은 에너지는 $\varepsilon + L\theta$인데, 이중 ε은 스프링을 긴장시키는 데 사용되며, 이 에너지는 폴이 바퀴를 때리면서 열에너지로 전환된다. 다시 말해서, 축으로부터 얻은 에너지는 무게를 들어올리고($L\theta$) 폴을 움직이는 데(ε) 사용되며, 후자의 에너지는 열의 형태로 바퀴(래칫)에 전달된다.

이제, 반대 방향으로 돌아가는 경우를 살펴보자. 바퀴가 반대 방향으로 돌아가려면 폴을 들어올릴 수 있을 정도의 에너지가 공급되어야 한다. 이 에너지는 위에서 말한 대로 ε이며, 폴이 충분한 높이로 들어올려질 1초당 확률은 $(1/\tau)e^{-\varepsilon/kT_2}$이다. 비례 상수는 순방향의 경우와 같지만 온도가 T_2로 달라졌음에 유의하라. 일단 폴이 들어올려지면 바퀴가 역방향으로 미끄러지면서 일이 행해진다(방출된다). 톱니바퀴의 이 하나만큼 바퀴가 거꾸로 돌아갔다면 이때 방출되는 일은 $L\theta$이다. 전체적으로 얻어진 에너지는 ε이지만, 날개가 있는 쪽(온도 = T_1)으로 전달되는 총 에너지는 $L\theta + \varepsilon$이다. 왜 그럴까? 어느 한순간에 폴이 위로 들어올려졌다고 가정해보자. 그러면 스프링의 힘에 의해 다시 원위치로 되돌아오면서 톱니와 닿게 되고, 톱니 자체가 한쪽으로 경사를 이루고 있기 때문에 폴이 톱니를 계속 누르면 톱니바퀴는 역방향으로 회전하게 된다. 이 힘은 어디서 오는 것일까? 바로 줄에 매달려 있는 무게(벼룩)로부터 오는 힘이다. 즉, 스프링의 복원력과 벼룩의 무게가 총힘으로 작용하여 일을 하고, 서서히 방출되는 모든 에너지는 날개 쪽에서 열의 형태로 나타난다(에너지 보존 법칙의 관점에서 보면 당연한 이야기지만, 에너지가 보존되는 과정을 자세히 분석하는 것도 중요한 공부이다!). 이 에너지는 바퀴가 순방향으로 돌아갈 때와 같은 양이지만 부호가 반대이다. 그러므로 순방향 회전과 역방향 회전 중 어느 쪽이 더 빈번하게 일어나는가에 따라서 줄에 매달린 벼룩의 운명이 결정된다. 물론 벼룩은 꾸준하게 오르락내리락할 것이다. 그러나 지금 우리의 관심은 수시로 바뀌는 벼룩의 운명이 아니라 벼룩의 '평균적인' 운동 상태이다.

표 46-1 래칫과 폴의 단계별 에너지

순방향 : 필요한 에너지	$\varepsilon + L\theta$ 날개로부터 취함 $\therefore$ 1초당 확률 $= \dfrac{1}{\tau}e^{-(L\theta+\varepsilon)/kT_1}$
날개로부터 얻는 에너지 $L\theta + \varepsilon$	
하는 일 $\qquad\qquad L\theta$	
래칫에 전달되는 에너지 ε	

역방향 : 필요한 에너지	ε 폴로부터 취함 $\therefore$ 1초당 확률 $= \dfrac{1}{\tau}e^{-\varepsilon/kT_2}$
래칫으로부터 얻는 에너지 ε	
방출되는 일 $\qquad\qquad L\theta$	순방향의 경우와 같지만 부호가 반대임
날개에 전달되는 에너지 $\quad L\theta + \varepsilon$	

만일 이 계(system)가 가역적이라면 1초당 확률이 같아야 하므로 $\dfrac{\varepsilon + L\theta}{T_1} = \dfrac{\varepsilon}{T_2}$

$\dfrac{(\text{래칫에 전달되는 열})}{(\text{날개에서 얻는 열})} = \dfrac{\varepsilon}{L\theta + \varepsilon}$ 따라서 $\dfrac{Q_2}{Q_1} = \dfrac{T_2}{T_1}$

어떤 특정한 무게에 대하여 순방향 회전과 역방향 회전이 같은 비율로 일어난다고 가정해보자. 이런 조건하에서 실 끝에 아주 작은 무게를 추가시키면 실에 매달린 물체는 서서히 하강하면서 기계 장치에 일을 행하게 될 것이다. 이때 바퀴의 에너지는 날개 쪽으로 전달된다. 이와 반대로, 실에 매달린 무게를 조금 줄이면 모든 동작은 반대 방향으로 진행된다. 즉, 물체는 위로 들어올려지고 날개에서 발생한 열은 바퀴 쪽으로 전달된다. 그러므로 두 방향의 회전이 같은 비율로 나타날 때, 우리의 기계 장치는 카르노의 가역 행정 조건을 만족하게 된다. 물론, 이 조건은 $(\varepsilon + L\theta)/T_1 = \varepsilon/T_2$일 때 만족된다. 이제, 실에 매달린 물체가 서서히 위로 들어올려지고 있다고 가정해보자. 날개로부터 취한 에너지를 Q_1이라 하고 바퀴에 전달된 에너지를 Q_2라 하면, $Q_1/Q_2 = (\varepsilon + L\theta)/\varepsilon$을 만족한다. 이 관계는 역방향으로 움직이는 경우에도 여전히 성립된다. 그러므로 우리는 다음과 같은 결론을 내릴 수 있다(표 46-1 참조).

$$Q_1/Q_2 = T_1/T_2$$

또, 행해진 일과 날개에서 얻은 에너지의 비율은 $L\theta/(L\theta + \varepsilon) = (T_1 - T_2)/T_1$ 이다. 우리의 기계 장치가 가역적인 성질을 갖는 한, 이보다 많은 일을 할 수 는 없다. 이것은 카르노식 논리의 결과와 일치하며, 이 장의 주된 결론이기도 하다. 그러나 우리의 기계 장치를 적절히 이용하면 평형 상태를 벗어난 몇 가 지 현상들, 즉 열역학의 범주를 벗어난 현상들까지 이해할 수 있다.

모든 곳의 온도가 균일한 상태에서 드럼에 물체를 매달았을 때, 우리의 기계 장치가 얼마나 빠른 속도로 돌아가는지 계산해보자. 아주 무거운 물체를 매달았다면 폴이 래칫에서 미끄러지거나 폴을 지탱하는 용수철이 파괴될 수 도 있으므로, 모든 것이 부드럽게 작동하도록 적당한 무게의 물체가 매달려 있다고 가정하자. 위에서 얻은 확률(바퀴가 순방향, 또는 역방향으로 돌아갈 확률)에 $T_1 = T_2 = T$ 를 대입하면 이 경우에도 적용될 수 있다. 바퀴는 매 단계마다 θ 만큼 돌아가므로, 바퀴의 각속도는 1초당 한 단계가 진행될 확률 에 θ 를 곱한 것과 같다. 바퀴가 순방향으로 돌아갈 확률은 $(1/\tau)e^{-(\varepsilon+L\theta)/kT}$ 이고 역방향으로 돌아갈 확률은 $(1/\tau)e^{-\varepsilon/kT}$ 이므로, 바퀴의 각속도는 다음과 같이 계산된다.

$$\omega = (\theta/\tau)(e^{-(\varepsilon+L\theta)/kT} - e^{-\varepsilon/kT})$$
$$= (\theta/\tau)e^{-\varepsilon/kT}(e^{-L\theta/kT} - 1) \tag{46.1}$$

L 에 대한 ω 의 변화를 그래프로 그린 결과는 그림 46-2와 같다. 보다시피, L 이 양수일 때와 음수일 때 ω 는 커다란 차이를 보인다. L 이 양수 영역에서 증가하면(이것은 바퀴를 역방향으로 돌리는 경우에 해당된다) 역방향 각속도 는 어떤 상수값에 접근하고, L 이 음수이면 ω 는 급격하게 변한다!

서로 다른 힘으로부터 기인하는 각속도는 그림에서 보는 것처럼 전혀 대 칭적이지 않다. 한쪽 방향으로는 약간의 힘만 작용해도 각속도가 급격하게 커 지고, 반대 방향으로는 큰 힘을 가해도 바퀴가 거의 돌아가지 않는다.

전기적 정류기(rectifier)에도 이와 비슷한 원리가 적용된다. 단, 힘은 전기 장으로 대치되고 각속도는 전류로 대치된다는 점이 다를 뿐이다. 이 경우, 전 압은 저항에 비례하지 않기 때문에 모든 상황이 비대칭적으로 나타나게 된다. 지금까지 논했던 '역학적' 정류기의 분석 결과는 전기적 정류기에 그대로 적 용될 수 있다. 사실, 위에서 유도한 공식들은 정류기가 전류를 운반하는 능력 을 전압의 함수로 구한 공식과 동일한 형태이다.

이제, 실에 매달린 물체를 제거하고 기계 자체만을 들여다보자. $T_1 > T_2$ 일 때 래칫이 순방향으로 돌아간다는 것은 이제 누구나 믿을 것이다. 그런데, 그 반대의 경우는 정말 믿기가 어렵다. $T_1 < T_2$ 이면 래칫은 역방향으로 돌아 가는 것이다! 래칫이 많은 열을 간직하고 있으면 폴도 활발히 움직이기 때문 에 역방향으로 작동한다. 예를 들어, 폴이 경사진 톱니의 한 지점과 닿아 있 다면 폴이 톱니를 밀쳐냄에 따라 톱니바퀴가 역방향으로 돌아간다. 그런데 어 느 순간에 폴이 위로 들어올려지면 톱니의 뾰족한 부분이 폴을 무사 통과하 게 되고, 그 다음에 다시 폴이 톱니에 닿으면 역시 이전과 마찬가지로 톱니를

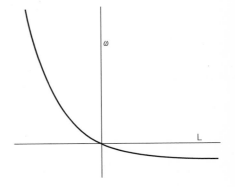

그림 46-2 래칫의 각속도를 토크의 함수로 나타낸 그래프

밀어내는 식으로 작동하여 결국 바퀴는 역방향으로 돌게 되는 것이다. 그러므로 뜨거운 래칫과 폴은 원래 의도했던 방향과 정반대 방향으로 작동하는 희한한 기계 장치라 할 수 있다!

기계 장치가 한쪽 방향으로만 작동하도록 별의별 아이디어를 다 동원한다 해도, 두 부분의 온도가 정확하게 같다면 기계 장치는 어떤 방향성도 갖지 않는다. 잠시 지켜보는 동안에는 한쪽으로 돌아갈 수도 있지만 긴 시간이 지나면 결국 바퀴는 그 자리에 그대로 있다. 바퀴의 알짜 회전 효과가 나타나지 않는 것은 설계상의 문제가 아니라 열역학의 기본 원리로부터 유도되는 일반적인 결과이다.

46-3 역학의 가역성

모든 곳에서 온도가 같을 때 우리의 기계 장치가 어느 쪽으로도 돌아가지 않는다는 것을 열역학이 아닌 일반 역학의 원리로 설명할 수 있을까? 방금 우리는 '어떤 방향성을 갖고 스스로 작동하여 충분한 시간이 지난 후에 알짜 효과를 얻어내는 기계는 만들 수 없다'는 기본 정리를 알게 되었다. 지금부터 이 정리를 일반 역학의 법칙으로 유도해보자.

역학의 법칙은 대략 다음과 같다. 질량에 가속도를 곱한 것은 힘과 같고, 하나의 입자에 작용하는 힘은 다른 모든 입자들의 위치에 따라 달라지는 복잡한 함수로 표현된다. 힘이 속도에 따라 달라지는 경우(자기력)도 있지만, 지금은 고려하지 않기로 한다. 간단한 예로, 위치에만 관계하는 중력의 경우를 생각해보자. 중력을 서술하는 일련의 방정식을 풀어서 각 입자의 위치를 시간의 함수 $x(t)$로 구했다고 가정하자. 입자계가 매우 복잡하다면 $x(t)$도 엄청 복잡한 함수일 것이다. 그런데 시간의 흐름에 따른 $x(t)$의 분포를 주의 깊게 살펴보면 매우 놀라운 사실을 발견하게 된다. 만일 누군가가 '자신이 희망하는' 각 입자의 위치를 종이 위에 적어놓고 끈질기게 기다린다면, 충분한 시간이 흐른 후에 입자들은 정말로 그가 원하는 배열을 보여주는 것이다. 그렇다고 입자들이 그의 희망사항을 눈치챘다는 뜻은 아니고, 시간이 충분히 흐르면 입자들은 '모든 가능한 배열'을 빠짐없이 거쳐간다는 뜻이다. 물론 간단한 입자계에서는 이런 일이 드물게 일어나지만, 충분히 복잡한 입자계(입자의 개수가 아주 많은 경우)에서는 얼마든지 가능한 이야기다. 또 우리가 구한 $x(t)$는 임의의 시간에 입자의 위치를 알려주는 것 이외에 또 다른 기능을 갖고 있다. 예들 들어, 운동 방정식을 풀어서 $x(t) = t + t^2 + t^3$이라는 해를 얻었다고 해보자. 그렇다면 $-t + t^2 - t^3$은 또 하나의 해이다. 즉, 원래의 해에 t 대신 $-t$를 대입한 것도 동일한 방정식을 만족하는 해라는 것이다. 왜 그럴까? 운동 방정식 자체에는 시간 t에 관한 2계 미분만이 들어 있어서, 방정식에 t 대신 $-t$를 대입해도 달라지는 것이 없기 때문이다. 그러므로 우리가 어떤 운동을 답으로 얻었다면 그 반대의 운동도 역시 가능하다. 둘 중 어느 한쪽이 다른 쪽보다 우월하다거나 더 아름답다는 차이도 전혀 없다. 그러므로 어느 정도 복잡성을 유지한 상태에서 시간이 충분히 흘렀을 때 어느 한쪽으로 치우쳐서 작동되는 기계를 만드는 것은 원리적으로 불가능하다. 이것은 역학의 법칙이 가역적이라는 사실로부터 유도되는 결과이다.

여기서 잠시 역사적으로 유명한 맥스웰의 장치에 대하여 알아보자. '맥스웰의 도깨비(Maxwell's demon)'라는 이름으로 더 유명한 이 장치는 고전 전자기학의 완성자인 맥스웰이 기체의 역학 이론을 연구하다가 머릿속에 떠올린 상상 속의 장치로서, 열역학의 기본 원리를 역설적으로 설명해주고 있다. 여기, 두 개의 상자 속에 같은 온도의 기체가 들어 있다. 두 개의 상자는 서로 붙어 있고 그 사이에는 조그만 구멍이 뚫려 있는데, 작은 도깨비(사실은 모종의 기계 장치를 뜻한다!)가 그곳에 앉아 구멍의 문을 조작하고 있다. 도깨비는 왼쪽으로부터 다가오는 기체 분자를 지켜보다가 분자의 속도가 빠르면 구멍의 문을 열어서 오른쪽 상자로 보내주고, 분자의 속도가 느리면 문을 닫아버린다. 그런데 이 도깨비는 정말 도깨비답게 뒤통수에도 눈이 달려 있어서 오른쪽으로부터 다가오는 기체 분자도 볼 수 있다. 오른쪽에서 오는 분자들 중 속도가 빠른 것은 문을 닫아서 통행을 제한시키고, 속도가 느린 분자만 왼쪽으로 통과시키고 있다. 그렇다면 도깨비가 파업을 하지 않는 한 왼쪽 상자는 차가워지고 오른쪽 상자는 뜨거워질 것이다. 만일 이런 장치를 만들 수만 있다면 열역학의 법칙은 당장 폐기처분되어야 할 것이다. 자, 도깨비의 역할을 대신할 만한 장치를 과연 만들 수 있을까?

유한한 크기의 도깨비를 만들어서(물론 기계적으로) 작동시키면, 도깨비는 중노동에 시달리다 못해 몸이 뜨거워지고 그 결과 양쪽에서 날아오는 분자들을 정확하게 볼 수 없게 된다. 도깨비의 업무를 대신할 만한 가장 단순한 형태의 장치는 용수철로 작동하는 작은 문일 것이다. 속도가 빠른 분자는 용수철 문을 열어 통과할 수 있고, 속도가 느린 분자는 용수철의 탄성력을 이기지 못하고 갇힌 신세가 된다. 그러나 이 장치는 바로 우리가 지금까지 논했던 래칫과 폴의 변형에 불과하므로, 똑같은 작동을 반복하다보면 당연히 뜨거워질 것이다. 도깨비의 비열이 무한대가 아닌 이상, 시간이 지남에 따라 온도는 올라갈 수밖에 없다. 따라서 시간이 충분히 흐르면 이 개폐 장치는 브라운 운동을 하면서 더 이상 정상적인 작동을 할 수 없게 된다.

46-4 비가역성(Irreversibility)

물리학의 법칙은 가역적인가? 물론 아니다! 일단 계란을 깨서 프라이 요리를 만들었다면, 그것을 다시 원래의 계란으로 되돌릴 방법은 없다. 영화 필름을 거꾸로 돌려서 상영한다면 사람들은 몇 분 지나지 않아 폭소를 터뜨릴 것이다. 대부분의 자연 현상들은 이처럼 가역적이지 않다.

자연 현상은 왜 비가역적인가? 뉴턴의 운동 법칙 때문에 그런 것 같지는 않다. 모든 자연 현상이 물리학의 법칙으로 이해되고, 운동 방정식의 해에 t 대신 $-t$를 대입했을 때 또 하나의 해가 얻어진다면, 모든 현상은 가역적이라고 할 수 있다. 그럼에도 불구하고 우리의 눈에 보이는 거시적인 현상들이 대부분 비가역적인 이유는 '시간의 흐르는 방향'에 따라 달라지는 어떤 근본적인 법칙이 [아마도 전기학, 또는 중성미자(neutrino) 물리학에] 존재하기 때문이다.

우리는 엔트로피가 항상 증가한다는 것을 알고 있다. 뜨거운 물체와 차가운 물체가 맞닿아 있을 때, 열은 뜨거운 곳에서 차가운 곳으로 흐른다. 엔트로피의 증가 법칙은 이렇게 열역학적인 논리로 유도되었다. 그러나 이것이 범우주적으로 적용되는 법칙이라면 일반 역학적인 관점에서도 이해할 수 있어야 한다. 사실, 방금 전에 우리는 열이 거꾸로 흐르지 않는다는 사실을 역학적인 관점에서 이해할 수 있었다. 즉, 가역적인 운동 방정식으로부터 비가역적인 결과가 얻어진 것이다. 그런데, 우리가 사용했던 논리는 과연 역학적인 관점의 논리였을까? 이 점을 좀더 자세히 따져보자.

우리의 질문은 엔트로피와 밀접하게 관계되어 있으므로, 엔트로피에 관한 미시적 스케일에서의 서술이 먼저 선결되어야 한다. 기체와 같은 물체의 총 에너지가 주어졌을 때, 우리는 미시적 관점에서 각 원자들이 에너지를 갖고 있다고 말할 수 있다. 각 원자의 에너지를 모두 더하면 총 에너지가 된다. 이와 마찬가지로, 개개의 원자들은 엔트로피를 갖고 있으며, 각 원자의 엔트로피를 모두 더하면 총 엔트로피가 된다.

예를 들어, 온도는 같고 부피가 다른 두 기체의 엔트로피의 차이를 계산해보자. 44장에서 설명한 대로, 엔트로피의 변화는 다음과 같이 계산된다.

$$\Delta S = \int \frac{dQ}{T}$$

두 기체는 온도가 같고 부피가 다르다고 했으므로, 하나의 기체를 동일한 온도에서 팽창시켰다고 생각하면 된다. 이 과정에서 기체는 일을 하게 되고, 이를 위해서는 다음과 같은 열이 공급되어야 한다.

$$dQ = P \, dV$$

이 값을 위의 적분에 대입하면

$$\Delta S = \int_{V_1}^{V_2} P \frac{dV}{T} = \int_{V_1}^{V_2} \frac{NkT}{V} \frac{dV}{T}$$
$$= Nk \ln \frac{V_2}{V_1}$$

가 얻어지는데, 이것은 44장에서 유도했던 결과와 일치한다. 예를 들어 기체의 부피를 두 배로 늘렸다면 엔트로피는 $Nk \ln 2$ 만큼 증가한다.

또 하나의 재미있는 예를 들어보자. 중간에 칸막이가 설치된 상자 안에 네온(검은색 분자)과 아르곤(흰색 분자) 기체가 각각 분리된 채 들어 있다. 이제, 칸막이를 제거하여 두 기체가 서로 섞이게 놔둔다면 엔트로피는 얼마나 변할 것인가? 칸막이를 '이동식 피스톤'으로 대치하고, 피스톤에는 흰색 분자들만 통과시키는 작은 구멍이 뚫려 있다고 가정해보자. 이제 피스톤을 어느 한쪽으로 움직인다면, 이 문제는 방금 우리가 풀었던 문제와 동일해진다. 따라서 이 경우에도 엔트로피의 변화량은 $Nk \ln 2$이고, 이는 곧 기체 분자 하나당 $k \ln 2$의 엔트로피가 증가한다는 것을 의미한다. 그런데 왜 하필이면 2일까? 조금 이상하게 들리겠지만, 이 숫자는 분자가 들어갈 수 있는 방의 개수와 관련있다. 다시 말해서, 이 숫자는 분자 자체의 성질로부터 나온 것이 아니라 분자가 돌아다닐 수 있는 방의 개수에 따라 결정된다는 것이다. 이것은 온도와 에너지가 고정된 상태에서 엔트로피가 변할 때 나타나는 특이한 현상이다. 이 경우에 달라지는 것은 분자의 분포 상태뿐이다.

상자의 내부에서 칸막이를 제거하고 오랜 시간 동안 방치해두면 두 기체는 균일하게 섞인다. 만일 상자가 투명한 재질로 만들어졌다면 검은 기체 속에서 흰 줄기가 마치 지렁이처럼 자신의 갈 길을 찾아가는 모습이 보일 것이다(반대의 경우도 마찬가지다). 이 상태에서 충분히 긴 시간이 지나면 두 기체는 완전히 섞이게 된다. 그렇다면 이 상황을 거꾸로 진행시킬 수도 있을까? 어림도 없는 소리다. 기체의 혼합은 분명히 비가역적인 현상이다. 그러므로 이 과정에서 엔트로피는 증가해야 한다.

상자 속에서 일어나고 있는 현상을 자세히 분석해보면, 개개의 사건은 가역적임에도 불구하고 전체적인 과정은 비가역적으로 나타난다는 것을 알 수 있다. 임의의 두 분자가 충돌할 때마다 이들은 다른 방향으로 흩어진다. 그런데 이 충돌 과정은 시간축을 따라 거꾸로 진행시켜도 물리적으로 아무런 하자가 없다. 그리고 상자 안에서 일어나는 모든 충돌은 동일한 확률로 발생한다. 이렇게 보면 기체의 혼합은 가역적인 것 같지만, 전체적인 결과는 그렇지 않다. 서로 분리된 검은 기체와 흰 기체가 일단 섞이기 시작하면 몇 분 이내에 균일한 혼합 기체가 된다. 상자를 아무리 오랫동안 들여다봐도, 자발적으로는 결코 원래의 상태로 돌아가지 않는다. 따라서 이 현상은 가역적인 사건들로 이루어진 비가역적 현상이라고 말할 수 있다. 어떻게 이런 일이 있을 수 있을까? 우리는 이제 그 이유를 말할 수 있다. 두 기체가 섞이기 전에는 모든 것이 정돈된 상태였지만, 기체 분자들이 충돌하면 정돈된 상태가 흐트러지면서 무질서도가 증가한다. 즉, 비가역성의 근본적인 원인은 바로 이 '무질서도'가 증가했기 때문이다.

두 기체가 섞이는 광경을 동영상으로 촬영하여 거꾸로 돌리면 무질서한 상태에서 점차 질서를 찾아가는 모습이 나타날 것이다. 이 동영상을 보면서 "말도 안 돼. 저건 물리 법칙에 어긋나잖아!"라고 소리치는 사람도 있을 것이다. 그러나 각 단계를 유심히 살펴보면 물리적으로 잘못된 구석이 하나도 없다. 모든 충돌은 물리학의 법칙을 그대로 따른다. 그러나 현실 세계에서는 결코 이런 일이 일어나지 않는다. 만일 처음부터 섞여 있는 기체를 대상으로 동영상을 촬영했다면 필름을 거꾸로 돌려도 두 기체는 분리되지 않을 것이다.

46-5 질서와 엔트로피

　　지금까지 얻은 결과로 미루어볼 때, 엔트로피와 질서(order) 사이에는 밀접한 관계가 있을 것 같다. 그렇다면 우선 질서와 무질서(disorder)를 좀더 물리적으로 정의할 필요가 있다. 물론 자연은 질서정연한 상태를 선호한다거나 무질서한 상태를 불쾌해 하는 식으로 운영되지 않는다. 분리된 기체와 섞인 기체의 차이점은 다음과 같다—여기, 두 개의 작은 구획으로 나뉘어진 공간이 있다. 한쪽 공간에는 흰색 분자만을 넣고 다른 쪽 공간에는 검은색 분자만을 집어넣기로 했다면, 분자들을 배열시키는 방법은 모두 몇 가지나 될까? 또, 흰색과 검은색 분자를 구별하지 않고 마구잡이로 채워넣기로 했다면 가능한 배열은 모두 몇 가지일까? 말할 것도 없이, 후자의 경우의 수가 압도적으로 많다. 전자는 후자의 부분 집합에 불과하기 때문이다. 우리는 이를 이용하여 '무질서도'를 정의할 수 있다. 즉, "겉으로 나타나는 모습을 동일하게 유지한다는 전제하에 바꿀 수 있는 내부 배열의 경우의 수"를 무질서도로 정의한다. 이 경우의 수에 로그를 취한 값이 바로 엔트로피이다. 두 기체가 분리되어 있다면 분자의 배열을 바꿀 수 있는 경우의 수가 상대적으로 작기 때문에 엔트로피도 작다. 즉, 분리된 상태는 무질서도가 그만큼 작다는 것을 의미한다.

　　방금 정의한 무질서도로부터, 우리는 몇 가지 사실을 이해할 수 있다. 첫째, 엔트로피는 무질서도를 가늠하는 척도이다. 둘째, 이 우주의 엔트로피는 항상 증가하고 있으므로 무질서도 역시 증가하고 있다. 기체가 섞이는 과정을 거꾸로 돌린 동영상의 경우에는 무질서도가 감소하고 있으므로 현실적으로 보이지 않는 것이다.

　　지금까지 우리가 알고 있는 한, 뉴턴의 운동 법칙을 비롯한 모든 물리 법칙들은 가역적이다. 그렇다면 이 모든 비가역성의 출처는 어디인가? 이 우주가 질서에서 무질서로 진행한다는 것은 경험적으로 알 수 있지만, 질서의 근원을 아직 밝혀내지 못했기 때문에 비가역성의 정확한 출처 역시 미지로 남아 있다. 우리가 일상적으로 겪는 현상들은 왜 한결같이 평형 상태를 벗어나 있을까? 정확한 답은 알 수 없지만 다음과 같은 설명이 가능하다. 흰색 분자와 검은색 분자가 섞여 있는 상자로 되돌아가 보자. 충분히 긴 시간 동안 끈기 있게 기다리다 보면 (그럴 가능성은 아주 작지만) 흰색 분자들이 한쪽으로 모이고 검은색 분자들이 다른 쪽으로 모이는 광경을 볼 수도 있다. 여기서 시간이 더 흐르면 두 기체는 다시 섞일 것이다.

　　그러므로 오늘날의 세계가 지금처럼 고도의 질서를 유지하고 있는 것은 엄청난 행운이라고 주장할 수도 있다. 아마도 과거에 우주의 모든 것들이 분리되어 있다가 모종의 요동을 겪으면서 다시 뭉쳐지고 있는 중인지도 모른다. 그런데 우리는 분리된 기체의 잠시 전 모습이나 잠시 후의 모습을 물어볼 수도 있으므로, 이런 종류의 이론은 대칭적이지 않다. 분리된 상태에서는 시간이 어느 방향으로 흐르건 간에 기체는 섞이게 된다. 그러므로 이 이론을 따른다면 비가역성은 일종의 '우연'으로 간주할 수 있다.

　　그러나 이 이론은 사실과 다르다. 한마디로 말해서 틀린 이론이다. 예를 들어, 상자의 전체를 보지 않고 일부만을 바라본다고 가정해보자. 그리고 어느 한 순간에 어느 정도의 '질서'를 관측했다고 하자. 우리가 바라보는 작은 영역 안에서 흰색 분자와 검은색 분자는 서로 분리되어 있다. 그렇다면 우리가 아직 들여다보지 않는 곳은 어떤 상태일까? 완전한 무질서의 상태에서 모종의 요동에 의해 질서가 생겨난다는 가설을 믿는다면 우리는 우리가 관측한 질서를 만들어내는 가장 그럴듯한 요동을 선택해야 하고, 이 점에서 볼 때 우리가 바라보고 있지 않은 나머지 부분에서도 모든 분자들이 색깔별로 분리되어 있다는 것은 가장 그럴듯한 조건이 아니다! 이 세계가 요동을 치고 있다는 가설에 의하면 우리가 '처음 보는' 현상을 접했을 때 그것은 곧 주변과 섞이면서 더 이상 우리가 처음 보았던 모습을 유지하지 못한다. 만일 우리가 보았던 질서가 요동에 의한 것이라면, '우리가 질서를 관측한 부분'을 제외한 곳에서는 어떤 질서도 기대할 수 없게 된다.

과거의 우주가 질서정연했기 때문에 사물들이 지금처럼 분리되어 있는 것이라고 가정해보자. 그렇다면 지금 우리의 눈에 보이는 질서는 요동 때문이 아니라 애초에 검은색과 흰색이 분리되어 있었기 때문이라고 생각할 수 있다. 이 가설에 의하면 다른 장소에도 질서가 존재할 수 있다. 물론 그 질서는 요동에 의한 것이 아니라 초기 상태가 원래 질서정연했기 때문에 나타난 결과이다. 그러므로 우리가 아직 관측하지 않은 곳에서도 질서는 얼마든지 존재할 수 있다.

지금까지 천문학자들은 하늘의 별들 중 극히 일부만을 관측해왔다. 그들은 지금도 망원경을 이리저리 돌리면서 새로운 별들을 매일 찾아내고 있는데, 새로 발견된 별들은 기존의 별들과 거의 동일한 성질을 갖고 있다. 그러므로 이 우주의 질서는 요동에 의한 것이 아니라 초기의 질서정연한 상태가 남긴 흔적이라고 말할 수 있다. 그렇다고 우리가 우주의 질서를 모두 이해한 것은 아니지만, 초기 우주의 엔트로피가 아주 낮았다가 시간의 흐름에 따라 꾸준하게 증가해온 것만은 사실인 듯하다. 이것이 바로 우주가 진행되는 방식이다. 우리의 눈에 보이는 모든 비가역성은 여기에 근원을 두고 있으며, 성장과 붕괴의 모든 과정도 이 길을 따라가고 있다. 그래서 우리는 지금보다 무질서도가 작았던 과거를 기억할 수는 있지만 지금보다 무질서도가 큰 상태, 즉 미래를 기억할 수는 없다. 그러므로 이 강의의 초반기에 언급한 바와 같이, 한 잔의 술에는 모든 우주가 담겨 있다고 말할 수 있는 것이다. 한 잔의 술에는 물과 유리, 그리고 빛 등 여러 가지 물체들이 혼재되어 있으므로 끔찍하게 복잡한 존재이다.

래칫과 폴이 작동할 수 있는 이유는 그것이 이 우주의 일부분이기 때문이다. 래칫과 폴은 우주 전체와 궁극적인 접촉을 유지하고 있기 때문에 한쪽 방향으로 작동할 수 있는 것이다. 래칫과 폴이 우주의 일부분이라는 것은 이 장치가 물리 법칙을 따른다는 의미가 아니라, 장치의 일방통행성이 우주의 일방통행성과 서로 연결되어 있다는 뜻이다. 물론 구체적인 연결 관계는 우주의 역사가 완전히 규명되지 않는 한 여전히 미지로 남게 될 것이다.

CHAPTER 47
음파와 파동 방정식

47-1 파동

이 장에서는 '파동'에 대해 알아보자. 파동은 물리학의 여러 분야에 걸쳐 매우 빈번하게 등장하는 현상으로서, 여기 소개될 특별한 사례(음파) 말고도 상당히 많은 분야에 응용되고 있다.

앞에서 조화 진동자에 대하여 공부할 때, 진동은 역학적 계뿐만 아니라 전기 회로에도 똑같은 형태로 일어난다는 사실을 강조한 바 있다. 파동은 진동계와 밀접하게 관련되어 있지만, 진동과 달리 파동은 한 장소에서 시간축에 대해 진동할 뿐만 아니라, 공간상에서 특정 방향으로 진행하기도 한다.

사실, 우리는 이미 앞에서 파동에 대해 공부한 적이 있다. 동일한 진동수를 갖는 여러 개의 광원들이 빛을 방출했을 때, 공간상의 각 지점에는 간섭이라는 현상이 다양한 형태로 나타났다. 이 강의에서 빛(또는 전자기파)의 파동적 성질과 관련하여 아직 언급되지 않은 성질이 두 개 있는데, 그중 하나가 바로 시간에 대한 간섭이다(공간에 대한 간섭은 이미 앞에서 언급되었다). 진동수가 조금 다른 두 개의 음원(sound source)이 동시에 진동하면서 생성되는 음파는 그림 47-1처럼 파동의 마루 자체가 진동하는 형태로 나타난다. 이렇게 소리가 커졌다 작아졌다 하는 현상은 공간이 아닌 시간에 대한 간섭의 결과로서, 흔히 맥놀이(beat)라 한다. 아울러 파동이 어떤 부피 안에 갇혔을 때 벽에 의해 반사된 파동의 패턴에 관해서도 아직 언급한 적이 없다.

물론 이 문제는 전자기파를 강의할 때 함께 다룰 수도 있었다. 그렇게 하지 않은 이유는, 단 하나의 사례만으로 "여러 분야에 적용될 수 있는 무언가를 배웠다"는 느낌을 여러분에게 전달하기가 어렵다고 생각했기 때문이다. 파동이라는 현상이 전기적 현상을 비롯하여 엄청나게 많은 분야에 적용될 수 있다는 것을 확실하게 강조하기 위해 음파(sound wave)라는 주제를 선택한 것이다.

파동의 또 다른 예로는 바닷가에서 밀려오는 파도와 이보다 작은 규모의 수면파 등을 들 수 있으며, 고체의 내부에서 진행되는 탄성파(elastic wave) 역시 파동의 일종이다. 탄성파는 고체 입자가 파동의 진행 방향을 따라 진동하면서 나타나는 종파(longitudinal wave)와 파동의 진행 방향에 수직한 방향으로 진동하면서 나타나는 횡파(transverse wave)가 있다. 지진은 지각에서

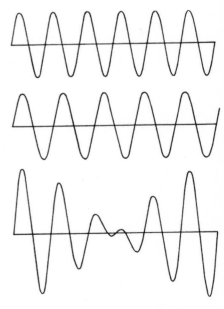

그림 47-1 진동수가 조금 다른 두 개의 음원이 시간에 대해 간섭을 일으킨 결과는 맥놀이라는 현상으로 나타난다.

발생한 횡파와 종파를 모두 포함하고 있다.

　　현대 물리학에는 또 다른 형태의 파동이 등장한다. 주어진 장소에서 입자가 발견될 확률 진폭을 나타내는 물질파(matter wave)도 일종의 파동인데, 이것은 앞에서 잠시 다룬 적이 있다. 물질파의 진동수는 에너지에 비례하고 파동수는 운동량에 비례한다. 물질파는 양자 역학에서 중추적인 역할을 한다.

　　이 장에서는 속도와 파장이 서로 무관한 파동만을 다룰 것이다. 이런 파동의 대표적인 사례로는 진공 중에서 진행하는 빛을 들 수 있는데, 라디오파와 푸른빛, 초록색 빛 등 각 진동수대별로 빛의 파장은 다양하지만 이들의 진행 속도는 모두 같다. 바로 이러한 성질 때문에 앞에서 파동을 공부할 때 '파동의 전달(wave propagation)'이라는 현상이 우리의 눈에 쉽게 보이지 않았던 것이다. 그 대신 "전하가 한 지점에서 움직이면 x 만큼 떨어진 지점에 전기장이 형성된다"는 표현을 사용했다. 이때 형성되는 전기장은 시간 $t - x/c$ 의 시점에서 전하의 가속도에 비례한다. 그러므로 어느 한 순간에 전기장의 공간 분포를 알고 싶다면 그림 47-2처럼 전기장이 시간 t 동안 ct 만큼 진행한다는 사실을 고려해야 한다. 1차원만 고려한다면 전기장은 $x - ct$ 의 함수이다. $t = 0$ 일 때 전기장은 x 만의 함수이고 여기서 시간이 흘렀을 때 똑같은 전기장을 얻으려면 x 의 값을 더 크게 잡아야 한다(그래야 $x - ct$ 가 변하지 않아서 함수의 값이 유지된다 : 옮긴이). 예를 들어, $t = 0$ 인 순간에 $x = 3$ 에서 전기장이 최대가 되었다면 시간 t 가 흘렀을 때 전기장이 최대가 되는 지점은

$$x - ct = 3 \qquad 또는 \qquad x = 3 + ct$$

로 이동한다. 일반적으로 이런 형태의 함수는 진행하는 파동을 나타낸다.

　　그러므로 $f(x - ct)$ 는 파동을 나타내는 함수라 할 수 있다. 여기서 시간이 Δt 만큼 흘러서 위치가 Δx 만큼 변했을 때, 이들 사이에는 $\Delta x = c\Delta t$ 의 관계가 성립하므로

$$f(x - ct) = f(x + \Delta x - c(t + \Delta t))$$

가 성립한다. 물론 1차원의 파동은 오른쪽뿐만 아니라 왼쪽으로 진행할 수도 있다(음의 x방향). 이런 파동은 함수 $g(x + ct)$ 로 표현된다.

　　같은 시간, 같은 장소에 두 개 이상의 파동이 존재할 수도 있다. 앞에서 공부했던 전기장도 서로 독립적으로 진행하는 두 개의 장이 더해진 결과이다. 따라서 전기장은 $f_1(x - ct)$ 와 $f_2(x - ct)$ 의 합으로 나타낼 수 있으며, 이것을 '중첩 원리(principle of superposition)'라 한다. 음파의 경우에도 중첩 원리가 적용된다.

　　빛(전자기파)의 경우, 전하의 진동으로부터 어느 한 지점에 형성되는 전기장의 크기와 방향을 계산하는 분명한 법칙이 있었다. 음파의 전달 속도는 빛보다 훨씬 느리므로 빛의 경우와 마찬가지로 지연 현상이 나타날 것이고, 지연되는 정도는 소리의 매질인 공기의 상태(기압)에 따라 달라질 것이다. 따라

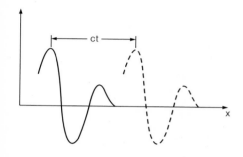

그림 47-2 실선으로 그려진 곡선은 어떤 특정 시간에서의 전기장을 나타내고 점선은 그로부터 시간 t가 지난 후의 전기장을 나타낸다.

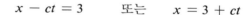

서 음원의 운동 상태에 따른 소리의 변화에도 무언가 규칙이 있을 것 같다. 빛의 경우에는 한 장소에 있는 전하가 다른 위치에 있는 전하에게 가하는 힘만 알면 되었으므로 크게 문제될 것이 없었다. 한 장소에서 다른 장소로 빛이 전달되는 구체적인 과정은 근본적인 문제가 아니었다. 그러나 소리는 공기에 의해 전달되기 때문에 공기의 압력이 달라지면 전달 과정에도 변화가 나타난다. 그리고 공기 자체가 움직여도(바람) 결과는 달라질 것이다. 그러므로 전기장에서 사용했던 논리를 음파에 그대로 적용할 수는 없다. 소리의 압력이 공기를 통해 전달되는 법칙을 제시한다 해도 여러분은 그다지 만족스럽지 않을 것이다. 왜냐하면 그 압력이라는 것은 역학의 법칙을 통해 이해되어야 하기 때문이다. 간단히 말해서, 소리는 역학의 한 분야이므로 뉴턴의 운동 법칙으로 이해되어야 하는 것이다. 소리가 한 지점에서 다른 지점으로 전달되는 것은 역학의 결과이며, 소리가 기체 속을 통과할 때는 기체 역학으로, 액체나 고체 속을 통과할 때는 액체나 고체 역학으로 설명되어야 한다. 나중에 우리는 이와 비슷한 방법으로 전기 역학을 이용하여 빛의 전달 과정을 공부하게 될 것이다.

47-2 소리의 전달 과정

지금부터 뉴턴의 법칙에 입각하여 음원과 수신기(또는 수신자) 사이를 진행해가는 음파의 특성에 대하여 알아보자. 단, 음원과 수신기 사이의 상호 작용은 고려하지 않기로 한다. 우리는 대체로 유도 과정보다는 결과를 강조하는 경향이 있는데, 이 장에서는 그 반대의 입장을 고수할 것이다. 사실 이 장의 핵심은 유도 과정, 그 자체이다. 이미 알려져 있는 어떤 현상을 이용하여 새로운 현상을 설명하는 것은 수리물리학의 예술이라 할 만큼 멋지고 심오한 작업이다. 수리물리학자들의 과제는 크게 두 가지로 나눌 수 있다. 하나는 주어진 방정식으로부터 답을 구하는 것이고, 또 하나는 새로운 현상을 설명해줄 새로운 방정식을 유도하는 것이다. 지금부터 할 이야기는 두 번째의 과제에 해당된다.

우선, 가장 간단한 경우인 1차원 음파의 진행에 대해 알아보자. 이 문제를 수학적으로 해결하려면 음파의 전달 과정에서 구체적으로 무슨 일이 일어나고 있는지를 알아야 한다. 일반적으로 임의의 물체가 공간상의 한 지점에서 다른 지점으로 움직이면 일종의 교란(disturbance)이 공기를 타고 진행하게 된다. 그 원인을 묻는다면 물체의 움직임이 공기의 압력을 변화시키기 때문이라고 말할 수 있다. 물론 물체의 속도가 느리면 공기는 물체의 주변을 흘러갈 뿐이다. 그러나 물체가 빠르게 움직이면 공기가 물체의 주변을 조용히 '흘러갈' 정도로 시간이 충분하지 않다. 이런 경우에는 움직이는 물체에 의해 공기가 압축되고 압축된 공기가 다른 공기를 밀어내며, 밀린 공기는 다시 압축되어 또 다른 공기를 밀어내는 식으로 일종의 연쇄 반응이 일어나는데, 이것이 바로 음파가 전달되는 원리이다.

우리에게 주어진 과제는 이 과정을 수학적으로 서술하는 것이다. 먼저 어떤 변수가 필요한지 알아보자. 지금 주어진 문제에서는 공기의 이동 거리가 중요한 역할을 할 것이므로, 음파 속에서 나타나는 '공기의 변위'를 필요한 변수 중 하나로 선택하자. 앞으로 우리는 공기의 움직임에 따른 밀도의 변화를 계산해야 한다. 그리고 위치에 따라 달라지는 공기의 압력도 중요한 변수이다. 움직이는 공기는 분명 속도와 가속도를 갖고 있으므로 공기 입자의 속도와 가속도도 알아야 한다. 그러나 이 많은 변수들을 일일이 나열하다보면 잠시 비관적인 생각이 떠오르다가 "공기의 속도와 가속도는 공기의 변위로부터 계산할 수 있다"는 지극히 당연한 사실을 깨닫게 될 것이다.

위에서 언급한 대로, 지금 우리는 1차원 파동을 다루는 중이다. 소리를 듣는 수신자와 파원 사이의 거리가 충분히 멀어서 파동선단(wavefront)이 거의 평면에 가깝다면 이 파동은 1차원 파동으로 간주될 수 있다. 1차원 파동의 변위 χ는 변위 x와 시간 t의 함수로서, y나 z에는 무관하다. 그러므로 공기의 상태는 $\chi(x, t)$로 나타낼 수 있다.

이것으로 충분한가? 물론 턱도 없는 소리다. 우리는 공기 분자의 움직임에 관하여 아직 한 마디도 언급하지 않았다. 공기 분자는 모든 방향으로 움직일 수 있기 때문에, $\chi(x, t)$라는 함수만으로는 그 복잡한 움직임을 모두 나타낼 수 없다. 운동 이론의 관점에서 볼 때, 한 지점의 분자 밀도가 높고 다른 지점의 분자 밀도가 낮다면 분자는 밀도가 높은 곳에서 낮은 곳으로 이동하고, 시간이 흐르면 밀도의 차이는 곧 사라진다. 이렇게 되면 공기의 진동은 일어나지 않고 소리도 전달될 수 없다. 그렇다면 음파는 어떻게 전달되는 것일까? 밀도와 압력이 높은 곳에서 빠져나간 분자들은 밀도가 낮은 이웃한 분자들에게 운동량을 전달한다. 공기 중에서 소리가 전달되려면 밀도와 압력이 변하는 지역의 폭이 분자의 이동 거리(압력이 높은 곳에서 빠져나온 분자가 다른 분자와 충돌할 때까지 이동한 거리)보다 커야 한다. 이 거리는 앞에서 언급한 바 있는 '평균 자유 경로(mean free path)'이다. 즉, 압력의 최대점과 최소점 사이의 거리가 공기 분자의 평균 자유 경로보다 훨씬 커야 소리가 전달될 수 있다. 그렇지 않으면 공기 분자들이 압력의 최대점에서 최소점으로 쉽게 이동하여 압력의 차이가 금방 소멸되어버리기 때문이다.

지금 우리의 목적은 평균 자유 경로보다 훨씬 큰 스케일에서 기체의 움직임을 서술하는 것이므로, 기체의 특성을 개개의 분자로부터 유추해낼 필요는 없다. 예를 들어, 공기의 변위는 작은 부분의 질량 중심이 이동한 거리로 대치할 수 있고 밀도와 압력도 그 부분의 밀도와 압력으로 대치하면 된다. 압력 P와 밀도 ρ는 x와 t의 함수이다. 물론, 이런 식의 표현은 기체의 특성이 거리에 따라 빠르게 변하지 않는 경우에 한하여 사용할 수 있다.

47-3 파동 방정식

음파에 관한 물리학은 다음의 세 가지 사항으로 요약된다.

I. 기체가 이동하면 밀도가 변한다.

II. 기체의 밀도가 변하면 기체의 압력도 변한다.

III. 압력이 균일하지 않으면 기체의 운동이 야기된다.

제일 먼저 항목 II를 생각해보자. 기체, 액체, 고체에 상관없이 압력은 밀도의 함수로 표현된다. 소리가 아직 도달하지 않은 평형 상태의 압력을 P_0, 밀도를 ρ_0라 하자. 매질의 압력 P와 밀도 ρ의 관계가 $P = f(\rho)$라는 함수로 주어졌다면 당연히 $P_0 = f(\rho_0)$이다. 소리가 도달했을 때 나타나는 압력의 변화는 아주 작다. 공기의 압력을 나타낼 때에는 주로 '바(bar)'라는 단위를 사용하는데, $1\text{bar} = 10^5 \text{n/m}^2$이다. 1기압의 압력은 1bar와 거의 같다(1기압 = 1.0133bar). 사람의 귀가 소리에 반응하는 감도는 거의 로그 함수적으로 변하기 때문에, 소리 강도 역시 로그를 취한 값으로 정의한다. 소리의 강도는 흔히 데시벨(db)을 단위로 하는 '음압(acoustic pressure level)'이라는 물리량으로 표현되는데, 압력이 P일 때 음압 I는 다음과 같이 정의된다.

$$I(\text{음압}) = 20 \log_{10}(P/P_{\text{ref}}) \qquad \text{단위 : db(데시벨)} \qquad (47.1)$$

여기서 기준압력 $P_{\text{ref}} = 2 \times 10^{-10}\text{bar}$이며, $P = 10^3 P_{\text{ref}} = 2 \times 10^{-7}\text{bar}$는 가장 듣기 적당한 소리인 60데시벨에 해당된다.* 이 식에서 보다시피, 소리의 강도를 좌우하는 압력의 변화는 평형 상태의 압력(1기압)에 비해 지극히 작다. 그러나 화약이나 폭탄이 폭발할 때에는 압력의 차이가 1기압 이상 날 수도 있다. 압력의 변화가 이 정도로 커지면 전혀 새로운 현상이 나타나게 되는데, 이에 관한 자세한 내용은 나중에 따로 설명할 예정이다. 소리의 강도가 100db을 넘어가면 고려 대상에서 제외하는 것이 보통이다. 우리의 귀가 견딜 수 있는 가장 큰 소리는 120db 정도이다. 따라서 소리의 경우

$$P = P_0 + P_e, \qquad \rho = \rho_0 + \rho_e \qquad (47.2)$$

라 하면 P_e는 압력의 변화량을, 그리고 ρ_e는 밀도의 변화량을 의미한다. 그런데 P_e와 ρ_e는 P_0와 ρ_0에 비해 매우 작은 양이므로

$$P_0 + P_e = f(\rho_0 + \rho_e) = f(\rho_0) + \rho_e f'(\rho_0) \qquad (47.3)$$

으로 쓸 수 있다. 여기서 $P_0 = f(\rho_0)$이고 $f'(\rho_0)$는 $\rho = \rho_0$에서 $f(\rho)$의 미분을 나타낸다[물론, 식 (47.3)은 ρ_e가 충분히 작은 경우에만 성립하는 근사식이다]. 그러므로 압력의 변화량 P_e는 ρ_e에 비례하며, 비례 상수는 $f'(\rho_0)$이다. 앞으로 이 상수를 κ로 표기하자. 그러면

$$P_e = \kappa \rho_e \qquad \text{단, } \kappa = f'(\rho_0) = (dP/d\rho)_0 \quad \text{(II)} \qquad (47.4)$$

이 된다. 항목 II에 필요한 관계식은 이것이 전부이다.

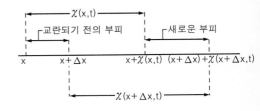

그림 47-3 원래 x에 있던 공기의 위치는 $\chi(x, t)$만큼 변하고 $x + \Delta x$에 있던 공기의 위치는 $\chi(x + \Delta x, t)$만큼 변한다. 단위 면적 안에 들어 있는 평면파의 부피는 원래 Δx였지만, 이동 후에는 $\Delta x + \chi(x + \Delta x, t) - \chi(x, t)$가 된다.

---

* 기준압력 P_{ref}를 이 값으로 잡았을 때 P는 음파의 최대 압력이 아니라 압력의 제곱 평균 제곱근(root-mean-square)을 의미한다. 이 값은 최대 압력의 $1/\sqrt{2}$배에 해당된다.

그 다음으로, 항목 I을 고려해보자. 아직 음파에 의해 교란되지 않은 공기의 일부분의 위치를 x라 하고, 시간 t에 음파가 도달하여 나타난 위치의 변화를 $\chi(x, t)$라 하자. 그러면 시간 t에서의 새로운 위치는 그림 47-3과 같이 $x + \chi(x, t)$가 된다. 그리고 그 근처에 있는 다른 부분의 원래 위치를 $x + \Delta x$라 하면 새로운 위치는 $x + \Delta x + \chi(x + \Delta x, t)$이다. 이 경우, 밀도의 변화는 다음과 같이 계산할 수 있다. 지금 우리는 평면파(plane wave)만을 고려하고 있으므로, 음파의 진행 방향인 x축에 수직한 단위 면적의 평면을 잡을 수 있다. Δx의 길이를 갖는 단위 면적의 기둥 안에 들어 있는 공기의 양은 $\rho_0 \Delta x$이다(ρ_0는 아직 교란되지 않은 상태, 또는 평형 상태의 공기의 밀도이다). 이 공기가 음파에 의해 교란되면 위치는 $x + \chi(x, t)$에서 $x + \Delta x + \chi(x + \Delta x, t)$ 사이에 놓이게 되는데(교란되기 전에는 x와 $x + \Delta x$ 사이에 놓여 있었다), 위치만 바뀌었을 뿐 내용물은 물리적으로 달라진 것이 없으므로 새로운 밀도 ρ는 다음과 같이 쓸 수 있다.

$$\rho_0 \Delta x = \rho[x + \Delta x + \chi(x + \Delta x, t) - x - \chi(x, t)] \qquad \text{식 (47.5)}$$

Δx는 아주 작은 양이므로 $\chi(x + \Delta x, t) - \chi(x, t) = (\partial \chi / \partial x) \Delta x$로 쓸 수 있다. 전미분이 아닌 편미분이 나타난 이유는 χ가 단일 변수의 함수가 아니라 x와 t의 함수이기 때문이다. 그러므로 식 (47.5)는

$$\rho_0 \Delta x = \rho \left(\frac{\partial \chi}{\partial x} \Delta x + \Delta x \right) \qquad (47.6)$$

또는

$$\rho_0 = (\rho_0 + \rho_e) \frac{\partial \chi}{\partial x} + \rho_0 + \rho_e \qquad (47.7)$$

로 쓸 수 있다. 음파의 경우에는 모든 변화가 미세하게 나타나므로 ρ_e와 χ, $\partial \chi / \partial x$는 모두 작은 양이다. 일단 식 (47.7)을 정리하면

$$\rho_e = -\rho_0 \frac{\partial \chi}{\partial x} - \rho_e \frac{\partial \chi}{\partial x} \qquad (47.8)$$

가 된다. 그런데 우변의 두 번째 항 $\rho_e \partial \chi / \partial x$는 작은 양이 두 번 곱해져 있기 때문에 $\rho_0 \partial \chi / \partial x$보다 훨씬 작다. 이 항을 무시하면 항목 I에 필요한 최종 관계식이 다음과 같이 얻어진다.

$$\rho_e = -\rho_0 \frac{\partial \chi}{\partial x} \quad (\text{I}) \qquad (47.9)$$

바로 이것이 우리가 원했던 물리적 방정식이다. 이 식은 공기의 변위가 x에 따라 달라지면 밀도가 변한다는 것을 수학적으로 보여주고 있다(물리적으로는 당연한 사실이다. 만일 위치의 변화가 x에 관계없이 균일하게 일어난다면 모든 공기가 평행 이동한 것에 불과하므로, 경계 부분을 제외한 대부분의 밀도는 달라지지 않을 것이다). 우변에 붙어 있는 $-$부호도 이치에 맞는다. 변

위 χ가 x를 따라 증가한다면 똑같은 내용물(공기)을 길게 잡아늘인 것과 비슷하므로 밀도가 감소해야 하는데, $-$ 부호는 바로 이 '감소'를 의미한다.

이제 항목 III에 관한 방정식만 유도하면 된다. 이 식은 압력에 의해 야기되는 공기의 운동을 결정해줄 것이다. 힘과 압력의 관계를 알고 있으면 필요한 운동 방정식을 구할 수 있다. x축에 수직한 방향으로 면적이 1이고 두께가 Δx인 얇은 공기층을 잡으면 이 부분의 질량은 $\rho_0 \Delta x$이고 가속도는 $\partial^2\chi/\partial t^2$이므로, 질량과 가속도의 곱은 $\rho_0\Delta x(\partial^2\chi/\partial t^2)$이 된다(가속도 $\partial^2\chi/\partial t^2$는 Δx 중 어느 곳을 잡아서 계산해도 상관없다). 이제 이 부분에 x방향으로 작용하는 힘을 구하여 $\rho_0\Delta x(\partial^2\chi/\partial t^2)$와 같게 놓으면 하나의 운동 방정식이 유도되는 셈이다. 위치 x에서 $+x$방향으로 단위 면적당 작용하는 힘의 크기를 $P(x,\,t)$라 하고 위치 $x+\Delta x$에서 $-x$방향으로 단위 면적당 작용하는 힘의 크기를 $P(x+\Delta x,\,t)$라 하면(그림 47-4 참조),

그림 47-4 x축 방향과 수직한 단위 면적에 작용하는 알짜힘($+x$방향)은 $-(\partial P/\partial x)\Delta x$이다.

$$P(x,\,t) - P(x+\Delta x,\,t) = -\frac{\partial P}{\partial x}\Delta x = -\frac{\partial P_e}{\partial x}\Delta x \qquad (47.10)$$

로 쓸 수 있다. 물론 이 식은 Δx가 아주 작을 때만 성립하는 근사식이며, $\partial P/\partial x = \partial(P_0 + P_e)/\partial x = \partial P_e/\partial x$를 사용하였다. 이로부터 우리는 항목 III에 대응되는 운동 방정식을 다음과 같이 쓸 수 있다.

$$\rho_0 \frac{\partial^2\chi}{\partial t^2} = -\frac{\partial P_e}{\partial x} \quad \text{(III)} \qquad (47.11)$$

이상으로, 모든 물리량들을 연결해주는 방정식이 유도되었다. 이제 우리가 할 일은 방정식을 풀어서 χ를 구하는 것뿐이다. 식 (47.4)를 식 (47.11)에 대입하여 P_e를 소거하면

$$\rho_0 \frac{\partial^2\chi}{\partial t^2} = -\kappa\frac{\partial \rho_e}{\partial x} \qquad (47.12)$$

가 되고, 여기에 식 (47.9)를 대입하여 ρ_0까지 소거하면

$$\frac{\partial^2\chi}{\partial t^2} = \kappa\frac{\partial^2\chi}{\partial x^2} \qquad (47.13)$$

을 얻는다. 여기에 상수 $c_s^2 = \kappa$를 도입하면

$$\frac{\partial^2\chi}{\partial x^2} = \frac{1}{c_s^2}\frac{\partial^2\chi}{\partial t^2} \qquad (47.14)$$

이 되는데, 이것이 바로 물질 속에서 음파의 행동 양식을 서술하는 파동 방정식이다.

47-4 파동 방정식의 해

방금 유도한 파동 방정식이 물질 속을 진행하는 음파의 성질을 과연 얼

마나 정확하게 서술할 수 있는지 알아보자. 앞으로 우리는 음파의 펄스가 균일한 매질 속에서 일정한 속도로 움직인다는 사실을 증명한 후에, 서로 다른 두 개의 펄스가 독립적으로 진행한다는 중첩 원리를 증명할 것이다. 그리고 음파는 오른쪽이나 왼쪽 중 어느 쪽으로든 진행할 수 있다는 것을 추가로 증명할 것이다. 이 모든 성질들은 하나의 파동 방정식으로부터 증명될 수 있다.

균일한 속도 v로 움직이는 평면파가 $f(x - vt)$라는 함수의 형태로 표현된다는 것은 앞에서 이미 설명한 바 있다. 그렇다면 $\chi(x, t) = f(x - vt)$는 과연 파동 방정식을 만족할 것인가? 지금부터 $f(x - vt)$를 파동 방정식에 대입하여 그 여부를 확인해보자. 우선, $\partial\chi/\partial x = f'(x - vt)$이고 한 번 더 미분하면

$$\frac{\partial^2\chi}{\partial x^2} = f''(x - vt) \tag{47.15}$$

이다.

동일한 함수를 t로 미분하면 $-v$라는 상수가 앞에 나타나서 $\partial\chi/\partial t = -vf'(x - vt)$가 되고, 이것을 t로 한 번 더 미분한 결과는 다음과 같다.

$$\frac{\partial^2\chi}{\partial t^2} = v^2 f''(x - vt) \tag{47.16}$$

그러므로 $v = c_s$이면 $f(x - vt)$는 파동 방정식을 만족한다.

방금 우리는 역학 법칙을 이용하여 음파의 전달 속도가 c_s임을 증명하였다. 그런데 앞에서 내렸던 정의에 의하면

$$c_s = \kappa^{1/2} = (dP/d\rho)_0^{1/2}$$

이므로, 결국 우리는 음파의 속도와 매질의 특성을 연결하는 관계식을 유도한 셈이다.

반대쪽으로 진행하는 파동 $\chi(x, t) = g(x + vt)$가 우리의 파동 방정식을 만족한다는 것도 쉽게 증명할 수 있다. $f(x - vt)$의 경우와 다른 점은 v의 부호가 다르다는 것뿐인데, $\partial^2\chi/\partial t^2$ 항에 나타나는 계수는 식 (47.16)에서 보다시피 v가 아닌 v^2이므로 v의 부호와 아무런 상관이 없다. 즉, c_s의 속도로 오른쪽, 왼쪽으로 진행하는 파동은 모두 파동 방정식의 해이다.

여기서 가장 흥미를 끄는 것은 바로 중첩에 관한 문제이다. 파동 방정식을 만족하는 하나의 해를 χ_1이라 하자. 그러면 식 (47.14)에 의해 x에 대한 χ_1의 2계 미분은 t에 대한 χ_1의 2계 미분에 $1/c_s^2$을 곱한 것과 같다. 그리고 또 하나의 해를 χ_2라 하면, χ_2도 이와 동일한 성질을 갖는다. 이제 두 개의 해를 중첩시키면

$$\chi(x, t) = \chi_1(x, t) + \chi_2(x, t) \tag{47.17}$$

가 되는데, 우리의 목적은 이렇게 만들어진 χ도 파동 방정식을 만족한다는 것을 증명하는 것이다. 증명 과정은 별로 어려울 것이 없다. 일단,

$$\frac{\partial^2 \chi}{\partial x^2} = \frac{\partial^2 \chi_1}{\partial x^2} + \frac{\partial^2 \chi_2}{\partial x^2} \qquad (47.18)$$

이고

$$\frac{\partial^2 \chi}{\partial t^2} = \frac{\partial^2 \chi_1}{\partial t^2} + \frac{\partial^2 \chi_2}{\partial t^2} \qquad (47.19)$$

이므로, χ_1과 χ_2가 파동 방정식의 해라는 가정을 이용하면 $\partial^2\chi/\partial x^2 = (1/c_s^2)\partial^2\chi/\partial t^2$임이 쉽게 증명된다. 이것으로 우리는 중첩 원리를 수학적으로 증명한 셈이다. 파동의 중첩 원리가 성립하는 근본적인 이유는 방정식 자체가 χ에 대한 선형 방정식(linear equation)이기 때문이다.

지금까지 얻은 결과를 빛에 적용시켜보자. y방향으로 편광된 빛의 평면파가 x방향으로 진행하고 있을 때, 전기장 E_y는 다음의 파동 방정식을 만족할 것이다.

$$\frac{\partial^2 E_y}{\partial x^2} = \frac{1}{c^2}\frac{\partial^2 E_y}{\partial t^2} \qquad (47.20)$$

여기서 상수 c는 빛의 속도를 나타낸다. 사실, 이 파동 방정식은 맥스웰의 방정식으로부터 유도되는 결과들 중 하나이다. 음파의 파동 방정식이 역학적 논리로 유도되는 것처럼, 빛의 파동 방정식은 전자기학의 이론으로부터 자연스럽게 유도된다.

47-5 소리의 속도

우리는 음파에 대한 파동 방정식을 유도하면서, 밀도에 대한 압력의 변화율이 파동의 속도와 관계된다는 사실을 알았다.

$$c_s^2 = \left(\frac{dP}{d\rho}\right)_0 \qquad (47.21)$$

이 변화율을 계산하려면 온도의 변화를 알아야 한다. 음파의 경우, 공기가 압축된 지역에서는 온도가 올라가고, 공기가 희박한 지역의 온도는 내려간다. 밀도에 대한 압력의 변화율을 처음으로 계산한 사람은 뉴턴이었는데, 그는 공기의 온도가 변하지 않는다는 가정을 세웠었다. 공기 중에서는 열의 전달 속도가 매우 빠르기 때문이다. 이렇게 하면 온도가 일정한 공기 속에서 음파의 속도는 구할 수 있지만, 이 결과를 일반적으로 적용할 수는 없다. 그후, 라플라스(Laplace)는 공기의 압력과 온도가 단열적으로 변한다는 아이디어를 제시하여 올바른 결과를 얻을 수 있었다. 즉, 소리의 파장이 평균 자유 경로보다 길면 압축된 지역에서 희박한 지역으로 흐르는 열의 이동은 거의 무시할 수 있다는 것이다. 이런 조건하에서는 음파에서 약간의 열이 이동하여 소리 에너지가 조금 흡수된다 해도 소리의 속도에는 거의 영향을 미치지 않는다. 파장이 평균 자유 경로에 접근하면 흡수되는 양이 많아지겠지만, 실제로 우리의 귀에 들리는 소리의 파장은 평균 자유 경로보다 100만 배 이상 길다.

음파의 경우, 밀도에 따라 압력이 변하는 과정에서는 열의 흐름이 발생하지 않는다. 이 과정은 일종의 단열 과정으로서, 부피를 V라고 했을 때 $PV^\gamma =$ 상수의 관계가 성립된다. 공기의 밀도 ρ는 V에 반비례하므로 P와 ρ의 단열적 관계는 다음과 같다.

$$P = 상수 \times \rho^\gamma \tag{47.22}$$

그리고 이로부터 $dP/d\rho = \gamma P/\rho$임을 알 수 있다. 따라서 c_s^2는 다음과 같이 구해진다.

$$c_s^2 = \frac{\gamma P}{\rho} \tag{47.23}$$

또는 $c_s^2 = \gamma PV/\rho V$로 쓰고 $PV = NkT$의 관계를 이용할 수도 있다. 그리고 기체의 질량 ρV는 Nm, 또는 μ로 쓸 수 있으므로($m =$ 공기 분자의 질량, $\mu =$ 공기의 분자량) 이 표기법을 사용하면

$$c_s^2 = \frac{\gamma kT}{m} = \frac{\gamma RT}{\mu} \tag{47.24}$$

가 된다. 즉, 소리의 속도는 공기의 온도에만 관계하고 압력이나 밀도와는 무관하다. 또, 앞에서 유도한 결과에 의하면

$$kT = \frac{1}{3} m\langle v^2\rangle \tag{47.25}$$

이므로($\langle v^2\rangle$은 분자의 평균 제곱 속도이다) $c_s^2 = (\gamma/3)\langle v^2\rangle$, 또는

$$c_s = \left(\frac{\gamma}{3}\right)^{1/2} v_{\text{av}} \tag{47.26}$$

임을 알 수 있다. 즉, 소리의 속도는 대략 $1/(3)^{1/2}$이라는 상수에 공기 분자의 평균 속도 v_{av}(평균 제곱 속도의 제곱근)를 곱한 것과 같다. 다시 말해서, 소리의 속도는 공기 분자의 속도와 거의 같은 스케일이며, 좀더 구체적으로 말하자면 공기 분자의 평균 속도보다 조금 느리다.

물론 이것은 어느 정도 예상했던 결과이다. 왜냐하면 압력의 변화는 결국 분자의 운동에 의해 전달되기 때문이다. 그러나 이런 대략적인 논리로는 정확한 결과를 얻을 수 없다. 기껏해야 "소리는 주로 가장 빠른 분자나 가장 느린 분자에 의해 전달된다"는 모호한 결과만 내릴 수 있을 뿐이다. 전통적인 역학에 입각한 우리의 논리에 의하면 소리의 속도는 분자의 평균 속도 v_{av}의 약 $1/2$[좀더 정확하게는 $1/\sqrt{3}$]이다.

CHAPTER 48
맥놀이(Beat)

48-1 파동의 합

앞에서 우리는 빛의 파동적 성질과 간섭(두 개의 광원에서 방출된 빛의 중첩)에 대하여 매우 자세히 공부한 적이 있다. 이 문제를 다룰 때, 우리는 광원의 진동수가 모두 같다고 가정했었다. 이 장에서는 진동수가 다른 두 개의 파원(wave source)에 의한 간섭이 어떤 형태로 일어나는지 알아보기로 하자.

구체적인 계산은 앞으로 하게 되겠지만, 대략적인 결과는 미리 예측할 수 있다. 앞에서 다뤘던 문제와 마찬가지로, 진동수가 같은 동일한 파원에서 방출된 파동이 P라는 지점에 동일한 위상으로 도달한다고 가정해보자. 만일 이 파동이 빛이었다면 P지점에는 아주 밝은 빛이 도달하게 되고, 빛이 아니라 소리였다면 매우 큰 소리가 도달하게 될 것이다. 그리고 날아온 것이 전자였다면 P점에는 다른 곳보다 많은 수의 전자가 도달할 것이다. 이와는 반대로, 두 개의 파동이 180°의 위상차를 갖고 P점에 도달했다면 진폭이 최소가 되어 아무런 신호도 잡히지 않는다. 이제, 누군가가 '위상 변경 다이얼'을 조작하여 P점에 도달하는 두 파동의 위상차를 0° ~ 180° 사이에서 자유롭게 변경시키고 있다고 가정해보자. 그러면 P점에 도달하는 신호의 강도는 위상차에 따라 변할 것이다. 그리고 한 파원에 대한 다른 파원의 위상을 0°, 10°, 20°, 30°, 40°, 50°, … 와 같이 균일한 간격으로 천천히 변화시키면 P점에 도달하는 신호의 강도는 최대에서 시작하여 서서히 감소하다가 위상차가 360°가 되었을 때 다시 최대값을 회복하게 될 것이다. 물론, 한 파원의 상대적 위상을 균일한 비율로 변화시키는 것은 한 파원의 1초당 진동 횟수를 변경시킨 것과 동일한 효과를 나타낸다.

이제 우리는 답을 알 수 있다. 두 파원의 진동수가 조금 다른 경우, P점에 나타나는 파동의 강도는 시간에 따라 증감을 반복하게 된다. 이제 남은 일은 이 현상을 수학적으로 이해하는 것이다.

수학적인 표현은 그리 어렵지 않다. 예를 들어, 두 개의 파원에서 나온 파동이 공간상의 한 점 P에서 어떤 모습으로 나타나는지를 관측한다고 가정해보자. 두 개의 파동은 각각 $\cos \omega_1 t$와 $\cos \omega_2 t$로 표현된다고 하자. 물론 진동수뿐만 아니라 진폭까지도 다를 수 있지만, 이런 일반적인 경우는 나중에 다루기로 하고, 우선은 진폭이 같은 경우를 먼저 생각해보자. 그러면 P점에

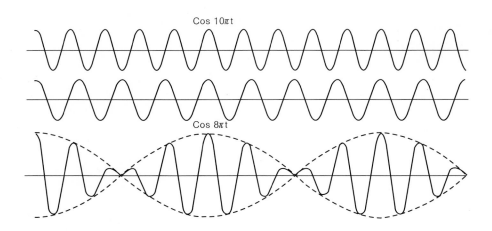

Cos 10πt

Cos 8πt

그림 48-1 진동수의 비가 8 : 10인
두 파동의 중첩

나타나는 최종 진폭은 두 코사인 함수의 합이 될 것이다. 이때 시간에 대한
진폭의 변화를 그려보면 그림 48-1과 같다. 즉, 파동의 정점이 만나는 곳에
서는 진폭이 최대가 되고, 정점과 골짜기가 만나는 곳에서는 진폭이 사라진
다. 그리고 시간이 흘러서 파동의 정점이 다시 만나면 진폭은 최대값을 회복
한다.

이제 우리가 할 일은 두 개의 코사인 함수를 서로 더하는 것이다. 수학책
을 찾아보면 코사인 함수의 연산에 관한 공식이 다양하게 나와 있다. 생긴 건
다소 복잡하지만 다음의 관계를 이용하면 아주 쉽게 증명할 수 있다.

$$e^{i(a+b)} = e^{ia}e^{ib} \qquad (48.1)$$

e^{ia}의 실수 부분은 $\cos a$이고 허수 부분은 $\sin a$이므로, $e^{i(a+b)}$의 실수 부분
은 $\cos(a + b)$이다. 또, 식 (48.1)을 오일러 공식으로 표현하면

$$e^{ia}e^{ib} = (\cos a + i\sin a)(\cos b + i\sin b)$$

가 되는데, 여기서 실수 부분은 $\cos a \cos b - \sin a \sin b$이다. 그러므로

$$\cos(a + b) = \cos a \cos b - \sin a \sin b \qquad (48.2)$$

임을 알 수 있다. 그리고 여기서 b의 부호를 바꾸면 $\cos b$는 변하지 않고 $\sin b$
의 부호만 바뀌므로

$$\cos(a - b) = \cos a \cos b + \sin a \sin b \qquad (48.3)$$

가 된다. 이제 식 (48.2)와 (48.3)을 더하면 $\sin$과 관계된 항은 상쇄되어, 결국
두 코사인 함수의 곱은 다른 두 코사인 함수의 합과 같다는 것을 알 수 있다.

$$\cos a \cos b = \frac{1}{2}\cos(a + b) + \frac{1}{2}\cos(a - b) \qquad (48.4)$$

$\alpha = a + b$, $\beta = a - b$로 놓고 위의 식을 뒤집으면 $\cos\alpha + \cos\beta$에
관한 식을 구할 수 있다. 즉, $a = \frac{1}{2}(\alpha + \beta)$, $b = \frac{1}{2}(\alpha - \beta)$가 되어

$$\cos\alpha + \cos\beta = 2\cos\frac{1}{2}(\alpha + \beta)\cos\frac{1}{2}(\alpha - \beta) \qquad (48.5)$$

가 얻어진다.

다시 우리의 문제로 되돌아가 보자. 식 (48.5)를 이용하면 $\cos \omega_1 t$ 와 $\cos \omega_2 t$ 의 합은 다음과 같이 변형될 수 있다.

$$\cos \omega_1 t + \cos \omega_2 t = 2\cos\frac{1}{2}(\omega_1 + \omega_2)t \cos\frac{1}{2}(\omega_1 - \omega_2)t \qquad (48.6)$$

ω_1과 ω_2가 거의 같은 값이라면 두 진동수의 평균값인 $\frac{1}{2}(\omega_1 + \omega_2)$는 ω_1이나 ω_2와 거의 같아지고 $\omega_1 - \omega_2$는 ω_1이나 ω_2보다 훨씬 작은 값이 된다. 즉, $\cos\frac{1}{2}(\omega_1 + \omega_2)t$는 $\cos\frac{1}{2}(\omega_1 - \omega_2)t$보다 훨씬 빠르게 진동하므로 중첩된 파동의 겉보기 진동수는 $\frac{1}{2}(\omega_1 + \omega_2)$에 가깝고 전체적인 크기, 즉 진폭은 $2\cos\frac{1}{2}(\omega_1 - \omega_2)t$를 따라 변해간다. 다시 말해서, 진동수가 비슷한 두 개의 파동을 중첩시키면 원래의 파동과 비슷한 코사인형 파동이 나타나면서 파동의 크기(또는 진폭)가 $\frac{1}{2}(\omega_1 - \omega_2)$의 진동수로 변한다는 뜻이다. 그렇다면 우리의 귀에 들리는 맥놀이의 진동수는 $\frac{1}{2}(\omega_1 - \omega_2)$일까? 식 (48.6)에 의하면 진폭은 $\cos\frac{1}{2}(\omega_1 - \omega_2)t$를 따라 변하지만, $\frac{1}{2}(\omega_1 + \omega_2)$의 진동수를 갖는 파동은 그림 48-1의 점선처럼 서로 부호가 반대인 두 개의 코사인 함수 사이에서 진동하게 된다. 이렇게 보면 중첩된 파동의 진폭은 $\frac{1}{2}(\omega_1 - \omega_2)$의 진동수를 따라 변한다고 말할 수 있다. 그러나 파동의 '강도(intensity)'를 따진다면 진동수는 두 배로 커진다. 우리가 얻은 해는 $\cos\frac{1}{2}(\omega_1 - \omega_2)t$라는 인자를 갖고 있지만, 파동의 강도라는 측면에서 볼 때 진폭의 변조는 $\omega_1 - \omega_2$의 진동수를 갖는다.

그러므로 진동수가 ω_1, ω_2인 두 개의 파동이 중첩되어 나타나는 파동은 진동수가 $\frac{1}{2}(\omega_1 + \omega_2)$이고(두 진동수의 산술 평균), 강도는 $\omega_1 - \omega_2$의 진동수로 진동한다는 결론을 내릴 수 있다.

두 파동의 진폭이 다른 경우에도 이와 비슷한 논리를 펼칠 수 있다. 단, 코사인 함수 앞에 A_1, A_2의 진폭이 각각 곱해지므로 우리의 공식은 조금 더 복잡해진다. 물론 이 계산 역시 식 (48.2)~(48.5)를 이용하여 수행할 수 있다. 그러나 이 경우에는 코사인 함수보다 훨씬 더 쉬운 계산법이 있다. 우리는 사인이나 코사인보다 지수의 계산이 훨씬 더 간단하다는 것을 이미 알고 있다. 즉, $A_1 \cos \omega_1 t$를 $A_1 e^{i\omega_1 t}$의 실수 부분으로 나타내면 계산의 상당 부분을 줄일 수 있다. 다른 하나의 파동은 $A_2 e^{i\omega_2 t}$의 실수 부분에 해당된다. 이들을 더하면 $A_1 e^{i\omega_1 t} + A_2 e^{i\omega_2 t}$가 되고, 여기서 평균 진동수를 끄집어내면

$$A_1 e^{i\omega_1 t} + A_2 e^{i\omega_2 t} = e^{1/2i(\omega_1 + \omega_2)t}\left[A_1 e^{1/2i(\omega_1 - \omega_2)t} + A_2 e^{-1/2i(\omega_1 - \omega_2)t}\right] \qquad (48.7)$$

이 된다. 보다시피, 진폭이 다른 두 개의 파동을 더한 결과 역시 높은 진동수의 파동과 낮은 진동수의 변조의 곱으로 나타난다.

48-2 맥놀이와 변조

식 (48.7)로 표현되는 파동의 강도를 계산하려면 좌변이나 우변의 절대값

제곱을 취하면 된다. 일단은 좌변에 절대값의 제곱을 취해보자.

$$I = A_1{}^2 + A_2{}^2 + 2A_1A_2\cos(\omega_1 - \omega_2)t \qquad (48.8)$$

보다시피, 강도는 $(A_1 + A_2)^2$과 $(A_1 - A_2)^2$ 사이를 진동하며, 진동수는 $\omega_1 - \omega_2$이다. 그리고 $A_1 \neq A_2$이면 강도의 최소값은 0이 아니다.

이 상황은 그림 48-2와 같은 그림으로 이해할 수 있다. 복소수 평면에서 ω_1의 진동수로 회전하는 길이 A_1의 벡터와 ω_2의 진동수로 회전하는 길이 A_2의 벡터를 생각해보자. 두 벡터는 각각 파동을 나타낸다. 만일 두 벡터의 진동수가 같다면 이들을 더한 벡터는 일정한 길이를 유지하면서 동일한 진동수로 회전할 것이다. 즉, 두 개의 파동을 더한 파동은 일정한 강도를 유지한다. 그러나 두 파동의 진동수가 조금 다르면 두 개의 복소수 벡터는 조금 다른 속도로 회전하게 된다. 그림 48-3은 벡터 $A_1e^{i\omega_1t}$에 대한 다른 벡터의 상대적인 변화를 도식적으로 나타낸 것이다. A_2가 A_1의 끝을 중심으로 회전하면 둘을 더한 벡터의 길이는 두 벡터가 나란할 때(위치 1) 가장 크고 반대 방향을 향했을 때 가장 작아진다. A_1벡터가 회전함에 따라 둘을 더한 벡터의 길이는 $A_1 + A_2$와 $A_1 - A_2$ 사이를 오락가락하면서 달라지고, 그 결과 파동의 강도는 일종의 진동을 하게 되는 것이다. 이 현상을 설명하는 방법은 이것 말고도 여러 가지가 있다.

진동수가 다른 두 파동을 더한 결과가 시간에 따라 변하는 현상은 실험적으로 쉽게 관측될 수 있다. 두 개의 독립된 음원에 각기 다른 스피커를 연결시키면 각 스피커는 음원의 특색에 따른 고유의 음색을 들려줄 것이다. 두 음원의 진동수를 정확하게 일치시키면 공간상의 각 지점에는 고정된 세기의 소리가 전달된다(물론 위치에 따라 소리의 크기는 달라지지만, 한 지점에 도달하는 소리의 크기는 시간이 흘러도 변하지 않는다). 그러나 두 음원의 진동수를 조금 다르게 조절하면 한 지점에 도달하는 소리의 세기가 시간에 따라 변하기 시작한다. 진동수의 차이가 클수록 이 변화는 더욱 빠르게 진행되는데, 변화의 빈도가 초당 10회를 넘어가면 우리의 귀에는 진폭의 변화가 감지되지 않는다.

두 개의 스피커에 흐르는 전류의 합을 오실로스코프에 전달하면 위에서 말한 변화를 귀가 아닌 눈으로 관측할 수 있다. 맥놀이의 진동수가 작으면 오실로스코프의 스크린에는 진폭이 서서히 변하는 사인 곡선이 나타나지만, 맥놀이의 진동수가 커지면 그림 48-1과 같은 파동이 나타난다. 여기서 두 파동의 진동수 차이를 더 키우면 파동의 '뭉치'들이 더욱 촘촘하게 배열된다. 또, 두 파동의 진폭이 다르면 중첩의 결과로 나타나는 파동의 진폭은 어떤 경우에도 0이 되지 않는다. 이와 같이, 맥놀이 현상은 음향이나 전기 회로에서 동일한 형태로 나타난다.

그런데 경우에 따라서는 이와 정반대의 현상이 나타날 수도 있다! AM(진폭 변조, amplitude modulation) 라디오 방송은 다음과 같은 원리로 진행된다 — AM 방송국에는 800킬로사이클(800,000사이클. 반드시 이 값일 필요

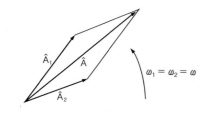

그림 48-2 진동수가 같은 두 복소수 벡터의 합

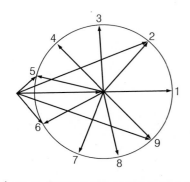

그림 48-3 진동수가 다른 두 복소수 벡터의 합은 한 벡터에 대한 다른 벡터의 회전으로 설명할 수 있다. 그림에는 연속적으로 나타나는 아홉 가지의 경우가 표현되어 있다.

는 없음)의 고주파 교류 전류를 발생시키는 장치가 있다[여기서 방출되는 신호를 캐리어 신호(carrier signal)라 한다]. 이 캐리어 신호가 켜지면 방송국은 초당 800,000번 진동하는 균일한 진폭의 파동을 송출하게 된다. "어떤 자동차를 사는 것이 좋을까요?"하는 등등의 쓸모없는 내용을 포함한 모든 정보들은 아나운서가 마이크에 대고 말할 때 목소리의 진동에 따라 캐리어 신호의 진폭이 변하면서 전달된다.

방송국에서 소프라노 가수가 마이크에 대고 노래를 부르는 경우를 생각해보자. 그녀는 아주 숙달된 가수여서 고음의 목소리를 완벽하게 균일한 톤으로 길게 빼고 있다. 이 목소리가 캐리어 신호에 실리면 그림 48-4와 같이 진폭이 수시로 변하는 파동이 생성된다. 그리고 이 파동이 수신기에 도달하면 캐리어 신호가 제거되면서 원래의 목소리가 재생되는 것이다. 그러므로 이론적으로는 (듣는 사람의 눈이 가려져 있다면) 들려오는 목소리가 생음악인지, 아니면 라디오 방송인지 구별할 수 없다. 그러나 모두들 익히 알고 있듯이 AM 라디오 방송에서 나오는 소리는 파형이 왜곡되거나 다른 잡음이 섞여 있기 때문에 귀를 기울이면 쉽게 구별할 수 있다.

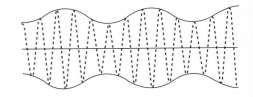

그림 48-4 변조된 캐리어 신호의 파형. 이 그림은 $\omega_c/\omega_m = 5$인 경우이며, 실제의 라디오 방송에서는 $\omega_c/\omega_m \sim 100$ 정도이다(ω_c = 캐리어 신호의 진동수, ω_m = 목소리의 진동수).

48-3   측파대(側波帶, Side band)

위에서 언급한 '변조된 파동'을 수학적으로 표현하면 다음과 같다.

$$S = (1 + b \cos \omega_m t) \cos \omega_c t \qquad (48.9)$$

여기서 ω_c는 캐리어 신호의 진동수이고, ω_m은 목소리의 진동수(또는 변조 진동수)이다. 코사인에 관한 공식이나 $e^{i\theta}$의 연산 법칙을 이용하여 이 식을 좀더 보기 좋은 형태로 바꿔보자. 이 경우에는 $e^{i\theta}$를 사용하는 것이 쉬울 것 같다. 그러나 어떤 계산을 사용하건 결과는 달라지지 않는다. 중간 과정을 생략하고 결과만 써보면 다음과 같다.

$$S = \cos \omega_c t + \frac{1}{2} b \cos(\omega_c + \omega_m)t + \frac{1}{2} b \cos(\omega_c - \omega_m)t \qquad (48.10)$$

따라서 변조된 출력파는 세 가지 파동의 중첩으로 이해할 수 있다. 첫 번째 항은 진동수 ω_c의 정상적인 파동이며 나머지 둘은 새로운 진동수를 갖는 새로운 파동이다. 그 중 하나의 진동수는 캐리어 진동수와 변조 진동수의 합이고 나머지 하나의 진동수는 캐리어 진동수와 변조 진동수의 차이와 같다. 그러므로 여러 가지 진동수에 대하여 변조된 파동의 강도를 그래프로 그려보면 $\omega = \omega_c$일 때 강한 신호가 나타나고, 일단 가수가 노래를 시작하면 $\omega = \omega_c + \omega_m$과 $\omega = \omega_c - \omega_m$에서도 목소리의 강도 b^2에 비례하는 신호가 나타나는데(그림 48-5 참조), 이것을 측파대(側波帶, Side band)라 한다. 변조된 신호는 항상 측파대를 갖고 있다. 만일 두 개의 악기를 동시에 연주하거나 다른 코사인파가 개입되어 변조 진동수가 두 개 이상 존재하는 경우(ω_m, $\omega_{m'}$)에는 $\omega = \omega_c \pm \omega_{m'}$에서도 강한 신호가 나타나게 된다.

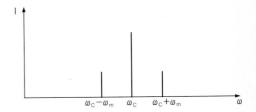

그림 48-5 진동수 ω_m의 코사인파에 의해 변조된 캐리어파(진동수 ω_c)의 진동수 스펙트럼

변조 신호가 여러 개의 코사인 곡선의 합으로 표현되는* 복잡한 경우에도 송신 장치에서 방출되는 파동은 '캐리어 진동수 ± 변조 신호의 최대 진동수' 영역의 진동수를 포함하고 있다.

라디오 방송국에 우뚝 서 있는 거대한 송신탑은 매우 안정된 진동자로부터 정확한 진동수의 파동을 생성하고 있으므로, 아나운서가 "저희 방송국은 800킬로사이클(킬로헤르츠)의 전파를 송신하고 있습니다"라고 말하면 그 말을 액면 그대로 믿기가 쉽다. 그러나 그가 말하는 것은 캐리어 신호의 진동수이고, 우리가 수신하는 변조된 신호는 더 이상 800킬로사이클이 아니다! 아나운서의 목소리가 10,000사이클이었다면, 방송국의 송신기는 790~810킬로사이클 영역에 걸친 신호를 송출하게 된다. 그러므로 만일 다른 방송국에서 795킬로사이클을 캐리어 신호로 사용한다면 엄청난 혼동이 야기될 것이다. 또, 우리가 갖고 있는 수신 장치의 감도가 높아서 800킬로사이클의 신호만 잡아내고 790이나 810킬로사이클을 수신하지 않는다면 우리는 아나운서의 목소리를 전혀 들을 수 없을 것이다. 왜냐하면 방송국의 마이크를 통해 접수된 음성 정보는 바로 이 변두리 주파수에 모두 들어 있기 때문이다! 그러므로 방송국들은 측파대가 섞이지 않도록 캐리어 진동수의 차이를 확보해야 하며, 수신자들은 측파대가 수신될 수 있도록 수신기의 주파수 선택 폭을 늘려야 한다. 우리의 귀가 들을 수 있는 가청 주파수의 폭은 초당 ±20킬로사이클 정도이고 방송국에서 사용하는 캐리어 신호는 500~1500킬로사이클이므로, 주파수 영역이 고갈되어 방송국을 짓지 못하는 불상사는 결코 일어나지 않을 것이다.

텔레비전의 경우는 문제가 조금 더 복잡하다. 전자 빔이 브라운관의 표면을 지나가면서 밝고 어두운 영상을 만들어내는데, 밝은 점과 어두운 점들은 모두 일종의 신호로 간주할 수 있다. 일반적으로 TV 화면에는 약 500개의 선(이를 주사선이라 한다)이 모여서 한 장면의 영상이 만들어진다. 이 영상이 초당 30번 변하면서 움직이는 모습이 재현되는 것이다. 가로 방향과 세로 방향의 해상도가 거의 같다고 가정하면 1인치의 주사선 안에는 일정한 개수의 점이 들어 있는 셈이다. 이제, 각 주사선마다 흑과 백이 번갈아 나타나는 경우에(정보의 양이 가장 많은 최악의 경우) 이 모든 정보를 코사인파에 담으려면 코사인파의 파장은 스크린 크기의 1/250(또는 그 이하)이 되어야 한다. 이렇게 하면 1초당 250 × 500 × 30개의 정보를 얻을 수 있다. 따라서 정보를 실어나르는 파동의 최대 진동수는 초당 4메가사이클 정도가 된다. 그러나 TV에는 음성 정보를 비롯한 다른 정보들이 같이 전달되어야 하기 때문에, 실제로는 이보다 큰 6메가사이클의 신호가 필요하다. 그런데 캐리어보다 진

---

* 임의의 곡선이 코사인의 합으로 표현되려면 어떤 조건이 만족되어야 할까? 답: 수학자들이 강제로 만들어낸 특수한 경우를 제외하면 항상 가능하다. 단, 코사인의 합으로 표현하고자 하는 곡선은 임의의 지점에서 오직 하나의 값을 가져야 한다. 이 조건만 만족되면 임의의 곡선은(가수의 목소리나 그릇이 깨지는 소리 등) 코사인 곡선의 중첩으로 만들어낼 수 있다.

동수가 큰 신호를 변조하는 것은 불가능하므로 TV 전파는 라디오처럼 800 킬로사이클의 캐리어를 사용할 수 없다.

실제로 TV 전파의 주파수대는 54메가사이클에서 시작된다. 첫 번째 송신 채널인 채널2는 54~60메가사이클에 걸친 6메가사이클 폭의 영역을 사용한다. 여러분은 여기서 이런 질문을 떠올릴지도 모른다. "하지만 측파대는 양쪽으로 퍼져 있으니까 그 두 배의 영역이 필요하지 않을까요?" 맞는 말이다. 그러나 똑똑한 라디오 공학자들은 이 문제를 멋지게 해결했다. 변조 신호를 분석할 때 코사인파와 사인파를 같이 사용하고 이들 사이의 위상차를 허용하면 높은 주파수 쪽의 측파대와 낮은 주파수 쪽의 측파대 사이에는 분명한 관계가 성립한다. 다시 말해서, 한쪽 측파대만 고려해주면 다른 쪽 측파대에는 새로운 정보가 더 이상 들어 있지 않다는 것이다. 측파대의 한쪽 부분만 수신한다 해도, 반대쪽 측파대는 잘 알려진 규칙을 따라 쉽게 회복될 수 있다. 이 방법을 이용하면 방송에 필요한 캐리어 진동수의 영역을 반으로 줄일 수 있다.

48-4 국소화된 파동 열차(Localized wave trains)

다음으로, 시간과 공간에서 일어나는 파동의 간섭에 대하여 알아보자. 여기, 두 개의 파동이 공간 속을 진행하고 있다. 우리는 이런 파동이 $e^{i(\omega t - kx)}$ 으로 표현된다는 것을 익히 알고 있다. 물론 여기에는 음파도 포함된다. 여기에 $\omega_2 = k^2 c^2$ 을 대입하면 속도 c로 진행하는 파동 방정식의 해가 된다. 이 경우 원래의 파동은 $e^{-ik(x-ct)}$ 가 되어 $f(x - ct)$의 형태를 만족한다.

이제, 두 개의 파동을 더해보자. 각각의 파동은 위와 같은 형태를 갖고 있으며 진동수는 서로 다르다. 물론 진폭까지 다를 수도 있는데, 이 경우는 여러분 스스로 계산해보기 바란다. 지금 우리가 할 일은 $e^{i(\omega_1 t - k_1 x)} + e^{i(\omega_2 t - k_2 x)}$ 을 계산하는 것이다. 이 계산에는 앞에서 사용했던 수학적 기법이 그대로 적용될 수 있다. 물론 두 파동의 c가 같으면 계산은 훨씬 더 간단해진다.

$$e^{i\omega_1(t - x/c)} + e^{i\omega_2(t - x/c)} = e^{i\omega_1 t'} + e^{i\omega_2 t'} \qquad (48.11)$$

여기서, $t' = t - x/c$ 이다. 이것은 앞에서 사용했던 변수 t가 t'으로 대치된 형태이다. 그러므로 이 경우에도 앞에서와 동일한 변조 현상이 나타난다. 단, 변조가 파동과 함께 진행해간다는 사실이 다를 뿐이다. 다시 말해서, '진동하면서 앞으로 나아가는' 두 개의 파동을 더하여 얻은 파동은 원래의 파동과 같은 속도로 진행한다.

이 결과를 '진동수 ω와 파동수 k의 관계가 간단하지 않은 파동'의 경우로 일반화시켜보자. 굴절률 $\neq 1$인 물체가 대표적인 사례이다. 굴절률에 관한 이론은 31장에서 자세하게 설명되었는데, 거기서 얻은 결론 중 하나는 굴절률 $= n$인 물체의 경우에 $k = n\omega/c$의 관계가 성립한다는 것이었다. X-선의 경우, 굴절률 n은 다음과 같이 표현된다.

$$n = 1 - \frac{Nq_e^2}{2\varepsilon_0 m\omega^2} \qquad (48.12)$$

31장에서는 이보다 더 복잡한 공식을 유도했었는데, 지금 우리에게는 이 정도면 충분하다.

ω와 k가 서로 비례하지 않는 경우에도 특정 진동수와 파동수의 전달 속도는 ω/k로 표현된다. 이것은 파동의 '위상 속도(phase velocity, v_p)'로서, 단일 파동의 위상이나 마디(node)가 이동하는 속도를 의미한다.

$$v_p = \frac{\omega}{k} \qquad (48.13)$$

유리 속을 진행하는 X-선의 위상 속도는 진공 중의 빛 속도보다 빠르다[식 (48.12)의 n이 1보다 작기 때문이다]. 그런데 어떠한 신호이건 간에 빛보다 빠르게 이동할 수 없다는 특수 상대성 이론의 결과를 함께 떠올리면 머릿속이 복잡해지기 시작한다!

그러므로 지금부터 우리가 할 일은 ω와 k 사이에 명확한 연결 공식이 존재하는 두 개의 파동을 더하여 간섭 현상을 관찰하는 것이다. n에 관한 위의 식에 의하면 k는 분명히 ω의 함수이다. 특히, 지금 다루고 있는 문제에서 ω와 k의 관계는 다음과 같다.

$$k = \frac{\omega}{c} - \frac{a}{\omega c} \qquad (48.14)$$

여기서 상수 a의 값은 $Nq_e^2/2\varepsilon_0 m$이다. 어쨌거나, 모든 진동수에는 하나의 k가 대응된다. 이제, 두 개의 파동을 더해보자.

식 (48.7)과 같은 방법을 사용하면

$$e^{i(\omega_1 t - k_1 x)} + e^{i(\omega_2 t - k_2 x)} = e^{1/2i[(\omega_1 + \omega_2)t - (k_1 + k_2)x]}$$
$$\times \left\{ e^{1/2i[(\omega_1 - \omega_2)t - (k_1 - k_2)x]} + e^{-1/2i[(\omega_1 - \omega_2)t - (k_1 - k_2)x]} \right\} \qquad (48.15)$$

가 된다. 여기서도 평균 진동수에 평균 파동수를 갖는 변조된 파동이 얻어지는데, 이전과 다른 점은 파동의 강도가 진동수의 차이와 파동수의 차이에 따라 변한다는 것이다.

두 파동의 진동수와 파동수가 거의 비슷한 경우에는 어떤 파동이 얻어질까? 이 경우, $(\omega_1 + \omega_2)/2$는 둘 중 하나의 진동수와 거의 같고 $(k_1 + k_2)/2$는 둘 중 하나의 파동수와 거의 같은 값이 된다. 따라서 마디의 진행 속도(위상 속도)는 여전히 ω/k이다. 그러나 자세히 보면 변조된 파동의 진행 속도가 다음과 같이 달라졌음을 알 수 있다!

$$v_M = \frac{\omega_1 - \omega_2}{k_1 - k_2} \qquad (48.16)$$

변조된 파동의 속도는 흔히 '군속도(group velocity, v_g)'라는 이름으로 불린다. 파동수의 차이가 아주 작은 경우, 식 (48.16)은 k에 대한 ω의 미분과 같아진다.

$$v_g = \frac{d\omega}{dk} \tag{48.17}$$

다시 말해서, 변조된 파동(또는 맥놀이)의 진행 속도는 일반적으로 위상 속도와 다르다는 것이 우리의 결론이다. 수학적으로는 어려울 것이 없지만 참으로 신기한 현상이 아닐 수 없다!

군속도는 k에 대한 ω의 미분이며, 위상 속도는 ω/k이다.

그림 48-1처럼 파장이 조금 다른 두 개의 파동으로부터 그 이유를 추적해보자. 이들의 위상은 일치할 때도 있고 그렇지 않을 때도 있다. 그리고 그림 48-1은 진동수가 조금 다른 상태에서 공간을 진행하는 두 개의 파동을 나타내기도 한다. 이들은 마디의 속도, 즉 위상 속도가 같지 않기 때문에 이들이 더해지면 무언가 새로운 현상이 나타날 것이다. 이제, 둘 중 하나의 파동 마루에 올라탄 채로 파동과 함께 달리면서 다른 파동을 바라본다고 가정해보자. 만일 두 파동의 속도가 같다면 우리의 눈에 보이는 다른 파동은 한 자리에 가만히 정지해 있는 것처럼 보일 것이다. 처음 파동에 올라탔을 때 바로 오른쪽에 다른 파동의 마루가 보였다면 시간이 아무리 흘러도 상대편 파동의 마루는 여전히 우리의 오른쪽에 있을 것이다. 그러나 두 파동의 속도가 다르다면 오른쪽에 보이던 마루는 서서히 앞이나 뒤로 이동할 것이다. 그렇다면 중첩된 파동의 마디는 어떻게 될까? 둘 중 하나의 파동 열차를 앞으로 조금 이동시키면 마디는 앞으로(또는 뒤로) 꽤 먼 거리를 이동하게 된다. 즉, 두 개의 파동을 더하여 만들어진 파동의 외곽선(파동의 마루나 골을 이은 선, 그림 48-1의 점선 부분)은 각각의 파동과 다른 속도로 움직인다. 파동의 군속도는 이와 같이 변조된 신호가 이동하는 속도를 말한다.

만일 파동에 약간의 변화를 가하여 수신자에게 어떤 정보를 보냈다면(일종의 변조에 해당됨), 이 변조는 군속도로 이동한다. 단, 이것은 변조가 상대적으로 느린 경우에 한하며, 속도가 빨라지면 분석이 매우 어려워진다.

이제 우리는 유리(또는 탄소 덩어리)의 내부를 진행하는 X-선이 빛보다 느리다는 것을 증명할 수 있는 단계에 이르렀다. 식 (48.14)를 ω로 미분하면 $dk/d\omega = 1/c + a/\omega^2 c$이고, 군속도 $d\omega/dk$는 이 값의 역수이므로

$$v_g = \frac{c}{1 + a/\omega^2} \tag{48.18}$$

가 된다. 보다시피, a가 0이 아닌 한 군속도는 c보다 작다! 즉, 위상 속도는 빛보다 빠를 수도 있지만 정보가 이동하는 군속도는 빛보다 빠를 수 없다! 이 정도면 복잡해졌던 머리는 대략 정리가 되었을 것으로 믿는다. 물론, 간단하게 $\omega = kc$인 경우에는 $\omega/c = d\omega/dk = c$이다. 즉, 모든 위상이 같은 속도로 이동하면 군속도와 위상 속도는 같아진다.

48-5 입자의 확률 진폭

위상 속도와 관련된 재미있는 사례는 양자 역학에서도 찾아볼 수 있다. 한 입자가 공간상의 한 지점에서 발견될 확률은 위치와 시간에 따라 변한다. 공간을 1차원으로 단순화시키면 이 확률을 나타내는 함수는

$$\psi = Ae^{i(\omega t - kx)} \tag{48.19}$$

로 표현된다. 여기서 진동수 ω는 $E = \hbar\omega$를 통해 에너지와 관계되며, k는 $p = \hbar k$를 통해 운동량과 관계된다. 파동수가 정확하게 k일 때, 즉 모든 곳에서 진폭이 균일한 완벽한 파동일 때, 입자는 명확한 운동량 p를 갖는다. 식 (48.19)는 확률 진폭을 나타내며, 여기에 절대값의 제곱을 취하면 입자가 발견될 확률이 시간과 공간의 함수로 구해진다. 지금 예로든 함수에 절대값의 제곱을 취하면 상수가 되는데, 이는 입자를 발견할 확률이 어디서나 같다는 것을 의미한다. 이제, 입자가 어느 특정 지점에서 발견될 확률이 다른 지점에서의 확률보다 높다고 가정해보자. 이 상황은 특정 지점에서 최대가 되고 양쪽 끝으로 갈수록 감소하는 파동으로 표현될 수 있다(그림 48-6). [식 (48.19)와 같은 파동은 이 조건을 만족하지 못한다. 그러나 진동수와 파동수가 조금 다른 파동들을 여러 개 더하면 한 곳에서 최대가 되는 파동을 만들어낼 수 있다.]

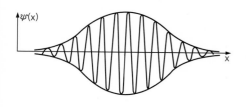

그림 48-6　국소화(localized)된 파동 열차

입자가 발견될 확률은 파동의 절대값 제곱과 같다고 했으므로, 그림 48-6의 파동으로 서술되는 입자는 파동 다발의 중간 부분에서 발견될 확률이 가장 높다. 여기서 시간이 조금 흐르면 파동이 진행하면서 중심부의 위치도 변할 것이다. 만일 입자의 초기 위치를 알고 있었다면 특정 시간이 흐른 뒤에 입자의 위치를 고전적인 방법으로 유추할 수 있다. 왜냐하면 우리의 파동은 '속도'와 '운동량'이라는 물리량을 갖고 있기 때문이다. 파동이 서술하는 입자의 고전적인 속도가 파동의 군속도와 일치하면, 양자 역학은 운동량, 에너지, 속도 등의 상호 관계를 설명하는 고전 물리학과 같아진다.

지금부터 이 사실을 증명해보자. 고전 이론에 의하면 에너지는 다음의 방정식을 통해 속도와 연관된다(상대성 이론은 고전 이론의 범주에 속한다!).

$$E = \frac{mc^2}{\sqrt{1 - v^2/c^2}} \tag{48.20}$$

운동량과 속도 사이의 관계도 이와 비슷하다.

$$p = \frac{mv}{\sqrt{1 - v^2/c^2}} \tag{48.21}$$

이상은 고전적인 관점에서 본 관계이다. 여기서 v를 소거하면

$$E^2 - p^2c^2 = m^2c^4$$

을 얻는다. 이것은 앞에서 여러 차례에 걸쳐 언급했던 4차원 벡터의 내적으로서, 간단하게 $p_\mu p_\mu = m^2$으로 표현할 수 있다. 이것이 바로 에너지와 운동량의 고전적인 관계이다. 그런데 에너지와 운동량은 $E = \hbar\omega$와 $p = \hbar k$를

만족하므로, 이 관계를 위의 식에 대입하면

$$\frac{\hbar^2\omega^2}{c^2} - \hbar^2 k^2 = m^2 c^2 \qquad (48.22)$$

이 얻어진다. 이 식은 질량 m인 입자를 서술하는 양자 역학적 파동에서 진동수와 파동수 사이의 관계를 말해주고 있다. 이로부터 ω를 계산하면 다음과 같다.

$$\omega = c\sqrt{k^2 + m^2 c^2/\hbar^2}$$

이 경우에도 위상 속도 ω/k는 빛의 속도보다 빠르다!

군속도는 위에서 구한 ω를 k로 미분하면 구해진다. 간단한 미분이므로 자세한 계산은 생략하고 결과만 적어보면 다음과 같다.

$$\frac{d\omega}{dk} = \frac{kc}{\sqrt{k^2 + m^2 c^2/\hbar^2}}$$

분모에 있는 제곱근은 결국 ω/c이므로 약간의 계산을 거치면 $d\omega/dk = c^2 k/\omega$임을 쉽게 알 수 있다. 따라서 군속도 v_g는 다음과 같다.

$$v_g = \frac{c^2 p}{E}$$

그런데 식 (48.20)과 (48.21)에 의하면 $c^2 p/E = v$, 즉 고전적인 입자의 속도와 같다. 양자 역학의 기본을 이루는 $E = \hbar\omega$와 $p = \hbar k$를 고전적인 E와 p의 관계식에 대입하면 $\omega^2 - k^2 c^2 = m^2 c^4/\hbar^2$이 얻어질 뿐이지만, 식 (48.20)과 (48.21)의 고전적인 E와 p는 속도와 직접적으로 연결된다는 것을 알 수 있다. 물론, 우리의 해석이 맞는다면 파동의 군속도는 입자의 속도에 해당되어야 한다. 어느 한 순간에 '이곳'에 있던 입자가 10분 뒤에 '저곳'으로 이동했다면, 양자 역학적 파동의 '뭉치'가 이동한 거리를 소요 시간으로 나눈 값은 입자의 고전적인 속도와 일치해야 한다.

48-6 3차원 파동

파동 방정식의 일반적인 성질에 관하여 몇 가지 짚고 넘어갈 것이 있다. 파동에 관한 모든 내용을 이 강의 시간에 다 이해할 수는 없겠지만 몇 가지 사실을 알아두면 앞으로 여러분의 공부에 커다란 도움이 될 것이다. 우선, 일차원에서 전달되는 소리는 다음의 파동 방정식으로 표현된다.

$$\frac{\partial^2 \chi}{\partial x^2} = \frac{1}{c^2}\frac{\partial^2 \chi}{\partial t^2}$$

여기서 c는 진행중인 파동의 속도로서 반드시 광속일 필요는 없다. 전달되는 파동이 음파이면 c는 음속이고, 빛의 경우에는 광속이 된다. 음파의 경우, 공기의 변위 자체가 어떤 특정한 속도로 전달된다는 것을 우리는 이미 알고 있다. 변위뿐만 아니라, 여분의 압력과 여분의 밀도 역시 특정한 속도로 전달된다. 그러므로 공기의 압력도 위와 비슷한 파동 방정식을 만족할 것이다. 자세한 증명은 연습 문제 삼아 스스로 해보기 바란다. 힌트: ρ_e는 x에 대한 χ의 변화율에 비례하는데, 파동 방정식을 x로 미분하면 $\partial \chi / \partial x$가 동일한 형태의 파동 방정식을 만족한다는 것을 쉽게 증명할 수 있다. 따라서 ρ_e도 동일한 파동 방정식의 해가 되는 것이다. 그리고 P_e는 ρ_e에 비례하므로 P_e역시 같은 방정식을 만족한다. 즉, 압력과 변위를 비롯한 모든 것들은 동일한 형태의 파동 방정식을 만족한다.

소리의 파동 방정식은 흔히 변위가 아닌 압력에 관한 방정식으로 표현된다. 변위는 여러 개의 성분을 갖는 벡터지만 압력은 방향성이 없는 스칼라여서 비교적 다루기가 쉽기 때문이다.

그 다음으로, 우리의 파동 방정식을 3차원으로 확장시켜보자. 음파의 1차원 해는 $e^{i(\omega t - kx)}$, $\omega = kc_s$이며, 이것을 3차원으로 확장시키면 $e^{i(\omega t - k_x x - k_y y - k_z z)}$가 된다. 여기서 $\omega^2 = k^2 c_s^2 = (k_x^2 + k_y^2 + k_z^2)c_s^2$이다. 그렇다면 3차원 파동 방정식은 어떤 형태일까? 1차원에서 사용했던 역학적 논리를 그대로 확장하면 된다. 여기서는 중간 과정을 생략하고 결과만 소개하기로 하겠다. 3차원 공기의 압력(또는 변위, 밀도 등)이 만족하는 방정식은 다음과 같다.

$$\frac{\partial^2 P_e}{\partial x^2} + \frac{\partial^2 P_e}{\partial y^2} + \frac{\partial^2 P_e}{\partial z^2} = \frac{1}{c_s^2}\frac{\partial^2 P_e}{\partial t^2} \tag{48.23}$$

이 방정식의 진위 여부는 P_e 대신 $e^{i(\omega t - \mathbf{k}\cdot\mathbf{r})}$을 대입해보면 알 수 있다. 이것을 x로 한 번 미분하면 앞에 $-ik_x$라는 상수가 곱해지고, 두 번 미분하면 $-k_x^2$이 곱해진다. 따라서 방정식의 첫 번째 항은 $-k_x^2 P_e$가 되고 두 번째 항은 $-k_y^2 P_e$, 그리고 세 번째 항은 $-k_z^2 P_e$가 된다. 방정식의 우변에도 이와 비슷한 계산을 적용하면 $-(\omega^2/c_s^2)P_e$가 된다는 것을 쉽게 알 수 있다. 이제 양변에서 P_e를 소거하고 부호를 바꾸면 방금 위에서 언급했던 $\mathbf{k}$와 ω의 관계식이 얻어진다.

이 시점에서 양자 역학적 파동의 확산 방정식에 해당하는 유명한 파동 방정식을 언급하지 않을 수가 없다. 시간 t에, 위치 (x, y, z)에서 입자를 발견할 확률 진폭을 ϕ라 했을 때, 자유 입자에 대한 양자 역학의 위대한 방정식은 다음과 같다.

$$\frac{\partial^2 \phi}{\partial x^2} + \frac{\partial^2 \phi}{\partial y^2} + \frac{\partial^2 \phi}{\partial z^2} - \frac{1}{c^2}\frac{\partial^2 \phi}{\partial t^2} = \frac{m^2 c^2}{\hbar^2}\phi \tag{48.24}$$

이 방정식에서 x, y, z와 t는 상대성 이론에서 말하는 시공간의 조합을 그대로 보여주고 있으며, 여기에 평면파를 대입하면 ω와 k의 양자 역학적 관계인 $-k^2 + \omega^2/c^2 = m^2 c^2/\hbar^2$이 얻어진다. 그리고 이 방정식의 해들을 더한 것도 여전히 같은 방정식의 해이므로 중첩 원리가 만족된다. 따라서 이 방정식은 우리가 지금까지 공부했던 양자 역학과 상대성 이론의 모든 것을 포함하고 있다!

48-7 기준 모드(Normal mode)

마지막으로, 지금까지 말한 것과는 조금 다른 형태의 맥놀이 현상에 대하여 알아보자. 여기, 약한 용수철로 연결된 두 개의 동일한 단진자 A, B 가 있다. A 를 한쪽으로 잡아 당겼다가 가만히 놓으면 A 의 진동이 용수철을 통해 B 로 전달된다. 즉, 이것은 단진자 B 를 고유의 자연 진동수로 진동시키는 장치이다. 어떤 물체에 적절한 진동수의 힘을 가하면 진동을 유발시킨다는 것이 앞에서 공부했던 공명 이론의 결과였다. 그러므로 지금의 경우에도 진자 A 의 진동은 진자 B 의 진동을 유발시킬 것이다. 그런데 이런 조건에서는 또 하나의 새로운 현상이 나타난다. 두 개의 단진자로 이루어진 물리계는 유한한 에너지를 갖고 있으므로, 진자 A 는 B 를 구동시키면서 자신의 에너지를 잃을 수밖에 없다. A 의 에너지가 용수철을 통해 B 로 전달되는 와중에도 총 에너지는 보존되어야 하기 때문이다. 이런 식으로 에너지가 흐르다보면 A 의 에너지가 하나도 남지 않는 시점이 찾아온다(A 의 에너지가 모두 B 에게 전달된 상태)! 그리고 이 시점부터는 상황이 역전되어 진자 B 의 에너지가 A 쪽으로 흐르기 시작한다. 지금부터 이 흥미로운 현상을 맥놀이 이론으로 설명해보자.

여러분이 짐작하는 대로 두 진자의 진폭은 주기적으로 변하며, 이들은 독립적으로 변하지 않는다. 즉, 두 개의 진폭 사이에는 어떤 수학적인 관계가 있다. 따라서 이들의 조합으로 나타나는 복합적인 진동은 진동수가 조금 다른 두 진동의 합으로 나타낼 수 있다. 다시 말해서, 두 진자의 진동 속에는 두 가지의 진동이 개별적으로 존재하며, 우리의 눈에 보이는 것은 이들이 중첩된 결과이다. 이는 곧 용수철로 연결된 두 개의 진동자가 선형계임을 의미한다. 두 개의 진자가 고정된 진동수로 주기 운동을 하는 방법은 두 가지가 있다. 방금 위에서 언급한 방식(진자 하나만 들었다가 놓기)으로 시작된 진동은 진폭과 진동수가 수시로 바뀌기 때문에 이 조건을 만족하지 못한다. 그러나 초기조건을 잘 설정하면 운동이 변하지 않고 계속 진행되도록 만들 수 있다. 예를 들어, 두 개의 진자를 같은 방향으로 똑같이 들어올렸다가 가만히 놓으면 이들을 연결한 용수철에 아무런 힘도 가하지 않으면서 두 개의 진자는 명확한 주기 운동을 하게 될 것이다. 천장에 매달린 줄이나 공기의 저항이 없다면 이 진동은 영원히 계속된다. 또 하나의 방법은 두 개의 진자를 반대 방향으로 같은 각도만큼 들었다가 놓는 것이다. 이렇게 시작된 진동 역시 고정된 진동수를 가진 채 영원히 계속된다. 물론 이 경우에는 용수철의 복원력이 진자에 가해지면서 방금 전의 경우보다 진동수가 커지긴 하지만 명확한 주기 운동을 한다는 점에서는 다를 것이 없다. 진동수가 커지는 이유는 무엇인가? 이 경우에는 중력 위치 에너지 이외에 용수철의 위치 에너지가 추가로 작용하여 총 에너지가 커지기 때문이다.

이와 같이, 진폭이 변하지 않는 운동은 두 가지의 형태로 일어날 수 있다. 두 개의 진자가 똑같이 움직이면 진폭과 진동수가 변하지 않는 운동이 가능하며(대칭 모드), 두 진자가 반대 방향으로 움직이면 진동수는 조금 커지지만 역시 균일한 진폭을 유지할 수 있다(반대칭 모드).

두 개의 진자 중 하나를 고정시킨 상태에서 나머지 하나만 진동시키면 어떻게 될까? 이 경우에는 나머지 진자에 의한 용수철의 변형이 나타나지 않으므로 진동수가 위에서 언급한 두 진동수의 중간값을 갖게 된다. 즉, 대칭 모드의 진동수를 ω_1이라 하고 반대칭 모드의 진동수를 ω_2, 그리고 하나를 고정시켰을 때의 진동수를 ω_0이라 하면 $\omega_1 < \omega_0 < \omega_2$의 관계가 성립한다.

용수철로 연결된 두 진자의 복잡한 운동은 이와 같이 공명과 에너지 전달의 개념으로 이해할 수도 있고, 또는 균일한 진폭과 서로 다른 진동수를 갖는 두 진동의 중첩으로 이해할 수도 있다.

CHAPTER 49
진동 모드(Mode)

49-1 파동의 반사

이 장에서는 일정 지역 안에 파동을 가두었을 때 일어나는 현상에 대해 알아보기로 한다. 이로부터 우리는 진동하는 끈의 특성을 알게 될 것이며, 그 결과를 일반화시키는 과정에서 수리물리학의 심오한 원리를 터득하게 될 것이다.

한쪽 끝이 벽으로 막혀 있는 곳에서 전달되는 파동을 첫 번째 예제로 다뤄보자. 한쪽 끝이 고정된 채로 진동하는 1차원 끈이나 벽을 향해 진행하는 음파가 대표적인 사례이다. 이밖에도 다른 사례들이 많이 있지만, 진동하는 끈만 고려해도 우리의 목적을 충분히 이룰 수 있다. 한쪽 끝이 벽에 단단히 고정된 채로 진동하는 끈을 상상해보자. 벽에 고정된 끝은 움직일 수 없으므로 $x = 0$에서 y방향의 변위는 0이다(실이 묶여 있는 벽의 위치를 $x = 0$, $y = 0$인 원점으로 간주하자는 뜻이다). 그리고 벽에서 벗어난 모든 부분의 일반해는 서로 반대 방향으로 진행하는 파동, 즉 $F(x - ct)$와 $G(x + ct)$의 합으로 나타낼 수 있다.

$$y = F(x - ct) + G(x + ct) \tag{49.1}$$

식 (49.1)은 진동하는 모든 끈에 적용되는 일반해이다. 그러나 지금 우리의 끈에는 한 가지 조건이 부과되어 있다. 한쪽 끝이 고정되어 있다는 조건이 바로 그것이다. 식 (49.1)에 $x = 0$를 대입하여 시간 t에 대한 y의 변화를 구해보면 $y = F(-ct) + G(+ct)$가 되는데, 이 값은 모든 t에 대하여 0이므로 $G(ct) = -F(-ct)$가 되어야 한다. 다시 말해서, 임의의 변수값에 대하여 G(변수) $= -F(-$변수$)$를 만족한다는 뜻이다. 이 결과를 식 (49.1)에 적용하면 우리의 해는

$$y = F(x - ct) - F(-x - ct) \tag{49.2}$$

의 형태가 됨을 알 수 있다. 물론, $x = 0$일 때 $y = 0$이라는 조건도 여전히 만족된다.

그림 49-1은 $x > 0$인 영역에서 왼쪽으로 진행하는 원래의 파동과 $x < 0$인 영역에서 부호가 바뀐 채 오른쪽으로 진행하는 가상의 파동을 나타내고 있다. $x < 0$이면 벽의 안쪽이므로 실제로는 파동이 존재할 수 없지만, 원래의 파동과 반대의 진폭을 갖는 파동이 벽의 내부에서 오른쪽으로 진행한다고

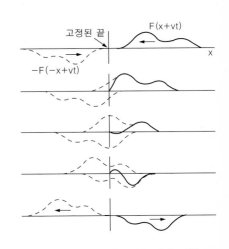

그림 49-1 파동의 반사는 서로 반대 방향으로 진행하는 두 파동의 합으로 이해할 수 있다.

일단 가정해보자. 그러면 벽에서 반사되는 실제의 파동은 $x > 0$인 영역에서 이 두 파동의 합으로 나타난다. 왼쪽으로 진행하는 원래의 파동이 원점(벽)에 도달해도 원래의 모양을 유지한 채로 벽을 뚫고 들어간다고 가정하고, 벽의 안쪽에서는 반대 진폭을 갖는 가상의 파동이 벽을 뚫고 나온다고 가정한 후 $x > 0$에서 이들을 더하면 오른쪽으로 진행하는 반사파가 얻어지는 것이다. 이렇게 하면 벽에 반사된 파동은 원래의 파동과 정확하게 반대 진폭을 갖게 된다. 그러므로 한쪽 끝이 고정된 끈을 타고 파동이 진행하는 경우, 고정된 곳을 중심으로 좌우 대칭을 이루는 지점에 반대 진폭을 갖는 또 하나의 파동이 원래의 파동과 반대 방향으로 진행한다고 가정하면 반사된 파동을 쉽게 계산할 수 있다. 물론, 이들을 더했을 때 $x = 0$에서 진폭이 항상 0이라는 조건도 자동으로 만족된다.

다음으로, 주기적 파동의 반사에 대하여 알아보자. $F(x - ct)$로 표현되는 사인파가 반사되면 $-F(-x - ct)$가 되는데, 이것은 원래의 파동과 똑같은 주기를 가지면서 반대 방향으로 진행하는 사인파를 나타낸다. 이 상황은 복소 함수 $F(x - ct) = e^{i\omega(t-x/c)}$과 $F(-x - ct) = e^{i\omega(t+x/c)}$를 이용하면 간단하게 표현할 수 있다. 이것을 식 (49.2)에 대입하면 $x = 0$일 때 y는 시간 t에 상관없이 항상 0이므로 한쪽 끝이 고정되어 있다는 우리의 조건을 만족한다. 지수 함수의 특성에 의해, 대입한 결과는 다음과 같이 쓸 수 있다.

$$y = e^{i\omega t}(e^{-i\omega x/c} - e^{i\omega x/c}) = -2ie^{i\omega t}\sin(\omega x/c) \qquad (49.3)$$

이것은 아주 흥미롭고 새로운 결과이다. 식 (49.3)에 의하면 파동의 어떤 지점을 바라봐도 항상 같은 진동수 ω로 진동한다는 것을 알 수 있다. 즉, 모든 지점에서 진동수가 같다는 뜻이다! 그러나 $\sin(\omega x/c) = 0$인 지점에서는 시간이 아무리 흘러도 변위가 나타나지 않는다. 그리고 임의의 시간에 진동하는 끈을 사진으로 찍어서 보면 항상 사인파의 형태를 유지하고 있다. 단, 사인파의 변위는 시간에 따라 달라진다. 식 (49.3)을 주의 깊게 바라보면 사인파의 한 주기의 길이가 중첩된 파동의 파장과 같다는 것을 알 수 있다.

$$\lambda = 2\pi c/\omega \qquad (49.4)$$

$\sin(\omega x/c) = 0$, 즉 $(\omega x/c) = 0$, π, 2π, $\cdots$, $n\pi \cdots$인 곳에서는 진동이 일어나지 않는데, 이러한 지점들을 마디(node)라 한다. 두 개의 연속한 마디 사이에 있는 모든 점들은 위아래로 진동을 반복하며, 그 진동 패턴은 공간상에서 형태가 고정되어 있다. 이것이 바로 진동 모드의 기본적인 특성이다. 모든 점들이 사인 곡선을 따라 균일한 진동수로 진동하고 있다면, 거기에는 반드시 모드가 존재한다.

49-2 구속된 파동의 자연 진동수

이번에는 끈의 양쪽 끝, $x = 0$과 $x = L$이 고정되어 있는 경우를 살펴보자. 이 경우에도 한쪽 방향으로 진행하는 파동은 끝(벽)에 부딪친 후 반사된다. 즉, 원래의 파동과, 벽의 안쪽에서 반대쪽으로 진행하는 가상의 파동이 더해지면서 반사된 파동을 만들어내는 것이다. 이렇게 형성된 반사파는 원래의 파동과 반대의 진폭을 가지며, 진행 방향도 정반대로 바뀌어서 반대쪽 끝을 향해 나아간다. 이 조건을 만족하는 해는 쉽게 구할 수 있다. 그런데 과연 이 경우에도 사인파형이 나타날 것인가? (해가 주기적 성질을 갖는 것은 분명하지만 사인 함수의 형태로 나타난다는 보장은 아직 없다.) 한쪽 끝이 고정된 채로 진동하는 끈은 식 (49.3)으로 표현된다. 그리고 반대쪽 끝이 고정된 끈은 동일한 성질이 반대쪽 끝에서 나타난다. 그러므로 이 사이에서 사인파의 형태가 나타나려면 사인파의 마디가 끈의 양쪽 끝과 정확하게 일치하는 수밖에 없다. 만일 이것이 일치하지 않는다면 끈은 더 이상 균일한 진동수를 갖지 못할 것이다. 간단히 말해서, 끈의 길이가 사인파의 반주기의 정수배일 때 끈은 균일한 진동을 유지할 수 있다.

이 내용을 수학적으로 정리해보자. 식 (49.3)과 (49.4)에 나타난 (ω/c)를 k라 했을 때, $\sin kx$는 $x = 0$에서 0이 되는 사인파이므로 우리의 목적에 맞는 것 같다. 그런데 우리의 끈은 양쪽 끝이 모두 고정되어 있기 때문에 $x = L$에서도 $\sin kx$는 0이 되어야 한다. 그러면 $\sin(kL) = 0$이 되어 k는 더 이상 임의의 값을 가질 수 없게 된다. 사인 함수가 0이 되려면 각도는 $0, \pi, 2\pi, \cdots$ 등이 되어야 하므로 k는

$$kL = n\pi \qquad (49.5)$$

의 조건을 만족해야 한다(여기서 n은 양의 정수이다). 각각의 k에 대응되는 진동수 ω는 다음과 같다.

$$\omega = kc = n\pi c/L \qquad (49.6)$$

즉, 양쪽 끝이 고정된 끈은 특정한 진동수에 한하여 사인파를 그릴 수 있다. 이것은 구속된 파동의 가장 중요한 특징이다. 진동계가 아무리 복잡하다 해도, 시간에 대하여 사인 함수적으로 변하는 운동 패턴이 항상 존재하며, 그 진동수는 계의 특성과 경계 조건에 따라 달라진다. 끈의 경우에는 이 조건을 만족하는 진동수가 여러 개 있는데, 각각의 진동수는 똑같은 진동이 유지되는 하나의 진동 모드에 대응된다. 그림 49-2는 끈에 나타나는 처음 세 가지의 진동 모드를 보여주고 있다. 첫 번째 모드는 끈의 길이를 $x = 2L$까지 확장시켜야 한 번의 주기가 완성되므로 파장 λ는 $2L$이다. 각진동수 ω는 일반적으로 $2\pi c/\lambda$로 표현되므로 이 경우에는 $\omega = \pi c/L$이 되는데, 이 값은 식 (49.6)에서 $n = 1$을 대입한 결과와 일치한다. 첫 번째 모드의 진동수를 ω_1이라 하자. 그 다음 모드는, 중간에 있는 마디를 중심으로 한 차례의 사인 주기가 완성되어 있으므로 파장 $= L$이며, k는 첫 번째 모드의 두 배이다. 따라서 두 번째 모드의 진동수는 $2\omega_1$이 된다. 비슷한 논리를 세 번째 모드에 적용하면 진동수는 $3\omega_1$이 되어, 각 모드의 진동수는 ω_1의 1배, 2배, 3배, 4배, …로 증가한다는 것을 알 수 있다.

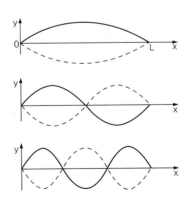

그림 49-2 진동하는 끈에 나타나는 처음 세 가지의 진동 모드

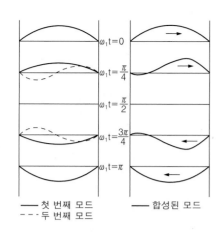

—— 첫 번째 모드
‑‑‑ 두 번째 모드

—— 합성된 모드

그림 49-3 두 개의 모드가 결합되면 새로운 파동이 생성된다.

이제, 진동하는 끈의 일반적인 운동을 살펴보자. 끈이 수행하는 모든 운동은 하나 이상의 진동 모드가 동시에 작용하여 나타난 결과로 해석할 수 있다. 실제로 일반적인 끈의 운동에는 무한히 많은 모드가 동시에 진행되고 있다. 이 점을 이해하기 위해, 두 개의 모드가 동시에 작용하여 나타나는 끈의 운동을 예로 들어보자. 그림 49-3의 왼쪽에는 첫 번째 모드로 진동하는 끈의 모습이 일정한 시간 간격으로 반주기에 걸쳐 그려져 있다(실선으로 그려진 파동).

여기에 두 번째 모드의 진동이 같이 진행된다고 가정해보자. 이 진동은 첫 번째 모드와 90°의 위상차를 가진 채로 진행되며, 그림에는 점선으로 표시되어 있다. 이제, 선형계가 갖는 일반적인 성질을 이 상황에 적용시켜보자. 즉, 파동 방정식의 해가 두 개 이상 존재할 때, 이들의 합도 같은 방정식의 해가 된다. 그러므로 첫 번째 모드와 두 번째 모드를 더한 결과는 끈이 수행할 수 있는 세 번째 운동에 해당될 것이다. 이 결과는 그림 49-3의 오른쪽에 그려져 있다. 그림을 자세히 보면 파동이 양쪽 끝에서 반사되는 현상을 다시 한 번 확인할 수 있을 것이다. 가장 일반적인 결과는 다음 한마디로 축약된다.

임의의 운동은 적절한 위상과 진폭을 갖는 모든 가능한 모드의 중첩으로 해석할 수 있다.

각각의 모드는 시간에 대한 단순한 사인파로 표현되기 때문에, 이들의 중첩은 수학적으로 쉽게 계산될 수 있다. 사실, 일반적인 끈의 운동은 그다지 복잡하지 않다. 비행기의 날개처럼 진동이 복잡한 형태로 나타날 수도 있지만, 이 경우에도 전체적인 진동은 진동수가 다른 몇 개의 세부 진동으로 분해된다. 진동에 어떤 모드가 개입되어 있는지를 알아내기만 하면, 전체적인 진동은 항상 조화 진동의 합으로 나타낼 수 있다(물론, 진동계가 선형적 성질을 갖고 있지 않으면 이 원리를 적용할 수 없다).

49-3 2차원 진동 모드

다음으로, 2차원에서는 진동 모드가 어떻게 나타나는지 알아보자. 지금까지 우리는 진동하는 끈이나 관 속을 진행하는 소리 등 1차원 파동만을 다루어왔다. 우리가 사는 세계는 3차원이므로 우리에게 필요한 것은 결국 3차원 파동인데, 1차원에서 갑자기 3차원으로 넘어가면 여러분의 두뇌에 과부하가 걸릴 것 같아 그 중간 단계인 2차원 파동으로 설명을 대신하고자 한다. 고무로 만든 사각형 모양의 북을 상상해보자. 북의 가로와 세로의 길이는 각각 a, b이며, 가장자리는 수직 방향의 진동이 일어나지 않도록 단단히 고정되어 있다(그림 49-4). 이렇게 생긴 북의 고무 표면은 과연 어떤 진동을 하게 될 것인가? 일단 1차원 끈에서 거쳤던 과정을 그대로 따라가 보자. 북의 표면에 테두리가 없다면 파동은 자유롭게 진행할 것이다. 예를 들어, $(e^{i\omega t})(e^{-ik_x x+ik_y y})$는 2차원의 사인파를 나타내는데, 진행 방향은 k_x와 k_y에

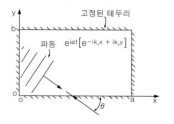

그림 49-4 진동하는 사각형 표면

의해 결정된다. 그렇다면 $y=0$에 해당되는 x축에서 어떻게 하면 파동을 0 으로 만들 수 있을까? 1차원 끈에 사용했던 아이디어를 그대로 적용해보자. 즉, 복소 함수 $(-e^{i\omega t})(e^{-ik_x x - ik_y y})$로 표현되는 또 하나의 파동을 도입하여 이들의 합이 $y=0$에서 x와 t에 상관없이 항상 0이 될 것을 요구하면 된다 (두 번째 파동은 북의 표면이 존재하지 않는 $y<0$의 영역에서 정의되지만, 어쨌거나 $y=0$에서 파동의 값이 0이므로 가상의 영역은 무시해도 된다). 이 경우, 두 번째로 도입한 함수는 반사된 파동으로 간주할 수 있다.

그러나 서두에 주어진 조건에 의하면 $y=0$뿐만 아니라 $y=b$에서도 파동은 0이 되어야 한다. 어떻게 하면 이 조건을 만족시킬 수 있을까? 고체에 의한 반사 문제에서 이 문제의 해답을 찾을 수 있다. $y=0$에서 상쇄된 파동이 $y=b$에서도 상쇄되려면 $2b\sin\theta$가 파장 λ의 정수배가 되어야 한다 (θ는 그림 49-4에 표시되어 있다).

$$m\lambda = 2b \sin\theta, \qquad m = 0, 1, 2, \cdots \qquad (49.7)$$

같은 방법으로, y축상의 마디는 $-(e^{i\omega t})(e^{+ik_x x + ik_y y})$와 $+(e^{i\omega t})(e^{+ik_x x - ik_y y})$를 더하여 만들어낼 수 있다. 이 두 개의 파동 중 하나는 $x=0$인 선에서 다른 하나의 반사파를 나타낸다. $x=a$에서 또 하나의 마디가 형성될 조건은 $y=b$에서 부과했던 조건과 비슷하다. 즉, $2a\cos\theta$가 파장 λ의 정수배가 되어야 한다.

$$n\lambda = 2a \cos\theta \qquad (49.8)$$

그러므로 사각형 구역 안에서 이리저리 반사되는 파동은 명확한 모드를 갖는 정상파(standing wave)의 패턴을 취하게 된다.

이제, 위의 두 조건으로부터 얻어지는 결과를 분석해보자. 우선 첫째로, 파장부터 계산해보자. 식 (49.7)과 (49.8)에서 θ를 소거하면 파장 λ가 a, b, n, m의 함수로 구해진다. 계산을 쉽게 하기 위해, 두 식을 각각 $2b$와 $2a$로 나누고 그 결과를 제곱하여 더해보자. 그러면 $\sin^2\theta + \cos^2\theta = 1 = (n\lambda/2a)^2 + (m\lambda/2b)^2$이 얻어진다. 이 식을 λ에 대해 풀면

$$\frac{1}{\lambda^2} = \frac{n^2}{4a^2} + \frac{m^2}{4b^2} \qquad (49.9)$$

가 된다. 즉, 파장은 두 개의 상수 n, m에 의해 결정된다. 그리고 파장이 알려지면 $\omega = 2\pi c/\lambda$를 통해 진동수 ω도 알 수 있다.

이것은 매우 중요한 결과이므로 반사에 관한 논리 말고 순수한 수학적 분석으로 다시 한번 유도해보기로 한다. $x=0$, $x=a$, $y=0$, $y=b$에서 마디를 갖는 네 개의 파동이 중첩되었을 때, 그 결과로 나타나는 진동을 수학적으로 표현해보자. 이 파동들은 모두 같은 진동수를 갖고 있어서 모드를 만들어낸다고 가정한다. 앞에서 빛의 반사를 다룰 때, 그림 49-4와 같은 방향으로 진행하는 파동은 $(e^{i\omega t})(e^{-ik_x x + ik_y y})$로 표현된다고 이미 언급한 바 있다. 그리

고 식 (49.6)의 $k = \omega/c$ 는 다음의 조건하에서 성립한다.

$$k^2 = k_x^2 + k_y^2 \qquad (49.10)$$

그림으로부터 $k_x = k\cos\theta$, $k_y = k\sin\theta$ 임을 알 수 있다.

사각형 북면의 변위 ϕ 는 다음과 같이 쓸 수 있다.

$$\phi = \left[e^{i\omega t}\right]\left[e^{(-ik_x x + ik_y y)} - e^{(+ik_x x + ik_y y)} - e^{(-ik_x x - ik_y y)} + e^{(+ik_x x - ik_y y)}\right]$$
$$(49.11a)$$

식 자체는 다소 복잡해 보이지만, 계산은 그리 어렵지 않다. 지수 함수들을 모두 더하면 다음과 같이 간단한 사인 함수가 된다.

$$\phi = \left[4\sin k_x x \sin k_y y\right]\left[e^{i\omega t}\right] \qquad (49.11b)$$

다시 말해서, 북의 표면은 x 와 y 방향으로 사인 함수를 따라 진동하게 된다. 식 (49.11b)는 $x = 0$ 과 $y = 0$ 에서 $\phi = 0$ 이라는 경계 조건을 만족하지만, $x = a$ 와 $y = b$ 에서 $\phi = 0$ 이라는 경계 조건은 별도로 부과해야 한다. 즉, $k_x a$ 는 π 의 정수배가 되어야 하고 $k_y b$ 는 π 의 또 다른 정수배가 되어야 한다. 우리는 $k_x = k\cos\theta$, $k_y = k\sin\theta$ 임을 이미 알고 있으므로 식 (49.7)과 (49.8)을 여기에 적용하면 식 (49.9)를 얻을 수 있다.

표 49-1

모드의 형태	m	n	$(\omega/\omega_0)^2$	ω/ω_0
	1	1	1.25	1.12
	1	2	2.00	1.41
	1	3	3.25	1.80
	2	1	4.25	2.06
	2	2	5.00	2.24

가로폭이 세로폭의 두 배인 사각형 북을 예로 들어보자. $a = 2b$ 로 놓고

식 (49.4)와 (49.9)를 이용하면 모든 가능한 모드의 진동수를 계산할 수 있다.

$$\omega^2 = \left(\frac{\pi c}{b}\right)^2 \frac{4m^2 + n^2}{4} \tag{49.12}$$

표 49-1에는 몇 가지 모드와 대략적인 진동 형태가 정리되어 있다.

이 사례에서 특히 강조할 사항은 진동수들이 서로의 배수가 아닐 뿐만 아니라 어떤 정수의 배수도 아니라는 점이다. 자연 진동수들이 서로 조화롭게 연결되는 것은 일반적인 성질이 아니다. 2차원 이상의 진동에서는 이런 특성이 나타나지 않는다. 1차원 진동이라 해도 균일한 장력과 밀도를 갖는 끈의 진동보다 복잡한 경우에는 진동수들 사이에 조화로운 비율이 나타나지 않는다. 예를 들어, 아래로 늘어진 쇠사슬은 아래쪽보다 위쪽의 장력이 더 크기 때문에 각 모드의 진동수들은 어떤 정수의 배수로 나타나지 않을 뿐만 아니라, 진동 자체도 정확한 사인 곡선을 그리지 않는다.

물론, 복잡한 진동계로 갈수록 모드도 복잡해진다. 우리가 혀와 입술을 움직이면 끝이 열리거나 닫힌, 다양한 크기의 공기관이 성대 위쪽에 형성되는데, 그 구조는 끔찍하게 복잡하긴 하지만 어쨌거나 일종의 공명 장치임에는 틀림없다. 우리가 성대를 진동시켜서 말을 할 때마다 일종의 톤이 형성되며, 여기에 섞여 있는 여러 가지 소리들은 성대 위의 공간을 통과하면서 공명 효과를 통해 걸러지게 된다. 예를 들어, 어떤 가수가 '아'나 '오', 또는 '우'라는 발음을 똑같은 음정으로 낸다 해도 각 발음에 대한 공명이 다르게 나타나기 때문에 우리의 귀에는 조금씩 다른 소리로 들리게 된다. 공명 진동수에 의해 목소리가 변조되는 현상은 간단한 실험으로 확인할 수 있다. 소리의 속도는 공기 밀도의 제곱에 반비례하므로 기체의 재질이 변하면 음속도 달라진다. 공기보다 밀도가 낮은 헬륨을 소리의 매개체로 사용하면 음속이 빨라지면서 입속에 있는 공동의 진동수도 증가하게 된다. 그래서 헬륨 가스를 들이마신 후에 말을 하면 성대의 진동수가 변하지 않았음에도 불구하고 목소리의 톤이 우스울 정도로 높아지는 것이다.

49-4 용수철로 연결된 진자

모드는 복잡한 연속계(continuous system)에만 존재하는 것이 아니라, 아주 간단한 역학적 계에서도 쉽게 찾아볼 수 있다. 48장의 끝부분에서 잠시 언급했던 '용수철로 연결된 두 진자'가 그 대표적인 예이다. 앞에서 언급했던 것처럼, 모든 운동은 진동수가 다른 조화 진동의 합으로 간주할 수 있으므로 이 시스템 역시 여러 개의 조화 진동이나 모드로 분석될 수 있다. 1차원 끈은 무한히 많은 모드를 갖고 있으며, 진동하는 2차원 평면의 모드 역시 무한하기는 마찬가지다. 만일 무한대를 세는 방법을 알고 있다면 2차원의 모드는 1차원보다 두 배로 무한하다고 말할 수도 있을 것이다. 그러나 자유도가 2이고 운동을 서술하는 데 필요한 변수도 두 개뿐인 간단한 역학 시스템은 단 두 종류의 모드를 갖고 있다.

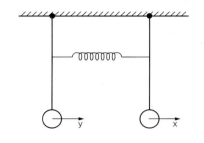

그림 49-5 용수철로 연결된 두 개의 진자

길이가 같은 두 개의 진자가 갖는 두 종류의 모드를 수학적으로 분석해 보자. 그림 49-5와 같이, 둘 중 하나의 변위를 x라 하고 나머지 하나의 변위를 y로 표기하자. 이들 사이에 용수철이 없을 때 첫 번째 질량에 작용하는 힘은 변위에 비례한다(물체에 작용하는 힘은 중력뿐이지만, 이중 일부는 실의 장력과 상쇄되고 나머지 힘은 진자를 평형 지점으로 복원시키는 방향으로 작용하는데, 이 힘의 크기가 변위에 비례한다는 뜻이다. 단, 이것은 진자의 진폭이 작은 경우에만 성립한다). 용수철이 없는 상태에서 ω_0의 자연 진동수로 진동하는 진자의 운동 방정식은 다음과 같다.

$$m\frac{d^2x}{dt^2} = -m\omega_0^2 x \tag{49.13}$$

용수철이 없다면 다른 하나의 진자도 이와 똑같은 운동을 하게 될 것이다. 그러나 둘 사이에 용수철이 연결되어 있는 경우에는 중력에 의한 복원력 이외에 진자들끼리 잡아당기는 힘이 추가로 작용한다. 이 힘은 변위 x와 y의 차이에 비례하며, 비례 상수는 용수철의 재질에 따라 달라진다. 또한, 이 힘은 두 개의 진자에 대해 서로 반대 방향으로 작용한다. 그러므로 우리가 풀어야 할 운동 방정식은 다음과 같다.

$$m\frac{d^2x}{dt^2} = -m\omega_0^2 x - k(x-y), \quad m\frac{d^2y}{dt^2} = -m\omega_0^2 y - k(y-x) \tag{49.14}$$

두 개의 진자가 같은 진동수로 움직이기 위한 조건을 찾으려면 각각의 진자가 얼마나 큰 폭으로 움직이는지를 먼저 알아야 한다. 진자 x와 진자 y가 동일한 진동수로 움직인다 해도 두 진자의 진폭은 다를 수도 있다. 이제, x와 y를 다음과 같은 형태로 가정해보자.

$$x = Ae^{i\omega t}, \quad y = Be^{i\omega t} \tag{49.15}$$

이것을 식 (49.14)에 대입하여 $e^{i\omega t}$를 소거하고 양변을 m으로 나누면

$$\left(\omega^2 - \omega_0^2 - \frac{k}{m}\right)A = -\frac{k}{m}B$$
$$\left(\omega^2 - \omega_0^2 - \frac{k}{m}\right)B = -\frac{k}{m}A \tag{49.16}$$

가 된다.

지금 우리에게는 두 개의 미지수와 두 개의 방정식이 주어져 있으므로, 미지수를 구하는 데 아무런 문제가 없어 보인다. 그러나 운동의 전체적인 규모는 주어진 방정식으로 결정할 수 없기 때문에 실제의 미지수는 두 개가 아니다. 따라서 식 (49.16)으로는 A, B 사이의 비율만을 결정할 수 있는데, 이 비율은 단 하나의 값으로 결정되어야 한다. 이 조건을 부가하면 A, B뿐만 아니라 진동수가 가질 수 있는 값에도 어떤 제한 조건이 가해지게 된다.

다행히 지금 우리가 다루는 문제는 쉽게 해결될 수 있다. 두 개의 방정식을 서로 곱하면

$$\left(\omega^2 - \omega_0^2 - \frac{k}{m} \right)^2 AB = \left(\frac{k}{m} \right)^2 AB \qquad (49.17)$$

가 되는데, 진자가 완전히 정지해 있는 경우가 아니라면 $AB \neq 0$이므로 양변을 AB로 나눌 수 있다. 이렇게 얻어진 가능한 진동수 ω_1, ω_2는 다음과 같다.

$$\omega_1^2 = \omega_0^2, \quad \omega_2^2 = \omega_0^2 + \frac{2k}{m} \qquad (49.18)$$

이 값을 다시 식 (49.16)에 대입하면 $A = B$와 $A = -B$가 얻어진다. 이들이 바로 '모드 형태(mode shape)'로서, 실험을 통해 쉽게 확인할 수 있다.

$A = B$인 첫 번째 모드의 경우, 용수철에는 아무런 변형도 일어나지 않고 두 개의 진자는 마치 용수철이 없는 것처럼 자연 진동수 ω_0를 유지하면서 항상 같은 방향으로 진동한다. 그리고 $A = -B$인 두 번째 모드의 진동에서는 용수철이 복원력에 일조하면서 진동수가 증가한다. 두 진자의 길이가 다를 때에는 더욱 재미있는 현상이 나타나는데, 위에서 한 것과 거의 동일한 방법으로 답을 구할 수 있다. 이 문제는 여러분의 공부를 위해 연습 문제로 남겨 두겠다.

49-5 선형계

지금까지 설명한 내용은 수리물리학 분야에서 적용 범위가 가장 넓고, 또 가장 놀라운 원리라 할 수 있다. 이 장을 마무리하면서 그 내용을 간단히 정리해보자. 시간에 무관한 특성을 갖는 선형계의 운동은 일반적으로 엄청나게 복잡하지만, 여기에는 운동의 전체적인 패턴이 시간에 대해 지수 함수적으로 변하는 일련의 특별한 운동이 존재한다. 우리가 다루었던 진동계의 경우, 지수는 실수가 아니라 허수였으므로 시간에 대해 '지수 함수적으로' 변한다는 표현보다는 '사인 함수적으로' 변한다는 표현이 더 정확할 수도 있다. 그러나 "특별한 모드와 특별한 형태의 운동이 지수 함수적으로 변한다"고 말하는 것이 가장 일반적인 표현이다. 선형계의 가장 일반적인 운동은 각기 다른 지수로 표현되는 여러 운동의 중첩으로 표현될 수 있다.

운동이 사인 함수의 형태로 나타나는 경우도 마찬가지다. 일반적으로 선형계의 운동은 단 하나의 사인 함수(단 하나의 진동수)가 아니라 여러 개의 사인 함수가 중첩된 형태로 나타나며, 이때 각 운동의 특성은 진동수와 사인파의 형태로 구분된다. 이러한 시스템의 일반적인 특성은 각 모드의 세기와 위상, 그리고 이들의 합으로 표현될 수 있다. 이것을 다르게 표현하면 "모든 선형 진동계는 고유 진동수와 고유 모드를 갖는 여러 조화 진동자의 집합과 동등하다"고 말할 수 있다.

마지막으로, 양자 역학과 진동 모드 사이에 어떤 관계가 있는지 알아보자. 진동하는 물체, 또는 공간상에서 변하는 물체는 양자 역학에서 확률 진폭으로 서술된다. 이것은 어떤 특정한 분포 상태에서 하나의 전자나 한 무리의 전자가 발견될 확률을 나타내는 함수이다. 이 확률 진폭은 시간과 공간의 함수이며 '슈뢰딩거 파동 방정식(Schrödinger wave equation)'이라는 특별한 방정식을 만족한다. 그런데 양자 역학에서 말하는 확률 진폭의 진동수는 고전적인 개념의 에너지에 대응된다. 그러므로 우리가 지금까지 다루었던 사례들에서 진동수를 에너지로 대치시키면 양자 역학적 원리가 얻어진다—양자 역학의 세계에서 원자는 정확한 에너지를 갖지 않고, 여러 에너지에 해당되는 상태들이 중첩된 채로 존재한다. 원자의 특성은 각 상태의 에너지로 대표되며, 각 장소에서 원자가 발견될 확률 진폭의 패턴도 바로 이 중첩 상태에 의해 결정된다. 그리고 원자의 일반적인 운동은 각 에너지 상태의 진폭에 의해 결정된다. 이것이 바로 양자 역학에서 말하는 '에너지 준위(energy level)'의 의미이다. 양자 역학은 한마디로 말해서 '파동의 역학'이다. 양성자의 인력을 벗어나지 못하고 원자 내에 갇혀 있는 전자는 일종의 '갇혀진 파동'으로 간주할 수 있다. 양쪽 끝이 고정되어 있는 끈의 경우와 마찬가지로 슈뢰딩거 파동 방정식의 해는 명확한 진동수를 갖고 있으며, 이것은 양자적 관점에서 볼 때 명확한 에너지로 해석된다. 그러므로 파동으로 서술되는 양자 역학적 시스템은 명확한 에너지를 갖고 있다. 원자들이 갖고 있는 다양한 에너지 준위들은 바로 이러한 성질로부터 나타나는 결과이다.

CHAPTER 50
배음(Harmonics)

50-1 음조(Musical tones)

장력이 같고 길이가 다른 줄을 동시에 퉁겨보라. 두 줄의 길이의 비가 간단한 분수로 표현될 때 듣기 좋은 화음이 생성될 것이다. 이 사실을 제일 처음 알아낸 사람은 피타고라스였다. 줄의 길이가 1 : 2일 때, 이들이 내는 소리의 고저간격을 '옥타브(octave)'라 한다. 그리고 줄의 길이가 2 : 3이면 이 간격은 C음과 G음 사이의 간격과 같다. 음악 용어로는 이 간격을 '완전 5도'라 하며, 듣기에 가장 편안한 화음으로 알려져 있다.

피타고라스는 자신의 발견에 매우 고무되었고, 이 사실은 수의 신비한 힘을 숭배하는 피타고라스 학파의 중요한 교리로 자리잡게 된다. 그후로 많은 사람들은 행성이나 기하학적 구(球)에도 이와 유사한 법칙이 존재한다고 믿었다. 여러분도 간혹 '구의 음악(the music of spheres)'이라는 말을 들어본 적이 있을 것이다. 행성의 공전 궤도들 사이의 비율을 비롯하여 다른 여러 가지 자연 현상에 이런 조화가 존재한다는 것이 그들의 생각이었다. 요즘 사람들은 이런 말을 들으면 고대 그리스인들이나 믿을 법한 일종의 미신으로 치부해버릴 것이다. 과연 그 믿음에는 과학적인 측면이 전혀 없는 것일까? 피타고라스의 발견은 기하학이 아닌 수를 기본으로 하는 규칙이 자연에 존재한다는 것을 세상에 밝힌 최초의 사건이었다. 자연이 간단한 정수의 지배를 받는다는 사실을 어느 날 갑자기 깨달았으니, 그 충격은 대단했을 것이다. 기존의 기하학으로는 "길이가 간단한 정수비로 표현되는 두 줄을 동시에 퉁겼을 때 듣기 좋은 화음이 생성된다"는 사실을 증명할 방법이 없었다. 그후로 이 아이디어는 숫자와 수학을 통해 자연을 이해하려는 사람들에게 훌륭한 도구가 되었고, 현대 과학은 그 사실을 인정하지 않을 수 없게 되었다.

피타고라스는 이론이 아닌 실험적 관찰을 통해 화음의 원리를 발견하였다. 그러나 그는 자신의 위대한 발견을 물리적인 결과로 결부시키는 데 별 관심이 없었다. 만일 그가 조금만 관심을 가졌다면 물리학은 훨씬 더 이른 시기에 태동할 수 있었을 것이다. (과거를 돌아보며 '누가 어떤 일을 했고 누구는 이러이러한 일을 했어야 했다'고 말로 떠드는 것은 정말 쉽다!)

어쨌거나 길이의 비가 간단한 분수로 표현되는 줄을 동시에 퉁겼을 때 듣기 좋은 화음이 생성된다는 것은 분명한 사실이다. 그렇다면 우리의 머릿속에는 그 다음의 후속 질문이 필연적으로 떠오른다. "왜 그런가?" 미학 이론으로는 당시 피타고라스가 이해했던 수준을 넘어서기 어려울 것 같다. 이 현상은 세 가지의 측면을 갖고 있다. 실험과 수학적 관계, 그리고 미학적 측면이 그것이다. 그리고 물리학은 이들 중 처음 두 가지 측면에서 비약적인 발전을 이루었다. 이 장의 목적은 피타고라스의 발견을 현대 물리학의 개념으로 이해하는 것이다.

우리의 귀에 들리는 소리 중에는 소위 '잡음'이라는 것이 있다. 잡음이란, 주변에 있는 어떤 물체가 불규칙적으로 진동하여 귀의 고막을 불규칙적으로 진동시킴으로써 나타나는 현상이다. 잡음을 전달하는 공기의 압력(또는 고막의 진폭)이 시간에 따라 변하는 모습을 그래프로 그려보면 대충 그림 50-1(a)와 같다(이런 유형의 잡음은 발자국 소리에서 흔히 나타난다). 그러나 아름다운 음악이 들려올 때 나타나는 공기압의 변화는 전혀 딴판이다. 듣기 좋은 음악은 그 소리가 일정한 음색이나 음조를 유지한다는 특징이 있다. (물론 악기도 잡음을 낼 때가 있다!) 개중에는 피아노처럼 금방 끊어지는 소리도 있고, 플루트처럼 소리가 끝나는 지점이 모호한 소리도 있다.

공기의 압력이라는 측면에서 보았을 때, 음악적인 음조의 특징은 무엇인가? 음악적 음조가 만들어내는 공기압의 변화는 잡음과 달리 주기적인 성질을 갖고 있다. 한 주기 안에서 일어나는 변화는 악기의 종류에 따라 다양하게 나타나지만, 귀에 듣기 좋은 소리의 경우에는 그림 50-1(b)처럼 거의 동일한 변화가 주기적으로 나타나는 것이다.

음악가들은 음조를 크기, 높이, 음색의 세 가지 특성으로 표현한다. 크기는 공기의 압력이 변하는 정도를 뜻하고 높이는 압력의 변화가 반복되는 주기에 해당되며(낮은 소리는 높은 소리보다 주기가 길다), 음색은 크기와 높이가 같은 음에서도 여전히 느껴지는 차이를 의미한다. 예를 들어, 오보에와 바이올린, 그리고 소프라노 가수의 목소리는 크기와 높이가 같다 하더라도 음색이 다르기 때문에 여전히 다른 소리로 들린다. 음색은 반복되는 패턴의 구체적인 형태에 의해 좌우된다.

앞으로 당분간은 진동하는 끈이 만들어내는 소리에 관심을 집중해보자. 팽팽하게 당겨진 줄을 잡아당겼다가 놓았을 때, 향후 진행되는 줄의 운동은 줄이 만드는 파동에 의해 결정된다. 앞서 말한 대로, 이 파동은 양방향으로 진행하고 양끝에 도달하는 즉시 반사되면서 한동안 진동을 반복한다. 이것은 파동의 형태가 아무리 복잡해도 항상 일어나는 현상이다. 이때 파동이 반복되는 주기 T 는 파동이 줄 길이의 두 배 거리를 진행하는 데 걸리는 시간과 같다. 이 시간은 임의의 파동이 양쪽 끝에서 한 번씩 반사된 후 원래의 지점으로 돌아오는 데 걸리는 시간과 일치한다. 그리고 오른쪽으로 진행하는 파동의 주기와 왼쪽으로 진행하는 파동의 주기는 같다. 따라서 줄 위의 모든 점은 한 주기마다 정확하게 원래의 위치로 되돌아온다. 또한, 줄의 진동에 의해 생겨난 소리 역시 이와 동일한 진동을 반복하게 된다.

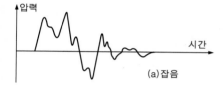

(a)잡음

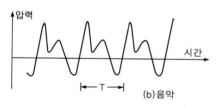

(b)음악

그림 50-1 시간에 대한 공기압의 변화

50-2 푸리에 급수(Fourier series)

우리는 49장에서 진동계를 분석하는 새로운 방법을 알게 되었다. 끈은 여러 개의 다양한 진동 모드를 갖고 있으며, 끈이 수행하는 임의의 진동은 여러 개의 모드가 특정 비율로 더해지면서 나타난 결과였다. 정상 모드(normal mode)의 진동수는 ω_0, $2\omega_0$, $3\omega_0$, $\cdots$ 등으로 표현된다. 따라서 가장 일반적인 끈의 진동은 기본 진동수 ω_0와 두 번째 배음에 해당되는 $2\omega_0$, 그리고 세 번째 배음인 $3\omega_0$ 등이 결합되어 나타난 결과이다. 기본 모드의 주기는 $T_1 = 2\pi/\omega_0$이고 두 번째 모드의 주기는 $T_2 = 2\pi/2\omega_0$이므로, 기본 모드가 한 번 진동하는 동안 두 번째 모드는 두 번 진동한다. 마찬가지로, 세 번째 배음의 모드는 시간 T_1이 흐르는 동안 세 번 진동한다. 따라서 퉁겨진 줄의 전체적인 운동은 T_1을 주기로 변하면서 음악적인 음조를 생성하게 된다.

지금까지 우리는 줄 자체의 운동에 관심을 가져왔다. 그런데 줄에서 나는 소리는 줄이 공기를 진동시켜서 나타나는 결과이므로, 줄 주변에 있는 공기는 진동하는 줄과 똑같은 배음의 합으로 구성되어 있을 것이다. 그리고 공기에 나타나는 각 배음의 상대적인 강도는 줄의 경우와 다를 것이다. 특히 줄이 공명판에 부착되어 있는 경우에는 더욱 그렇다. 줄의 진동이 공기에 전달되는 효율은 각 배음마다 다르다.

음악적 음조에 의한 공기압의 변화 $f(t)$는[그림 50-1(b)] $\cos\omega t$와 같은 간단한 배음들의 합으로 나타낼 수 있다. 진동 주기를 T라 했을 때 가장 기본적인 진동수는 $\omega = 2\pi/T$이며 배음은 2ω, $3\omega,\cdots$ 등의 진동수를 갖는다.

그런데 경우에 따라서는 문제가 조금 복잡해질 수도 있다. 각 진동수의 위상은 얼마든지 다를 수 있기 때문이다. 따라서 일반적으로는 $\cos\omega t$가 아닌 $\cos(\omega t + \phi)$를 사용해야 한다. 코사인 함수의 덧셈 정리에 의하면

$$\cos(\omega t + \phi) = (\cos\phi\cos\omega t - \sin\phi\sin\omega t) \tag{50.1}$$

이고 ϕ는 상수이므로, 진동수가 ω인 임의의 진동 함수는 $\sin\omega t$와 $\cos\omega t$의 조합으로 나타낼 수 있다.

따라서 주기 $= T$인 임의의 주기 함수 $f(t)$는 수학적으로 다음과 같이 분해될 수 있다.

$$\begin{aligned} f(t) = a_0 \\ + a_1\cos\omega t \quad + b_1\sin\omega t \\ + a_2\cos 2\omega t + b_2\sin 2\omega t \\ + a_3\cos 3\omega t + b_3\sin 3\omega t \\ + \cdots \qquad + \cdots \end{aligned} \tag{50.2}$$

여기서 $\omega = 2\pi/T$이며, a_n과 b_n은 $f(t)$에 섞여 있는 각 진동 성분의 크기를 의미한다. 음악적인 음조의 경우, 진동수 0에 해당되는 성분인 a_0는 0이지만 이 항까지 고려해주면 가장 일반적인 표현이 된다. a_0는 공기압의 평균값이 전체적으로 편향된 정도를 나타내는 상수이다. 그림 50-2에는 식 (50.2)

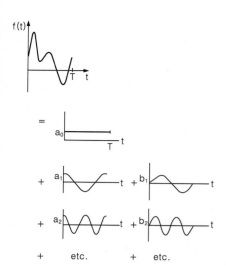

그림 50-2 임의의 주기 함수 $f(t)$는 간단한 배음 함수의 합으로 나타낼 수 있다.

의 의미가 도식적으로 표현되어 있다(배음의 진폭을 나타내는 a_n과 b_n이 적절한 값으로 선택되어야 원하는 파형을 얻을 수 있다. 그림 50-2는 이 사실을 고려하지 않고 대충 그린 것이다). 식 (50.2)를 $f(t)$의 '푸리에 급수(Fourier series)'라 한다.

이제 여러분은 임의의 주기 함수가 이런 식으로 표현된다는 것을 분명하게 알았을 것이다. 그러나 더욱 정확하게 말하자면 주기 함수뿐만 아니라 물리학에 나타나는 모든 함수들도 이런 식의 분해가 가능하다. 만사에 걱정이 많은 수학자들은 배음 함수의 합으로 표현할 수 없는 함수를 만들어내기도 했는데, 어떤 t에 대하여 두 개 이상의 값을 갖는 함수가 그런 경우에 속한다. 그러나 물리학, 특히 파동에서는 그런 이상한 함수가 등장하는 일이 결코 없으므로 크게 걱정할 필요는 없다.

50-3 음질과 화음

지금부터, 소리의 '질(quality)'을 좌우하는 요인에 대하여 알아보자. 결론적으로 말해서, 음질은 다양한 배음의 함량(a와 b)에 따라 달라진다. 첫 번째 배음만으로 이루어진 소리를 순음(純音, pure tone)이라 하고, 여러 개의 강한 배음이 섞인 소리를 복합음(rich tone)이라 한다. 바이올린 소리는 오보에보다 많은 배음을 포함하고 있다.

여러 개의 진동자들을 스피커에 연결하면 다양한 음질을 만들어낼 수 있다(하나의 진동자는 단 하나의 배음을 만들어낸다). 각 진동자의 진동수를 ω, 2ω, 3ω, … 등에 맞추고 각 진동자에 볼륨 조절기를 연결하면 배음의 함량을 우리가 원하는 대로 조절할 수 있다. 전자 오르간은 바로 이러한 원리를 이용하여 만들어진 악기이다. 오르간의 '키(key)'는 진동자의 기본 진동수를 결정하고, '정지(stop)' 키는 배음의 상대적인 세기를 조절한다. 이 장치를 잘 세팅하면 플루트나 오보에, 바이올린 등의 소리를 흉내낼 수 있다.

서로 다른 진동수를 갖는 몇 개의 진동자만으로 이러한 인위적인 소리를 만들 수 있다는 것은 매우 흥미로운 사실이다. 사인파를 만들어내는 진동자와 코사인파를 만들어내는 진동자를 별개로 갖고 있지 않아도 음의 합성은 얼마든지 가능하다. 왜냐하면 우리의 귀는 배음들 간의 상대적인 위상차에 별로 민감하지 않기 때문이다. 우리의 귀에는 이 모든 소리들이 한데 합쳐져서 들린다. 그러므로 이 정도의 분석이면 음악의 특성을 논하는 데 부족함이 없다. 그러나 마이크를 비롯한 물리적 장치들은 위상차에 민감하게 반응하기 때문에 더욱 세밀한 분석이 필요하다.

대화를 나눌 때 입의 모양은 입 안에 있는 공기의 진동 모드를 결정하는데, 이들 중 일부 모드는 목에서 나오는 소리에 의해 진동이 유발된다. 이런 과정을 통해 일부 배음의 세기가 다른 배음보다 커지는 것이다. 입의 모양을 바꾸면 다른 진동수를 가진 배음이 우세해지면서 이전과는 다른 소리가 난다. "이—이—이"와 "아—아—아"가 다르게 들리는 것은 바로 이런 이유 때문이다.

"이―이―이"와 같은 특정 모음은 말을 할 때나 노래를 부를 때 거의 같은 소리로 들린다. "이―이―이" 발음이 나오도록 입 모양을 만들면 특정한 진동수가 강조되기 때문에 목소리를 높여도 같은 발음으로 들리는 것이다. 즉, 목소리의 높이를 바꾸면 주된 배음과 기본 배음의 비율이 달라지면서 음질이 변한다. 물론, 우리가 사람의 말소리를 알아듣는 것은 특정 배음들 간의 상호 관계와 아무런 상관이 없다.

피타고라스가 발견했던 '화음'은 물리적으로 어떻게 설명할 수 있을까? 줄의 길이가 2 : 3이면 진동수의 비는 3 : 2가 된다. 그런데 이들을 동시에 퉁기면 왜 듣기 좋은 소리가 나는 것일까? 아마도 배음의 진동수에서 그 해답을 찾을 수 있을 것 같다. 이 경우, 짧은 줄의 두 번째 배음은 긴 줄의 세 번째 배음과 진동수가 같다(퉁겨진 줄에는 처음 몇 개의 배음이 강하게 섞여 있다).

이 사실로부터, 다음의 법칙을 유추할 수 있다―두 개 이상의 음이 동시에 울릴 때, 배음의 진동수가 일치하면 듣기 좋은 화음이 형성되고, 배음의 진동수가 비슷하긴 하지만 이들 사이에 빠른 맥놀이가 형성될 정도로 차이가 나면 불협화음이 된다. 맥놀이는 왜 불편하게 들리는가? 높은 배음들이 일치하면 왜 듣기 좋은 소리가 나는가? 그 이유를 과학적으로 설명하는 것은 결코 쉬운 일이 아니다(소리뿐만 아니라 냄새의 경우도 마찬가지다). 우리가 아는 것이라고는 두 선율의 진동수가 간단한 정수비를 이룰 때 듣기 좋다는 사실뿐이다. 아마도 음악가들은 음악을 과학적으로 분석하지 못하는 지금의 현실을 다행스럽게 생각할지도 모른다.

악기의 대표주자라 할 수 있는 피아노를 이용하면 배음들 사이의 상호 관계를 쉽게 설명할 수 있다. 피아노 건반 중간 부분에 있는 세 개의 '도'음을 각각 C, C′, C″이라 하고, 그 위에 각각 위치한 '솔'음을 G, G′, G″이라 하자. 그러면 이들 사이의 상대적인 진동수는 다음과 같다.

$$C - 2 \quad\quad G - 3$$
$$C' - 4 \quad\quad G' - 6$$
$$C'' - 8 \quad\quad G'' - 12$$

이 관계는 다음과 같이 입증될 수 있다. 건반 C′을 아주 천천히 누르면 소리는 나지 않고 해머(피아노의 줄을 때리는 장치)만 들어올려진 상태가 된다. 이 상태에서 건반 C를 세게 누르면 기본 진동과 함께 배음이 울리면서 C′과 공명을 일으킨다. 그러므로 C′을 계속 누르고 있는 상태에서 건반 C를 원상태로 되돌리면 C음은 즉시 사라지지만 C′음이 한동안 희미하게 들려오는 것을 느낄 수 있다. C′을 G′으로 바꾸고 동일한 실험을 반복하면 이번에는 G′음이 희미하게 들려온다. C의 세 번째 배음이 G′이기 때문이다. C의 여섯 번째 배음인 G″의 경우도 마찬가지다(배음이 높아질수록 소리는 희미해진다). 이런 식으로, 배음의 공명에 의하여 때리지도 않은 건반의 소리가 들린다는 것을 실험으로 입증할 수 있다.

G 건반을 소리가 나지 않도록 살며시 누른 후에 C′ 건반을 세게 누르면

조금 다른 현상이 나타난다. G의 네 번째 배음이 C'의 세 번째 배음과 일치하기 때문에, 이 경우에는 아주 높은 소리(G의 네 번째 배음)가 희미하게 들려온다. 그리고 청각을 집중하여 잘 들어보면 G보다 두 옥타브 위에 있는 G″도 들을 수 있다! 이런 식으로 여러 조합을 이용하면 건반 하나만 눌러도 여러 개의 음을 들을 수 있다.

장조 음계의 주 화음은 1도 화음(C-E-G)과 4도 화음(F-A-C), 그리고 5도 화음(G-B-D)으로 대표되는데, 진동수의 비율은 세 가지 모두 (4 : 5 : 6)이다. 여기에 한 옥타브 사이(C-C', B-B' 등)의 진동수 비율이 1 : 2라는 사실을 추가하면 하나의 이상적인 음계가 결정된다. 그러나 피아노와 같은 건반 악기들은 이런 식으로 조율하지 않고 진동수에 약간의 변화를 준다. 즉, 한 옥타브(진동수의 비 = 1 : 2)의 사이를 일정한 비율로 12등분하여 음계를 할당하는 것이다. 이렇게 하면 이웃한 음계 간의 진동수의 비율이 $(2)^{1/12} ≒ 1.06$이 된다. 이런 식의 조율을 '평균율(tempered)'이라 한다. 평균율에서는 5도 간격의 진동수 비율이 $3/2$이 아니라 $2^{7/12} = 1.499$가 되어 원래의 비율과 조금 차이가 나긴 하지만, 보통 사람의 귀로는 그 차이를 거의 인식하지 못한다.

지금까지 우리는 '배음의 일치'를 이용하여 음악적 조화를 수학적 개념으로 설명하였다. 그렇다면, 특정 음들이 화성을 이루는 것은 과연 그들의 배음이 일치하기 때문일까? 이 분야를 연구하는 어느 학자의 주장에 의하면, 배음을 모두 제거한 순음 C와 G를 동시에 틀었을 때, 청중들은 그다지 편안한 느낌을 받지 못한다고 한다(이것은 아무 때나 쉽게 할 수 있는 실험이 아니다. 순음은 인위적으로 만들어내기가 어렵기 때문이다. 그 이유는 앞으로 차차 알게 될 것이다). 화음을 들을 때마다 우리의 귀가 이런 수학적인 계산을 하고 있는지, 아니면 미적 감각을 느끼는 중추가 따로 있는 것인지는 아직 분명하지 않다.

50-4 푸리에 계수

앞에서 언급했던 바와 같이, 임의의 음색은 여러 가지 배음의 조합으로 표현될 수 있다. 그렇다면 하나의 음에 각 배음이 어느 정도 섞여 있는지는 어떻게 알 수 있을까? 물론, a와 b가 모두 알려져 있다면 식 (50.2)를 이용하여 $f(t)$를 쉽게 계산할 수 있다. 그러나 주어진 $f(t)$로부터 a와 b를 계산하는 것은 전혀 다른 이야기다. (주어진 재료를 이용하여 빵을 만드는 것은 쉽지만, 주어진 빵으로부터 재료를 역추적하는 것은 결코 만만한 작업이 아니다!)

푸리에는 이 계산이 그다지 어렵지 않다는 것을 발견하였다. 특히 a_0는 아주 쉽게 계산할 수 있다. 앞에서 나는 a_0가 한 주기($t = 0$에서 $t = T$까지)에 대한 $f(t)$의 평균이라고 말한 적이 있다. 한 주기에 대한 사인, 또는 코사인의 평균은 항상 0이므로, 식 (50.2)의 각 항에 평균값을 취하면 a_0를 제외한 모든 항은 0으로 사라진다($\omega = 2\pi/T$임을 기억하라).

또한, 합의 평균은 평균의 합과 같다. 따라서 $f(t)$의 평균은 곧 a_0의 평균이다. 그런데 a_0는 상수이기 때문에 평균값은 자기 자신과 같다. 그러므로 시간에 대한 평균의 정의에 의해

$$a_0 = \frac{1}{T}\int_0^T f(t)dt \qquad (50.3)$$

임을 알 수 있다.

다른 상수들은 조금 복잡하긴 하지만 이와 비슷한 방법으로 계산할 수 있다. 푸리에가 제안했던 방법을 따라가 보자. 예를 들어, 식 (50.2)의 양변에 $\cos 7\omega t$를 곱하여

$$
\begin{aligned}
f(t) \cdot \cos 7\omega t = {} & a_0 \cdot \cos 7\omega t \\
& + a_1 \cos \omega t \cdot \cos 7\omega t \;\; + b_1 \sin \omega t \cdot \cos 7\omega t \\
& + a_2 \cos 2\omega t \cdot \cos 7\omega t \;\; + b_2 \sin 2\omega t \cdot \cos 7\omega t \\
& + \cdots \qquad\qquad\qquad\quad + \cdots \\
& + a_7 \cos 7\omega t \cdot \cos 7\omega t \;\; + b_7 \sin 7\omega t \cdot \cos 7\omega t \\
& + \cdots \qquad\qquad\qquad\quad + \cdots \qquad\qquad (50.4)
\end{aligned}
$$

를 만든 후, 여기에 평균을 취해보자. 시간 T에 대한 $a_0 \cos 7\omega t$의 평균은 코사인 함수를 7주기에 걸쳐 평균한 값과 같으므로 당연히 0이다. 이렇게 따지면 대부분의 항들이 0으로 사라진다. 우선 a_1항부터 살펴보자. 일반적으로, 두 코사인 함수의 곱은 다음과 같이 다른 코사인 함수의 합으로 나타낼 수 있으므로

$$\cos A \cos B = \frac{1}{2}\cos(A + B) + \frac{1}{2}\cos(A - B) \qquad (50.5)$$

a_1이 들어 있는 항은

$$\frac{1}{2}a_1(\cos 8\omega t + \cos 6\omega t) \qquad (50.6)$$

로 쓸 수 있다. 여기서 시간 T에 대한 첫 번째 항의 평균은 8주기에 걸친 평균과 같고, 두 번째 항의 평균은 6주기에 걸친 평균이므로 식 (50.6)의 평균은 0이다.

a_2항에 같은 변환을 가하면 $a_2 \cos 9\omega t$와 $a_2 \cos 5\omega t$의 합으로 나타나는데, 방금 전의 논리에 의하여 이것의 평균값도 0이다. a_9항의 경우, 코사인의 곱을 코사인의 합으로 바꾸면 $\cos 16\omega t$와 $\cos(-2\omega t)$의 합으로 나타나며, 코사인은 우함수이므로 $\cos(-2\omega t) = \cos 2\omega t$가 되어 이 역시 평균값은 0이다. 이런 식으로 계산을 진행하다보면 단 하나의 항만 제외하고 모두 0이 된다는 것을 알 수 있다. 여러분도 짐작하다시피, 그 하나의 항이란 바로 a_7항이다. $a_7 \cos 7\omega t \cos 7\omega t$를 변환하면

$$\frac{1}{2}a_7(\cos 14\omega t + \cos 0) \qquad (50.7)$$

이 되는데, 첫 번째 항의 평균은 0이지만 두 번째 항은 상수($\cos 0 = 1$)이므로, 결국 식 (50.4)에서 a가 포함된 모든 항들의 평균값은 $\frac{1}{2} a_7$이다.

b가 포함된 항들도 똑같은 방법으로 계산할 수 있다. 식 (50.4)에 $\cos n\omega t$를 곱하여 평균을 취하면 b를 포함한 '모든' 항들은 하나의 예외도 없이 0으로 사라진다.

이와 같이, 푸리에의 계산법은 일종의 '걸러내기 작업'이라 할 수 있다. $f(t)$에 $\cos 7\omega t$를 곱하여 평균을 취하면 모든 항들은 0으로 사라지고 단 하나의 상수 a_7만이 살아남아서

$$\text{평균}[f(t) \cdot \cos 7\omega t] = a_7/2 \tag{50.8}$$

또는

$$a_7 = \frac{2}{T} \int_0^T f(t) \cdot \cos 7\omega t \, dt \tag{50.9}$$

가 된다.

식 (50.2)의 양변에 $\sin 7\omega t$를 곱한 후 평균을 취하면 b_7을 구할 수 있다. 자세한 계산은 연습 문제로 남겨두고, 결과만 적어보면 다음과 같다.

$$b_7 = \frac{2}{T} \int_0^T f(t) \cdot \sin 7\omega t \, dt \tag{50.10}$$

지금까지 얻은 결과는 a_7이나 b_7뿐만 아니라 모든 a_n과 b_n에 대하여 일반적으로 성립한다. 일일이 말로 쓰자면 한없이 길어지겠지만, 수학 기호를 사용하면 아주 간단하고 우아하게 정리할 수 있다. m과 n이 0이 아닌 정수이고 $\omega = 2\pi/T$일 때, 우리의 결과는 다음과 같이 요약된다.

I. $\displaystyle \int_0^T \sin n\omega t \cos m\omega t \, dt = 0$ \hfill (50.11)

II. $\displaystyle \int_0^T \cos n\omega t \cos m\omega t \, dt = $

III. $\displaystyle \int_0^T \sin n\omega t \sin m\omega t \, dt = $ $\left. \begin{cases} 0 & \text{if } n \neq m \\ T/2 & \text{if } n = m \end{cases} \right.$ \hfill (50.12)

IV. $\displaystyle f(t) = a_0 + \sum_{n=1}^{\infty} a_n \cos n\omega t + \sum_{n=1}^{\infty} b_n \sin n\omega t$ \hfill (50.13)

V. $\displaystyle a_0 = \frac{1}{T} \int_0^T f(t) \cdot dt$ \hfill (50.14)

$\displaystyle a_n = \frac{2}{T} \int_0^T f(t) \cdot \cos n\omega t \, dt$ \hfill (50.15)

$\displaystyle b_n = \frac{2}{T} \int_0^T f(t) \cdot \sin n\omega t \, dt$ \hfill (50.16)

앞에서 여러 차례에 걸쳐 강조했던 것처럼, 단조화 운동(simple harmonic motion)을 표현할 때는 사인이나 코사인 함수보다 지수 함수가 훨씬 더 편리하다. 그러므로 $\cos \omega t$ 대신 $e^{i\omega t}$의 실수 부분을 의미하는 $\text{Re}\, e^{i\omega t}$를 사용하면 위의 결과를 더욱 간결하게 표현할 수 있다. 앞에서 애초부터 이 표기

법을 사용하지 않은 이유는 유도 과정을 좀더 분명하게 보여주기 위해서였다. 어쨌거나, 지수 함수의 표기법을 사용하면 식 (50.13)은 다음과 같이 변환된다.

$$f(t) = \text{Re} \sum_{n=0}^{\infty} \hat{a}_n e^{in\omega t} \qquad (50.17)$$

여기서 $\hat{a}_n$은 복소수 $a_n - ib_n$을 의미한다($b_0 = 0$). 이 표기법을 전체적으로 적용하면

$$\hat{a}_n = \frac{2}{T} \int_0^T f(t) e^{-in\omega t}\, dt \quad (n \geq 1) \qquad (50.18)$$

로 쓸 수 있다.

이제 우리는 주기적인 파동을 여러 개의 배음 성분으로 분석할 수 있게 되었다. 이 과정을 '푸리에 해석(Fourier analysis)'이라 하고, 각각의 항들을 '푸리에 성분(Fourier component)'이라 부른다. 그러나 이런 식으로 모든 계수들을 구하여 원래의 식 (50.2)에 대입했을 때 정말로 $f(t)$가 얻어지는지의 여부는 아직 증명하지 않았다. 다행히도 수학자들은 물리학자들이 관심을 갖는 거의 모든 함수들에 대하여 푸리에 해석법이 성립한다는 사실을 친절하게 증명해주었으므로, 우리는 고마운 마음으로 그것을 사용하기만 하면 된다. 단, 거기에는 단 하나의 예외 조항이 있다. 함수 $f(t)$가 어떤 지점에서 불연속이면(즉, 함수값이 갑자기 널을 뛰는 지점이 존재하면) 푸리에 성분의 합은 그 지점에서 두 함수값의 평균이 된다. 예를 들어, $0 \leq t < t_0$에서 $f(t) = 0$이고 $t_0 \leq t < T$에서 $f(t) = 1$일 때, 푸리에 급수의 합은 $t \neq t_0$인 지점에서 $f(t)$와 일치하며, $t = t_0$에서는 0이나 1이 아닌 1/2이 된다. 사실, 불연속인 지점에서 함수값을 좌극한이나 우극한으로 정의하는 것은 별로 물리적이지 않다. 그보다는 차라리 두 값의 평균으로 정의하는 것이 좀더 현실적인 선택이다. 이런 점에서 볼 때, 푸리에의 해석법은 상당히 물리적이라 할 수 있다. 따라서 유한한 개수의 불연속점을 갖는 임의의 함수는 (연속 함수와 함께) 푸리에 급수로 올바르게 표현될 수 있다.

연습 문제 삼아, 그림 50-3과 같은 불연속 함수를 푸리에 급수로 전개해 보자. 이 함수는 0과 T 사이에서 불연속점을 갖고 있기 때문에 하나의 식으로 표현될 수 없고, 따라서 이 구간의 적분도 일상적인 방법으로 수행할 수 없다. 그러나 이 함수를 두 구간으로 나눠서 각각 정의하면 계산이 아주 쉬워진다. 즉, 적분을 $0 < t < T/2$인 구간과($f(t) = 1$), $T/2 < t < T$인 구간($f(t) = -1$)으로 나눠서 실시하는 것이다. 계산 결과는 다음과 같다.

$$f(t) = \frac{4}{\pi} \left(\sin \omega t + \frac{1}{3} \sin 3\omega t + \frac{1}{5} \sin 5\omega t + \cdots \right) \qquad (50.19)$$

여기서 $\omega = 2\pi/T$이다. 위의 결과에서 알 수 있듯이, 그림 50-3과 같은 사각형 파동은 기함수(odd function) 형태의 배음으로 나타낼 수 있으며, 각 배음의 진폭은 진동수에 반비례한다.

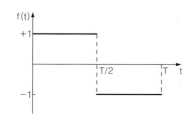

그림 50-3 사각형 파동 함수
$0 < t < T/2$일 때 $f(t) = +1$,
$T/2 < t < T$일 때 $f(t) = -1$

이제, 식 (50.19)가 정말로 원래의 $f(t)$와 같은지 확인해보자. $t = T/4$를 선택하면($\omega t = \pi/2$)

$$f(t) = \frac{4}{\pi}\left(\sin\frac{\pi}{2} + \frac{1}{3}\sin\frac{3\pi}{2} + \frac{1}{5}\sin\frac{5\pi}{2} + \cdots\right) \tag{50.20}$$

$$= \frac{4}{\pi}\left(1 - \frac{1}{3} + \frac{1}{5} - \frac{1}{7} + \cdots\right) \tag{50.21}$$

이 되는데, 괄호 안의 무한급수 합은* $\pi/4$이므로 $f(t) = 1$임을 알 수 있다.

50-5 에너지 정리

파동의 에너지는 진폭의 제곱에 비례한다. 복잡한 파동의 경우, 한 주기 동안의 에너지는 $\int_0^T f^2(t)\,dt$에 비례하고, 이 값과 푸리에 계수 사이에는 다음과 같은 관계가 있다.

$$\int_0^T f^2(t)\,dt = \int_0^T\left[a_0 + \sum_{n=1}^{\infty} a_n\cos n\omega t + \sum_{n=1}^{\infty} b_n\sin n\omega t\right]^2 dt \tag{50.22}$$

우변의 제곱항을 전개하면 $a_5\cos 5\omega t \cdot b_7\cos 7\omega t$와 같은 항들이 나타나는데, 식 (50.11)과 (50.12)에 의하면 이들을 적분한 값은 모두 0이다. 그러므로 적분을 했을 때 살아남는 것은 $a_5^2\cos^2 5\omega t$와 같은 완전 제곱형 항들뿐이다. 코사인이나 사인의 제곱을 한 주기 T에 대하여 적분하면 모두 $T/2$이므로

$$\int_0^T f^2(t)\,dt = Ta_0^2 + \frac{T}{2}(a_1^2 + a_2^2 + \cdots + b_1^2 + b_2^2 + \cdots)$$

$$= Ta_0^2 + \frac{T}{2}\sum_{n=1}^{\infty}(a_n^2 + b_n^2) \tag{50.23}$$

이 된다. 이것이 바로 '에너지 정리(energy theorem)'로서, 파동이 실어 나르는 총 에너지가 각 푸리에 성분의 에너지의 합과 같다는 것을 말해주고 있다. 이 정리를 식 (50.19)로 표현되는 파동에 적용하면 $[f(t)]^2 = 1$이므로

$$T = \frac{T}{2}\cdot\left(\frac{4}{\pi}\right)^2\left(1 + \frac{1}{3^2} + \frac{1}{5^2} + \frac{1}{7^2}\cdots\right)$$

이 되고, 이 등식은 당연히 성립해야 하므로 "홀수의 제곱의 역수들을 모두 더하면 $\pi^2/8$이 되어야 한다"는 사실을 덤으로 알 수 있다. 또는 함수 $f(t) = (t - T/2)^2$의 푸리에 급수를 먼저 구한 후에 에너지 정리를 적용하면 $1 + 1/2^4 + 1/3^4 + \cdots = \pi^4/90$을 증명할 수 있다(이 계산은 45장에서 다른 방법으로 수행한 적이 있다).

---

* 이 수열은 다음과 같은 방법으로 계산할 수 있다. 우선, $\int_0^x [dx/(1 + x^2)] = \tan^{-1}x$를 떠올리고, 피적분 함수를 $1/(1 + x^2) = 1 - x^2 + x^4 - x^6 + \cdots$으로 전개한 후 적분하면(0부터 x까지) $\tan^{-1}x = x - x^3/3 + x^5/5 - x^7/7 + \cdots$이 얻어진다. 여기서 $x = 1$로 놓으면 우변은 우리가 구하고자 하는 수열의 합과 일치하고 좌변은 $\tan^{-1}1 = \pi/4$이므로 결국 우리의 답은 $\pi/4$가 된다.

50-6 비선형 반응

마지막으로, 배음 이론으로부터 예견되는 중요한 현상을 짚고 넘어가고자 한다. 다양한 분야에서 응용되고 있는 이 현상은 지금까지 다뤘던 현상들과는 달리 그 효과가 비선형적으로 나타난다. 지금까지 우리는 진동의 변위(또는 가속도)가 가해진 힘에 비례하는 선형계만을 다루어왔다. 전기 회로의 경우에도, 회로에 흐르는 전류는 전압에 비례했다. 그러나 이러한 비례 관계가 성립하지 않는 시스템도 얼마든지 존재할 수 있다. 시간 t에서 나타나는 반응 x_{out}이 시간 t에 공급된 입력 x_{in}에 의해 좌우되는 하나의 장치를 상상해보자. 진동계를 예로 든다면 x_{in}은 계에 가해진 힘이고 x_{out}은 변위에 해당된다. 전기 회로의 경우 x_{in}은 전류, x_{out}은 전압이 된다. 만일 이 장치가 선형적이라면

$$x_{out}(t) = Kx_{in}(t) \tag{50.24}$$

를 만족할 것이다. 여기서 K는 t와 x_{in}의 값에 따라 달라지는 상수이다. 그러나 이 장치가 완전한 선형계가 아니어서 $x_{out}(t)$가

$$x_{out}(t) = K[x_{in}(t) + \varepsilon x_{in}^2(t)] \tag{50.25}$$

와 같이 나타난다고 가정해보자. 여기서 ε은 아주 작은 상수이다. x_{in}에 대한 선형 및 비선형계의 반응 x_{out}은 그림 50-4에 그래프로 표시되어 있다.

비선형적인 반응은 몇 가지 중요한 특징을 갖고 있다. 지금부터 그 내용을 대략적으로 살펴보자. 우선, 순음(배음이 섞여 있지 않은 단일 진동수의 음)을 입력 신호로 공급한 경우, 즉 $x_{in} = \cos \omega t$인 경우부터 알아보자. 이때 나타나는 x_{out}을 시간의 함수로 그려보면 그림 50-5의 실선과 같다. 그 위에 겹쳐서 같이 그려진 점선은 선형계의 반응을 나타낸다. 그림에서 보다시피, 비선형계의 반응은 더 이상 코사인 함수가 아니라 코사인을 위아래로 조금 잡아당긴 새로운 함수로 표현된다. 다시 말해서, 출력에 약간의 변화가 생긴 셈이다. 우리는 이런 파동이 더 이상 순음이 아니라는 것을 알고 있다. 즉, 여기에는 여러 개의 배음들이 섞여 있는 것이다. 과연 어떤 배음들이 어느 정도로 섞여 있을까? 식 (50.25)에 $x_{in} = \cos \omega t$를 대입하면

$$x_{out} = K(\cos \omega t + \varepsilon \cos^2 \omega t) \tag{50.26}$$

이 되고, 여기에 $\cos^2 \theta = \frac{1}{2}(1 + \cos 2\theta)$를 대입하면

$$x_{out} = K\left(\cos \omega t + \frac{\varepsilon}{2} + \frac{\varepsilon}{2} \cos 2\omega t\right) \tag{50.27}$$

를 얻는다. 보다시피 x_{out}에는 입력 x_{in}의 기본 진동수 ω뿐만 아니라 그 두 번째 배음인 2ω도 함께 섞여 있다. 그리고 평균값의 전체적인 이동을 의미하는 상수항 $K(\varepsilon/2)$도 등장하는데, 평균값의 이동이 야기되는 과정을 '정류(整流, rectification)'라 한다.

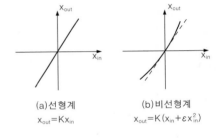

(a)선형계
$x_{out} = Kx_{in}$

(b)비선형계
$x_{out} = K(x_{in} + \varepsilon x_{in}^2)$

그림 50-4 선형계와 비선형계의 반응

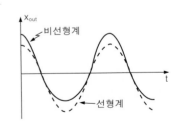

그림 50-5 입력 $\cos \omega t$에 대한 비선형적 반응. 점선으로 표시된 선형적 반응과 비교해보라.

비선형적인 시스템은 입력된 진동수를 정류하여 배음을 만들어낸다. 방금 예로 든 비선형계는 두 번째 배음만을 만들어냈지만, 식 (50.25)에 x_{in}^3이나 x_{in}^4와 같은 고차항이 섞여 있는 비선형계에서는 더 높은 배음이 생성된다.

비선형계의 또 다른 특징으로는 '변조(modulation)' 현상을 들 수 있다. 입력 함수에 두 개 이상의 순음이 포함되어 있을 때, 그 결과로 나오는 반응 속에는 배음뿐만 아니라 다른 진동수 성분도 들어 있다. 예를 들어, $x_{in} = A \cos \omega_1 t + B \cos \omega_2 t$인 경우($\omega_1$과 ω_2가 배음의 관계에 있지 않은 경우)를 생각해보자. 이런 경우에는 원래의 입력에 비례하는 항인 $K x_{in}$ 이외에 다음의 항이 추가로 나타난다.

$$x_{out} = K\varepsilon (A \cos \omega_1 t + B \cos \omega_2 t)^2 \tag{50.28}$$

$$= K\varepsilon (A^2 \cos^2 \omega_1 t + B^2 \cos^2 \omega_2 t + 2AB \cos \omega_1 t \cos \omega_2 t) \tag{50.29}$$

식 (50.29)에 들어 있는 처음 두 개의 항은 식 (50.27)의 상수항과 첫 번째 배음에 대응되며, 세 번째 항은 이전에 볼 수 없었던 새로운 항이다.

새로운 항 $AB \cos \omega_1 t \cos \omega_2 t$는 두 가지 방법으로 해석될 수 있다. 첫째, 두 진동수가 크게 다르다면(예를 들어, ω_1이 ω_2보다 훨씬 크다면), 이 항은 진폭이 변하는 코사인 진동을 의미한다. 즉,

$$AB \cos \omega_1 t \cos \omega_2 t = C(t) \cos \omega_1 t \tag{50.30}$$

$$C(t) = AB \cos \omega_2 t \tag{50.31}$$

이 되어, $\cos \omega_1 t$의 진폭이 ω_2의 진동수로 변조되고 있음을 의미한다.

또는, $AB \cos \omega_1 t \cos \omega_2 t$를 약간 변형시켜서

$$AB \cos \omega_1 t \cos \omega_2 t = \frac{AB}{2} [\cos(\omega_1 + \omega_2)t + \cos(\omega_1 - \omega_2)t] \tag{50.32}$$

로 쓰면 $(\omega_1 + \omega_2)$와 $(\omega_1 - \omega_2)$의 진동수를 갖는 두 개의 새로운 진동의 합으로 해석할 수 있다.

지금 우리는 동일한 결과를 두 가지 방법으로 해석하였다. $\omega_1 \gg \omega_2$이면 $(\omega_1 + \omega_2)$와 $(\omega_1 - \omega_2)$가 거의 같아지면서 이들 사이에 맥놀이 현상이 나타나므로, 첫 번째 해석과 두 번째 해석이 일치하게 된다.

결론적으로 말해서 비선형계는 정류 현상, 배음의 생성, 변조, 그리고 진동수의 합과 차이로 나타나는 또 다른 진동의 생성이라는 특징을 갖고 있다.

이 모든 효과들[식 (50.29)]은 비선형계수 ε에 비례하며, 두 진폭의 곱 (A^2, B^2, AB)에 비례하기도 한다. 또한 이들은 입력 신호가 강할수록 그 효과가 크게 나타난다.

지금까지 설명한 효과들은 많은 분야에 응용될 수 있다. 예를 들어, 사람의 청각 기능도 일종의 비선형계로 알려져 있다. 아주 큰 소리를 들으면 그 속에서 몇 개의 배음이 들리기도 하고, 오직 순음으로 이루어진 소리를 들을 때에도 진동수의 합이나 차이에 해당되는 소리가 함께 들려오는 경우도 있기

때문이다.

뿐만 아니라, 증폭기나 스피커처럼 소리를 재생시키는 기계 장치들도 비선형적인 특성을 항상 갖고 있다. 이 장치들은 소리를 왜곡시키기도 하고 원음에는 없는 배음을 만들어내기도 한다. 물론 스피커에서 이런 소리가 들려오면 듣는 사람의 기분이 썩 유쾌하지는 않을 것이다. 그래서 전체적인 재생 과정을 가능한 한 선형적으로 만들어주기 위해 '하이파이(Hi-Fi)'라는 장치를 사용한다(사람의 귀가 원래 비선형적임에도 불구하고, 왜 비선형적으로 생성된 소리를 싫어하는 것일까? 그리고 이러한 비선형적 성질이 우리의 귀가 아닌 스피커에서 비롯되었다는 것을 어떻게 인식할 수 있을까? 이 의문은 아직 밝혀지지 않았다).

비선형적 성질이 반드시 필요한 경우도 있다. 실제로 라디오파의 송수신 과정에서는 인위적으로 만들어진 비선형적 성질이 이용되고 있다. AM 방송에서 초당 수천 사이클(kilocycle)에 해당하는 음성 신호는 변조라 부르는 비선형 회로를 거치면서 초당 수백만 사이클(megacycle)의 캐리어 신호와 결합된다. 그리고 이 신호가 수신 장치에 도달하면 수신된 주파수 성분들이 또다시 비선형 회로를 거치면서 변조된 캐리어 진동수의 합과 차이를 조합하여 원래의 음성 신호를 재생시킨다.

앞에서 빛의 전달 과정을 논할 때, 전하의 유도된 진동이 빛의 전기장에 비례하여 전체적인 반응이 선형적으로 나타난다는 가정을 세웠다. 물론 이것은 매우 정확한 근사법이다. 지난 몇 년 사이에 매우 강한 빛을 발생시키는 장치가 발명되었는데(레이저), 여기서 비선형적인 효과들이 관측되었다. 이제 우리는 빛의 배음[혹은 '배광(倍光)']을 인위적으로 만들어낼 수 있게 된 것이다. 아주 강한 붉은빛이 유리를 통과할 때 약간의 푸른빛이 관측되는데, 푸른빛은 붉은빛의 두 번째 배음에 해당된다!

CHAPTER 51
파동

51-1 선수파(船首波, Bow waves)

파동에 관한 수치적인 분석은 지금까지의 내용으로 충분하리라 생각한다. 이 장에서는 파동과 관련된 복잡한 현상들을 간략하게 살펴보기로 한다. 앞으로 설명할 현상들은 그 속사정이 너무 복잡하여 지금 이 강의에서 깊이 파고 들어가는 것은 무리라고 본다. 파동에 관해서는 지난 몇 개의 장에 걸쳐 여러 번 언급되었으므로, 사실 이 장의 제목은 '파동'이라는 포괄적인 단어보다 '파동과 관련된 복잡한 현상들'이라는 제목이 더 어울릴 것 같다.

우선 첫째로, 파동을 만들어내는 소스가 파동의 속도(또는 위상 속도)보다 빠르게 움직일 때 어떤 현상이 나타나는지 알아보자. 소리의 경우, 음원이 음속보다 빠르게 이동할 때 나타나는 현상은 다음과 같다. 그림 51-1과 같이, 어떤 특정한 순간에 위치 x_1에서 음파가 발생했다고 가정해보자. 그후 음원이 x_2로 이동하는 동안 음파는 이보다 짧은 반경 r_1의 구역으로 퍼져나가고, x_2에서는 또다시 새로운 음파가 발생한다. 여기서 음원이 더 이동하여 x_3까지 갔다면 x_2에서 발생한 음파는 반경 r_2까지 퍼져나가고 x_1에서 발생했던 음파는 r_3까지 도달할 것이다. 이 논리를 모든 지점에 적용해보면 음원을 지나는 직선에 공통적으로 접하는 무수히 많은 원형 음파가 얻어진다. 원형이 아니라 구형 음파를 만들어내는 음원의 경우, 어느 한 순간에 존재하는 음파의 선단(wavefront)들은 음원의 위치를 꼭지점으로 하는 원추 모양의 도형을 형성하고, 앞서 서술한 2차원의 경우에는 한 쌍의 선이 만들어진다. 그렇다면 원추의 꼭지각은 얼마나 될까? 주어진 시간 동안 음원의 이동 거리 $x_3 - x_1$은 음원의 속도 v에 비례하며, 같은 시간 동안 파동의 선단이 진행한 거리 r_3는 파동의 속도 c_w에 비례한다. 그러므로 원추 꼭지각의 절반을 θ라 했을 때 $\sin\theta$는 파동의 속도를 음원의 속도로 나눈 값과 같다. 물론 이것은 음원의 속도가 음파의 속도보다 빠를 때($v > c_w$)에 한하여 성립하는 관계이다.

$$\sin\theta = \frac{c_w}{v} \tag{51.1}$$

지금은 자체적으로 소리를 내는 음원의 운동을 다루고 있지만, 소리를 내지 않는 임의의 물체라 하더라도 음속보다 빠르게 움직이면 소리를 내는 것으로 알려져 있다. 즉, 식 (51.1)은 진동하는 음원이 아닌 경우에도 성립한다

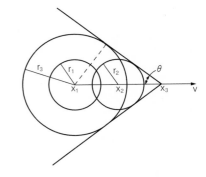

그림 51-1 음원의 속도가 음파의 속도보다 빠를 때 생성되는 충격파의 선단은 음원의 위치를 꼭지점으로 하는 원추 모양의 도형을 형성한다. 이때 꼭지각의 절반을 θ라 하면, $\theta = \sin^{-1} c_w/v$ 이다.

는 것이다. 임의의 물체가 매질 속을 통과해 갈 때, 물체의 속도가 매질이 파동을 전달하는 속도보다 빠르면 운동 자체에 의해 양쪽으로 파동이 발생한다. 이것은 소리뿐만 아니라 빛의 경우도 마찬가지다. 여러분은 빛이 유리 속을 통과할 때의 위상 속도가 진공 중에서 진행하는 빛의 속도보다 2/3가량 느려진다는 것을 기억할 것이다. 유리벽을 향하여 하전 입자를 거의 광속에 가까운 속도로 발사했다고 상상해보자. 그렇다면 이 입자는 앞서 말한 음원과 마찬가지로 입자를 꼭지점으로 하는 원추형 광파를 만들어낼 것이다. 이 현상은 배가 물살을 가르며 나아갈 때 나타나는 파동과 비슷하다(음파의 경우도 마찬가지다). 그러므로 원추의 꼭지각을 측정하면 유리 속을 진행하는 입자의 속도를 알 수 있다. 이것은 고에너지(high-energy) 물리학에서 입자의 속도를 측정할 때 사용하는 방법 중 하나이다. 꼭지각은 유리 속에서 나타나는 빛의 진행 방향을 측정하여 쉽게 구할 수 있다.

이 빛은 최초 발견자의 이름을 따라서 '체렌코프 복사(Čerenkov radiation)'라 한다. 그리고 체렌코프 복사의 강도를 이론적으로 계산한 사람은 프랑크(Frank)와 탐(Tamm)이었다. 이 세 사람은 1958년에 공동으로 노벨 물리학상을 수상하였다.

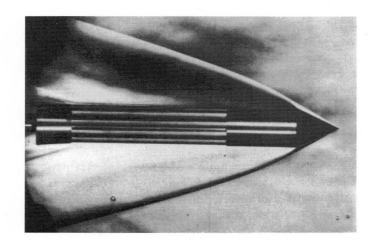

그림 51-2 음속보다 빠른 물체가 기체 속을 통과하면서 만들어내는 충격파의 모습

음속보다 빠르게 움직이는 물체에서 나타나는 현상은 그림 51-2에서 눈으로 확인할 수 있다. 이것은 기체 속에서 소리보다 빠르게 움직이는 물체를 고속으로 촬영한 사진이다. 매질의 압력이 변하면 굴절률도 달라지기 때문에, 광학 기계를 적절히 사용하면 파동의 경계 부분을 가시화시킬 수 있다. 사진에는 음속보다 빠른 물체가 만들어내는 원추형 파동이 선명하게 나타나 있는데, 앞에서 말한 것과는 달리 원추의 경계선이 약간 휘어진 곡선을 그리고 있다. 왜 그럴까? 바로 그 이유가 이 장의 두 번째 주제이다.

51-2 충격파(Shock waves)

파동의 속도는 이따금 진폭에 따라 달라지는 경우가 있는데, 음파의 경우에 진폭과 속도의 관계는 다음과 같다. 공기 속에서 움직이는 물체는 자신의 길을 가면서 주변의 공기를 옆으로 밀어내기 때문에, 물체가 이미 지나간 곳(물체의 뒤쪽)은 아직 도달하지 않은 곳(물체의 앞쪽)보다 압력이 높다. 그리고 물체의 진행 속도가 아주 빠르면 주변과 열을 주고받을 겨를이 없으므로 압력의 변화가 단열적으로 일어나서 압축된 공기의 온도가 올라가게 된다. 그런데 소리의 속도는 공기의 온도와 함께 증가하므로, 물체의 앞쪽보다 뒤쪽에서 음속이 더 빠르다. 즉, 물체의 뒤쪽에서 공기에 가해지는 교란, 그 전달 속도가 앞쪽에서보다 빠르다는 뜻이다. 그림 51-3은 이 상황을 도식적으로 보여주고 있다. 곡선에 표시된 조그만 돌출 부위는 시간에 따른 압력의 변화를 쉽게 이해하기 위해 편의상 추가한 것이다. 그림에서 보다시피, 압력이 높은 뒤쪽 부분은 시간이 흐름에 따라 점차 앞쪽으로 밀집되다가 결국은 압력이 급격하게 변하는 경계선을 형성하게 된다. 소리가 아주 크면 이 시점은 금방 찾아오고, 소리가 작으면 시간이 오래 걸리거나 이 시점에 이르기 전에 소리가 퍼지면서 사라져버린다.

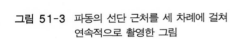 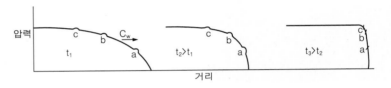

그림 51-3 파동의 선단 근처를 세 차례에 걸쳐 연속적으로 촬영한 그림

사람의 목소리가 일으키는 공기압의 변화는 대기의 압력에 비해 무시할 수 있을 정도로 작다(대기압의 백만분의 일 정도이다). 그러나 압력의 변화가 대기압의 규모로 커지면 파동의 속도는 20%가량 증가하며, 파동의 선단은 매우 날카로워진다. 사실, 자연계에서는 어느 위치나 순간에 어떤 양이 '무한대만큼' 변하는 일은 일어나지 않는다. 따라서 파동의 끝이 '매우 날카롭다'는 말은 무한히 날카롭다는 뜻이 아니라 '아주 가늘다'는 뜻이다. 압력이 변하는 거리의 범위는 평균 자유 경로와 거의 비슷하다. 우리는 기체의 구조적 측면을 고려하지 않았기 때문에 이 거리를 벗어나면 파동 방정식을 적용할 수 없다.

그림 51-2에서 충격파의 경계면이 곡선을 그리는 이유는 꼭지점 근처의 압력이 뒤쪽보다 커서 꼭지각 θ가 커졌기 때문이다. 즉, 파동의 속도가 파동의 세기에 따라 달라졌기 때문에 경계면이 곡선을 그리는 것이다. 원자 폭탄이 폭발할 때 발생하는 파동은 처음 얼마 동안 소리보다 훨씬 빠르게 진행하는데, 이 속도는 폭발에 의한 압력이 대기압보다 작아질 때까지 유지되다가 결국은 공기 중의 음속에 수렴하게 된다(충격파의 진행 속도는 앞쪽에 있는 기체 속에서의 음속보다 빠르고 뒤쪽에 있는 기체 속에서의 음속보다는 느린 것으로 알려져 있다. 그러므로 원자 폭탄이 폭발했을 때의 충격을 미리 감지할 방법은 없다. 폭발에 의한 섬광은 즉시 보이지만, 물리적인 충격은 소리보다 먼저 도달하기 때문에 귀에 폭발음이 들려오면 이미 때는 늦은 셈이다).

이와 같은 현상은 자연의 다른 곳에서도 찾아볼 수 있다. 유한한 깊이와 길이를 가진 수로를 타고 물이 흐르는 경우를 생각해보자. 수로의 한쪽 끝에 장착된 피스톤을 이용하여 물을 아주 빠른 속도로 밀어내면 마치 제설기에 의해 밀려나는 눈처럼 파동이 한 지점에 쌓이게 된다. 그림 51-4는 이런 상황의 어느 한 순간을 포착하여 촬영한 사진이다. 이런 경우에 수로를 따라 진행하는 기다란 파동은 수로가 깊을수록 속도가 빠르다. 그러므로 피스톤 등에 의해 새로운 에너지가 불규칙하게 가해지면 그 충격이 앞쪽으로 전해지면서 수면 위에 복잡한 형태의 파동이 생기고, 파동의 선단은 이론적으로 날카로운 모양을 띠게 된다. 그런데 그림 51-4를 보면, 여기에는 무언가 더욱 복잡한 현상이 복합적으로 일어나고 있음을 짐작할 수 있다. 이 사진에서 물결은 왼쪽으로 흐르고 있으며, 피스톤은 오른쪽 끝(사진에는 나와 있지 않다)에서 작동하고 있다. 피스톤을 힘차게 밀었을 때, 수로의 오른쪽 끝부분에서는 정상적인 파도가 생성되지만 왼쪽으로 갈수록 파도의 끝이 날카로워지면서 결국에는 사진과 같이 불연속적인 파형이 나타나게 된다. 허공으로 치켜진 파도가 수면으로 떨어지는 것은 엄청나게 복잡한 운동이지만, 사진에서 보다시피 그 앞(왼쪽)에 있는 물은 날카로운 파도에 아무런 영향도 받지 않는다.

그림 51-4

사실, 물에서 일어나는 파동은 음파보다 훨씬 더 복잡한 현상이므로 모든 것을 물리적으로 분석하기란 결코 쉽지 않다. 요점을 분명히 지적하기 위해, 수로를 타고 밀려오는 밀물의 속도를 대략적으로 계산해보자. 물론 이 문제는 이 장의 주제를 이해하는 데 그다지 중요하지도 않고, 다른 분야에 적용할 수 있을 정도로 일반적인 논리도 아니다. 단지, 우리가 알고 있는 역학적 지식만으로 이 복잡한 현상을 어떻게든 설명할 수 있다는 것을 보여주려는 것뿐이다.

그림 51-5(a)처럼 형성된 물을 상상해보자. 높이가 h_2인 부분의 왼쪽 끝은 v의 속도로 밀려나고 있고, 오른쪽 끝은 u의 속도로 높이 h_1인 물을 향해 나아가고 있다. 우리의 목적은 파동의 선단이 얼마나 빨리 움직이는지를 알아내는 것이다. $t = 0$일 때 x_1에 위치했던 평면은 Δt의 시간 동안 $v\Delta t$만큼 전진하여 x_2로 이동하고, 그 시간 동안 파동의 선단은 $u\Delta t$만큼 이동할 것이다.

여기에, 물의 전체적인 양과 운동량의 보존 법칙을 적용해보자. 수로의 단위 폭에 대하여 $h_2 v\Delta t$에 해당하는 물의 양은 $(h_2 - h_1)u\Delta t$에 들어 있는 물의 양과 같다[그림 51-5(b)의 빗금 친 부분. 새로 유입된 물의 양만큼 앞으로 밀려나기 때문이다]. 따라서 Δt를 소거하면 $vh_2 = u(h_2 - h_1)$의 관계가 성립한다. 그러나 이것만으로는 충분하지 않다. h_2와 h_1을 알고 있다 해도, 아직 u와 v를 모르기 때문이다.

다음으로, 운동량 보존 법칙을 적용해보자. 수압(물의 압력)이나 유체 역학에 관해서는 아직 언급한 적이 없지만, 특정 깊이에 있는 물의 압력은 그 위에 있는 모든 물을 떠받칠 만큼 작용한다는 것만은 분명한 사실이다. 따라서 물의 밀도를 ρ, 중력 가속도를 g라 하면 특정 위치의 수압은 'ρg × 깊이'와 같다. 수압은 깊이에 비례하므로 x_1평면에 작용하는 수압의 평균은 $\frac{1}{2}\rho g h_2$이며, 이것은 단위 폭, 단위 높이에서 x_1을 x_2 쪽으로 밀어내는 평균힘과 같다. 그러므로 왼쪽으로부터 물을 밀어내는 총힘은 $\frac{1}{2}\rho g h_2$에 h_2를 한 번 더

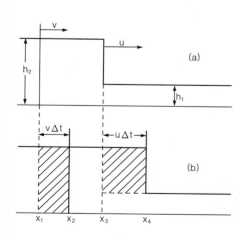

그림 51-5 수로를 따라 밀려가는 물의 단면도 (a)에서 시간이 Δt만큼 흐르면 (b)와 같은 모양이 된다.

곱하여 얻을 수 있다. 또한, 같은 부분에 오른쪽에서 왼쪽으로 작용하는 수압을 같은 원리로 계산하면 $\frac{1}{2}\rho g h_1^2$이 된다. 이제, 힘의 크기와 운동량의 변화율을 따져보자. 그림 51-5(b)에서의 운동량은 그림 51-5(a)의 운동량보다 얼마나 더 많은가? 속도 v로 움직이는 부분의 질량 변화는 $\rho h_2 u \Delta t - \rho h_2 v \Delta t$이고(단위 폭당), 여기에 v를 곱하면 새로 유입된 운동량이 된다. 그리고 이 값은 충격량 $F \Delta t$와 같다. 즉,

$$(\rho h_2 u \Delta t - \rho h_2 v \Delta t)v = \left(\frac{1}{2}\rho g h_2^2 - \frac{1}{2}\rho g h_1^2\right)\Delta t$$

의 관계가 성립한다. 여기서 $v h_2 = u(h_2 - h_1)$을 이용하여 v를 소거하면 $u^2 = g h_2(h_1 + h_2)/2h_1$이 얻어진다.

h_1과 h_2가 거의 같다면 속도는 $\sqrt{gh}$가 된다. 나중에 알게 되겠지만, 이 결과는 파동의 파장이 수로의 깊이보다 길 때에만 성립한다.

음파의 경우에도 이와 비슷한 논리를 적용할 수 있다. 단, 충격의 전달은 비가역적 현상이기 때문에 엔트로피 보존이 아니라 내부 에너지 보존 법칙을 적용해야 한다. 사실, 피스톤으로 물을 밀어내는 경우에는 에너지 보존 법칙이 성립하지 않는다. h_1과 h_2의 차이가 작으면 에너지는 완벽하게 보존되지만 높이의 차이가 눈에 띄게 커지면 에너지의 손실이 나타나기 시작한다. 이 현상은 높은 곳에서 떨어지는 물이나 그림 51-4처럼 갑자기 밀려가는 물에서 분명하게 나타난다.

단열 과정의 관점에서 볼 때, 충격파의 전달 과정에서 에너지의 손실은 필연적으로 일어난다. 충격파의 뒤를 따라가는 음파는 충격파에 의해 더워진 공기를 지나면서 위에서 언급한 '밀림' 현상을 겪기 때문이다. 앞서 말한 바와 같이, 충격파의 뒤쪽에 있는 공기의 온도는 앞쪽의 온도와 다르다.

거꾸로 된 밀물($h_2 < h_1$)이 형성되려면 1초당 나타나는 에너지의 손실이 음수가 되어야 한다. 그런데 에너지는 아무 데서나 얻을 수 없으므로 거꾸로 된 밀물은 그 상태를 오래 유지하지 못한다. 초기에 이런 물결이 형성되었다 해도 위에서 설명한 효과(파동의 선단이 날카로워지는 효과)가 반대로 나타나기 때문에 물결은 곧 평평해진다.

51-3 고체 속의 파동

다음으로, 이보다 훨씬 더 복잡한 고체 속의 파동을 분석해보자. 고체 속을 진행하는 파동은 앞에서 다뤘던 기체와 액체 속에서 진행하는 파동과 유사한 점이 많다. 고체의 표면에 갑자기 힘을 가하면 순간적으로 압축이 일어나고, 그 압축에 저항하는 힘이 작용하면서 음파와 비슷한 파동이 생성된다. 그러나 고체에는 기체나 액체 속에 존재할 수 없는 또 다른 형태의 파동이 존재한다. 고체를 비스듬한 방향으로 변형시키면[이것을 층밀리기, 또는 전단(剪斷, shearing)이라고 한다] 원상태로 돌아오려는 복원력이 작용하는데, 이

것은 기체나 액체에서 찾아볼 수 없는 고체 특유의 성질이다. 액체에 한동안 전단력을 가한 후 가만히 놓으면 그 상태를 유지하지만, 젤리와 같은 고체에 전단력을 가한 후 가만히 놓으면 원래의 상태로 되돌아오면서 전단파(剪斷波, shear wave)가 생성된다. 어떠한 경우에도 전단파는 종파(longitudinal wave) 보다 느리게 진행한다. 그런데 전단파는 편광적 성질을 갖는다는 점에서 빛과 비슷하게 취급될 수 있다. 음파는 그저 공기압의 파동에 불과하므로 편광과 관련된 성질을 갖고 있지 않다.

고체에는 두 가지 파동이 모두 존재할 수 있다. 고체를 순간적으로 압축 시켰을 때 나타나는 파동은 음파와 성질이 비슷하고, 결정체가 아닌 고체에서 나타나는 전단파는 임의의 방향으로 편광될 수 있다[물론, 모든 고체는 결정 체이다. 그러나 여러 가지 방향성을 갖는 미정질(微晶質, microcrystal)들을 한데 쌓아놓으면 고체의 비등방성은 상쇄된다].

음파와 관련하여 또 하나의 질문을 던져보자. 고체의 내부에서 음파의 파 장이 아주 짧아지면 무슨 일이 일어날까? 일단, 파장이 제아무리 짧아진다 해 도 원자들 사이의 간격보다 짧아질 수는 없다. 매질의 정보가 담겨 있는 최소 단위가 바로 원자이기 때문이다. 진동의 모드로 분류하자면 종파와 횡파, 장 파, 단파 등이 있다. 그런데 파장이 원자 사이의 간격과 비슷하면 파동의 속 도가 파동수에 따라 달라지기 때문에 더 이상 균일한 속도를 유지할 수 없게 된다. 가장 진동수가 큰 횡파는 이웃한 원자들이 서로 반대 방향으로 움직이 면서 전달된다.

원자적 관점에서 볼 때, 이 상황은 용수철로 연결된 두 단진자의 운동과 비슷하다. 앞에서 설명했던 대로, 연결된 단진자는 같이 움직이거나 반대로 움직이는 두 가지의 진동 모드를 갖고 있다. 고체의 파동은 무수히 많은 단진 자들이 서로 연결되어 있는 진동계로 이해할 수 있는데, 가장 높은 진동 모드 는 이웃한 진자들이 한결같이 반대 방향으로 진동하는 경우이고, 진동의 타이 밍이 서로 엇갈리면 상대적으로 낮은 진동 모드가 형성된다.

고체의 내부에서 진행하는 종파와 횡파의 예는 지구의 내부에서 찾아볼 수 있다. 소음의 원천이 무엇인지는 알 수 없지만, 지구의 내부에서는 이로 인해 가끔씩 지진이 발생하여 바위층이 이동하는 경우가 있다. 음파와 비슷한 파동이 지구 어디선가 발생하여 지구의 내부로 전달되는데, 그 파장이 일상적 인 음파보다 훨씬 길긴 하지만 이것도 음파의 일종임이 분명하다. 그런데 지 구는 균일한 물체가 아니어서 압력과 밀도, 압축성 등이 깊이에 따라 다르기 때문에 이 파동은 직진하지 않고 각 부위의 굴절률에 따라 어떤 곡선을 그리 게 된다. 그리고 종파와 횡파는 진행 속도가 다르므로 각기 다른 경로로 전달 된다. 따라서 지진이 일어났을 때 한 지점에 지진계를 장치해놓고 흔들리는 패턴을 관찰해보면 단진자처럼 규칙적인 진동이 관측되지 않고 진동과 멈춤 이 불규칙적으로 반복되는 것을 볼 수 있다. 이때 나타나는 현상은 관측 지점 에 따라 달라진다. 지진계와 진원지 사이의 거리가 충분히 가깝다면 종파가 먼저 도달한 뒤 잠시 후에 횡파가 도달할 것이다(횡파는 종파보다 느리다). 이

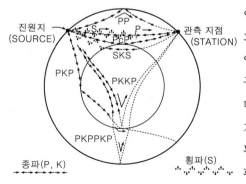

그림 51-6 진원지에서 발생한 파동이 지구의 내부를 통해 관측 지점으로 전달 되는 경로

때, 이들 사이의 시간차를 측정하면 진원지까지의 거리를 대충 계산할 수 있다. 단, 이를 위해서는 지구의 내부 구조를 어느 정도는 알고 있어야 한다.

지구의 내부에서 진행하는 파동의 패턴은 그림 51-6과 같다. 그림에서 횡파와 종파는 각기 다른 선으로 표시되어 있다. '진원지'라고 표시된 곳에서 지진이 발생했을 때, 횡파와 종파는 각기 다른 경로를 거치면서 시간차를 두고 관측 지점에 도달한다. 그런데 지구의 내부에는 매질의 성분이 다른 경계면이 존재하기 때문에, 이곳에서 굴절과 반사가 일어나면서 횡파와 종파는 다양한 경로를 거쳐올 수 있다. 단, 횡파는 지구의 중심부(core)를 통과하지 못하므로 진원지와 관측 지점이 지구의 반대편에 있을 때 관측 지점에 도달하는 횡파는 시간적으로 많이 뒤처져 있다. 일반적으로 횡파가 매질의 경계면에 비스듬한 각도로 도달하면 새로운 횡파와 종파가 생기는 것으로 알려져 있다. 그런데 횡파는 지구의 중심부를 통과하지 못하기 때문에(지구의 중심부에서 횡파가 발견된 적은 없다) 경계면에서 반사되어 두 가지 형태로 관측 지점에 도달하는 것이다.

횡파가 지구의 중심부를 통과하지 못한다는 것은 지진파의 경로를 분석하여 얻어진 결과이다. 횡파는 고체의 내부에서만 전달되는 특성이 있으므로, 지구의 중심부는 고체가 아닌 액체일 가능성이 높다. 사실, 지구 중심부의 구조를 추정하려면 지진파를 분석하는 수밖에 없다. 지금까지 세계 각지에서 다양한 지진파를 분석해온 결과, 그들의 속도와 경로는 거의 알려져 있다. 알려진 바에 의하면 지진파의 전달 속도는 깊이에 따라 달라진다. 우리는 음파의 속도를 알고 있으므로(즉, 다양한 깊이에서 두 파동의 탄성적 특성을 알고 있으므로) 지구라는 거대한 탄성체의 기준 모드(normal mode)를 알 수 있다. 예를 들어, 지구를 타원형으로 변형시킨 후 가만히 놓았다고 가정해보자. 이때 나타나는 자유 진동 모드의 형태와 주기는 타원의 내부에서 진행하는 파동의 중첩에 의해 결정된다. 그래서 지각에 갑작스런 변동이 발생하면 진동수가 가장 낮은 타원형 모드에서부터 더욱 복잡한 모드에 이르기까지 다양한 형태의 모드가 복합적으로 나타나게 된다.

1960년에 칠레에서 발생했던 지진은 지구를 몇 바퀴나 돌 정도로 엄청난 소음을 발생시켰다. 당시 새로 개발된 최첨단의 지진계는 지구의 기본 모드 진동수를 정확하게 측정하여 이론값과 비교할 수 있었는데, 이때 얻어진 결과가 그림 51-7에 나와 있다. 그림에는 신호의 강도가 진동수의 함수로 그려져 있다(푸리에 해석법이 사용됨). 그래프를 자세히 보면 특정 진동수의 신호들이 다른 신호들보다 강하게 도달했음을 알 수 있는데, 이들이 바로 지구의 자연 진동수에 해당된다. 다시 말해서, 지구의 전체적인 운동을 다양한 진동 모드로 분해했을 때 지구의 각 지점에서는 이들의 다양한 조합에 해당하는 여러 가지 진동수가 불규칙적으로 관측될 것이다. 이 결과를 진동수의 측면에서 분석해보면 지구의 고유 진동수를 알아낼 수 있다. 지구의 고유 진동수를 이론적으로 계산한 값이 그래프에 세로줄로 그려져 있는데, 보다시피 실험으로 관측된 피크들과 매우 정확하게 일치하고 있다. 음파의 전달 이론이

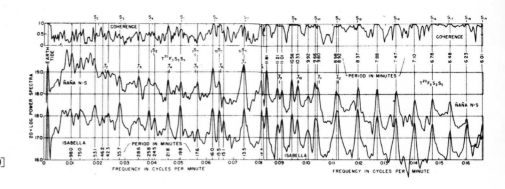

그림 51-7 페루의 나나(Ñaña)와 캘리포니아의 이사벨라(Isabella)에서 지진계로 관측한 지진파의 세기 [Benioff, Press and Smith, *J. Geoph. Research* **66**, 605(1961)]

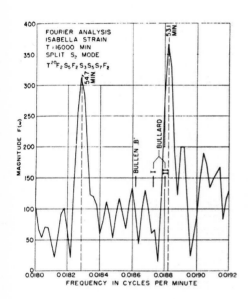

그림 51-8 지진계에 나타난 피크를 고해상으로 확대하면 하나의 피크가 두 개로 갈라지는 것을 볼 수 있다.

지구 내부에도 적용된다는 사실을 입증한 셈이다.

그림 51-8은 지구의 최저 타원 모드 진동을 확대한 그래프인데, 여기에는 한 가지 이상한 점이 있다. 이론적으로는 한 가지 모드만이 존재해야 하지만, 실제로는 54.7분과 53.1분에서 두 개의 강한 신호가 잡힌 것이다. 그 이유는 다음의 두 가지 논리로 설명할 수 있다. 첫째, 지구 내부의 분포가 약간 비대칭적이라면 두 개의 비슷한 기본 모드가 존재할 수 있다. 두 번째 설명은 더욱 흥미로운데, 그 내용은 다음과 같다. 지구상의 동일한 파원에서 출발하여 각기 다른 방향으로 진행하는 두 개의 파동을 상상해보자. 지구는 자전하고 있으므로 두 파동의 속도는 같지 않을 것이다. 즉, 회전계에 나타나는 코리올리 힘 때문에 두 파동에 시간차가 발생하여 두 개의 피크가 관측되었다고 생각할 수 있다.

지진계를 사용하면 진폭이 진동수의 함수로 얻어지는 것이 아니라 진동의 변위가 시간의 함수로 얻어진다. 이 곡선들은 한결같이 불규칙적인 모양을 하고 있다. 이로부터 여러 진동수에 대한 사인파의 형태를 구하려면, 모든 데이터에 특정 진동수를 갖는 사인파를 곱하여 적분하면 된다(즉, 평균을 취하면 된다). 그림 51-7과 51-8은 이런 과정을 거쳐 얻어진 것이다.

51-4 표면파(Surface wave)

이번에는, 물리학의 기초 과정에서 파동의 사례로 종종 거론되어 누구에게나 친숙한 수면파를 생각해보자. 앞으로 알게 되겠지만, 사실 수면파는 파동의 이상적인 사례하고는 거리가 멀다. 수면파는 파동이 가질 수 있는 온갖 복잡한 성질을 다 갖고 있기 때문이다. 우선, 수심이 깊은 물에서 발생하는, 긴 파장의 수면파부터 분석해보자. 바닷물의 깊이를 무한대로 간주했을 때 표면에 교란이 일어나면 이론적으로 파동이 발생한다. 이 파동은 교란의 특성에 따라 온갖 복잡한 형태로 나타날 수 있지만, 교란이 작으면 바닷가를 향해 밀려오는 부드러운 사인파형의 파도가 발생한다. 물론, 이 파동은 물 자체가 이동하는 것이 아니라 파형이 이동하는 것이다. 그렇다면 파도는 횡파인가, 아니면 종파인가? 둘 다 아니다. 파도는 횡파도 아니고 종파도 아니다. 한 지점에서 수면의 높이는 파도의 정점과 골짜기 사이를 수시로 오락가락하고 있지만, 물의 양이 보존되는 패턴을 따라 출렁이지는 않는다. 한 지점의 파고가 정점에서 골짜기로 내려앉았을 때, 손실된 물은 어디로 가는가? 앞서 언급한 대로, 물은 압축되지 않는다. 그래서 물의 압축이 전달되는 속도(즉, 물 속에서 소리가 전달되는 속도)는 공기 중의 음속보다 훨씬 빠르다. 그러므로 한 지점에서 파고가 내려앉으면 물은 그 주변으로 흘러 들어가야 한다. 파도의 표면 근처에서 물입자의 운동을 자세히 분석해보면 거의 원운동을 하고 있다는 것을 알 수 있다. 튜브를 타고 바다에 떠서 주변에 부유하고 있는 작은 물체를 비디오로 촬영한 후에 느린 속도로 틀어보면 원운동을 확인할 수 있을 것이다. 그러므로 바다의 파도는 횡파와 종파가 섞여 있는 복합적 파동으로 이해되어야 한다. 수심이 깊어질수록 원운동의 규모는 작아지며, 아주 깊은 곳으로 내려가면 물입자는 아무런 운동도 하지 않는다(그림 51-9 참조).

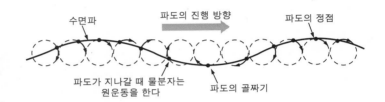

그림 51-9 수심이 깊은 물의 표면에서 일어나는 파도는 원운동을 하는 입자들로부터 형성된다. 각 원들 사이의 위상 변화를 잘 관찰해보라. 물에 떠 있는 부유물은 과연 어떤 운동을 하게 될까?

수면파 / 파도의 진행 방향 / 파도의 정점 / 파도가 지나갈 때 물분자는 원운동을 한다 / 파도의 골짜기

이러한 파동의 진행 속도는 얼마나 될까? 이것은 아주 재미있는 문제이다. 속도에 영향을 주는 요인으로는 물의 밀도와 중력, 그리고 파장과 물의 깊이 등을 들 수 있는데, 바닷물의 깊이를 무한대로 가정하면 깊이에 따른 변화는 나타나지 않는다. 이들로부터 어떤 공식을 얻어내건 간에, 그 결과가 파동의 속도를 나타내려면 무엇보다도 단위가 일치해야 한다. 물의 밀도와 중력가속도 g, 그리고 파장 λ를 어떻게 조합해야 속도의 단위를 얻을 수 있을까? 일단 제일 먼저 머릿속에 떠오르는 것은 $\sqrt{g\lambda}$ 인데, 여기에는 밀도가 포함되어 있지 않다. 실제로 이 값과 파동의 위상 속도를 비교해봐도 일치하지 않는다는 것을 금방 알 수 있다. 바다에서 일어나는 파도를 역학적으로 완벽하게 분석한 결과에 의하면 (이 분석법에 대한 설명은 생략한다) 파동의 위상 속도는 다음과 같이 표현된다.

$$v_{\text{phase}} = \sqrt{g\lambda/2\pi} \text{ (중력에 의해 복원되는 수면파)}$$

흥미롭게도, 파도의 파장이 길수록 속도가 빠르다. 그래서 느긋하게 가고 있는 한 척의 배가 긴 파장의 파도를 만들고 그 위를 모터보트가 빠르게 지나갔을 때, 해변에는 간격이 긴 파도가 먼저 도달한 후에 급격한 파도가 뒤를 이어 도달하게 된다. 느긋한 배가 만든 긴 파장의 파도가 더 빠르게 진행하기 때문이다. 파동의 위상 속도 v_{phase}는 파장 λ의 제곱근에 비례하므로, 시간이 흐를수록 해변에는 파장이 짧은 파도들이 연이어 도달할 것이다.

이렇게 반박하고 싶은 사람도 있을 것이다―"그건 아니죠. 제대로 분석을 하려면 군속도(group velocity)를 고려해야 되는 거 아닌가요?" 물론 맞는 지적이다. 파동의 위상 속도만으로는 어떤 파동이 먼저 도달할지 알 수 없다.

도달 순서를 알려주는 것은 위상 속도가 아닌 군속도이다. 그러므로 우리는 파도의 군속도 v_{group}도 계산해야 한다. 이 문제는 여러분에게 연습 문제로 남겨두겠다. 군속도 역시 파장의 제곱근에 비례한다는 가정을 세우면 $v_{group}=v_{phase}/2$임을 쉽게 증명할 수 있다.

군속도와 위상 속도가 이렇게 다르기 때문에, 물 위에서 움직이는 물체가 만들어낸 파동은 소리의 경우처럼 원추를 형성하지 않는다. 그림 51-10은 움직이는 배가 만들어내는 실제 파동의 모습을 촬영한 것인데, 소리의 경우와 많이 다르다는 것을 한눈에 알 수 있다. 일단 음속은 파장에 무관하고, 원추에 접한 각 파동의 선단은 원추의 바깥쪽을 향해 퍼져 나갔었다. 그러나 배가 지나간 곳에 형성되는 파도는 배(파원)와 나란한 방향으로 진행하며, 양쪽 옆에는 다른 각도로 진행하는 작은 파동이 형성된다. 이 복잡한 파동의 전체적인 패턴은 위상 속도가 파장의 제곱근에 반비례한다는 사실 하나만으로도 꽤 정확하게 분석될 수 있다.

그림 51-10 배가 지나간 흔적

지금까지 우리는 중력에 의해 복원되는 긴 파장의 수면파를 고려해왔다. 그러나 파도의 파장이 짧아지면 중력이 아닌 표면장력이 주된 복원력으로 작용한다. 표면장력의 크기를 T라 하고 물의 밀도를 ρ라 했을 때, 표면장력파의 위상 속도는 다음과 같다.

$$v_{phase} = \sqrt{2\pi T/\lambda\rho} \ (\text{파장이 짧은 물결})$$

보다시피, 파장과 속도의 관계가 이전과는 정반대로 나타난다. 즉, 파장이 짧을수록 파동의 위상 속도가 빨라지는 것이다. 중력과 표면장력이 동시에 작용하는 경우에는 이들의 효과가 복합적으로 나타나서

$$v_{phase} = \sqrt{Tk/\rho + g/k}$$

가 된다. 여기서 $k = 2\pi/\lambda$는 파동수를 의미한다. 파동을 설명할 때 흔히 거론되는 수면파는 이렇게 복잡한 성질을 갖고 있다. 파장에 따른 위상 속도의 변화를 그래프로 그려보면 그림 51-11과 같다. 파장이 짧으면 속도가 파장의 제곱근에 반비례하여 빨라지고, 파장이 길면 속도가 파장의 제곱근에 비례하여 역시 빨라진다. 그리고 그 중간에는 속도가 가장 느린 최소 지점이 존재한다. 군속도는 파장이 짧은 경우 위상 속도의 3/2이고, 중력의 영향을 주로 받는 경우에는 위상 속도의 1/2이다. 최소점을 기준으로 하여 그 왼쪽 영역에서는 군속도가 위상 속도보다 빠르고 오른쪽에서는 군속도가 위상 속도보다 느리다. 이로부터 여러 가지 재미있는 현상들이 나타나는데, 특히 파장이 짧아질수록 군속도가 급격하게 증가하기 때문에 인위적으로 물결을 만들면 중간 정도의 파장이 가장 뒤에 처지고 단파장과 장파장의 물결이 빠른 속도로 앞서 나가게 된다. 물탱크에서 이 실험을 해보면 아주 긴 파장은 눈에 잘 보이지 않고 짧은 파장만 빠른 속도로 진행해가는 모습을 볼 수 있다.

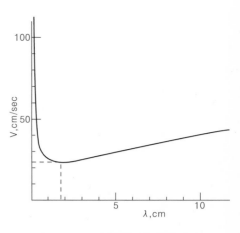

그림 51-11 수면파의 위상 속도와 파장 사이의 관계

　짧은 파장의 물결은 수면파의 복잡한 성질을 보여주는 좋은 사례이다. 음파나 빛과 같이 단순한 파동의 선단은 날카로운 경계면을 형성하지만 수면파는 그렇지 않다. 물에 순간적으로 짧은 교란을 가해도 분산 효과 때문에 날카로운 파동은 만들어지지 않는다. 그런데 교란을 일으키는 물체가 이동하면 여러 가지 파동들이 다양한 속도로 진행되면서 매우 복잡한 패턴이 나타나기 시작한다. 물이 담긴 접시로 실험을 해보면 표면장력에 의한 물결이 가장 빠르다는 것을 눈으로 확인할 수 있다. 접시의 밑바닥을 기울여서 깊이에 변화를 주면 얕은 곳일수록 파동이 느려진다는 것도 알 수 있다. 이런 식으로 수면파의 성질을 확인하다보면 그것이 얼마나 복잡한 파동인지를 스스로 깨닫게 될 것이다.

　물분자의 원운동으로 이루어지는 긴 파장의 파도는 수심이 깊을수록 속도가 빠르다. 그래서 해변으로 밀려오는 파도는 수심이 얕은 바닷가에 가까워지면서 속도가 느려진다. 그러나 수심이 깊은 곳에서는 파도의 진행 속도가 아주 빨라서 충격파와 같은 현상이 나타나기도 한다. 물론 이 경우에는 파도 자체가 너무나도 복잡한 파동이라 충격파도 많이 일그러지고 파도 자체의 모양도 그림 51-12와 같이 기이한(그러나 우리에게는 아주 친숙한) 형태를 띤다. 그 모습을 바라보고 있노라면, 자연 현상이 얼마나 복잡하게 나타날 수 있는지를 실감하게 된다. 정상적인 파도가 붕괴될 때 어떤 모양이 될지 이론적으로 예측할 방법은 없다. 파도의 규모가 아주 작으면 그런대로 분석이 가능하지만 커다란 파도는 너무나 복잡해서 수학적으로 다루기가 불가능하다.

　조그만 물체가 지나가면서 만들어내는 작은 물결은 표면장력파의 특성을 잘 보여주고 있다. 이때 물체에서 바라보는 파동은 그 자리에 가만히 서 있는 것처럼 보인다. 그러나 군속도가 위상 속도보다 느리면 군속도가 물의 흐름을 따라가지 못하기 때문에 물체에 의한 교란은 뒤쪽으로 전달된다. 그리고 군속도가 위상 속도보다 빠르면 파동의 패턴은 물체의 앞쪽에 나타난다. 흐르는 물에 떠 있는 물체를 자세히 들여다보면 앞쪽에 잔물결이 생기는 것을 볼 수

그림 51-12 해변 근처에서 부서지는 파도

있다.

이와 비슷한 현상은 그릇에 물을 따를 때에도 나타난다. 예를 들어, 병에 담긴 우유를 아주 빠른 속도로 쏟아 부으면 우유가 병 입구의 모서리에 충돌하면서 생성된 수많은 파동을 볼 수 있는데, 이것은 흐르는 물이 물체에 의해 교란되었을 때 나타나는 파동과 비슷하다.

지금까지 우리는 파동이 갖고 있는 흥미로운 특성과 위상 속도, 파장, 깊이에 따른 속도의 변화 등을 살펴보았다. 이 모든 현상들은 자연의 복잡다단함을 보여주는 대표적인 사례라 할 수 있다.

CHAPTER 52
물리 법칙의 대칭성

52-1 대칭 변환

이 장에서는 물리 법칙의 대칭성에 관하여 신중하게 생각해보기로 하자. 그동안 11장의 벡터(vector)와 16장의 상대성 이론, 그리고 20장의 회전 운동에서 본 바와 같이, 물리학의 법칙들은 어떤 대칭성을 갖고 있다.

우리는 왜 대칭성에 관심을 갖는가? 아마 대칭성이라는 것이 무엇보다도 사람의 마음을 매혹시키기 때문일 것이다. 대부분의 사람은 대칭형 무늬를 좋아한다. 자연에 존재하는 천연물들이 종종 대칭적인 형태를 띠고 있다는 것은 매우 흥미로운 사실이다. 대칭성이 가장 높은 도형은 구형(sphere)인데, 거대한 별과 행성에서 시작하여 작은 물방울에 이르기까지, 자연은 구형의 물체들로 가득 차 있다. 바위에서 발견되는 결정체들은 다소 복잡한 대칭성을 갖고 있으며, 이들은 고체의 구조를 연구하는 데 매우 중요한 실마리를 제공하고 있다. 뿐만 아니라 동물과 식물의 세계에도 어느 정도의 대칭성이 존재한다. 꽃이나 벌의 외형에 나타나는 대칭성은 결정 구조의 대칭처럼 완벽하진 않지만 그들의 생존 조건과 밀접한 관계가 있을 것으로 추정된다.

표 52-1 대칭 변환

공간의 평행 이동(Translation in space)
시간의 평행 이동(Translation in time)
일정 각만큼의 회전 이동(Rotation through a fixed angle)
등속 직선 운동(로렌츠 변환, Uniform velocity in a straight line, Lorentz transformation)
시간 반전(Reversal of time)
공간 반전(Reflection of space)
동일한 입자나 원자의 맞바꾸기(Interchange of identical atoms or identical particles)
양자적 위상(Quantum mechanical phase)
물질-반물질, 전하 반전(Matter-antimatter, charge conjugation)

그러나 지금 우리의 주된 관심사는 자연물의 외형에 나타나는 대칭성이 아니라 물리적 세계를 지배하는 법칙 속에 내재되어 있는 대칭성이다. 이 대칭은 외관상의 대칭보다 더 깊은 의미를 갖고 있으며, 이로부터 얻을 수 있는 정보의 양도 엄청나게 많다.

대칭이란 무엇인가? 물리 법칙은 어떻게 대칭적일 수 있는가? 대칭성을 정의하는 것은 아주 흥미로운 문제로서, 바일(Weyl)은 '어떤 변형을 가한 뒤에도 변하지 않고 그대로 남아 있는 성질'을 대칭의 정의로 사용하였다. 예를 들어, 대칭형의 꽃병은 가운데를 중심으로 좌우를 뒤집거나 회전시켜도 외형이 변하지 않는다. 그렇다면, 자연계에 어떤 변환을 가해도 물리적 현상이나 실험 결과가 변하지 않는, 그런 '변환'이 과연 존재할 것인가? 여러 가지 물리적 현상에 영향을 주지 않는(변하지 않는) 변환은 표 52-1에 정리되어 있다.

52-2 시간과 공간의 대칭성

제일 처음으로 우리가 적용할 변환은 자연 현상을 평행 이동시키는 것이다. 한 특정 장소에 실험 장치를 세팅하고 다른 장소에 또 하나의 실험 장치를 세팅했다면(또는 원래의 장치를 다른 장소로 옮겼다면), 특정 시간에 실험 장치에 나타난 결과들은 다른 장소에 있는 실험 장치에도 똑같이 나타날 것이다. 물론, 여기에는 실험에 영향을 줄 만한 모든 요인들도 같이 옮겨졌다는 가정이 필요하다.

이와 비슷하게, 오늘날 우리는 시간을 이동시켜도 물리 법칙은 변하지 않는 것으로 믿고 있다(적어도 지금까지 알려진 바에 의하면 그렇다!). 예를 들어, 어떤 장치를 목요일 오전 10시에 작동시키고 3일 후에 동일한 조건에서 다시 작동시켰다면, 이들은 완전히 동일한 방식으로 작동할 것이다. 이것은 기계가 작동을 시작한 시간과 아무런 관계가 없다. 물론, 이 경우에도 작동에 영향을 줄 만한 모든 요인들이 시간에 따라 변하지 않는다고 가정해야 한다. 시간의 대칭성이 정말로 존재한다면, GM사의 주식을 3개월 전에 사는 것과 지금 사는 것 사이에 아무런 차이가 없어야 한다. 과연 그럴까?

지구의 표면은 매끄러운 곡면이 아니므로 지형에 따른 차이도 고려해야 한다. 예를 들어, 특정 지역의 지구 자기장을 측정한 후에 위치를 옮겨서 다른 장소의 자기장을 측정하면 좀처럼 같은 결과가 나오지 않는다. 지구의 자기장은 위치에 따라 크기와 방향이 다르기 때문이다. 그러나 측정 장비와 함께 지구까지 통째로 옮겨서 관측한다면 자기장이 달라질 이유가 전혀 없다.

앞에서 고려했던 변환 중에는 '회전 변환'도 있었다. 우리의 기계 장치를 임의의 각도만큼 회전시켜도 작동되는 형태는 하나도 변하지 않는다. 단, 장치에 영향을 주는 모든 요인들도 똑같이 회전되었다는 전제가 필요하다. 우리는 이미 제11장에서 회전 변환의 대칭성에 대하여 자세히 살펴보았으며, 이것을 수학적으로 깔끔하게 표현하기 위해 벡터(vector)를 사용했다.

자연을 좀더 깊은 수준까지 파고 들어가면 또 다른 대칭이 존재함을 알 수 있다. 등속 직선 운동에 따른 대칭성이 바로 그것인데, 이로부터 탄생한 이론이 바로 그 유명한 특수 상대성 원리이다. 만일 우리가 일련의 실험 장치를 실내(실험실)에서 작동시키고 이와 똑같은 실험 장치를 등속으로 달리는 자동차 안에서 작동시킨다면(그리고 실험실과 자동차 내부의 환경이 동일하다면), 두 개의 실험 결과는 정확하게 일치한다. 다시 말해서, 실험실과 자동차 내부에 적용되는 물리 법칙이 완전하게 동일하다는 뜻이다. 이 상황을 좀 더 물리적으로 서술하자면 다음과 같다 ─ "모든 역학적 운동 방정식들은 로렌츠 변환하에서 불변이다." 실제로, 대칭성을 연구하는 물리학자들이 가장 관심을 보였던 분야가 바로 상대성 이론이었다.

위에서 언급한 대칭성은 주로 기하학적 의미의 대칭을 담고 있는데, 자연에는 이것과 전혀 다른 성질의 대칭성도 존재한다. 예를 들어, 하나의 원자를 동종의 다른 원자와 맞바꿔도 물리학적으로는 달라질 것이 전혀 없다. 다시 말해서, 동종의 원자들은 물리적으로 완전하게 동등하다는 뜻이다. 같은 종류의 원자들이 여러 개 모여 있을 때, 이들을 아무렇게나 맞바꿔도 원자군(群)의 물리적 성질은 변하지 않는다. 하나의 산소 원자가 어떤 특이한 성질을 갖고 있다면, 다른 산소 원자도 정확하게 동일한 성질을 갖는다. "그래서 뭐 어쨌다는 겁니까? '동일한 성질'의 정의가 원래 그거 아니었나요?" ─ 여러분은 이렇게 반문하고 싶을 것이다. 그렇다. 이것은 단순한 정의라고 생각할 수도 있다. 그러나 정의만으로는 똑같은 원자들이 존재한다는 것을 증명할 수 없다. 그리고 실제로 이 우주에는 똑같은 원자들이 무수히 존재하고 있다. 원자를 구성하고 있는 소립자들도 마찬가지다. 모든 전자들은 물리적으로 동일하며, 이는 양성자와 중성자, 파이온 등의 입자들도 마찬가지이다.

자연 현상을 변화시키지 않은 채로 행해질 수 있는 모든 조작들을 일일이 나열하다보면, 여러분의 머릿속에는 별의별 변환이 다 떠오를 것이다. 예를 들어, 다음과 같은 질문을 떠올려보자. 물리 법칙들은 스케일을 바꾸어도 여전히 성립하는가? 다시 말해서, 이 우주 내의 모든 만물들이 지금보다 열 배씩 커져도 여전히 같은 법칙이 적용될 것인가? 얼핏 생각하면 그럴 듯 하지만, 정확한 대답은 "NO!"이다. 나트륨 원자에서 방출되는 빛은 고유의 파장을 갖고 있는데, 나트륨 원자의 부피가 지금보다 열 배로 커졌다고 해서 방출되는 빛의 파장도 열 배로 커지지는 않기 때문이다(사실, 빛의 파장은 스케일에 따라 변하지 않는다). 따라서 모든 만물이 지금보다 열 배로 커진다면, '빛의 파장'과 '그 빛을 방출하는 물체의 크기' 사이의 비율이 달라지게 된다.

또 하나의 예를 들어보자. 얼마 전에, 무척 부지런한 어떤 사람이 성냥개비를 접착제로 붙여서 고대의 성당을 모형으로 만들었다고 한다. 그 모습이 얼마나 멋지고 감동적이었는지 신문에 대서특필되었다. 그런데, 성냥개비로 만든 이 성당을 실제의 크기로 확대시킨다면 어떻게 될까? 그래도 성당은 굳건하게 서 있을 것인가? ─ 어림도 없다. 수십 배로 커진 성냥개비는 하중을 이기지 못하고 당장 허물어질 것이다. 여러분은 이렇게 생각할지도 모른다. "그건 그렇지요. 하지만 스케일이 변하려면 모든 게 같은 비율로 변해야 하지 않겠습니까? 성당의 스케일이 열 배로 커졌다면 지구도 열 배로 커진 경우를 생각해야 하는 거 아닌가요?" 매우 지당한 지적이다. 우리는 지금 성냥개비가 하중을 지탱하는 능력을 문제 삼고 있다. 그러므로 우선은 지금의 지구 위에 성냥개비로 모형 성당을 만들어서 그것이 든든하게 서 있음을 확인한 후에, 지구와 모형 성당의 스케일을 일제히 키워서 안정성을 재확인해야 한다. 그런데, 지구가 열 배로 커지면 중력만 열 배로 커질 뿐, 성냥개비의 강도에는 아무런 영향도 미치지 못한다. 거대한 지구 위에서 거대한 성냥으로 만든 성당은 잠시도 서 있지 못할 것이다.

모든 물질은 원자라는 기본 단위로 이루어져 있으므로, 다섯 개의 원자만으로 무언가를 만들어서 작동을 시켜본 후에 스케일을 키운다면 결코 같은 방식으로 작동하지 않을 것이다. 기구의 크기가 커진다 해도, 그것을 이루고 있는 원자 하나의 크기는 어떠한 경우에도 변하지 않기 때문이다.

스케일을 변화시키면 물리학의 법칙도 변한다는 사실을 제일 처음 알아낸 사람은 갈릴레오였다. 그는 물체의 강도가 단순히 크기에 비례하지 않는다는 것을 간단하게 예증하였는데, 그의 논리는 위에서 언급한 '성냥개비 성당'과 비슷했다. 개의 몸을 지탱하고 있는 골격을 예로 들어보자. 평범한 개보다 수십 배 혹은 수백 배 큰 초대형 개의 골격 구조가 보통 개의 골격 구조와 닮은꼴이고 뼈의 성분도 동일하다면 과연 걸어다닐 수 있을까? '물리학의 법칙은 지금의 스케일에서만 적용된다'는 갈릴레오의 명쾌한 증명은 지금은 남아 있지 않지만, 그는 이것을 운동 방정식의 발견에 버금가는 커다란 발견으로 간주하여 그의 저서인 『새로운 두 과학(Two New Sciences)』에 상세히 기록하였다.

물리학의 법칙이 대칭적이지 않은 또 다른 예로는 회전 운동을 들 수 있다. 균일한 각속도로 회전하고 있는 물리계(회전 목마나 레코드판이 좋은 예이다)에 적용되는 물리 법칙은 회전하지 않는 물리계에 적용되는 물리 법칙과 사뭇 다르다. 우주선의 내부에 실험 장치를 준비해놓고 우주선이 회전 운동하는 동안 실험을 실행한다면, 실험 결과는 지상에서 얻은 결과와 다르게 나타난다. 회전하는 우주선의 내부에는 원심력과 전향력(Coriolis force)등의 힘들이 작용하기 때문이다. 지구도 회전축을 중심으로 자전하고 있는데, 이는 푸코 진자(Foucault pendulum)를 이용하여 간단하게 확인할 수 있다.

다음으로, 시간의 역행에 대한 대칭성을 생각해보자. 물리학의 법칙들은 시간을 역행하여 적용될 수 없다. 다들 알다시피, 모든 거시적 현상들은 과거를 향하여 역순으로 진행되지 않기 때문이다. 손가락이 움직이면 글씨가 써지고, 한 글자가 완성되면 손은 오른쪽으로 이동하여 그 다음 글씨를 쓴다. 이 현상은 결코 반대 방향으로 진행되지 않는다. 시간의 역행이 불가능한 이유는 하나의 자연 현상에 관계하는 입자의 수가 매우 많기 때문이다. 그런데, 만일 우리가 개개의 분자를 들여다 볼 수 있다면 지금 작동중인 기계 장치가 시간을 순행하는 방향으로 작동하고 있는지, 아니면 과거로 역행하고 있는지를 분간할 수가 없게 된다. 이 점에 대하여 좀더 구체적인 예를 들어보자—여기 아주 작은 기계 장치(A)가 있다. 이 장치는 단 수십 개의 원자들로 이루어져 있어서, 원자 개개의 운동 상태를 관찰할 수 있다고 가정하자. 그리고 그 옆에는 또 하나의 동일한 기계 장치(B)가 있다. 이제, A의 작동이 끝나는 순간에 B가 작동하기 시작하는데, B를 이루는 모든 원자의 초기 위치는 A를 이루는 원자들의 최종 위치와 동일하며, 운동 속도는 정확하게 반대이다. 그렇다면, 장치 B는 장치 A와 정반대로 움직일 것이다. 다시 말해서, 장치 B는 장치 A의 운동을 무비 카메라로 촬영하여 거꾸로 돌린 것 같은 운동을 하게 된다. 그러나, 이런 경우에 장치 B가 물리학의 법칙에 벗어나는 운동을 한다고 말할 수는 없다. 개개의 원자들을 일일이 들여다볼 수 없는 경우에는 모든 상황이 우리의 직관과 일치한다. 날계란이 바닥에 추락하여 깨지는 현상을 카메라로 촬영하여 거꾸로 틀어주면 우리는 그것이 '있을 수 없는 현상'임을 쉽게 알 수 있다. 그러나 개개의 원자들을 들여다보면 물리학의 법칙들은 시간을 역행하여 적용될 수 있다. 물론, 이 사실을 알아내기까지는 막대한 노력과 지성이 투입되었다. 다시 한번 강조하건대, 자연의 가장 기본적인 스케일에서 시간을 거꾸로 역행시켜도 물리학의 법칙은 동일하게 적용된다!

52-3 보존 법칙의 대칭성

지금까지 언급한 내용만으로도 물리 법칙의 대칭성은 우리의 관심을 끌기에 충분하다. 그러나 양자 역학의 세계로 접어들면 대칭성의 엄청난 위력이 나타나기 시작한다. 지금 단계에서 자세히 설명하긴 어렵지만, 물리학자들은 "하나의 대칭성에는 하나의 보존 법칙이 대응된다"는 놀라운 사실을 알아냈다. 여기에는 엄청난 양의 정보가 들어 있기 때문에, 양자 역학을 연구하는 물리학자들은 지금도 이로부터 연일 놀라운 사실들을 밝혀내고 있다. 물리 법칙의 대칭성과 보존 법칙 사이에는 이렇듯 긴밀한 상호 관계가 존재한다.

예를 들어, 공간을 평행 이동시켜도 물리 법칙이 변하지 않는다는 사실에 양자 역학의 원리를 추가하면 운동량 보존 법칙이 자연스럽게 유도된다. 또한, 물리 법칙이 시간의 평행 이동에 대해서 불변이라는 사실에 양자 역학의 원리를 적용하면 에너지 보존 법칙이 얻어진다. 그리고 공간을 임의의 각도만큼 회전시켜도 물리 법칙이 불변이라는 사실로부터는 각운동량 보존 법칙이 유도된다. 이것들은 지금까지 물리학이 알아낸 수많은 법칙들 중에서도 가장 아름답고 흥미로운 법칙으로 꼽힌다.

양자 역학에 등장하는 대칭성 중에는 고전 물리학으로 설명할 수 없거나 고전적으로 비유를 들 수 없는 전혀 새로운 것들도 있다. 파동 함수(wave function), 또는 확률 함수라 불리는 ψ가 대표적인 사례이다. ψ는 어떤 물리적 과정이 발생할 확률의 진폭(amplitude)을 나타내며, 실제의 확률은 이 함수의 절대값을 제곱하여 얻어진다(일반적으로 ψ는 복소 함수이다 : 옮긴이). 이제, 누군가가 ψ의 위상을 약간 변형시킨 ψ'에 대하여 확률을 계산한다고 가정해보자($\psi' = \psi e^{i\Delta}$, 여기서 Δ는 임의의 상수이다). 과연 어떤 결과가 나올 것인가? 아래의 식에서 분명하게 알 수 있듯이, 확률은 달라지지 않는다.

$$\psi' = \psi e^{i\Delta} \; ; \quad |\psi'|^2 = |\psi|^2 \tag{52.1}$$

따라서, 파동 함수의 위상이 임의의 상수(Δ)만큼 달라져도 물리 법칙은 변하지 않는다. 이것은 양자 역학에 의해 제기된 또 하나의 대칭성이다. 그런데,

앞서 말했던 것처럼 양자 역학에서는 하나의 대칭성에 하나의 보존 법칙이 대응된다. 지금 이 경우, 위상 변화의 대칭성에 대응되는 보존 법칙은 '전기 전하(electrical charge) 보존 법칙'이다. 이 얼마나 재미있는 결과인가!

52-4 거울 반전(Mirror reflection)

다음으로, 공간을 반전시켰을 때 나타나는 대칭성에 대하여 알아보자. 물리 법칙은 과연 좌-우를 뒤바꿔도 변하지 않을 것인가? 이 문제를 좀더 구체적인 상황에 적용해보자. 당신은 지금 여러 개의 톱니바퀴와 바늘, 문자판을 늘어놓고 시계를 조립하는 중이다. 조립이 끝나고 태엽을 감았더니 드디어 시계가 작동하기 시작했다. 바로 그때, 당신은 거울을 통하여 시계를 바라보았다. 거울에 비친 시계의 외형은 좌-우가 뒤집힌 것만 빼놓고는 모든 것이 똑같다. 숫자가 뒤집어져 있고 시계바늘이 반대 방향으로 돌아가는 것말고는 멀쩡한 시계로서 손색이 없다. 마음만 먹는다면 이런 시계를 만들 수 있다. 시계를 이루는 모든 부품들을 좌-우가 뒤집힌 형태로 만들어서 조립하면 된다. 만일 누군가가 이런 '거울시계'를 진짜로 만들어서 정상적인 시계와 함께 작동시켰다면, 이 두 개의 시계는 '서로 거울에 비친 영상'의 관계를 영원히 유지할 것인가? (이것은 철학적 질문이 아니라 물리학적 질문이다.) 우리의 직관에 의하면 그렇지 않을 이유가 전혀 없다.

시계의 경우만 놓고 본다면, 우리가 사는 공간은 좌-우를 뒤바꿔도 물리 법칙이 변하지 않을 것 같다. 만일 이것이 사실이라면, 모든 자연 현상에서 왼쪽과 오른쪽을 구별할 수가 없게 된다. 다시 말해서, 물체의 절대 속도(빠르기와 방향)를 정의할 방법이 없다는 뜻이다. 물리 법칙이 오른쪽과 왼쪽에 똑같이 적용되기 때문에, 오른쪽과 왼쪽을 '절대적으로' 정의할 수 없는 것이다.

물론, 우리가 사는 세상은 이런 대칭성을 가져야할 이유가 없다. 예를 들어, 뉴올리언즈에서 시카고 쪽을 바라보고 서면 플로리다는 우리의 오른쪽에 위치하게 된다(당신이 땅 위에 똑바로 서 있다는 가정이 필요하다). 이런 경우에 우리는 지리적으로 오른쪽과 왼쪽을 정의할 수 있으며, 따라서 좌-우 대칭성은 존재하지 않는다. 그러나 우리가 관심을 갖는 것은 이렇게 눈에 보이는 대칭성이 아니라, "물리학의 법칙에 좌-우 대칭성이 존재하는가?"하는 문제이다. 즉, 모든 지형의 생김새가 지금의 지구와 정반대인(좌-우가 뒤바뀐) 행성이 과연 물리적으로 존재할 수 있는지, 우리는 그 점을 따져봐야 한다. 이런 행성에서는 뉴올리언즈에서 시카고를 바라보고 섰을 때 플로리다는 왼쪽에 위치할 것이다. 이런 행성의 존재를 금지하는 물리 법칙이 과연 있을까? 아니다. 있을 것 같지 않다. 물리 법칙은 오른쪽과 왼쪽에 별개로 적용되지 않기 때문이다.

우리가 사용하는 '오른쪽'의 정의는 오랜 세월 동안 형성되어온 인간의 관념과 아무런 관련이 없어야 한다. 오른쪽과 왼쪽을 구별하는 간단한 방법은 철물점에 가서 무작위로 집어든 나사못의 방향을 확인하는 것이다. 가끔씩은 왼 나사가 발견되기도 하겠지만, 대부분의 경우는 오른 나사가 손에 잡힐 것이다. 그러나, 오른 나사가 더 많다고 해서 우리가 사는 세상이 오른쪽으로 더 편향되어 있다고 단정지을 수는 없다. 나사못의 방향은 오른손잡이가 더 많은 인류의 역사적 경험에 따라 결정된 것뿐이며, 물리 법칙과는 아무런 관련이 없다. 왼손잡이가 더 많은 세상에서는 당연히 왼 나사가 훨씬 더 많이 사용될 것이다!

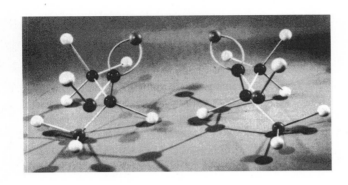

그림 52-1 (a) L-알라닌(왼쪽)
(b) D-알라닌(오른쪽)

그러므로 우리는 '오른쪽으로의 편향성'이 분명하게 나타나는 물리적 현상을 찾아야 한다. 한 가지 가능성은 편광된(polarized) 빛이 설탕물 속을 지날 때 편광면이 회전하는 현상을 관측하는 것이다. 이것은 33장에서 이미 언급된 바 있다. 이때 회전 방향을 오른쪽으로 정하면 인간의 작위가 개입되지 않은 과학적인 정의가 될 수 있을 것 같기도 하다. 그러나 설탕은 생명체로부터 얻어진 물질이며, 인공적으로 만들어낸 설탕물 속에서는 회전 현상이 일어나지 않는다! 인공 설탕물 속에 한동안 박테리아를 증식시킨 후에 박테리아를 걸러내면 편광면의 회전 현상이 다시 나타나는데, 회전 방향이 이전과 정반대이다. 과연 박테리아가 자연의 법칙을 바꾼 것일까? 별로 그럴 것 같지 않다.

또 다른 사례를 들어보자. 살아 있는 모든 생명체에게 반드시 필요한 단백질은 아미노산이 체인처럼 얽혀 있는 구조로 되어 있다(그림 52-1 참조). 이 아미노산은 알라닌(alanine)이라 불리기도 하는데, 생명체에서 추출한 알라닌은 그림 52-1(a)와 같은 구조이며, 이산화탄소와 에탄, 암모니아 등을 이용하여 인공적으로 만든 알라닌은 그림 52-1(b)의 구조이다. 생명체를 이루는 알라닌은 L-알라닌으로서, 그림 52-1(b)에 있는 D-알라닌과 화학 구조는 동일하지만 좌-우가 정확하게 뒤바뀌어 있다. 한 가지 흥미로운 사실은, 실험실에서 간단한 기체를 이용하여 알라닌을 만들면 이 두 종류의 알라닌들이 거의 같은 비율로 생성된다는 것이다. 그러나 생명체에게 필요한 것은 오직 L-알라닌뿐이다. 먹는 것을 무척 좋아하는 어떤 생명체에게 두 종류의 알라닌을 섞어서 주면 일단 먹기는 먹겠지만 생명 활동에는 결국 L-알라닌만 소모된다. 설탕물에서 일어났던 현상도 이와 비슷하다. 박테리아들이 먹은 설탕은 말하자면 '우측 편향성 설탕'으로서 박테리아의 생명 활동에 필요한 요소이며, 그들이 남긴 설탕은 단맛이 나긴 하지만 생명 활동과 관계없는 '좌측 편향성'을 갖고 있었던 것이다.

두 분자의 화학적 성질이 다르기 때문에, 언뜻 생각하면 생명 활동이나 화학적 현상에는 오른쪽과 왼쪽이 구별되는 것 같기도 하다. 하지만 그건 아니다. 결코 그렇지 않다! 두 종류의 분자는 에너지나 화학 반응률 등 실험적으로 확인할 수 있는 모든 성질들이 동일하다. 액체 속에서 한 분자는 빛을 오른쪽으로 회전시키고 다른 분자는 빛을 왼쪽으로 회전시키지만, 회전시키는 빛의 양은 정확하게 같다. 따라서 두 종류의 아미노산이 존재한다는 것은 물리적으로 아무런 하자가 없다. 슈뢰딩거의 파동 방정식을 적용해봐도, 이들은 방향성만 빼놓고는 완전하게 동일한 특성을 갖고 있다. 이들 중 하나만을 선호하는 것은 생명체의 기호일 뿐이다.

이 현상은 다음과 같이 추론할 수 있다. 예를 들어, 어떤 생체를 이루는 단백질과 효소들이 모두 한쪽으로 편향되어 있고, 그 생체를 먹고사는 생명체가 있다고 하자. 이런 자연 환경에는 좌-우 대칭이 존재하지 않는다. 생명체가 그런 음식을 먹었을 때, 그의 몸 속에서 분비되는 소화 효소는 특정 방향성을 갖는 단백질만 분해할 수 있다(마치 신데렐라의 구두가 한쪽만 벗겨진 상황과 비슷하다). 우리는 원리적으로 분자의 좌-우 배열이 고스란히 뒤바뀐 개구리를 만들 수 있다. 즉, 거울에 비친 개구리의 모습과 물리적으로 동일한 '거울 개구리'를 인공적으로 만들 수 있다. 그런데, 이렇게 만들어진 개구리는 소화 효소의 분자 구조가 왼쪽으로 편향되어 있기 때문에 애써 잡아먹은 파리의 단백질(오른쪽으로 편향된)을 소화시킬 수가 없다. 생명 활동을 정상적으로 영위하려면 역시 좌-우 구조가 뒤바뀐 인공 파리를 먹어야 한다. 좌-우가 모두 뒤바뀐 또 하나의 세계가 존재한다면, 그곳에서도 화학 반응은 지금처럼 일어날 것이며 모든 생명체들도 나름대로의 삶을 유지할 수 있을 것이다.

생명 활동이 전적으로 물리-화학적 현상이라면 생명체에 필요한 단백질은 그것이 처음으로 생성되던 시기의 초기 조건에 의해 지금과 같은 방향성을 갖게 되었다고 생각할 수 있다. 즉, 초기의 생체 분자가 어떤 식으로든 방향성을 갖게 되었고, 그것이 지구라는 특수한 환경에서 '오른쪽'의 방향성을 유지한 채로 진화해왔다는 것이다. 일단 하나의 방향성이 선택되면 그후로는 스스로 전파되어 간다. 물론 지금은 오른쪽으로 편향된 아미노산이 생명체 시장을 독점하고 있으며, 이러한 독과점 현상은 생명체가 멸종할 때까지 계속될 것이다. 모든 소화 효소는 오른쪽으로 편향된 단백질만을 분해할 수 있고, 소화의 부산물 역시 오른쪽으로 편향되어 있다. 이산화탄소와 수증기가 식물의 잎에 공급되면 효소가 작용하여 포도당을 만들어내는데, 효소 자체가 오른쪽 편향성을 갖고 있기 때문에 그 부산물인 포도당 역시 같은 방향으로 편향될 수밖에 없다. 그래서 나중에 등장한 바이러스나 기타 생명체들은 이미 존재하는 '오른쪽 편향성 음식'을 소화해내야만 살아남을 수 있었을 것이다. 지구의 생태계는 지금까지 이런 식으로 진화해왔다.

오른쪽으로 편향된 분자의 총 개수가 불변이라는 법칙은 없다. 일단 생명 활동이 시작되면 이 분자의 개수는 꾸준히 증가한다. 그러므로 지금까지 언급한 생명 현상으로부터 물리 법칙에 좌-우 대칭이 존재하지 않는다고 말할 수는 없다. 그것은 지구라는 특수한 행성의 환경에 적응하면서 진화해온 생명체의 고유한 특성이기 때문이다.

52-5 극성 벡터(polar vector)와 축성 벡터(axial vector)

물리학에서는 '왼쪽 법칙'과 '오른쪽 법칙'이 별개로 존재하는 경우가 종종 있다. 각운동량이나 토크, 자기장 등을 계산할 때 사용하는 벡터의 곱하기 연산(벡터의 외적)은 오른손 법칙을 따라 수행하도록 규정되어 있다. 예를 들어, 자기장 안에서 움직이는 하전 입자에 작용하는 힘 $\mathbf{F}$는 $\mathbf{F} = q\mathbf{v} \times \mathbf{B}$로 표현된다. 그런데 왜 $\mathbf{v} \times \mathbf{B}$라는 연산은 오른손 법칙을 따라야만 하는가? $\mathbf{F}$와 $\mathbf{v}$, $\mathbf{B}$를 모두 알고 있다면 이 관계식으로부터 오른손 법칙의 필연성을 증명할 수 있을까? 벡터의 정의로 되돌아가서 모든 것을 찬찬히 살펴보면, 오른손 법칙이란 결국 편의를 위한 하나의 정의에 불과하다는 사실을 알게 된다. 각운동량과 각속도, 또는 이와 유사한 모든 물리량들의 실체는 결코 벡터가 아니다! 이들은 공간상의 어떤 평면과 관계된 양인데, 우리가 사는 공간은 3차원이므로 이들을 수치로 표현하기 위해 그 평면에 수직한 방향을 갖는 벡터로 정의한 것뿐이다. 그리고 하나의 평면이 주어지면 거기에 수직한 방향은 항상 두 개가 존재하므로, 편의상 오른손 법칙을 따르기로 약속한 것뿐이다.

그러므로 물리 법칙이 정말로 좌-우 대칭성을 갖고 있다면, 이 세상에 퍼져 있는 모든 물리학 서적을 찾아 '오른손 법칙'이라는 단어를 몽땅 '왼손 법칙'으로 바꾼다 해도 물리 법칙에는 아무런 변화가 없어야 한다.

한 가지 예를 들어보자. 벡터에는 두 가지 종류가 있다. 그중 하나는 '정직한' 벡터로서, 공간상에서 이동 거리를 나타내는 $\Delta \mathbf{r}$이 여기에 속한다. 두 개의 물체가 일정 거리만큼 떨어져 있을 때 이들 사이의 거리와 방향을 벡터로 나타내고, 거울에 비친 두 물체 사이의 거리도 동일한 방법으로 벡터로 나타내면 그림 52-2와 같이 두 개의 벡터가 얻어진다. 물론, 이들은 거울 대칭 관계에 있으므로 하나의 벡터는 다른 벡터가 가리키는 방향에서 좌-우를 뒤바꾼 방향으로 향하고 있을 것이다. 이렇게 만들어진 벡터가 바로 극성 벡터(polar vector)이다.

그림 52-2 공간상의 실제 거리와 거울에 비친 거리

거울 대칭 이외에 회전에 의해 만들어진 벡터도 있다. 예를 들어, 3차원 공간에서 어떤 물체가 회전하고 있다고 가정해보자(그림 52-3 참조). 이 광경을 거울을 통해 바라봐도 회전 방향은 변하지 않는다. 즉, 거울에 비친 영상 자체는 좌-우가 뒤바뀌어 있지만, 여기에 대응되는 회전각속도 벡터($\boldsymbol{\omega}$)의 방향은 원래의 방향과 동일하다. 이런 벡터를 축성 벡터(axial vector)라고 한다.

그림 52-3 회전하는 바퀴와 거울에 비친 영상. 두 경우에 회전 각속도 벡터의 방향은 동일하다.

만일 물리 법칙에 좌-우 반전 대칭이 정말로 존재한다면, 벡터의 외적과 축성 벡터의 부호를 바꿔도 방정식의 형태는 달라지지 않아야 한다. 예를 들어, 각운동량을 나타내는 식 $\mathbf{L} = \mathbf{r} \times \mathbf{p}$의 경우, 왼손 좌표계를 사용하면 $\mathbf{L}$

의 부호가 바뀌고 **p**와 **r**의 부호는 변하지 않는다. 그런데 벡터의 외적에 왼손 법칙을 적용하면 **r** × **p**의 부호가 바뀌기 때문에 전체적으로는 달라지는 것이 없다. 자기장 안에서 움직이는 하전 입자에 작용하는 힘, 즉 **F** = q**v** × **B**를 왼손 좌표계에서 서술하면 **F**와 **v**는 극성 벡터이므로 벡터의 외적에서 나오는 마이너스 부호는 **B**의 부호 변화와 함께 상쇄되어야 한다. 다시 말해서, 좌-우를 바꿨을 때 자기장 **B**는 −**B**로 바뀌어야 한다는 뜻이다. 그러므로 일상적으로 사용되는 오른손 좌표계를 왼손 좌표계로 바꾸면 자석의 극이 뒤바뀌게 된다.

좌-우 변환이 어떤 변화를 초래하는지, 실례를 들어 생각해보자. 여기 그림 52-4와 같이 두 개의 자석이 있다. 이중 하나의 자석에는 코일이 특정 방향으로 감겨져 있고, 감긴 코일을 따라 특정 방향으로 전류가 흐르고 있다. 또 하나의 자석도 상황은 동일하지만 코일의 감긴 방향과 전류가 흐르는 방향이 첫 번째 자석과 정반대로 되어 있다. 여러분도 잘 알다시피, 흐르는 전류는 그 주변에 자기장을 생성시킨다. 아마도 고등학교 물리 시간에 배웠을 것이다. 그림 52-4의 경우, 생성되는 자기장의 방향은 하단부에 표시된 화살표의 방향과 같다. 자, 결과를 자세히 보라. 좌-우가 뒤바뀐 두 그림에서 자기장의 방향은 서로 반대이다!

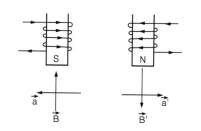

그림 52-4 반전 대칭을 이루는 두 개의 자석

자기장의 방향이 바뀌었다고 해서 걱정할 필요는 없다. 이것도 역시 편의상 정해놓은 방향에 불과하다. 예를 들어, 지금 자기장이 책의 지면을 뚫고 들어가는 방향으로 나 있다고 가정해보자. 그리고 전자 하나가 이 자기장 속에서 움직인다고 하자. 이 경우, 전자는 **v** × **B**에 비례하는 힘을 받아(전자의 전하는 마이너스임을 잊지 말자) 그 방향으로 치우치게 될 것이다. 따라서 그림 52-4의 경우에는 전류가 흐르는 코일이 특정 방향으로 감겨져 있어서 전자가 법칙에 따라 휘어져간 것뿐이다—이것이 바로 물리학이다. 물리적 현상은 우리가 사용하는 기호와 아무런 상관이 없다.

자기장에서 움직이는 전자를 거울에 비춰봐도 그 운동은 여전히 **F** = q**v** × **B**의 관계를 만족한다. 좌-우가 반전되면 **F**의 부호와 **v** × **B**의 부호가 동시에 바뀌기 때문이다!

52-6 어느 쪽이 오른쪽인가?

하나의 물리 현상을 서술하는 방정식에는 오른손 법칙이 적용되는 인자가 항상 두 개, 혹은 짝수 개만큼 존재하며, 좌-우를 반전시켜도 방정식의 전체적인 형태는 변하지 않는다. 그러므로 우리는 오른쪽과 왼쪽을 절대적인 개념으로 정의할 수 없으며, 남쪽과 북쪽도 사정은 마찬가지다. "자석은 경우가 다르지 않을까? 나침반을 보면 어디가 북쪽인지 알 수 있는데…"라고 반문하고 싶은 사람도 있을 것이다. 그러나 나침반이 가리키는 북쪽은 지구의 지리학적 특성에 의해 사람들이 임의로 정해놓은 '편의상의 방향'에 불과하다. 그것은 마치 "시카고는 나의 오른쪽에 있다"고 말하는 것과 같다. 나침반을 보면 북쪽을 가리키는 바늘에 푸른색이 칠해져 있는데, 이것 역시 칠하는 사람 마음대로 바꿀 수 있다. 이 모든 것들은 사용상의 편의를 위해 결정된 것일 뿐, 물리 법칙과는 아무런 관계가 없다.

만일, 자석을 아주 가까운 곳에서 자세히 살펴보았을 때 북극 주변에 아주 작은 돌기가 나 있다거나, 또는 이와 비슷한 외형적 특징을 가지고 있어서 남극과 구별할 수 있다면 물리 법칙의 좌-우 대칭설은 물리학의 무대에서 영원히 사라지게 될 것이다.

좀더 분명한 사례를 들어보자. 당신은 지금 멀리 떨어져 있는 마틴이라는 친구와 전화 통화를 하고 있다. 물론 마틴에게 물건을 직접 보낼 수는 없는 상황이다. 이런 경우, 그에게 '오른쪽'이라는 방향을 어떻게 전달할 수 있을까? 오른쪽으로 편광된 빛을 그에게 전송하면 될 것 같기도 하다. 그러나 마틴이 너무나 외진 곳에 있어서 빛조차도 보낼 수 없다면 어떻게 해야 할까? "이봐, 마틴! 하늘에 별이 보이지? 머리 위에 북두칠성을 잘 보라구. 국자 손잡이의 끝이 향하고 있는 방향이 바로…" 그러나 마틴이 사는 동네는 날씨가 잔뜩 흐려 있거나 해가 중천에 떠 있는 대낮이었다. 당신이 보낼 수 있는 신호는 오직 목소리뿐이다.

만일 당신과 마틴이 초면인데다가 사용하는 언어도 달랐다면 우선 말부터 가르쳐야 할 것이다. 전화 요금이 아주 저렴하다면 이것은 그다지 어려운 일이 아니다. 예를 들어, "똑, 똑, 둘, 똑, 똑, 똑, 셋…"과 같은 식으로 반복하다보면 마틴은 당신의 언어를 차츰 배워나갈 수 있을 것이다. 이제, 마틴이 어느 정도 언어를 배운 후에 질문을 던져왔다. "넌 어떻게 생겼니?" 당신은 대답한다 —"키가 좀 커. 180cm야." 그랬더니 당장 질문이 날아온다 — "180cm라구? 그게 얼마나 큰 건데?" 세상에… 마틴은 아무래도 지구인이 아닌 것 같다. 자, 어쨌거나 당신은 마틴의 궁금증을 해결해주어야 한다. 어떻게 설명해야 할까? 물론, 명쾌한 방법이 있다. "네가 사는 세상이 아무리 희한하다 해도 수소 원자는 있겠지? 그 수소 원자의 지름에 17,000,000,000을 곱하면 그게 바로 내 키하고 같아. 이제 알겠니?" 물리학의 법칙은 스케일에 무관하므로 절대적인 길이는 이렇게 정의될 수 있다. 당신은 이런 식으로 몸의 크기와 대략적인 외형(몸뚱이를 중심으로 다섯 개의 돌출부가 삐져나와 있다 등등…)을 전화로 설명할 수 있다. 그런데 마틴의 궁금증은 여기서 끝나지 않고 계속해서 질문을 던져온다. "넌 정말 멋진 외모를 갖고 있구나! 그런데 네 몸속은 어떻게 생겼지?" 그래서 당신은 몸속의 신체 기관을 하나씩 설명해나가다가 심장에 이르렀다. "심장은 왼쪽 가슴에 있는데…" 그러자 마틴이 말을 끊었다. "뭐? 왼쪽이라구? 그게 뭔데? 어느 방향을 말하는 거야?" 참으로 난처한 상황이다. 지금 마틴은 당신을 볼 수 없고 소포를 받을 수도 없으며, 오른쪽-왼쪽에 대한 개념도 전혀 없다. 이런 답답한 친구에게 어느 쪽이 '오른쪽'인지를 어떻게 설명할 수 있을까?

52-7 반전성(parity)은 보존되지 않는다!

중력과 전자기력, 그리고 핵력에 관한 법칙들은 모두 반전 대칭(좌-우 대칭)의 원리를 만족한다. 그러나 자연에 존재하는 또 하나의 힘인 약력(베타 붕괴, 또는 약한 붕괴라고도 함)은 아주 특이한 성질을 갖고 있다. 입자의 특성과 밀접하게 관련되어 있는 약력의 이상한 성질은 1954년에 발견되었다. 그림 52-5의 왼쪽과 같이 타우-중간자(τ-meson)라는 하전 입자는 세 개의 파이-중간자(π-meson)로 분해되는 성질이 있다. 그리고 세타-중간자(θ-meson)는 두 개의 π-중간자로 분해되는데, 전하 보존 법칙에 의해 둘 중 하나는 전하를 띠지 않는다(그림 52-5의 오른쪽 그림 참조). 그런데 알려진 바에 의하면 τ-중간자와 θ-중간자는 질량이 거의 같다. 측정에 수반되는 오차를 감안하면 두 입자의 질량은 아예 같다고 생각해도 무방하다. 또한, τ-중간자와 θ-중간자가 두 개, 혹은 세 개의 π-중간자로 분해될 때까지 소요되는 시간도 거의 같다. 다시 말해서, 두 입자의 수명이 거의 같다는 뜻이다. 그리고 자연에 존재하는 개수의 비율은 $\tau : \theta = 14 : 86$으로 일정하다.

정상적인 사고를 하는 사람이라면 질량과 수명이 같은 τ와 θ는 다른 입자가 아니라 '두 가지 방식으로 붕괴되는 동일한 입자'라고 생각할 것이다. 그러나, 양자 역학의 반전 대칭 원리에 의하면 이러한 붕괴 현상은 '하나의' 입자에서 나타날 수 없다. 앞에서 지적했듯이 반전 대칭에도 하나의 보존 법칙이 대응되는데, 이때 보존되는 양이 바로 '반전성(parity)'으로서, 고전 물리학에는 여기에 대응시킬 만한 마땅한 물리량이 없다. 양자 역학에서는 이를 가리켜 '반전성 보존 법칙(conservation of parity)'이라 부른다. 결국 우리는 "τ와 θ는 서로 다른 입자이며 이들의 질량과 수명이 같은 것은 우연의 일치이다"라는 결론에 수긍할 수밖에 없다. 왜냐하면 이것은 양자 역학적 약붕괴 방정식의 반전 대칭성으로부터 유도된 결과이기 때문이다. 그러나, 이 문제를 깊이 파고 들어갈수록 τ와 θ가 같은 입자라는 증거가 계속 나타나기 때문에, 학자들은 자연의 깊은 레벨에서 반전 대칭이 붕괴될 수도 있다는 가능성을 염두에 두고 있다.

저명한 물리학자인 리(Lee)와 양(Yang)은 이 점을 규명하기 위해 새로운 실험 방법을 제안하였다. 그리고 이 실험을 직접 실행한 사람은 컬럼비아 출신의 여류 물리학자인 우(Wu)였는데, 그녀가 채택한 방법은 다음과 같다. 아주 낮은 온도에서 강한 자석을 이용하여 자화(磁化)시킨 코발트의 동위원소는 전자를 방출하면서 붕괴되는데, 온도가 충분히 낮아서 열에너지에 의한 진동이 미미해지면 자성을 띤 원자들은 자기장의 방향을 따라 정렬하게 된다. 이때, 자기장 **B**가 위쪽 방향이면 원자에서 방출되는 대부분의 전자는 아래쪽을 향한다.

코발트 원자를 아주 강한 자기장 속에 넣어두면 아래쪽으로 방출되는 전자는 더욱 많아진다. 그러므로 실험과 관련된 모든 장비의 좌-우를 뒤바꾸면 코발트 원자가 늘어서는 방향이 반대가 되어 방출되는 전자들은 대부분 위쪽을 향하게 된다. 다시 말해서, 환경을 반전시켰더니 나타나는 결과가 달라진

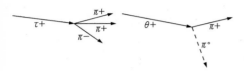

그림 52-5 τ^+입자와 θ^+입자의 분해 과정을 보여주는 개념도

것이다! 자석의 남극은 베타 붕괴의 과정에서 전자가 방출되는 방향이므로, 북극과는 물리적으로 구별된다.

이 결과가 알려진 후로 수많은 후속 실험들이 행해졌다. π-중간자가 μ 입자와 ν 입자로 붕괴되는 현상을 비롯하여 μ 입자가 전자와 뉴트리노로 붕괴되는 현상 등이 연구되었으며, 요즘은 Λ 입자가 양성자와 π-중간자로 붕괴되는 현상과 Σ 입자의 붕괴 등이 연구되고 있다. 그리고 대부분의 경우에 반전 대칭이 성립하지 않는 것으로 판명되고 있다! 적어도 지금까지 알려진 바에 의하면 자연에는 반전 대칭이 존재하지 않는다.

간단히 말해서, 우리는 마틴에게 이렇게 심장의 정확한 위치를 설명해줄 수 있다. "이봐, 친구. 심장이 어디 있는지 궁금해? 그걸 알려면 우선 자석이 하나 있어야 해. 너희 동네에도 자석은 있겠지? 그 자석에 코일을 감고 전류를 흘려 보내는 거야. 그리고 아주 차갑게 냉동시킨 코발트도 준비하라구. 이제 코발트에서 전자가 방출될 텐데, 전자가 튀어나오는 방향이 자네의 발에서 머리쪽을 향하도록 모든 장치를 세팅해놓았을 때 코일에 전류가 흐르는 방향이 바로 오른쪽이야. 아주 쉽지?" 마틴이 이해를 못할 수도 있겠지만, 어쨌거나 우리는 이런 식으로 오른쪽을 정의할 수 있다.

이것말고도 많은 사실들을 예견할 수 있다. 예를 들어, 붕괴되기 전의 코발트 원자핵은 스핀 각운동량(spin angular momentum)이 $5\hbar$ 인데, 붕괴되고 나면 $4\hbar$ 로 줄어든다. 전자와 뉴트리노는 모두 스핀 각운동량을 갖고 있으므로, 이들의 각운동량은 진행 방향과 나란하다는 결론을 내릴 수 있다. 따라서 전자의 스핀, 즉 자전 방향은 왼쪽이며 이는 실험적으로 확인된 사실이다.

다음 문제는 반전성 보존을 붕괴시킨 새로운 법칙을 찾는 것이다. 반전성의 비보존은 얼마나 철저하게 지켜지는 법칙인가? 이것을 말해주는 법칙은 과연 무엇인가? 반전성은 베타 붕괴처럼 반응이 아주 천천히 일어나는 경우에 한하여 보존되지 않는다. 그리고 베타 붕괴가 일어날 때 전자나 뉴트리노처럼 스핀을 갖는 입자들은 스핀이 왼쪽으로 편향된 채로 방출된다. 이것은 분명 방향성이 편향된 법칙으로서, 극성 벡터인 속도와 축성 벡터인 각운동량을 연결해주는 법칙이기도 하다. 결론적으로 말하자면, 각운동량은 진행 방향과 반대로 향하려는 성질이 있다.

이것이 바로 법칙이다. 그러나 아직도 그 이유는 분명하지 않다. 물리학의 법칙이 왜 한쪽으로 편향성을 갖는가? 또한 이 법칙은 다른 법칙들과 어떻게 조화되어야 하는가? 이 문제는 현대 물리학이 풀어야 할 또 하나의 숙제이다.

52-8 반물질(Antimatter)

하나의 대칭성이 상실되었을 때 제일 먼저 해야 할 일은 표 52-1에 나열된 기존의 대칭성들이 안전한지를 확인하는 것이다. 표 52-1 중에서 아직 한 번도 언급하지 않은 것이 있는데, 이 대칭성은 물질-반물질 간의 상호 관계에 관한 것이다. 일찍이 폴 디랙(Paul Dirac)은 양전자라는 입자의 존재를 예견한 바 있다[이 입자는 칼텍(Caltech)의 앤더슨(Anderson)에 의해 발견되었다]. 양전자는 전자와 질량과 에너지가 같고 전하는 반대이다. 그러나 무엇보다 중요한 성질은 이 두 개의 입자가 한데 합쳐지면 감마선을 방출하면서 사라진다는 것이다. 즉, 두 입자의 전체 질량이 감마선이라는 에너지로 전환되는 것이다. 양전자는 전자의 반입자(anti-particle)이며, 입자와 반입자가 만나서 소멸되는 것은 일반적인 성질로 알려져 있다. 디랙은 자연계에 존재하는 모든 입자들이 그들의 짝인 반입자를 갖고 있다고 주장하였다. 예를 들어 양성자의 반입자는 반양성자로서, 양성자와 질량은 같고 전하의 부호가 반대이다. 그리고 여기서도 가장 중요한 특징은 이 두 개의 입자가 서로 합쳐지면서 소멸된다는 것이다. 여러분은 이런 의문을 품을지도 모른다 — "질량은 같고 전하의 부호가 다른 입자를 반입자라고 한다면, 중성자는 전하가 0인데 이와 반대 전하를 갖는 반중성자가 어떻게 존재할 수 있다는 말인가?" '반(anti)'이라는 말은 단순히 반대 전하를 의미하는 것이 아니라, 일련의 성질들 중에서 상당수가 반대임을 의미한다. 반중성자는 다음과 같은 의미에서 중성자와 구별된다 — 중성자 두 개를 가까이 가져가면 그것은 그냥 두 개의 중성자일 뿐이지만, 중성자와 반중성자를 가까이 가져가면 π-중간자와 감마선 등 막대한 에너지를 방출하면서 소멸된다.

반중성자와 반양성자, 그리고 반전자(양전자)가 있으면 원리적으로 반원자(anti-atom)를 만들 수 있다. 아직은 만들지 못했지만 원리적으로는 안 될 이유가 없다. 수소 원자는 중심에 하나의 양성자가 있고 하나의 전자가 그 주변을 돌고 있는 구조로 되어 있다. 그렇다면 양성자를 반양성자로 대치하고 전자를 반전자로 대치시켜도 여전히 안정적인 형태(반수소 원자)를 유지할 것인가? 반양성자의 전하는 음이고 반전자의 전하는 양이므로 이들 사이에 작용하는 전기력은 달라질 것이 없다. 뿐만 아니라 이들은 질량도 이전과 똑같기 때문에 물리적으로 모든 것이 동일하다. 반물질로 만든 시계는 물질로 만든 일상적인 시계와 똑같이 작동한다. 이것이 바로 물질-반물질 대칭성의 원리이다. (물론, 두 개의 시계를 가까이 접근시키면 엄청난 에너지를 내뿜으며 소멸되겠지만 그것은 또 다른 이야기다.)

이제, 물질을 이용하여 두 개의 시계를 만든다고 가정해보자. 하나는 '오른쪽 시계'이고 다른 하나는 '왼쪽 시계'이다. 그 의미는 다음과 같다 — 코발트와 자석, 그리고 전자 감지기를 적절히 세팅한다. 여기서 베타 붕괴가 일어나 전자 하나가 방출되어 감지기에 도달할 때마다 초침이 이동하도록 만든 것이 오른쪽 시계이다. 그리고 왼쪽 시계는 모든 장치의 좌-우를 반전시켜서 만든다. 이렇게 하면 왼쪽 시계와 오른쪽 시계는 같은 속도로 가지 않을 것이다. 앞에서 설명한 대로, 방출되는 전자가 특정 방향을 선호하기 때문이다.

물질과 반물질은 동일한 것으로 추정된다. 다시 말해서, 반물질로 만든 오른쪽 시계는 물질로 만든 오른쪽 시계와 똑같이 갈 것이고, 반물질로 만든 왼쪽 시계는 물질로 만든 왼쪽 시계와 똑같이 갈 것 같다. 처음에는 네 종류의 시계가 모두 똑같이 가는 것으로 생각되었지만, 반전성의 비보존을 알고 난 후에는 물질로 만든 왼쪽 시계와 오른쪽 시계가 다르게 간다는 사실이 분명해졌다. 그러므로 반물질로 만든 왼쪽 시계와 오른쪽 시계도 같은 속도로 가지 않을 것이다.

그렇다면, 물질로 만든 오른쪽 시계가 반물질로 만든 오른쪽 시계와 같은 빠르기로 간다는 추측이 과연 옳을 것인가? 아니면 물질로 만든 오른쪽 시계는 반물질로 만든 왼쪽 시계와 빠르기가 일치할 것인가? 전자 대신 반전자를 이용한 베타 붕괴 실험에 의하면 '오른쪽' 물질은 '왼쪽' 반물질과 동일한 성질을 갖는 것으로 확인되었다.

이것으로 좌-우 대칭은 다시 살아났다! 좌-우를 바꾼 뒤에 물질-반물질도 바꾸면 모든 것이 원래대로 돌아온다. 따라서 대칭성의 명단에 이 두 가지를 별개로 취급하지 않고 한데 묶어서 하나의 대칭성으로 정의하면, "우측 편향성 물질은 좌측 편향성 반물질과 동일하다"는 새로운 법칙이 탄생하는 것이다.

만일 마틴이 사는 세계가 반물질로 이루어져 있다면 앞에서 말한 대로 오른쪽을 설명해도 반대로 알아들을 것이다. 그와 이런 식으로 오랜 시간 동안 친목을 다진 당신은 급기야 우주선 제작법까지 정보를 교환하여 드디어 어느 날 우주 공간에서 만나기로 약속하였다. 당신은 마틴에게 지구인 특유의 인사법인 '악수'에 대해서도 자세하게 설명해주었다. 자, 두사람이 만나면 과연 어떤 일이 벌어질 것인가? 마틴이 오른손을 내밀면 반갑게 악수를 해도 된다. 그러나 만일 그가 왼손을 내민다면 무조건 도망가는 것이 상책이다. 악수를 하는 순간에 두 사람은 모두 사라질 것이기 때문이다!

52-9 대칭성의 붕괴

그 다음 질문─'거의 대칭적인' 자연으로부터 어떻게 법칙을 이끌어낼 것인가? 핵력과 전자기력, 그리고 중력(이 세 가지 힘은 자연 현상의 거의 대부분을 차지하고 있다) 법칙들이 모두 대칭성을 띠고 있다는 것은 매우 놀라운 사실이다. 그러나 자연의 한 구석을 들여다봤더니 대칭이 깨진 현상도 존재한다! 자연은 왜 완벽한 대칭이 아닌 '거의 완벽한 대칭'을 선택했을까? 참으로 미스터리가 아닐 수 없다. '거의 완벽한 대칭'의 다른 사례가 또 있을까? 물론 있다. 양성자와 양성자, 중성자와 중성자, 그리고 양성자와 중성자 사이에 작용하는 핵력은 모두 똑같다. 다시 말해서, 핵력은 핵자(양성자 혹은 중성자를 말함) 두 개를 서로 바꿔치기 해도 변하지 않는 것이다. 그러나 이것만으로 대칭을 단언할 수는 없다. 왜냐하면 양성자와 양성자 사이에는 핵력 이외에 전기력이 추가로 작용하기 때문이다. 따라서 양성자를 중성자로 대치시키면 이전과 동일한 상황이 재현되지 않는다. 그런데, 전기력은 핵력과 비교할 때 아주 미미한 힘이기 때문에 입자를 바꿔도 상황이 크게 달라지지 않는다. 즉, 양성자를 중성자로 대치하는 것은 아주 훌륭한 '근사적 서술'이

될 수 있다는 것이다. 이것이 바로 '거의 대칭적인' 사례 중 하나이다.

우리는 대칭을 완벽함의 상징으로 받아들이는 경향이 있다. 실제로 고대 그리스인들은 원을 완벽한 도형으로 간주하였으며, 케플러가 행성의 궤도를 알아냈을 때에도 사람들은 완벽함에서 벗어난 타원 궤적을 쉽게 받아들이지 못했다. 완벽한 원과 원에서 아주 조금 벗어난 타원은 외관상으로 볼 때 별로 차이가 나지 않지만 실제로는 엄청난 차이가 있다. 그것은 행성 운동을 관장하는 법칙 자체가 달라진다는 것을 의미하기 때문이다. 행성의 궤적이 완벽한 원이라면 대칭성도 완벽해지겠지만, 그것이 타원임이 밝혀지는 순간에 기대했던 대칭성은 사라진다. 그렇다고 대칭성을 완전히 포기해야 할까?—아니다. 행성의 궤적은 비록 타원이지만 거의 원에 가까운 타원이기 때문에 '거의 대칭적인' 형태를 유지하고 있는 셈이다. 그리고 이런 불완전한 대칭성은 다루기가 훨씬 까다롭다. 완벽한 원은 대칭성도 완벽하여 더 이상 왈가왈부할 것이 없다. 법칙 자체가 아주 단순 명료하기 때문이다. 그러나 '거의 원에 가까운' 경우라면 사정이 많이 달라진다. 이런 경우에는 대칭성이 깨진 이유를 비롯하여 설명해야 할 것들이 사방에 널려 있고, 이들을 일일이 설명하다 보면 하나의 역학 체계가 새롭게 만들어지기도 한다.

지금 당장 우리에게 주어진 과제는 대칭성의 근원을 찾는 것이다. 자연은 왜 완벽하게 대칭적이지 않은가? 지금은 아무도 모른다. 그저 다음과 같이 추상적인 짐작만 할 수 있을 뿐이다—일본이 자랑하는 문화유산 중에 닛코(日光)라는 문이 있다. 이 문은 일본이 중국의 영향을 가장 많이 받던 시대에 축조된 것으로서, 세밀하고 아름다운 조각과 수많은 기둥들이 장엄한 조화를 이루고 있다. 그런데, 이 문의 기둥들 중 어느 하나를 자세히 들여다보면 조각상 하나가 거꾸로 새겨져 있다. 이것 하나만 빼면 모든 것이 완벽하게 대칭적이다. 왜 그랬을까? 이렇게 아름다운 작품을 탄생시킨 조각가가 잠시 실수한 것일까? 그럴 가능성은 거의 없어 보인다. 사람들의 말에 의하면, 신이 인간의 완벽함을 질투할까봐 일부러 어설픈 구석을 남겨놓은 흔적이라고 한다.

자연의 대칭도 이와 비슷한 맥락에서 이해한다면 다음과 같은 설명이 가능하다—신은 자신의 완벽함을 인간이 질투할까봐 일부러 약간 어설픈 대칭성을 자연에 부여하였다!

역자후기

전 세계 물리학도들의 필독서인 〈파인만의 물리학 강의, The Feynman Lectures on Physics〉! 표지의 색이 붉어서 세칭 '빨간 책'으로 불리는 그 전설적인 명저가 번역된다는 소식을 처음 접했을 때, 진심으로 반가운 마음과 함께 아직도 이 책이 우리말로 번역되지 않았다는 현실에 일말의 책임감을 느꼈다. 판권이라는 개념이 제대로 정착되지 않았던 시절에 복사본으로 출간되어 수많은 물리학도들에게 물리학의 심오함과 경이로움을 한껏 일깨워 주었던 이 보물과도 같은 책이 40년이 지나도록 영어로만 유통되었다는 것은 기초 과학을 육성하는 우리의 토양이 그만큼 척박했다는 뜻이고, 과학의 대중화가 그 정도로 요원했다는 뜻이기도 하다.

흔히 학생들은 교수를 평가할 때 "실력은 좋은데 강의는 신통치 않다"는 말을 자주 한다. 인류가 낳은 최고의 물리학자였던 뉴턴도 강의만은 너무나 어렵고 횡설수설하여 학생들이 수강을 포기하는 바람에, 케임브리지 대학의 텅 빈 강의실에서 벽을 향해 혼자 열강을 했다고 전해진다. 사실, 지식을 습득하는 것과 그 내용을 다른 사람에게 전달하는 것은 별개의 능력이므로 이 정도의 일화로 뉴턴의 명성에 흠집이 나지는 않을 것이다. 마치 양자 역학의 불확정성 원리처럼 교수의 연구와 강의는 다소 상보적인 관계로 볼 수도 있기에, 연구에 정진하는 학자들의 난해한 강의는 학생들이 감수해야 할 부분이기도 하다.

그러나 파인만은 둘 중 어느 것도 포기하지 않았다. 게다가 그는 두 분야 모두에서 역사에 기록될 만한 업적을 남긴 위대한 학자이자 스승이었다. 그는 맥스웰의 고전 전자기학을 양자 역학 버전으로 완벽하게 재구성하여 '양자 전기 역학(QED, Quantum Electrodynamics)'을 탄생시켰고 그 공로로 노벨상을 수상한 당대의 석학이었지만, 학생들에게 물리학을 소개할 기회만 주어지면 외딴 시골의 고등학교까지 몸소 찾아갈 정도로 사명감이 투철한 물리학의 전도사이기도 했다. '바보가 이해할 수 있는 것은 나도 이해할 수 있다!'는 구호 아래 진행되었던 그의 강의를 듣고 (또는 읽고) 있노라면, 앞에서 끌고 가는 선구자라기보다 학생들을 뒤에서 몰고 가는 양치기와도 같은 인상을 받게 된다. 단 한 명의 학생도 포기하고 싶지 않은 그의 열정은 물리학에 대한 정확하고 깊은 이해와 함께 어우러져 최상의 강의로 표출되었고, 세 권의 책으로 출판된 빨간 표지의 강의록은 그 결정판이라 할 수 있다.

그중 제1권에 해당하는 이 책은 '일반 물리학'을 파인만 특유의 설명으로 재구성한 것으로서, 기존의 교재에는 들어 있지 않은 어려운 주제들이 추가되어 있음에도 불구하고 그 설명 방식이 너무도 독특하고 명쾌하여 바보가 아닌 한 누구나 (사실은 칼텍의 1학년 학생이라면 누구나) 알아들을 수 있는 수준을 초지일관 유지하고 있다. 물론 그 역시 물리학의 신은 아니기에 아주 가끔씩 연결 고리가 명쾌하지 않은 부분도 눈에 띄긴 하지만(아마도 강의 시간이 충분하지 않았기 때문일 것이다), 강의록을 읽다보면 "(파인만은) 마치 책을 읽듯이 자연을 읽어내며, 자신이 발견한 것을 전혀 지루하지 않게, 그리고 복잡하지 않게 설명하는 비상한 재능을 갖고 있다"는 폴 데이비스의 평(『파인만의 여섯가지 물리이야기』 서문 중)이 전혀 과장되지 않은 사실임을 알 수 있을 것이다.

사실 이 책은 대학 1~2학년 학생들이 쉽게 읽을 수 있는 책은 아니다. 각 장의 제목은 후반부의 몇 개를 제외하고 현재 대학에서 강의되고 있는 일반 물리학과 크게 다르지 않지만 그 접근 방식이 전혀 다른데다가 수학보다는 물리적 이해에 중점을 두고 있기 때문이다. 수학적인 내용이 어렵다면 다른 교재를 참고할 수도 있겠지만 이 책은 설명 방식이 너무 독창적이어서 다른 참고 서적을 봐도 별로 도움이 되지 않는다는 단점이 있다. 그러나 이것이 바로 파인만식 강의의 진수이다. 그가 아니면 과연 어느 누가 그토록 생소하고 흥미로운 길로 우리를 인도할 수 있을 것인가! 더욱 놀라운 것은 그 생소한 길을 따라가도 결국은 올바른 목적지에 도달한다는 점이다. 비유적으로 말하자면 파인만은 가장 훌륭한 등반가이자 가장 유능한 셰르파였던 셈이다.

번역서를 출간할 때, 역자들은 자신의 번역이 불완전하여 저자의 명성에 누를 끼치지 않을까 항상 조심스럽다. 그러나 나는 번역을 마치면서 그런 걱정을 전혀 하지 않는다. 일개 번역가가 파인만의 명성에 손상을 입히는 것은 도저히 있을 수 없는 일이기 때문이다. 그리고 파인만의 영감어린 논리와 특유의 위트를 생생하게 살리지 못했다하여 역자를 크게 나무랄 사람도 별로 없을 줄로 안다. 잘못된 번역은 앞으로 차차 고쳐나가야 하겠지만, 그의 천재성과 넘치는 장난기는 어디까지나 그만의 것이므로 역자의 그릇에 그 모두를 담아 낸다는 것은 애초부터 불가능한 일이었다. 그저 우리 나라의 젊은 물리학도들에게 파인만의 원조 강의록을 소개했다는 사실 하나만으로도 역자는 분에 넘치는 영예를 누렸다고 생각한다.

끝으로, 이 책을 번역하는 영예로운 작업을 나에게 일임하고 오랜 시간을 기다려주신 도서출판 승산의 황승기 사장님, 그리고 꼼꼼한 편집과 훌륭한 조언으로 책의 완성도를 높여주신 편집부의 직원 여러분에게 진심으로 깊은 감사를 드린다.

2004년 5월
역자 박병철

찾아보기

Richard Philips Feynman(1918~1988)

리처드 파인만은 흔히 아인슈타인 이후 최고의 천재로 평가되는 미국의 물리학자이다. 1918년에 뉴욕 시 교외에 있는 파라커웨이에서 태어나, 매사추세츠 공과대학(MIT)을 졸업하고 프린스턴 대학교에서 물리학 박사학위를 받았다. 코넬 대학교와 캘리포니아 공과대학에서 교수를 지냈으며, 2차대전 중에는 원자폭탄 개발 계획에 참여했다. 1965년에 양자전기역학(Quantim Electrodynamics, QED) 이론으로 줄리언 슈윙거, 도모나가 신이치로와 함께 노벨 물리학상을 수상했다. 빛과 전자의 상호 작용을 도식화하는 파인만 다이어그램의 창안자이며, 1961년부터 1963년까지 캘리포니아 공과대학(Caltech)의 학부생을 대상으로 강의한 내용을 책으로 엮은 『파인만의 물리학 강의』는 전 세계의 물리학도들에게 '빨간 책'으로 불려지며 전설이 된 지 오래다. 그는 물리학자이면서도 항상 일상에 호기심이 많았고, 어떤 형식의 권위에도 복종하지 않았던 창조적이고 주체적인 정신의 소유자로서 위대한 연구업적 외에도 재미있는 일화를 많이 남겼다.

1918년	파라커웨이에서 출생
1936년	매사추세츠 공과대학(MIT)에 입학
1940년	프린스턴 대학원 입학
1942년	맨해튼 프로젝트 참여
	코넬 대학교 교수로 부임
1943년	로스앨러모스에서 진행중이던 원자폭탄 개발계획에 참여
1945년	코넬 대학 교수로 부임
1951년	캘리포니아 공과대학(칼텍) 교수로 부임
1954년	알베르트 아인슈타인 상 수상
1961년	9월부터 1963년 5월까지 칼텍에서 물리학 강의 (The Feynman lectures on physics)
1962년	E. O. 로렌스 상 수상
1963년	『파인만의 물리학 강의』를 출간하기 시작하여 1965년에 완간(전 3권)
1965년	1965년 초기 양자전기역학의 부정확한 부분을 수정, QED를 완성하여 노벨 물리학상 수상
1972년	물리학을 훌륭히 가르친 공로로 외르스테드 메달 수상
1978년	암 발병
1981년	암 재발
1986년	챌린저 호 참사 원인을 밝혀냄
1987년	또 다른 종양 발견
1988년	사망

옮긴이 박병철

1960년 서울에서 태어나 연세대학교 물리학과를 졸업하고 한국과학기술원(KAIST)에서 박사학위를 취득했다.
현재 대진대학교 물리학과 초빙교수이며, 여러 대학에서 물리학을 강의하면서 번역가로도 활발히 활동하고 있다.
역서로는 『파인만의 여섯 가지 물리 이야기』, 『파인만의 또 다른 물리 이야기』, 『일반인을 위한 파인만의 QED 강의』,
『엘러건트 유니버스』, 『페르마의 마지막 정리』(영림카디널), 『수학, 천상의 학문』(경문사) 등 20여 권이 있다.

파인만의 물리학 강의 I-II

1판 1쇄 펴냄 2004년 9월 9일
1판 6쇄 펴냄 2014년 2월 10일

지은이 | 리처드 파인만, 로버트 레이턴, 매슈 샌즈
옮긴이 | 박병철
펴낸이 | 황승기
마케팅 | 송선경
본문디자인 | 디자인 미래
펴낸곳 | 도서출판 승산
등록날짜 | 1998년 4월 2일
주   소 | 서울특별시 강남구 역삼동 723번지 혜성빌딩 402호
전화번호 | 02-568-6111
팩시밀리 | 02-568-6118
이메일 | books@seungsan.com
웹사이트 | www.seungsan.com

ISBN | 978-89-88907-65-8   94420
       978-89-88907-62-7   (세트)

• 승산 북카페는 온라인 독서토론을 위한 공간입니다. '이 책의 포럼 lecture1.seungsan.com'으로 오시면
  이 책에 대해 자유롭게 의견 나누실 수 있습니다.
• 도서출판 승산은 좋은 책을 만들기 위해 언제나 독자의 소리에 귀를 기울이고 있습니다.